Pré-Cálculo

FRED SAFIER é Bacharel em Física pela Harvard College e Mestre em Matemática pela Stanford University. Agora aposentado, lecionou matemática no City College de São Francisco (EUA) de 1967 a 2005 e é autor de vários manuais para estudantes nas áreas de álgebra, trigonometria e pré-cálculo.

S128p Safier, Fred.
        Pré-cálculo / Fred Safier ; tradução técnica: Adonai Schlup Sant'Anna. – 2. ed. – Porto Alegre : Bookman, 2011.
        x, 402 p. : il. ; 28 cm. – (Coleção Schaum)

        ISBN 978-85-7780-926-4

        1. Matemática. 2. Pré-cálculo. I. Título.

CDU 51-3

Catalogação na publicação: Ana Paula M. Magnus – CRB 10/2052

Fred Safier
Professor Titular de Matemática
City College of San Francisco (EUA)

Pré-Cálculo
Segunda edição

Tradução técnica:
Adonai Schlup Sant'Anna
Pós-Doutorado em Física Teórica pela Stanford University – EUA
Doutor em Filosofia pela Universidade de São Paulo
Professor Associado do Departamento de Matemática da Universidade Federal do Paraná (UFPR)

bookman

2011

Obra originalmente publicada sob o título *Schaum's Outline: Precalculus, 2/Ed.*
ISBN 007-150864-3

Copyright © 2009, 1998 by the McGraw-Hill Companies, Inc., New York, New York, United States of America.
All rights reserved.

Portuguese-language translation copyright © 2011 by Bookman Companhia Editora Ltda., a Division of Artmed Editora S.A.
All rights reserved.

Capa: *Rogério Grilho (arte sobre capa original)*

Preparação de original: *Renata Ramisch*

Editora Sênior: *Denise Weber Nowaczyk*

Projeto e editoração: *Techbooks*

Reservados todos os direitos de publicação, em língua portuguesa, à
ARTMED® EDITORA S.A.
(BOOKMAN® COMPANHIA EDITORA é uma divisão da ARTMED® EDITORA S. A.)
Av. Jerônimo de Ornelas, 670 – Santana
90040-340 – Porto Alegre – RS
Fone: (51) 3027-7000   Fax: (51) 3027-7070

É proibida a duplicação ou reprodução deste volume, no todo ou em parte, sob quaisquer
formas ou por quaisquer meios (eletrônico, mecânico, gravação, fotocópia, distribuição na Web
e outros), sem permissão expressa da Editora.

Unidade São Paulo
Av. Embaixador Macedo Soares, 10.735 – Pavilhão 5 – Cond. Espace Center
Vila Anastácio – 05095-035 – São Paulo – SP
Fone: (11) 3665-1100   Fax: (11) 3667-1333

SAC 0800 703-3444 – www.grupoa.com.br

IMPRESSO NO BRASIL
PRINTED IN BRAZIL

Apresentação

APRESENTAÇÃO À EDIÇÃO BRASILEIRA

Com grande frequência, o ensino da Matemática nas universidades pega de surpresa os alunos que acabaram de concluir o Ensino Médio. E, com a mesma frequência, esse choque acaba desestimulando os estudantes, fazendo-os se sentirem despreparados, ou no mínimo inseguros, para a faculdade. O calouro de um curso superior de Matemática, Física, Engenharia, Economia, Administração ou mesmo Biologia fica desorientado perante tantos conceitos novos em disciplinas como matemática básica, cálculo diferencial e integral, álgebra linear e geometria analítica, as quais exigem independência de pensamento. O Ensino Médio, em geral, não apresenta esses conceitos de maneira que se forme, na mente do aluno, um único corpo de conhecimento que deve visar a um propósito bem definido.

É para preencher essa lacuna que existem livros como esta obra. O livro de Safier cumpre o papel de abordar de maneira muito direta e acessível a matemática básica e elementar fundamental para a compreensão do cálculo diferencial e integral. O autor não é excessivamente rigoroso, mas expõe, de maneira clara e didática, os tópicos mais importantes para um curso de pré-cálculo, além de apresentar inúmeros exercícios.

Com base na minha longa experiência nos diversos níveis de ensino, recomendo este livro não apenas como referência para o estudo de pré-cálculo, mas também como um texto suplementar a cursos mais avançados, como é o caso do cálculo diferencial e integral e da geometria analítica.

ADONAI S. SANT'ANNA
Professor e tradutor desta obra

Prefácio

PREFÁCIO DA SEGUNDA EDIÇÃO

Esta edição foi expandida, incluindo agora material sobre taxa de variação média, custo e demanda, forma polar de números complexos, seções cônicas em coordenadas polares e a estrutura algébrica do produto interno. Foi acrescentado um capítulo (Capítulo 45), como uma introdução ao cálculo diferencial, assunto que agora aparece em muitos livros de pré-cálculo. Mais de 30 problemas resolvidos foram adicionados, bem como mais de 110 problemas suplementares.

Agradecemos Anya Kozorez e sua equipe da McGraw-Hill, e a Madhu Bhardwaj e sua equipe no International Typesetting and Composition. Além desses, o autor gostaria de agradecer aos leitores (poucos, felizmente) que enviaram correções, em particular D. Mehaffey e B. DeRoes.

Acima de tudo, o autor deve agradecimentos mais uma vez a sua esposa Gitta, cuja cuidadosa atenção eliminou diversos erros. Novos erros percebidos pelos leitores podem ser encaminhados para fsafier@ccsf.edu ou fsafier@ccsf.cc.ca.us.

Fred Safier

PREFÁCIO DA PRIMEIRA EDIÇÃO

Uma disciplina de pré-cálculo é elaborada a fim de preparar estudantes de graduação para o nível de habilidades algébricas e conhecimentos esperado em uma disciplina de cálculo. Para tal, são revistos tópicos de álgebra e trigonometria, enfatizando aqueles conteúdos com os quais se requeira certa familiaridade em cálculo. Funções e gráficos são conceitos fundamentais.

Este livro foi escrito como um complemento para disciplinas de graduação em pré-cálculo. A obra é dividida em 44 capítulos e abrange operações algébricas básicas, equações e inequações, funções e gráficos e funções elementares usuais, tais como polinomiais, racionais, exponenciais e logarítmicas. A trigonometria é abordada do Capítulo 20 ao 29, e é dada ênfase para as funções trigonométricas como definidas no círculo trigonométrico unitário. Matrizes, determinantes, sistemas de equações, geometria analítica de seções cônicas e matemática discreta são os tópicos dos capítulos finais.

No início dos capítulos, são apresentadas definições básicas, princípios e teoremas, acompanhados de exemplos elementares. O cerne de cada capítulo está nos problemas resolvidos que apresentam o material em ordem lógica e conduzem o estudante ao desenvolvimento do assunto. Os capítulos terminam com problemas complementares e respectivas respostas. Tais problemas fornecem um aprofundamento no assunto e desenvolvem ideias novas.

O autor gostaria de agradecer seus amigos e colegas, especialmente F. Cerrato, G. Ling e J. Morell pelas proveitosas discussões. Agradecimentos também à equipe da McGraw-Hill e ao revisor do texto, por sua valiosa ajuda. Mas, principalmente, o autor expressa sua gratidão a sua esposa Gitta, cuja cuidadosa leitura, linha após linha, do manuscrito original, eliminou numerosos erros. Erros que ainda persistirem são de inteira responsabilidade do autor. Estudantes e professores que encontrarem falhas são convidados a enviar e-mail para fsafier@ccsf.cc.ca.us

Sumário

CAPÍTULO 1	Preliminares	1
CAPÍTULO 2	Polinômios	7
CAPÍTULO 3	Expoentes	15
CAPÍTULO 4	Expressões Racionais e Radicais	20
CAPÍTULO 5	Equações Lineares e Não Lineares	29
CAPÍTULO 6	Inequações Lineares e Não Lineares	41
CAPÍTULO 7	Valor Absoluto em Equações e Inequações	49
CAPÍTULO 8	Geometria Analítica	54
CAPÍTULO 9	Funções	68
CAPÍTULO 10	Funções Lineares	79
CAPÍTULO 11	Transformações e Gráficos	87
CAPÍTULO 12	Funções Quadráticas	95
CAPÍTULO 13	Álgebra de Funções; Funções Inversas	104
CAPÍTULO 14	Funções Polinomiais	114
CAPÍTULO 15	Funções Racionais	132
CAPÍTULO 16	Funções Algébricas e Variação	146
CAPÍTULO 17	Funções Exponenciais	154
CAPÍTULO 18	Funções Logarítmicas	162
CAPÍTULO 19	Equações Exponenciais e Logarítmicas	168
CAPÍTULO 20	Funções Trigonométricas	176
CAPÍTULO 21	Gráficos de Funções Trigonométricas	187
CAPÍTULO 22	Ângulos	197

CAPÍTULO 23	Identidades e Equações Trigonométricas	211
CAPÍTULO 24	Fórmulas de Soma e Diferença de Ângulos, Ângulo Múltiplo e Meio-Ângulo	220
CAPÍTULO 25	Funções Trigonométricas Inversas	230
CAPÍTULO 26	Triângulos	240
CAPÍTULO 27	Vetores	252
CAPÍTULO 28	Coordenadas Polares e Equações Paramétricas	261
CAPÍTULO 29	Forma Trigonométrica de Números Complexos	270
CAPÍTULO 30	Sistemas de Equações Lineares	279
CAPÍTULO 31	Eliminações Gaussiana e de Gauss-Jordan	287
CAPÍTULO 32	Decomposição em Fração Parcial	294
CAPÍTULO 33	Sistemas de Equações Não Lineares	302
CAPÍTULO 34	Introdução à Álgebra Matricial	309
CAPÍTULO 35	Multiplicação e Inversa de Matrizes	313
CAPÍTULO 36	Determinantes e Regra de Cramer	322
CAPÍTULO 37	Loci e Parábolas	330
CAPÍTULO 38	Elipses e Hipérboles	337
CAPÍTULO 39	Rotação de Eixos	349
CAPÍTULO 40	Seções Cônicas	356
CAPÍTULO 41	Sequências e Séries	362
CAPÍTULO 42	O Princípio da Indução Matemática	368
CAPÍTULO 43	Sequências e Séries Especiais	374
CAPÍTULO 44	O Teorema Binomial	381
CAPÍTULO 45	Limites, Continuidade, Derivadas	387
ÍNDICE		399

Capítulo 1

Preliminares*

OS CONJUNTOS DE NÚMEROS USADOS EM ÁLGEBRA

São, em geral, subconjuntos de **R**, o conjunto dos números reais.

Números naturais N

São os números empregados em processos de contagem, p. ex., 1, 2, 3, 4,...

Inteiros Z

Os números para contagem, acrescidos de seus opostos e 0, p. ex., 0, 1, 2, 3,... $-1, -2, -3,$...

Números racionais Q

O conjunto de todos os números que podem ser escritos como quocientes a/b, $b \neq 0$, sendo a e b inteiros, p. ex., 3/17; 10/3; $-5,13$;...

Números irracionais H

Todos os números reais que não são racionais, p. ex., $\pi, \sqrt{2}, \sqrt[3]{5}, -\pi/3, \ldots$

Exemplo 1.1 O número -5 é elemento dos conjuntos **Z**, **Q** e **R**. O número 156,73 é um elemento dos conjuntos **Q** e **R**. O número 5π é pertencente aos conjuntos **H** e **R**.

AXIOMAS PARA O SISTEMA DOS NÚMEROS REAIS

Há duas operações fundamentais, adição e multiplicação, que apresentam as seguintes propriedades (a, b e c são números reais arbitrários):

Leis de fechamento

A soma $a + b$ e o produto $a \cdot b$ ou ab são números reais únicos.

Leis de comutatividade

$a + b = b + a$: a ordem é irrelevante na adição.
$ab = ba$: a ordem é irrelevante na multiplicação.

---

* N. de T.: É importante frisar que as noções apresentadas neste livro são de caráter intuitivo, ou seja, não formal, uma vez que a presente obra trata de pré-cálculo e não de análise matemática ou fundamentos da matemática.

Leis associativas

$a + (b + c) = (a + b) + c$: o agrupamento* é irrelevante em adições repetidas.
$a(bc) = (ab)c$: o agrupamento é irrelevante em multiplicações repetidas.
Nota: (removendo parênteses): Uma vez que $a + (b + c) = (a + b) + c$, $a + b + c$ pode ser escrito significando qualquer um dos lados da igualdade.
Analogamente, já que $a(bc) = (ab)c$, abc corresponde a qualquer um dos lados da igualdade.

Leis distributivas

$a(b + c) = ab + ac$; também $(a + b)c = ac + bc$: multiplicação é distributiva em relação à adição.

Leis de identidade

Existe um único número 0 com a propriedade de que $0 + a = a + 0 = a$.
Existe um único número 1 com a propriedade de que $1 \cdot a = a \cdot 1 = a$.

Leis de inverso

Para qualquer número real a, existe um real $-a$, tal que $a + (-a) = (-a) + a = 0$.
Para qualquer real a diferente de zero, existe um número real a^{-1}, tal que $aa^{-1} = a^{-1}a = 1$.
$-a$ é chamado de inverso aditivo ou negativo de a.
a^{-1} é chamado de inverso multiplicativo ou recíproco de a.

Exemplo 1.2 Leis associativa e comutativa. Simplifique $(3 + x) + 5$.

$$\begin{aligned}(3 + x) + 5 &= (x + 3) + 5 \quad \text{Lei comutativa} \\ &= x + (3 + 5) \quad \text{Lei associativa} \\ &= x + 8\end{aligned}$$

Exemplo 1.3 Distributividade dupla. Mostre que $(a + b)(c + d) = ac + ad + bc + bd$.

$$\begin{aligned}(a + b)(c + d) &= a(c + d) + b(c + d) \quad \text{pela segunda forma da lei distributiva} \\ &= ac + ad + bc + bd \quad \text{pela primeira forma da lei distributiva}\end{aligned}$$

LEIS DE FATOR ZERO

1. Para cada número real a, $a \cdot 0 = 0$.
2. Se $ab = 0$, então $a = 0$ ou $b = 0$.

LEIS PARA OS NEGATIVOS

1. $-(-a) = a$
2. $(-a)(-b) = ab$
3. $-ab = (-a)b = a(-b) = -(-a)(-b)$
4. $(-1)a = -a$

SUBTRAÇÃO E DIVISÃO

Definição de subtração: $a - b = a + (-b)$
Definição de divisão: $\dfrac{a}{b} = a \div b = a \cdot b^{-1}$. Desse modo, $b^{-1} = 1 \cdot b^{-1} = 1 \div b = \dfrac{1}{b}$.
Nota: Uma vez que 0 não admite inverso multiplicativo, $a \div 0$ não é definido.

---

* N. de T.: A expressão "agrupamento" se refere a termos, fatores ou expressões em geral que se encontram entre parênteses, colchetes ou chaves.

LEIS PARA QUOCIENTES

1. $-\dfrac{a}{b} = \dfrac{-a}{b} = \dfrac{a}{-b} = -\dfrac{-a}{-b}$

2. $\dfrac{-a}{-b} = \dfrac{a}{b}$

3. $\dfrac{a}{b} = \dfrac{c}{d}$ se, e somente se, $ad = bc$.

4. $\dfrac{a}{b} = \dfrac{ka}{kb}$, para qualquer k real não nulo. (Princípio fundamental de frações)

PROPRIEDADES DE ORDEM

Os números reais positivos, denotados por $\boldsymbol{R}^+$, são um subconjunto dos números reais e apresentam as seguintes propriedades:

1. Se a e b estão em $\boldsymbol{R}^+$, então $a + b$ e ab também estão.
2. Para cada número real a, ou a pertence a $\boldsymbol{R}^+$, ou a é zero, ou $-a$ está em $\boldsymbol{R}^+$.

Se a está em $\boldsymbol{R}^+$, a é dito positivo; se $-a$ é elemento de $\boldsymbol{R}^+$, a é chamado de negativo.

O número a *é menor que* b e escrevemos $a < b$, se $b - a$ é positivo. Logo, b *é maior que* a e escrevemos $b > a$. Se a é menor ou igual a b, isso é representado por $a \leq b$. Logo, b é maior ou igual a a, e escrevemos isso como $b \geq a$.

Exemplo 1.4 $3 < 5$ porque $5 - 3 = 2$ é positivo. $-5 < 3$ porque $3-(-5) = 8$ é positivo.

O que se segue pode ser deduzido conforme as definições acima:

1. $a > 0$ se, e somente se, a é positivo.
2. Se $a \neq 0$, então $a^2 > 0$.
3. Se $a < b$, então $a + c < b + c$.
4. Se $a < b$, então $\begin{cases} ac < bc & \text{se } c > 0 \\ ac > bc & \text{se } c < 0 \end{cases}$
5. Para qualquer número real a, ou $a > 0$, ou $a = 0$, ou $a < 0$.
6. Se $a < b$ e $b < c$, então $a < c$.

A RETA REAL

Números reais podem ser representados por pontos em uma reta l, tal que a cada número real a corresponda exatamente a um ponto sobre l, e reciprocamente.

Exemplo 1.5 Represente o conjunto $\{3, -5, 0, 2/3, \sqrt{5}, -1,5, -\pi\}$ sobre uma reta real.

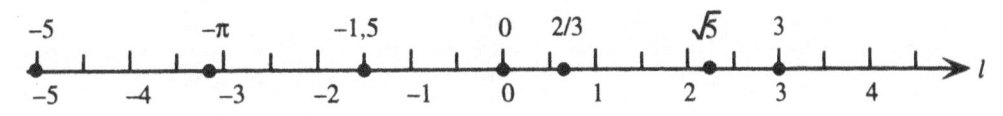

Figura 1-1

VALOR ABSOLUTO DE UM NÚMERO

O valor absoluto de um número real a, representado por $|a|$, é definido como:

$$|a| = \begin{cases} a & \text{se } a \geq 0 \\ -a & \text{se } a < 0 \end{cases}$$

NÚMEROS COMPLEXOS

Nem todos os números são reais. O conjunto C dos números da forma $a + bi$, onde a e b são reais e $i^2 = -1$, é chamado de conjunto dos números complexos. Como todo número real x pode ser representado na forma $x + 0i$, segue que todo número real também é complexo.

Exemplo 1.6 $3+\sqrt{-4}=3+2i$, $-5i$, $2\pi i$, $\frac{1}{2}+\frac{\sqrt{3}}{2}i$ são exemplos de números complexos não reais.

ORDEM DE OPERAÇÕES

Em expressões envolvendo combinações de operações, a seguinte ordem é observada:

1. Primeiramente, execute operações entre símbolos agrupados. Se os símbolos agrupados estão dentro de outro agrupamento de símbolos, proceda a partir dos agrupamentos mais internos para os mais externos.
2. Calcule expoentes antes de multiplicações e divisões, a não ser que o agrupamento de símbolos indique o contrário.
3. Calcule multiplicações e divisões, da esquerda para a direita, antes de calcular adições e subtrações (também da esquerda para direita), a não ser que os símbolos de operações indiquem o contrário.

Exemplo 1.7 Calcule $(a) -5 - 3^2$, $(b)\, 3 - 4[5 - 6(2 - 8)]$, $(c)\, [3 - 8 \cdot 5 - (-1 - 2 \cdot 3)] \cdot (3^2 - 5^2)^2$.

(a) $-5 - 3^2 = -5 - 9 = -14$

(b) $3 - 4[5 - 6(2 - 8)] = 3 - 4[5 - 6(-6)]$
$= 3 - 4[5 + 36]$
$= 3 - 4[41] = 3 - 164 = -161$

(c) $[3 - 8 \cdot 5 - (-1 - 2 \cdot 3)] \cdot (3^2 - 5^2)^2 = [3 - 8 \cdot 5 - (-1 - 6)] \cdot (9 - 25)^2$
$= [3 - (8 \cdot 5) - (-7)] \cdot (-16)^2$
$= [3 - 40 + 7] \cdot 256$
$= -30 \cdot 256 = -7,680$

Problemas Resolvidos

1.1 Demonstre a lei distributiva estendida $a(b + c + d) = ab + ac + ad$.

$$a(b + c + d) = a[(b + c) + d] \quad \text{Lei associativa}$$
$$= a(b + c) + ad \quad \text{Lei distributiva}$$
$$= ab + ac + ad \quad \text{Lei distributiva}$$

1.2 Prove que a multiplicação é distributiva em relação à subtração: $a(b - c) = ab - ac$.

$$a(b - c) = a[b + (-c)] \quad \text{Definição de subtração}$$
$$= ab + a(-c) \quad \text{Lei distributiva}$$
$$= ab + (-ac) \quad \text{Leis para os negativos}$$
$$= ab - ac \quad \text{Definição de subtração}$$

1.3 Mostre que $-(a + b) = -a - b$.

$$-(a + b) = (-1)(a + b) \quad \text{Leis para os negativos}$$
$$= (-1)\,a + (-1)\,b \quad \text{Lei distributiva}$$
$$= (-a) + (-b) \quad \text{Leis para os negativos}$$
$$= -a - b \quad \text{Definição de subtração}$$

1.4 Mostre que se $\dfrac{a}{b} = \dfrac{c}{d}$ então $ad = bc$.

Considere $\dfrac{a}{b} = \dfrac{c}{d}$. Pela definição de divisão, $\dfrac{a}{b} = \dfrac{c}{d}$ significa que $ab^{-1} = cd^{-1}$. Logo,

$$
\begin{aligned}
ad &= ad \cdot 1 & &\text{Lei de identidade} \\
&= adbb^{-1} & &\text{Lei de inverso} \\
&= ab^{-1}db & &\text{Leis associativa e comutativa} \\
&= cd^{-1}db & &\text{Por hipótese} \\
&= c \cdot 1 \cdot b & &\text{Lei de inverso} \\
&= bc & &\text{Leis de identidade e comutativa}
\end{aligned}
$$

1.5 Prove que se $a < b$, então $a + c < b + c$.

Considere que $a < b$. Logo $b - a$ é positivo. Mas $b - a = b - a + 0 = b - a + c + (-c)$, de acordo com as leis de identidade e inverso. Como $b - a + c + (-c) = b - a + c - c = b + c - (a + c)$ pela definição de subtração, pelas leis associativa e comutativa e pelo Problema 1.3, segue que $b + c - (a + c)$ é positivo. Logo $a + c < b + c$.

1.6 Identifique como membros dos conjuntos N, Z, Q, H, R ou C:

(a) -7 (b) $0{,}7$ (c) $\sqrt{7}$;

(d) $\dfrac{7}{0}$ (e) $\sqrt{-7}$

(a) -7 é um inteiro negativo; portanto é também racional, real e complexo. -7 é elemento de Z, Q, R e C.

(b) $0{,}7 = 7/10$; logo é um número racional e, por isso, é real e complexo. $0{,}7$ pertence a Q, R e C.

(c) $\sqrt{7}$ é um número irracional; desse modo, é também real e complexo. $\sqrt{7}$ é elemento de H, R e C.

(d) $\dfrac{7}{0}$ não é definido. Não é elemento de qualquer um desses conjuntos.

(e) $\sqrt{-7}$ não é número real, mas pode ser escrito como $i\sqrt{7}$; portanto, é um número complexo. $\sqrt{-7}$ está em C.

1.7 Verifique se é verdadeiro ou falso:

(a) $-7 < -8$ (b) $\pi = 22/7$ (c) $x^2 \geq 0$ para todo real x.

(a) Como $(-8) - (-7) = -1$ é negativo, $-8 < -7$; portanto, a sentença é falsa.

(b) Uma vez que π é um número irracional* e $22/7$ é racional, a afirmação é falsa.

(c) Isso segue da propriedade 2 para desigualdades; a sentença é verdadeira.

1.8 Reescreva o que se segue sem usar o símbolo para valor absoluto e simplifique:

(a) $|3 - 5|$ (b) $|3| - |5|$ (c) $|2 - \pi|$

(d) $|x - 5|$ se $x > 5$ (e) $|x + 6|$ se $x < -6$

(a) $|3 - 5| = |-2| = 2$ (b) $|3| - |5| = 3 - 5 = -2$

(c) Como $2 < \pi$, $2 - \pi$ é negativo. Por isso, $|2 - \pi| = -(2 - \pi) = \pi - 2$.

(d) Dado que $x > 5$, $x - 5$ é positivo. Logo, $|x - 5| = x - 5$.

(e) Dado que $x < -6$, $x - (-6) = x + 6$ é negativo. Desse modo, $|x + 6| = -(x + 6) = -x - 6$.

---

* N. de T.: Existem demonstrações bem conhecidas para a irracionalidade de π, mas este é um conteúdo que foge do escopo deste livro.

Problemas Complementares

1.9 Identifique a lei que justifica cada uma das seguintes sentenças:

(a) $(2x + 3) + 5 = 2x + (3 + 5)$ (b) $2x + (5 + 3x) = 2x + (3x + 5)$

(c) $x^2(x + y) = x^2 \cdot x + x^2 \cdot y$ (d) $100[0,01(50 - x)] = [100(0,01)](50 - x)$

(e) Se $a + b = 0$, então $b = -a$. (f) Se $(x - 5)(x + 3) = 0$, então $x - 5 = 0$ ou $x + 3 = 0$.

Resp. (a) Lei associativa para adição (b) Lei comutativa para adição
  (c) Lei distributiva (d) Lei associativa para multiplicação.
  (e) Lei de inverso para adição (f) Lei de fator zero

1.10 As seguintes sentenças são verdadeiras ou falsas?

(a) 3 é um número real. (b) $\pi = 3,14$

(c) $|x - 5| = x + 5$ (d) Todo número racional é também um número complexo.

Resp. (a) verdadeira; (b) falsa; (c) falsa; (d) verdadeira

1.11 Insira a desigualdade adequada entre os números que se seguem:

(a) $9 \;?\; -8$ (b) $\pi \;?\; 4$ (c) $\dfrac{1}{3} \;?\; 0,33$

(d) $\dfrac{22}{7} \;?\; \pi$ (e) $-1,414 \;?\; -\sqrt{2}$

Resp. (a) >; (b) <; (c) >; (d) >; (e) >

1.12 Mostre que se $ad = bc$, então $\dfrac{a}{b} = \dfrac{c}{d}$. (*Sugestão*: Assuma, por hipótese, que $ad = bc$; em seguida comece com ab^{-1} e transforme essa expressão em cd^{-1}, por analogia ao Problema 1.4.)

1.13 Prove que $\dfrac{a}{b} = \dfrac{ak}{bk}$ é consequência da lei que diz que $\dfrac{a}{b} = \dfrac{c}{d}$ se, e somente se, $ad = bc$.

1.14 Reescreva o que se segue sem usar o símbolo de valor absoluto e, então, simplifique:

(a) $(-5) - [-(-9)]$ (b) $-|\sqrt{2} - 1,4|$

(c) $6 - x$, se $x > 6$ (d) $-|-4 - x^2|$

Resp. (a) 14; (b) $1,4 - \sqrt{2}$; (c) $x - 6$; (d) $-4 - x^2$

1.15 Calcule (a) $2 \cdot 3 - 4 \cdot 5^2$ (b) $7 + 3[2(5 - 8) - 4]$ (c) $\{4 \cdot 8 - 6[7 - (5 - 8)^2]\}^2$

Resp. (a) -94; (b) -23; (c) 1936

1.16 Considere o conjunto $\left\{-5, -\dfrac{5}{3}, 0, \sqrt{5}, \pi, \dfrac{50}{7}, \sqrt{625}\right\}$

(a) Quais elementos desse conjunto pertencem a N?

(b) Quais elementos desse conjunto pertencem a Z?

(c) Quais elementos desse conjunto pertencem a Q?

(d) Quais elementos desse conjunto pertencem a H?

Resp. (a) $\sqrt{625}$; (b) $-5, 0, \sqrt{625}$; (c) $-5, -\dfrac{5}{3}, 0, \dfrac{50}{7}, \sqrt{625}$; (d) $\sqrt{5}, \pi$

1.17 Um conjunto é fechado em relação a uma operação se o resultado da aplicação dela para quaisquer elementos do conjunto também pertence ao conjunto. Logo, os inteiros Z são fechados em relação a +, enquanto os números irracionais H não são, uma vez que, por exemplo, $\pi + (-\pi) = 0$, que não é irracional. Identifique como verdadeiro ou falso:

(a) Z é fechado em relação a multiplicação.

(b) H é fechado em relação a multiplicação.

(c) N é fechado em relação a subtração.

(d) Q é fechado em relação a adição.

(e) Q é fechado em relação a multiplicação.

Resp. (a) verdadeiro; (b) falso; (c) falso; (d) verdadeiro; (e) verdadeiro

Capítulo 2

Polinômios

DEFINIÇÃO DE POLINÔMIO

Um polinômio é uma expressão que pode ser escrita como um termo ou uma soma de termos da forma $ax_1^{n_1} x_2^{n_2} \ldots x_m^{n_m}$ sendo a uma constante e $x_1, \ldots, x_m$ variáveis. Um polinômio de um termo é chamado de *monômio*. Um polinômio de dois termos é dito *binômio*. Um polinômio com três termos é chamado de *trinômio*.

Exemplo 2.1 $5, -20, \pi, t, 3x^2, -15x^3y^2, \frac{2}{3}xy^4zw$ são monômios.

Exemplo 2.2 $x + 5, x^2 - y^2, 3x^5y^7 - \sqrt{3}x^3z$ são binômios.

Exemplo 2.3 $x + y + 4z, 5x^2 - 3x + 1, x^3 - y^3 + t^3, 8xyz - 5x^2y + 20t^3u$ são trinômios.

O GRAU DE UM TERMO

O grau de um termo em um polinômio é o expoente da variável ou, se houver mais de uma variável, a soma dos expoentes das variáveis. Se não houver variáveis em um termo, ele é chamado de *constante*. O grau de um termo constante é 0.

Exemplo 2.4 (a) $3x^8$ tem grau 8; (b) $12xy^2z^2$ tem grau 5; (c) π tem grau 0.

O GRAU DE UM POLINÔMIO

O grau de um polinômio com mais de um termo é o maior dos graus dos termos individuais.

Exemplo 2.5 (a) $x^4 + 3x^2 - 250$ tem grau 4; (b) $x^3y^2 - 30x^4$ tem grau 5; (c) $16 - x - x^{10}$ tem grau 10; (d) $x^3 + 3x^2h + 3xh^2 + h^3$ tem grau 3.

TERMOS SEMELHANTES E DISSEMELHANTES

Dois ou mais termos são chamados de *semelhantes* se são constantes ou se contêm as mesmas variáveis elevadas aos mesmos expoentes, diferindo apenas, se for o caso, em seus coeficientes constantes. Termos que não são semelhantes são ditos dissemelhantes.

Exemplo 2.6 $3x$ e $5x$, $-16x^2y$ e $2x^2y$, tu^5 e $6tu^5$ são exemplos de termos semelhantes. 3 e $3x$, x^2 e y^2, a^3b^2 e a^2b^3 são exemplos de termos dissemelhantes.

ADIÇÃO

A soma de dois ou mais polinômios é obtida por combinação de termos semelhantes. A ordem é irrelevante, mas polinômios de uma variável são geralmente escritos em ordem decrescente dos graus de seus termos. Um polinômio de uma variável x sempre pode ser escrito na forma:

$$a_n x^n + a_{n-1} x^{n-1} + \cdots + a_1 x + a_0$$

Essa maneira de escrever é dita *padrão*. O grau de um polinômio escrito na forma padrão é imediatamente identificado como n.

Exemplo 2.7 $5x^3 + 6x^4 - 8x + 2x^2 = 6x^4 + 5x^3 + 2x^2 - 8x$ (grau 4)

Exemplo 2.8 $(x^3 - 3x^2 + 8x + 7) + (-5x^3 - 12x + 3) = x^3 - 3x^2 + 8x + 7 - 5x^3 - 12x + 3$
$$= -4x^3 - 3x^2 - 4x + 10$$

SUBTRAÇÃO

A diferença entre dois polinômios é conseguida usando a definição de subtração: $A - B = A + (-B)$. Observe que para subtrair B de A, escreve-se $A - B$.

Exemplo 2.9 $(y^2 - 5y + 7) - (3y^2 - 5y + 12) = (y^2 - 5y + 7) + (-3y^2 + 5y - 12)$
$$= y^2 - 5y + 7 - 3y^2 + 5y - 12$$
$$= -2y^2 - 5$$

MULTIPLICAÇÃO

O produto de dois polinômios é obtido pelo uso de várias formas da propriedade distributiva, bem como pelo emprego da primeira lei para expoentes: $x^a x^b = x^{a+b}$

Exemplo 2.10 $x^3(3x^4 - 5x^2 + 7x + 2) = x^3 \cdot 3x^4 - x^3 \cdot 5x^2 + x^3 \cdot 7x + x^3 \cdot 2$
$$= 3x^7 - 5x^5 + 7x^4 + 2x^3$$

Exemplo 2.11 Multiplique: $(x + 2y)(x^3 - 3x^2 y + xy^2)$

$$(x + 2y)(x^3 - 3x^2 y + xy^2) = (x + 2y)x^3 - (x + 2y)3x^2 y + (x + 2y)xy^2$$
$$= x^4 + 2x^3 y - 3x^3 y - 6x^2 y^2 + x^2 y^2 + 2xy^3$$
$$= x^4 - x^3 y - 5x^2 y^2 + 2xy^3$$

Frequentemente uma disposição vertical é empregada para essa situação:

$$\begin{array}{r} x^3 - 3x^2 y + xy^2 \\ x + 2y \\ \hline x^4 - 3x^3 y + x^2 y^2 \\ 2x^3 y - 6x^2 y^2 + 2xy^3 \\ \hline x^4 - x^3 y - 5x^2 y^2 + 2xy^3 \end{array}$$

DISTRIBUTIVIDADE DUPLA*

Distributividade dupla para multiplicação de dois binômios:

$$(a + b)(c + d) = ac + ad + bc + bd$$

---

* N. de T.: Na versão original, FOIL (*First Outer Inner Last*). Neste livro, optamos por uma tradução não literal.

Exemplo 2.12 $(2x + 3)(4x + 5) = 8x^2 + 10x + 12x + 15 = 8x^2 + 22x + 15$

PRODUTOS NOTÁVEIS

$(a + b)(a - b) = a^2 - b^2$ — Diferença de dois quadrados
$(a + b)^2 = (a + b)(a + b) = a^2 + 2ab + b^2$ — Quadrado de uma soma
$(a - b)^2 = (a - b)(a - b) = a^2 - 2ab + b^2$ — Quadrado de uma diferença

$(a - b)(a^2 + ab + b^2) = a^3 - b^3$ — Diferença de dois cubos
$(a + b)(a^2 - ab + b^2) = a^3 + b^3$ — Soma de dois cubos
$(a + b)^3 = (a + b)(a + b)^2$ — Cubo de uma soma
$ = (a + b)(a^2 + 2ab + b^2) = a^3 + 3a^2b + 3ab^2 + b^3$
$(a - b)^3 = (a - b)(a - b)^2$ — Cubo de uma diferença
$ = (a - b)(a^2 - 2ab + b^2) = a^3 - 3a^2b + 3ab^2 - b^3$

FATORAÇÃO

Fatorar polinômios corresponde ao processo inverso do uso das leis de distributividade da multiplicação. Um polinômio que não pode ser fatorado* é dito *primo*. Técnicas usuais de fatoração incluem colocar em evidência um fator comum, fatorar por agrupamento, reverter os processos usuais envolvendo o uso da distributividade dupla e formas notáveis de fatoração.

Exemplo 2.13 Colocando em evidência um fator monomial comum: $3x^5 - 24x^4 + 12x^3 = 3x^3(x^2 - 8x + 4)$

Exemplo 2.14 Colocando em evidência um fator não monomial comum:

$$12(x^2 - 1)^4(3x + 1)^3 + 8x(x^2 - 1)^3(3x + 1)^4 = 4(x^2 - 1)^3(3x + 1)^3[3(x^2 - 1) + 2x(3x + 1)]$$
$$= 4(x^2 - 1)^3(3x + 1)^3(9x^2 + 2x - 3)$$

É importante observar que o fator comum em tais problemas consiste de bases elevadas ao menor expoente presente em cada termo.

Exemplo 2.15 Fatorando por agrupamento:

$$3x^2 + 4xy - 3xt - 4ty = (3x^2 + 4xy) - (3xt + 4ty) = x(3x + 4y) - t(3x + 4y) = (3x + 4y)(x - t)$$

O reverso da distributividade dupla segue o padrão abaixo:

$$x^2 + (a + b)x + ab = (x + a)(x + b)$$
$$acx^2 + (bc + ad)xy + bdy^2 = (ax + by)(cx + dy)$$

Exemplo 2.16 Reverta a distributividade dupla:

(a) Para fatorar $x^2 - 15x + 50$, encontre dois fatores de 50 que somam -15: -5 e -10.

$$x^2 - 15x + 50 = (x - 5)(x - 10)$$

(b) Para fatorar $4x^2 + 11xy + 6y^2$, encontre dois fatores para $4 \cdot 6 = 24$ que somam 11: 8 e 3.

$$4x^2 + 11xy + 6y^2 = 4x^2 + 8xy + 3xy + 6y^2 = 4x(x + 2y) + 3y(x + 2y) = (x + 2y)(4x + 3y)$$

---

* N. de T.: A rigor, todo polinômio pode ser fatorado, pois todo polinômio p pode ser escrito da forma $p \cdot (1 + 0)$. O autor está se referindo a formas não triviais de fatoração.

FORMAS ESPECIAIS DE FATORAÇÃO

$a^2 - b^2 = (a+b)(a-b)$	Diferença de dois quadrados
$a^2 + b^2$ é primo.	Soma de dois quadrados
$a^2 + 2ab + b^2 = (a+b)^2$	Quadrado de uma soma
$a^2 - 2ab + b^2 = (a-b)^2$	Quadrado de uma diferença
$a^3 + b^3 = (a+b)(a^2 - ab + b^2)$	Soma de dois cubos
$a^3 - b^3 = (a-b)(a^2 + ab + b^2)$	Diferença de dois cubos

ESTRATÉGIA DE FATORAÇÃO GERAL

Passo 1 Coloque em evidência todos os fatores comuns a todos os termos.

Passo 2 Observe o número de termos.

Se o polinômio remanescente após o passo 1 tem dois termos, procure por uma diferença de dois quadrados ou a soma ou diferença entre dois cubos.

Se o polinômio remanescente após o passo 1 tem três termos, procure por um quadrado perfeito ou tente reverter a distributividade dupla.

Se o polinômio remanescente após o passo 1 tem quatro ou mais termos, tente fatorar por agrupamento.

Problemas Resolvidos

2.1 Determine o grau de: (*a*) 12; (*b*) $35x^3$; (*c*) $3x^3 - 5x^4 + 3x^2 + 9$; (*d*) $x^8 - 64$

(*a*) Esse polinômio tem um termo e nenhuma variável. O grau é 0.

(*b*) Esse polinômio tem um termo. O expoente da variável é 3. O grau é 3.

(*c*) Esse polinômio tem quatro termos de graus 3, 4, 2 e 0, respectivamente. O maior grau é 4 e, portanto, o grau do polinômio é 4.

(*d*) Esse polinômio tem dois termos de graus 8 e 0, respectivamente. O maior é 8 e, portanto, o grau do polinômio é 8.

2.2 Encontre o grau de: (*a*) x^2y (*b*) $xy - y^3 + 7$ (*c*) $x^4 + 4x^3h + 6x^2h^2 + 4xh^3 + h^4$

(*a*) Esse polinômio tem um termo. A soma dos expoentes das variáveis é $2+1 = 3$ e, portanto, o grau do polinômio é 3.

(*b*) Esse polinômio tem três termos de graus 2, 3 e 0, respectivamente. O maior deles é 3, o que implica que o grau do polinômio é 3.

(*c*) Esse polinômio tem cinco termos de grau 4 cada e, por isso, o grau do polinômio é 4.

2.3 Se $A = x^2 - 6x + 10$ e $B = 3x^3 - 7x^2 + x + 1$, calcule (*a*) $A + B$ (*b*) $A - B$.

(*a*) $A + B = (x^2 - 6x + 10) + (3x^3 - 7x^2 + x + 1)$
$= x^2 - 6x + 10 + 3x^3 - 7x^2 + x + 1$
$= 3x^3 - 6x^2 - 5x + 11$

(*b*) $A - B = (x^2 - 6x + 10) - (3x^3 - 7x^2 + x + 1)$
$= x^2 - 6x + 10 - 3x^3 + 7x^2 - x - 1$
$= -3x^3 + 8x^2 - 7x + 9$

2.4 Some $8x^3 - y^3$ e $x^2 - 5xy^2 + y^3$.

$$(8x^3 - y^3) + (x^2 - 5xy^2 + y^3) = 8x^3 - y^3 + x^2 - 5xy^2 + y^3 = 8x^3 + x^2 - 5xy^2$$

2.5 Subtraia $8x^3 - y^3$ de $x^2 - 5xy^2 + y^3$.

$$(x^2 - 5xy^2 + y^3) - (8x^3 - y^3) = x^2 - 5xy^2 + y^3 - 8x^3 + y^3 = -8x^3 + x^2 - 5xy^2 + 2y^3$$

2.6 Simplifique: $3x^2 - 5x - (5x + 8 - (8 - 5x^2 + (3x^2 - x + 1)))$

$$\begin{aligned}
3x^2 - 5x - (5x + 8 - (8 - 5x^2 + (3x^2 - x + 1))) &= 3x^2 - 5x - (5x + 8 - (8 - 5x^2 + 3x^2 - x + 1)) \\
&= 3x^2 - 5x - (5x + 8 - (-2x^2 - x + 9)) \\
&= 3x^2 - 5x - (5x + 8 + 2x^2 + x - 9) \\
&= 3x^2 - 5x - (2x^2 + 6x - 1) \\
&= x^2 - 11x + 1
\end{aligned}$$

2.7 Multiplique: (a) $12x^2(x^2 - xy + y^2)$; (b) $(a + b)(2a - 3)$; (c) $(3x - 1)(4x^2 - 8x + 3)$

(a) $12x^2(x^2 - xy + y^2) = 12x^2 \cdot x^2 - 12x^2 \cdot xy + 12x^2 \cdot y^2 = 12x^4 - 12x^3y + 12x^2y^2$

(b) $(a + b)(2a - 3) = a(2a - 3) + b(2a - 3)$
$= 2a^2 - 3a + 2ab - 3b$

(c) $(3x - 1)(4x^2 - 8x + 3) = (3x - 1)4x^2 - (3x - 1)8x + (3x - 1)3$
$= 12x^3 - 4x^2 - 24x^2 + 8x + 9x - 3$
$= 12x^3 - 28x^2 + 17x - 3$

2.8 Multiplique usando uma disposição vertical: $(4p - 3q)(2p^3 - p^2q + pq^2 - 2q^3)$

$$\begin{array}{r}
2p^3 - p^2q + pq^2 - 2q^3 \\
4p - 3q \\
\hline
8p^4 - 4p^3q + 4p^2q^2 - 8pq^3 \\
-6p^3q + 3p^2q^2 - 3pq^3 + 6q^4 \\
\hline
8p^4 - 10p^3q + 7p^2q^2 - 11pq^3 + 6q^4
\end{array}$$

2.9 Multiplique:

(a) $(cx - d)(cx + d)$; (b) $(3x - 5)^2$; (c) $(2t - 5)(4t^2 + 10t + 25)$;

(d) $4(-2x)(1 - x^2)^3$; (e) $[(r - s) + t][(r - s) - t]$

(a) $(cx - d)(cx + d) = (cx)^2 - d^2 = c^2x^2 - d^2$

(b) $(3x - 5)^2 = (3x)^2 - 2(3x \cdot 5) + 5^2 = 9x^2 - 30x + 25$

(c) $(2t - 5)(4t^2 + 10t + 25) = (2t)^3 - 5^3 = 8t^3 - 125$ usando o padrão da diferença de dois cubos.

(d) $4(-2x)(1 - x^2)^3 = -8x(1 - x^2)^3$
$= -8x(1 - 3x^2 + 3x^4 - x^6)$ usando o padrão do cubo de uma diferença.
$= -8x + 24x^3 - 24x^5 + 8x^7$

(e) $[(r - s) + t][(r - s) - t] = (r - s)^2 - t^2 = r^2 - 2rs + s^2 - t^2$ usando o padrão da diferença de dois quadrados, seguido pelo quadrado de uma diferença.

2.10 Faça as operações indicadas: (a) $(x + h)^3 - (x - h)^3$; (b) $(1 + t)^4$.

(a) $(x + h)^3 - (x - h)^3 = (x^3 + 3x^2h + 3xh^2 + h^3) - (x^3 - 3x^2h + 3xh^2 - h^3)$
$= x^3 + 3x^2h + 3xh^2 + h^3 - x^3 + 3x^2h - 3xh^2 + h^3$
$= 6x^2h + 2h^3$

(b) $(1 + t)^4 = ((1 + t)^2)^2 = (1 + 2t + t^2)^2 = (1 + 2t)^2 + 2(1 + 2t)t^2 + t^4$
$= 1 + 4t + 4t^2 + 2t^2 + 4t^3 + t^4 = 1 + 4t + 6t^2 + 4t^3 + t^4$

2.11 Fatore: (a) $15x^4 - 10x^3 + 25x^2$; (b) $x^2 + 12x + 20$; (c) $9x^2 - 25y^2$;

(d) $6x^5 - 48x^4 - 54x^3$; (e) $5x^2 + 13xy + 6y^2$; (f) $P(1 + r) + P(1 + r)r$; (g) $x^3 - 64$;

(h) $3(x + 3)^2(x - 8)^4 + 4(x + 3)^3(x - 8)^3$; (i) $x^4 - y^4 + x^3 - xy^2$; (j) $x^6 - 64y^6$

(a) $15x^4 - 10x^3 + 25x^2 = 5x^2(3x^2 - 2x + 5)$. Após colocar em evidência o fator comum, o polinômio remanescente é primo.

(b) $x^2 + 12x + 20 = (x + 10)(x + 2)$ usando a fatoração pelo inverso da dupla distributividade.

(c) $9x^2 - 25y^2 = (3x)^2 - (5y)^2 = (3x - 5y)(3x + 5y)$ usando a diferença padrão de dois quadrados.

(d) $6x^5 - 48x^4 - 54x^3 = 6x^3(x^2 - 8x - 9) = 6x^3(x - 9)(x + 1)$ colocando em evidência o fator comum e, então, usando a fatoração pelo inverso da dupla distributividade.

(e) $5x^2 + 13xy + 6y^2 = (5x + 3y)(x + 2y)$ usando a fatoração pelo inverso da dupla distributividade.

(f) $P(1 + r) + P(1 + r)r = P(1 + r)(1 + r) = P(1 + r)^2$. Aqui, o fator comum $P(1 + r)$ foi colocado em evidência em ambos os termos.

(g) $x^3 - 64 = (x - 4)(x^2 + 4x + 16)$ usando a diferença padrão de dois cubos.

(h) Colocando em evidência o fator comum em ambos os termos e combinando termos no fator remanescentes, temos:

$$3(x + 3)^2 (x - 8)^4 + 4(x + 3)^3 (x - 8)^3 = (x + 3)^2 (x - 8)^3 [3(x - 8) + 4(x + 3)]$$
$$= (x + 3)^2 (x - 8)^3 (7x - 12)$$

(i) $x^4 - y^4 + x^3 - xy^2 = (x^4 - y^4) + (x^3 - xy^2)$
$= (x^2 - y^2)(x^2 + y^2) + x(x^2 - y^2)$
$= (x^2 - y^2)(x^2 + y^2 + x)$
$= (x - y)(x + y)(x^2 + y^2 + x)$

(j) $x^6 - 64y^6 = (x^3 - 8y^3)(x^3 + 8y^3) = (x - 2y)(x^2 + 2xy + 4y^2)(x + 2y)(x^2 - 2xy + 4y^2)$

2.12 Uma técnica especial de fatoração que é ocasionalmente empregada envolve a soma de um termo para transformar um polinômio em um quadrado perfeito, seguida de uma subtração daquele mesmo termo. Se o termo somado é ele próprio um quadrado perfeito, então o polinômio original pode ser fatorado como a diferença de dois quadrados. Ilustre essa técnica para (a) $x^4 + 4y^4$; (b) $x^4 + 2x^2y^2 + 9y^4$.

(a) Como $x^4 + 4y^4 = (x^2)^2 + (2y^2)^2$, somar $2x^2(2y^2) = 4x^2y^2$ transforma o polinômio em um quadrado perfeito. Subtraindo esse termo tem-se uma diferença de dois quadrados, a qual pode ser fatorada:

$$x^4 + 4y^4 = x^4 + 4x^2y^2 + 4y^4 - 4x^2y^2$$
$$= (x^2 + 2y^2)^2 - (2xy)^2$$
$$= (x^2 + 2y^2 - 2xy)(x^2 + 2y^2 + 2xy)$$

(b) Se o termo do meio desse polinômio fosse $6x^2y^2$ no lugar de $2x^2y^2$, o polinômio seria um quadrado perfeito. Portanto, somando e subtraindo $4x^2y^2$, tem-se uma diferença de dois quadrados, a qual pode ser fatorada:

$$x^4 + 2x^2y^2 + 9y^4 = x^4 + 6x^2y^2 + 9y^4 - 4x^2y^2$$
$$= (x^2 + 3y^2)^2 - (2xy)^2$$
$$= (x^2 + 3y^2 - 2xy)(x^2 + 3y^2 + 2xy)$$

Problemas Complementares

2.13 Encontre o grau de (a) 8; (b) $8x^7$; (c) $5x^2 - 5x + 5$; (d) $5\pi^2 - 5\pi + 5$; (e) $x^2 + 2xy + y^2 - 6x + 8y + 25$

Resp. (a) 0; (b) 7; (c) 2; (d) 0; (e) 2

2.14 Sejam P um polinômio de grau m e Q um polinômio de grau n. Prove que (a) PQ é um polinômio de grau $m+n$; (b) o grau de $P+Q$ é menor ou igual ao maior valor entre m e n.

2.15 Sejam $A = x^2 - xy + 2y^2$, $B = x^3 - y^3$, $C = 2x^2 - 5x + 4$, $D = 3x^2 - 2y^2$. Calcule

(a) $A+D$; (b) BD; (c) $B - Cx$; (d) $x^2 A^2 - B^2$; (e) $AD - B^2$

Resp. (a) $4x^2 - xy$; (b) $3x^5 - 2x^3y^2 - 3x^2y^3 + 2y^5$; (c) $-x^3 - y^3 + 5x^2 - 4x$;
(d) $-2x^5y + 5x^4y^2 - 2x^3y^3 + 4x^2y^4 - y^6$;
(e) $3x^4 - 3x^3y + 4x^2y^2 + 2xy^3 - 4y^4 - x^6 + 2x^3y^3 - y^6$

2.16 Usando as expressões do problema anterior, subtraia C da soma de A com D.

Resp. $2x^2 - xy + 5x - 4$

2.17 Faça as operações indicadas: (a) $-(x - 5)^2$; (b) $2x - (x - 3)^2$; (c) $5a(2a - 1)^2 - 3(a - 2)^3$; (d) $-(4x + 1)^3 - 2(4x + 1)^2$

Resp. (a) $-x^2 + 10x - 25$; (b) $-x^2 + 8x - 9$; (c) $17a^3 - 2a^2 - 31a + 24$;
(d) $-64x^3 - 80x^2 - 28x - 3$

2.18 Faça as operações indicadas: (a) $-3(x - 2)^2$; (b) $-3 - 4(x + 4)^2$; (c) $4(x + 3)^2 - 3(x - 2)^2$;
(d) $(x + 3)(x + 4) - (x + 5)^2$; (e) $-(x + 2)^3 - (x + 2)^2 - 5(x + 2) + 10$

Resp. (a) $-3x^2 + 12x - 12$; (b) $-4x^2 - 32x - 67$; (c) $x^2 + 36x + 24$;
(d) $-3x - 13$; (e) $-x^3 - 7x^2 - 21x - 12$

2.19 Faça as operações indicadas: (a) $(x - h)^2 + (y - k)^2$; (b) $(x + h)^4 - x^4$;
(c) $R^2 - (R - x)^2$; (d) $(ax + by + c)^2$

Resp. (a) $x^2 - 2xh + h^2 + y^2 - 2yk + k^2$; (b) $4x^3h + 6x^2h^2 + 4xh^3 + h^4$;
(c) $2Rx - x^2$; (d) $a^2x^2 + b^2y^2 + c^2 + 2abxy + 2acx + 2bcy$

2.20 Fatore: (a) $x^2 - 12x + 27$; (b) $x^2 + 10x + 25$; (c) $x^4 - 6x^2 + 9$; (d) $x^3 - 64$;
(e) $3x^2 - 7x - 10$ (f) $3x^3 + 15x^2 - 18x$; (g) $x^5 + x^2$; (h) $4x^4 - x^2 - 18$; (i) $x^4 - 11x^2y^2 + y^4$

Resp. (a) $(x - 3)(x - 9)$; (b) $(x + 5)^2$; (c) $(x^2 - 3)^2$; (d) $(x - 4)(x^2 + 4x + 16)$;
(e) $(3x - 10)(x + 1)$; (f) $3x(x + 6)(x - 1)$; (g) $x^2(x + 1)(x^2 - x + 1)$;
(h) $(x^2 + 2)(2x - 3)(2x + 3)$; (i) $(x^2 - 3xy - y^2)(x^2 + 3xy - y^2)$

2.21 Fatore: (a) $t^2 + 6t - 27$; (b) $4x^3 - 20x^2 - 24x$; (c) $3x^2 - x - 14$; (d) $5x^2 - 3x - 14$; (e) $4x^6 - 37x^3 + 9$;
(f) $(x - 2)^3 - (x - 2)^2$; (g) $x^2 - 6x + 9 - y^2 - 2yz - z^2$; (h) $16x^4 - x^2y^2 + y^4$

Resp. (a) $(t + 9)(t - 3)$; (b) $4x(x + 1)(x - 6)$; (c) $(3x - 7)(x + 2)$; (d) $(5x + 7)(x - 2)$;
(e) $(4x^3 - 1)(x^3 - 9)$; (f) $(x - 2)^2(x - 3)$; (g) $(x - 3 - y - z)(x - 3 + y + z)$;
(h) $(4x^2 + y^2 - 3xy)(4x^2 + y^2 + 3xy)$

2.22 Fatore: (a) $x^2 - 6xy + 9y^2$; (b) $x^4 - 5x^2 + 4$; (c) $x^4 - 3x^2 - 4$; (d) $x^3 + y^3 + x^2 - y^2$;
(e) $P + Pr + (P + Pr)r + [P + Pr + (P + Pr)r]r$; (f) $a^6x^6 - 64y^6$; (g) $a^6x^6 + 64y^6$

Resp. (a) $(x - 3y)^2$; (b) $(x - 1)(x + 1)(x - 2)(x + 2)$; (c) $(x - 2)(x + 2)(x^2 + 1)$;
(d) $(x + y)(x^2 - xy + y^2 + x - y)$; (e) $P(1 + r)^3$;
(f) $(ax - 2y)(ax + 2y)(a^2x^2 + 2axy + 4y^2)(a^2x^2 - 2axy + 4y^2)$;
(g) $(a^2x^2 + 4y^2)(a^4x^4 - 4a^2x^2y^2 + 16y^4)$

2.23 Fatore: (a) $x^5(x+2)^3 + x^4(x+2)^4$; (b) $5x^4(3x-5)^4 + 12x^5(3x-5)^3$; (c) $2(x+3)(x+5)^4 + 4(x+3)^2(x+5)^3$; (d) $3(5x+2)^2(5)(3x-4)^4 + (5x+2)^3(4)(3x-4)^3(3)$; (e) $5(x^2+4)^4(8x-1)^2(2x) + 2(x^2+4)^5(8x-1)(8)$

Resp. (a) $x^4(x+2)^3(2x+2)$; (b) $x^4(3x-5)^3(27x-25)$; (c) $2(x+3)(x+5)^3(3x+11)$; (d) $3(5x+2)^2(3x-4)^3(35x-12)$; (e) $2(x^2+4)^4(8x-1)(48x^2-5x+32)$

Capítulo 3

Expoentes

EXPOENTES NATURAIS

Expoentes naturais são definidos por:

$$x^n = xx \cdots x \qquad (n \text{ fatores de } x)$$

Exemplo 3.1 (a) $x^5 = xxxxx$; (b) $5x^4yz^3 = 5xxxxyzzz$; (c) $5a^3b + 3(2ab)^3 = 5aaab + 3(2ab)(2ab)(2ab)$

EXPOENTE ZERO

$x^0 = 1$ para qualquer número real x diferente de zero. 0^0 não é definido.

EXPOENTES INTEIROS NEGATIVOS

Expoentes inteiros negativos são definidos por:

$x^{-n} = \dfrac{1}{x^n}$ para qualquer real não nulo x

0^{-n} não é definido para qualquer inteiro positivo n

Exemplo 3.2 (a) $x^{-5} = \dfrac{1}{x^5}$; (b) $4y^{-3} = 4 \cdot \dfrac{1}{y^3} = \dfrac{4}{y^3}$; (c) $5^{-3} = \dfrac{1}{5^3} = \dfrac{1}{125}$; (d) $-4^{-2} = -\dfrac{1}{4^2} = -\dfrac{1}{16}$;

(e) $3x^{-2}y^4 + 2(3x)^{-4}y^{-5}z^2 = 3 \cdot \dfrac{1}{x^2}y^4 + 2 \cdot \dfrac{1}{(3x)^4} \cdot \dfrac{1}{y^5}z^2 = \dfrac{3y^4}{x^2} + \dfrac{2z^2}{(3x)^4y^5}$

EXPOENTES RACIONAIS

$x^{1/n}$, a raiz n-ésima de x, é definida, sendo n um inteiro maior que 1, como se segue:

Se n é ímpar, $x^{1/n}$ é o único número real y que, elevado à potência n, é igual a x. Se n é par, então,

se $x > 0$, $x^{1/n}$ é o número real positivo y que, elevado à potência n, é igual a x;

se $x = 0$, $x^{1/n} = 0$;

se $x < 0$, $x^{1/n}$ não é um número real.

Nota: A raiz n-ésima de um número positivo é positiva.

Exemplo 3.3 (a) $8^{1/3} = 2$; (b) $(-8)^{1/3} = -2$; (c) $-8^{1/3} = -2$; (d) $16^{1/4} = 2$; (e) $(-16)^{1/4}$ não é um número real; (f) $-16^{1/4} = -2$

$x^{m/n}$ é definido por: $x^{m/n} = (x^{1/n})^m$, desde que $x^{1/n}$ seja real.

$x^{-m/n} = \dfrac{1}{x^{m/n}}$

Exemplo 3.4 (a) $125^{2/3} = (125^{1/3})^2 = 5^2 = 25$; (b) $8^{-4/3} = \dfrac{1}{8^{4/3}} = \dfrac{1}{(8^{1/3})^4} = \dfrac{1}{2^4} = \dfrac{1}{16}$; (c) $(-64)^{5/6}$ não é um número real.

LEIS PARA EXPOENTES

Para a e b números racionais e x e y números reais (evitando raízes pares de números negativos e divisão por zero):

$$x^a x^b = x^{a+b} \qquad (xy)^a = x^a y^a \qquad (x^a)^b = x^{ab}$$

$$\frac{x^a}{x^b} = x^{a-b} \qquad \frac{x^a}{x^b} = \frac{1}{x^{b-a}} \qquad \left(\frac{x}{y}\right)^a = \frac{x^a}{y^a}$$

$$\left(\frac{x}{y}\right)^{-m} = \left(\frac{y}{x}\right)^m \qquad \frac{x^{-n}}{y^{-m}} = \frac{y^m}{x^n}$$

No caso geral, $x^{m/n} = (x^{1/n})^m = (x^m)^{1/n}$, desde que $x^{1/n}$ seja real.

A menos que se especifique o contrário, geralmente assume-se que as bases representam números positivos. Com essa convenção, então, escreve-se $(x^n)^{1/n} = x$. Porém, se essa convenção não vale, então:

$$(x^n)^{1/n} = x \qquad \text{se } n \text{ é ímpar ou se } n \text{ é par e } x \text{ não é negativo}$$
$$(x^n)^{1/n} = |x| \qquad \text{se } n \text{ é par e } x \text{ é negativo}$$

Exemplo 3.5 Se x é positivo: (a) $(x^2)^{1/2} = x$; (b) $(x^3)^{1/3} = x$; (c) $(x^4)^{1/2} = x^2$; (d) $(x^6)^{1/2} = x^3$

Exemplo 3.6 Para x qualquer: (a) $(x^2)^{1/2} = |x|$; (b) $(x^3)^{1/3} = x$; (c) $(x^4)^{1/2} = |x^2| = x^2$; (d) $(x^6)^{1/2} = x^3$

NOTAÇÃO CIENTÍFICA

Ao se lidar com números muito grandes ou muito pequenos, a notação científica é frequentemente usada. Um número é escrito em notação científica quando é expresso na forma de um número entre 1 e 10 multiplicado por uma potência de 10.

Exemplo 3.7 (a) $51.000.000 = 5{,}1 \times 10^7$; (b) $0{,}000\,000\,000\,035\,2 = 3{,}52 \times 10^{-11}$;

(c) $\dfrac{(50.000.000)(0{,}000\,000\,000\,6)}{(20.000)^3} = \dfrac{(5 \times 10^7)(6 \times 10^{-10})}{(2 \times 10^4)^3} = \dfrac{30 \times 10^{-3}}{8 \times 10^{12}} = 3{,}75 \times 10^{-15}$

Problemas Resolvidos

Nos problemas seguintes, bases são assumidas como positivas, a menos que seja dito o contrário:

3.1 Simplifique: (a) $2(3x^2y)^3(x^4y^3)^2$; (b) $\dfrac{(4x^5y^3)^2}{2(xy^4)^3}$

(a) $2(3x^2y)^3(x^4y^3)^2 = 2 \cdot 3^3 x^6 y^3 \cdot x^8 y^6 = 54 x^{14} y^9$; (b) $\dfrac{(4x^5y^3)^2}{2(xy^4)^3} = \dfrac{16 x^{10} y^6}{2 x^3 y^{12}} = \dfrac{8x^7}{y^6}$

3.2 Simplifique e escreva com expoentes positivos: (a) $\dfrac{x^2 y^{-3}}{x^3 y^3}$; (b) $\dfrac{(x^2 y^{-3})^{-2}}{(x^3 y^4)^{-4}}$; (c) $(x^2 + y^2)^{-2}$;

(d) $(3x^{-5})^{-2}(5y^{-4})^3$; (e) $(x^{-2} + y^{-2})^2$; (f) $\left(\dfrac{t^3 u^4}{4 t^5 u^3}\right)^{-3}$

(a) $\dfrac{x^2 y^{-3}}{x^3 y^3} = x^{2-3} y^{-3-3} = x^{-1} y^{-6} = \dfrac{1}{xy^6}$; (b) $\dfrac{(x^2 y^{-3})^{-2}}{(x^3 y^4)^{-4}} = \dfrac{x^{-4} y^6}{x^{-12} y^{-16}} = x^{-4-(-12)} y^{6-(-16)} = x^8 y^{22}$;

(c) $(x^2 + y^2)^{-2} = \dfrac{1}{(x^2 + y^2)^2} = \dfrac{1}{x^4 + 2x^2 y^2 + y^4}$; (d) $(3x^{-5})^{-2}(5y^{-4})^3 = 3^{-2} x^{10} 5^3 y^{-12} = \dfrac{125 x^{10}}{9 y^{12}}$;

(e) $(x^{-2} + y^{-2})^2 = x^{-4} + 2x^{-2} y^{-2} + y^{-4} = \dfrac{1}{x^4} + \dfrac{2}{x^2 y^2} + \dfrac{1}{y^4}$; (f) $\left(\dfrac{t^3 u^4}{4 t^5 u^3}\right)^{-3} = \left(\dfrac{4 t^5 u^3}{t^3 u^4}\right)^3 = \left(\dfrac{4 t^2}{u}\right)^3 = \dfrac{64 t^6}{u^3}$

3.3 Simplifique: (a) $x^{1/2}x^{1/3}$; (b) $x^{2/3}/x^{5/8}$; (c) $(x^4y^4)^{-1/2}$; (d) $(x^4+y^4)^{-1/2}$

(a) $x^{1/2}x^{1/3} = x^{1/2+1/3} = x^{5/6}$; (b) $x^{2/3}/x^{5/8} = x^{2/3-5/8} = x^{1/24}$; (c) $(x^4y^4)^{-1/2} = x^{-2}y^{-2} = \dfrac{1}{x^2y^2}$;

(d) $(x^4+y^4)^{-1/2} = \dfrac{1}{(x^4+y^4)^{1/2}}$

3.4 Simplifique: (a) $3x^{2/3}y^{3/4}(2x^{5/3}y^{1/2})^3$; (b) $\dfrac{(8x^2y^{2/3})^{2/3}}{2(x^{3/4}y)^3}$

(a) $3x^{2/3}y^{3/4}(2x^{5/3}y^{1/2})^3 = 3x^{2/3}y^{3/4} \cdot 8x^5y^{3/2} = 24x^{17/3}y^{9/4}$;

(b) $\dfrac{(8x^2y^{2/3})^{2/3}}{2(x^{3/4}y)^3} = \dfrac{8^{2/3}x^{4/3}y^{4/9}}{2x^{9/4}y^3} = \dfrac{4x^{4/3}y^{4/9}}{2x^{9/4}y^3} = \dfrac{2}{x^{9/4-4/3}y^{3-4/9}} = \dfrac{2}{x^{11/12}y^{23/9}}$

3.5 Simplifique: (a) $x^{2/3}(x^2+x+3)$; (b) $(x^{1/2}+y^{1/2})^2$; (c) $(x^{1/3}-y^{1/3})^2$; (d) $(x^2+y^2)^{1/2}$

(a) $x^{2/3}(x^2+x+3) = x^{2/3}x^2 + x^{2/3}x + 3x^{2/3} = x^{8/3} + x^{5/3} + 3x^{2/3}$

(b) $(x^{1/2}+y^{1/2})^2 = (x^{1/2})^2 + 2x^{1/2}y^{1/2} + (y^{1/2})^2 = x + 2x^{1/2}y^{1/2} + y$

(c) $(x^{1/3}-y^{1/3})^2 = (x^{1/3})^2 - 2x^{1/3}y^{1/3} + (y^{1/3})^2 = x^{2/3} - 2x^{1/3}y^{1/3} + y^{2/3}$

(d) Essa expressão não pode ser simplificada.

3.6 Fatore: (a) $x^{-4} + 3x^{-2} + 2$; (b) $x^{2/3} + x^{1/3} - 6$; (c) $x^{11/3} + 7x^{8/3} + 12x^{5/3}$

(a) $x^{-4} + 3x^{-2} + 2 = (x^{-2}+1)(x^{-2}+2)$ usando a fatoração pelo inverso da dupla distributividade.

(b) $x^{2/3} + x^{1/3} - 6 = (x^{1/3}+3)(x^{1/3}-2)$ usando a fatoração pelo inverso da dupla distributividade.

(c) $x^{11/3} + 7x^{8/3} + 12x^{5/3} = x^{5/3}(x^2+7x+12) = x^{5/3}(x+3)(x+4)$ colocando em evidência o fator monomial comum e, então, usando a fatoração pelo inverso da dupla distributividade.

3.7 Coloque os fatores comuns em evidência: (a) $(x+2)^{-2} + (x+2)^{-3}$; (b) $6x^5y^{-3} - 3y^{-4}x^6$;

(c) $4(3x+2)^3 3(x+5)^{-3} - 3(x+5)^{-4}(3x+2)^4$; (d) $5x^3(3x+1)^{2/3} + 3x^2(3x+1)^{5/3}$

O fator comum em tais problemas, exatamente como nos problemas análogos envolvendo polinômios, consiste de cada base elevada ao menor expoente presente em cada termo.

(a) $(x+2)^{-2} + (x+2)^{-3} = (x+2)^{-3}[(x+2)^{-2-(-3)} + 1] = (x+2)^{-3}(x+2+1) = (x+2)^{-3}(x+3)$

(b) $6x^5y^{-3} - 3y^{-4}x^6 = 3x^5y^{-4}(2y^{-3-(-4)} - x^{6-5}) = 3x^5y^{-4}(2y-x)$

(c) $4(3x+2)^3 3(x+5)^{-3} - 3(x+5)^{-4}(3x+2)^4 = 3(3x+2)^3(x+5)^{-4}[4(x+5) - (3x+2)]$

$= 3(3x+2)^3(x+5)^{-4}(x+18)$

(d) $5x^3(3x+1)^{2/3} + 3x^2(3x+1)^{5/3} = x^2(3x+1)^{2/3}[5x + 3(3x+1)^{5/3-2/3}]$

$= x^2(3x+1)^{2/3}[5x + 3(3x+1)]$

$= x^2(3x+1)^{2/3}(14x+3)$

3.8 Simplifique: (a) $\dfrac{x^{p+q}}{x^{p-q}}$; (b) $(x^{p+1})^2(x^{p-1})^2$; (c) $\left(\dfrac{x^{mn}}{x^{n^2}}\right)^{1/n}$

(a) $\dfrac{x^{p+q}}{x^{p-q}} = x^{(p+q)-(p-q)} = x^{p+q-p+q} = x^{2q}$

(b) $(x^{p+1})^2(x^{p-1})^2 = x^{2(p+1)}x^{2(p-1)} = x^{(2p+2)+(2p-2)} = x^{4p}$

(c) $\left(\dfrac{x^{mn}}{x^{n^2}}\right)^{1/n} = \dfrac{x^{mn(1/n)}}{x^{n^2(1/n)}} = \dfrac{x^m}{x^n} = x^{m-n}$

3.9 Simplifique sem considerar que as variáveis das bases são positivas:

(a) $(x^4)^{1/4}$; (b) $(x^2y^4z^6)^{1/2}$; (c) $(x^3y^6z^9)^{1/3}$; (d) $[x(x+h)^2]^{1/2}$

(a) $(x^4)^{1/4} = |x|$; (b) $(x^2y^4z^6)^{1/2} = (x^2)^{1/2}(y^4)^{1/2}(z^6)^{1/2} = |x|\,|y^2|\,|z^3| = |x|y^2|z^3|$; (c) $(x^3y^6z^9)^{1/3} = (x^3)^{1/3}(y^6)^{1/3}(z^9)^{1/3} = xy^2z^3$;

(d) $[x(x+h)^2]^{1/2} = x^{1/2}[(x+h)^2]^{1/2} = x^{1/2}|x+h|$

3.10 (a) Escreva em notação científica: a velocidade da luz é 186.000 mi/s*. (b) Calcule o número de segundos em um ano e escreva a resposta em notação científica. (c) Expresse a distância que a luz percorre em um ano em notação científica.

(a) Movendo a vírgula decimal para a direita do primeiro dígito não nulo corresponde a um desvio de cinco casas: assim, 186.000 mi/s = $1{,}86 \times 10^5$ mi/s.

(b) 1 ano = 365 dias $\times$ 24 horas/dia $\times$ 60 minutos/hora $\times$ 60 segundos/minuto = 31.536.000 segundos = $3{,}15 \times 10^7$ segundos.

(c) Como distância = velocidade $\times$ tempo, a distância que a luz percorre em 1 ano = $(1{,}86 \times 10^5$ mi/s$) \times (3{,}15 \times 10^7$ s$)$ = $5{,}87 \times 10^{12}$ mi.

Problemas Complementares

3.11 Simplifique: (a) $(xy^3)^4(3x^2y)^3$; (b) $\dfrac{(x^2y^3)^3}{(2x^3y^4)^2}$

Resp: (a) $27x^{10}y^{15}$; (b) $\dfrac{y}{4}$

3.12 Simplifique: (a) $2(xy^{-3})^{-2}(4x^{-3}y^2)^{-1}$; (b) $\left(\dfrac{3x^3y^{-2}}{2xy^{-5}}\right)^{-2}$

Resp: (a) $\dfrac{xy^4}{2}$; (b) $\dfrac{4}{9x^4y^6}$

3.13 Simplifique, assumindo que todas as variáveis são positivas: (a) $(8y^3z^4)^{2/3}$; (b) $(100x^8y^3)^{-1/2}$; (c) $\left(\dfrac{8x^4}{27y^6}\right)^{-2/3}$; (d) $\left(\dfrac{a^0z}{25x^6}\right)^{-3/2}$

Resp: (a) $4y^2z^{8/3}$; (b) $\dfrac{1}{10x^4y^{3/2}}$; (c) $\dfrac{9y^4}{4x^{8/3}}$; (d) $\dfrac{125x^9}{z^{3/2}}$

3.14 Simplifique, assumindo que todas as variáveis são positivas:

(a) $(x^4y^3)^{1/2}(8x^6y)^{2/3}$; (b) $(9x^8y)^{-1/2}(16x^{-4}y^3)^{3/2}$

Resp. (a) $4x^6y^{13/6}$; (b) $\dfrac{64y^4}{3x^{10}}$

3.15 Calcule: (a) $25^{-1/2} - 16^{-1/2}$; (b) $(25-16)^{-1/2}$; (c) $16^{3/4} + 16^{-3/4}$

Resp. (a) $-\dfrac{1}{20}$; (b) $\dfrac{1}{3}$; (c) $\dfrac{65}{8}$

3.16 Simplifique: (a) $x^0 + y^0 + (x+y)^0$; (b) $\left(\dfrac{8x^0y^5}{3x^5y^{-3}}\right)^{-2}$; (c) $\left(\dfrac{32x^2y^{-4}}{x^7y^6}\right)^{3/5}$; (d) $\dfrac{px^{p-1}}{q(x^{p/q})^{q-1}}$

Resp. (a) 3; (b) $\dfrac{9x^{10}}{64y^{16}}$; (c) $\dfrac{8}{x^3y^6}$; (d) $\dfrac{px^{p/q-1}}{q}$

3.17 Obtenha as leis $\dfrac{x^{-m}}{y^{-n}} = \dfrac{y^n}{x^m}$ e $\left(\dfrac{x}{y}\right)^{-m} = \left(\dfrac{y}{x}\right)^m$ a partir da definição de expoentes negativos e operações usuais entre frações.

3.18 Faça as operações indicadas: (a) $(x^{1/2} + y^{1/2})(x^{1/2} - y^{1/2})$; (b) $(x^{1/3} + y^{1/3})(x^{1/3} - y^{1/3})$; (c) $(x^{1/3} + y^{1/3})(x^{2/3} - x^{1/3}y^{1/3} + y^{2/3})$; (d) $(x^{1/3} + y^{1/3})(x^{2/3} + x^{1/3}y^{1/3} + y^{2/3})$; (e) $(x^{2/3} - y^{2/3})^3$

Resp. (a) $x - y$; (b) $x^{2/3} - y^{2/3}$; (c) $x + y$; (d) $x + 2x^{2/3}y^{1/3} + 2x^{1/3}y^{2/3} + y$; (e) $x^2 - 3x^{4/3}y^{2/3} + 3x^{2/3}y^{4/3} - y^2$

3.19 Coloque em evidência os fatores comuns: (a) $x^{-8}y^{-7} + x^{-7}y^{-8}$; (b) $x^{-5/3}y^3 - x^{-2/3}y^2$; (c) $x^{p+q} + x^p$; (d) $4(x^2+4)^{3/2}(3x+5)^{1/3} + (3x+5)^{4/3}(x^2+4)^{1/2}3x$

Resp. (a) $x^{-8}y^{-8}(y+x)$; (b) $x^{-5/3}y^2(y-x)$; (c) $x^p(x^q+1)$; (d) $(3x+5)^{1/3}(x^2+4)^{1/2}(13x^2+15x+16)$

---

* N. de T.: Esta unidade, mi/s, significa milha(s) por segundo.

3.20 Coloque em evidência os fatores comuns: (a) $x^{-5} + 2x^{-4} + 2x^{-3}$; (b) $6x^2(x^2 - 1)^{3/2} + x^3(x^2 - 1)^{1/2}(6x)$;
(c) $-4x^{-5}(1 - x^2)^3 + x^{-4}(6x)(1 - x^2)^2$; (d) $x^{-4}(1 - 2x)^{-3/2} - 4x^{-5}(1 - 2x)^{-1/2}$

Resp. (a) $x^{-5}(1 + 2x + 2x^2)$; (b) $6x^2(x^2 - 1)^{1/2}(2x^2 - 1)$; (c) $2x^{-5}(1 - x^2)^2(5x^2 - 2)$; (d) $x^{-5}(1 - 2x)^{-3/2}(9x - 4)$

3.21 Coloque em evidência os fatores comuns:
(a) $-(x - 2)^{-2}(3x - 7)^{-3} - 3(x - 2)^{-1}(3x - 7)^{-4}(3)$
(b) $-4(x^2 - 4)^{-5}(2x)(x^2 + 4)^3 + 3(x^2 - 4)^{-4}(x^2 + 4)^2(2x)$

Resp. (a) $-(x - 2)^{-2}(3x - 7)^{-4}(12x - 25)$; (b) $(x^2 - 4)^{-5}(x^2 + 4)^2(2x)(-x^2 - 28)$

3.22 Coloque em evidência os fatores comuns:
(a) $3(x + 3)^2(3x - 1)^{1/2} + (x + 3)^3\left(\dfrac{1}{2}\right)(3x - 1)^{-1/2}(3)$;
(b) $\dfrac{3}{2}(2x + 3)^{1/2}(3x + 4)^{4/3}(2) + (2x + 3)^{3/2}\left(\dfrac{4}{3}\right)(3x + 4)^{1/3}(3)$;
(c) $-\dfrac{3}{2}(4x^2 - 1)^{-5/2}(8x)(1 + x^2)^{2/3} + (4x^2 - 1)^{-3/2}\left(\dfrac{2}{3}\right)(1 + x^2)^{-1/3}(2x)$

Resp. (a) $\dfrac{3}{2}(x + 3)^2(3x - 1)^{-1/2}(7x + 1)$; (b) $(2x + 3)^{1/2}(3x + 4)^{1/3}(17x + 24)$;
(c) $\dfrac{4}{3}x(4x^2 - 1)^{-5/2}(1 + x^2)^{-1/3}(-5x^2 - 10)$

3.23 Simplifique e escreva em notação científica: (a) $(7{,}2 \times 10^{-3})(5 \times 10^{12})$;
(b) $(7{,}2 \times 10^{-3}) \div (5 \times 10^{12})$; (c) $\dfrac{(3 \times 10^{-5})(6 \times 10^{-3})^3}{(9 \times 10^{-12})^2}$

Resp. (a) $3{,}6 \times 10^{10}$; (b) $1{,}44 \times 10^{-15}$; (c) 8×10^{10}

3.24 Há aproximadamente $6{,}01 \times 10^{23}$ átomos de hidrogênio em um grama de hidrogênio. Calcule a massa aproximada, em gramas de um átomo de hidrogênio.

Resp. $1{,}67 \times 10^{-24}$ gramas.

3.25 De acordo com o Departamento de Comércio dos Estados Unidos, o Produto Interno Bruto (PIB) norte-americano em 2006 foi de US$13.509.000.000.000. De acordo com a Secretaria de Censo, a população dos Estados Unidos era de 300.000.000 (outubro de 2006). Escreva esses valores em notação científica e use o resultado para estimar o PIB por pessoa no ano em questão.

Resp. $1{,}3509 \times 10^{13}$, 3×10^8, $4{,}503 \times 10^4$ ou US$45.030

3.26 Em 2007, os Estados Unidos aumentou seu limite de dívida federal para US$8.965.000.000.000. Enquanto isso, a população do país cresceu para 301.000.000. Escreva esses valores em notação científica e use o resultado para estimar o valor da fração da dívida de cada um dos habitantes.

Resp. $8{,}965 \times 10^{12}$, $3{,}01 \times 10^8$, $2{,}9784 \times 10^4$ ou US$29.784

Capítulo 4

Expressões Racionais e Radicais

UMA EXPRESSÃO RACIONAL

Uma expressão racional é aquela que pode ser escrita como o quociente de dois polinômios (portanto, qualquer polinômio é também uma expressão racional). Expressões racionais são definidas para todos os valores reais das variáveis, exceto aqueles que tornam o denominador igual a zero.

Exemplo 4.1 $\dfrac{x^2}{y^3}, (y \neq 0); \dfrac{x^2 - 5x + 6}{x^3 + 8}, (x \neq -2); y^3 - 5y^2; x^3 - 3x^2 + 8x - \dfrac{2x}{x^2 - 1}, (x \neq \pm 1)$ são exemplos de expressões racionais.

PRINCÍPIO FUNDAMENTAL DAS FRAÇÕES

Para quaisquer números reais a, b, k $(b, k \neq 0)$

$\dfrac{a}{b} = \dfrac{ak}{bk}$ (construindo termos de grau superior) $\dfrac{ak}{bk} = \dfrac{a}{b}$ (reduzindo a termos de menor grau)

Exemplo 4.2 Reduzindo a termos de menor grau: $\dfrac{x^2 - 2xy + y^2}{x^2 - y^2} = \dfrac{(x-y)^2}{(x-y)(x+y)} = \dfrac{x-y}{x+y}$

OPERAÇÕES SOBRE EXPRESSÕES RACIONAIS

Operações sobre espressões racionais (todos os denominadores são considerados diferentes de 0):

$\left(\dfrac{a}{b}\right)^{-1} = \dfrac{b}{a}$ $\dfrac{a}{b} \cdot \dfrac{c}{d} = \dfrac{ac}{bd}$ $\dfrac{a}{b} \div \dfrac{c}{d} = \dfrac{a}{b} \cdot \left(\dfrac{c}{d}\right)^{-1} = \dfrac{a}{b} \cdot \dfrac{d}{c} = \dfrac{ad}{bc}$

$\dfrac{a}{c} \pm \dfrac{b}{c} = \dfrac{a \pm b}{c}$ $\dfrac{a}{b} \pm \dfrac{c}{d} = \dfrac{ad}{bd} \pm \dfrac{bc}{bd} = \dfrac{ad \pm bc}{bd}$

Nota: Na adição de expressões com denominadores distintos, o resultado geralmente é escrito com termos do menor grau, e as expressões são construídas com termos de grau maior usando o mínimo múltiplo comum (MMC) entre os denominadores.

Exemplo 4.3 Subtração: $\dfrac{5}{x^3 y^2} - \dfrac{6}{x^2 y^4} = \dfrac{5y^2}{x^3 y^4} - \dfrac{6x}{x^3 y^4} = \dfrac{5y^2 - 6x}{x^3 y^4}$

FRAÇÕES COMPLEXAS

Frações complexas são expressões contendo frações no numerador e/ou denominador. Elas podem ser reduzidas a frações simples por dois métodos:

Método 1: Combine numerador e denominador como frações e, então, divida-as.

Exemplo 4.4
$$\frac{\dfrac{x}{x-1} - \dfrac{a}{a-1}}{x-a} = \frac{\dfrac{x(a-1) - a(x-1)}{(x-1)(a-1)}}{x-a} = \frac{xa - x - ax + a}{(x-1)(a-1)} \div (x-a)$$
$$= \frac{a-x}{(x-1)(a-1)} \cdot \frac{1}{x-a} = \frac{-1}{(x-1)(a-1)}$$

Método 2: Multiplique numerador e denominador pelo MMC dos denominadores das frações que estão sendo divididas e das frações que dividem:

Exemplo 4.5
$$\frac{\dfrac{x}{y} - \dfrac{y}{x}}{\dfrac{x}{y^2} + \dfrac{y}{x^2}} = \frac{\dfrac{x}{y} - \dfrac{y}{x}}{\dfrac{x}{y^2} + \dfrac{y}{x^2}} \cdot \frac{x^2 y^2}{x^2 y^2} = \frac{x^3 y - xy^3}{x^3 + y^3} = \frac{xy(x-y)(x+y)}{(x+y)(x^2 - xy + y^2)} = \frac{xy(x-y)}{x^2 - xy + y^2}$$

O método 2 é mais conveniente quando as frações no numerador e denominador envolvem expressões muito similares.

EXPRESSÕES RACIONAIS

Expressões racionais são frequentemente escritas em termos de expoentes negativos.

Exemplo 4.6 Simplifique: $x^{-3} y^5 - 3x^{-4} y^6$

Isso pode ser feito de duas maneiras: ou colocando em evidência o fator comum de $x^{-4} y^5$, como no capítulo anterior, ou reescrevendo como a soma de duas expressões racionais:

$$x^{-3} y^5 - 3x^{-4} y^6 = \frac{y^5}{x^3} - \frac{3y^6}{x^4} = \frac{xy^5}{x^4} - \frac{3y^6}{x^4} = \frac{xy^5 - 3y^6}{x^4}.$$

EXPRESSÕES RADICAIS

Para um número natural n maior que 1 e um número real x, a raiz n-ésima é definida como:

$$\sqrt[n]{x} = x^{1/n}$$

Se $n = 2$, escreva $\sqrt{x}$ no lugar de $\sqrt[2]{x}$.
O símbolo $\sqrt{}$ é chamado de radical, n é o índice e x é o radicando.

PROPRIEDADES DE RADICAIS:

$$(\sqrt[n]{x})^n = x, \text{ se } \sqrt[n]{x} \text{ é definida} \qquad \sqrt[n]{x^n} = x, \text{ se } x \geq 0$$
$$\sqrt[n]{x^n} = x, \text{ se } x < 0, n \text{ ímpar} \qquad \sqrt[n]{x^n} = |x|, \text{ se } x < 0, n \text{ par}$$
$$\sqrt[n]{ab} = \sqrt[n]{a} \sqrt[n]{b} \qquad \sqrt[n]{\sqrt[m]{x}} = \sqrt[mn]{x}$$
$$\sqrt[n]{\frac{a}{b}} = \frac{\sqrt[n]{a}}{\sqrt[n]{b}}$$

A menos que o contrário seja especificado, normalmente assume-se que variáveis na base representam números reais não negativos.

A NOTAÇÃO MAIS SIMPLES PARA FORMA RADICAL

A notação mais simples para forma radical:
1. Nenhum radicando pode conter um fator com um expoente maior ou igual ao índice do radical.

2. A potência do radicando e o índice do radical jamais podem ter em comum um fator diferente de 1.
3. Nenhum radical aparece no denominador.
4. Nenhuma fração aparece em um radical.

Exemplo 4.7

(a) $\sqrt[3]{16x^3y^5}$ viola a condição 1. Simplifica-se como:

$$\sqrt[3]{16x^3y^5} = \sqrt[3]{8x^3y^3 \cdot 2y^2} = \sqrt[3]{8x^3y^3} \cdot \sqrt[3]{2y^2} = 2xy\sqrt[3]{2y^2}$$

(b) $\sqrt[6]{t^3}$ viola a condição 2. Simplifica-se como:

$$\sqrt[6]{t^3} = \sqrt[2\cdot3]{t^3} = \sqrt{\sqrt[3]{t^3}} = \sqrt{t}$$

(c) $\dfrac{12x^2}{\sqrt[4]{27xy^2}}$ viola a condição 3. Simplifica-se como:

$$\frac{12x^2}{\sqrt[4]{27xy^2}} = \frac{12x^2}{\sqrt[4]{27xy^2}} \cdot \frac{\sqrt[4]{3x^3y^2}}{\sqrt[4]{3x^3y^2}} = \frac{12x^2\sqrt[4]{3x^3y^2}}{\sqrt[4]{81x^4y^4}} = \frac{12x^2\sqrt[4]{3x^3y^2}}{3xy} = \frac{4x\sqrt[4]{3x^3y^2}}{y}$$

(d) $\sqrt[4]{\dfrac{3x}{5y^3}}$ viola a condição 4. Simplifica-se como:

$$\sqrt[4]{\frac{3x}{5y^3}} = \sqrt[4]{\frac{3x}{5y^3} \cdot \frac{5^3y}{5^3y}} = \sqrt[4]{\frac{375xy}{5^4y^4}} = \frac{\sqrt[4]{375xy}}{5y}$$

Satisfazer a condição 3 é frequentemente mencionado como a *racionalização do denominador*.

A expressão *conjugada* para um binômio da forma $a + b$ é a expressão $a - b$ e reciprocamente.

Exemplo 4.8 Racionalize o denominador: $\dfrac{x-4}{\sqrt{x}-2}$

Multiplique o numerador e o denominador pela expressão conjugada do denominador:

$$\frac{x-4}{\sqrt{x}-2} = \frac{x-4}{\sqrt{x}-2} \cdot \frac{\sqrt{x}+2}{\sqrt{x}+2} = \frac{(x-4)(\sqrt{x}+2)}{x-4} = \sqrt{x}+2$$

Nem sempre as expressões são escritas na notação mais simples para forma radical. Muitas vezes, é importante *racionalizar o numerador*.

Exemplo 4.9 Racionalize o numerador: $\dfrac{\sqrt{x}-\sqrt{a}}{x-a}$

Multiplique o numerador e o denominador pela expressão conjugada do *numerador*.

$$\frac{\sqrt{x}-\sqrt{a}}{x-a} = \frac{\sqrt{x}-\sqrt{a}}{x-a} \cdot \frac{\sqrt{x}+\sqrt{a}}{\sqrt{x}+\sqrt{a}} = \frac{x-a}{(x-a)(\sqrt{x}+\sqrt{a})} = \frac{1}{\sqrt{x}+\sqrt{a}}$$

CONVERSÃO DE EXPRESSÕES RADICAIS

Conversão de expressões radicais para a forma exponencial:

Para m e n inteiros positivos ($n > 1$) e $x \geq 0$ quando n for par,

$\sqrt[n]{x^m} = x^{m/n}$

Reciprocamente, $x^{m/n} = \sqrt[n]{x^m}$

Também, $x^{m/n} = (\sqrt[n]{x})^m$

Exemplo 4.10 (a) $\sqrt[3]{x} = x^{1/3}$; (b) $\sqrt[4]{x^3} = x^{3/4}$; (c) $\sqrt{x^5} = x^{5/2}$

OPERAÇÕES COM NÚMEROS COMPLEXOS

Números complexos podem ser representados na *forma padrão* $a+bi$. Desse modo, eles podem ser combinados usando as operações definidas para números reais, levando em conta a definição da unidade imaginária i: $i^2 = -1$. O conjugado de um número complexo z é denotado por $\bar{z}$. Se $z = a+bi$, então $\bar{z} = a - bi$

Exemplo 4.11 (*a*) Represente $4 - \sqrt{-25}$ na forma padrão. (*b*) Determine o conjugado de $3 - 7i$. (*c*) Simplifique $(3 + 4i)^2$.

(*a*) $4 - \sqrt{-25} = 4 - \sqrt{25}\sqrt{-1} = 4 - 5i$

(*b*) O conjugado de $3 - 7i$ é $3 - (-7i)$, ou seja, $3 + 7i$.

(*c*) $(3 + 4i)^2 = 3^2 + 2 \cdot 3 \cdot 4i + (4i)^2 = 9 + 24i + 16i^2 = 9 + 24i - 16 = -7 + 24i$

Problemas Resolvidos

4.1 Reduza a termos de menor grau: (*a*) $\dfrac{5x^2 - 8x + 3}{25x^2 - 9}$ (*b*) $\dfrac{x^3 - a^3}{x - a}$ (*c*) $\dfrac{(x + h)^2 - x^2}{h}$

(*a*) Fatore o numerador e o denominador e, então, reduza o grau colocando em evidência os fatores comuns:

$$\frac{5x^2 - 8x + 3}{25x^2 - 9} = \frac{(5x - 3)(x - 1)}{(5x - 3)(5x + 3)} = \frac{x - 1}{5x + 3}$$

(*b*) $\dfrac{x^3 - a^3}{x - a} = \dfrac{(x - a)(x^2 + ax + a^2)}{x - a} = x^2 + ax + a^2$

(*c*) $\dfrac{(x + h)^2 - x^2}{h} = \dfrac{x^2 + 2xh + h^2 - x^2}{h} = \dfrac{2xh + h^2}{h} = \dfrac{h(2x + h)}{h} = 2x + h$

4.2 Explique por que todo polinômio é também uma expressão racional.

Uma expressão racional é aquela que pode ser escrita como o quociente de dois polinômios. Todo polinômio P pode ser escrito como $P/1$, sendo que o numerador e o denominador são polinômios; portanto, todo polinômio é igualmente uma expressão racional.

4.3 Faça as operações indicadas:

(*a*) $\dfrac{x^2 - 7x + 12}{x^2 - 9} \cdot \dfrac{x^3 - 6x^2 + 9x}{x^3 - 4x^2}$ (*b*) $\dfrac{x^2 - 4y^2}{xy + 2y^2} \div (x^2 - 3xy + 2y^2)$

(*c*) $\dfrac{1}{x + h} - \dfrac{1}{x}$ (*d*) $\dfrac{2}{x - 1} + \dfrac{3}{x + 1} - \dfrac{4x - 2}{x^2 - 1}$

(*a*) Fatore todos os numeradores e denominadores e, em seguida, reduza colocando em evidência os fatores em comum.

$$\frac{x^2 - 7x + 12}{x^2 - 9} \cdot \frac{x^3 - 6x^2 + 9x}{x^3 - 4x^2} = \frac{(x - 3)(x - 4)}{(x - 3)(x + 3)} \cdot \frac{x(x - 3)^2}{x^2(x - 4)} = \frac{(x - 3)^2}{x(x + 3)}$$

(*b*) Troque a divisão por multiplicação e proceda como em (*a*).

$$\frac{x^2 - 4y^2}{xy + 2y^2} \div (x^2 - 3xy + 2y^2) = \frac{x^2 - 4y^2}{xy + 2y^2} \cdot \frac{1}{x^2 - 3xy + 2y^2} = \frac{(x - 2y)(x + 2y)}{y(x + 2y)} \cdot \frac{1}{(x - y)(x - 2y)}$$

$$= \frac{1}{y(x - y)}$$

(*c*) Encontre o mínimo múltiplo comum entre os denominadores e, então, construa termos de grau maior e faça a subtração.

$$\frac{1}{x + h} - \frac{1}{x} = \frac{x}{x(x + h)} - \frac{(x + h)}{x(x + h)} = \frac{x - (x + h)}{x(x + h)} = \frac{-h}{x(x + h)}$$

(d) Proceda como em (c).

$$\frac{2}{x-1} + \frac{3}{x+1} - \frac{4x-2}{x^2-1} = \frac{2(x+1)}{(x-1)(x+1)} + \frac{3(x-1)}{(x-1)(x+1)} - \frac{(4x-2)}{(x-1)(x+1)}$$

$$= \frac{2(x+1) + 3(x-1) - (4x-2)}{(x-1)(x+1)} = \frac{2x+2+3x-3-4x+2}{(x-1)(x+1)}$$

$$= \frac{x+1}{(x-1)(x+1)} = \frac{1}{x-1}$$

4.4 Escreva cada fração complexa na forma de fração simples com termos de menor grau:

(a) $\dfrac{y + \dfrac{x^2}{y}}{y^2}$ (b) $\dfrac{\dfrac{x}{x-1} - \dfrac{x}{x+1}}{\dfrac{x}{x-1} + \dfrac{x}{x+1}}$ (c) $\dfrac{\dfrac{2}{x+2} - 3}{\dfrac{4}{x} - x}$ (d) $\dfrac{\dfrac{1}{x} - \dfrac{1}{a}}{x - a}$

(a) Multiplique o numerador e o denominador por y, o único denominador entre as frações envolvidas na divisão:

$$\frac{y + \dfrac{x^2}{y}}{y^2} = \frac{y + \dfrac{x^2}{y}}{y^2} \cdot \frac{y}{y} = \frac{y^2 + x^2}{y^3}$$

(b) Multiplique o numerador e o denominador por $(x-1)(x+1)$, o MMC entre os denominadores das frações internas, ou seja, das que estão envolvidas na divisão:

$$\frac{\dfrac{x}{x-1} - \dfrac{x}{x+1}}{\dfrac{x}{x-1} + \dfrac{x}{x+1}} = \frac{\dfrac{x}{x-1} - \dfrac{x}{x+1}}{\dfrac{x}{x-1} + \dfrac{x}{x+1}} \cdot \frac{(x-1)(x+1)}{(x-1)(x+1)} = \frac{x(x+1) - x(x-1)}{x(x+1) + x(x-1)} = \frac{x^2 + x - x^2 + x}{x^2 + x + x^2 - x} = \frac{2x}{2x^2} = \frac{1}{x}$$

(c) Combine o numerador e o denominador em razões simples e, então, divida:

$$\frac{\dfrac{2}{x+2} - 3}{\dfrac{4}{x} - x} = \frac{\dfrac{2}{x+2} - \dfrac{3(x+2)}{x+2}}{\dfrac{4}{x} - \dfrac{x^2}{x}} = \frac{\dfrac{2 - 3x - 6}{x+2}}{\dfrac{4 - x^2}{x}} = \frac{-3x - 4}{x+2} \div \frac{4 - x^2}{x}$$

$$= \frac{-3x - 4}{x+2} \cdot \frac{x}{4 - x^2} = \frac{-3x^2 - 4x}{(x+2)(4 - x^2)}$$

(d) Proceda como em (c):

$$\frac{\dfrac{1}{x} - \dfrac{1}{a}}{x - a} = \frac{\dfrac{a}{ax} - \dfrac{x}{ax}}{x - a} = \frac{\dfrac{a - x}{ax}}{x - a} = \frac{a - x}{ax} \div (x - a) = \frac{-(x - a)}{ax} \cdot \frac{1}{x - a} = -\frac{1}{ax}$$

4.5 Simplifique: (a) $3(x+3)^2(2x-1)^{-4} - 8(x+3)^3(2x-1)^{-5}$ (b) $\dfrac{(x+h)^{-2} - x^{-2}}{h}$

(a) Coloque em evidência o fator comum $(x+3)^2(2x-1)^{-5}$:

$$3(x+3)^2(2x-1)^{-4} - 8(x+3)^3(2x-1)^{-5} = (x+3)^2(2x-1)^{-5}[3(2x-1) - 8(x+3)]$$

$$= (x+3)^2(2x-1)^{-5}[-2x - 27]$$

$$= -\frac{(x+3)^2(2x+27)}{(2x-1)^5}$$

(b) Elimine os expoentes negativos e, em seguida, multiplique o numerador e o denominador por $x^2(x+h)^2$, o MMC entre os denominadores das frações internas:

$$\frac{(x+h)^{-2} - x^{-2}}{h} = \frac{\dfrac{1}{(x+h)^2} - \dfrac{1}{x^2}}{h} \cdot \frac{x^2(x+h)^2}{x^2(x+h)^2} = \frac{x^2 - (x+h)^2}{hx^2(x+h)^2} = \frac{x^2 - x^2 - 2xh - h^2}{hx^2(x+h)^2}$$

$$= \frac{-2xh - h^2}{hx^2(x+h)^2} = \frac{h(-2x - h)}{hx^2(x+h)^2} = \frac{-2x - h}{x^2(x+h)^2}$$

4.6 Escreva na notação mais simples para forma radical:

(a) $\sqrt{20x^3 y^4 z^5}$ (b) $\sqrt[3]{108 x^5 (x+y)^6}$ (c) $\sqrt{\dfrac{3x}{5y}}$ (d) $\sqrt[3]{\dfrac{2x^4}{9yz^2}}$

(a) Coloque em evidência o maior fator quadrado perfeito possível e, então, use a regra $\sqrt{ab} = \sqrt{a}\sqrt{b}$:

$$\sqrt{20x^3y^4z^5} = \sqrt{4x^2y^4z^4 \cdot 5xz} = \sqrt{4x^2y^4z^4} \cdot \sqrt{5xz} = 2xy^2z^2\sqrt{5xz}$$

(b) Coloque em evidência o maior fator cubo perfeito possível e, então, use a regra $\sqrt[3]{ab} = \sqrt[3]{a}\sqrt[3]{b}$

$$\sqrt[3]{108x^5(x+y)^6} = \sqrt[3]{27x^3(x+y)^6}\sqrt[3]{4x^2} = 3x(x+y)^2 \cdot \sqrt[3]{4x^2}$$

(c) Construa termos de maior grau de modo que o denominador se torne um quadrado perfeito e, em seguida, use $\sqrt{\dfrac{a}{b}} = \dfrac{\sqrt{a}}{\sqrt{b}}$:

$$\sqrt{\frac{3x}{5y}} = \sqrt{\frac{3x}{5y} \cdot \frac{5y}{5y}} = \sqrt{\frac{15xy}{25y^2}} = \frac{\sqrt{15xy}}{\sqrt{25y^2}} = \frac{\sqrt{15xy}}{5y}$$

(d) Construa termos de maior grau de modo que o denominador seja um cubo perfeito e, em seguida, use $\sqrt[3]{\dfrac{a}{b}} = \dfrac{\sqrt[3]{a}}{\sqrt[3]{b}}$:

$$\sqrt[3]{\frac{2x^4}{9yz^2}} = \sqrt[3]{\frac{2x^4}{9yz^2} \cdot \frac{3y^2z}{3y^2z}} = \sqrt[3]{\frac{6x^4y^2z}{27y^3z^3}} = \frac{\sqrt[3]{6x^4y^2z}}{\sqrt[3]{27y^3z^3}} = \frac{\sqrt[3]{x^3 \cdot 6xy^2z}}{3yz} = \frac{x\sqrt[3]{6xy^2z}}{3yz}$$

4.7 Racionalize o denominador:

(a) $\dfrac{x^3y^2}{\sqrt[3]{2xy^2}}$ (b) $\dfrac{\sqrt{x}}{\sqrt{x}+1}$ (c) $\dfrac{\sqrt{x}+\sqrt{h}}{\sqrt{x}-\sqrt{h}}$ (d) $\dfrac{x^2-16y^2}{\sqrt{x}-2\sqrt{y}}$

(a) Construa termos de maior grau de modo que o denominador se torne a raiz cúbica de um cubo perfeito e, em seguida, reduza:

$$\frac{x^3y^2}{\sqrt[3]{2xy^2}} = \frac{x^3y^2}{\sqrt[3]{2xy^2}} \cdot \frac{\sqrt[3]{4x^2y}}{\sqrt[3]{4x^2y}} = \frac{x^3y^2\sqrt[3]{4x^2y}}{\sqrt[3]{8x^3y^3}} = \frac{x^3y^2\sqrt[3]{4x^2y}}{2xy} = \frac{x^2y\sqrt[3]{4x^2y}}{2}$$

(b) Construa termos de maior grau usando $\sqrt{x}-1$, a expressão conjugada do denominador:

$$\frac{\sqrt{x}}{\sqrt{x}+1} = \frac{\sqrt{x}}{\sqrt{x}+1} \cdot \frac{\sqrt{x}-1}{\sqrt{x}-1} = \frac{x-\sqrt{x}}{x-1}$$

(c) Proceda como em (b):

$$\frac{\sqrt{x}+\sqrt{h}}{\sqrt{x}-\sqrt{h}} = \frac{\sqrt{x}+\sqrt{h}}{\sqrt{x}-\sqrt{h}} \cdot \frac{\sqrt{x}+\sqrt{h}}{\sqrt{x}+\sqrt{h}} = \frac{(\sqrt{x}+\sqrt{h})^2}{x-h} = \frac{x+2\sqrt{xh}+h}{x-h}$$

(d) Proceda como em (b):

$$\frac{x^2-16y^2}{\sqrt{x}-2\sqrt{y}} = \frac{x^2-16y^2}{\sqrt{x}-2\sqrt{y}} \cdot \frac{\sqrt{x}+2\sqrt{y}}{\sqrt{x}+2\sqrt{y}} = \frac{(x^2-16y^2)(\sqrt{x}+2\sqrt{y})}{x-4y} = (x+4y)(\sqrt{x}+2\sqrt{y})$$

4.8 Racionalize o numerador:

(a) $\dfrac{\sqrt{x}}{\sqrt{x}+1}$ (b) $\dfrac{\sqrt{x}+\sqrt{h}}{\sqrt{x}-\sqrt{h}}$ (c) $\dfrac{\sqrt{x+h}-\sqrt{x}}{h}$

(a) Construa termos de maior grau usando $\sqrt{x}$:

$$\frac{\sqrt{x}}{\sqrt{x}+1} = \frac{\sqrt{x}}{\sqrt{x}+1} \cdot \frac{\sqrt{x}}{\sqrt{x}} = \frac{x}{x+\sqrt{x}}$$

(b) Construa termos de maior grau usando $\sqrt{x}-\sqrt{h}$ a expressão conjugada do numerador:

$$\frac{\sqrt{x}+\sqrt{h}}{\sqrt{x}-\sqrt{h}} = \frac{\sqrt{x}+\sqrt{h}}{\sqrt{x}-\sqrt{h}} \cdot \frac{\sqrt{x}-\sqrt{h}}{\sqrt{x}-\sqrt{h}} = \frac{x-h}{(\sqrt{x}-\sqrt{h})^2} = \frac{x-h}{x-2\sqrt{xh}+h}$$

(c) Proceda como em (b):

$$\frac{\sqrt{x+h} - \sqrt{x}}{h} = \frac{\sqrt{x+h} - \sqrt{x}}{h} \cdot \frac{\sqrt{x+h} + \sqrt{x}}{\sqrt{x+h} + \sqrt{x}} = \frac{x+h-x}{h(\sqrt{x+h} + \sqrt{x})}$$

$$= \frac{h}{h(\sqrt{x+h} + \sqrt{x})} = \frac{1}{\sqrt{x+h} + \sqrt{x}}$$

4.9 Escreva em notação exponencial: (a) $\sqrt{xy^3}$ (b) $\sqrt[3]{a^2b(x-y)^5}$

(a) $\sqrt{xy^3} = (xy^3)^{1/2} = x^{1/2}y^{3/2}$; (b) $\sqrt[3]{a^2b(x-y)^5} = [a^2b(x-y)^5]^{1/3} = a^{2/3}b^{1/3}(x-y)^{5/3}$

4.10 Escreva como uma soma ou diferença de termos em notação exponencial:

(a) $\dfrac{x-1}{\sqrt{x}}$ (b) $\dfrac{x^3 - 6x^2 + 3x + 1}{6\sqrt[3]{x^5}}$

(a) $\dfrac{x-1}{\sqrt{x}} = \dfrac{x-1}{x^{1/2}} = \dfrac{x}{x^{1/2}} - \dfrac{1}{x^{1/2}} = x^{1/2} - x^{-1/2}$

(b) $\dfrac{x^3 - 6x^2 + 3x + 1}{6\sqrt[3]{x^5}} = \dfrac{x^3 - 6x^2 + 3x + 1}{6x^{5/3}} = \dfrac{x^3}{6x^{5/3}} - \dfrac{6x^2}{6x^{5/3}} + \dfrac{3x}{6x^{5/3}} + \dfrac{1}{6x^{5/3}}$

$$= \frac{1}{6}x^{4/3} - x^{1/3} + \frac{1}{2}x^{-2/3} + \frac{1}{6}x^{-5/3}$$

4.11 Escreva como uma única fração de termos de menor grau possível. Não racionalize os denominadores.

(a) $\sqrt{x-2} + \dfrac{2}{\sqrt{x-2}}$ (b) $\dfrac{\sqrt{x^2-1} - \dfrac{x^2}{\sqrt{x^2-1}}}{x^2-1}$ (c) $\dfrac{x^2(x^2+9)^{-1/2} - \sqrt{x^2+9}}{x^2}$

(d) $\dfrac{(x^2-9)^{1/3}\,3 - (4x)\left(\frac{1}{3}\right)(x^2-9)^{-2/3}(2x)}{[(x^2-9)^{1/3}]^2}$

(a) $\sqrt{x-2} + \dfrac{2}{\sqrt{x-2}} = \dfrac{\sqrt{x-2}}{1} + \dfrac{2}{\sqrt{x-2}} = \dfrac{\sqrt{x-2} \cdot \sqrt{x-2}}{\sqrt{x-2}} + \dfrac{2}{\sqrt{x-2}} = \dfrac{x-2+2}{\sqrt{x-2}}$

$$= \frac{x}{\sqrt{x-2}}$$

(b) Multiplique o numerador e o denominador por $\sqrt{x^2-1}$, o único denominador das frações internas envolvidas:

$$\frac{\sqrt{x^2-1} - \dfrac{x^2}{\sqrt{x^2-1}}}{x^2-1} = \frac{\sqrt{x^2-1} - \dfrac{x^2}{\sqrt{x^2-1}}}{x^2-1} \cdot \frac{\sqrt{x^2-1}}{\sqrt{x^2-1}} = \frac{x^2-1-x^2}{(x^2-1)\sqrt{x^2-1}} = -\frac{1}{(x^2-1)^{3/2}}$$

(c) Reescreva em notação exponencial e coloque em evidência o fator comum $(x^2+9)^{-1/2}$ do denominador:

$$\frac{x^2(x^2+9)^{-1/2} - \sqrt{x^2+9}}{x^2} = \frac{x^2(x^2+9)^{-1/2} - (x^2+9)^{1/2}}{x^2} = \frac{(x^2+9)^{-1/2}[x^2 - (x^2+9)^1]}{x^2}$$

$$= \frac{x^2 - x^2 - 9}{(x^2+9)^{1/2}x^2} = \frac{-9}{x^2(x^2+9)^{1/2}}$$

(d) Elimine os expoentes negativos e, em seguida, multiplique o numerador e o denominador por $3(x^2-9)^{2/3}$, o único denominador das frações internas envolvidas:

$$\frac{(x^2-9)^{1/3}\,3 - (4x)\left(\frac{1}{3}\right)(x^2-9)^{-2/3}(2x)}{[(x^2-9)^{1/3}]^2} = \frac{(x^2-9)^{1/3}\,3 - \dfrac{(4x)(2x)}{3(x^2-9)^{2/3}}}{(x^2-9)^{2/3}}$$

$$= \frac{(x^2-9)^{1/3}\,3 - \dfrac{(4x)(2x)}{3(x^2-9)^{2/3}}}{(x^2-9)^{2/3}} \cdot \frac{3(x^2-9)^{2/3}}{3(x^2-9)^{2/3}}$$

$$= \frac{9(x^2-9) - 8x^2}{3(x^2-9)^{4/3}}$$

$$= \frac{x^2 - 81}{3(x^2-9)^{4/3}}$$

4.12 Sejam $z = 4 - 7i$ e $w = -6 + 5i$ dois números complexos. Calcule:

(a) $z + w$ (b) $w - z$ (c) wz (d) $\dfrac{w}{z}$ (e) $w^2 - i\bar{z}$

(a) $z + w = (4 - 7i) + (-6 + 5i) = 4 - 7i - 6 + 5i = -2 - 2i$

(b) $w - z = (-6 + 5i) - (4 - 7i) = -6 + 5i - 4 + 7i = -10 + 12i$

(c) Use distributividade dupla: $wz = (-6 + 5i)(4 - 7i) = -24 + 42i + 20i - 35i^2 = -24 + 62i + 35 = 11 + 62i$

(d) Para escrever o quociente entre dois números complexos na forma padrão, multiplique o numerador e o denominador do quociente pelo conjugado do denominador:

$$\frac{w}{z} = \frac{-6 + 5i}{4 - 7i} = \frac{-6 + 5i}{4 - 7i} \cdot \frac{4 + 7i}{4 + 7i} = \frac{-59 - 22i}{16 - 49i^2} = \frac{-59 - 22i}{16 + 49} = \frac{-59 - 22i}{65} \text{ ou } -\frac{59}{65} - \frac{22}{65}i$$

(e) $w^2 - i\bar{z} = (-6 + 5i)^2 - i\overline{(4 - 7i)} = 36 - 60i + 25i^2 - i(4 + 7i) = 36 - 60i - 25 - 4i + 7 = 18 - 64i$

Problemas Complementares

4.13 Reduza a termos de menor grau:

(a) $\dfrac{x^4 - y^4}{x^4 - 2x^2y^2 + y^4}$ (b) $\dfrac{x^3 + x^2 + x + 1}{x^3 + 3x^2 + 3x + 1}$ (c) $\dfrac{(x^2 + 1)^2 3x^2 - x^3(2x)(x^2 + 1)2}{(x^2 + 1)^4}$ (d) $\dfrac{(x + h)^3 - x^3}{h}$

Resp. (a) $\dfrac{x^2 + y^2}{x^2 - y^2}$;   (b) $\dfrac{x^2 + 1}{x^2 + 2x + 1}$;   (c) $\dfrac{3x^2 - x^4}{(x^2 + 1)^3}$;   (d) $3x^2 + 3xh + h^2$

4.14 Faça as operações indicadas:

(a) $\dfrac{1}{(x + 1)(x + 2)} - \dfrac{3}{(x - 1)(x + 2)} + \dfrac{3}{(x - 1)(x + 1)}$ (b) $\dfrac{5}{x - 2} + \dfrac{3}{x + 2} - \dfrac{x - 1}{x^2 + 4}$

(c) $\dfrac{3x - 1}{(x^2 + 4)^2} + \dfrac{2x - 5}{x^2 + 4}$ (d) $(x^2 - 3x + 2) \cdot \dfrac{x^2 - 5x + 4}{x^3 - 6x^2 + 8x}$

Resp. (a) $\dfrac{1}{(x - 1)(x + 1)}$;   (b) $\dfrac{7x^3 + 5x^2 + 36x + 12}{x^4 - 16}$;   (c) $\dfrac{2x^3 - 5x^2 + 11x - 21}{(x^2 + 4)^2}$;   (d) $\dfrac{x^2 - 2x + 1}{x}$

4.15 Escreva como fração simples com termos de menor grau:

(a) $\dfrac{\dfrac{1}{t - 1} + \dfrac{1}{t + 1}}{\dfrac{1}{t} - \dfrac{1}{t^2}}$ (b) $\dfrac{\dfrac{2x}{x + 1} - \dfrac{2a}{a + 1}}{x - a}$ (c) $\dfrac{(x^2 - 4)^3(2x) - x^2(3)(x^2 - 4)^2(2x)}{(x^2 - 4)^6}$

Resp. (a) $\dfrac{2t^3}{(t - 1)(t^2 - 1)}$;   (b) $\dfrac{2}{(x + 1)(a + 1)}$;   (c) $\dfrac{-4x^3 - 8x}{(x^2 - 4)^4}$

4.16 Escreva na notação mais simples em termos de menor grau:

(a) $\dfrac{(x + 5)^{-5} - (x + 5)^{-4}}{(x + 5)^{-3}}$;   (b) $\dfrac{(x + h)^{-1} - x^{-1}}{h}$;   (c) $\dfrac{x^{-2} - a^{-2}}{x - a}$

Resp. (a) $\dfrac{-4 - x}{(x + 5)^2}$;   (b) $\dfrac{-1}{x(x + h)}$;   (c) $\dfrac{-x - a}{a^2 x^2}$

4.17 Escreva na notação mais simples para forma radical: (a) $\sqrt[4]{48x^6 y^7 z^8}$ (b) $\sqrt[4]{\dfrac{15x^2}{8y^7 z}}$ (c) $\dfrac{M_0}{\sqrt{1 - \dfrac{v^2}{c^2}}}$

Resp. (a) $2xyz^2 \sqrt[4]{3x^2 y^3}$;   (b) $\dfrac{\sqrt[4]{30x^2 yz^3}}{2y^2 z}$;   (c) $\dfrac{M_0 c \sqrt{c^2 - v^2}}{c^2 - v^2}$

4.18 Racionalize o denominador: (a) $\dfrac{1}{\sqrt{a} - \sqrt{b}}$ (b) $\dfrac{\sqrt{x} + 2}{\sqrt{x} - 1}$

Resp. (a) $\dfrac{\sqrt{a} + \sqrt{b}}{a - b}$;   (b) $\dfrac{x + 3\sqrt{x} + 2}{x - 1}$

4.19 Racionalize o numerador: (a) $\dfrac{\sqrt{x+1} - \sqrt{a+1}}{x-a}$ (b) $\dfrac{\dfrac{1}{\sqrt{x+h}} - \dfrac{1}{\sqrt{x}}}{h}$ (c) $\dfrac{\sqrt[3]{x} - \sqrt[3]{a}}{x-a}$

(a) $\dfrac{1}{\sqrt{x+1} + \sqrt{a+1}}$; (b) $\dfrac{-1}{\sqrt{x}\sqrt{x+h}(\sqrt{x} + \sqrt{x+h})}$; (c) $\dfrac{1}{\sqrt[3]{x^2} + \sqrt[3]{xa} + \sqrt[3]{a^2}}$

4.20 Escreva como soma ou diferença de termos em notação exponencial: (a) $\dfrac{3x^2 - 2x}{x\sqrt{x}}$; (b) $\dfrac{4x^3 - 5x^2 - 8x + 1}{2x^{\frac{1}{3}}}$

Resp. (a) $3x^{1/2} - 2x^{-1/2}$; (b) $2x^{8/3} - \dfrac{5}{2}x^{5/3} - 4x^{2/3} + \dfrac{1}{2}x^{-1/3}$

4.21 Escreva como fração simples de termos de menor grau. Não racionalize os denominadores.

(a) $\dfrac{2x\sqrt{4-x^2} + \dfrac{x^2 \cdot 2x}{\sqrt{4-x^2}}}{4-x^2}$ (b) $\dfrac{\dfrac{2}{3}x(x^2+4)^{1/2}(x^2-9)^{-2/3} - x(x^2-9)^{1/3}(x^2+4)^{-1/2}}{x^2+4}$

Resp. (a) $\dfrac{8x}{(4-x^2)^{3/2}}$; (b) $\dfrac{-x^3 + 35x}{3(x^2-9)^{2/3}(x^2+4)^{3/2}}$

4.22 Escreva como uma fração simples em termos de menor grau. Não racionalize os denominadores:

(a) $\dfrac{x\left(\dfrac{1}{2}\right)(x^2+9)^{-1/2}(2x) - \sqrt{x^2+9}}{x^2}$; (b) $\dfrac{(x^2-1)^{3/2} - x\left(\dfrac{3}{2}\right)(x^2-1)^{1/2}(2x)}{(x^2-1)^3}$;

(c) $\dfrac{(x^2-1)^{4/3}(2x) - (x^2+4)\left(\dfrac{4}{3}\right)(x^2-1)^{1/3}(2x)}{(x^2-1)^{8/3}}$

Resp. (a) $\dfrac{-9}{2(x^2+9)^{1/2}}$; (b) $\dfrac{-1 - 2x^2}{(x^2-1)^{5/2}}$; (c) $\dfrac{-2x^3 - 38x}{3(x^2-1)^{7/3}}$

4.23 Sejam $z = 5 - 2i$ e $w = -3 + i$. Escreva na forma padrão de números complexos:

(a) $z + w$; (b) $z - w$; (c) zw; (d) z/w

Resp. (a) $2 - i$; (b) $8 - 3i$; (c) $-13 + 11i$; (d) $-\dfrac{17}{10} + \dfrac{1}{10}i$

4.24 Escreva na forma padrão para números complexos:

(a) $\sqrt{5^2 - 4 \cdot 1 \cdot 10}$ (b) i^6 (c) $(1 + 2i)^3$ (d) $(1 - i)/(2 + 3i) - (4 + 5i)/(6i^3)$

Resp. (a) $i\sqrt{15}$; (b) -1 ou $-1 + 0i$; (c) $-11 - 2i$; (d) $\dfrac{59}{78} - \dfrac{41}{39}i$

4.25 Sendo z e w números complexos, mostre que:

(a) $\overline{z + w} = \overline{z} + \overline{w}$ (b) $\overline{z - w} = \overline{z} - \overline{w}$ (c) $\overline{zw} = \overline{z}\,\overline{w}$ (d) $\overline{z/w} = \overline{z}/\overline{w}$

(e) $\overline{z} = z$ se, e somente se, z for um número real.

Capítulo 5

Equações Lineares e Não Lineares

EQUAÇÕES

Toda equação é uma declaração de que duas expressões são iguais. Uma equação contendo variáveis, em geral, não é verdadeira nem falsa; a questão de ser verdadeira depende do(s) valor(es) da(s) variável(eis). Para equações de uma variável, o valor da variável que torna a equação verdadeira é dito *solução* da equação. O conjunto de todas as soluções é chamado de *conjunto solução* da equação. Uma equação verdadeira para todos os valores das variáveis, de tal modo que esses valores façam sentido quando associados às variáveis, chama-se *identidade*.

EQUAÇÕES EQUIVALENTES

Equações são equivalentes se admitem os mesmos conjuntos solução.

Exemplo 5.1 As equações $x = -5$ e $x + 5 = 0$ são equivalentes. Cada uma tem o conjunto solução $\{-5\}$.

Exemplo 5.2 As equações $x = 5$ e $x^2 = 25$ não são equivalentes; a primeira tem o conjunto solução $\{5\}$, já a segunda tem o conjunto solução $\{-5, 5\}$.

O processo de *resolver* uma equação consiste em transformá-la em uma equação equivalente cuja solução é óbvia. Operações de transformação de uma equação em uma equação equivalente incluem:

1. **Adicionar** o mesmo número a ambos os lados. Assim, as equações $a = b$ e $a + c = b + c$ são equivalentes.
2. **Subtrair** o mesmo número de ambos os lados. Desse modo, as equações $a = b$ e $a - c = b - c$ são equivalentes.
3. **Multiplicar** ambos os lados pelo mesmo número não nulo. Logo, as equações $a = b$ e $ac = bc$ ($c \neq 0$), são equivalentes.
4. **Dividir** ambos os lados pelo mesmo número não nulo. Logo, as equações $a = b$ e $\frac{a}{c} = \frac{b}{c}$ ($c \neq 0$), são equivalentes.
5. **Simplificar** expressões em um dos lados de uma equação.

EQUAÇÕES LINEARES

Uma equação linear é aquela que está na forma $ax + b = 0$, ou que pode ser transformada em uma equação equivalente nessa forma. Se $a \neq 0$, uma equação linear tem exatamente uma solução. Se $a = 0$, a equação não tem solução, a menos que $b = 0$, caso no qual a equação é uma identidade. Uma equação que não é linear é chamada de *não linear*.

Exemplo 5.3 $2x + 6 = 0$ é um exemplo de uma equação linear de uma variável. Ela tem uma solução, -3. O conjunto solução é $\{-3\}$.

Exemplo 5.4 $x^2 = 16$ é um exemplo de uma equação não linear de uma variável. Ela admite duas soluções, 4 e -4. O conjunto solução é $\{-4, 4\}$.

Equações lineares são resolvidas pelo processo de *isolar a variável*. A equação é transformada em equações equivalentes por simplificação, combinando todos os termos com variável em um lado, todos os termos constantes no outro lado e, então, dividindo ambos os lados pelo coeficiente da variável.

Exemplo 5.5 Resolva a equação $3x - 8 = 7x + 9$.

$3x - 8 = 7x + 9$ Subtraia $7x$ de ambos os lados

$-4x - 8 = 9$ Adicione 8 a ambos os lados

$-4x = 17$ Divida ambos os lados por -4

$x = -\frac{17}{4}$ Conjunto solução: $\{-\frac{17}{4}\}$

EQUAÇÕES QUADRÁTICAS

Uma equação quadrática é aquela que está na forma $ax^2 + bx + c = 0$, $(a \neq 0)$, (forma *padrão*), ou que pode ser transformada nessa forma. Há quatro métodos para resolver equações quadráticas.

1. Fatorando. Se o polinômio $ax^2 + bx + c$ tem fatores lineares com coeficientes racionais, escreva-o na forma fatorada e, então, aplique a propriedade de fator zero, que diz que $AB = 0$ se, e somente se, $A = 0$ ou $B = 0$.
2. Propriedade da raiz quadrada. Se a equação está na forma $A^2 = b$, sendo b uma constante, então suas soluções são dadas por $A = \sqrt{b}$ e $A = -\sqrt{b}$, geralmente representadas por $A = \pm \sqrt{b}$.
3. Completando o quadrado.
   a. Escreva a equação na forma $x^2 + px = q$.
   b. Adicione $p^2/4$ a ambos os lados para formar $x^2 + px + p^2/4 = q + p^2/4$.
   c. O lado esquerdo é agora um quadrado perfeito. Escreva $(x + p/2)^2 = q + p^2/4$ e use a propriedade da raiz quadrada.
4. Fórmula quadrática.* As soluções de $ax^2 + bx + c = 0$, $(a \neq 0)$ podem ser sempre escritas como:

$$x = \frac{-b \pm \sqrt{b^2 - 4ac}}{2a}$$

Em geral, uma equação quadrática é verificada primeiramente buscando-se saber se a mesma é facilmente fatorável. Se for, o método de fatoração é empregado; caso contrário, a fórmula quadrática é usada.

Exemplo 5.6 Resolva $3x^2 + 5x + 2 = 0$

$3x^2 + 5x + 2 = 0$ Polinômio é fatorável usando inteiros

$(3x + 2)(x + 1) = 0$ Aplica-se a propriedade do fator zero

$3x + 2 = 0$ ou $x + 1 = 0$

$x = -\frac{2}{3}$ ou $x = -1$

Exemplo 5.7 Resolva $x^2 + 5x + 2 = 0$

$x^2 + 5x + 2 = 0$ Polinômio não é fatorável, use a fórmula

$x = \dfrac{-5 \pm \sqrt{5^2 - 4 \cdot 1 \cdot 2}}{2 \cdot 1}$ $a = 1, b = 5, c = 2$

$x = \dfrac{-5 \pm \sqrt{17}}{2}$

Na fórmula quadrática, a quantidade $b^2 - 4ac$ é conhecida como *discriminante*. O sinal dessa quantidade determina o número de soluções de uma equação quadrática:

Sinal do discriminante	Número de soluções reais
positivo	2
zero	1
negativo	0

---

* N. de T.: No Brasil, essa fórmula é conhecida como fórmula de Bhaskara.

Ocasionalmente, soluções complexas são de interesse. Logo, o discriminante determina o número e o tipo de soluções:

Sinal do discriminante	Número e tipo de soluções reais
positivo	duas soluções reais
zero	uma solução real
negativo	duas soluções imaginárias

Exemplo 5.8 Para $x^2 - 8x + 25 = 0$, encontre (*a*) todas as soluções reais; (*b*) todas as soluções complexas. Use a fórmula quadrática com $a = 1, b = -8, c = 25$.

(*a*) $x = \dfrac{-(-8) \pm \sqrt{(-8)^2 - 4 \cdot 1 \cdot 25}}{2 \cdot 1}$

$x = \dfrac{8 \pm \sqrt{-36}}{2}$

Nenhuma solução real

(*b*) $x = \dfrac{-(-8) \pm \sqrt{(-8)^2 - 4 \cdot 1 \cdot 25}}{2 \cdot 1}$

$x = \dfrac{8 \pm \sqrt{-36}}{2}$

$x = 4 \pm 3i$

Muitas equações que, à primeira vista, não são lineares nem quadráticas podem ser reduzidas a tais casos ou podem ser resolvidas pelo método de fatoração.

Exemplo 5.9 Resolva $x^3 - 5x^2 - 4x + 20 = 0$

$x^3 - 5x^2 - 4x + 20 = 0$ Fatora-se por agrupamento
$x^2(x - 5) - 4(x - 5) = 0$
$(x - 5)(x^2 - 4) = 0$
$(x - 5)(x - 2)(x + 2) = 0$
$x = 5 \text{ ou } x = 2 \text{ ou } x = -2$

EQUAÇÕES CONTENDO RADICAIS

Equações contendo radicais demandam uma operação adicional. Em geral, a equação $a = b$ não é equivalente à equação $a^n = b^n$; contudo, se n é ímpar, elas têm as mesmas soluções reais. Se n é par, todas as soluções de $a = b$ estão presentes entre as soluções de $a^n = b^n$. Logo, é permitido que se elevem ambos os lados de uma equação a uma potência ímpar, e é igualmente permitido elevar ambos os lados a uma potência par se todas as soluções da equação resultante forem verificadas para determinar se são, ou não, soluções da equação original.

Exemplo 5.10 Resolva $\sqrt{x + 2} = x - 4$

$\sqrt{x + 2} = x - 4$ Eleva se ao quadrado ambos os lados
$(\sqrt{x + 2})^2 = (x - 4)^2$
$x + 2 = x^2 - 8x + 16$
$0 = x^2 - 9x + 14$
$0 = (x - 2)(x - 7)$
$x = 2$ ou $x = 7$

Verificação: $x = 2: \sqrt{2 + 2} = 2 - 4?$ $x = 7: \sqrt{7 + 2} = 7 - 4?$
$2 \neq -2$ $3 = 3$
Não é uma solução   7 é a única solução

APLICAÇÕES: FÓRMULAS, EQUAÇÕES LITERAIS E EQUAÇÕES COM MAIS DE UMA VARIÁVEL

Nessas situações, são usadas letras como coeficientes no lugar de números específicos. Contudo, os procedimentos de resolução em relação a uma variável especificada são essencialmente os mesmos; as demais variáveis são simplesmente tratadas como constantes.

Exemplo 5.11 Resolva $A = P + Prt$ em relação a P.

Essa equação é linear em relação a P, a variável especificada. Fatore P e, então, divida pelo coeficiente de P.

$$A = P + Prt$$
$$A = P(1 + rt)$$
$$\frac{A}{1 + rt} = P$$
$$P = \frac{A}{1 + rt}$$

Exemplo 5.12 Resolva $s = \frac{1}{2}gt^2$ em relação a t.

Essa equação é quadrática em relação a t, a variável especificada. Isole t^2 e, em seguida, aplique a propriedade da raiz quadrada.

$$s = \frac{1}{2}gt^2$$
$$\frac{2s}{g} = t^2$$
$$t = \pm\sqrt{\frac{2s}{g}}$$

Frequentemente, mas nem sempre, em situações que envolvem aplicações, apenas as soluções positivas são consideradas: $t = \sqrt{2s/g}$.

APLICAÇÕES: PROBLEMAS COLOCADOS EM LINGUAGEM NATURAL

Aqui, uma situação é descrita e questões são apresentadas em linguagem coloquial. É necessário criar um modelo da situação usando variáveis que representam quantidades desconhecidas, construir uma equação (posteriormente, veremos que pode ser uma inequação ou um sistema de equações) que descreve a relação entre as quantidades, resolver a equação e, então, interpretar a solução com o propósito de responder as questões originais.*

Exemplo 5.13 Um triângulo retângulo tem lados cujos comprimentos são três pares inteiros consecutivos. Encontre os comprimentos dos lados.

Esboce uma figura como a Fig. 5-1:

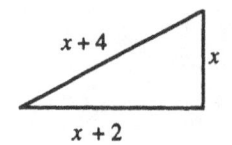

Sejam x = comprimento do lado menor
$x + 2$ = comprimento do lado seguinte
$x + 4$ = comprimento da hipotenusa

Figura 5-1

---

* N. de T.: Essa tradução da linguagem natural (no caso, o português) para uma linguagem "algébrica" geralmente não é nada fácil de ser feita. Neste livro, apenas exemplos bastante simples são explorados.

Agora use o teorema de Pitágoras. Em um triângulo retângulo com lados a, b, c, $a^2 + b^2 = c^2$. Logo:

$$x^2 + (x + 2)^2 = (x + 4)^2$$
$$x^2 + x^2 + 4x + 4 = x^2 + 8x + 16$$
$$2x^2 + 4x + 4 = x^2 + 8x + 16$$
$$x^2 - 4x - 12 = 0$$
$$(x - 6)(x + 2) = 0$$
$$x = 6 \quad \text{ou} \quad x = -2$$

A resposta negativa é descartada. Assim, os comprimentos dos lados são $x = 6$, $x + 2 = 8$ e $x + 4 = 10$.

Problemas Resolvidos

5.1 Resolva: $\dfrac{x}{5} - \dfrac{3x}{4} = 2 - \dfrac{x}{8}$

$\dfrac{x}{5} - \dfrac{3x}{4} = 2 - \dfrac{x}{8}$ Multiplique ambos os lados por 40, o MMC dos denominadores de todas as frações.

$$40 \cdot \frac{x}{5} - 40 \cdot \frac{3x}{4} = 80 - 40 \cdot \frac{x}{8}$$
$$8x - 30x = 80 - 5x$$
$$-17x = 80$$
$$x = -\frac{80}{17}$$

5.2 Resolva: $2(3x + 4) + 5(6x - 7) = 7(5x - 4) + 1 + x$

Remova os parênteses e combine termos semelhantes.

$$2(3x + 4) + 5(6x - 7) = 7(5x - 4) + 1 + x$$
$$6x + 8 + 30x - 35 = 35x - 28 + 1 + x$$
$$36x - 27 = 36x - 27$$

Esta afirmação é verdadeira para todos os valores (reais) da variável; a equação é uma identidade.

5.3 Resolva: $5x = 2x - (1 - 3x)$

Remova os parênteses, combine termos semelhantes e isole a variável.

$$5x = 2x - 1 + 3x$$
$$5x = 5x - 1$$
$$0 = -1$$

A afirmação não é verdadeira para valor algum da variável; a equação não admite solução.

5.4 Resolva: $\dfrac{x + 5}{x - 3} = 7$

Multiplique ambos os lados por $x - 3$, o único denominador; então isole x.
Nota: $x \neq 3$.

$$(x - 3)\frac{x + 5}{x - 3} = 7(x - 3)$$
$$x + 5 = 7x - 21$$
$$-6x = -26$$
$$x = \frac{13}{3}$$

5.5 Resolva: $\dfrac{6}{x+1} = 5 - \dfrac{6x}{x+1}$

Multiplique ambos os lados por $x + 1$, o único denominador.
Nota: $x \neq -1$.

$$\dfrac{6}{x+1} = 5 - \dfrac{6x}{x+1}$$

$$(x+1) \cdot \dfrac{6}{x+1} = 5(x+1) - (x+1)\dfrac{6x}{x+1}$$

$$6 = 5x + 5 - 6x$$

$$1 = -x$$

$$x = -1$$

Nesse caso, como $x \neq -1$, não pode haver solução.

5.6 Resolva: $(x+5)^2 + (2x-7)^2 = 82$

Remova os parênteses e combine termos semelhantes; a equação quadrática resultante é fatorável.

$$(x+5)^2 + (2x-7)^2 = 82$$

$$x^2 + 10x + 25 + 4x^2 - 28x + 49 = 82$$

$$5x^2 - 18x - 8 = 0$$

$$(5x+2)(x-4) = 0$$

$$x = -\dfrac{2}{5} \quad \text{ou} \quad x = 4$$

5.7 Resolva: $5x^2 + 16x + 2 = 0$

Não é fatorável em termos de inteiros; use a fórmula quadrática com $a = 5$, $b = 16$ e $c = 2$.

$$5x^2 + 16x + 2 = 0$$

$$x = \dfrac{-16 \pm \sqrt{16^2 - 4 \cdot 5 \cdot 2}}{2 \cdot 5}$$

$$x = \dfrac{-16 \pm \sqrt{216}}{10}$$

$$x = \dfrac{-16 \pm 6\sqrt{6}}{10}$$

$$x = \dfrac{-8 \pm 3\sqrt{6}}{5}$$

5.8 Resolva $x^2 - 8x + 13 = 0$ completando o quadrado.

$$x^2 - 8x + 13 = 0$$
$$x^2 - 8x = -13 \qquad \left[\tfrac{1}{2}(-8)\right]^2 = (-4)^2 = 16$$
$$x^2 - 8x + 16 = 3 \qquad \text{Adicione 16 a ambos os lados}$$
$$(x-4)^2 = 3$$
$$x - 4 = \pm\sqrt{3}$$
$$x = 4 \pm \sqrt{3}$$

5.9 Resolva: $\dfrac{2}{x} + \dfrac{3}{x+1} = 4$

$$\dfrac{2}{x} + \dfrac{3}{x+1} = 4$$

$$x(x+1)\dfrac{2}{x} + x(x+1)\dfrac{3}{x+1} = 4x(x+1)$$

$$2(x+1) + 3x = 4x^2 + 4x$$

$$5x + 2 = 4x^2 + 4x$$

$$0 = 4x^2 - x - 2$$

Não é fatorável em termos de inteiros; use a fórmula quadrática com $a = 4, b = -1, c = -2$.

$$x = \frac{-(-1) \pm \sqrt{(-1)^2 - 4(4)(-2)}}{2 \cdot 4}$$

$$x = \frac{1 \pm \sqrt{33}}{8}$$

5.10 Encontre todas as soluções, reais e complexas, para $x^3 - 64 = 0$.

Primeiro fatore o polinômio como a diferença de dois cubos.

$$x^3 - 4^3 = 0$$
$$(x - 4)(x^2 + 4x + 16) = 0$$
$$x = 4 \text{ ou } x^2 + 4x + 16 = 0$$

Agora aplique a fórmula quadrática ao fator quadrático, usando a 5 1, b 5 4 e c 5 16.

$$x = \frac{-4 \pm \sqrt{4^2 - 4 \cdot 1 \cdot 16}}{2 \cdot 1}$$

$$x = \frac{-4 \pm \sqrt{-48}}{2}$$

$$x = \frac{-4 \pm 4i\sqrt{3}}{2}$$

$$x = -2 \pm 2i\sqrt{3}$$

Soluções: $4, -2 \pm 2i\sqrt{3}$.

5.11 Resolva: $x^4 - 5x^2 - 36 = 0$

Esse é um exemplo de uma equação *em forma quadrática*. É conveniente, mas não necessário, introduzir a substituição $u = x^2$. Então, $u^2 = x^4$ e a equação torna-se:

$$u^2 - 5u - 36 = 0 \qquad \text{É fatorável em termos de inteiros.}$$
$$(u - 9)(u + 4) = 0$$
$$u = 9 \quad \text{ou} \quad u = -4$$

Agora reverta a substituição original $x^2 = u$.

$$x^2 = 9 \quad \text{ou} \quad x^2 = -4$$
$$x = \pm 3 \qquad \text{sem solução real}$$

5.12 Resolva: $x^{2/3} - x^{1/3} - 6 = 0$

Essa equação está na forma quadrática. Introduza a substituição $u = x^{1/3}$. Então, $u^2 = x^{2/3}$ e a equação torna-se:

$$u^2 - u - 6 = 0$$
$$(u - 3)(u + 2) = 0$$
$$u = 3 \quad \text{ou} \quad u = -2$$

Agora desfaça a substituição original $x^{1/3} = u$.

$$x^{1/3} = 3 \quad \text{ou} \quad x^{1/3} = -2$$
$$x = 3^3 \qquad x = (-2)^3$$
$$x = 27 \qquad x = -8$$

5.13 Resolva: $\sqrt{2x} = \sqrt{x+1} + 1$

Eleve ambos os lados ao quadrado, observando que o lado direito é um binômio.

$$\sqrt{2x} = \sqrt{x+1} + 1$$
$$(\sqrt{2x})^2 = (\sqrt{x+1} + 1)^2$$
$$2x = x + 1 + 2\sqrt{x+1} + 1$$

Agora isole o termo que contém a raiz quadrada e eleve novamente ao quadrado.

$$x - 2 = 2\sqrt{x+1}$$
$$(x-2)^2 = (2\sqrt{x+1})^2$$
$$x^2 - 4x + 4 = 4(x+1)$$
$$x^2 - 4x + 4 = 4x + 4$$
$$x^2 - 8x = 0$$
$$x(x-8) = 0$$

$x = 0$ ou $x = 8$ Verificação: $x = 0: \sqrt{2 \cdot 0} = \sqrt{0+1} + 1?$ $x = 8: \sqrt{2 \cdot 8} = \sqrt{8+1} + 1?$

$0 \neq 1 + 1$ $\qquad\qquad 4 = 3 + 1$

Não há solução $\qquad$ 8 é a única solução

5.14 Resolva a equação literal $S = 2xy + 2xz + 2yz$ em relação a y.

Essa equação é linear em y, a variável especificada. Uma vez que todos os termos envolvendo y já estão em um só lado, coloque todos os termos que não envolvem y do outro lado e, em seguida, divida ambos os lados pelo coeficiente de y.

$$S = 2xy + 2xz + 2yz$$
$$S - 2xz = 2xy + 2yz$$
$$S - 2xz = y(2x + 2z)$$
$$\frac{S - 2xz}{2x + 2z} = y$$
$$y = \frac{S - 2xz}{2x + 2z}$$

5.15 Resolva $\frac{1}{p} + \frac{1}{q} = \frac{1}{f}$ em relação a f.

Essa equação é linear em f, a variável especificada. Multiplique ambos os lados por pqf, o MMC entre os denominadores de todas as frações e, então, divida ambos os lados pelo coeficiente de f.

$$\frac{1}{p} + \frac{1}{q} = \frac{1}{f}$$
$$pqf \cdot \frac{1}{p} + pqf \cdot \frac{1}{q} = pqf \cdot \frac{1}{f}$$
$$qf + pf = pq$$
$$f(q + p) = pq$$
$$f = \frac{qp}{q + p}$$

5.16 Resolva $s = \frac{1}{2}gt^2 - v_0 t + s_0$ em relação a t.

Essa equação é quadrática em t, a variável especificada. Reescreva a equação na forma padrão para equações quadráticas:

$$s = \frac{1}{2}gt^2 - v_0 t + s_0$$

$$\frac{1}{2}gt^2 - v_0 t + s_0 - s = 0$$

Agora use a fórmula quadrática sendo $a = \frac{1}{2}g$, $b = -v_0$, $c = s_0 - s$

$$t = \frac{-(-v_0) \pm \sqrt{(-v_0)^2 - 4(\frac{1}{2}g)(s_0 - s)}}{2(\frac{1}{2}g)}$$

$$t = \frac{v_0 \pm \sqrt{v_0^2 - 2g(s_0 - s)}}{g}$$

5.17 Serão investidos $9.000, parte com 6% de taxa de rendimentos e parte com 10% de taxa de rendimentos. Quanto deveria ser investido para cada taxa se é desejado um total de 9% de taxa de rendimentos?

Use a fórmula $I = Prt$, sendo que t corresponde a um período de um ano. Seja $x =$ montante investido a 6%; um arranjo em forma de tabela é útil:

	P: Montante investido	r: Taxa de rendimento	I: Rendimento
Primeira modalidade	x	0,06	$0,06x$
Segunda modalidade	$9.000 - x$	0,1	$0,1(9.000 - x)$
Investimento	9.000	0,09	$0,09(9.000)$

Como o rendimento ganho é o total do rendimento das duas modalidades de investimento, escreva:

$$0,06x + 0,1(9000 - x) = 0,09(9000)$$

Resolvendo, tem-se:

$$0,06x + 900 - 0,1x = 810$$

$$-0,04x = -90$$

$$x = 2250$$

Portanto, deveriam ser investidos $2.250 a 6% e $9.000 - x = \$6.750$ deveriam ser investidos a 10%.

5.18 Uma caixa com uma base quadrada e sem tampa deve ser feita a partir de um pedaço quadrado de cartolina, cortando um quadrado de 3 centímetros de cada canto e dobrando os lados. Se a caixa deve ter uma capacidade de 75 centímetros cúbicos, qual o tamanho do pedaço de cartolina a ser usado?

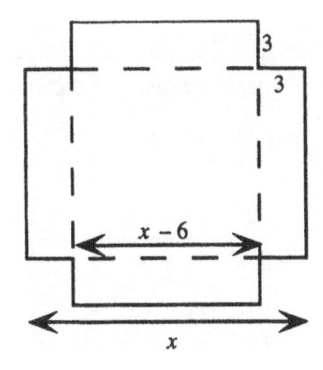

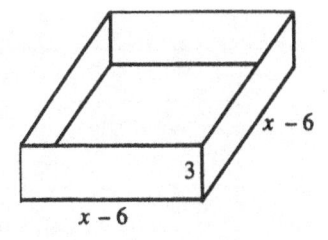

Figura 5-2

Esboce uma figura (ver Fig. 5-2).

Seja x = comprimento do lado do pedaço original. Então $x - 6$ = comprimento do lado da caixa.

Use volume = (comprimento)(largura)(altura):

$$3(x-6)^2 = 75$$
$$(x-6)^2 = 25$$
$$x - 6 = \pm 5$$
$$x = 6 \pm 5$$

Assim, $x = 11$ cm ou $x = 1$ cm. Claramente, a última alternativa não faz sentido; logo, as dimensões da cartolina original devem ser as de um quadrado com 11 cm de lado.

5.19 Duas pessoas têm um sistema de *walkie-talkie* com um alcance de $\frac{3}{4}$ de milha*. Uma delas começa a caminhar ao meio-dia em direção ao leste a uma velocidade de 3 milhas por hora. Cinco minutos depois, a outra pessoa começa a caminhar em direção ao oeste a uma velocidade de 4 milhas por hora. A que horas elas atingirão o alcance dos aparelhos?

Use distância = (velocidade)(tempo). Seja t = tempo decorrido a partir do meio-dia. Um arranjo em tabela é útil.

	Duração da caminhada	Velocidade da caminhada	Distância
Primeira pessoa	t	3	$3t$
Segunda pessoa	$t - \frac{5}{60}$	4	$4\left(t - \frac{5}{60}\right)$

Como as distâncias devem se somar a um total de $\frac{3}{4}$ de milha, isso conduz a:

$$3t + 4\left(t - \frac{5}{60}\right) = \frac{3}{4}$$
$$3t + 4t - \frac{1}{3} = \frac{3}{4}$$
$$7t = \frac{1}{3} + \frac{3}{4}$$
$$t = \frac{\frac{1}{3} + \frac{3}{4}}{7}$$
$$t = \frac{13}{84}$$

A hora será meio-dia mais $\frac{13}{84}$ horas ou, aproximadamente, 12h09m.

5.20 Um recipiente é preenchido com 8 litros de uma solução com 20% de sal. Quantos litros de água pura devem ser acrescentados para produzir uma solução com 15% de sal?

Seja x = número de litros de água acrescentada. Um arranjo em forma de tabela é útil.

	Volume da solução	Percentagem de sal	Quantidade de sal
Solução original	8	0,2	(0,2)8
Água	x	0	0
Mistura	$8+x$	0,15	$0,15(8+x)$

---

* N. de T.: Uma milha corresponde a 1,61 km.

Como a quantia de sal na solução original e a água acrescentada devem totalizar a quantidade de sal na mistura, isso nos leva a:

$$(0,2)8 + 0 = 0,15(8 + x)$$

$$1,6 = 1,2 + 0,15x$$

$$0,4 = 0,15x$$

$$x = \frac{0,4}{0,15} \quad \text{ou} \quad 2\frac{2}{3} \text{ litros}$$

5.21 Uma máquina A pode executar uma tarefa em 6 horas, trabalhando sozinha. Uma máquina B pode completar a mesma tarefa em 10 horas, funcionando sozinha. Quanto tempo consumiriam as duas máquinas, trabalhando em parceria, para completar a mesma tarefa?

Use quantidade de trabalho = (velocidade)(tempo). Observe que se uma máquina pode realizar uma tarefa em x horas, ela realiza $1/x$ da tarefa em uma hora, ou seja, sua velocidade é de $1/x$ tarefa por hora. Seja t = tempo dispendido por máquina. Um arranjo em forma de tabela é útil.

	Velocidade	Tempo	Quantidade de tarefa
Máquina A	1/6	t	$t/6$
Máquina B	1/10	t	$t/10$

Uma vez que a quantidade de tarefa executada por ambas as máquinas deve totalizar uma tarefa completa, isso leva a:

$$\frac{t}{6} + \frac{t}{10} = 1$$

$$30 \cdot \frac{t}{6} + 30 \cdot \frac{t}{10} = 30$$

$$5t + 3t = 30$$

$$8t = 30$$

$$t = \frac{15}{4}$$

O tempo seria de $3\frac{3}{4}$ horas.

Problemas Complementares

5.22 Resolva: $3 - \frac{x}{8} = \frac{5x}{2} - \frac{2}{3}(x - 4) + 5$ *Resp.* $-\frac{112}{47}$

5.23 Resolva: $7(x - 6) - 6(x + 3) = 5(x - 6) - 2(3 + 2x)$ *Resp.* Sem solução

5.24 Resolva: $\frac{5}{x} - \frac{4}{x(x - 2)} = \frac{x - 4}{x - 2}$ *Resp.* 7

5.25 Encontre todas as soluções reais:

(a) $x^2 - 9x = 36$; (b) $3x^2 = 2x + 8$; (c) $4x^2 + 3x + 5 = 0$; (d) $x^2 - 5 = 2x + 3$;

(e) $(x - 8)(x + 6) = 32$; (f) $8x^2 - 3x + 4 = 3x^2 + 12$; (g) $(x - 5)^2 = 7$; (h) $4x^2 + 3x - 5 = 0$

Resp. (a) $\{-3, 12\}$; (b) $\left\{-\frac{4}{3}, 2\right\}$; (c) não existem soluções reais; (d) $\{-2, 4\}$;

(e) $\{-8, 10\}$; (f) $\left\{-1, \frac{8}{5}\right\}$; (g) $5 \pm \sqrt{7}$; (h) $\left\{\frac{-3 + \sqrt{89}}{8}, \frac{-3 - \sqrt{89}}{8}\right\}$

5.26 Resolva:

(a) $\sqrt[3]{5x + 9} = -6$ (b) $\sqrt{5x + 9} = -6$ *Resp.* (a) -45 (b) Sem solução

5.27 Encontre todas as soluções reais:

(a) $x^4 - x^2 - 6 = 0$;   (b) $x^{2/3} - 3x^{1/3} - 4 = 0$;   (c) $x^6 + 6x^3 - 16 = 0$

Resp. (a) $\{-\sqrt{3}, \sqrt{3}\}$;   (b) $\{-1, 64\}$;   (c) $\{-2, \sqrt[3]{2}\}$

5.28 Resolva: (a) $x - \sqrt{x} = 12$;   (b) $\sqrt{2x+1} + 1 = x$;   (c) $\sqrt{4x+1} - \sqrt{2x-3} = 2$

Resp. (a) $\{16\}$;   (b) $\{4\}$;   (c) $\{2, 6\}$

5.29 Determine todas as soluções complexas para $x^3 - 5x^2 + 4x - 20 = 0$ *Resp.* $5, 2i, -2i$

5.30 Resolva $\dfrac{1}{p} + \dfrac{1}{q} = \dfrac{1}{f}$ em relação a q.   *Resp.* $q = \dfrac{pf}{p - f}$

5.31 Resolva $LI^2 + RI + \dfrac{1}{C} = 0$ em relação a I.   *Resp.* $I = \dfrac{-RC \pm \sqrt{R^2C^2 - 4LC}}{2LC}$

5.32 Resolva $(x - h)^2 + (y - k)^2 = r^2$ em relação a y.   *Resp.* $y = k \pm \sqrt{r^2 - (x - h)^2}$

5.33 Resolva as equações em relação a y, em termos de x: (a) $3x - 5y = 8$;   (b) $x^2 - 2xy + y^2 = 4$;   (c) $\dfrac{x+y}{x-y} = 5$;   (d) $x = \sqrt{y^2 - 2y}$

Resp. (a) $y = \dfrac{3x - 8}{5}$;   (b) $y = x + 2$ ou $y = x - 2$;   (c) $y = \tfrac{2}{3}x$;   (d) $y = 1 \pm \sqrt{x^2 + 1}$

5.34 Um retângulo tem perímetro de 44 cm. Descubra suas dimensões, considerando que seu comprimento é 5 cm menor do que o dobro de sua largura.

Resp. Largura = 9 cm, comprimento = 13 cm

5.35 Resolva o Problema 5.19 do *walkie-talkie* para o caso em que as duas pessoas começam a caminhar ao mesmo tempo, mas a segunda pessoa caminha para o norte.

Resp. Exatamente às 12h09m

5.36 Uma loja deseja misturar um café que custa $6,50 a libra* com um café que custa $9,00 a libra, a fim de vender 60 libras de café misturado a $7,50 por libra. Quanto deveria ser usado de cada tipo de café?

Resp. 36 libras do café que custa $6,50 por libra e 24 libras do café que custa $9,00 por libra

5.37 Um recipiente contém 8 centilitros de uma solução de 30% de ácido. Quantos centilitros de ácido puro deve-se adicionar para produzir uma nova substância com 50% de ácido?

Resp. 3,2 cl

5.38 Um armazém de produtos químicos tem duas soluções de álcool, uma com 30% e uma com 75%. Quantos decilitros de cada um devem ser misturados para se obter 90 decilitros de uma solução com 65%?

Resp. 20 dl da solução de 30% e 70 dl da solução de 75%

5.39 Um radiador de 6 galões** é preenchido com uma solução de 40% de anticongelante na água. Quanto dessa solução deve ser retirada e substituída por anticongelante puro para se obter uma solução de 65%?

Resp. 2,5 galões

5.40 Uma máquina A completa uma tarefa em 8 horas, trabalhando sozinha. Trabalhando em parceria com a máquina B, a mesma tarefa demora 5 horas para ser terminada. Quando tempo a máquina B demoraria para realizar a tarefa se trabalhasse sozinha?

Resp. $13\tfrac{1}{3}$ horas

5.41 Uma máquina A, trabalhando sozinha, pode realizar uma tarefa em 4 horas a menos que uma máquina B. Trabalhando juntas, elas podem completar a tarefa em 5 horas. Quanto tempo seria consumido por máquina, trabalhando sozinhas, para completar a tarefa?

Resp. Máquina A: 8,4 horas; máquina B: 12,4 horas, aproximadamente

---

* N. de T.: Uma libra equivale a 0,45 kg.

** N. de T.: Um galão americano corresponde a 231 polegadas cúbicas.

Capítulo 6

Inequações Lineares e Não Lineares

RELAÇÕES DE DESIGUALDADE

O número a é *menor que* b, escrito como $a < b$, se $b - a$ é positivo. Logo, b é *maior que a*, o que se escreve como $b > a$. Se a é menor ou igual a b, escreve-se $a \leq b$. Desse modo, b é maior ou igual à a e se escreve $b \geq a$. *Interpretação Geométrica*: Se $a < b$, então a está à esquerda de b em uma reta real (Fig. 6-1). Se $a > b$, a está à direita de b.

Exemplo 6.1

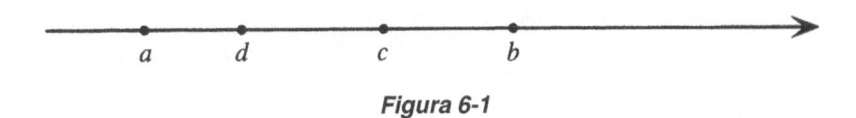

Figura 6-1

Na Fig. 6-1, $a < d$ e $b > c$. Também, $a < c$ e $b > d$.

DESIGUALDADES COMBINADAS E INTERVALOS

Se $a < x$ e $x < b$, as duas afirmações são frequentemente combinadas para se escrever: $a < x < b$. O conjunto de todos os números x que satisfazem $a < x < b$ é dito um *intervalo aberto* e representado por (a, b). Analogamente, o conjunto de todos os números reais x que satisfazem a desigualdade combinada $a \leq x \leq b$ é chamado de intervalo fechado e é escrito como $[a, b]$. A tabela a seguir exibe várias desigualdades comuns e suas representações como intervalos.

Desigualdade	*Notação*	*Gráfico*
$a < x < b$	(a,b)	
$a \leq x \leq b$	$[a,b]$	
$a < x \leq b$	$(a,b]$	

Desigualdade	Notação	Gráfico
$a \leq x < b$	$[a,b)$	
$x > a$	(a,∞)	
$x \geq a$	$[a,\infty)$	
$x < b$	$(-\infty,b)$	
$x \leq b$	$(-\infty,b]$	

INEQUAÇÕES ENVOLVENDO VARIÁVEIS

Uma inequação envolvendo variáveis, como no caso de uma equação, em geral não é verdadeira e nem falsa; esse tipo de decisão depende do(s) valor(es) da(s) variável(eis). Para desigualdades com uma variável, um valor da variável que torne a inequação verdadeira é uma solução para a mesma. O conjunto de todas as soluções é chamado de *conjunto solução* da inequação.

INEQUAÇÕES EQUIVALENTES

Inequações são equivalentes se admitem os mesmos conjuntos solução.

Exemplo 6.2 As inequações $x < -5$ e $x + 5 < 0$ são equivalentes. Cada uma tem o conjunto solução de todos os números reais menores que -5, isto é, $(-\infty,-5)$.

O processo de *resolver* uma inequação consiste em transformá-la em uma inequação equivalente, cuja solução seja óbvia. Operações de transformação de uma inequação em outra equivalente incluem:

1. **Somar ou subtrair:** As inequações $a < b$, $a + c < b + c$ e $a - c < b - c$ são equivalentes para qualquer número real c.
2. **Multiplicar ou dividir por um número positivo:** As inequações $a < b$, $ac < bc$ e $a/c < b/c$ são equivalentes para qualquer número real positivo c.
3. **Multiplicar ou dividir por um número negativo:** As inequações $a < b$, $ac > bc$ e $a/c > b/c$ são equivalentes para qualquer número real negativo c. Observe que o sentido da desigualdade inverte perante a multiplicação ou divisão por um número negativo.
4. **Simplificar** expressões em um dos lados de uma inequação.

Regras semelhantes se aplicam para desigualdades da forma $a > b$ e assim por diante.

INEQUAÇÕES LINEARES

Uma inequação linear é aquela que está na forma $ax + b < 0$, $ax + b > 0$, $ax + b \leq 0$ ou $ax + b \geq 0$, ou que pode ser transformada em uma inequação equivalente a essa forma. Em geral, inequações lineares têm conjuntos solução infinitos em uma das formas mostradas na tabela anterior. Inequações lineares são resolvidas isolando a variável de um modo semelhante ao empregado em equações.

Exemplo 6.3 Resolva $5 - 3x > 4$.

$$5 - 3x > 4$$
$$-3x > -1$$
$$x < \frac{1}{3}$$

Observe que o sentido da desigualdade foi invertido ao se dividir ambos os lados por -3.

Uma inequação que não é linear é chamada de não linear.

RESOLVENDO INEQUAÇÕES NÃO LINEARES

Uma inequação na qual o lado esquerdo pode ser escrito como o produto ou quociente de fatores lineares (ou fatores quadráticos primos) pode ser resolvida via um *diagrama de sinais*. Se um tal fator jamais é zero em um intervalo, então é positivo ou negativo em todo o intervalo. Logo:

1. Determine os pontos nos quais cada fator é 0. Esses são chamados de *pontos críticos*.
2. Desenhe uma reta numerada e exiba os pontos críticos.
3. Determine o sinal de cada fator em cada intervalo; então, usando leis de multiplicação ou divisão, verifique o sinal de toda a expressão do lado esquerdo da inequação.
4. Escreva o conjunto solução.

Exemplo 6.4 Resolva: $(x - 1)(x + 2) > 0$

Os pontos críticos são 1 e -2, sendo que, respectivamente, $x - 1$ e $x + 2$ são zero. Desenhe uma reta numerada mostrando os pontos críticos (Fig. 6-2). Esses pontos dividem a reta nos intervalos $(-\infty, -2)$, $(-2, 1)$ e $(1, \infty)$. Em $(-\infty, -2)$, $x - 1$ e $x + 2$ são negativos; portanto, o produto é positivo. Em $(-2, 1)$, $x - 1$ é negativo e $x + 2$ é positivo; logo, o produto é negativo. Em $(1, \infty)$, ambos os fatores são positivos; assim, o produto é positivo.

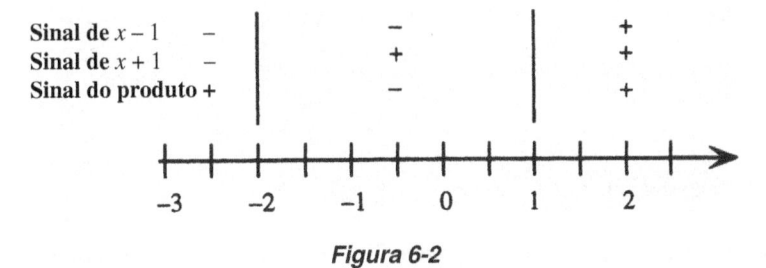

Figura 6-2

A inequação vale quando $(x - 1)(x + 2)$ é *positivo*. Logo, o conjunto solução consiste dos intervalos: $(-\infty, -2) \cup (1, \infty)$.

Problemas Resolvidos

6.1 Resolva $3(y - 5) - 4(y + 6) \leq 7$

Elimine parênteses, combine termos e isole a variável:

$$3(y - 5) - 4(y + 6) \leq 7$$
$$3y - 15 - 4y - 24 \leq 7$$
$$-y - 39 \leq 7$$
$$-y \leq 46$$
$$y \geq -46$$

O conjunto solução é $[-46, \infty)$.

6.2 Resolva: $\dfrac{2x-3}{3} - \dfrac{5x+4}{6} > 5 - \dfrac{3x}{8}$

Multiplique ambos os lados por 24, o MMC entre os denominadores de todas as frações e, então, proceda como no problema anterior.

$$\frac{2x-3}{3} - \frac{5x+4}{6} > 5 - \frac{3x}{8}$$

$$24 \cdot \frac{(2x-3)}{3} - 24 \cdot \frac{(5x+4)}{6} > 120 - 24 \cdot \frac{3x}{8}$$

$$16x - 24 - 20x - 16 > 120 - 9x$$

$$-4x - 40 > 120 - 9x$$

$$5x > 160$$

$$x > 32$$

O conjunto solução é $(32, \infty)$.

6.3 Resolva: $-8 < 2x - 7 \leq 5$

Uma inequação combinada desse tipo pode ser resolvida isolando a variável no meio.

$$-8 < 2x - 7 \leq 5$$
$$-1 < 2x \leq 12$$
$$-\frac{1}{2} < x \leq 6$$

O conjunto solução é $(-\frac{1}{2}, 6]$.

6.4 Resolva: $0 < 3 - 5x \leq 10$

$$0 < 3 - 5x \leq 10$$
$$-3 < -5x \leq 7$$
$$\frac{3}{5} > x \geq -\frac{7}{5}$$
$$-\frac{7}{5} \leq x < \frac{3}{5}$$

O conjunto solução é $[-\frac{7}{5}, \frac{3}{5})$.

6.5 Uma solução química é mantida entre -30 e $-22,5°C$. Isso corresponde a qual intervalo em graus Fahrenheit? Escreva $-30 < C < -22,5$ e use $C = \frac{5}{9}(F-32)$.

$$-30 < C < -22,5$$
$$-30 < \frac{5}{9}(F-32) < -22,5$$
$$-54 < F - 32 < -40,5$$
$$-22 < F < -8,5$$

O intervalo está entre -22 e $-8,5°F$.

6.6 Resolva: $x^2 - 8x \leq 20$

Obtenha 0 do lado direito, escreva o lado esquerdo em forma fatorada e, então, faça um diagrama de sinais.

$$x^2 - 8x - 20 \leq 0$$
$$(x-10)(x+2) \leq 0$$

Os pontos críticos são 10 e −2, sendo que, respectivamente, $x - 10$ e $x + 2$ são zero. Desenhe uma reta numerada, mostrando os pontos críticos (Fig. 6-3).

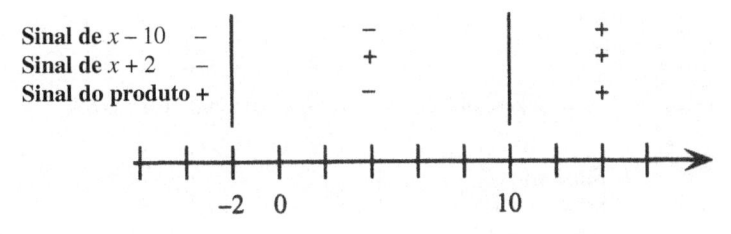

```
Sinal de x − 10    −  |  −  |  +
Sinal de x + 2     −  |  +  |  +
Sinal do produto   +  |  −  |  +
```

```
──┼──┼──┼──┼──┼──┼──┼──┼──┼──┼──▶
  −2  0              10
```

Figura 6-3

Os pontos críticos dividem a reta real nos intervalos $(-\infty, -2)$, $(-2, 10)$ e $(10, \infty)$. Em $(-\infty, -2)$, $x - 10$ e $x + 2$ são negativos, logo o produto é positivo. Em $(-2, 10)$, $x - 10$ é negativo e $x + 2$ é positivo; logo, o produto é negativo. Em $(10, \infty)$, ambos os fatores são positivos; logo, o produto é positivo. A parte envolvendo igualdade na inequação é satisfeita em ambos os pontos críticos e a inequação é verdadeira quando $(x + 2)(x - 10)$ é negativo; logo, o conjunto solução é $[-2, 10]$.

6.7 Resolva: $2x^2 + 2 \geq 5x$

Obtenha 0 do lado direito, escreva o lado esquerdo em forma fatorada e, em seguida, faça um diagrama de sinais.

$$2x^2 - 5x + 2 \geq 0$$

$$(x - 2)(2x - 1) \geq 0$$

Desenhe uma reta numerada mostrando os pontos críticos $\frac{1}{2}$ e 2 (Fig. 6-4).

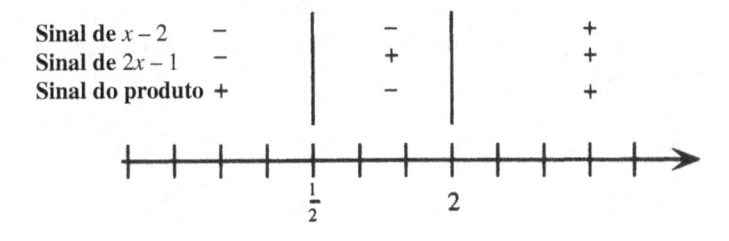

```
Sinal de x − 2    −  |  −  |  +
Sinal de 2x − 1   −  |  +  |  +
Sinal do produto  +  |  −  |  +
```

```
──┼──┼──┼──┼──┼──┼──┼──┼──┼──┼──▶
          ½    2
```

Figura 6-4

Os pontos críticos dividem a reta real nos intervalos $(-\infty, \frac{1}{2})$, $(\frac{1}{2}, 2)$ e $(2, \infty)$. O produto tem sinal, respectivamente, positivo, negativo e positivo nesses intervalos. A parte envolvendo igualdade na inequação é satisfeita em ambos os pontos críticos e a inequação é verdadeira quando $(2x - 1)(x - 2)$ é positivo; logo, o conjunto solução é $(-\infty, \frac{1}{2}] \cup [2, \infty)$.

6.8 Resolva: $x^3 < x^2 + 6x$

Obtenha 0 do lado direito, escreva o lado esquerdo em forma fatorada e, em seguida, faça um diagrama de sinais.

$$x^3 - x^2 - 6x < 0$$

$$x(x - 3)(x + 2) < 0$$

Desenhe uma reta numerada mostrando os pontos críticos −2, 0 e 3 (Fig. 6-5).

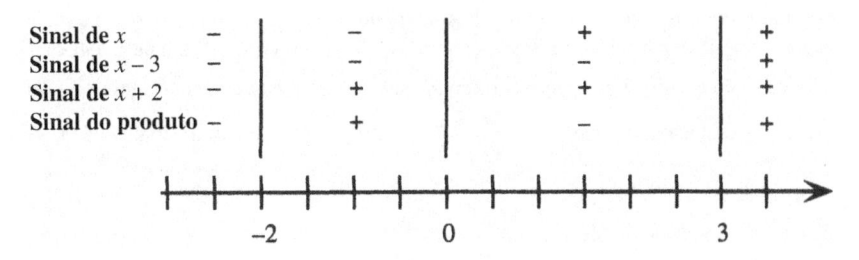

```
Sinal de x        −  |  −  |  +  |  +
Sinal de x − 3    −  |  −  |  −  |  +
Sinal de x + 2    −  |  +  |  +  |  +
Sinal do produto  −  |  +  |  −  |  +
```

```
──┼──┼──┼──┼──┼──┼──┼──┼──┼──┼──▶
     −2        0              3
```

Figura 6-5

Os pontos críticos dividem a reta real (Fig. 6-5) nos intervalos $(-\infty, -2)$, $(-2, 0)$, $(0, 3)$ e $(3, \infty)$. O produto tem sinal, respectivamente, negativo, positivo, negativo e positivo nesses intervalos. A desigualdade vale quando $x(x-3)(x+2)$ é negativo; logo, o conjunto solução é $(-\infty, -2) \cup (0, 3)$.

6.9 Resolva: $\dfrac{x+5}{x-3} \leq 0$

Desenhe uma reta numerada exibindo os pontos críticos -5 e 3 (Fig. 6-6).

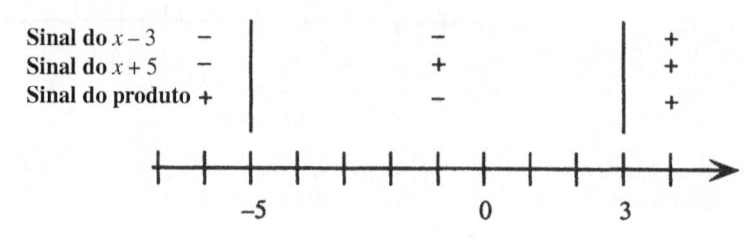

Sinal do $x-3$	−	−	+
Sinal do $x+5$	−	+	+
Sinal do produto	+	−	+

Pontos: -5, 0, 3

Figura 6-6

Os pontos críticos dividem a reta real nos intervalos $(-\infty, -5)$, $(-5, 3)$, e $(3, \infty)$. O quociente tem sinal, respectivamente, positivo, negativo e positivo nesses intervalos. A parte envolvendo igualdade na inequação é satisfeita no ponto crítico -5, mas não no ponto crítico 3, já que a expressão $\dfrac{x+5}{x-3}$ não é definida no mesmo. A desigualdade vale quando $\dfrac{x+5}{x-3}$ é negativo; logo, o conjunto solução é $[-5, 3)$.

6.10 Resolva: $\dfrac{2x}{x-3} \geq 3$

A solução dessa desigualdade difere da solução da equação correspondente. Se ambos os lados fossem multiplicados pelo denominador $x - 3$, seria necessário considerar separadamente os casos nos quais este é positivo, zero ou negativo.

É preferível conseguir 0 no lado direito e combinar o lado esquerdo na forma de uma fração, para então formar um diagrama de sinais.

$$\frac{2x}{x-3} - 3 \geq 0$$

$$\frac{2x}{x-3} - \frac{3(x-3)}{x-3} \geq 0$$

$$\frac{9-x}{x-3} \geq 0$$

Desenhe uma reta numerada mostrando os pontos críticos 3 e 9 (Fig. 6-7).

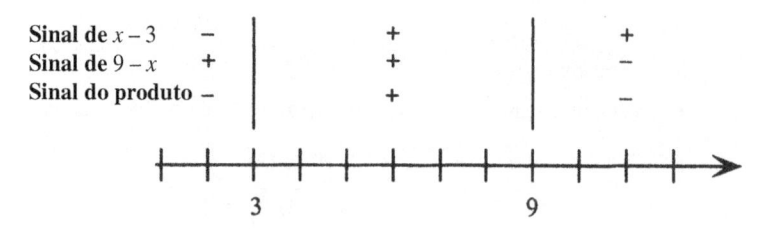

Sinal de $x-3$	−	+	+
Sinal de $9-x$	+	+	−
Sinal do produto	−	+	−

Pontos: 3, 9

Figura 6-7

Os pontos críticos dividem a reta real nos intervalos $(-\infty, 3)$, $(3, 9)$ e $(9, \infty)$. O quociente tem sinal, respectivamente, negativo, positivo e negativo nesses intervalos. (Observe a inversão de sinais na tabela para $9 - x$.) A parte de igualdade na inequação é satisfeita no ponto crítico 9, mas não no ponto crítico 3, já que a expressão $\dfrac{9-x}{x-3}$ não é definida no mesmo. A desigualdade vale quando $\dfrac{9-x}{x-3}$ é positiva; logo, o conjunto solução é $(3, 9]$.

6.11 Resolva: $\dfrac{(x-2)^{1/3}(2x+3)^2}{(x+5)^3(x^2+4)} \geq 0$

Desenhe uma reta numerada mostrando os pontos críticos $-5, -\frac{3}{2}$ e 2 (Fig. 6-8). Observe que o fator $x^2 + 4$ não tem pontos críticos; seu sinal é positivo para todo real x; logo, não tem efeito sobre o sinal do resultado.

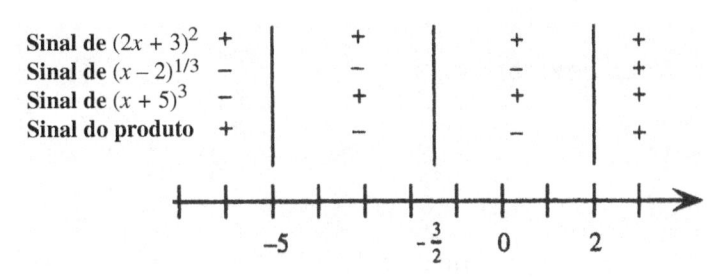

Sinal de $(2x+3)^2$	+	+	+	+
Sinal de $(x-2)^{1/3}$	−	−	−	+
Sinal de $(x+5)^3$	−	+	+	+
Sinal do produto	+	−	−	+

Pontos: $-5, -\frac{3}{2}, 0, 2$

Figura 6-8

Os pontos críticos dividem a reta real nos intervalos $(-\infty, -5)$, $(-5, -\frac{3}{2})$, $(-\frac{3}{2}, 2)$ e $(2, \infty)$. O quociente tem sinal, respectivamente, positivo, negativo, negativo e positivo nesses intervalos. (Observe que o fator $(2x+3)^2$ é positivo, exceto em seu ponto crítico.) A parte de igualdade na inequação é satisfeita nos pontos críticos $-\frac{3}{2}$ e 2, mas não no ponto crítico -5. A desigualdade vale quando a expressão sob consideração é positiva; logo, o conjunto solução é $(-\infty, -5) \cup \{-\frac{3}{2}\} \cup [2, \infty)$.

6.12 Para quais valores de x que a expressão $\sqrt{9 - x^2}$ representa um número real?

A expressão representa um número real quando a quantidade $9 - x^2$ é não negativa. Resolva a inequação $9 - x^2 \geq 0$, ou $(3-x)(3+x) \geq 0$, desenhando uma reta numerada e mostrando os pontos críticos 3 e -3 (Fig. 6-9).

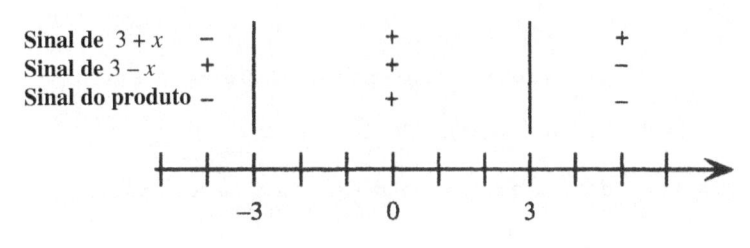

Sinal de $3 + x$	−	+	+
Sinal de $3 - x$	+	+	−
Sinal do produto	−	+	−

Pontos: $-3, 0, 3$

Figura 6-9

Os pontos críticos dividem a reta real nos intervalos $(-\infty, -3)$, $(-3, 3)$ e $(3, \infty)$. O produto tem sinal, respectivamente, negativo, positivo e negativo nesses intervalos. A parte de igualdade na inequação é satisfeita nos pontos críticos e a desigualdade vale quando $9 - x^2$ é positiva, o que implica que a expressão $\sqrt{9 - x^2}$ representa um número real quando x está em $[-3, 3]$.

6.13 Para quais valores de x a expressão $\sqrt{\dfrac{x}{(2-x)(5+x)}}$ representa um número real?

A expressão representa um número real quando a quantidade sob o radical não é negativa. Resolva a inequação $\dfrac{x}{(2-x)(5+x)} \geq 0$ desenhando uma reta numerada e mostrando os pontos críticos $-5, 0$ e 2 (Fig. 6-10).

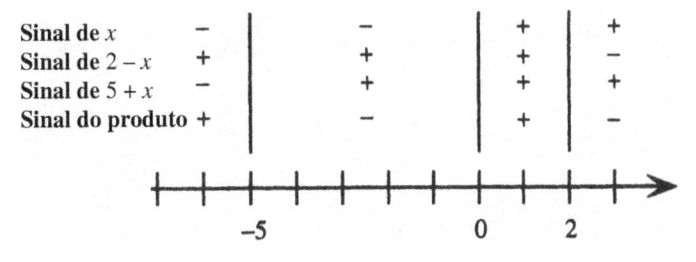

Sinal de x	−	−	+	+
Sinal de $2 - x$	+	+	+	−
Sinal de $5 + x$	−	+	+	+
Sinal do produto	+	−	+	−

Pontos: $-5, 0, 2$

Figura 6-10

Os pontos críticos dividem a reta real nos intervalos $(-\infty, -5)$, $(-5, 0)$, $(0, 2)$ e $(2, \infty)$. O quociente tem sinal, respectivamente, positivo, negativo, positivo e negativo nesses intervalos. A parte de igualdade na inequação é satisfeita no ponto crítico 0 e a desigualdade vale quando a quantidade sob o radical é positiva; logo, a expressão inteira representa um número real quando x está em $(-\infty, -5) \cup [0, 2)$.

Problemas Complementares

6.14 Resolva (a) $\dfrac{2x+7}{5} < \dfrac{5x-3}{2}$; (b) $0{,}05(2x-3) + 0{,}02x > 15$; (c) $4(5x-6) - 3(6x-3) > 2x + 1$

Resp. (a) $(\tfrac{29}{21}, \infty)$; (b) $(126{,}25, \infty)$; (c) Não há solução

6.15 Resolva (a) $-0{,}01 < x - 5 < 0{,}01$; (b) $\dfrac{1}{2} \leq \dfrac{5x-6}{4} < 7$; (c) $-6 < 3 - 7x \leq 8$

Resp. (a) $(4{,}99, 5{,}01)$; (b) $[\tfrac{8}{5}, \tfrac{34}{5})$; (c) $[-\tfrac{5}{7}, \tfrac{9}{7})$

6.16 Resolva (a) $5x - x^2 < 6$; (b) $(x+6)^2 \geq (2x-1)^2$; (c) $t^2 + (t+1)^2 > (t+2)^2$

Resp. (a) $(-\infty, 2) \cup (3, \infty)$; (b) $[-\tfrac{5}{3}, 7]$; (c) $(-\infty, -1) \cup (3, \infty)$

6.17 Resolva: (a) $x^2 \leq 1$; (b) $x^2 + 1 < 1$; (c) $\dfrac{1}{x} < 1$; (d) $\dfrac{1}{x^2} \leq 1$; (e) $\dfrac{1}{1-x^2} \leq 1$

Resp. (a) $[-1, 1]$; (b) não há solução; (c) $(-\infty, 0) \cup (1, \infty)$; (d) $(-\infty, -1] \cup [1, \infty)$; (e) $(-\infty, -1) \cup \{0\} \cup (1, \infty)$

6.18 Resolva (a) $5 > \dfrac{x+3}{x}$; (b) $\dfrac{-9x^2}{x^2 - 9} \leq 0$ (c) $\dfrac{x^2 - 4x}{3x^2 - 12} \geq 0$

Resp. (a) $(-\infty, 0) \cup (\tfrac{3}{4}, \infty)$; (b) $(-\infty, -3) \cup \{0\} \cup (3, \infty)$; (c) $(-\infty, -2) \cup [0, 2) \cup [4, \infty)$

6.19 Para quais valores de x as expressões a seguir representam números reais? (a) $\sqrt{x^2 - 25}$ (b) $\sqrt{\dfrac{x-4}{x+4}}$

Resp. (a) $(-\infty, -5] \cup [5, \infty)$; (b) $(-\infty, -4) \cup [4, \infty)$

6.20 Para quais valores de x as expressões a seguir representam números reais?

(a) $\dfrac{1}{\sqrt{x^2 - 16}}$; (b) $\dfrac{1}{\sqrt{36 - x^2}}$

Resp (a) $(-\infty, -4) \cup (4, \infty)$; (b) $(-6, 6)$

Capítulo 7

Valor Absoluto em Equações e Inequações

VALOR ABSOLUTO DE UM NÚMERO

O valor absoluto de um número real a, representado por $|a|$, foi definido (Capítulo 1) como se segue:

$$|a| = \begin{cases} a & \text{se } a \geq 0 \\ -a & \text{se } a < 0 \end{cases}$$

VALOR ABSOLUTO, INTERPRETADO GEOMETRICAMENTE

Geometricamente, o valor absoluto de um número real é a distância desse número à origem (ver Fig. 7-1).

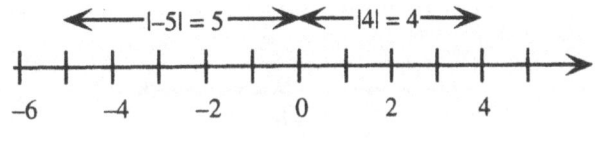

Figura 7-1

Analogamente, a distância entre dois números reais a e b é o valor absoluto de sua diferença: $|a-b|$ ou $|b-a|$.

PROPRIEDADES DE VALORES ABSOLUTOS

$$|-a| = |a| \qquad |a| = \sqrt{a^2}$$

$$|ab| = |a||b| \qquad |a+b| \leq |a| + |b| \quad \text{(Desigualdade triangular)}$$

Exemplo 7.1 (a) $|-5| = |5| = 5$; (b) $|-6| = 6$; $\sqrt{(-6)^2} = \sqrt{36} = 6$, assim, $|-6| = \sqrt{(-6)^2}$.

Exemplo 7.2 (a) $|-5x^2| = |-5||x^2| = 5x^2$; (b) $|3y| = |3||y| = 3|y|$

Exemplo 7.3 Desigualdade triangular: $|5 + (-7)| = 2 \leq |5| + |-7| = 5 + 7 = 12$

VALOR ABSOLUTO EM EQUAÇÕES

Como $|a|$ é a distância de a à origem,

1. A equação $|a| = b$ é equivalente às duas equações $a = b$ e $a = -b$, para $b > 0$. (A distância de a à origem igualará b precisamente quando a igualar b ou $-b$.)
2. A equação $|a| = |b|$ é equivalente às equações $a = b$ e $a = -b$.

Exemplo 7.4 Resolva: $|x + 3| = 5$

Transforme em equações equivalentes que não apresentem o símbolo do valor absoluto e resolva-as:

$$x + 3 = 5 \quad \text{ou} \quad x + 3 = -5$$
$$x = 2 \qquad\qquad x = -8$$

Exemplo 7.5 Resolva: $|x - 4| = |3x + 1|$

Transforme em equações equivalentes que não contenham o símbolo do valor absoluto e resolva-as:

$$x - 4 = 3x + 1 \quad \text{ou} \quad x - 4 = -(3x + 1)$$
$$-2x = 5 \qquad\qquad x - 4 = -3x - 1$$
$$x = -\frac{5}{2} \qquad\qquad 4x = 3$$
$$\qquad\qquad x = \frac{3}{4}$$

VALOR ABSOLUTO EM DESIGUALDADES

Para $b > 0$,

1. A desigualdade $|a| < b$ é equivalente à dupla desigualdade $-b < a < b$. (Uma vez que a distância de a à origem é *menor* que b, a está mais próximo da origem que b; ver Fig. 7-2.)

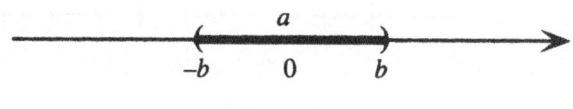

Figura 7-2

2. A desigualdade $|a| > b$ é equivalente às desigualdades $a > b$ e $a < -b$. (Já que a distância de a à origem é *maior* que b, a está mais afastado da origem que b; ver Fig. 7-3.)

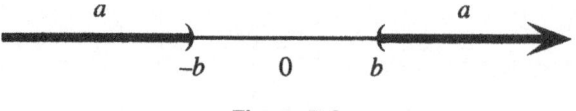

Figura 7-3

Exemplo 7.6 Resolva: $|x - 5| > 3$

Transforme em inequações equivalentes que não contenham o símbolo do valor absoluto e resolva-as:

$$x - 5 > 3 \quad \text{ou} \quad x - 5 < -3$$
$$x > 8 \qquad\qquad x < 2$$

Problemas Resolvidos

7.1 Resolva: $|x - 7| = 2$

Transforme em equações equivalentes que não contenham o símbolo do valor absoluto e resolva-as:

$$x - 7 = 2 \quad \text{ou} \quad x - 7 = -2$$
$$x = 9 \qquad\qquad x = 5$$

7.2 Resolva: $|x + 5| = 0,01$

$$x + 5 = 0,01 \quad \text{ou} \quad x + 5 = -0,01$$
$$x = -4,99 \qquad\qquad x = -5,01$$

7.3 Resolva: $|6x + 7| = 10$

$$6x + 7 = 10 \quad \text{ou} \quad 6x + 7 = -10$$
$$6x = 3 \qquad\qquad 6x = -17$$
$$x = \frac{1}{2} \qquad\qquad x = -\frac{17}{6}$$

7.4 Resolva: $5|x| - 3 = 6$

Primeiramente isole a expressão com valor absoluto e, em seguida, escreva as duas equações equivalentes que não contenham o símbolo de valor absoluto.

$$5|x| = 9$$
$$|x| = \frac{9}{5}$$
$$x = \frac{9}{5} \quad \text{ou} \quad x = -\frac{9}{5}$$

7.5 Resolva: $3|5 - 2x| + 4 = 9$

Isole a expressão com valor absoluto.

$$3|5 - 2x| = 5$$
$$|5 - 2x| = \frac{5}{3}$$

Escreva e resolva as duas equações equivalentes que não contenham o símbolo de valor absoluto.

$$5 - 2x = \frac{5}{3} \quad \text{ou} \quad 5 - 2x = -\frac{5}{3}$$
$$-2x = -\frac{10}{3} \qquad\qquad -2x = -\frac{20}{3}$$
$$x = \frac{5}{3} \qquad\qquad x = \frac{10}{3}$$

7.6 Resolva: $|5x - 3| = -8$

Como o valor absoluto de um número jamais é negativo, essa equação não tem solução.

7.7 Resolva: $|2x - 5| = |8x + 3|$

Transforme em equações equivalentes que não contenham o símbolo do valor absoluto e resolva-as:

$$2x - 5 = 8x + 3 \quad \text{ou} \quad 2x - 5 = -(8x + 3)$$
$$-6x = 8 \qquad\qquad 2x - 5 = -8x - 3$$
$$x = -\frac{4}{3} \qquad\qquad 10x = 2$$
$$\qquad\qquad\qquad x = \frac{1}{5}$$

7.8 Resolva: $|x + 5| > 3$

Converta para desigualdades equivalentes que não contenham o símbolo de valor absoluto e resolva-as:

$$x + 5 > 3 \quad \text{ou} \quad x + 5 < -3$$
$$x > -2 \qquad\qquad x < -8$$

Solução: $(-\infty, -8) \cup (-2, \infty)$

7.9 Resolva: $|x - 3| \leq 10$

Transforme em uma desigualdade dupla equivalente e resolva-a:

$$-10 \leq x - 3 \leq 10$$
$$-7 \leq x \leq 13$$

Solução: $[-7, 13]$

7.10 Resolva: $4|2x - 7| + 5 < 19$

Isole a expressão com valor absoluto e, então, transforme em uma desigualdade dupla equivalente e resolva-a:

$$4|2x - 7| < 14$$
$$|2x - 7| < \frac{7}{2}$$
$$-\frac{7}{2} < 2x - 7 < \frac{7}{2}$$
$$\frac{7}{2} < 2x < \frac{21}{2}$$
$$\frac{7}{4} < x < \frac{21}{4}$$

Solução: $\left(\frac{7}{4}, \frac{21}{4}\right)$

7.11 Resolva: $|5x - 3| > -1$

Uma vez que o valor absoluto de um número real é sempre positivo ou zero — logo, é sempre maior que qualquer número negativo — todos os reais são soluções.

7.12 Escreva na forma de inequação com e sem o símbolo de valor absoluto, e represente graficamente a solução em uma reta numerada: a distância entre x e a é menor que δ.

Usando o símbolo de valor absoluto, essa inequação torna-se $|x - a| < \delta$. Reescreva como uma desigualdade dupla e resolva:

$$-\delta < x - a < \delta$$
$$a - \delta < x < a + \delta$$

O gráfico é exibido na Fig. 7-4:

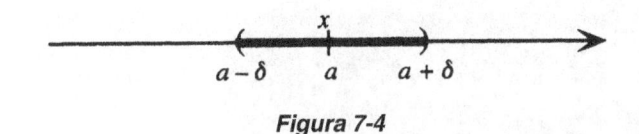

Figura 7-4

Problemas Complementares

7.13 Prove que $|ab| = |a||b|$. (*Sugestão*: considere os casos separadamente para vários sinais de a e b.)

7.14 (*a*) Prove que, para qualquer número real x, $-|x| \leq x \leq |x|$.   (*b*) Use o item (*a*) para demonstrar a desigualdade triangular.

7.15 Escreva como uma equação ou uma inequação e resolva:

(*a*) A distância entre x e 3 é igual a 7.   (*b*) 5 é duas vezes a distância entre x e 6.

(*c*) A distância entre x e -3 é maior que 2.

Resp. (*a*) $|x - 3| = 7$; $\{-4,10\}$ (*b*) $5 = 2|x - 6|$; $\left\{\frac{17}{2}, \frac{7}{2}\right\}$ (*c*) $|x + 3| > 2$; $(-\infty,-5) \cup (-1,\infty)$

7.16 Resolva: (*a*) $|x + 8| = 5$;   (*b*) $|x + 5| < 8$;   (*c*) $|x - 3| \geq 4$

Resp. (*a*) $\{-13,-3\}$;   (*b*) $(-13,3)$;   (*c*) $(-\infty,-1] \cup [7,\infty)$

7.17 Resolva: (*a*) $|x| + 8 = 5$;   (*b*) $2|x| + 5 \leq 8$;   (*c*) $|x + 8| - 5 > 1$

Resp. (*a*) não há solução;   (*b*) $\left[-\frac{3}{2}, \frac{3}{2}\right]$;   (*c*) $(-\infty,-14) \cup (-2,\infty)$

7.18 Resolva: $|5 - 2x| = 3|x+1|$ *Resp.* $\left\{-8, \frac{2}{5}\right\}$

7.19 Resolva: $|3 - 5x| \geq 9$ *Resp.* $\left(-\infty, -\frac{6}{5}\right] \cup \left[\frac{12}{5}, \infty\right)$

7.20 Resolva: $|3x + 4| + 5 < 1$ *Resp.* Sem solução

7.21 Resolva: (*a*) $0 < |x - 5| < 8$;   (*b*) $0 < |2x + 3| \leq 7$;   (*c*) $0 < |x - c| \leq \delta$

Resp. (*a*) $(-3,5) \cup (5,13)$;   (*b*) $[-5, -3/2) \cup (-3/2, 2]$;   (*c*) $[c - \delta, c) \cup (c, c + \delta]$

Capítulo 8

Geometria Analítica

SISTEMA COORDENADO CARTESIANO*

Um sistema coordenado cartesiano consiste de duas retas reais perpendiculares, ditas *eixos coordenados*, que interceptam em suas origens. Geralmente, uma reta é horizontal e chamada de eixo *x*, e a outra é vertical e chamada de eixo *y*. Os eixos dividem o plano coordenado, ou plano *xy*, em quatro partes conhecidas como *quadrantes* e numeradas como primeiro, segundo, terceiro e quarto, ou I, II, III e IV. Pontos sobre os eixos não estão em nenhum quadrante.

CORRESPONDÊNCIA BIJETORA

Uma correspondência bijetora existe entre pares ordenados de números (a,b) e pontos nos planos coordenados (Fig. 8-1). Assim,

1. Para cada ponto *P* corresponde um par ordenado de números (a,b) chamados de coordenadas de *P*. *a* é chamada de *coordenada x* ou *abscissa*; *b* é dita a *coordenada y* ou *ordenada*.
2. Para cada par ordenado de números corresponde um ponto chamado de gráfico do par ordenado. O gráfico pode ser representado por uma marca pontual.

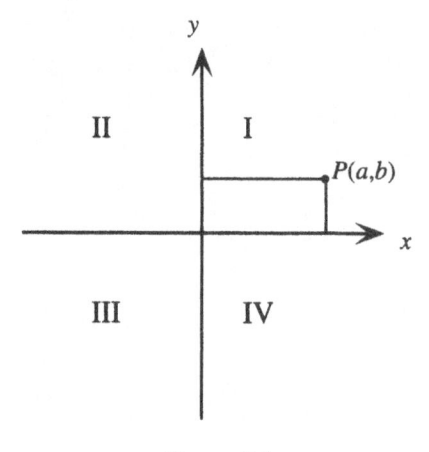

Figura 8-1

A DISTÂNCIA ENTRE DOIS PONTOS

A distância entre dois pontos $P_1(x_1,y_1)$ e $P_2(x_2,y_2)$ em um sistema de coordenadas cartesianas é dada pela *fórmula de distância*:

$$d(P_1,P_2) = \sqrt{(x_2 - x_1)^2 + (y_2 - y_1)^2}$$

---

* N. de T.: Alguns autores preferem o termo "sistema de coordenadas cartesianas". Neste livro, adotamos as duas expressões.

Exemplo 8.1 Encontre a distância entre $(-3,5)$ e $(4,-1)$.

Faça $P_1(x_1,y_1) = (-3,5)$ e $P_2(x_2,y_2) = (4,-1)$. Então, substitua na fórmula de distância.

$$d(P_1,P_2) = \sqrt{(x_2 - x_1)^2 + (y_2 - y_1)^2}$$
$$= \sqrt{[4 - (-3)]^2 + [(-1) - 5]^2}$$
$$= \sqrt{7^2 + (-6)^2} = \sqrt{85}$$

O GRÁFICO DE UMA EQUAÇÃO

O gráfico de uma equação de duas variáveis é o gráfico de seu conjunto solução, ou seja, de todos os pares ordenados (a,b) que satisfazem a equação. Como em geral há um número infinito de soluções, um *esboço* do gráfico normalmente é suficiente. Um procedimento simples para se fazer um esboço de um gráfico é determinar várias soluções, representá-las com marcas pontuais e, então, conectar as marcas com uma curva suave ou linha.

Exemplo 8.2 Esboce o gráfico da equação $x - 2y = 10$.

Faça uma tabela de valores; represente graficamente os pontos e conecte-os. O gráfico é uma linha reta, como mostrado na Fig. 8-2.

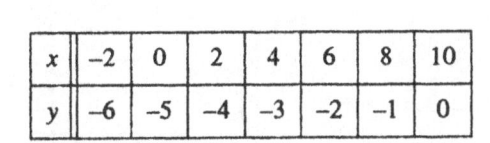

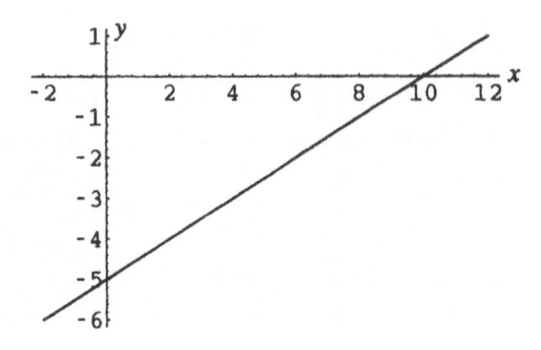

x	-2	0	2	4	6	8	10
y	-6	-5	-4	-3	-2	-1	0

Figura 8-2

INTERCEPTOS

As coordenadas dos pontos nos quais o gráfico de uma equação cruza o eixo x e o eixo y têm nomes especiais:

1. A coordenada x de um ponto no qual o gráfico cruza o eixo x é chamada de intercepto x do gráfico. Para encontrá-la, faça $y = 0$ e resolva em relação a x.
2. A coordenada y de um ponto no qual o gráfico cruza o eixo y é chamada de intercepto y do gráfico. Para encontrá-la, faça $x = 0$ e resolva em relação a y.

Exemplo 8.3 No exemplo anterior, o intercepto x do gráfico é 10, uma vez que o gráfico cruza o eixo x em $(10,0)$; e o intercepto y é -5, uma vez que o gráfico cruza o eixo y em $(0,-5)$.

Exemplo 8.4 Encontre os interceptos do gráfico da equação $y = 4 - x^2$

Faça $x = 0$; então, $y = 4 - 0^2 = 4$. Logo, o intercepto y é 4.

Faça $y = 0$. Se $0 = 4 - x^2$ então $x^2 = 4$; assim, $x = \pm 2$. Logo, 2 e -2 são os interceptos x.

SIMETRIA

Simetria é um auxílio importante para fazer gráficos de equações mais complicadas. Um gráfico é:

1. simétrico com relação ao eixo y se $(-a,b)$ está no gráfico toda vez que (a,b) também está (simetria em relação ao eixo y);

2. simétrico com relação ao eixo x se $(a,-b)$ está no gráfico toda vez que (a,b) também está (simetria em relação ao eixo x);
3. simétrico com relação à origem se $(-a,-b)$ está no gráfico toda vez que (a,b) também está (simetria em relação à origem);
4. simétrico com relação à reta $y = x$ se (b,a) está no gráfico toda vez que (a,b) também está.

Terminologia	Teste	Ilustração
O gráfico é simétrico em relação ao eixo y.	A equação é inalterável quando x é substituído por $-x$.	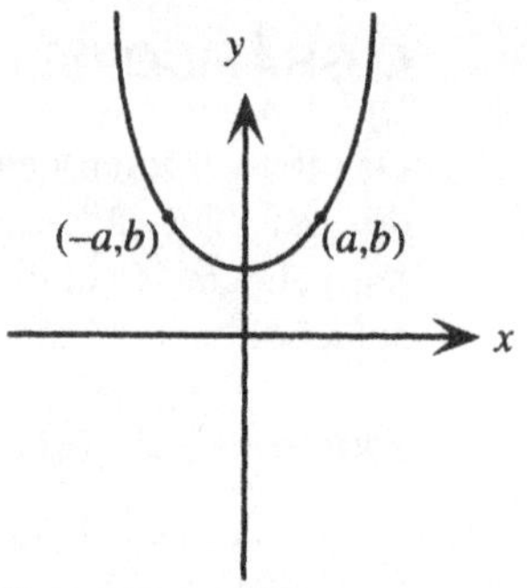
O gráfico é simétrico em relação ao eixo x.	A equação é inalterável quando y é substituído por $-y$.	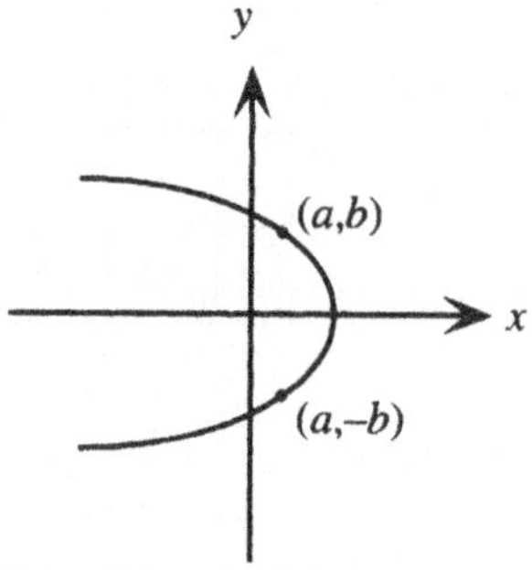
O gráfico é simétrico em relação a origem.	A equação é inalterável quando x é substituído por $-x$ e y por $-y$.	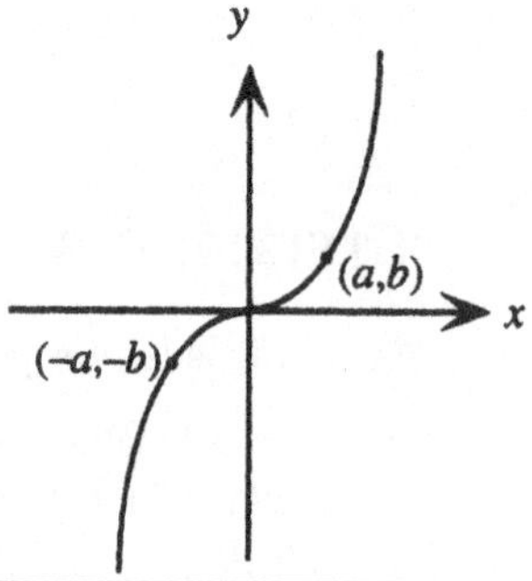
O gráfico é simétrico em relação à linha $y = x$.	A equação é inalterável quando x e y são trocados.	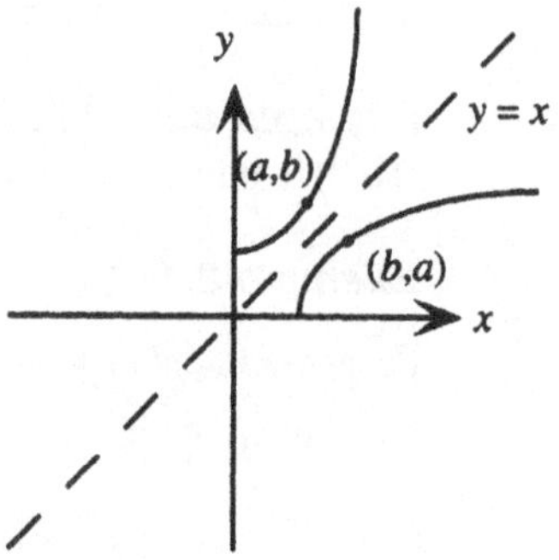

Figura 8-3

TESTES PARA SIMETRIA

Testes para simetria (Fig. 8-3)

1. Se substituir x por $-x$ leva à mesma equação, o gráfico tem simetria em relação ao eixo y.
2. Se substituir y por $-y$ leva à mesma equação, o gráfico tem simetria em relação ao eixo x.
3. Se, simultaneamente, substituir x por $-x$ e y por $-y$ conduz à mesma equação, o gráfico tem simetria em relação à origem.

Nota: um gráfico pode não ter qualquer uma dessas simetrias, ou ter uma ou todas as três. Não é possível para um gráfico ter exatamente duas dessas três simetrias.

A quarta simetria raramente é testada:

4. Se a troca das letras x e y conduzir à mesma equação, o gráfico tem simetria em relação à reta $y = x$.

Exemplo 8.5 Teste a equação $y = 4 - x^2$ com relação à simetria e desenhe o gráfico.

Substitua x por $-x$: $y = 4 - (-x)^2 = 4 - x^2$. Como a equação fica inalterada, o gráfico tem simetria com relação ao eixo y (ver Fig. 8-4).
Substitua y por $-y$: $-y = 4 - x^2$; $y = -4 + x^2$. Como a equação mudou, o gráfico não tem simetria com relação ao eixo x. Não é possível para o gráfico ter simetria em relação à origem; ver nota da página anterior. Uma vez que o gráfico tem simetria no eixo y, é apenas necessário encontrar pontos com valores não negativos para x e, então, espelhar o gráfico em relação ao eixo y.

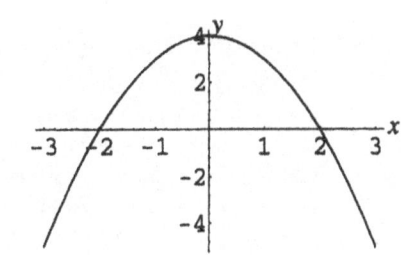

x	0	1	2	3	4
y	4	3	0	-5	-12

Figura 8-4

UM CÍRCULO

Um círculo com centro $C(h,k)$ e raio $r > 0$ é o conjunto de todos os pontos no plano que estão a r unidades de comprimento de C (Fig. 8-5).*

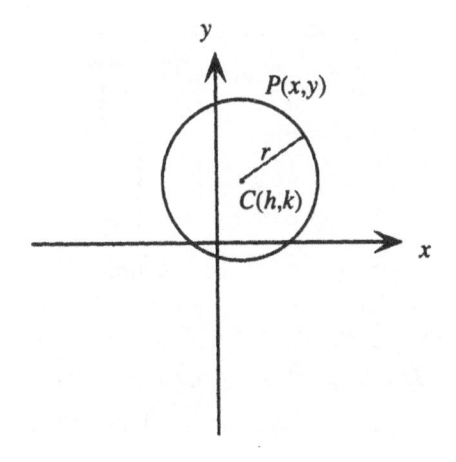

Figura 8-5

---

* N. de T.: Alguns autores preferem chamar esse conjunto de circunferência, utilizando a palavra "círculo" para designar a circunferência e seu "interior". Neste livro, "círculo" designa tanto a circunferência (como na definição dada aqui), quanto seu interior (o que fica evidente no Capítulo 9).

A EQUAÇÃO DE UM CÍRCULO

A equação de um círculo com centro $C(h,k)$ e raio $r > 0$ pode ser escrita como (forma canônica)

$$(x - h)^2 + (y - k)^2 = r^2$$

Se o centro do círculo é a origem (0,0), isso se reduz a

$$x^2 + y^2 = r^2$$

Se $r = 1$, o círculo é chamado de *círculo unitário*.

PONTO MÉDIO DE UM SEGMENTO DE RETA

O ponto médio de um segmento de reta com extremos $P_1(x_1,y_1)$ e $P_2(x_2,y_2)$ é dado pela fórmula do ponto médio:

$$\text{Ponto médio de } P_1P_2 = \left(\frac{x_1 + x_2}{2}, \frac{y_1 + y_2}{2}\right)$$

Problemas Resolvidos

8.1 Demonstre a fórmula de distância.

Na Figura 8-6, P_1 e P_2 são exibidos. Introduza $Q(x_2, y_1)$ como ilustrado. Então, a distância entre P_1 e Q é a diferença entre suas coordenadas no eixo x, $|x_2 - x_1|$; analogamente, a distância entre Q e P_2 é a diferença entre suas coordenadas no eixo y, $|y_2 - y_1|$. No triângulo retângulo $P_1 P_2 Q$, aplique o teorema de Pitágoras: $d^2 = |x_2 - x_1|^2 + |y_2 - y_1|^2 = (x_2 - x_1)^2 + (y_2 - y_1)^2$, uma vez que $|a^2| = a^2$, de acordo com as propriedades de valor absoluto. Assim, aplicando a raiz quadrada e observando que d, a distância, é sempre positiva, $d(P_1,P_2) = \sqrt{(x_2 - x_1)^2 + (y_2 - y_1)^2}$.

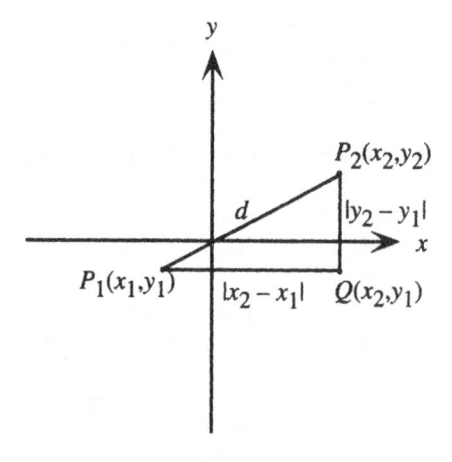

Figura 8-6

8.2 Determine a distância $d(P_1,P_2)$, dados:

(a) $P_1(-5,-4), P_2(-8,0)$; (b) $P_1(2\sqrt{2}, 2\sqrt{2}), P_2(0, 5\sqrt{2})$; (c) $P_1(x,x^2), P_2(x + h, (x + h)^2)$

(a) Substitua $x_1 = -5, y_1 = -4, x_2 = -8, y_2 = 0$ na fórmula da distância:

$$\begin{aligned}d &= \sqrt{(x_2 - x_1)^2 + (y_2 - y_1)^2} \\ &= \sqrt{[(-8) - (-5)]^2 + [0 - (-4)]^2} \\ &= \sqrt{9 + 16} = \sqrt{25} = 5\end{aligned}$$

(b) Substitua $x_1 = 2\sqrt{2}, y_1 = 2\sqrt{2}, x_2 = 0, y_2 = 5\sqrt{2}$ na fórmula da distância:

$$d = \sqrt{(x_2 - x_1)^2 + (y_2 - y_1)^2}$$
$$= \sqrt{(0 - 2\sqrt{2})^2 + (5\sqrt{2} - 2\sqrt{2})^2}$$
$$= \sqrt{(-2\sqrt{2})^2 + (3\sqrt{2})^2}$$
$$= \sqrt{8 + 18} = \sqrt{26}$$

(c) Substitua $x_1 = x, y_1 = x^2, x_2 = x + h, y_2 = (x + h)^2$ na fórmula da distância e simplifique:

$$d = \sqrt{(x_2 - x_1)^2 + (y_2 - y_1)^2}$$
$$= \sqrt{(x + h - x)^2 + [(x + h)^2 - x^2]^2}$$
$$= \sqrt{h^2 + (2xh + h^2)^2}$$
$$= \sqrt{h^2 + 4x^2h^2 + 4xh^3 + h^4}$$

8.3 Analise os interceptos e a simetria e, em seguida, esboce o gráfico:

(a) $y = 12 - 4x$; (b) $y = x^2 + 3$; (c) $y^2 + x = 5$; (d) $2y = x^3$

(a) Faça $x = 0$, então $y = 12 - 4 \cdot 0 = 12$. Logo, 12 é o intercepto y.

Faça $y = 0$, então $0 = 12 - 4x$; assim, $x = 3$. Logo, 3 é o intercepto x.

Substitua x por $-x$: $y = 12 - 4(-x)$; $y = 12 + 4x$. Como a equação está diferente, o gráfico (ver Fig. 8-7) não tem simetria em relação ao eixo y.

Substitua y por $-y$: $-y = 12 - 4x$; $y = -12 + 4x$. Como a equação está diferente, o gráfico não tem simetria em relação ao eixo x.

Substitua x por $-x$ e y por $-y$: $-y = 12 - 4(-x)$; $y = -12 - 4x$. Como a equação está diferente, o gráfico não tem simetria em relação à origem.

Faça uma tabela de valores; em seguida desenhe os pontos e conecte-os. O gráfico é uma linha reta.

x	−1	0	1	2	3	4	5
y	16	12	8	4	0	−4	−8

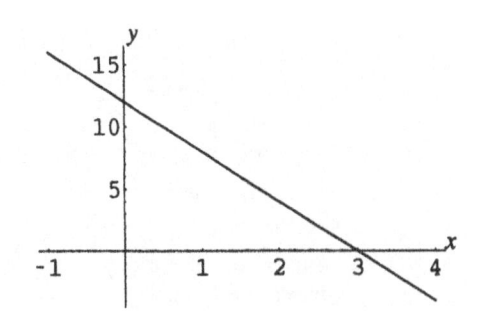

Figura 8-7

(b) Faça $x = 0$, então, $y = 0^2 + 3 = 3$. Logo, 3 é o intercepto y.

Faça $y = 0$, então, $0 = x^2 + 3$. Não há solução real; portanto, não há intercepto x.

Substitua x por $-x$: $y = (-x)^2 + 3 = x^2 + 3$. Como a equação está inalterada, o gráfico (Fig. 8-8) tem simetria em relação ao eixo y.

Substitua y por $-y$: $-y = x^2 + 3$; $y = -x^2 - 3$. Como a equação está diferente, o gráfico não tem simetria em relação ao eixo x.

Não é possível o gráfico ter simetria em relação à origem. Como o gráfico tem simetria com o eixo y, é necessário apenas encontrar pontos com valores não negativos de x e, então, espelhar o gráfico através do eixo y.

x	0	1	2	3	4
y	3	4	7	12	19

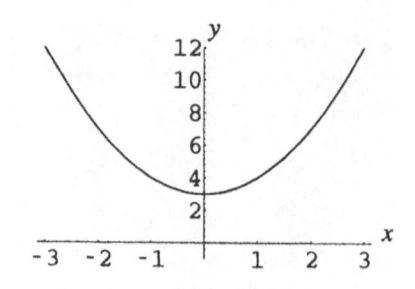

Figura 8-8

(c) Faça $x = 0$, então, $y^2 + 0 = 5$; assim, $y = \pm\sqrt{5}$. Logo, $\pm\sqrt{5}$ são interceptos y.

Faça $y = 0$, então, $x = 5$. Logo, 5 é o intercepto x.

Substitua x por $-x$: $y^2 = 5$. Como a equação está diferente, o gráfico (ver Fig. 8-9) não tem simetria em relação ao eixo y.

Substitua y por $-y$: $(-y)^2 + x = 5$; $y^2 + x = 5$. Como a equação está inalterada, o gráfico tem simetria em relação ao eixo x.

Não é possível o gráfico ter simetria em relação à origem. Como o gráfico tem simetria com o eixo x, é necessário apenas encontrar pontos com valores não negativos de y e, então, espelhar o gráfico através do eixo x.

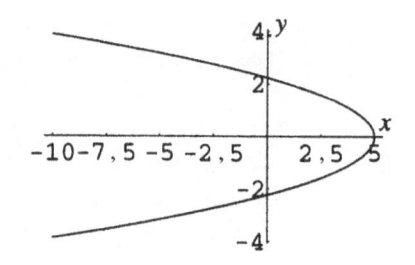

x	5	4	1	−4	−11
y	0	1	2	3	4

Figura 8-9

(d) Faça $x = 0$, então, $2y = 0^3$; assim, $y = 0$. Logo, 0 é o intercepto y.

Faça $y = 0$, então, $2 \cdot 0 = x^3$; assim, $x = 0$. Logo, 0 é o intercepto x.

Substitua x por $-x$: $2y = (-x)^3$; $2y = -x^3$. Como a equação está diferente, o gráfico (Fig. 8-10) não tem simetria em relação ao eixo y.

Substitua y por $-y$: $2(-y) = x^3$; $2y = -x^3$. Como a equação está diferente, o gráfico não tem simetria em relação ao eixo x.

Substitua x por $-x$ e y por $-y$: $-2y = (-x)^3$; $2y = x^3$. Como a equação está inalterada, o gráfico tem simetria em relação à origem.

Faça uma tabela de valores para x positivo, desenhe os pontos e conecte-os e, então, espelhe o gráfico através da origem.

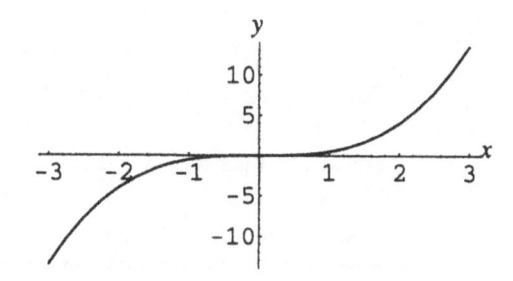

x	0	1	2	3	4
y	0	$\frac{1}{2}$	4	$\frac{27}{2}$	32

Figura 8-10

8.4 Analise os interceptos e a simetria e, então, esboce o gráfico:

(a) $y = |x| - 4$; (b) $4x^2 + y^2 = 36$; (c) $|x| + |y| = 3$; (d) $x^2y = 12$.

(a) Procedendo como no problema anterior, os interceptos x são ± 4 e o intercepto y é -4. O gráfico tem simetria em relação ao eixo y. Faça uma tabela de valores positivos para x, desenhe os pontos e conecte-os e, então, espelhe o gráfico (Fig. 8-11) através do eixo y.

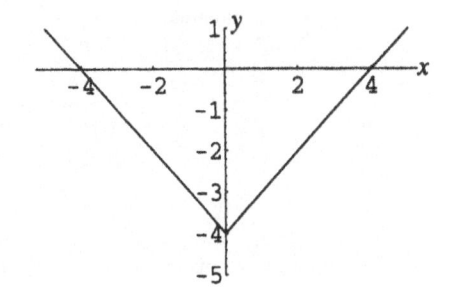

x	0	1	2	3	4	5	6
y	−4	−3	−2	−1	0	1	2

Figura 8-11

(b) Os interceptos x são ± 3 e os interceptos y são ± 6.

O gráfico tem simetria em relação ao eixo x, ao eixo y e à origem. Faça uma tabela de valores para x e y positivos, desenhe os pontos e conecte-os e, então, espelhe o gráfico (Fig. 8-12), primeiramente através do eixo y e, em seguida, através do eixo x.

x	0	1	2	3
y	6	$\sqrt{32} \approx 5{,}6$	$\sqrt{20} \approx 4{,}4$	0

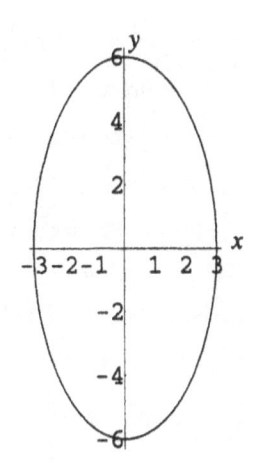

Figura 8-12

(c) Os interceptos x são ± 3 e os interceptos y são ± 3.

O gráfico tem simetria em relação ao eixo x, ao eixo y e à origem. Faça uma tabela de valores para x e y positivos, desenhe os pontos e conecte-os e, então, espelhe o gráfico (Fig. 8-13), primeiramente através do eixo y e, em seguida, através do eixo x.

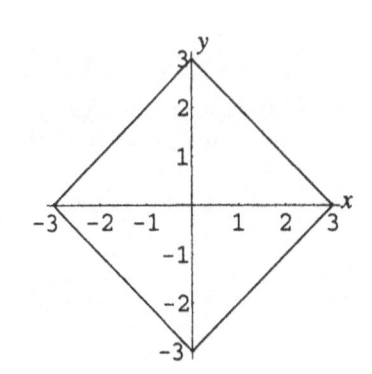

x	0	1	2	3
y	3	2	1	0

Figura 8-13

(d) Não há interceptos x ou y.

O gráfico tem simetria em relação ao eixo y. Faça uma tabela de valores para x positivo, desenhe os pontos e conecte-os e, então, espelhe o gráfico (Fig. 8-14) atravéus do eixo y.

x	0	1	2	3	4
y	indefinido	12	3	4/3	3/4

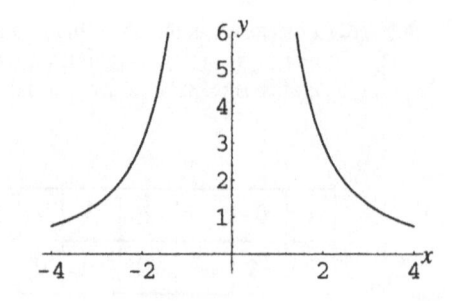

Figura 8-14

8.5 Encontre o centro e o raio dos círculos com as seguintes equações:

(a) $x^2 + y^2 = 9$; (b) $(x-3)^2 + (y+2)^2 = 25$; (c) $(x+5)^2 + \left(y + \frac{1}{2}\right)^2 = 21$

(a) Comparando a equação dada com a forma $x^2 + y^2 = r^2$, o centro está na origem. Como $r^2 = 9$, o raio é $\sqrt{9} = 3$.

(b) Comparando a equação dada com a forma $(x-h)^2 + (y-k)^2 = r^2$, $h = 3$ e $-k = 2$; logo, o centro está em $(h,k) = (3,-2)$. Como $r^2 = 25$, o raio é $\sqrt{25} = 5$.

(c) Comparando a equação dada com a forma $(x-h)^2 + (y-k)^2 = r^2$, $-h = 5$ e $-k = \frac{1}{2}$; logo, o centro está em $(h,k) = (-5, -\frac{1}{2})$. Como $r^2 = 21$, o raio é $\sqrt{21}$.

8.6 Encontre as equações dos seguintes círculos: (a) centro na origem, raio 7; (b) centro em $(2,-3)$, raio $\sqrt{14}$; (c) centro em $(-5\sqrt{2}, 0)$, raio $5\sqrt{2}$.

(a) Substitua $r = 7$ em $x^2 + y^2 = r^2$. A equação é $x^2 + y^2 = 49$.

(b) Substitua $h = 2$, $k = -3$, $r = \sqrt{14}$ em $(x-h)^2 + (y-k)^2 = r^2$.
A equação é $(x-2)^2 + [y-(-3)]^2 = (\sqrt{14})^2$ ou $(x-2)^2 + (y+3)^2 = 14$.

(c) Substitua $h = -5\sqrt{2}$, $k = 0$, $r = 5\sqrt{2}$ em $(x-h)^2 + (y-k)^2 = r^2$.
A equação é $[x-(-5\sqrt{2})]^2 + (y-0)^2 = (5\sqrt{2})^2$ ou $(x+5\sqrt{2})^2 + y^2 = 50$.

8.7 Encontre o centro e o raio do círculo com a equação $x^2 + y^2 - 4x - 12y = 9$

Complete o quadrado em x e em y.

$$x^2 - 4x + y^2 - 12y = 9 \qquad \left[\tfrac{1}{2}(-4)\right]^2 = 4;\ \left[\tfrac{1}{2}(-12)\right]^2 = 36$$
$$x^2 - 4x + 4 + y^2 - 12y + 36 = 4 + 36 + 9 \qquad \text{Adicione } 4 + 36 \text{ a ambos os lados}$$
$$(x-2)^2 + (y-6)^2 = 49$$

Comparando essa equação com a forma $(x-h)^2 + (y-k)^2 = r^2$, o centro está em $(h,k) = (2,6)$ e o raio é 7.

8.8 Demonstre a fórmula do ponto médio.

Na Fig. 8-15, são dados $P_1(x_1,y_1)$ e $P_2(x_2,y_2)$. Sejam (x,y) as coordenadas desconhecidas do ponto médio M. Projete os pontos M, P_1, P_2 sobre o eixo x, como mostrado.

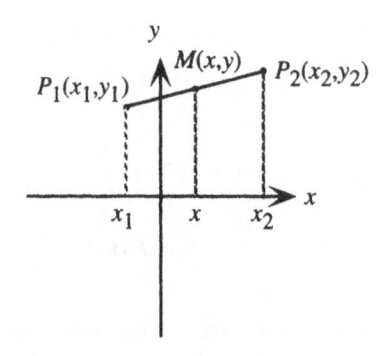

Figura 8-15

Sabe-se da geometria plana que os segmentos projetados estão na mesma razão que os segmentos originais. Logo, a distância de x_1 a x é a mesma de x a x_2. Assim, $x_2 - x = x - x_1$. Resolvendo em relação a x:

$$-2x = -x_1 - x_2$$

$$x = \frac{x_1 + x_2}{2}$$

Da mesma forma, pode-se mostrar, por projeção sobre o eixo y, que $y = \frac{y_1 + y_2}{2}$.

8.9 Encontre o ponto médio M do segmento P_1P_2 dado por $P_1(3,-8)$, $P_2(-6,6)$.

Substitua $x_1 = 3$, $y_1 = -8$, $x_2 = -6$, $y_2 = 6$ na fórmula do ponto médio. Então,

$$\left(\frac{x_1 + x_2}{2}, \frac{y_1 + y_2}{2}\right) = \left(\frac{3 + (-6)}{2}, \frac{(-8) + 6}{2}\right) = \left(-\frac{3}{2}, -1\right)$$

são as coordenadas de M.

8.10 Encontre a equação de um círculo tal que $(0,6)$ e $(8,-8)$ sejam as extremidades de um diâmetro.

Passo 1. O centro é o ponto médio do diâmetro. Encontre as coordenadas do centro a partir da fórmula do ponto médio.

$$\left(\frac{x_1 + x_2}{2}, \frac{y_1 + y_2}{2}\right) = \left(\frac{0 + 8}{2}, \frac{6 + (-8)}{2}\right) = (4, -1)$$

Passo 2. O raio é a distância do centro a qualquer uma das extremidades dadas. Encontre o raio a partir da fórmula de distância.

$$\sqrt{(x_2 - x_1)^2 + (y_2 - y_1)^2} = \sqrt{(4 - 0)^2 + [(-1) - 6]^2} = \sqrt{16 + 49} = \sqrt{65}$$

Passo 3. Substitua o raio e as coordenadas do centro obtidos na forma canônica para a equação de um círculo. $r = \sqrt{65}$, $(h, k) = (4, -1)$.

$$(x + h)^2 + (y - k)^2 = r^2$$

$$(x - 4)^2 + [y - (-1)]^2 = (\sqrt{65})^2$$

$$(x - 4)^2 + (y + 1)^2 = 65$$

8.11 Mostre que o triângulo com vértices $A(1,3)$, $B(-1,2)$ e $C(5,-5)$ é retângulo.

Passo 1. Primeiro encontre os comprimentos dos lados a partir da fórmula de distância

$$d(A,B) = \sqrt{(x_2 - x_1)^2 + (y_2 - y_1)^2} = \sqrt{[(-1) - 1]^2 + (2 - 3)^2} = \sqrt{5} = c$$

$$d(B,C) = \sqrt{(x_2 - x_1)^2 + (y_2 - y_1)^2} = \sqrt{[5 - (-1)]^2 + [(-5) - 2]^2} = \sqrt{85} = a$$

$$d(A,C) = \sqrt{(x_2 - x_1)^2 + (y_2 - y_1)^2} = \sqrt{(5 - 1)^2 + [(-5) - 3]^2} = \sqrt{80} = b$$

Passo 2. Aplique a recíproca do teorema de Pitágoras.
Como $a^2 = (\sqrt{85})^2 = 85$ e $b^2 + c^2 = (\sqrt{80})^2 + (\sqrt{5})^2 = 80 + 5 = 85$, a relação $a^2 = b^2 + c^2$ é satisfeita; logo, o triângulo é um triângulo retângulo.

8.12 Mostre que $P(-12,11)$ pertence ao bissetor perpendicular ao segmento de reta que une $A(0,-3)$ e $B(6,15)$.

O bissetor perpendicular de um segmento consiste de todos os pontos que estão equidistantes de suas extremidades. Assim, se $PA = PB$, então P repousa sobre o bissetor perpendicular de AB. A partir da fórmula de distância,

$$d(A,P) = \sqrt{(x_2 - x_1)^2 + (y_2 - y_1)^2} = \sqrt{[(-12) - 0]^2 + [11 - (-3)]^2} = \sqrt{340} = PA$$

$$d(P,B) = \sqrt{(x_2 - x_1)^2 + (y_2 - y_1)^2} = \sqrt{[6 - (-12)]^2 + (15 - 11)^2} = \sqrt{340} = PB$$

Logo, $PA = PB$ e P está sobre o bissetor perpendicular de AB.

8.13 Encontre uma equação para o bissetor perpendicular do segmento da reta que une $A(7,-8)$ e $B(-2,5)$.

O bissetor perpendicular de um segmento consiste de todos os pontos que estão equidistantes de suas extremidades. Assim, se $PA = PB$, então P repousa sobre o bissetor perpendicular de AB. Sejam (x,y) as coordenadas desconhecidas de P. Então, de acordo com a fórmula de distância, $PA = PB$ se

$$PA = \sqrt{(x-7)^2 + [y-(-8)]^2} = \sqrt{[x-(-2)]^2 + (y-5)^2} = PB$$

Elevando ambos os lados ao quadrado e simplificando, tem-se

$$(x-7)^2 + [y-(-8)]^2 = [x-(-2)]^2 + (y-5)^2$$
$$x^2 - 14x + 49 + y^2 + 16y + 64 = x^2 + 4x + 4 + y^2 - 10y + 25$$
$$18x - 26y = 84$$
$$9x - 13y = 42$$

Essa é a equação satisfeita por todos os pontos equidistantes a A e B. Portanto, é a equação do bissetor perpendicular a AB.

Problemas Complementares

8.14 Descreva o conjunto dos pontos que satisfazem as relações: (a) $x = 0$; (b) $x > 0$; (c) $xy < 0$; (d) $y > 1$

Resp. (a) Todos os pontos sobre o eixo y; (b) todos os pontos à direita do eixo y; (c) todos os pontos do segundo e quarto quadrantes; (d) todos os pontos acima da reta $y = 1$.

8.15 Encontre as distâncias entre os seguintes pares de pontos: (a) $(0,-7)$ e $(7,0)$; (b) $(-3\sqrt{3}, -3)$ e $(3\sqrt{3}, 3)$

Resp. (a) $7\sqrt{2}$; (b) 12

8.16 Encontre o comprimento e o ponto médio dos segmentos de reta com as extremidades a seguir:

(a) $A(1, 8), B(-3, 4)$; (b) $A(3, -7), B(0, 8)$; (c) $A(1, \sqrt{2}), B(-1,5\sqrt{2})$

Resp. (a) comprimento $4\sqrt{2}$, ponto médio $(-1, 6)$; (b) comprimento $3\sqrt{26}$, ponto médio $\left(\frac{3}{2}, \frac{1}{2}\right)$; (c) comprimento 6, ponto médio $(0,3\sqrt{2})$

8.17 Analise as equações a seguir para medir simetria, não esboce os gráficos:

(a) $xy^2 = 4$; (b) $x^3y = 4$; (c) $|xy| = 4$; (d) $x^2 + xy = 4$; (e) $x^2 + y + y^2 = 4$; (f) $x^2 + xy + y^2 = 4$

Resp. (a) simetria em relação ao eixo x; (b) simetria em relação à origem; (c) simetria em relação ao eixo x, ao eixo y e à origem; (d) simetria em relação à origem; (e) simetria em relação ao eixo y; (f) simetria em relação à origem

8.18 Analise a simetria e os interceptos e, então, esboce os gráficos:

(a) $3x + 4y + 12 = 0$ (b) $y^2 = 10 + x$
(c) $y^2 - x^2 = 9$ (d) $|y| - |x| = 3$

Resp. (a) Fig. 8-16: intercepto $x - 4$, intercepto $y - 3$, sem simetria

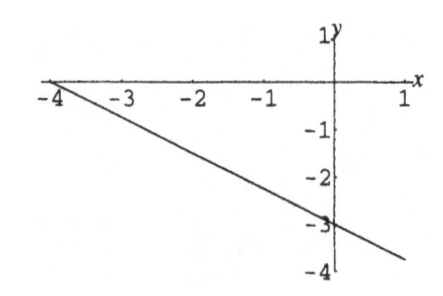

Figura 8-16

(b) Fig. 8-17: intercepto x −10, interceptos $y \pm \sqrt{10}$, simetria em relação ao eixo x

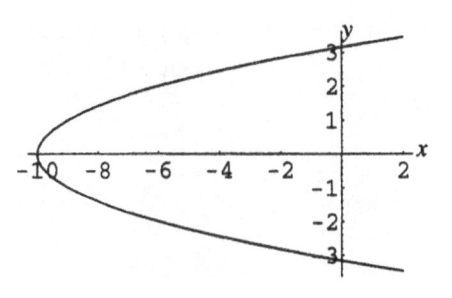

Figura 8-17

(c) Fig. 8-18: sem intercepto x, interceptos $y \pm 3$, simetria em relação aos eixos x e y, e à origem

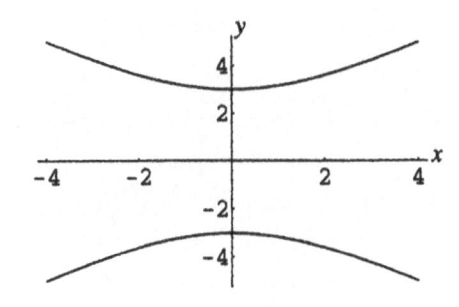

Figura 8-18

(d) Fig. 8-19: sem intercepto x, interceptos $y \pm 3$, simetria em relação aos eixos x e y, e à origem

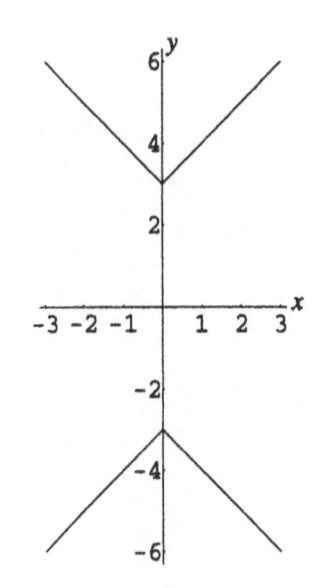

Figura 8-19

8.19 Analise a simetria e os interceptos, então esboce os gráficos:

(a) $x + y = 0$; (b) $y + |x| = 4$; (c) $x^2 = 4|y|$;

(d) $|y| + x^2 = 4$; (e) $|x| = 4y^2$; (f) $-xy^2 = 4$

Resp. (a) Fig. 8-20: intercepto x 0, intercepto y 0, simetria em relação à origem

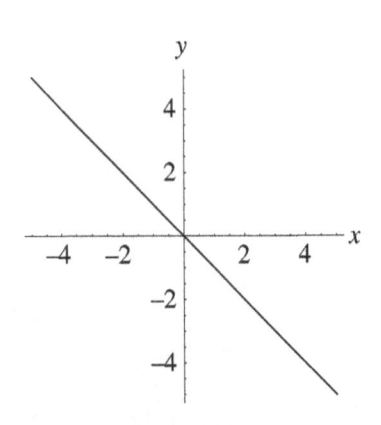

Figura 8-20

(b) Fig. 8-21: interceptos $x \pm 4$, intercepto y 4, simetria em relação ao eixo y

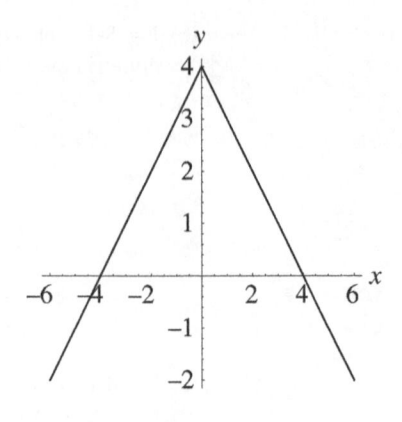

Figura 8-21

(c) Fig. 8-22: intercepto x 0, intercepto y 0, simetria em relação à origem

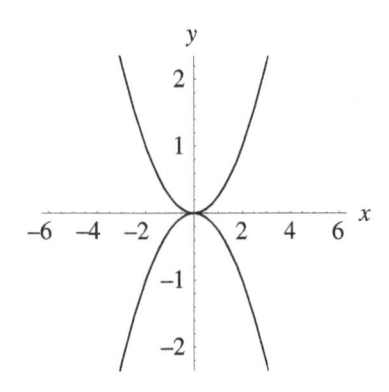

Figura 8-22

(d) Fig. 8-23: interceptos $x \pm 2$, interceptos $y \pm 4$, simetria em relação à origem

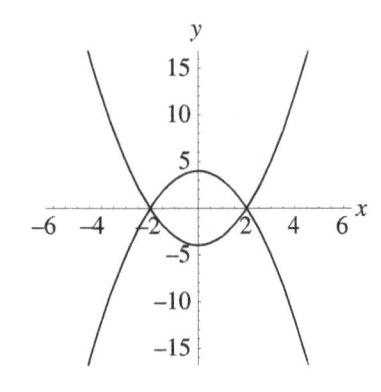

Figura 8-23

(e) Fig. 8-24: intercepto x 0, intercepto y 0, simetria em relação ao eixo x, ao eixo y, e à origem

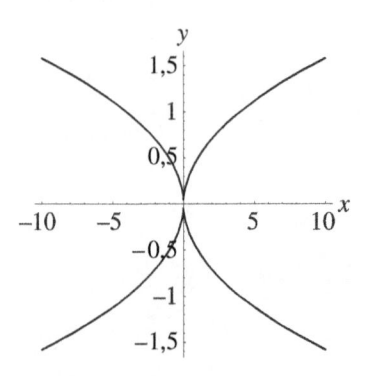

Figura 8-24

(f) Fig. 8-25: não há interceptos, simetria em relação ao eixo x

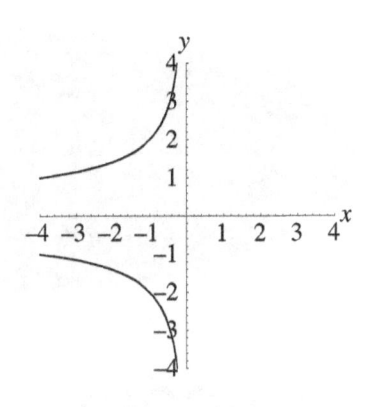

Figura 8-25

8.20 Encontre as equações dos seguintes círculos: (a) centro $(5,-2)$, raio $\sqrt[4]{10}$; (b) centro $\left(\frac{1}{2},-\frac{5}{2}\right)$, diâmetro 3; (c) centro $(3,8)$, passando pela origem; (d) centro $(-3,-4)$, tangente ao eixo y.

Resp. (a) $(x-5)^2 + (y+2)^2 = \sqrt{10}$; (b) $\left(x-\frac{1}{2}\right)^2 + \left(y+\frac{5}{2}\right)^2 = \frac{9}{4}$;
(c) $(x-3)^2 + (y-8)^2 = 73$; (d) $(x+3)^2 + (y+4)^2 = 9$

8.21 Encontre as equações dos seguintes círculos: (a) centro $(5, 2)$, $(3, -1)$ é um ponto no círculo; (b) $(5, -5)$ e $(-3, -9)$ são extremidades de um diâmetro.

Resp. (a) $(x-5)^2 + (y-2)^2 = 13$; (b) $(x-1)^2 + (y+7)^2 = 20$

8.22 Determine se as seguintes equações representam círculos e, se assim for, encontre o centro e o raio:
(a) $x^2 + y^2 + 8x + 2y = 5$; (b) $x^2 + y^2 - 4x - 8y + 20 = 0$; (c) $2x^2 + 2y^2 - 6x + 14y = 3$; (d) $x^2 + y^2 + 12x + 20y + 200 = 0$

Resp. (a) círculo, centro $(-4,-1)$, raio $\sqrt{22}$; (b) não é um círculo; o gráfico consiste apenas do ponto $(2,4)$; (c) círculo, centro $\left(\frac{3}{2},-\frac{7}{2}\right)$, raio 4; (d) não se trata de círculo; não há pontos no gráfico.

8.23 Mostre que o triângulo com vértices $(-10,7)$, $(-6,-2)$ e $(3,2)$ é isósceles.

8.24 Mostre que o triângulo com vértices $(4,\sqrt{3})$, $(5,0)$ e $(6,\sqrt{3})$ é equilátero.

8.25 Mostre que o triângulo com vértices $(6, 9)$, $(1, 1)$ e $(9, -4)$ é um triângulo retângulo e isósceles.

8.26 Mostre que o quadrilátero com vértices $(-3, -3)$, $(5, -1)$, $(7, 7)$ e $(-1, 5)$ é um trapézio.

8.27 Mostre que o quadrilátero com vértices $(7,2)$, $(10,0)$, $(8,-3)$ e $(5,-1)$ é um quadrado.

8.28 (a) Encontre a equação do bissetor perpendicular ao segmento da reta com extremidades $(-2,-5)$ e $(7,-1)$.
(b) Mostre que a equação do bissetor perpendicular ao segmento da reta com extremidades (x_1,y_1) e (x_2,y_2) pode ser escrita como $\dfrac{x-\bar{x}}{y_2-y_1} + \dfrac{y-\bar{y}}{x_2-x_1} = 0$, sendo que $(\bar{x},\bar{y})$ são as coordenadas do ponto médio do segmento.
Resp. (a) $18x + 8y = 21$

Capítulo 9

Funções

DEFINIÇÃO DE FUNÇÃO

Uma função f de um conjunto D em um conjunto E é uma regra ou correspondência que associa a cada elemento x do conjunto D exatamente um elemento y do conjunto E. O conjunto D é dito o *domínio* da função. O elemento y de E é chamado de *imagem* de x por f, ou o valor de f em x, e é representado por $f(x)$. O subconjunto R de E formado por todas as imagens de elementos de D é conhecido como a *imagem* da função. Os elementos do domínio D e da imagem R são referidos como os valores de entrada e saída, respectivamente.

Exemplo 9.1 Seja D o conjunto de todas as palavras em português com menos de 20 letras. Seja f a regra que associa a cada palavra o número de ocorrências de letras na mesma. Então, E pode ser o conjunto de todos os inteiros (ou algum conjunto maior); R é o conjunto $\{x \in N | 1 \leq x \leq 20\}$. f associa à palavra "comer" o número 5; isso seria escrito como $f(\text{comer}) = 5$. Além disso, $f(a) = 1$ e $f(\text{materiais}) = 9$.

Observe que a função associa uma única imagem para cada elemento de seu domínio; no entanto, mais de um elemento pode ser associado à mesma imagem.

Exemplo 9.2 Seja D o conjunto dos números reais e g a regra dada por $g(x) = x^2 + 3$. Calcule: $g(4)$, $g(-4)$, $g(a) + g(b)$, $g(a + b)$. Qual é a imagem de g?

Calcule valores de g substituindo x na regra $g(x) = x^2 + 3$:

$$g(4) = 4^2 + 3 = 19 \qquad g(-4) = (-4)^2 + 3 = 19$$

$$g(a) + g(b) = a^2 + 3 + b^2 + 3 = a^2 + b^2 + 6$$

$$g(a + b) = (a + b)^2 + 3 = a^2 + 2ab + b^2 + 3$$

A imagem de g é determinada observando que o quadrado de um número, x^2, é sempre maior ou igual a zero; assim, $g(x) = x^2 + 3 \geq 3$. Logo, a imagem de g é $\{y \in R | y \geq 3\}$.

NOTAÇÃO DE FUNÇÃO

Uma função é denotada por $f: D \rightarrow E$. O efeito de uma função sobre um elemento de D é, então, escrito como $f: x \rightarrow f(x)$. Uma ilustração como a mostrada na Fig. 9-1 é frequentemente usada para visualizar a função.

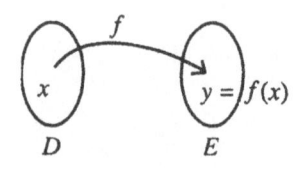

Figura 9-1

O DOMÍNIO E A IMAGEM

O domínio e a imagem de uma função geralmente são conjuntos de números reais. Se uma função é definida por uma expressão e o domínio não é explicitado, considera-se que o domínio é o conjunto de todos os números reais para os quais a expressão é definida. Esse conjunto é chamado de *domínio implicado* ou *maior domínio possível* da função.*

Exemplo 9.3 Encontre o domínio (maior possível) para: (a) $f(x) = \dfrac{x-3}{x+6}$; (b) $g(x) = \sqrt{x-5}$; (c) $h(x) = x^2 - 4$

(a) A expressão $\dfrac{x-3}{x+6}$ é definida para todos os números reais x, exceto quando $x+6 = 0$, ou seja, quando $x = -6$. Assim, o domínio de f é $\{x \in \mathbf{R} | x \neq -6\}$.

(b) A expressão $\sqrt{x-5}$ é definida quando $x - 5 \geq 0$, ou seja, quando $x \geq 5$. Logo, o domínio de g é $\{x \in \mathbf{R} | x \geq 5\}$.

(c) A expressão $x^2 - 4$ é definida para todos os números reais. Portanto, o domínio de h é $\mathbf{R}$.

GRÁFICO DE UMA FUNÇÃO

O gráfico de uma função f é o gráfico de todos os pontos (x,y), tal que x está no domínio de f e $y = f(x)$.

TESTE DA LINHA VERTICAL

Como para cada valor de x no domínio de f há exatamente um valor de y tal que $y = f(x)$, uma linha vertical $x = c$ pode cruzar o gráfico de uma função no máximo uma vez. Desse modo, se uma linha vertical cruza um gráfico mais de uma vez, este não é o gráfico de uma função.

FUNÇÕES CRESCENTES, DECRESCENTES E CONSTANTES

1. Se para todo x em um intervalo, à medida que x cresce, o valor de $f(x)$ aumenta; ou seja, se o gráfico da função cresce da esquerda para a direita, f é chamada de *função crescente no intervalo*. Uma função crescente em todo o seu domínio é dita *função crescente*. Algebricamente, f é crescente em (a,b) se para quaisquer x_1 e x_2 em (a,b), quando $x_1 < x_2, f(x_1) < f(x_2)$.
2. Se para todo x em um intervalo, à medida que x cresce, o valor de $f(x)$ diminui; ou seja, se o gráfico da função cai da esquerda para a direita, f é chamada de *função decrescente no intervalo*. Uma função decrescente em todo o seu domínio é dita *função decrescente*. Algebricamente, f é decrescente em (a,b) se para quaisquer x_1 e x_2 em (a,b), quando $x_1 < x_2, f(x_1) > f(x_2)$.
3. Se o valor de uma função não muda em um intervalo, logo o gráfico da função é um segmento de reta horizontal e, então, a função é dita uma *função constante no intervalo*. Uma função constante em todo o seu domínio é dita *função constante*. Algebricamente, f é constante em (a,b) se para quaisquer x_1 e x_2 em $(a,b), f(x_1) = f(x_2)$.

Exemplo 9.4 Dado o gráfico de $f(x)$ mostrado na Fig. 9-2, assumindo que o domínio de f seja $\mathbf{R}$, identifique os intervalos nos quais f é crescente ou decrescente.

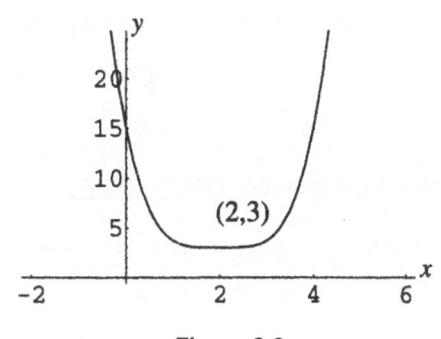

Figura 9-2

---

* N. de T.: Convenção adotada para este livro, raramente usada em outros textos, até porque conceitos como "domínio implicado" e "maior domínio possível" não são claros, matematicamente falando.

Enquanto x cresce no domínio de f, y decresce até $x = 2$ e, em seguida, cresce. Assim, a função é decrescente em $(-\infty, 2)$ e crescente em $(2, \infty)$.

FUNÇÕES PARES E ÍMPARES

1. Se, para todo x no domínio de uma função f, $f(-x) = f(x)$, a função é chamada de *função par*. Uma vez que para uma função par a equação $y = f(x)$ não muda quando $-x$ é substituído por x, o gráfico da mesma tem simetria em relação ao eixo y.
2. Se, para todo x no domínio de uma função f, $f(-x) = -f(x)$, a função é chamada de *função ímpar*. Uma vez que para uma função ímpar a equação $y = f(x)$ não muda quando $-x$ é substituído por x e $-y$ é substituído por y, o gráfico da mesma tem simetria em relação à origem.
3. A maioria das funções não é par nem ímpar.

Exemplo 9.5 Determine se as seguintes funções são par, ímpar ou nenhum desses casos:

(a) $f(x) = 7x^2$ (b) $g(x) = 4x + 6$ (c) $h(x) = 6x - \sqrt[3]{x}$ (d) $F(x) = \dfrac{4}{x - 6}$

(a) Considere $f(-x)$. $f(-x) = 7(-x)^2 = 7x^2$. Como $f(-x) = f(x)$, f é uma função.
(b) Considere $g(-x)$. $g(-x) = 4(-x) + 6 = -4x + 6$. Além disso, $-g(x) = -(4x + 6) = -4x - 6$. Como não ocorre $g(-x) = g(x)$ e nem $g(-x) = -g(x)$, a função g não é par e nem ímpar.
(c) Considere $h(-x)$. $h(-x) = 6(-x) - \sqrt[3]{-x} = -6x + \sqrt[3]{x}$. Assim, $h(-x) = -h(x)$ e h é uma função ímpar
(d) Considere $F(-x)$. $F(-x) = \dfrac{4}{-x - 6} = -\dfrac{4}{x + 6}$. Como não ocorre que $F(-x) = F(x)$ e nem que $F(-x) = -F(x)$, a função F não é par e nem ímpar.

VARIAÇÃO MÉDIA DE UMA FUNÇÃO

Seja f uma função. A variação média de $f(x)$ com relação a x sobre o intervalo $[a, b]$ é definida como:

$$\frac{\text{Variação em } f(x)}{\text{Variação } x} = \frac{f(b) - f(a)}{b - a}$$

Ao longo de um intervalo de x a $x + h$, essa expressão se torna

$$\frac{f(x + h) - f(x)}{h}$$

O que é chamado de *quociente de diferenças*

Exemplo 9.6 Determine a variação média de $f(x) = x^2$ no intervalo $[1, 4]$.
Calculando: $\dfrac{f(4) - f(1)}{4 - 1} = \dfrac{4^2 - 1^2}{3} = 5$.

Exemplo 9.7 Determine o quociente de diferenças de $f(x) = x^2$.

$$\frac{f(x + h) - f(x)}{h} = \frac{(x + h)^2 - x^2}{h} = \frac{x^2 + 2xh + h^2 - x^2}{h} = \frac{2xh + h^2}{h} = 2x + h, \text{ para } h \neq 0.$$

VARIÁVEIS DEPENDENTES E INDEPENDENTES

Em aplicações, se $y = f(x)$, o jargão "y é uma função de x" é usado. x é conhecido como a *variável independente* e y como a *variável dependente*.

Exemplo 9.8 Na fórmula $A = \pi r^2$, a área A de um círculo é escrita como uma função do raio r. Para escrever o raio como uma função da área, isole nesta equação r em termos de A: $r^2 = \dfrac{A}{\pi}$, $r = \pm\sqrt{\dfrac{A}{\pi}}$. Uma vez que o raio é uma quantia positiva, $r = \sqrt{\dfrac{A}{\pi}}$ estabelece r como uma função de A.

Problemas Resolvidos

9.1 Qual (ou quais) das seguintes equações define(m) y como uma função de x?

(a) $y = x^2 + 4$; (b) $x = y^2 + 5$; (c) $y = \sqrt{x-5}$; (d) $y = 5$; (e) $x^2 - y^2 = 36$.

(a) Como para cada valor de x há exatamente um valor correspondente de y, essa equação define y como uma função de x.

(b) Seja $x = 6$. Logo, $6 = y^2 + 5$: o que implica $y^2 = 1$ e $y = \pm 1$. Como existe valor de x para o qual correspondem dois valores de y, essa equação não define y como uma função de x.

(c) Como para cada valor de x há exatamente um valor correspondente de y, essa equação define y como uma função de x. Observe que o símbolo de radical define y apenas como a raiz quadrada *positiva*.

(d) Como para cada valor de x há exatamente um valor correspondente de y, a saber, 5, essa define y como uma função de x.

(e) Seja $x = 10$. Então, $10^2 - y^2 = 36$, o que implica em $y^2 = 64$ e $y = \pm 8$. Como existe um valor de x para o qual correspondem dois valores de y, essa equação não define y como uma função de x.

9.2 Dada $f(x) = x^2 - 4x + 2$, calcule (a) $f(5)$; (b) $f(-3)$; (c) $f(a)$; (d) $f(a+b)$; (e) $f(a) + f(b)$.

Substitua x pelos vários valores de entrada dados:

(a) $f(5) = 5^2 - 4 \cdot 5 + 2 = 7$; (b) $f(-3) = (-3)^2 - 4(-3) + 2 = 23$; (c) $f(a) = a^2 - 4a + 2$

(d) Aqui x é substituido por toda a expressão $a+b$.

$$f(a+b) = (a+b)^2 - 4(a+b) + 2 = a^2 + 2ab + b^2 - 4a - 4b + 2$$

(e) Aqui x é substituido por a e por b, e os resultados são então somados. $f(a) = a^2 - 4a + 2$; $f(b) = b^2 - 4b + 2$; logo, $f(a) + f(b) = a^2 - 4a + 2 + b^2 - 4b + 2 = a^2 + b^2 - 4a - 4b + 4$

9.3 Dado $g(x) = -2x^2 + 3x$, determine e simplifique (a) $g(h)$; (b) $g(x+h)$; (c) $\dfrac{g(x+h) - g(x)}{h}$.

(a) Substitua x por h. $g(h) = -2h^2 + 3h$.

(b) Substitua x por toda a quantia $x+h$.

$$g(x+h) = -2(x+h)^2 + 3(x+h) = -2x^2 - 4xh - 2h^2 + 3x + 3h$$

(c) Use o resultado do item (b).

$$\frac{g(x+h) - g(x)}{h} = \frac{[-2(x+h)^2 + 3(x+h)] - (-2x^2 + 3x)}{h}$$

$$= \frac{-2x^2 - 4xh - 2h^2 + 3x + 3h + 2x^2 - 3x}{h}$$

$$= \frac{-4xh - 2h^2 + 3h}{h} = -4x - 2h + 3$$

9.4 Dadas $f(x) = \dfrac{1}{x^2}$ e $g(x) = 4 - x^2$, determine (a) $f(a)g(b)$; (b) $f(g(a))$; (c) $g(f(b))$.

(a) Para calcular $f(a)g(b)$, substitua e, então, multiplique: $f(a) = \dfrac{1}{a^2}$; $g(b) = 4 - b^2$; logo, $f(a)g(b) = \left(\dfrac{1}{a^2}\right)(4 - b^2) = \dfrac{4 - b^2}{a^2}$.

(b) Para calcular $f(g(a))$, primeiro substitua a na regra de g para obter $g(a) = 4 - a^2$ e, em seguida, substitua essa expressão na regra de f para obter $f(g(a)) = f(4 - a^2) = \dfrac{1}{(4 - a^2)^2}$

(c) Para calcular $g(f(b))$, primeiro substitua b na regra de f para obter $f(b) = \dfrac{1}{b^2}$, em seguida, substitua essa expressão na regra de g para obter $g(f(b)) = g\left(\dfrac{1}{b^2}\right) = 4 - \left(\dfrac{1}{b^2}\right)^2$

9.5 Determine o domínio para cada uma das seguintes funções: (a) $f(x) = 3x - x^3$; (b) $f(x) = \dfrac{5}{x^2 - 9}$;

(c) $f(x) = \dfrac{x^2 - 3x + 2}{x^3 + 2x^2 - 24x}$; (d) $f(x) = \sqrt{x + 5}$; (e) $f(x) = \sqrt{x^2 - 8x + 12}$; (f) $f(x) = \sqrt[3]{\dfrac{x+1}{x^3 - 8}}$.

(a) Este é um exemplo de uma função polinomial. Como tal função é definida para todo valor real de x, o domínio é o conjunto de todos os números reais, $\mathbf{R}$.

(b) A expressão $\dfrac{5}{x^2-9}$ é definida para todos os números reais a não ser que o denominador seja 0. Isso ocorre quando $x^2 - 9 = 0$; logo $x = \pm 3$. O domínio é, portanto, $\{x \in \mathbf{R} | x \neq \pm 3\}$.

(c) A expressão à direita é definida para todos os números reais, exceto se o denominador é 0. Isso ocorre quando $x^3 + 2x^2 - 24x = 0$, ou $x(x-4)(x+6) = 0$, ou seja, para $x = 0, 4, -6$. O domínio é, portanto, $\{x \in \mathbf{R} | x \neq 0, 4, -6\}$.

(d) A expressão $\sqrt{x+5}$ é definida desde que a expressão sob o radical seja não negativa. Isso ocorre toda vez que $x + 5 \geq 0$ ou $x \geq -5$. O domínio é, portanto, $\{x \in \mathbf{R} | x \geq -5\}$, ou o intervalo $[-5, \infty)$.

(e) A expressão à direita é definida desde que o polinômio sob o radical seja não negativo. Resolvendo $x^2 - 8x + 12 \geq 0$ pelos métodos do Capítulo 6, tem-se $x \leq 2$ ou $x \geq 6$. O domínio é, portanto, $\{x \in \mathbf{R} | x \leq 2$ ou $x \geq 6\}$.

(f) A raiz cúbica é definida para todos os números reais. Assim, a expressão à direita é definida para todos os números reais, exceto quando o denominador é 0. Isso ocorre quando $x^3 - 8 = 0$ ou $(x-2)(x^2 + 2x + 4) = 0$, ou seja, somente quando $x = 2$. O domínio é, portanto, $\{x \in \mathbf{R} | x \neq 2\}$.

9.6 Escreva o comprimento C de um círculo como uma função de sua área A.

No Exemplo 9.5, o raio r de um círculo foi expresso como uma função de sua área A: $r = \sqrt{\dfrac{A}{\pi}}$. Como $C = 2\pi r$, segue que $C = 2\pi \sqrt{\dfrac{A}{\pi}}$ expressa C como uma função de A.

9.7 Um funcionário de um teatro estima que 500 ingressos podem ser vendidos se forem ofertados a \$7 cada e que, para cada \$0,25 de aumento no preço do bilhete, dois ingressos a menos serão vendidos. Expresse a renda R como uma função do número n de aumentos de \$0,25 para cada ingresso.

O preço de um ingresso é $7 + 0,25n$ e o número de ingressos vendidos é $500 - 2n$. Como renda = (número de ingressos vendidos) $\times$ (preço de cada ingresso), $R = (7 + 0,25n)(500 - 2n)$.

9.8 Um campo será delimitado no formato de um retângulo, com um lado formado por um rio retilíneo. Se 100 pés* estão disponíveis para cercado, expresse a área A do retângulo como uma função do comprimento de um dos dois lados iguais x:

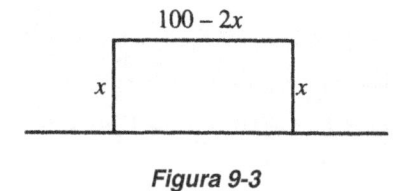

Figura 9-3

Como há dois lados de comprimento x, o outro lado tem comprimento $100 - 2x$.
Já que para um retângulo, Área = comprimento $\times$ largura,
$A = x(100 - 2x)$.

9.9 Um retângulo está inscrito em um círculo de raio r (ver Fig. 9-4). Expresse a área A do retângulo como uma função de um lado x do retângulo.

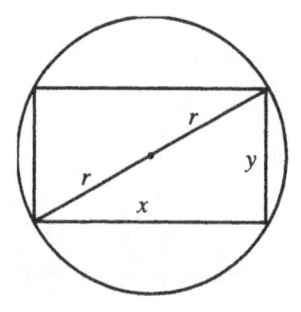

Figura 9-4

---

* N. de T.: Um pé corresponde a 30 centímetros.

De acordo com o teorema de Pitágoras, está claro que os lados do retângulo estão relacionados por $x^2 + y^2 = (2r)^2$. Assim, $y = \sqrt{4r^2 - x^2}$ e $A = x\sqrt{4r^2 - x^2}$.

9.10 Um cilindro circular reto está inscrito em um cone circular reto de altura H e raio de base R (Fig. 9-5). Expresse o volume V do cilindro como uma função de seu raio de base r.

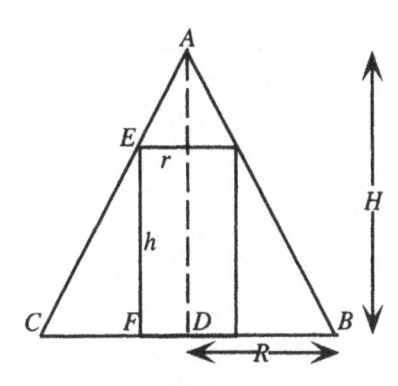

Figura 9-5

Na figura, é exibida uma seção através do eixo do cone e do cilindro. O triângulo ADC é semelhante ao triângulo EFC e, por isso, as razões entre os lados correspondentes são iguais. Em particular $\dfrac{EF}{FC} = \dfrac{AD}{DC}$, logo $\dfrac{h}{R-r} = \dfrac{H}{R}$. Resolvendo em relação a h, $h = \dfrac{H}{R}(R - r)$. Visto que, para um cilindro circular reto $V = \pi r^2 h$, o volume do cilindro é $V = \pi \dfrac{H}{R}(R - r)r^2$.

9.11 Sejam $F(x) = mx$ e $G(x) = x^2$.

(a) Mostre que $F(kx) = kF(x)$. (b) Mostre que $F(a + b) = F(a) + F(b)$. (c) Mostre que nenhuma dessas relações vale em geral para a função G.

(a) $F(kx) = m(kx) = mkx = kmx = kF(x)$

(b) $F(a + b) = m(a + b) = ma + mb = F(a) + F(b)$

(c) Para a função G, compare $G(kx) = (kx)^2 = k^2x^2$ com $kG(x) = kx^2$. Elas são iguais apenas nos casos especiais em que $k = 0$ ou $k = 1$. Analogamente, compare $G(a + b) = (a + b)^2 = a^2 + 2ab + b^2$ com $G(a) + G(b) = a^2 + b^2$. As mesmas são iguais apenas nos casos $a = 0$ ou $b = 0$.

9.12 Faça uma tabela de valores e desenhe gráficos das seguintes funções: (a) $f(x) = 4$

(b) $f(x) = \dfrac{4x + 3}{5}$ (c) $f(x) = 4x - x^2$ (d) $f(x) = \begin{cases} 4 & \text{se } x \geq 0 \\ -4 & \text{se } x < 0 \end{cases}$ (e) $f(x) = \begin{cases} 4 & \text{se } x \geq 2 \\ -x & \text{se } -1 < x < 2 \\ x + 2 & \text{se } x \leq -1 \end{cases}$

(a) Faça uma tabela de valores; então, represente os pontos e conecte-os. O gráfico (Fig. 9-6) é uma linha reta horizontal.

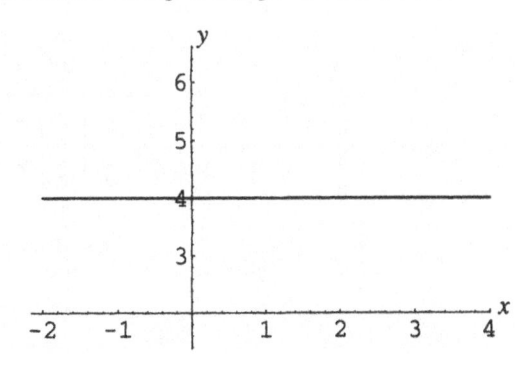

x	-2	0	2	4
y	4	4	4	4

Figura 9-6

(b) Faça uma tabela de valores; então, represente os pontos e conecte-os. O gráfico (Fig. 9-7) é uma linha reta.

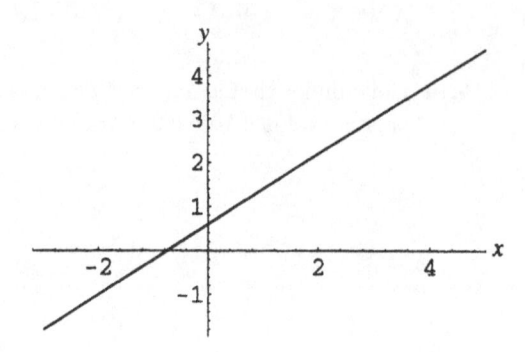

x	-2	0	2	4
y	-1	$\frac{3}{5}$	$\frac{11}{5}$	$\frac{19}{5}$

Figura 9-7

(c) Faça uma tabela de valores mais extensa; então, represente os pontos e conecte-os. O gráfico (Fig. 9-8) é uma curva suave.

x	-4	-2	0	2	4	6	8
y	-32	-12	0	4	0	-12	-32

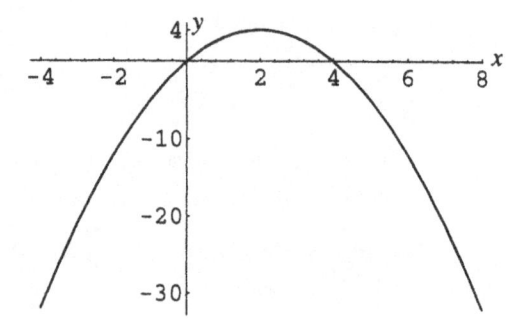

Figura 9-8

(d) Faça uma tabela de valores. O gráfico (Fig. 9-9) é descontínuo no ponto onde $x = 0$.

x	-4	-2	0	2	4
y	-4	-4	4	4	4

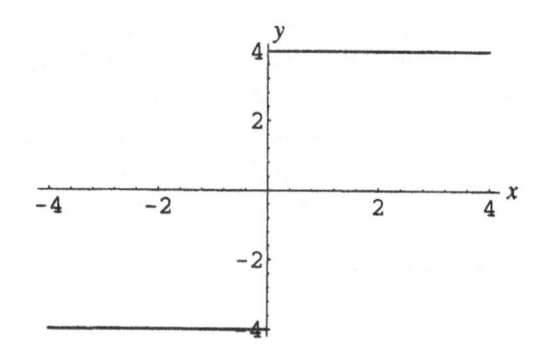

Figura 9-9

(e) Faça uma tabela de valores. O gráfico (Fig. 9-10) é descontínuo no ponto onde $x = 2$. Observe que o gráfico consiste de três "pedaços" separados, já que a regra que define a função também faz assim.

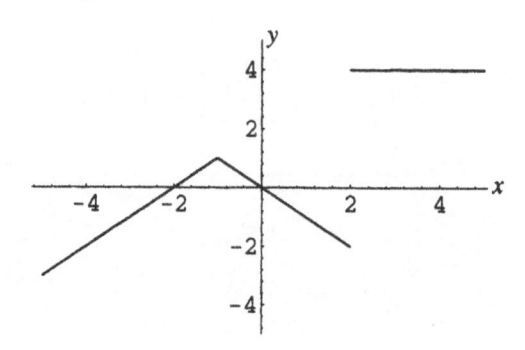

x	-3	-2	-1	0	1	2	3
y	-1	-2	1	0	-1	4	4

Figura 9-10

9.13 Determine a imagem de cada função definida no problema anterior.

(a) $f(x) = 4$. O único valor possível para as imagens é 4, portanto, a imagem é $\{4\}$.

(b) $f(x) = \dfrac{4x+3}{5}$. Faça $k = \dfrac{4x+3}{5}$ e isole x em termos de k para obter $x = \dfrac{5k-3}{4}$. Não há restrições sobre k, logo, a imagem é **R**.

(c) $f(x) = 4x - x^2$. Faça $k = 4x - x^2$ e isole x em termos de k para obter $x = 2 \pm \sqrt{4-k}$. Essa expressão representa um número real somente quando $k \leq 4$; logo, a imagem é $(-\infty, 4]$.

(d) $f(x) = \begin{cases} 4 & \text{se } x \geq 0 \\ -4 & \text{se } x < 0 \end{cases}$. Os únicos valores possíveis para as imagens são 4 e -4; logo, a imagem é o conjunto $\{4, -4\}$.

(e) $f(x) = \begin{cases} 4 & \text{se } x \geq 2 \\ -x & \text{se } -1 < x < 2 \\ x+2 & \text{se } x \leq -1 \end{cases}$

Se $x \leq -1$, $x + 2 \leq 1$; logo, f pode assumir qualquer valor em $(-\infty, 1]$. Se $-1 < x < 2$, $-2 < -x < 1$; isso nada acrescenta à imagem. Se $x \geq 2$, $f(x) = 4$; logo, a imagem consiste do conjunto união $(-\infty, 1] \cup \{4\}$.

9.14 Encontre a variação média para (a) $f(x) = 7x + 12$ em $[2,8]$; (b) $f(x) = \dfrac{3-5x}{9}$ em $[-5, 0]$

(a) $\dfrac{f(8) - f(2)}{8-2} = \dfrac{(7 \cdot 8 + 12) - (7 \cdot 2 + 12)}{6} = \dfrac{68 - 26}{6} = 7$

(b) $\dfrac{f(0) - f(-5)}{0-(-5)} = \dfrac{\left(\dfrac{3-5\cdot 0}{9}\right) - \left(\dfrac{3-5(-5)}{9}\right)}{5} = \dfrac{\dfrac{3}{9} - \dfrac{28}{9}}{5} = \dfrac{-25/9}{5} = -\dfrac{5}{9}$

9.15 Encontre o quociente de diferenças para (a) $f(x) = x^3$; (b) $f(x) = \dfrac{1}{x^2}$

(a) $\dfrac{f(x+h) - f(x)}{h} = \dfrac{(x+h)^3 - x^3}{h} = \dfrac{x^3 + 3x^2h + 3xh^2 + h^3 - x^3}{h}$

$= \dfrac{3x^2h + 3xh^2 + h^3}{h} = 3x^2 + 3xh + h^2$

(b) $\dfrac{f(x+h) - f(x)}{h} = \dfrac{\dfrac{1}{(x+h)^2} - \dfrac{1}{x^2}}{h} = \dfrac{x^2 - (x+h)^2}{hx^2(x+h)^2} = \dfrac{x^2 - x^2 - 2xh - h^2}{hx^2(x+h)^2}$

$= \dfrac{-2xh - h^2}{hx^2(x+h)^2} = \dfrac{-2x - h}{x^2(x+h)^2}$

Problemas Complementares

9.16 Seja F uma função cujo domínio tem $-x$ toda vez que tiver x como elemento. Defina:

$$g(x) = \dfrac{F(x) + F(-x)}{2} \quad \text{e} \quad h(x) = \dfrac{F(x) - F(-x)}{2}.$$

(a) Mostre que g é uma função par e que h é uma função ímpar.

(b) Mostre que $F(x) = g(x) + h(x)$. Assim, qualquer função pode ser escrita como a soma de uma função ímpar e uma função par.

(c) Prove que a única função que é par e ímpar é $f(x) = 0$.

9.17 As funções que se seguem são pares, ímpares ou nenhum desses casos?

(a) $f(x) = \dfrac{x^3}{x^4+1}$; (b) $f(x) = \dfrac{x^4}{x^3+1}$; (c) $f(x) = |x| - \dfrac{1}{x^2}$; (d) $f(x) = (x-1)^3 + (x+1)^3$

Resp. (a) ímpar; (b) nenhum desses casos; (c) par; (d) ímpar

9.18 Determine o domínio das seguintes funções:

(a) $f(x) = \sqrt{x-3}$; (b) $f(x) = \sqrt{3-x}$; (c) $f(x) = \dfrac{1}{\sqrt{x-3}}$; (d) $f(x) = \dfrac{1}{\sqrt{3-x}}$

Resp. (a) $[3,\infty)$; (b) $(-\infty,3]$; (c) $(3,\infty)$; (d) $(-\infty,3)$

9.19 Determine o domínio das seguintes funções:

(a) $g(x) = |x-3|$; (b) $g(x) = \dfrac{x^2+9}{x-3}$; (c) $g(x) = \sqrt{\dfrac{x-3}{x^2-3x+2}}$; (d) $g(x) = \sqrt{x^3 - 9x^2}$

Resp. (a) $\mathbf{R}$; (b) $\{x \in \mathbf{R} | x \neq 3\}$; (c) $(1,2) \cup [3, \infty)$; (d) $[9, \infty)$

9.20 A taxa do imposto de renda em um determinado estado é 4% sobre a renda tributável de até $30.000,00, 5% para a renda tributável entre $30.000,00 e $50.000,00 e 6% sobre a renda tributável acima de $50.000,00. Expresse a taxa do imposto de renda $T(x)$ como uma função da renda tributável x.

Resp. $T(x) = \begin{cases} 0{,}04x & \text{se } 0 < x \leq 30.000 \\ 1200 + 0{,}05(x - 30.000) & \text{se } 30.000 < x \leq 50.000 \\ 2200 + 0{,}06(x - 50.000) & \text{se } 50.000 < x \end{cases}$

9.21 (a) Expresse o comprimento de uma diagonal d de um quadrado como uma função do comprimento de um lado s. (b) Expresse d como uma função da área A do quadrado. (c) Expresse d como uma função do perímetro P do quadrado.

Resp. (a) $d(s) = s\sqrt{2}$; (b) $d(A) = \sqrt{2A}$; (c) $d(P) = \dfrac{P\sqrt{2}}{4}$

9.22 (a) Expresse a área A de um triângulo equilátero como uma função de um lado s. (b) Expresse o perímetro do triângulo P como uma função da área A.

Resp. (a) $A(s) = s^2\sqrt{3}/4$; (b) $P(A) = (6\sqrt{A})/\sqrt[4]{3}$

9.23 Um triângulo equilátero de lado s está inscrito em um círculo de raio r. (a) Expresse s em função de r.

(b) Expresse a área A do triângulo como uma função de r. (c) Expresse a área A do triângulo como uma função de a, a área do círculo.

Resp. (a) $s(r) = r\sqrt{3}$; (b) $A(r) = \dfrac{3r^2\sqrt{3}}{4}$; (c) $A(a) = \dfrac{3a\sqrt{3}}{4\pi}$

9.24 (a) Expresse o volume V de uma esfera como uma função de seu raio r. (b) Expresse a área S da superfície da esfera como uma função de r. (c) Expresse r como uma função de S. (d) Expresse V como uma função de S.

Resp. (a) $V(r) = \dfrac{4}{3}\pi r^3$; (b) $S(r) = 4\pi r^2$; (c) $r(S) = \sqrt{\dfrac{S}{4\pi}}$; (d) $V(S) = \dfrac{1}{3}\sqrt{\dfrac{S^3}{4\pi}}$

9.25 Um cilindro circular reto está incrito em uma esfera de raio R. (R é uma constante.)

(a) Expresse a altura h do cilindro como uma função do raio r do cilindro.

(b) Expresse a área S total da superfície do cilindro como uma função de r.

(c) Expresse o volume V do cilindro como uma função de r.

Resp. (a) $h(r) = 2\sqrt{R^2 - r^2}$; (b) $S(r) = 4\pi r\sqrt{R^2 - r^2} + 2\pi r^2$; (c) $V(r) = 2\pi r^2\sqrt{R^2 - r^2}$

9.26 Quais das Figuras 9-11 a 9-14 são gráficos de funções?

(a) Figura 9-11

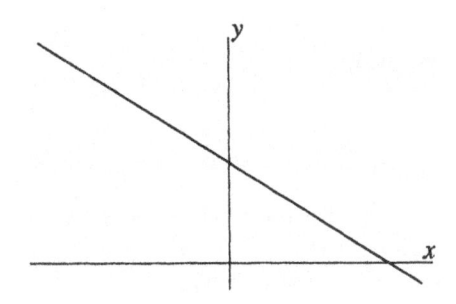

(b) Figura 9-12

Figura 9-11

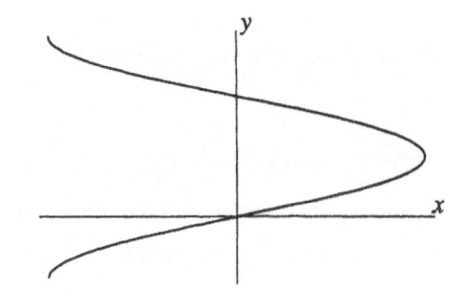

Figura 9-12

(c) Figura 9-13

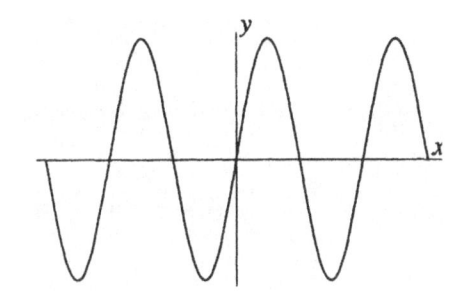

(d) Figura 9-14

Figura 9-13

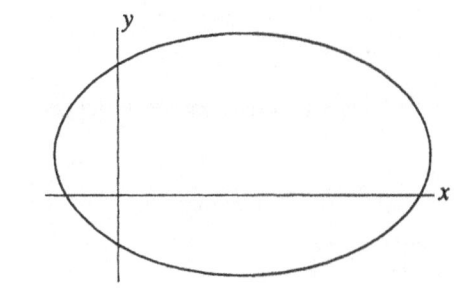

Figura 9-14

Resp. (a) e (c) são gráficos de funções; (b) e (d) falham no teste da linha vertical e não são gráficos de funções*.

9.27 Dada $f(x) = x^2 - 3x + 1$, encontre (a) $f(2)$; (b) $f(-3)$; (c) $\dfrac{f(2+h) - f(2)}{h}$.

Resp. (a) -1; (b) 19; (c) $1 + h$

9.28 Dada $f(x) = \dfrac{1}{x} - x$, determine (a) $f(2)$; (b) $f(-3)$; (c) $\dfrac{f(3+h) - f(3)}{h}$.

Resp. (a) $-\dfrac{3}{2}$; (b) $\dfrac{8}{3}$; (c) $\dfrac{-10 - 3h}{3(3+h)}$

9.29 A distância s que um objeto percorre em queda livre em um período de tempo de t segundos é expressa, em pés, por $s(t) = 16t^2$. Determine (a) $s(2)$; (b) $s(3)$; (c) $\dfrac{s(3,01) - s(3)}{0,01}$

Resp. (a) 64 pés; (b) 144 pés; (c) 96,16 pés

9.30 Dada $f(x) = \dfrac{3x + 1}{x - 3}$, encontre e escreva na forma mais simples: (a) $f(f(b))$; (b) $\dfrac{f(x) - f(a)}{x - a}$

Resp. (a) b; (b) $\dfrac{-10}{(x - 3)(a - 3)}$

9.31 Dada $f(x) = x^2$, encontre e escreva na forma mais simples: (a) $f(f(b))$; (b) $\dfrac{f(x) - f(a)}{x - a}$ (c) $\dfrac{f(x+h) - f(x)}{h}$

Resp. (a) b^4; (b) $x + a$; (c) $2x + h$

9.32 Dada $f(x) = \dfrac{1}{x}$ encontre e escreva na forma mais simples: (a) $f(f(b))$; (b) $\dfrac{f(x) - f(a)}{x - a}$ (c) $\dfrac{f(x+h) - f(x)}{h}$

Resp. (a) b; (b) $\dfrac{-1}{ax}$; (c) $\dfrac{-1}{x(x+h)}$

---

* N. de T.: O autor se refere a funções da forma $y = f(x)$.

9.33 Dada $f(x) = \dfrac{x}{1 + x^2}$, encontre e escreva na forma mais simples: (a) $f(f(b))$; (b) $\dfrac{f(x) - f(a)}{x - a}$

Resp. (a) $\dfrac{b + b^3}{1 + 3b^2 + b^4}$ (b) $\dfrac{1 - ax}{(1 + x^2)(1 + a^2)}$

9.34 Determine variação média de $f(x) = 9x - 7$ no intervalo [0,5].

Resp. 9

9.35 (a) Determine a variação média de $f(x) = \sqrt{x}$ no intervalo [4,9].

(b) Encontre o quociente de diferenças para $f(x) = \sqrt{x}$. Racionalize o numerador na resposta.

Resp. (a) $\dfrac{1}{5}$; (b) $\dfrac{\sqrt{x + h} - \sqrt{x}}{h} = \dfrac{1}{\sqrt{x + h} + \sqrt{x}}$

9.36 Encontre a variação média de $f(x) = x^2 - 6x + 9$ (a) no intervalo [0,6]; (b) no intervalo [1,7].

Resp. (a) 0; (b) 2

9.37 Encontre a variação média de $f(x) = \dfrac{1}{x + 6}$ no intervalo [0,5]

Resp. $-\dfrac{1}{66}$

9.38 Encontre o quociente de diferenças para (a) $f(x) = \dfrac{x}{x + 1}$; (b) $f(x) = \sqrt{2x - 1}$. Racionalize o numerador na resposta.

Resp. (a) $\dfrac{1}{(x + 1)(x + h + 1)}$; (b) $\dfrac{\sqrt{2(x + h) - 1} - \sqrt{2x - 1}}{h} = \dfrac{2}{\sqrt{2(x + h) - 1} + \sqrt{2x - 1}}$

Capítulo 10

Funções Lineares

DEFINIÇÃO DE FUNÇÃO LINEAR

Uma função linear é qualquer função especificada por uma regra da forma $f: x \to mx + b$ sendo $m \neq 0$. Se $m = 0$, a função não é considerada linear; uma função $f(x) = b$ é chamada de *função constante*. O gráfico de uma função linear é sempre uma reta. O gráfico de uma função constante é uma reta horizontal.

COEFICIENTE ANGULAR DE UMA RETA

O coeficiente angular de uma reta que não é paralela ao eixo y é definida como se segue (ver Figs. 10-1 e 10-2). Sejam (x_1, y_1) e (x_2, y_2) pontos distintos sobre a reta. Então, o coeficiente angular* da reta é dado por

$$m = \frac{y_2 - y_1}{x_2 - x_1} = \frac{\text{variação em } y}{\text{variação em } x} = \frac{\text{variação vertical}}{\text{variação horizontal}}$$

(*a*) Coeficiente angular positivo (aclive) (Fig. 10-1)   (*b*) Coeficiente angular negativo (declive) (Fig. 10-2)

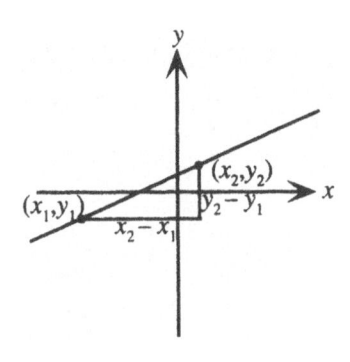

Figura 10-1 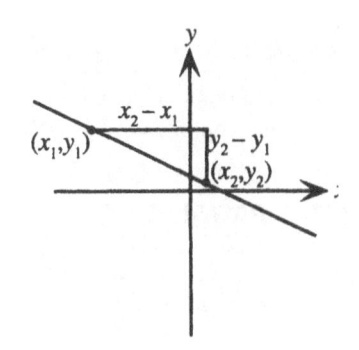   **Figura 10-2**

Exemplo 10.1   Calcule o coeficiente angular das retas que passam por (*a*) (5,3) e (8,12) (*b*) (3,−4) e (−5,6).

(*a*) Identifique $(x_1, y_1) = (5,3)$ e $(x_2, y_2) = (8,12)$. Então, $m = \dfrac{y_2 - y_1}{x_2 - x_1} = \dfrac{12 - 3}{8 - 5} = 3$.

(*b*) Identifique $(x_1, y_1) = (3,-4)$ e $(x_2, y_2) = (-5,6)$. Então, $m = \dfrac{y_2 - y_1}{x_2 - x_1} = \dfrac{6 - (-4)}{-5 - 3} = -\dfrac{5}{4}$.

---

* N. de T.: Também pode ser chamado de inclinação.

RETAS HORIZONTAIS E VERTICAIS

1. Uma reta horizontal (paralela ao eixo x) tem coeficiente angular 0, pois dois pontos quaisquer sobre a reta têm as mesmas coordenadas y. Uma reta horizontal tem uma equação da forma $y = k$ (ver Fig. 10-3).
2. Uma reta vertical (paralela ao eixo y) tem coeficiente angular indefinido, já que dois pontos quaisquer sobre a reta têm as mesmas coordenadas x. Uma reta vertical tem uma equação da forma $x = h$ (ver Fig. 10-4).

(a) Reta horizontal

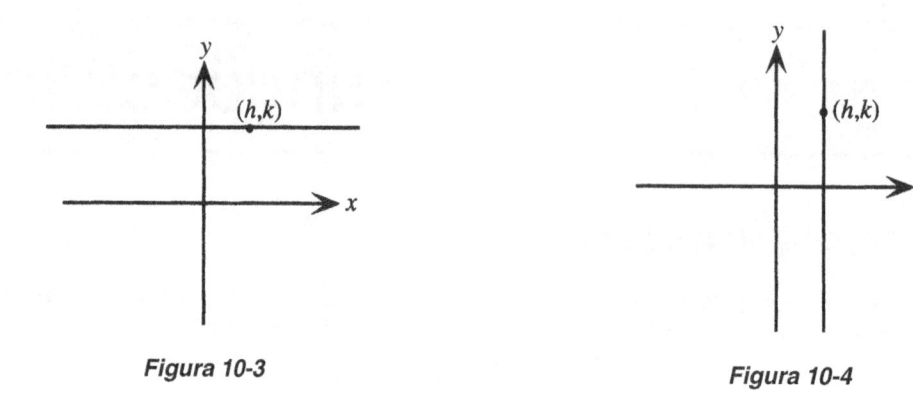

(b) Reta vertical

Figura 10-3

Figura 10-4

A EQUAÇÃO DE UMA RETA

A equação de uma reta pode ser escrita de diversas maneiras. Entre as mais úteis, estão:

1. **Forma angular-intercepto***: A equação de uma reta com coeficiente angular m e intercepto y b é dada por $y = mx+b$.
2. **Forma ponto-angular:** A equação de uma reta que passa por (x_0, y_0) com coeficiente angular m é dada por $y - y_0 = m(x - x_0)$.
3. **Forma canônica:** A equação de uma reta pode ser escrita como $Ax+By = C$, sendo A, B, C inteiros sem fatores comuns; A e B não são nulos.

Exemplo 10.2 Encontre a equação da reta que passa por $(-6,4)$ com coeficiente angular $\frac{2}{3}$.

Use a forma ponto-angular da equação de uma reta: $y - 4 = \frac{2}{3}[x - (-6)]$. Ela pode ser simplificada para a forma angular-intercepto: $y = \frac{2}{3}x + 8$. Na forma canônica, a mesma ficaria $2x - 3y = -24$.

RETAS PARALELAS

Se duas retas não verticais são paralelas, seus coeficientes angulares são iguais. Reciprocamente, se duas retas têm o mesmo coeficiente angular, são paralelas; duas retas verticais também são paralelas.

Exemplo 10.3 Encontre a equação de uma reta que passa por $(3,-8)$ e é paralela a $5x + 2y = 7$.

Primeiro, calcule o coeficiente angular da reta, isolando a variável y: $y = -\frac{5}{2}x + \frac{7}{2}$. Logo, a reta dada tem coeficiente angular $-\frac{5}{2}$. Isso significa que a reta desejada tem coeficiente angular $-\frac{5}{2}$ e passa por $(3,-8)$. Use a forma ponto-angular para obter $y - (-8) = -\frac{5}{2}(x - 3)$, a qual é escrita na forma canônica como $5x + 2y = -1$.

---

* N. de T.: Também conhecida como equação reduzida da reta.

RETAS PERPENDICULARES

Se uma reta é horizontal, qualquer reta perpendicular à mesma é vertical e vice-versa. Se duas retas não verticais, com coeficientes angulares m_1 e m_2, são perpendiculares, então, tais coeficientes satisfazem a equação $m_1 m_2 = -1$ ou $m_2 = -1/m_1$.

Exemplo 10.4 Encontre a equação de uma reta que passa por $(3,-8)$ e é perpendicular a $5x+2y = 7$.

No exemplo anterior foi descoberto que a reta dada tem coeficiente angular $-\frac{5}{2}$. Logo, a reta desejada tem coeficiente angular $\frac{2}{5}$ e passa por $(3,-8)$. Use a forma ponto-angular para obter $y - (-8) = \frac{2}{5}(x-3)$, a qual se escreve na forma canônica como $2x - 5y = 46$.

Problemas Resolvidos

10.1 Para qualquer função linear $f(x) = mx+b$ mostre que $\dfrac{f(x+h) - f(x)}{h} = m$.

Dada $f(x) = mx+b$, segue que $f(x+h) = m(x+h)+b$ e, portanto,

$$\frac{f(x+h) - f(x)}{h} = \frac{[m(x+h)+b] - [mx+b]}{h} = \frac{mx + mh + b - mx - b}{h} = \frac{mh}{h} = m$$

10.2 Quais das seguintes regras representam funções lineares?

(a) $f(x) = \frac{2}{3}$ (b) $f(x) = \frac{2}{3}x + 7$ (c) $f(x) = \frac{2}{3x} + 7$

Apenas (b) representa uma função linear. A regra em (a) representa uma função constante, enquanto a regra em (c) é conhecida como uma função não linear.

10.3 Encontre a equação da reta horizontal que passa por $(5,-3)$.

Uma reta horizontal tem uma equação da forma $y = k$. Nesse caso, a constante k deve ser -3. Logo, a equação procurada é $y = -3$.

10.4 Encontre a equação da reta vertical que passa por $(5,-3)$.

Uma reta vertical tem uma equação da forma $x = h$. Nesse caso, a constante h deve ser 5. Logo, a equação procurada é $x = 5$.

10.5 Encontre a equação da reta que passa por $(-6,8)$ com coeficiente angular $\frac{3}{4}$. Escreva a resposta na forma angular-intercepto e também na forma canônica.

Use a forma ponto-angular da equação de uma reta, com $m = \frac{3}{4}$ e $(x_0, y_0) = (-6,8)$. Assim a equação da reta pode ser escrita como:

$$y - 8 = \frac{3}{4}[x - (-6)]$$

Simplificando, tem-se $y = \frac{3}{4}x + \frac{25}{2}$ na forma angular-intercepto e $-3x + 4y = 50$ na forma canônica.

10.6 Encontre a equação da reta que passa pelos pontos $(3,-4)$ e $(-7,2)$. Escreva a resposta na forma angular-intercepto e também na forma canônica.

Primeiro, determine o coeficiente angular da reta. Identifique $(x_1, y_1) = (3,-4)$ e $(x_2, y_2) = (-7, 2)$. Logo,

$$m = \frac{y_2 - y_1}{x_2 - x_1} = \frac{2 - (-4)}{-7 - 3} = -\frac{3}{5}$$

Agora use a forma ponto-angular da equação de uma reta, com $m = -\frac{3}{5}$. Escolha um dos pontos dados, digamos, $(3,-4) = (x_0, y_0)$. Então a equação de reta pode ser escrita:

$$y - (-4) = -\frac{3}{5}(x - 3)$$

Simplificando, tem-se $y = -\frac{3}{5}x - \frac{11}{5}$ na forma angular-intercepto e $3x + 5y = -11$ na forma canônica.

10.7 (a) Mostre que a equação de uma reta com intercepto x a e intercepto y b, onde nem a e nem b são 0, pode ser escrita como $\frac{x}{a} + \frac{y}{b} = 1$. (Essa é conhecida como forma *dois-interceptos* da equação de uma reta.) (b) Escreva a equação da reta com intercepto x 5 e intercepto y −6, na forma canônica.

(a) A reta passa pelos pontos $(a,0)$ e $(0,b)$. Logo, seu coeficiente angular pode ser encontrado a partir da definição de coeficiente agular $m = \frac{y_2 - y_1}{x_2 - x_1} = \frac{b - 0}{0 - a} = -\frac{b}{a}$. Usando a forma angular-intercepto, a equação da reta pode ser escrita como $y = -\frac{b}{a}x + b$, ou $\frac{b}{a}x + y = b$. Dividindo por b tem-se $\frac{x}{a} + \frac{y}{b} = 1$, como pedido.

(b) Usando o resultado da parte (a) tem-se $\frac{x}{5} + \frac{y}{-6} = 1$. Eliminando as frações, tem-se $6x - 5y = 30$ na forma canônica pedida.

10.8 Mostra-se nos cálculos diferencial e integral que o coeficiente angular da reta tangente à parábola $y = x^2$ no ponto (a, a^2) tem coeficiente angular $2a$. Encontre a equação da reta tangente a $y = x^2$ (a) em $(3, 9)$; (b) em (a, a^2).

(a) Como a reta tem coeficiente angular $2\cdot 3 = 6$, use a forma ponto-angular para encontrar a equação de uma reta que passa por $(3,9)$ com coeficiente angular 6: $y - 9 = 6(x - 3)$ ou $y = 6x - 9$.

(b) Como a reta tem coeficiente angular $2a$, use a forma ponto-angular para encontrar a equação de uma reta que passa por (a, a^2) com coeficiente angular $2a$: $y - a^2 = 2a(x - a)$ ou $y = 2ax - a^2$.

10.9 Prove que duas retas não verticais são paralelas se, e somente se, elas têm o mesmo coeficiente angular. (ver Fig. 10-5)

Sejam l_1 e l_2 duas retas diferentes com coeficientes angulares, respectivamente, m_1 e m_2, e interceptos y, respectivamente, b_1 e b_2.

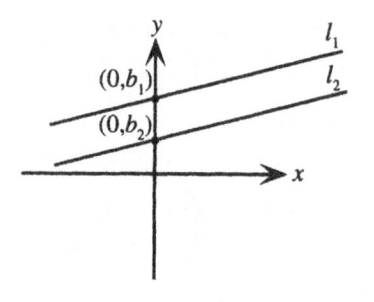

Figura 10-5

Então as retas têm equações $y = m_1x + b_1$ e $y = m_2x + b_2$. As retas irão se interceptar em algum ponto (x,y) se, e somente se, para algum x os valores de y são iguais, ou seja,

$$m_1x + b_1 = m_2x + b_2; \text{ logo, } (m_1 - m_2)x = b_2 - b_1$$

É possível as retas se interceptarem se, e somente se, $m_1 \neq m_2$. Logo, as retas são paralelas se, e somente se, $m_1 = m_2$.

10.10 Encontre a equação da reta que passa por $(5,-3)$ e é paralela a (a) $y = 3x - 5$; (b) $2x + 7y = 4$; (c) $x = -1$.

(a) Qualquer reta paralela à reta dada terá o mesmo coeficiente angular. Uma vez que a reta dada é escrita na forma angular-intercepto, seu coeficiente angular é claramente percebido como 3. A equação de uma reta que passa por $(5,-3)$ com coeficiente angular 3 é obtida via forma ponto-angular como sendo $y-(-3) = 3(x-5)$. Simplificando, tem-se $y = 3x - 18$.

(b) É possível proceder como em (a); no entanto, a equação da reta dada deve ser analisada para encontrar seu coeficiente angular. Um método alternativo é observar que qualquer reta paralela à reta dada pode ser escrita como $2x + 7 = C$. Logo, como $(5,-3)$ deve satisfazer a equação, $2 \cdot 5 + 7(-3) = C$; logo, $C = -11$ e $2x + 7y = -11$ é a equação pedida.

(c) Procedendo como em (b), observe que qualquer reta paralela à reta dada deve ser vertical e, portanto, deve ter uma equação da forma $x = h$. Nesse caso, $h = 5$; portanto, $x = 5$ é a equação pedida.

10.11 Prove que, se duas retas com coeficientes angulares m_1 e m_2 são perpendiculares, então $m_1 m_2 = -1$. (Fig. 10-6).

Os coeficientes angulares das duas retas devem ter sinais opostos. Na figura, m_1 é escolhido (arbitrariamente) positivo e m_2 é escolhido negativo.

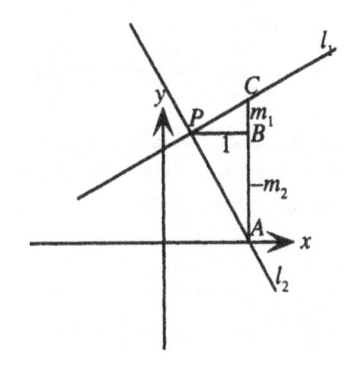

Figura 10-6

Como l_1 tem coeficiente angular m_1, um deslocamento de uma unidade de comprimento (segmento PB) conduz a um aumento de m_1 ao longo de l_1 (segmento CB). Analogamente, como l_2 tem coeficiente angular m_2, um deslocamento de uma unidade significa uma queda de m_2 ao longo de l_2, ou seja, segmento AB tem comprimento $-m_2$. Como as retas são perpendiculares, os triângulos PCB e APB são semelhantes. Logo, razões entre lados correspondentes são iguais; segue-se que

$$\frac{CB}{PB} = \frac{PB}{AB}$$

$$\frac{m_1}{1} = \frac{1}{-m_2}$$

$$m_1 m_2 = -1$$

10.12 Encontre a equação da reta que passa por $(8, -2)$ e é perpendicular a (a) $y = \frac{4}{5}x + 2$; (b) $x + 3y = 6$; (c) $x = 7$.

(a) Qualquer reta perpendicular à reta dada terá coeficiente angular m satisfazendo $\frac{4}{5}m = -1$, assim, $m = -\frac{5}{4}$. A equação de uma reta que passa por $(8, -2)$ com coeficiente angular $-\frac{5}{4}$ é obtida a partir da forma ponto-angular $y - (-2) = -\frac{5}{4}(x - 8)$. Simplificando, tem-se $5x + 4y = 32$.

(b) Primeiro, determine o coeficiente angular da reta dada. Isolando a variável y, a equação é vista como equivalente a $y = -\frac{1}{3}x + 2$; logo, o coeficiente angular é $-\frac{1}{3}$. Qualquer reta perpendicular à reta dada terá coeficiente angular m satisfazendo $-\frac{1}{3}m = -1$; assim, $m = 3$. A equação de uma reta que passa por $(8, -2)$ com coeficiente angular 3 é obtida a partir da forma ponto-angular como sendo $y - (-2) = 3(x - 8)$. Simplificando, tem-se $y = 3x - 26$.

(c) Como a reta dada é vertical, qualquer reta perpendicular à mesma deve ser horizontal, portanto, deve-se ter uma equação da forma $y = k$. Nesse caso, $k = -2$; logo, $y = -2$ é a equação pedida.

10.13 Encontre a regra para uma função linear, dados $f(0) = 5$ e $f(10) = 12$.

Como o gráfico de uma função linear é uma reta, isso é equivalente a determinar a equação de uma reta na forma angular-intercepto, dado um intercepto y de 5. Como a reta passa por $(0,5)$ e $(10,12)$, o coeficiente angular é determinado: $m = \frac{12 - 5}{10 - 0} = \frac{7}{10}$. Logo, a equação da reta é $y = \frac{7}{10}x + 5$ e a regra para a função é $f(x) = \frac{7}{10}x + 5$.

10.14 Encontre uma expressão geral para a regra de uma função linear, dados $f(a)$ e $f(b)$.

Como o gráfico de uma função linear é uma reta, isso é equivalente a encontrar a equação, na forma angular-intercepto, de uma reta que passa por $(a, f(a))$ e $(b, f(b))$. Claramente, uma reta passando por esses dois pontos terá coeficiente angular $m = \dfrac{f(b) - f(a)}{b - a}$. Da forma ponto-angular, a equação da reta pode ser escrita como $y - f(a) = \dfrac{f(b) - f(a)}{b - a}(x - a)$ ou $y = \dfrac{f(b) - f(a)}{b - a}(x - a) + f(a)$. Assim, a regra para a função é

$$f(x) = \frac{f(b) - f(a)}{b - a}(x - a) + f(a)$$

10.15 Encontre a regra para uma função linear, dados $f(10) = 25.000$ e $f(25) = 10.000$.

Aplique a fórmula obtida no problema anterior com $a = 10$ e $b = 25$. Então,

$$f(x) = \frac{10.000 - 25.000}{25 - 10}(x - 10) + 25.000$$
$$= -1.000x + 35.000$$

10.16 Suponha que o custo de produção de 50 unidades de alguma mercadoria seja $27.000,00, enquanto o custo para produzir 100 unidades da mesma mercadoria seja $38.000,00. Se a função de custo $C(x)$ é assumida como sendo linear, encontre a regra para $C(x)$. Use a regra para estimar o custo de produção de 80 unidades da mercadoria.

Isso é equivalente a encontrar a equação de uma reta que passa por (50, 27.000) e (100, 38.000). O coeficiente angular dessa reta é $m = \dfrac{38.000 - 27.000}{100 - 50} = 220$; logo, da forma ponto angular, a equação da reta é $y - 27.000 = 220(x - 50)$. Simplificando, tem-se $y = 220x + 16.000$; assim, a regra para a função é $C(x) = 220x + 16.000$.

O custo para produzir 80 unidades da mercadoria é dado por $C(80) = 220 \cdot 80 + 16.000$ ou $33.600.

10.17 Se o valor de uma peça de equipamento é *depreciado linearmente* em um período de 20 anos, o valor $V(t)$ pode ser descrito como uma função linear de tempo t.

(a) Encontre uma regra para $V(t)$, assumindo que o valor no instante $t = 0$ é V_0 e que o valor após 20 anos é zero.

(b) Use a regra para encontrar o valor, após 12 anos, de uma peça de equipamento originalmente avaliada em $7.500.

(a) Isso é equivalente a encontrar a equação de uma reta da forma $V = mt + b$, sendo que o intercepto V é $b = V_0$, e a reta passa por $(0, V_0)$ e $(20,0)$. O coeficiente angular é dado por $m = \dfrac{0 - V_0}{20 - 0} = -\dfrac{V_0}{20}$; logo, a equação é $V = -\dfrac{V_0}{20}t + V_0$ e a regra para a função é $V(t) = -\dfrac{V_0}{20}t + V_0$.

(b) Nesse caso, $V_0 = 7.500$ e o valor de $V(12)$ é pedido. Como a regra para a função é agora $V(t) = -\dfrac{7.500}{20}t + 7.500 = 7.500 - 375t$, $V(12) = 7.500 - 375 \cdot 12 = 3.000$, e o valor é $3.000.

Problemas Complementares

10.18 Escreva as equações a seguir na forma canônica:

(a) $y = 3x - 2$; (b) $y = -\frac{1}{2}x + 8$; (c) $y = \frac{2}{3}x - \frac{3}{5}$

Resp. (a) $3x - y = 2$; (b) $x + 2y = 16$; (c) $10x - 15y = 9$

10.19 Escreva as equações a seguir na forma angular-intercepto:

(a) $2x + 6y = 7$; (b) $3x - 5y = 15$; (c) $\frac{1}{2}x + \frac{2}{3}y = \frac{3}{4}$

Resp. (a) $y = -\frac{1}{3}x + \frac{7}{6}$; (b) $y = \frac{3}{5}x - 3$; (c) $y = -\frac{3}{4}x + \frac{9}{8}$

10.20 Determine a equação de uma reta na forma canônica:

(a) A reta é horizontal e passa por $\left(\frac{2}{3}, \frac{3}{4}\right)$.

(b) A reta tem coeficiente angular $-0,3$ e passa por $(1,3, -5,6)$.

(c) A reta tem intercepto x 7 e coeficiente angular -4.

(d) A reta é paralela a $y = 3 - 2x$ e passa pela origem.

(e) A reta é perpendicular a $3x - 5y = 7$ e passa por $\left(-\frac{5}{2}, \frac{8}{3}\right)$.

(f) A reta passa por (a,b) e (c,d).

Resp. (a) $4y = 3$ (b) $30x + 100y = -521$ (c) $4x + y = 28$
(d) $2x + y = 0$ (e) $10x + 6y = -9$ (f) $(b-d)x + (c-a)y = (b-d)a + (c-a)b$

10.21 Encontre a equação da reta na forma angular-intercepto nos seguintes casos:

(a) A reta é horizontal e passa por $(-3, 8)$.

(b) A reta tem coeficiente angular $-\frac{2}{3}$ e passa por $(-5, 1)$.

(c) A reta tem intercepto x -2 e coeficiente angular $\frac{1}{2}$.

(d) A reta é paralela a $2x + 5y = 1$ e passa por $(2, -8)$.

(e) A reta é perpendicular a $y = \frac{3}{8}x - 1$ e passa por $(6, 0)$.

Resp. (a) $y = 8$;   (b) $y = -\frac{2}{3}x - \frac{7}{3}$;   (c) $y = \frac{1}{2}x + 1$;
(d) $y = -\frac{2}{5}x - \frac{36}{5}$;   (e) $y = -\frac{8}{3}x + 16$

10.22 Calcule o coeficiente angular e o intercepto y de (a) $y = 5 - 3x$; (b) $2x + 6y = 9$; (c) $x + 5 = 0$.

Resp. (a) coeficiente angular -3, intercepto y 5; (b) coeficiente angular $-\frac{1}{3}$, intercepto y $\frac{3}{2}$; (c) coeficiente angular indefinido, sem intercepto y.

10.23 Calcule os possíveis coeficientes angulares de uma reta que passa por (4,3) de modo que a parte da reta no primeiro quadrante forme um triângulo de área 27 com os eixos coordenados positivos.

Resp. $-\frac{3}{2}$ ou $-\frac{3}{8}$

10.24 Repita o Problema 10.23, mas dessa vez assumindo um triângulo de área 24.

Resp. $-\frac{3}{4}$ é o único coeficiente angular possível.

10.25 Lembrando da geometria plana que a reta tangente a um círculo é perpendicular à reta suporte do raio, descubra a equação da reta tangente a:

(a) o círculo $x^2 + y^2 = 25$ em $(-3, 4)$

(b) o círculo $(x-2)^2 + (y+4)^2 = 4$ em $(2, -2)$

Resp. (a) $3x - 4y = -25$;   (b) $y = -2$

10.26 Mostra-se no cálculo diferencial e integral que o coeficiente angular da reta tangente à curva $y = x^3$ no ponto (a, a^3) tem coeficiente angular $3a^2$. Encontre a equação da reta tangente $y = x^3$ em (a) $(2, 8)$; (b) (a, a^3).

Resp. (a) $y = 12x - 16$;   (b) $y = 3a^2 x - 2a^3$

10.27 A reta perpendicular à reta tangente a uma curva no ponto de tangência é chamada de reta *normal*. Encontre a equação da reta normal a $y = x^3$ em (2,8). (Ver problema anterior.)

Resp. $y = -\frac{1}{12}x + \frac{49}{6}$

10.28 Uma *altura* de um triângulo é uma reta que passa por um vértice do triângulo e é perpendicular ao lado oposto do mesmo. Encontre a equação da altura que passa por $A(0,0)$ e intercepta o lado definido por $B(3,4)$ e $C(5,-2)$.

Resp. $x - 3y = 0$

10.29 Uma *mediana* de um triângulo é uma reta definida por um vértice do triângulo e pelo ponto médio do lado oposto do mesmo. Encontre a equação da mediana definida por $A(5,-2)$ e pelo lado definido por $B(-3,9)$ e $C(4,-7)$.

Resp. $2x + 3y = 4$

10.30 Encontre uma regra para uma função linear, dados $f(5) = -7$ e $f(-5) = 10$.

Resp. $f(x) = -\frac{17}{10}x + \frac{3}{2}$

10.31 Encontre uma regra para uma função linear, dados $f(0) = a$ e $f(c) = b$.

Resp. $f(x) = \dfrac{b-a}{c}x + a$

10.32 Em situações de depreciação (ver Problema 10.17) é normal que uma peça de equipamento tenha um valor residual após ter sido linearmente depreciada durante toda sua vida útil.

(*a*) Encontre uma regra para $V(t)$, o valor de uma peça de equipamento, assumindo que o valor no instante $t = 0$ é V_0 e que o valor após 20 anos seja R.

(*b*) Use a regra para calcular o valor, após 12 anos, de uma peça de equipamento originalmente avaliada em $7.500, assumindo que a mesma tem um valor residual, após 20 anos, de $500.

Resp. (*a*) $V(t) = \dfrac{R - V_0}{20}t + V_0$ (*b*) $3.300

Capítulo 11

Transformações e Gráficos

TRANSFORMAÇÕES ELEMENTARES

Os gráficos de muitas funções podem ser considerados como originados de gráficos mais básicos, como resultado de uma ou mais transformações elementares. As transformações elementares aqui consideradas são translação, dilatação e contração, e reflexão em relação a um eixo coordenado.

FUNÇÃO BÁSICA

Dada uma função básica $y = f(x)$ com o gráfico mostrado na Fig. 11-1, as seguintes transformações têm efeitos facilmente identificados no gráfico.

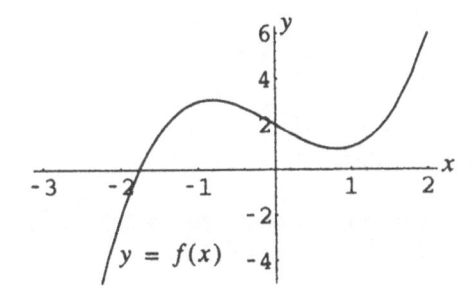

Figura 11-1

TRANSLAÇÃO VERTICAL

O gráfico de $y = f(x) + k$, para $k > 0$, é o mesmo de $y = f(x)$ *transladado para cima k* unidades. O gráfico de $y = f(x) + k$, para $k < 0$, é o mesmo de $y = f(x)$ *transladado para baixo k* unidades.

Exemplo 11.1 Para a função básica mostrada na Fig. 11-1, faça os gráficos de $y = f(x)$ e $y = f(x) + 2$ no mesmo sistema de coordenadas (Fig. 11-2), e de $y = f(x)$ e $y = f(x) - 2,5$ no mesmo sistema de coordenadas (Fig. 11-3).

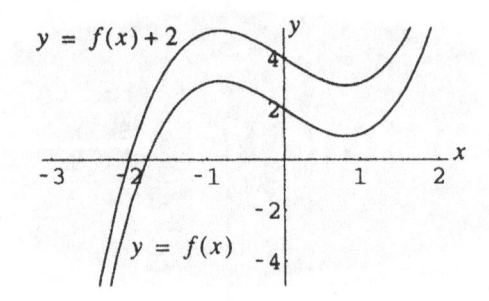

Figura 11-2 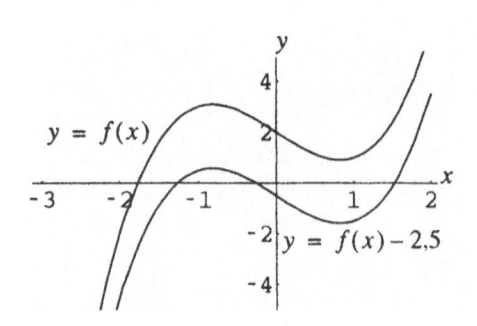   *Figura 11-3*

DILATAÇÃO E CONTRAÇÃO VERTICAIS

O gráfico de $y = af(x)$, para $a > 1$, é o mesmo de $y = f(x)$ *dilatado*, em relação ao eixo y, por um fator a. O gráfico de $y = af(x)$, para $0 < a < 1$, é o mesmo de $y = f(x)$ *contraído*, em relação ao eixo y, por um fator a.

Exemplo 11.2 Para a função básica mostrada na Fig. 11-1, faça os gráficos de $y = f(x)$ e $y = 2f(x)$ no mesmo sistema de coordenadas (Fig. 11-4); e de $y = \frac{1}{3}f(x)$ no mesmo sistema de coordenadas (Fig. 11-5).

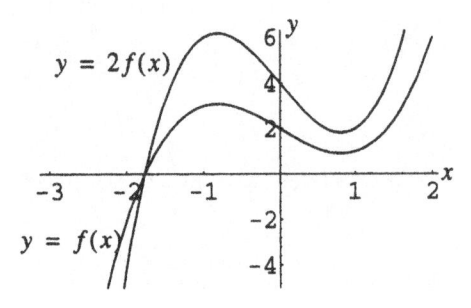

Figura 11-4 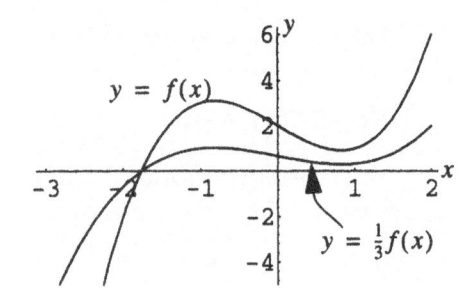   *Figura 11-5*

TRANSLAÇÃO HORIZONTAL

O gráfico de $y = f(x + h)$, para $h > 0$, é o mesmo de $y = f(x)$ *transladado à esquerda* h unidades. O gráfico de $y = f(x - h)$, para $h > 0$, é o mesmo de $y = f(x)$ *transladado à direita* h unidades.

Exemplo 11.3 Para a função básica mostrada na Fig. 11-1, faça os gráficos de $y = f(x)$ e $y = f(x + 2)$ no mesmo sistema de coordenadas (Fig. 11-6); e de $y = f(x)$ e $y = f(x - 1)$ no mesmo sistema de coordenadas (Fig. 11-7).

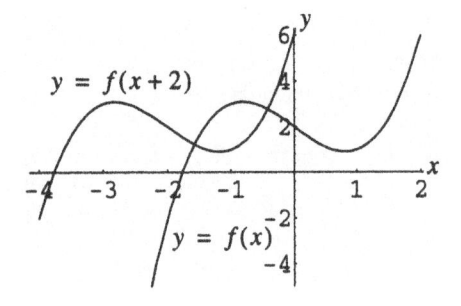

Figura 11-6 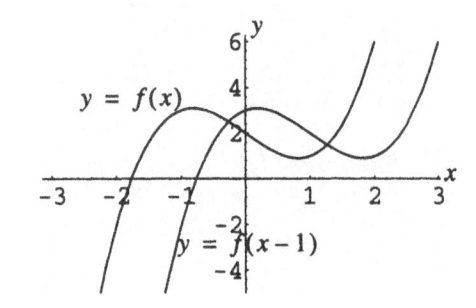   *Figura 11-7*

DILATAÇÃO E CONTRAÇÃO HORIZONTAIS

O gráfico de $y = f(ax)$, para $a > 1$, é o mesmo de $y = f(x)$ *contraído* em relação ao eixo x, por um fator a. O gráfico de $y = f(ax)$, para $0 < a < 1$, é o mesmo de $y = f(x)$ *dilatado* em relação ao eixo x, por um fator $1/a$.

Exemplo 11.4 Para a função básica mostrada na Fig. 11-1, faça os gráficos de $y = f(x)$ e $y = f(2x)$ no mesmo sistema de coordenadas (Fig. 11-8); e de $y = f(x)$ e $y = f\left(\frac{1}{2}x\right)$ no mesmo sistema de coordenadas (Fig. 11-9).

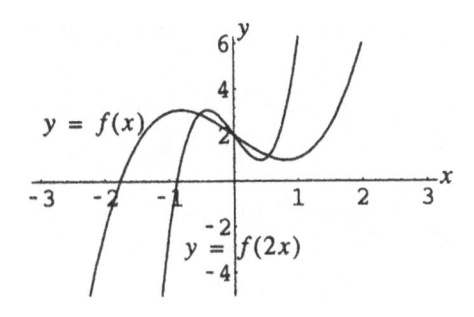

Figura 11-8

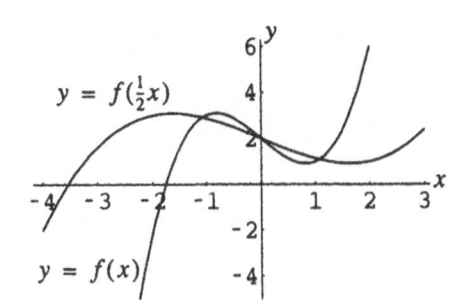

Figura 11-9

REFLEXÃO EM RELAÇÃO A UM EIXO COORDENADO

O gráfico de $y = -f(x)$ é o mesmo de $y = f(x)$ refletido pelo eixo x. O gráfico de $y = f(-x)$ é o mesmo de $y = f(x)$ refletido pelo eixo y.

Exemplo 11.5 Para a função básica mostrada na Fig. 11-1, faça os gráficos de $y = f(x)$ e $y = -f(x)$ no mesmo sistema de coordenadas (Fig. 11-10); e de $y = f(x)$ e $y = f(-x)$ no mesmo sistema de coordenadas (Fig. 11-11).

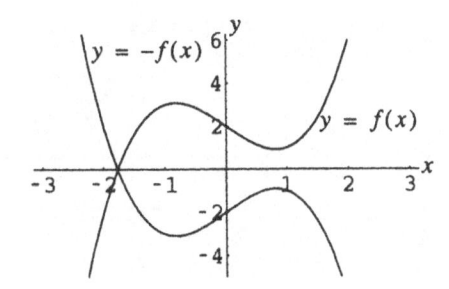

Figura 11-10

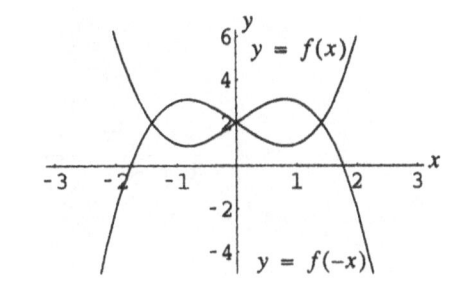

Figura 11-11

Problemas Resolvidos

11.1 Explique por que, para h positivo, o gráfico de $y = f(x)+h$ é transladado *para cima* h unidades em relação ao gráfico de $y = f(x)$, enquanto o gráfico de $y = f(x+h)$ é transladado para a *esquerda* h unidades.

Considere o ponto $(a, f(a))$ no gráfico de $y = f(x)$. O ponto $(a, f(a)+h)$ no gráfico de $y = f(x)+h$ pode ser considerado como o ponto correspondente. Esse ponto tem coordenada y h unidades a mais que a do ponto original $(a,f(a))$; assim, foi deslocado *para cima* h unidades.
Não é útil considerar o ponto $(a, f(a+h))$ como o ponto correspondente no gráfico de $y = f(x+h)$. É mais adequado considerar o ponto com coordenada x $a-h$; assim, a coordenada y $f(a-h+h) = f(a)$. Logo, o ponto $(a-h, f(a))$ é facilmente percebido como tendo a coordenada x h unidades a menos que a do ponto original $(a,f(a))$; logo, foi deslocado h unidades para a *esquerda*.

11.2 Explique por que o gráfico de uma função par não muda por reflexão em relação ao eixo y.

Uma reflexão em relação ao eixo y substitui o gráfico de $y = f(x)$ pelo gráfico de $y = f(-x)$. Como $f(-x) = f(x)$ em funções pares, o gráfico não muda.

11.3 Explique por que o gráfico de uma função ímpar é alterado exatamente da mesma forma por reflexão em relação ao eixo x ou ao eixo y.

Uma reflexão em relação ao eixo x substitui o gráfico de $y = f(x)$ pelo gráfico de $y = -f(x)$, enquanto uma reflexão em relação ao eixo y substitui o gráfico de $y = f(x)$ pelo gráfico de $y = f(-x)$. Como para uma função ímpar $f(-x) = -f(x)$, as duas reflexões têm exatamente o mesmo efeito.

11.4 Dado o gráfico de $y = |x|$ como mostrado na Fig. 11-12, esboce os gráficos de (a) $y = |x| - 1$; (b) $y = |x - 2|$; (c) $y = |x + 2| - 1$; (d) $y = -2|x| + 3$.

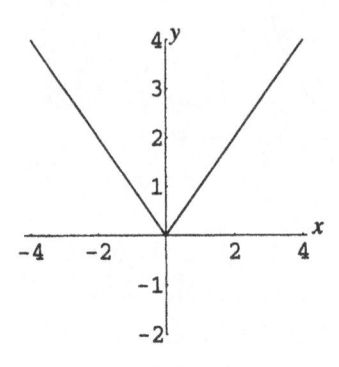

Figura 11-12

(a) O gráfico de $y = |x| - 1$ (Fig. 11-13) é o mesmo de $y = |x|$, transladado para baixo uma unidade.

(b) O gráfico de $y = |x - 2|$ (Fig. 11-14) é o mesmo de $y = |x|$, transladado para a direita duas unidades.

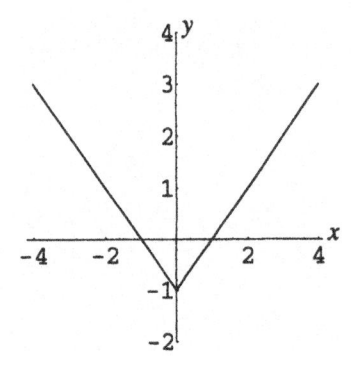

Figura 11-13

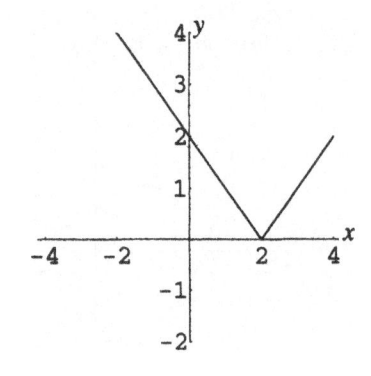

Figura 11-14

(c) O gráfico de $y = |x + 2| - 1$ (Fig. 11-15) é o mesmo de $y = |x|$, deslocado para a esquerda duas unidades e, então, uma unidade para baixo.

(d) O gráfico de $y = -2|x| + 3$ (Fig. 11-16) é o mesmo de $y = |x|$, dilatado por um fator 2, refletido em relação ao eixo x e transladado para cima 3 unidades.

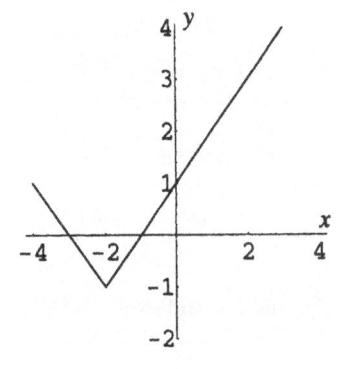

Figura 11-15

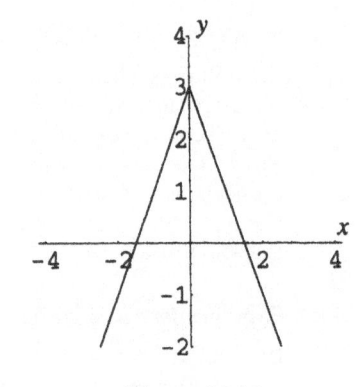

Figura 11-16

11.5 Dado o gráfico de $y = \sqrt{x}$ como mostrado na Fig. 11-17, esboce os gráficos de (a) $y = \sqrt{-x}$; (b) $y = -3\sqrt{x}$; (c) $y = \frac{1}{2}\sqrt{x + 3}$; (d) $y = -1{,}5\sqrt{x - 1} + 2$.

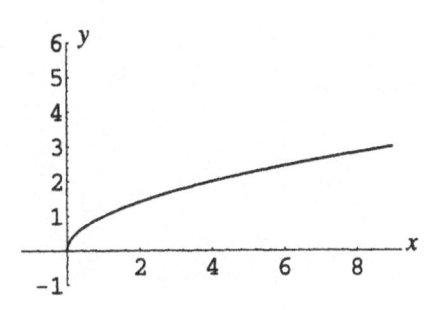

Figura 11-17

(a) O gráfico de $y = \sqrt{-x}$ (Fig. 11-18) é o mesmo de $y = \sqrt{x}$, refletido pelo eixo y.

(b) O gráfico de $y = -3\sqrt{x}$ (Fig. 11-19) é o mesmo de $y = \sqrt{x}$ dilatado por um fator 3 em relação ao eixo y e refletido pelo eixo x.

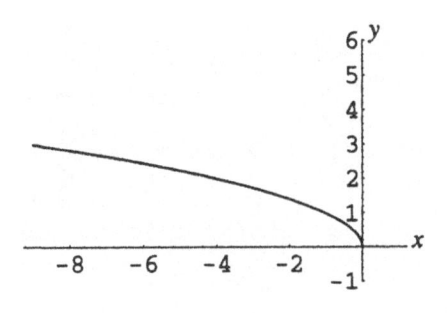

Figura 11-18

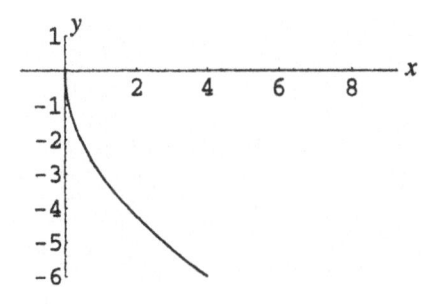

Figura 11-19

(c) O gráfico de $y = \frac{1}{2}\sqrt{x + 3}$ (Fig. 11-20) é o mesmo de $y = \sqrt{x}$, transladado 3 unidades para a esquerda e contraído por um fator 2 em relação ao eixo y.

(d) O gráfico de $y = -1{,}5\sqrt{x - 1} + 2$ (Fig. 11-21) é o mesmo de $y = \sqrt{x}$, transladado 1 unidade para a direita, dilatado por um fator 1,5 e refletido em relação ao eixo x, e transladado para cima 2 unidades.

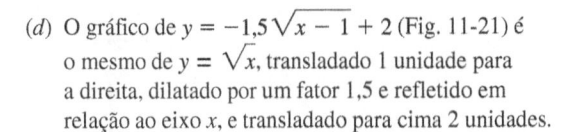

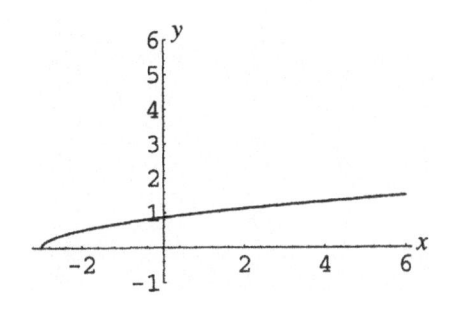

Figura 11-20

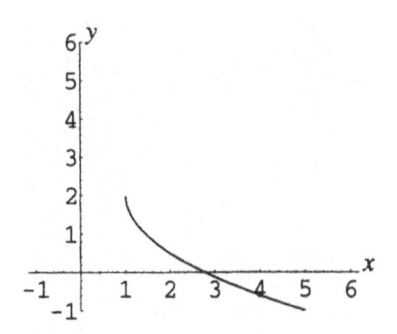

Figura 11-21

11.6 Dado o gráfico de $y = x^3$ como mostrado na Fig. 11-22, esboce os gráficos de (a) $y = 4 - x^3$; (b) $y = (\frac{1}{2}x)^3 - \frac{1}{2}$.

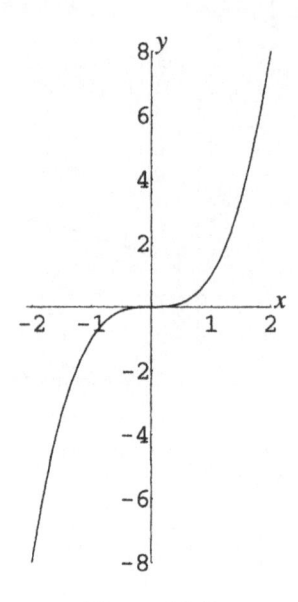

Figura 11-22

(a) O gráfico de $y = 4 - x^3$ (Fig. 11-23) é o mesmo de $y = x^3$, refletido pelo eixo x e transladado 4 unidades para cima.

(b) O gráfico de $y = \left(\frac{1}{2}x\right)^3 - \frac{1}{2}$ (Fig. 11-24) é o mesmo de $y = x^3$, dilatado por um fator 2 em relação ao eixo x e transladado para baixo $\frac{1}{2}$ unidade.

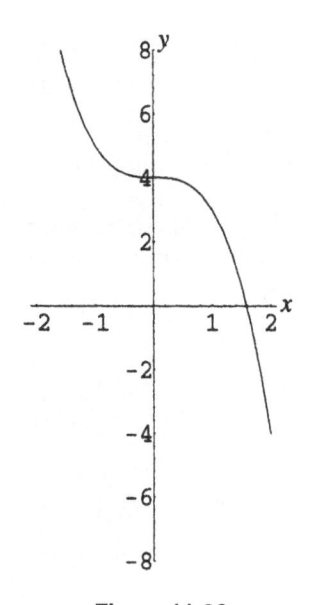

Figura 11-23

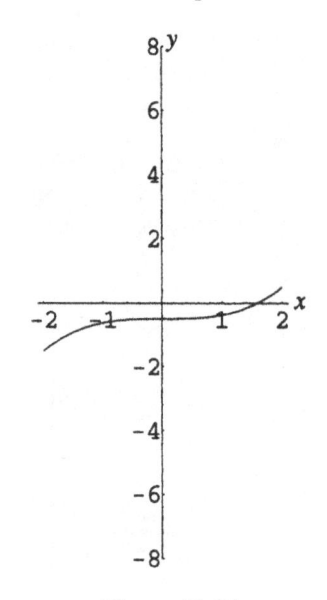

Figura 11-24

Problemas Complementares

11.7 Dado o gráfico $y = x^{1/3}$ como é mostrado na Fig. 11-25, esboce os gráficos de:
 (a) $y = 2x^{1/3} + 1$; (b) $y = 2(x + 1)^{1/3}$; (c) $y = 2 - x^{1/3}$; (d) $y = (-2x)^{1/3} - 1$.

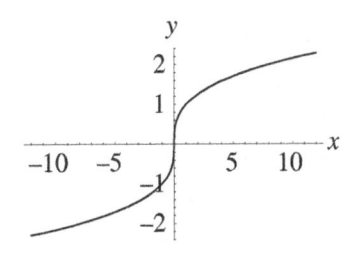

Figura 11-25

Resp. (*a*) Ver Fig. 11-26; (*b*) ver Fig. 11-27; (*c*) ver Fig. 11-28; (*d*) ver Fig. 11-29.

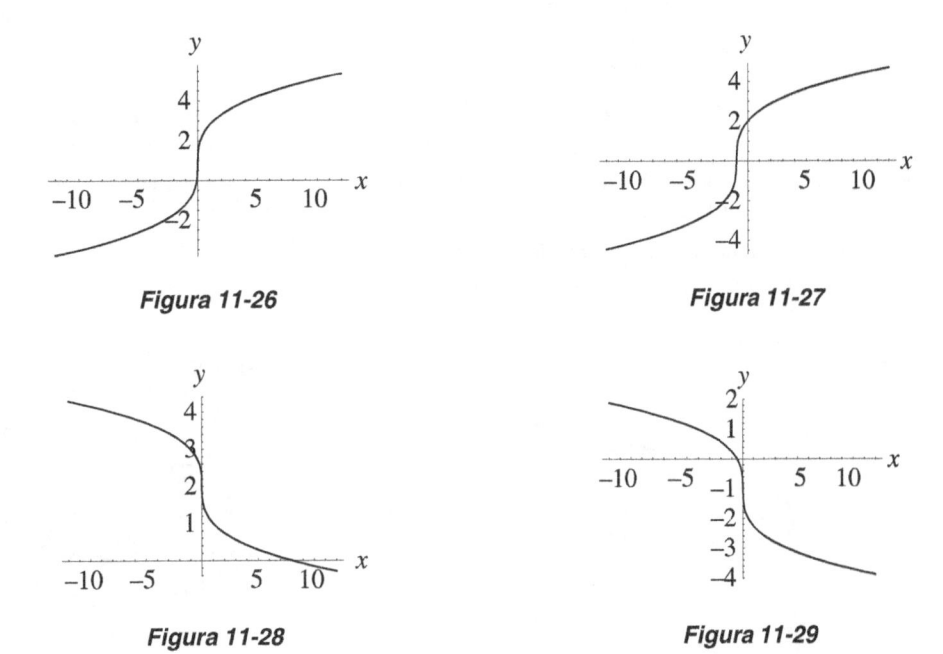

Figura 11-26

Figura 11-27

Figura 11-28

Figura 11-29

11.8 (*a*) Descreva como o gráfico de $y = |f(x)|$ está relacionado ao gráfico de $y = f(x)$. (*b*) Dado o gráfico de $y = x^2$ como mostrado na Fig. 11-30, esboce primeiro o gráfico de $y = x^2 - 4$ e, então, o de $y = |x^2 - 4|$.

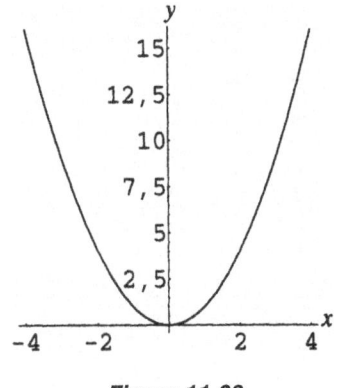

Figura 11-30

Resp. (*a*) As partes do gráfico acima do eixo *x* são idênticas ao original, enquanto as porções do gráfico abaixo do eixo *x* são refletidas pelo eixo *x*.

(b) Ver Figs. 11-31 e 11-32.

$y = x^2 - 4$

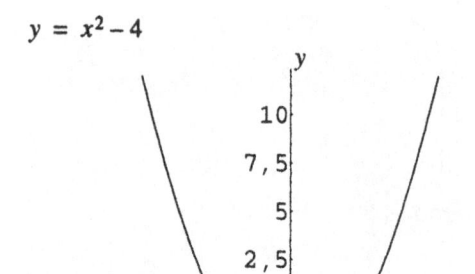

Figura 11-31

$y = |x^2 - 4|$

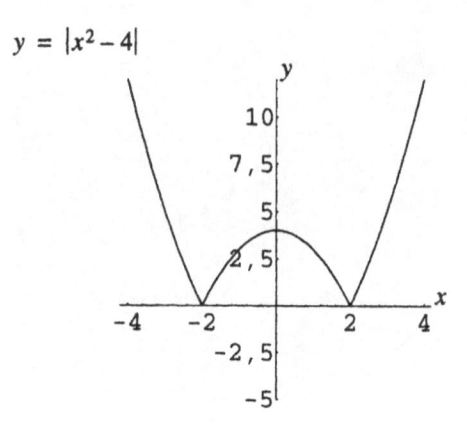

Figura 11-32

11.9 (a) Descreva como o gráfico de $x = f(y)$ se relaciona com o de $y = f(x)$. (b) Dados os gráficos mostrados no problema anterior, esboce os gráficos de $x = y^2$ e $x = |y^2 - 4|$.

Resp. (a) O gráfico é refletido em relação à reta $y = x$.

(b) Ver Figs. 11-33 e 11-34.

$x = y^2$

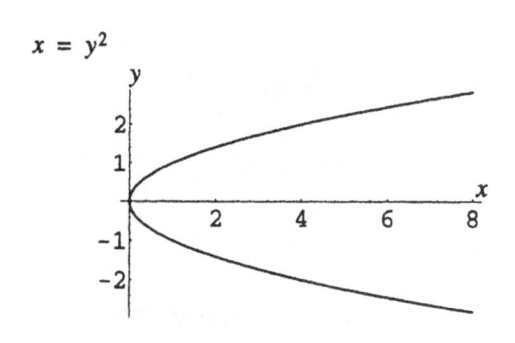

Figura 11-33

$x = |y^2 - 4|$

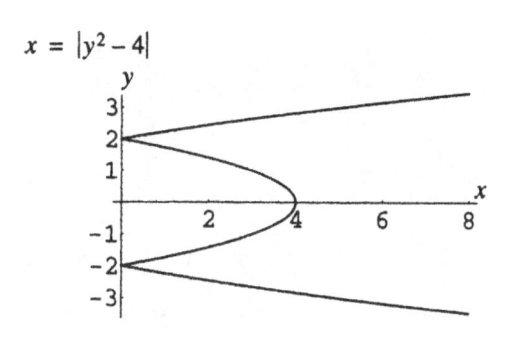

Figura 11-34

Capítulo 12

Funções Quadráticas

DEFINIÇÃO DE FUNÇÃO QUADRÁTICA

Uma função quadrática é qualquer função especificada por uma regra que pode ser escrita como $f: x \to ax^2 + bx + c$, sendo $a \neq 0$. A forma $ax^2 + bx + c$ é conhecida como forma *canônica*.

Exemplo 12.1 $f(x) = x^2, f(x) = 3x^2 - 2x + 15, f(x) = -3x^2 + 5$ e $f(x) = -2(x+5)^2$ são exemplos de funções quadráticas. $f(x) = 3x + 5$ e $f(x) = x^3$ são exemplos de funções não quadráticas.

FUNÇÕES QUADRÁTICAS BÁSICAS

As funções quadráticas básicas são as funções $f(x) = x^2$ e $f(x) = -x^2$. O gráfico de cada uma é uma *parábola* com vértice na origem (0,0) e eixo de simetria no eixo y (Figuras 12-1 e 12-2).

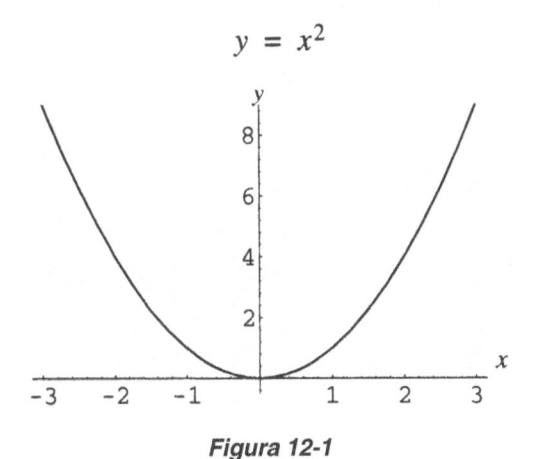

$$y = x^2$$

$$y = -x^2$$

Figura 12-1

Figura 12-2

GRÁFICO DE UMA FUNÇÃO QUADRÁTICA GERAL

Qualquer função quadrática pode ser escrita na forma $f(x) = a(x - h)^2 + k$, completando o quadrado. Portanto, qualquer função quadrática tem um gráfico que pode ser considerado como o resultado da ação de transformações simples sobre o gráfico de uma das duas funções básicas, $f(x) = x^2$ e $f(x) = -x^2$. Logo, o gráfico de qualquer função quadrática é uma parábola.

Exemplo 12.2 A função quadrática $f(x) = 2x^2 - 12x + 4$ pode ser reescrita como:

$$\begin{aligned} f(x) &= 2x^2 - 12x + 4 \\ &= 2(x^2 - 6x) + 4 \\ &= 2(x^2 - 6x + 9) - 18 + 4 \\ &= 2(x - 3)^2 - 14 \end{aligned}$$

PARÁBOLA COM ABERTURA PARA CIMA

O gráfico da função $f(x) = a(x - h)^2 + k$, para a positivo, é o mesmo gráfico da função quadrática básica $f(x) = x^2$ dilatado por um fator a (se $a > 1$) ou contraído por um fator $1/a$ (se $0 < a < 1$), e transladado para a esquerda, para a direita, para cima ou para baixo, de tal modo que o ponto (0,0) se torne o vértice (h,k) do novo gráfico. O gráfico de $f(x) = a(x - h)^2 + k$ é simétrico em relação à reta $x = h$. O gráfico é chamado de parábola com abertura *para cima**.

PARÁBOLA COM ABERTURA PARA BAIXO

O gráfico da função $f(x) = a(x - h)^2 + k$, para a negativo, é o mesmo gráfico da função quadrática básica $f(x) = -x^2$ dilatado por um fator $|a|$ (se $|a| > 1$) ou contraído por um fator $1/|a|$ (se $0 < |a| < 1$), e transladados para a esquerda, para a direita, para cima ou para baixo, de tal modo que o ponto (0,0) se torne o vértice (h,k) do novo gráfico. O gráfico de $f(x) = a(x - h)^2 + k$ é simétrico em relação à reta $x = h$. O gráfico é chamado de parábola com abertura *para baixo***.

VALORES MÁXIMO E MÍNIMO

Para a positivo, a função quadrática $f(x) = a(x - h)^2 + k$ tem um valor *mínimo* igual a k. Esse valor ocorre quando $x = h$. Para a negativo, a função quadrática $f(x) = a(x - h)^2 + k$ tem um valor *máximo* igual a k. Esse valor também ocorre quando $x = h$.

Exemplo 12.3 Considere a função $f(x) = x^2 + 4x - 7$. Completando o quadrado, ela pode ser escrita como $f(x) = x^2 + 4x + 4 - 4 - 7 = (x + 2)^2 - 11$. Assim, o gráfico da função é o mesmo de $f(x) = x^2$ deslocado para a esquerda 2 unidades e para baixo 11 unidades; ver Fig. 12-3.

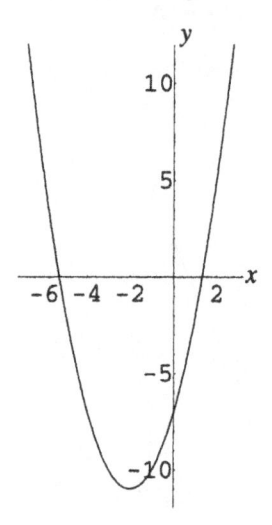

Figura 12-3

O gráfico é uma parábola com vértice $(-2, -11)$ e abertura para cima. A função assume um valor mínimo de -11. Esse mínimo ocorre em $x = -2$.

Exemplo 12.4 Considere a função $f(x) = 6x - x^2$. Completando o quadrado, ela pode ser escrita como $f(x) = -x^2 + 6x = -(x^2 - 6x) = -(x^2 - 6x + 9) + 9 = -(x - 3)^2 + 9$. Assim, o gráfico da função é o mesmo de $f(x) = -x^2$ transladado para a direita 3 unidades e para cima 9 unidades. O gráfico é mostrado na Fig. 12-4.

---

* N. de T.: Também chamada de parábola com concavidade para cima.

** N. de T.: Também chamada de parábola com concavidade para baixo.

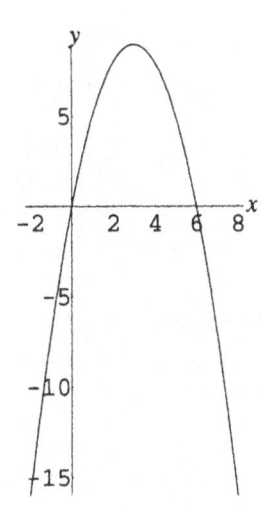

Figura 12-4

O gráfico é uma parábola com vértice (3, 9) e abertura para baixo. A função tem um valor máximo de 9. Esse valor é obtido quando $x = 3$.

DOMÍNIO E IMAGEM

O domínio de qualquer função quadrática é **R**, uma vez que $ax^2 + bx + c$ ou $a(x - h)^2 + k$ é sempre definido para qualquer número real x. Para a positivo, uma vez que a função quadrática tem um valor mínimo de k, a imagem é $[k, \infty)$. Para a negativo, uma vez que a função quadrática tem o valor máximo de k, a imagem é $(-\infty, k]$.

Problemas Resolvidos

12.1 Mostre que o vértice da parábola $y = ax^2 + bx + c$ está localizado em $\left(-\dfrac{b}{2a}, \dfrac{4ac - b^2}{4a}\right)$.

Completando o quadrado em $y = ax^2 + bx + c$, tem-se

$$y = a\left(x^2 + \frac{b}{a}x\right) + c$$

$$= a\left(x^2 + \frac{b}{a}x + \frac{b^2}{4a^2}\right) - \frac{b^2}{4a} + c$$

$$= a\left(x + \frac{b}{2a}\right)^2 + \frac{4ac - b^2}{4a}$$

Assim, a parábola $y = ax^2 + bx + c$ é obtida a partir da parábola $y = ax^2$ por translação de uma quantia $-b/2a$ em relação ao eixo x, e uma quantia $(4ac - b^2)/(4a)$ em relação ao eixo y. Como o vértice de $y = ax^2$ está em (0,0), o vértice de $y = ax^2 + bx + c$ é o especificado.

12.2 Analise os interceptos do gráfico de $y = ax^2 + bx + c$.

Para $x = 0$, tem-se $y = c$. Logo, o gráfico sempre tem um intercepto y em $(0,c)$. Para $y = 0$, a equação se torna $0 = ax^2 + bx + c$. O número de soluções dessa equação depende do valor do discriminante $b^2 - 4ac$ (Capítulo 5). Assim, se $b^2 - 4ac$ é negativo, a equação não tem soluções e o gráfico não tem interceptos x. Se $b^2 - 4ac$ é zero, a equação tem uma solução $x = -b/2a$ e o gráfico tem um intercepto x. Se $b^2 - 4ac$ é positivo, a equação tem duas soluções $x = \dfrac{-b + \sqrt{b^2 - 4ac}}{2a}$ e $x = \dfrac{-b - \sqrt{b^2 - 4ac}}{2a}$, e o gráfico tem dois interceptos x.

Observe que os interceptos x são simetricamente posicionados em relação à reta $x = -b/2a$.

12.3 Mostre que para a positivo, a função quadrática $f(x) = a(x - h)^2 + k$ tem um valor mínimo obtido em $x = h$.

Para todo real x, $x^2 \geq 0$. Assim, o valor mínimo de $(x - h)^2$ é 0 e esse mínimo ocorre em $x = h$. Para a positivo e k arbitrário, segue-se que:

$$(x - h)^2 \geq 0$$
$$a(x - h)^2 \geq 0$$
$$a(x-h)^2 + k \geq k$$

Assim, o valor mínimo de $a(x - h)^2 + k$ é k, que ocorre em $x = h$.

12.4 Analise e faça o gráfico da função quadrática $f(x) = 3x^2 - 5$.

O gráfico é uma parábola com vértice $(0, -5)$ e abertura para cima. O gráfico é o mesmo da parábola básica $y = x^2$ dilatada por um fator 3 em relação ao eixo y e transladada para baixo 5 unidades. O gráfico é mostrado na Fig. 12-5.

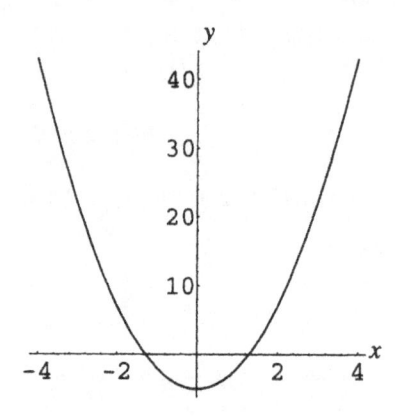

Figura 12-5

12.5 Analise e faça o gráfico da função quadrática $f(x) = -1 - \frac{1}{3}x^2$.

A função pode ser reescrita como $f(x) = -\frac{1}{3}x^2 - 1$. O gráfico é uma parábola com vértice $(0, -1)$ e abertura para baixo. O gráfico é o mesmo da parábola básica $y = -x^2$ contraída por um fator 3 em relação ao eixo y e transladada 1 unidade para baixo. O gráfico é exibido na Fig. 12-6.

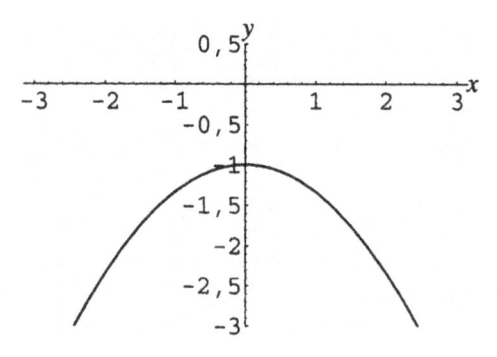

Figura 12-6

12.6 Analise e faça o gráfico da função quadrática $f(x) = 2x^2 - 6x$.

Completando o quadrado, isso pode ser reescrito como:

$$f(x) = 2(x^2 - 3x) = 2\left(x^2 - 3x + \frac{9}{4}\right) - 2 \cdot \frac{9}{4} = 2\left(x - \frac{3}{2}\right)^2 - \frac{9}{2}$$

Logo, o gráfico é uma parábola com vértice $\left(\frac{3}{2},-\frac{9}{2}\right)$ e abertura para cima. A parábola é a mesma do gráfico da parábola básica $y = x^2$ dilatada por um fator 2 em relação ao eixo y e transladada para a direita $\frac{3}{2}$ unidades e para baixo $\frac{9}{2}$ unidades. O gráfico é mostrado na Fig. 12-7.

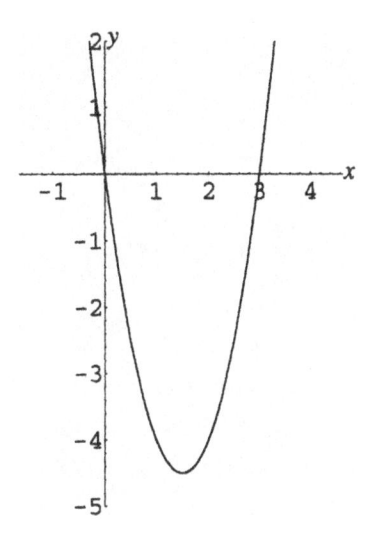

Figura 12-7

12.7 Analise e faça o gráfico da função quadrática $f(x) = \frac{1}{2}x^2 + 2x + 3$.

Completando o quadrado, isso pode ser reescrito como:

$$f(x) = \frac{1}{2}(x^2 + 4x) + 3 = \frac{1}{2}(x^2 + 4x + 4) - 2 + 3 = \frac{1}{2}(x + 2)^2 + 1$$

Logo, o gráfico é uma parábola com vértice $(-2,1)$ e abertura para cima. A parábola é a mesma do gráfico da parábola básica $y = x^2$ contraída por um fator 2 em relação ao eixo y e deslocada 2 unidades para a esquerda e 1 unidade para cima. O gráfico é exibido na Fig. 12-8.

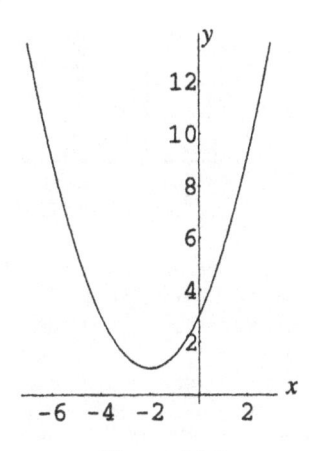

Figura 12-8

12.8 Analise e faça o gráfico da função quadrática $f(x) = -2x^2 + 4x + 5$.

Completando o quadrado, isso pode ser reescrito como $f(x) = -2(x-1)^2 + 7$. Logo, o gráfico é uma parábola com vértice $(1,7)$ e abertura para baixo. A parábola é a mesma do gráfico da parábola básica $y = -x^2$ dilatada por um fator 2 em relação ao eixo y e transladada 1 unidade para a direita e 7 unidades para cima. O gráfico é exibido na Fig. 12-9.

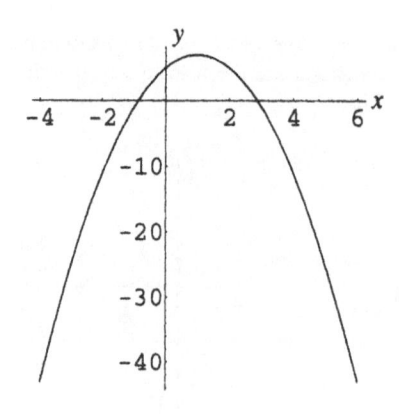

Figura 12-9

12.9 Determine o domínio e a imagem para cada função quadrática dos Problemas 12.4 − 12.8.

No Problema 12.4, a função $f(x) = 3x^2 - 5$ possui um valor mínimo de -5. Logo, o domínio é R e a imagem é $[-5, \infty)$.

No Problema 12.5, a função $f(x) = -1 - \frac{1}{3}x^2$ possui um valor máximo de -1. Logo, o domínio é R e a imagem é $(-\infty, -1]$.

No Problema 12.6, a função $f(x) = 2x^2 - 6x$ possui um valor mínimo de $-\frac{9}{2}$. Logo, o domínio é R e a imagem é $\left[-\frac{9}{2}, \infty\right)$.

No Problema 12.7, a função $f(x) = \frac{1}{2}x^2 + 2x + 3$ possui um valor mínimo de 1. Logo, o domínio é R e a imagem é $[1, \infty)$.

No Problema 12.8, a função $f(x) = -2x^2 + 4x + 5$ possui um valor máximo de 7. Logo, o domínio é R e a imagem é $(-\infty, 7]$.

12.10 Um campo é delimitado no formato de um retângulo no qual um lado é formado por um rio de percurso retilíneo. Se 100 pés estão disponíveis para o cercado, determine as dimensões do retângulo de máxima área possível. (ver Problema 9.8)

Seja $x =$ comprimento de um dos dois lados iguais (Fig. 12-10).

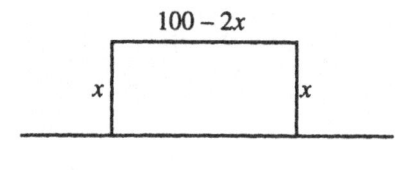

Figura 12-10

No Problema 9.8, foi mostrado que a área $A = x(100 - 2x)$. Reescrevendo isso na forma canônica, tem-se $A = -2x^2 + 100x$. Completando o quadrado, $A = -2(x - 25)^2 + 1.250$. Assim, a área máxima de 1.250 pés quadrados é conseguida quando $x = 25$. Logo, as dimensões são 25 pés por 50 pés para a área máxima.

12.11 No problema anterior, qual o domínio da função área $A(x)$? Faça o gráfico da função nesse domínio.

O domínio de uma função quadrática abstrata é R, já que $ax^2 + bx + c$ é definida e real para todo real x. Em uma aplicação prática, esse domínio pode ser restrito por considerações físicas. Aqui, a área deve ser positiva; portanto, ambos, x e $100 - 2x$, devem ser positivos. Assim, $\{x \in R | 0 < x < 50\}$ é o domínio de $A(x)$. O gráfico de $A = -2(x - 25)^2 + 1.250$ é o mesmo da parábola básica $y = -x^2$ dilatado por um fator 2 em relação ao eixo y e transladado para a direita 25 unidades e 1.250 unidades para cima. O gráfico é mostrado na Fig. 12-11.

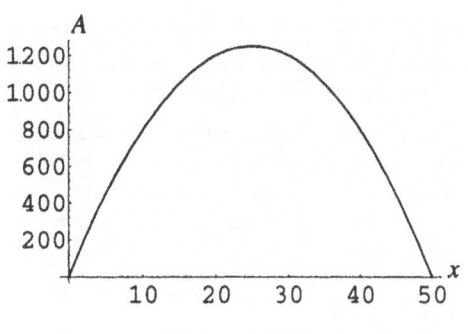

Figura 12-11

12.12 Um projétil é disparado do chão com uma velocidade de 144 pés/segundo. Sua altitude $h(t)$ no instante t é dada por $h(t) = -16t^2 + 144t$. Calcule sua altitude máxima e o momento em que o projétil atinge o solo.

A função quadrática $h(t) = -16t^2 + 144t$ pode ser escrita como $h(t) = -16\left(t - \frac{9}{2}\right)^2 + 324$, completando o quadrado. Desse modo, a função assume um valor máximo de 324 (quando $t = \frac{9}{2}$), ou seja, a altitude máxima do projétil é de 324 pés.

O projétil atinge o solo quando o valor da função é 0. Resolvendo $-16t^2 + 144t = 0$ ou $-16t(t-9) = 0$, tem-se $t = 0$ (momento inicial) ou $t = 9$. Logo, o projétil atinge o chão após 9 segundos.

12.13 Uma ponte suspensa é construída com seu cabo pendurado na forma de uma parábola*, entre duas torres verticais. As torres estão distantes 400 pés e se erguem 100 pés acima da rodovia horizontal, enquanto o ponto central do cabo está a 10 pés acima da rodovia. Introduza um sistema de coordenadas como mostrado.

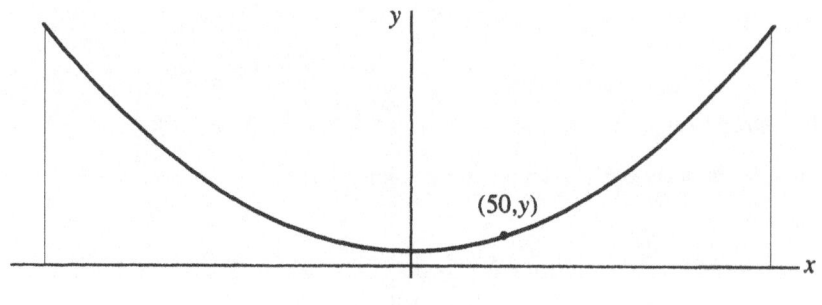

Figura 12-12

(a) Encontre a equação da parábola no sistema de coordenadas.

(b) Calcule a altura acima da rodovia de um ponto 50 pés distante do centro da ponte.

(a) Como o vértice da parábola está em (0,10), a equação da parábola pode ser escrita como $y = ax^2 + 10$. Na torre da direita, a 200 pés do centro, o cabo está a uma altura de 100 pés; assim, o ponto (200,100) está sobre a parábola. Substituindo, tem-se $100 = a(200)^2 + 10$; logo, $a = 90/40.000$ ou $9/4.000$. A equação da parábola é:

$$y = \frac{9x^2}{4.000} + 10$$

(b) Aqui a coordenada x do ponto é dada como 50. Substituindo na equação, tem-se:

$$y = \frac{9(50)^2}{4.000} + 10 = 15,625 \text{ pés}$$

12.14 Encontre dois números reais positivos cuja soma seja S e cujo produto seja um máximo.

Seja x um número; então, o outro número deve ser $S - x$. Logo, o produto é uma função quadrática de x: $P(x) = x(S - x) = -x^2 + Sx$. Completando o quadrado, essa função pode ser escrita como $P(x) = -(x - S/2)^2 + S^2/4$. Portanto, o valor máximo da função ocorre quando $x = S/2$. Os dois números são $S/2$.

---

* N. de T.: A rigor, um cabo pendurado em uma ponte suspensa tem um formato mais parecido com uma catenária, a qual, de certo modo, é parecida com uma parábola.

12.15 Um vendedor percebe que, se visitar 20 lojas por semana, a venda média para cada loja é de 30 unidades por semana; mas, para cada loja que ele visita a mais, as vendas decaem em uma unidade. Quantas lojas ele deverá visitar por semana para maximizar as vendas totais?

Seja x o número de lojas adicionais. Então o número de visitas é dado por $20 + x$ e as vendas correspondentes são de $30 - x$ por loja. O total de vendas é dado por $S(x) = (30 - x)(20 + x) = 600 + 10x + x^2$. Esta é uma função quadrática. Completando o quadrado temos $S(x) = -(x - 5)^2 + 625$. Esta tem um valor máximo quando $x = 5$; logo, o vendedor deverá visitar 5 lojas a mais, com um total de 25 lojas, maximizando assim o total de vendas.

Problemas Complementares

12.16 Mostre que para a negativo a função quadrática $f(x) = a(x - h)^2 + k$ tem um valor máximo k em $x = h$.

12.17 Encontre o valor máximo ou mínimo e faça o gráfico da função quadrática $f(x) = x^2 + 6x + 9$.

Resp. Valor mínimo: 0 quando $x = -3$. (ver Fig. 12-13)

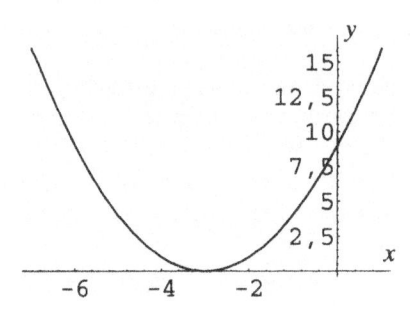

Figura 12-13

12.18 Encontre o valor máximo ou mínimo e faça o gráfico da função quadrática $f(x) = 6x^2 - 15x$.

Resp. Valor mínimo: $-\dfrac{75}{8}$ quando $x = \dfrac{5}{4}$ (ver Fig. 12-14)

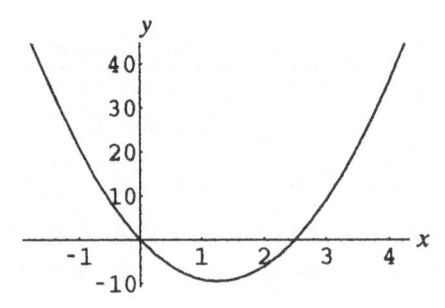

Figura 12-14

12.19 Encontre o valor máximo ou mínimo e faça o gráfico da função quadrática $f(x) = -\dfrac{3}{2}x^2 - \dfrac{4}{3}x + 6$.

Resp. Valor máximo: $\dfrac{170}{27}$ quando $x = -\dfrac{4}{9}$. (ver Fig. 12-15)

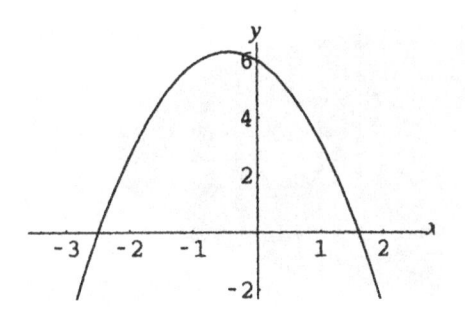

Figura 12-15

12.20 Determine o domínio e a imagem para cada função quadrática:

(a) $f(x) = 3(x - 2)^2 + 5$; (b) $f(x) = -\frac{1}{2}(x + 3)^2 - 7$; (c) $f(x) = 6 - x^2$; (d) $f(x) = x^2 - 8x$

Resp. (a) domínio: **R**, imagem $[5,\infty)$; (b) domínio: **R**, imagem $(-\infty,-7]$;

(c) domínio: **R**, imagem $(-\infty,6]$; (d) domínio: **R**, imagem $[-16,\infty)$

12.21 Um projétil é disparado a partir de uma altura inicial de 72 pés, com uma velocidade inicial de 160 pés/segundo. Sua altura $h(t)$ no instante t é dada por $h(t) = -16t^2 + 160t + 72$. Calcule sua altura máxima, o momento em que essa altura é alcançada e o instante em que o projétil atinge o solo.

Resp. Altura máxima: 472 pés. Momento da altura máxima: 5 segundos.

Projétil atinge o solo: $5 + \sqrt{118}/2 \approx 10,4$ segundos.

12.22 Serão usados 1.500 pés de grade para construir seis jaulas para animais, como na Fig. 12-16.

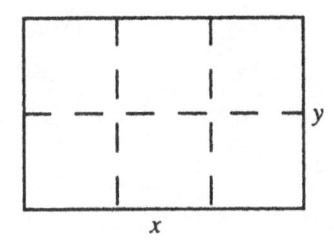

Figura 12-16

Expresse a área total compreendida como uma função da largura x. Encontre o valor máximo dessa área e suas dimensões correspondentes.

Resp. Área: $A(x) = \frac{1}{4}x(1500 - 3x)$. Valor máximo: 46.875 pés quadrados. Dimensões: 250 pés por 187,5 pés.

12.23 Encontre dois números reais cuja diferença seja S e cujo produto seja mínimo.

Resp. $S/2$ e $-S/2$

12.24 Um time de basquete descobre que, cobrando $25 por bilhete, a média de frequência da plateia por jogo é de 400. Para cada $0,50 a menos no preço do bilhete, a frequência aumenta em 10. Qual preço do bilhete irá gerar lucro máximo?

Resp. $22,50

Capítulo 13

Álgebra de Funções; Funções Inversas

COMBINAÇÕES ALGÉBRICAS DE FUNÇÕES

Combinações algébricas de funções podem ser obtidas de diversas maneiras: dadas duas funções f e g, as funções soma, diferença, produto e quociente podem ser definidas como:

Nome	Definição	Domínio
Soma	$(f + g)(x) = f(x) + g(x)$	O conjunto de todos os x que pertencem aos domínios de f e g
Diferença	$(f - g)(x) = f(x) - g(x)$	O conjunto de todos os x que pertencem aos domínios de f e g
Diferença	$(g - f)(x) = g(x) - f(x)$	O conjunto de todos os x que pertencem aos domínios de f e g
Produto	$(fg)(x) = f(x)g(x)$	O conjunto de todos os x que pertencem aos domínios de f e g
Quociente	$\left(\dfrac{f}{g}\right)(x) = \dfrac{f(x)}{g(x)}$	O conjunto de todos os x que pertencem aos domínios de f e g, com $g(x) \neq 0$
Quociente	$\left(\dfrac{g}{f}\right)(x) = \dfrac{g(x)}{f(x)}$	O conjunto de todos os x que pertencem aos domínios de f e g, com $f(x) \neq 0$

Exemplo 13.1 Dadas das funções $f(x) = x^2$ e $g(x) = \sqrt{x - 2}$, calcule $(f+g)(x)$ e $(f/g)(x)$ e estabeleça os domínios $(f + g)(x) = f(x) + g(x) = x^2 + \sqrt{x - 2}$. Como o domínio de f é R e o domínio de g é $\{x \in R | x \geq 2\}$, o domínio dessa função é também $\{x \in R | x \geq 2\}$.

$\left(\dfrac{f}{g}\right)(x) = \dfrac{x^2}{\sqrt{x - 2}}$. O domínio dessa função é o mesmo de $f+g$, com a restrição a mais de que $g(x) \neq 0$, ou seja, $\{x \in R | x > 2\}$.

DEFINIÇÃO DE FUNÇÃO COMPOSTA

A função composta $f \circ g$ das funções f e g é definida por:

$$f \circ g(x) = f(g(x))$$

O domínio de $f \circ g$ é o conjunto de todos os x no domínio de g, tal que $g(x)$ está no domínio de f.

Exemplo 13.2 Dadas $f(x) = 3x - 8$ e $g(x) = 1 - x^2$, encontre $f \circ g$ e defina seu domínio.

$f \circ g(x) = f(g(x)) = f(1 - x^2) = 3(1 - x^2) - 8 = -5 - 3x^2$. Como os domínios de f e g são $\mathbf{R}$, o domínio de $f \circ g$ é igualmente $\mathbf{R}$.

Exemplo 13.3 Dadas $f(x) = x^2$ e $g(x) = \sqrt{x - 5}$, calcule $f \circ g$ e defina seu domínio.

$f \circ g(x) = f(g(x)) = f(\sqrt{x-5}) = (\sqrt{x-5})^2 = x - 5$. O domínio de $f \circ g$ não é $\mathbf{R}$. Uma vez que o domínio de g é $\{x \in \mathbf{R} | x \geq 5\}$, o domínio de todos os elementos de $f \circ g$ é o conjunto de todos os $x \geq 5$ no domínio de f, ou seja, $\{x \in \mathbf{R} | x \geq 5\}$.

A Figura 13-1 mostra as relações entre f, g e $f \circ g$.

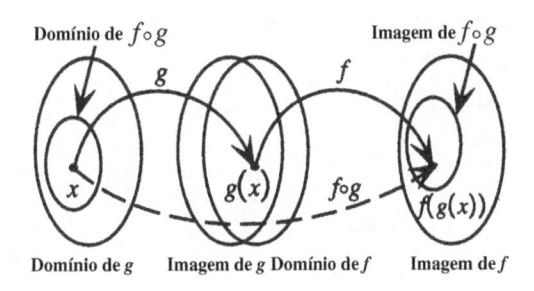

Figura 13-1

FUNÇÕES INJETORAS

Uma função com domínio D e imagem R é dita uma função *injetora* se exatamente um elemento do conjunto D corresponde a cada elemento do conjunto R.*

Exemplo 13.4 Sejam $f(x) = x^2$ e $g(x) = 2x$. Mostre que f não é uma função injetora e que g é.

O domínio de f é $\mathbf{R}$. Então, $f(3) = f(-3) = 9$, ou seja, os elementos 3 e -3 no domínio de f correspondem a 9 na imagem, logo, f não é injetora.

Tanto o domínio quanto a imagem de g são $\mathbf{R}$. Seja k um número real qualquer. Se $2x = k$, então, o único x que corresponde a k é $x = k/2$. Assim, g é injetora.

Uma função com domínio D e imagem R é injetora se uma das seguintes condições de equivalência for satisfeita.

1. Sempre que $f(u) = f(v)$ em R, então, $u = v$ em D.
2. Sempre que $u \neq v$ em D, então, $f(u) \neq f(v)$ em R.

TESTE DA RETA HORIZONTAL

Como para cada valor de y no domínio de uma função injetora f existe exatamente um x, tal que $y = f(x)$, uma reta horizontal $y = c$ pode cruzar o gráfico de uma função injetora no máximo uma vez. Logo, se uma reta horizontal cruzar um gráfico mais que uma vez, o gráfico não é o de uma função injetora.

DEFINIÇÃO DE FUNÇÃO INVERSA

Seja f uma função injetora com domínio D e imagem R. Como, para cada y em R há exatamente um x em D, tal que $y = f(x)$, defina uma função g com domínio R e imagem D tal que $g(y) = x$. Desse modo, g inverte a correspondência definida por f. A função é chamada de *função inversa* de f.

---

* N. de T.: Alguns autores chamam de função injetiva ou um-a-um.

RELAÇÃO FUNÇÃO-FUNÇÃO INVERSA

Se g é a função inversa de f, então, de acordo com a definição dada,

1. $g(f(x)) = x$ para todo x em D.
2. $f(g(y)) = y$ para todo y em R.

NOTAÇÃO PARA FUNÇÕES INVERSAS

Se f é uma função injetora com domínio D e imagem R, então a função inversa de f, com domínio R e imagem D é geralmente denotada por f^{-1}. Logo, f^{-1} é também injetora e $x = f^{-1}(y)$ se, e somente se, $y = f(x)$.
Com essa notação, a relação função-função inversa torna-se:

1. $f^{-1}(f(x)) = x$ para todo x de D.
2. $f(f^{-1}(y)) = y$ para todo y de R.

A Fig. 13-2 mostra a relação entre f e f^{-1}.

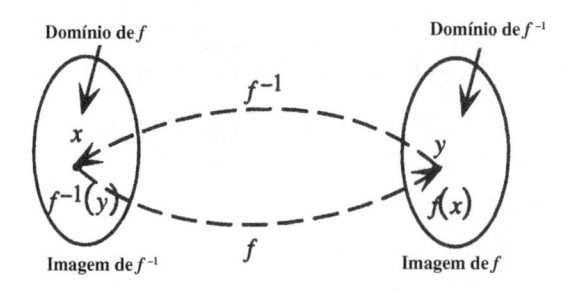

Figura 13-2

PARA ENCONTRAR A INVERSA DE UMA DADA FUNÇÃO F

1. Verifique se f é uma função injetora.
2. Resolva a equação $y = f(x)$ para x, em termos de y, se possível. Isso dá uma equação da forma $x = f^{-1}(y)$.
3. Troque x por y e y por x na equação do passo 2. Isso fornece uma equação da forma $y = f^{-1}(x)$.

Exemplo 13.5 Encontre a função inversa de $f(x) = 3x - 1$.

Primeiro mostre que f é uma função injetora. Assuma $f(u) = f(v)$. Então, segue que

$$3u - 1 = 3v - 1$$
$$3u = 3v$$
$$u = v$$

Logo, f é uma função injetora. Agora isole x em $y = 3x - 1$ para obter

$$y = 3x - 1$$
$$y + 1 = 3x$$
$$x = \frac{y + 1}{3}$$

Em seguida, troque x e y para obter $y = f^{-1}(x) = \dfrac{x + 1}{3}$.

GRÁFICO DE UMA FUNÇÃO INVERSA

Os gráficos de $y = f(x)$ e $y = f^{-1}(x)$ são simétricos em relação à reta $y = x$.

Problemas Resolvidos

13.1 Dadas $f(x) = ax + b$ e $g(x) = cx + d$, $a, c \neq 0$, encontre $f + g, f - g, fg, f/g$ e defina seus domínios.

$$(f + g)(x) = f(x) + g(x) = ax + b + cx + d = (a + c)x + (b + d)$$
$$(f - g)(x) = f(x) - g(x) = (ax + b) - (cx + d) = ax + b - cx - d = (a - c)x + (b - d)$$
$$(fg)(x) = f(x)g(x) = (ax + b)(cx + d) = acx^2 + (ad + bc)x + bd$$

Como **R** é o domínio de ambas, f e g, o domínio de cada uma dessas funções é **R**.

$$(f/g)(x) = f(x)/g(x) = (ax + b)/(cx + d)$$

O domínio dessa função é $\{x \in \mathbf{R} | x \neq -d/c\}$.

13.2 Dadas $f(x) = \dfrac{x + 1}{x^2 - 4}$ e $g(x) = \dfrac{2}{x}$, encontre $f + g, f - g, fg, f/g$ e defina seus domínios.

$$(f + g)(x) = f(x) + g(x) = \frac{x + 1}{x^2 - 4} + \frac{2}{x} = \frac{x(x + 1) + 2(x^2 - 4)}{x(x^2 - 4)} = \frac{3x^2 + x - 8}{x(x^2 - 4)}$$

$$(f - g)(x) = f(x) - g(x) = \frac{x + 1}{x^2 - 4} - \frac{2}{x} = \frac{x(x + 1) - 2(x^2 - 4)}{x(x^2 - 4)} = \frac{-x^2 + x + 8}{x(x^2 - 4)}$$

$$(fg)(x) = f(x)g(x) = \frac{x + 1}{x^2 - 4} \cdot \frac{2}{x} = \frac{2x + 2}{x(x^2 - 4)}$$

Como o domínio de f é $\{x \in \mathbf{R} | x \neq -2, 2\}$ e o domínio de g é $\{x \in \mathbf{R} | x \neq 0\}$, o domínio de cada uma dessas funções é $\{x \in \mathbf{R} | x \neq -2, 2, 0\}$.

$$\left(\frac{f}{g}\right)(x) = \frac{f(x)}{g(x)} = \frac{x + 1}{x^2 - 4} \div \frac{2}{x} = \frac{x + 1}{x^2 - 4} \cdot \frac{x}{2} = \frac{x^2 + x}{2x^2 - 8}$$

O domínio dessa função pode não parecer óbvio a partir de sua forma final. Da definição de função quociente, o domínio dessa função deve ser dos elementos de $\{x \in \mathbf{R} | x \neq -2, 2, 0\}$ para os quais $g(x)$ não é 0. Como $g(x)$ nunca é 0, o domínio dessa função quociente é $\{x \in \mathbf{R} | x \neq -2, 2, 0\}$.

13.3 Se f e g são funções pares, mostre que $f + g$ e fg também são funções pares.

$(f + g)(-x) = f(-x) + g(-x)$ e $(fg)(-x) = f(-x)g(-x)$, por definição. Como f e g são funções pares, $f(-x) + g(-x) = f(x) + g(x)$ e $f(-x)g(-x) = f(x)g(x)$. Portanto,
$(f + g)(-x) = f(-x) + g(-x) = f(x) + g(x) = (f + g)(x)$ e $(fg)(-x) = f(-x)g(-x) = f(x)g(x) = (fg)(x)$

ou seja, $f + g$ e fg são funções pares.

13.4 Dadas $f(x) = \sqrt{1 - x}$ e $g(x) = \sqrt{x^2 - 4}$, determine $g + f, g - f, gf, f/g$ e defina seus domínios.

$$(g + f)(x) = g(x) + f(x) = \sqrt{x^2 - 4} + \sqrt{1 - x}$$
$$(g - f)(x) = g(x) - f(x) = \sqrt{x^2 - 4} - \sqrt{1 - x}$$
$$(gf)(x) = g(x)f(x) = \sqrt{x^2 - 4} \cdot \sqrt{1 - x}$$

Como o domínio de f é $\{x \in \mathbf{R} | x \leq 1\}$ e o domínio de g é $\{x \in \mathbf{R} | x \leq -2 \text{ ou } x \geq 2\}$, o domínio de cada uma dessas funções é a interseção desses dois conjuntos, ou seja, $\{x \in \mathbf{R} | x \leq -2\}$.

$$\left(\frac{f}{g}\right)(x) = \frac{f(x)}{g(x)} = \frac{\sqrt{1-x}}{\sqrt{x^2-4}}$$

O domínio dessa função é dos elementos de $\{x \in \mathbf{R} | x \leq -2\}$ para os quais $g(x) \neq 0$, ou seja, $\{x \in \mathbf{R} | x < -2\}$.

13.5 Dadas $f(x) = x^4$ e $g(x) = 3x + 5$, encontre $f \circ g$ e $g \circ f$ e defina seus domínios.

$$f \circ g(x) = f(g(x)) = f(3x+5) = (3x+5)^4$$
$$g \circ f(x) = g(f(x)) = g(x^4) = 3x^4 + 5$$

Como ambos os domínios de f e g são $\mathbf{R}$, os domínios de $f \circ g$ e $g \circ f$ são também $\mathbf{R}$.

13.6 Dadas $f(x) = |x|$ e $g(x) = -5$, encontre $f \circ g$ e $g \circ f$ e defina seus domínios.

$$f \circ g(x) = f(g(x)) = f(-5) = |-5| = 5$$
$$g \circ f(x) = g(f(x)) = g(|x|) = -5$$

Como ambos os domínios de f e g são $\mathbf{R}$, os domínios de $f \circ g$ e $g \circ f$ são também $\mathbf{R}$.

13.7 Dadas $f(x) = \sqrt{x-6}$ e $g(x) = x^2 + 5x$, encontre $f \circ g$ e $g \circ f$ e defina seus domínios.

$$f \circ g(x) = f(g(x)) = f(x^2 + 5x) = \sqrt{x^2 + 5x - 6}$$
$$g \circ f(x) = g(f(x)) = g(\sqrt{x-6}) = (\sqrt{x-6})^2 + 5\sqrt{x-6} = x - 6 + 5\sqrt{x-6}$$

Como o domínio de g é $\mathbf{R}$, o domínio de $f \circ g$ é o conjunto de todos os números reais com $g(x)$ no domínio de f, ou seja, $g(x) \geq 6$, ou $x^2 + 5x \geq 6$, ou $\{x \in \mathbf{R} | x \geq 1 \text{ ou } x \leq -6\}$.

Como o domínio de f é $\{x \in \mathbf{R} | x \geq 6\}$, o domínio de $g \circ f$ é o conjunto de todos os números reais neste conjunto, com $f(x)$ no domínio de g; isto é, todos os números de $\{x \in \mathbf{R} | x \geq 6\}$.

13.8 Dadas $f(x) = |x - 1|$ e $g(x) = 1/x$, encontre $f \circ g$ e $g \circ f$ e defina seus domínios.

$$f \circ g(x) = f(g(x)) = f\left(\frac{1}{x}\right) = \left|\frac{1}{x} - 1\right| \text{ ou } \left|\frac{1-x}{x}\right|$$
$$g \circ f(x) = g(f(x)) = g(|x-1|) = \frac{1}{|x-1|}$$

Como o domínio de g é $\{x \in \mathbf{R} | x \neq 0\}$, o domínio de $f \circ g$ é o conjunto de todos os números reais não nulos com $g(x)$ no domínio de f, isto é, $\{x \in \mathbf{R} | x \neq 0\}$.

Como o domínio de f é $\mathbf{R}$, o domínio de $g \circ f$ é o conjunto de todos os números reais com $f(x)$ no domínio de g, ou seja, $\{x \in \mathbf{R} | x \neq 1t\}$.

13.9 Dadas $f(x) = \sqrt{x^2 + 5}$ e $g(x) = \sqrt{4 - x^2}$, encontre $f \circ g$ e $g \circ f$ e defina seus domínios.

$$f \circ g(x) = f(g(x)) = f(\sqrt{4-x^2}) = \sqrt{(\sqrt{4-x^2})^2 + 5} = \sqrt{4 - x^2 + 5} = \sqrt{9 - x^2}$$
$$g \circ f(x) = g(f(x)) = g(\sqrt{x^2+5}) = \sqrt{4 - (\sqrt{x^2+5})^2} = \sqrt{4 - (x^2 + 5)} = \sqrt{-1 - x^2}$$

Como o domínio de g é $\{x \in \mathbf{R} | -2 \leq x \leq 2\}$, o domínio de $f \circ g$ é o conjunto de todos os números neste conjunto com $f(x)$ no domínio de g; ou seja, $\{x \in \mathbf{R} | -2 \leq x \leq 2\}$. Observe que o domínio de $f \circ g$ não pode ser determinado a partir de sua forma final.

Como $-1 - x^2$ é negativo para todo x real, o domínio de $g \circ f$ é vazio.

13.10 Encontre uma representação em termo de função composta para cada uma das seguintes funções:

(a) $y = (5x - 3)^4$ (b) $y = \sqrt{1 - x^2}$ (c) $y = \dfrac{1}{(x^2 - 5x + 6)^{2/3}}$

(a) Sejam $y = u^4$ e $u = 5x - 3$. Então, $y = f(u)$ e $u = g(x)$; logo, $y = f(g(x))$.

(b) Sejam $y = \sqrt{u}$ e $u = 1 - x^2$. Então, $y = f(u)$ e $u = g(x)$; logo, $y = f(g(x))$.

(c) Sejam $y = u^{-2/3}$ e $u = x^2 - 5x + 6$. Então, $y = f(u)$ e $u = g(x)$; logo, $y = f(g(x))$.

13.11 Um balão esférico está sendo inflado a uma taxa constante de 6π pés³/min. Expresse seu raio r como uma função de tempo t (em minutos), assumindo que $r = 0$ quando $t = 0$.

Expresse o raio r como uma função do volume V, e V como uma função do tempo t.

Como $V = \dfrac{4}{3}\pi r^3$ para uma esfera, isole r para obter $r = f(V) = \sqrt[3]{\dfrac{3V}{4\pi}}$. V é uma função linear de t, com coeficiente angular 6π;

já que $V = 0$ quando $t = 0$, $V = g(t) = 6\pi t$. Logo, $r = f(g(t)) = \sqrt[3]{\dfrac{3(6\pi t)}{4\pi}} = \sqrt[3]{\dfrac{9t}{2}}$ pés.

13.12 A renda (em dólares) oriunda da venda de x unidades de um certo produto é dada pela função $R(x) = 20x - x^2/200$. O custo (em dólares) para produzir x unidades é dado pela função $C(x) = 4x + 8000$. Descubra o lucro nas vendas de x unidades.

A função lucro $P(x)$ é dada por $P(x) = (R - C)(x)$. Logo

$$P(x) = (R - C)(x)$$
$$= R(x) - C(x)$$
$$= (20x - x^2/200) - (4x + 8000)$$
$$= 20x - x^2/200 - 4x - 8000$$
$$= -x^2/200 + 16x - 8000$$

13.13 No problema anterior, se a demanda x e o preço p (em dólares) para o produto são relacionados pela função $x = f(p) = 4.000 - 200p$, $0 \leq p \leq 20$, escreva o lucro na forma de uma função da demanda p.

$$F(p) = P \circ f(p) = P(f(p)) = P(4000 - 200p)$$
$$= -(4000 - 200p)^2/200 + 16(4000 - 200p) - 8000$$

13.14 No problema anterior, encontre o preço que levaria ao lucro máximo e encontre também qual o valor desse lucro máximo.

Simplificando, obtemos

$$F(p) = -(4000 - 200p)^2/200 + 16(4000 - 200p) - 8000$$
$$= -(16.000.000 - 1.600.000p + 40.000p^2)/200 + 64.000 - 3200p - 8000$$
$$= -80.000 + 8000p - 200p^2 + 64.000 - 3200p - 8000$$
$$= -200p^2 + 4800p - 24.000$$

Esta é uma função quadrática. Completando o quadrado, temos $F(p) = -200(p - 12)^2 + 4800$. A função atinge seu valor máximo (lucro máximo) de \$4.800 quando o preço $p = \$12$.

13.15 Mostre que toda função crescente é injetora em seu domínio.

Seja f uma função crescente, ou seja, para quaisquer a e b no domínio de f, se $a < b$, então, $f(a) < f(b)$. Agora, se $u \neq v$, então, ou $u < v$, ou $u > v$. Assim, ou $f(u) < f(v)$, ou $f(u) > f(v)$; em qualquer caso $f(u) \neq f(v)$ e f é uma função injetora.

13.16 Determine se cada uma das seguintes funções é ou não injetora.

(a) $f(x) = 5$ (b) $f(x) = 5x$ (c) $f(x) = x^2 + 5$ (d) $f(x) = \sqrt{x-5}$

(a) Como $f(2) = 5$ e $f(3) = 5$, esta função não é injetora.

(b) Considere $f(u) = f(v)$. Então, segue-se que $5u = 5v$; logo, $u = v$. Portanto, f é uma função injetora.

(c) Como $f(2) = 9$ e $f(-2) = 9$, esta função não é injetora.

(d) Faça $f(u) = f(v)$. Logo, segue-se que:

$$\sqrt{u-5} = \sqrt{v-5}$$
$$u - 5 = v - 5$$
$$u = v$$

Portanto, f é uma função injetora.

13.17 Use a relação função-função inversa para mostrar que f e g são inversas e esboce os gráficos de f e g e a reta $y = x$ no mesmo sistema de coordenadas.

(a) $f(x) = 2x - 3$ $\qquad g(x) = \dfrac{x+3}{2}$

(b) $f(x) = x^2 + 3, x \geq 0$ $\qquad g(x) = x - 3, x \geq 3$

(c) $f(x) = -4 - x, x \leq 4$ $\qquad g(x) = 4 - x^2, x \leq 0$

(a) Observe, primeiro, que $\text{Dom } f = \text{Imagem } g = \mathbf{R}$.

Além disso, $\text{Dom } g = \text{Imagem } f = \mathbf{R}$.

$$g(f(x)) = g(2x - 3) = \frac{2x - 3 + 3}{2}$$
$$= x$$
$$f(g(y)) = f\left(\frac{y+3}{2}\right) = 2\left(\frac{y+3}{2}\right) - 3$$
$$= y$$

A reta $y = x$ é mostrada tracejada na Fig. 13-3.

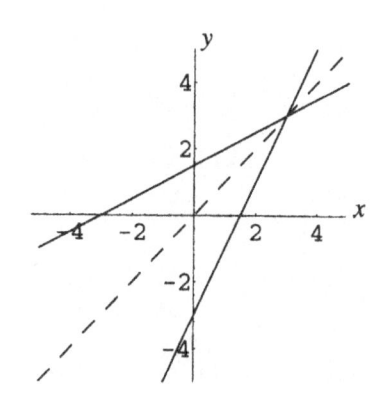

Figura 13-3

(b) Observe, primeiro, que $\text{Dom } f = \text{Imagem } g = [0, \infty)$.

Além disso, $\text{Dom } g = \text{Imagem } f = [3, \infty)$.

$$g(f(x)) = g(x^2 + 3) = \sqrt{x^2 + 3 - 3}$$
$$= \sqrt{x^2} = x \text{ em } [0, \infty).$$
$$f(g(y)) = f(\sqrt{y-3}) = ((\sqrt{y-3})^2 + 3)$$
$$= y - 3 + 3 = y$$

A reta $y = x$ é mostrada tracejada na Fig. 13-4.

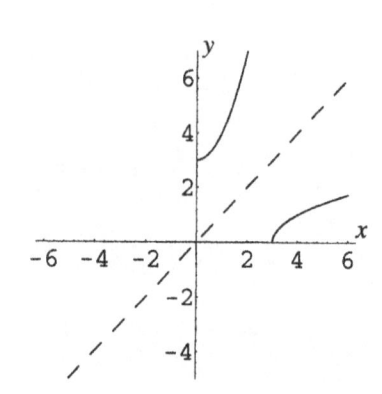

Figura 13-4

(c) Observe, primeiro, que Dom f = Imagem g = $(-\infty, 4]$.

Além disso, Dom g = Imagem f = $(-\infty, 0]$.

$$g(f(x)) = g(-\sqrt{4-x}) = 4 - (-\sqrt{4-x})^2$$
$$= 4 - (4-x) = x$$
$$f(g(y)) = f(4-y^2) = -\sqrt{4-(4-y^2)}$$
$$= -\sqrt{y^2} = y \quad \text{em} \, (-\infty, 0]$$

A reta $y = x$ é mostrada tracejada na Fig. 13-5.

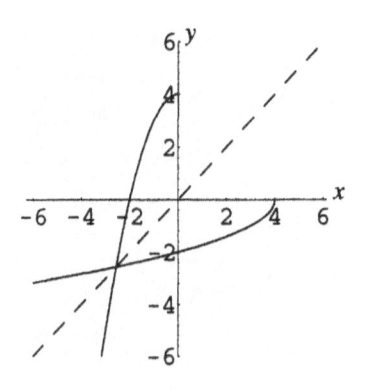

Figura 13-5

13.18 As funções seguintes são injetoras. Encontre as funções inversas de cada uma.

(a) $f(x) = 4x - 1$

(b) $f(x) = \dfrac{2}{x+3}$

(c) $f(x) = x^2 - 9, x \geq 0$

(d) $f(x) = 4 + (x+3)^2, x \leq -3$

(a) Faça $y = 4x - 1$.

Isole x em relação a y.

$$4x - 1 = y$$
$$4x = y + 1$$
$$x = \dfrac{y+1}{4}$$

Troque x e y.

$$y = f^{-1}(x) = \dfrac{x+1}{4}$$

Nota:

Dom f = Imagem f^{-1} = $\mathbf{R}$

Dom f^{-1} = Imagem f = $\mathbf{R}$

(b) Faça $y = 2/(x+3)$.

Isole x em relação a y.

$$y = \dfrac{2}{x+3}$$
$$x + 3 = \dfrac{2}{y}$$
$$x = \dfrac{2}{y} - 3$$

Troque x e y.

$$y = f^{-1}(x) = \dfrac{2}{x} - 3$$

Nota:

Dom f = Imagem $y = f^{-1}$ = $(-\infty, -3) \cup (-3, \infty)$

Dom f^{-1} = Imagem f = $(-\infty, 0) \cup (0, \infty)$

(c) Faça $y = x^2 - 9, x \geq 0$.

Isole x em relação a y.

$$x^2 - 9 = y$$
$$x^2 = y + 9$$
$$x = \sqrt{y+9}$$

(uma vez que x deve ser positivo)

Troque x e y.

$$y = f^{-1}(x) = \sqrt{x+9}$$

Nota:

Dom f = Imagem f^{-1} = $[0, \infty)$

Dom f^{-1} = Imagem f = $[-9, \infty)$

(d) Faça $y = 4 + (x+3)^2, x \leq -3$.

Isole x em relação a y.

$$4 + (x+3)^2 = y$$
$$(x+3)^2 = y - 4$$
$$x + 3 = -\sqrt{y-4}$$

(uma vez que $x+3$ deve ser negativo)

$$x = -3 - \sqrt{y-4}$$

Troque x e y.
$$y = f^{-1}(x) = -3(x) - \sqrt{x-4}$$

Nota:

Dom f = Imagem f^{-1} = $(-\infty, -3]$

Dom f^{-1} = Imagem f = $[4, \infty)$

13.19 A função $F(x) = (x-4)^2$ não é injetora. Encontre a inversa da função definida pela restrição do domínio de F para (a) ≥ 4; (b) $x \leq 4$.

(a) Primeiro, mostre que a função $f(x) = (x-4)^2$, $x \geq 4$, é injetora.

Assuma $f(u) = f(v)$. Então, segue-se que
$$(u-4)^2 = (v-4)^2, \qquad u, v \geq 4$$
$$u - 4 = \pm\sqrt{(v-4)^2}$$
$$u = 4 \pm (v-4), \text{ já que } v \geq 4$$

Mas, como u deve ser maior ou igual a 4, o sinal positivo deve ser escolhido.
$$u = 4 + v - 4 = v$$

Portanto, f é injetora.

Agora, faça $y = f(x) = (x-4)^2$, $x \geq 4$, e isole x em termos de y.
$$(x-4)^2 = y$$
$$x - 4 = \sqrt{y} \text{ desde que } x \geq 4$$
$$x = 4 + \sqrt{y}$$

Troque x e y para obter $y = f^{-1}(x) = 4 + \sqrt{x}$.

Nota: $\text{Dom} f = \text{Imagem} f^{-1} = [4, \infty)$. $\text{Dom} f^{-1} = \text{Imagem} f = [0, \infty)$.

(b) Primeiro, mostre que a função $f(x) = (x-4)^2$, $x \leq 4$, é injetora.

Assuma $f(u) = f(v)$. Então, segue-se que
$$(u-4)^2 = (v-4)^2, \qquad u, v \leq 4$$
$$u - 4 = \pm\sqrt{(v-4)^2}$$
$$u = 4 \pm (4-v) \quad \text{desde que } v \leq 4$$

Mas, como u deve ser menor ou igual a 4, o sinal negativo deve ser escolhido.
$$u = 4 - (4-v) = v$$

Portanto, f é injetora.

Agora, faça $y = f(x) = (x-4)^2$, $x \leq 4$, e isole x em termos de y.
$$(x-4)^2 = y$$
$$x - 4 = -\sqrt{y} \quad \text{desde que } x \leq 4$$
$$x = 4 - \sqrt{y}$$

Troque x e y para obter $y = f^{-1}(x) = 4 - \sqrt{x}$.

Nota: $\text{Dom} f = \text{Imagem} f^{-1} = (-\infty, 4]$. $\text{Dom} f^{-1} = \text{Imagem} f = [0, \infty)$.

Problemas Complementares

13.20 Mostre que se f e g são funções ímpares, então $f + g$ e $f - g$ são funções ímpares, mas fg e f/g são funções pares.

13.21 Dadas $f(x) = \dfrac{3x - 1}{5}$ e $g(x) = \dfrac{5x + 1}{3}$, encontre $f \circ g$ e $g \circ f$ e defina seus domínios.

Resp. $f \circ g(x) = g \circ f(x) = x$, para todo $x \in \mathbf{R}$.

13.22 A renda (em dólares) da venda de x unidades de um determinado produto é dada pela função $R(x) = 60x - x^2/100$. O custo (em dólares) para a produção de x unidades é dado pela função $C(x) = 15x + 40.000$. Encontre o valor do lucro na venda de x unidades.

Resp. $P(x) = -x^2/100 + 45x - 40.000$

13.23 No problema anterior, suponha que a demanda x e o preço p (em dólares) para o produto estão relacionados pela função $x = f(p) = 5.000 - 50p$ $0 \leq p \leq 100$. Escreva o lucro como uma função da demanda p.

Resp. $F(p) = -(5.000 - 50p)^2/100 + 45(5.000 - 50p) - 40.000$

13.24 No problema anterior, encontre o preço que levaria ao lucro máximo e determine também o valor desse lucro máximo.

Resp. O preço de $55 levaria ao lucro máximo de $10.625.

13.25 Um cabo com 300 pés de extensão, originalmente com 5 polegadas de diâmetro, é submerso em água do mar. Devido à corrosão, a área da superfície do cabo diminui à taxa de 1.250 polegada²/ano. Expresse o diâmetro d do cabo como uma função do tempo t (em anos).

Resp. $d = 5 - \dfrac{25t}{72\pi}$ polegadas.

13.26 Prove que toda função decrescente é injetora em seu domínio.

13.27 Uma função é *periódica* se existe algum número real p não nulo, chamado de período, tal que $f(x + p) = f(x)$ para todo x no domínio da função. Mostre que nenhuma função periódica é injetora.

13.28 Mostre que os gráficos de f^{-1} e f são reflexos um do outro em relação à reta $y = x$, verificando o que se segue: (*a*) Se $P(u,v)$ está no gráfico de f, então, $Q(v,u)$ está no gráfico de f^{-1}. (*b*) O ponto médio do segmento de reta PQ está na reta $y = x$. (*c*) A reta PQ é perpendicular à reta $y = x$.

13.29 As funções seguintes são injetoras. Encontre as funções inversas de cada uma.

(*a*) $f(x) = 5 - 10x$ (*b*) $f(x) = \dfrac{4x}{x-2}$ (*c*) $f(x) = \dfrac{x+5}{3x-1}$

(*d*) $f(x) = 2 - x^3$ (*e*) $f(x) = \sqrt{9 - x^2}, 0 \leq x \leq 3$ (*f*) $f(x) = 3 - \sqrt{x-2}$

Resp. (*a*) $f^{-1}(x) = \dfrac{5-x}{10}$; (*b*) $f^{-1}(x) = \dfrac{2x}{x-4}$; (*c*) $f^{-1}(x) = \dfrac{x+5}{3x-1}$; (*d*) $f^{-1}(x) = \sqrt[3]{2-x}$;

(*e*) $f^{-1}(x) = \sqrt{9-x^2}, 0 \leq x \leq 3$; (*f*) $f^{-1}(x) = (3-x)^2 + 2, x \leq 3$

13.30 As funções a seguir são bijetoras. Encontre a função inversa para cada uma delas:

(*a*) $f(x) = 2 + \sqrt{4 - x^2}$ $0 \leq x \leq 2$ (*b*) $f(x) = 2 + \sqrt{4 - x^2}$ $-2 \leq x \leq 0$

(*c*) $f(x) = 2 - \sqrt{4 - x^2}$ $0 \leq x \leq 2$ (*d*) $f(x) = 2 - \sqrt{4 - x^2}$ $-2 \leq x \leq 0$

Resp. (*a*) $f^{-1}(x) = \sqrt{4x - x^2}$ $2 \leq x \leq 4$ (*b*) $f^{-1}(x) = -\sqrt{4x - x^2}$ $2 \leq x \leq 4$

(*c*) $f^{-1}(x) = \sqrt{4x - x^2}$ $0 \leq x \leq 2$ (*d*) $f^{-1}(x) = -\sqrt{4x - x^2}$ $0 \leq x \leq 2$

Capítulo 14

Funções Polinomiais

DEFINIÇÃO DE FUNÇÃO POLINOMIAL

Uma função polinomial é qualquer função especificada por uma regra que pode ser escrita como $f: x \to a_n x^n + a_{n-1} x^{n-1} + \ldots + a_1 x + a_0$, sendo $a_n \neq 0$. n é o grau da função polinomial. O domínio de uma função polinomial, a não ser que seja especificado o contrário, é **R**.

FUNÇÕES POLINOMIAIS ESPECIAIS

Tipos especiais de funções polinomiais já foram discutidos:

Grau	Equação	Nome	Gráfico
$n = 0$	$f(x) = a_0$	Função constante	Reta horizontal
$n = 1$	$f(x) = a_1 x + a_0$	Função linear	Reta com coeficiente angular a_1
$n = 2$	$f(x) = a_2 x^2 + a_1 x + a_0$	Função quadrática	Parábola

FUNÇÕES DE POTÊNCIA INTEIRA

Se f tem grau n e todos os coeficientes, exceto a_n, são zero, então $f(x) = ax^n$, onde $a = a_n \neq 0$. Logo, se $n = 1$, o gráfico da função é uma reta que passa pela origem. Se $n = 2$, o gráfico da função é uma parábola com vértice na origem. Se n é um inteiro ímpar, a função é ímpar. Se n é um inteiro par, a função é par.

Exemplo 14.1 Faça os gráficos de $(a) f(x) = x^3$; $(b) f(x) = x^5$; $(c) f(x) = x^7$.
(a) Figura 14-1; (b) Fig. 14-2; (c) Fig. 14-3.

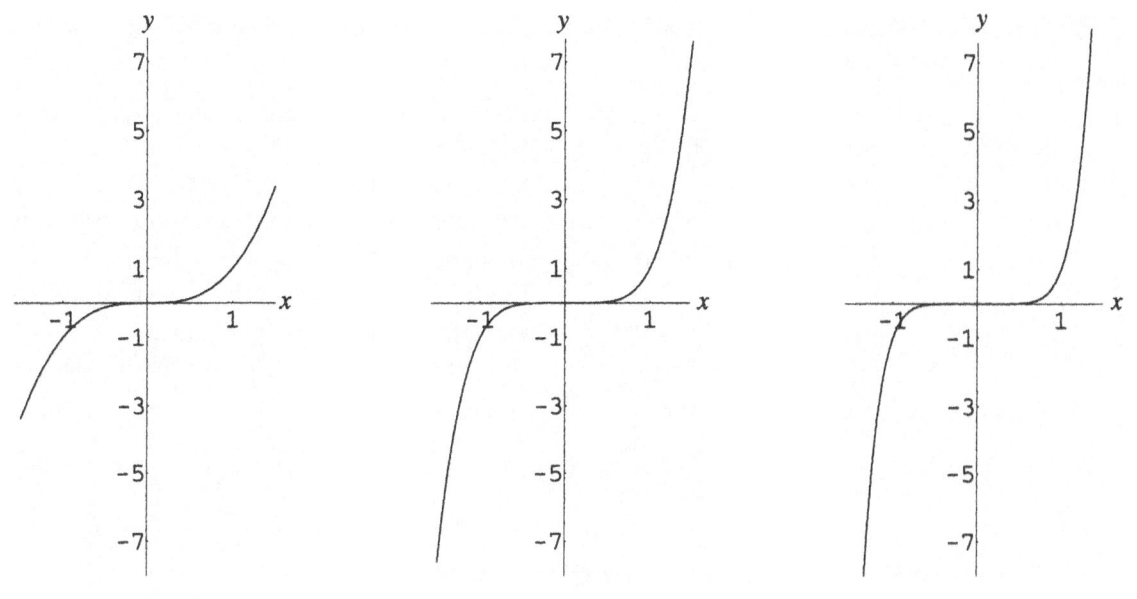

Figura 14-1 *Figura 14-2* *Figura 14-3*

Exemplo 14.2 Faça os gráficos de (a) $f(x) = x^4$ (b) $f(x) = x^6$ (c) $f(x) = x^8$.
(a) Figura 14-4; (b) Fig. 14-5 (c) Fig. 14-6

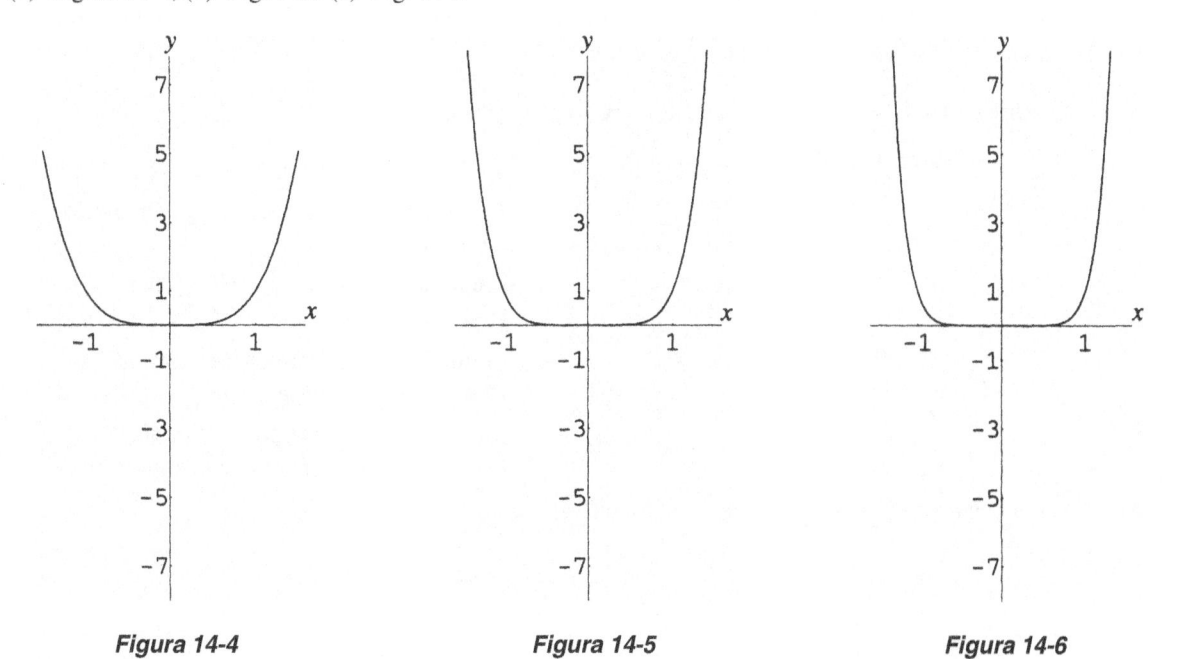

Figura 14-4 *Figura 14-5* *Figura 14-6*

ZEROS DE POLINÔMIOS

Se $f(c) = 0$, c é dito um *zero* do polinômio $f(x)$.

DIVISÃO DE POLINÔMIOS

Se um polinômio $g(x)$ é um fator de outro polinômio $f(x)$, então, $f(x)$ é dito ser *divisível* por $g(x)$. Desse modo, $x^3 - 1$ é divisível por ambos, $x - 1$ e $x^2 + x + 1$. Se um polinômio não é divisível por outro, é possível aplicar a técnica de divisão longa para encontrar um quociente e um resto, como nos seguintes exemplos:

Exemplo 14.3 Encontre o quociente e o resto para $(2x^4 - x^2 - 2) / (x^2 + 2x - 1)$.

Arrange o dividendo e o divisor em potências decrescentes da variável. Insira termos com coeficientes zero e use o procedimento da divisão longa.

$$
\begin{array}{r}
2x^2 - 4x + 9 \\
x^2 + 2x - 1 \overline{\smash{\big)}\, 2x^4 + 0x^3 - x^2 + 0x - 2} \\
\underline{2x^4 + 4x^3 - 2x^2} \\
-4x^3 + x^2 + 0x \\
\underline{-4x^3 - 8x^2 + 4x} \\
9x^2 - 4x - 2 \\
\underline{9x^2 + 18x - 9} \\
-22x + 7
\end{array}
$$

Divida o primeiro termo do dividendo pelo primeiro termo do divisor
Multiplique o divisor por $2x^2$; subtraia
Desça o próximo termo; repita o processo de divisão
Multiplique o divisor por $-4x$; subtraia
Desça o próximo termo; repita o processo de divisão
Multiplique o divisor por 9; subtraia
O resto; o grau é menor que o grau do divisor

O quociente é $2x^2 - 4x + 9$ e o resto é $-22x + 7$. Assim,

$$\frac{2x^4 - x^2 - 2}{x^2 + 2x - 1} = 2x^2 - 4x + 9 + \frac{-22x + 7}{x^2 + 2x - 1}$$

ALGORITMO DE DIVISÃO PARA POLINÔMIOS

Se $f(x)$ e $g(x)$ são polinômios, com $g(x) \neq 0$, então existem polinômios únicos $q(x)$ e $r(x)$ tais que,

$$f(x) = g(x)q(x) + r(x) \text{ e } \frac{f(x)}{g(x)} = q(x) + \frac{r(x)}{g(x)}$$

Ou $r(x) = 0$ ($f(x)$ é divisível por $g(x)$), ou o grau de $r(x)$ é menor que o grau de $g(x)$. Portanto, se o grau de $g(x)$ é 1, o grau de $r(x)$ é 0, e o resto é um polinômio constante r.

Exemplo 14.4 Encontre o quociente e o resto para $(x^3 - 5x^2 + 7x - 9) / (x - 4)$.

Use o procedimento da divisão longa.

$$
\begin{array}{r}
x^2 - x + 3 \\
x - 4 \overline{\smash{\big)}\, x^3 - 5x^2 + 7x - 9} \\
\underline{x^3 - 4x^2} \\
-x^2 + 7x \\
\underline{-x^2 + 4x} \\
3x - 9 \\
\underline{3x - 12} \\
3
\end{array}
$$

Divida o primeiro termo do dividendo pelo primeiro termo do divisor
Multiplique o divisor por x^2; subtraia
Desça o próximo termo; repita o processo de divisão
Multiplique o divisor por $-x$; subtraia
Desça o próximo termo; repita o processo de divisão
Multiplique o divisor por 3; subtraia
O resto; o grau é menor que o grau do divisor

O quociente é $x^2 - x + 3$ e o resto é a constante 3. Assim,

$$\frac{x^3 - 5x^2 + 7x - 9}{x - 4} = x^2 - x + 3 + \frac{3}{x - 4}$$

DIVISÃO SINTÉTICA

A divisão de um polinômio $f(x)$ por um polinômio da forma $x - c$ é conseguida eficientemente pelo procedimento da divisão sintética. Organize os coeficientes do dividendo $f(x)$ em ordem decrescente na primeira linha de um arranjo de três linhas.

$$c \mid a_n \, a_{n-1} \, \cdots \, a_1 \, a_0$$

A terceira linha é formada trazendo para baixo o primeiro coeficiente de $f(x)$, em seguida, sucessivamente multiplicando cada coeficiente na terceira linha por c, colocando o resultado na segunda linha, somando o mesmo ao coeficiente correspondente na primeira linha e colocando o resultado na próxima posição na terceira linha.

$$\begin{array}{c|ccccc} c & a_n & a_{n-1} & \cdots & a_1 & a_0 \\ & & ca_n & cb_1 & \cdots cb_{n-2} & cb_{n-1} \\ \hline & a_n & b_1 & \cdots & b_{n-1} & r \end{array}$$

O último coeficiente na terceira linha é o resto constante; os outros coeficientes são os do quociente, em ordem decrescente.

Exemplo 14.5 Use a divisão sintética para encontrar o quociente e o resto no exemplo anterior.

Nesse caso, $c = 4$. Arranje os coeficientes de $x^3 - 5x^2 + 7x - 9$ na primeira de uma disposição de três linhas; traga para baixo o primeiro coeficiente, 1, multiplique por 4, coloque o resultado na segunda linha, some -5 e coloque o resultado na terceira linha. Continue até o último coeficiente do arranjo.

$$\begin{array}{c|cccc} 4 & 1 & -5 & 7 & -9 \\ & & 4 & -4 & 12 \\ \hline & 1 & -1 & 3 & 3 \end{array}$$

Como anteriormente, o quociente é $x^2 - x + 3$ e o resto é 3.

TEOREMA DO RESTO

Quando o polinômio $f(x)$ é dividido por $x-c$, o resto é $f(c)$.

Exemplo 14.6 Verifique o teorema do resto para o polinômio $f(x) = x^3 - 5x^2 + 7x - 9$ dividido por $x - 4$. Calcule $f(4) = 4^3 - 5 \cdot 4^2 + 7 \cdot 4 - 9 = 3$. Na divisão, o resto já foi mostrado como sendo 3; assim, a conclusão do teorema se verifica.*

TEOREMA DO FATOR

Um polinômio $f(x)$ tem fator $x - c$ se, e somente se, $f(c) = 0$. Assim, $x - c$ é um fator de um polinômio se, e somente se, c é um zero do polinômio.

Exemplo 14.7 Use o teorema do fator para verificar que $x + 2$ é um fator de $x^5 + 32$.

Seja $f(x) = x^5 + 32$; então, $f(-2) = (-2)^5 + 32 = 0$; logo, $x-(-2) = x + 2$ é um fator de $f(x)$.

TEOREMA FUNDAMENTAL DA ÁLGEBRA

Todo polinômio de grau positivo com coeficientes complexos admite pelo menos um zero complexo.

COROLÁRIOS DO TEOREMA FUNDAMENTAL

1. Todo polinômio de grau n positivo tem uma fatoração da forma

$$P(x) = a_n (x - r_1)(x - r_2) \cdots (x - r_n)$$

onde os r_i não são necessariamente distintos. Se na fatoração $x - r_i$ ocorre m vezes, r_i é chamado um zero de multiplicidade m. Contudo, não é necessariamente possível encontrar a fatoração usando métodos algébricos exatos.
2. Um polinômio de grau n admite, no máximo, n zeros complexos. Se um zero de multiplicidade m é contado como m zeros, então um polinômio de grau n tem exatamente n zeros.

---

* N. de T.: Tal exemplo não prova o teorema, apenas ilustra o seu uso.

DEMAIS TEOREMAS SOBRE ZEROS

Demais teoremas sobre zeros de polinômios:

1. Se $P(x)$ é um polinômio com coeficientes *reais*, e se z é um zero complexo de $P(x)$, então o complexo conjugado $\bar{z}$ é também um zero de $P(x)$. Ou seja, zeros complexos de polinômios com coeficientes reais ocorrem em pares de complexos conjugados.
2. Qualquer polinômio de grau $n > 0$ com coeficientes reais admite uma fatoração completa usando fatores lineares e quadráticos, multiplicados pelo primeiro coeficiente do polinômio. No entanto, não é necessariamente possível encontrar a fatoração usando métodos algébricos exatos.
3. Se $P(x) = a_n x^n + a_{n-1} x^{n-1} + \ldots + a_1 x + a_0$ é um polinômio com coeficientes *inteiros* e $r = p/q$ é um zero *racional* de $P(x)$ com numerador e denominador não fatoráveis simultaneamente, então p deve ser um fator do termo constante a_0 e q deve ser um fator do primeiro coeficiente a_n.

Exemplo 14.8 Encontre um polinômio de menor grau com coeficientes reais e zeros 2 e $1 - 3i$.

Pelo teorema do fator, c é um zero de um polinômio somente se $x - c$ é um fator. Pelo teorema sobre zeros de polinômios com coeficientes reais, se $1 - 3i$ é um zero deste polinômio, então, também é $1 + 3i$. Logo, o polinômio pode ser escrito como

$$P(x) = a(x - 2)[x - (1 - 3i)][x - (1 + 3i)]$$

Simplificando, tem-se

$$P(x) = a(x - 2)[(x - 1) + 3i][(x - 1) - 3i]$$
$$= a(x - 2)[(x - 1)^2 - (3i)^2]$$
$$= a(x - 2)(x^2 - 2x + 10)$$
$$= a(x^3 - 4x^2 + 14x - 20)$$

Exemplo 14.9 Liste os possíveis racionais que são zeros de $3x^2 + 5x - 8$.

De acordo com o teorema sobre zeros racionais de polinômios com coeficientes inteiros, os possíveis zeros racionais são:

$$\frac{\text{Fatores de } -8}{\text{Fatores de } 3} = \frac{\pm 1, \pm 2, \pm 4, \pm 8}{\pm 1, \pm 3} = \pm 1, \pm 2, \pm 4, \pm 8, \pm \frac{1}{3}, \pm \frac{2}{3}, \pm \frac{4}{3}, \pm \frac{8}{3}$$

Observe que os verdadeiros zeros são 1 e $-\frac{8}{3}$.

TEOREMAS USADOS PARA LOCALIZAR ZEROS

Teoremas usados para localizar zeros de polinômios:

1. **Teorema do valor médio:** Dado um polinômio $f(x)$ com $a < b$, se $f(a) \neq f(b)$, então, $f(x)$ assume todos os valores c entre $f(a)$ e $f(b)$ no intervalo (a,b).
2. **Corolário:** Para um polinômio $f(x)$, se $f(a)$ e $f(b)$ têm sinais opostos, então, $f(x)$ admite ao menos um zero entre a e b.
3. **Regra de sinais de Descartes:** Se $f(x)$ é um polinômio com termos arranjados em ordem decrescente, então o número de zeros reais positivos de $f(x)$ é igual ao número de mudanças de sinais entre termos sucessivos de $f(x)$, ou menor que este número, por uma diferença par. O número de zeros reais negativos de $f(x)$ é encontrado aplicando esta regra a $f(-x)$.
4. Se a terceira linha de uma divisão sintética de $f(x)$ por $x - r$ é toda positiva para algum $r > 0$, então r é uma cota superior para os zeros de $f(x)$; ou seja, não há zeros maiores que r. Se os termos na terceira linha de uma divisão sintética de $f(x)$ por $x - r$ alternam em sinal para algum $r < 0$, então r é uma cota inferior para os zeros de $f(x)$; ou seja, não há zeros menores que r. (0 pode ser considerado como positivo ou negativo para o propósito deste teorema.)

RESOLVENDO EQUAÇÕES POLINOMIAIS

Resolvendo equações polinomiais e fazendo gráficos de polinômios:
As seguintes afirmações são equivalentes:

1. c é um zero de $P(x)$.
2. c é uma solução da equação $P(x) = 0$.
3. $x - c$ é um fator de $P(x)$.
4. Para c real, o gráfico de $y = P(x)$ tem um intercepto x em c.

FAZENDO O GRÁFICO DE UMA FUNÇÃO POLINOMIAL

O gráfico de uma função polinomial na qual todos os fatores podem ser encontrados pode ser feito como segue:

1. Escreva o polinômio na forma fatorada.
2. Determine o comportamento de sinal do polinômio a partir dos sinais dos fatores.
3. Marque os interceptos x do polinômio no eixo x.
4. Se necessário, faça uma tabela de valores.
5. Esboce o gráfico do polinômio como uma curva suave.

Exemplo 14.10   Esboce um gráfico de $y = 2x(x - 3)(x + 2)$.

O polinômio já está na forma fatorada. Use os métodos do Capítulo 6 para obter o quadro de sinais mostrado na Fig. 14-7.

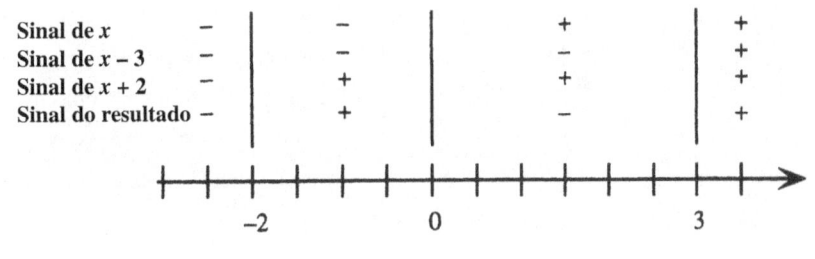

Figura 14-7

O gráfico tem interceptos x -2, 0 e 3 e está abaixo do eixo x nos intervalos $(-\infty, -2)$ e $(0,3)$ e acima do eixo x nos intervalos $(-2,0)$ e $(3,\infty)$. Faça uma tabela de valores, como mostrado, e esboce o gráfico como uma curva suave (Fig. 14-8).

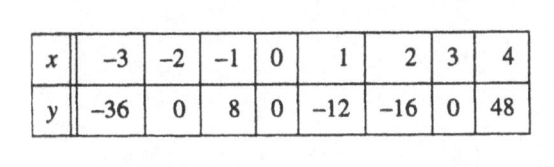

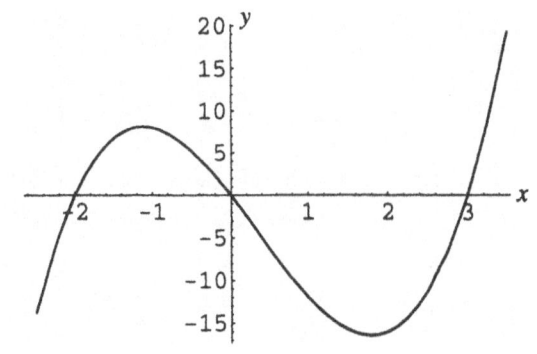

x	-3	-2	-1	0	1	2	3	4
y	-36	0	8	0	-12	-16	0	48

Figura 14-8

Problemas Resolvidos

14.1 Prove o teorema do resto.

Pelo algoritmo da divisão, há polinômios $q(x)$ e $r(x)$, tais que $f(x) = q(x)(x - c) + r(x)$. Como o grau de $r(x)$ é menor que o grau de $x - c$, ou seja, menor que 1, o grau de $r(x)$ deve ser zero. Logo, $r(x)$ é uma constante denotada por r. Assim, para todo x,

$$f(x) = q(x)(x - c) + r$$

Em particular, faça $x = c$. Então, $f(c) = q(c)(c - c) + r$, ou seja, $f(c) = r$. Assim,
$$f(x) = q(x)(x - c) + f(c)$$
Em outras palavras, o resto quando $f(x)$ é dividido por c é $f(c)$.

14.2 Encontre o quociente e o resto quando $2x^3 + 3x^2 - 13x + 5$ é dividido por $2x - 3$. Use o procedimento da divisão longa:

$$\begin{array}{r}
x^2 + 3x - 2 \\
2x - 3 \overline{\smash{\big)}\,2x^3 + 3x^2 - 13x + 5} \\
\underline{2x^3 - 3x^2} \\
6x^2 - 13x \\
\underline{6x^2 - 9x} \\
-4x + 5 \\
\underline{-4x + 6} \\
-1
\end{array}$$

Divida o primeiro termo do dividendo pelo primeiro termo do divisor

Multiplique o divisor por x^2; subtraia

Desça o próximo termo; repita o processo de divisão

Multiplique o divisor por $3x$; subtraia

Desça o próximo termo; repita o processo de divisão

Multiplique o divisor por -2; subtraia

O resto; o grau é menor que o grau do divisor

O quociente é $x^2 + 3x - 2$ e o resto é -1.

14.3 Encontre o quociente e o resto quando $3x^5 - 7x^3 + 5x^2 + 6x - 6$ é dividido por $x^3 - x + 2$.

Use o procedimento da divisão longa:

$$\begin{array}{r}
3x^2 - 4 \\
x^3 - x + 2 \overline{\smash{\big)}\,3x^5 - 7x^3 + 5x^2 + 6x - 6} \\
\underline{3x^5 - 3x^3 + 6x^2} \\
-4x^3 - x^2 + 6x - 6 \\
\underline{-4x^3 + 4x - 8} \\
-x^2 + 2x + 2
\end{array}$$

Divida o primeiro termo do dividendo pelo primeiro termo do divisor

Multiplique o divisor por $3x^2$; subtraia

Desça o próximo termo; repita o processo de divisão

Multiplique o divisor por -4; subtraia

O resto; o grau é menor que o grau do divisor

O quociente é $3x^2 - 4$ e o resto é $-x^2 + 2x + 2$.

14.4 Encontre o quociente e o resto quando $2x^3 + 5x^2 - 10x + 9$ é dividido por $x + 2$.

Use o procedimento da divisão sintética. Observe que ao dividir por $x - c$, o coeficiente c é colocado no canto esquerdo superior e usado para multiplicar os números gerados na terceira linha. Na divisão por $x+2$, ou seja, $x-(-2)$, use $c = -2$.

$$\begin{array}{r|rrrr}
-2 & 2 & 5 & -10 & 9 \\
 &   & -4 & -2 & 24 \\
\hline
 & 2 & 1 & -12 & 33
\end{array}$$

O quociente é $2x^2 + x - 12$ e o resto é 33.

14.5 Encontre o quociente e o resto quando $-3t^5 + 10t^4 + 15t^2 + 18t - 6$ é dividido por $t - 4$.

Use o procedimento para divisão sintética por $t - c$, com $c = 4$. Introduza um zero para o coeficiente que está faltando para t^3.

$$\begin{array}{r|rrrrrr}
4 & -3 & 10 & 0 & 15 & 18 & -6 \\
 &   & -12 & -8 & -32 & -68 & -200 \\
\hline
 & -3 & -2 & -8 & -17 & -50 & -206
\end{array}$$

O quociente é $-3t^4 - 2t^3 - 8t^2 - 17t - 50$ e o resto é -206.

14.6 Encontre o quociente e o resto quando $2x^3 - 5x^2 + 6x - 3$ é dividido por $x - \frac{1}{2}$.

Use o procedimento para divisão sintética por $x - c$, com $c = \frac{1}{2}$.

$$\begin{array}{r|rrrr}
\frac{1}{2} & 2 & -5 & 6 & -3 \\
 &   & 1 & -2 & 2 \\
\hline
 & 2 & -4 & 4 & -1
\end{array}$$

O quociente é $2x^2 - 4x + 4$ e o resto é -1.

14.7 Encontre o quociente e o resto quando $3x^4 + 8x^3 - x^2 + 7x + 2$ é dividido por $x + \frac{2}{3}$.

Use o procedimento para divisão sintética por $x-c$, com $c = -\frac{2}{3}$.

$$
\begin{array}{r|rrrrr}
-\frac{2}{3} & 3 & 8 & -1 & 7 & 2 \\
 &   & -2 & -4 & \frac{10}{3} & -\frac{62}{9} \\
\hline
 & 3 & 6 & -5 & \frac{31}{3} & -\frac{44}{9}
\end{array}
$$

O quociente é $3x^3 + 6x^2 - 5x + \frac{31}{3}$ e o resto é $-\frac{44}{9}$.

14.8 Demonstre o teorema do fator.

Pelo teorema do resto, quando $f(x)$ é dividido por $x - c$, o resto é $f(c)$.
Assuma que c é um zero de $f(x)$; então, $f(c) = 0$. Portanto, $f(x) = q(x)(x - c) + f(c) = q(x)(x - c)$, ou seja, $x - c$ é um fator de $f(x)$.
Reciprocamente, assuma que $x - c$ é um fator de $f(x)$; então, o resto, quando $f(x)$ é dividido por $x - c$, deve ser zero. Pelo teorema do resto, este resto é $f(c)$; logo, $f(c) = 0$.

14.9 Mostre que $x - a$ é um fator de $x^n - a^n$ para todos os inteiros n.

Seja $f(x) = x^n - a^n$; então, $f(a) = a^n - a^n = 0$. Pelo teorema do fator, como a é um zero de $f(x)$, $x - a$ é um fator.

14.10 Use a fórmula quadrática e o teorema do fator para fatorar (a) $x^2 - 12x + 3$; (b) $x^2 - 4x + 13$.

(a) Os zeros de $x^2 - 12x + 3$, ou seja, as soluções de $x^2 - 12x + 3 = 0$, são obtidas a partir da fórmula quadrática. Fazendo $a = 1$, $b = -12$ e $c = 3$, tem-se

$$x = \frac{-(-12) \pm \sqrt{(-12)^2 - 4(1)(3)}}{2(1)} = \frac{12 \pm \sqrt{132}}{2} = 6 \pm \sqrt{33}$$

Como os zeros são $6 \pm \sqrt{33}$, os fatores são $x - (6 + \sqrt{33})$ e $x - (6 - \sqrt{33})$. Assim,

$$x^2 - 12x + 3 = [x - (6 + \sqrt{33})][x - (6 - \sqrt{33})] \text{ ou } [(x - 6) - \sqrt{33}][(x - 6) + \sqrt{33}]$$

(b) Procedendo como em (a), use a fórmula quadrática com $a = 1$, $b = -4$ e $c = 13$ para obter

$$x = \frac{-(-4) \pm \sqrt{(-4)^2 - 4(1)(13)}}{2(1)} = \frac{4 \pm \sqrt{-36}}{2} = 2 \pm 3i$$

Como os zeros são $2 \pm 3i$, os fatores são $x - (2 + 3i)$ e $x - (2 - 3i)$. Assim,

$$x^2 - 4x + 13 = [x - (2 + 3i)][x - (2 - 3i)] \text{ ou } [(x - 2) - 3i][(x - 2) + 3i]$$

14.11 Escreva o polinômio $P(x) = x^4 - 7x^3 + 13x^2 + 3x - 18$ como um produto entre fatores de primeiro grau, sabendo-se que 3 é um zero de multiplicidade 2.

Como 3 é um zero de multiplicidade 2, há um polinômio $g(x)$ tal que $P(x) = (x - 3)^2 g(x)$. Para encontrar $g(x)$, use duas vezes o procedimento para divisão sintética por $x - c$, com $c = 3$:

$$
\begin{array}{r|rrrrr}
3 & 1 & -7 & 13 & 3 & -18 \\
  &   & 3 & -12 & 3 & 18 \\
\hline
3 & 1 & -4 & 1 & 6 & 0 \\
  &   & 3 & -3 & -6 & \\
\hline
  & 1 & -1 & -2 & 0 &
\end{array}
$$

Assim,

$$P(x) = (x - 3)(x - 3)(x^2 - x - 2)$$
$$= (x - 3)(x - 3)(x - 2)(x + 1)$$

14.12 Escreva o polinômio $P(x) = 2x^3 + 2x^2 - 40x - 100$ como um produto entre fatores de primeiro grau, sabendo-se que $-3 - i$ é um zero. Encontre todos os zeros de $P(x)$.

Como $P(x)$ tem coeficientes reais e $-3 - i$ é um zero, $-3+i$ também é um zero. Portanto, existe um polinômio $g(x)$ com $P(x) = [x-(-3-i)][x-(-3+i)]g(x)$. Para encontrar $g(x)$, use o procedimento para divisão sintética por $x - c$ com $c = -3 - i$ e $c = -3+i$ uma vez após a outra.

$$
\begin{array}{r|rrrr}
-3 - i & 2 & 2 & -40 & -100 \\
 & & -6 - 2i & 10 + 10i & 100 \\
\hline
-3 + i & 2 & -4 - 2i & -30 + 10i & 0 \\
 & & -6 + 2i & 30 - 10i & \\
\hline
 & 2 & -10 & 0 &
\end{array}
$$

Assim,

$$P(x) = [x - (-3 - i)][x - (-3 + i)](2x - 10)$$

e os zeros de $P(x)$ são $-3 \pm i$ e 5.

14.13 Encontre um polinômio $P(x)$ de menor grau com coeficientes reais tal que 4 é um zero de multiplicidade 3, -2 é um zero de multiplicidade 2, 0 é um zero e $5 + 2i$ é um zero.

Como $P(x)$ tem coeficientes reais e $5 + 2i$ é um zero, $5 - 2i$ também é um zero. Assim, escreva

$$
\begin{aligned}
P(x) &= a(x - 4)^3[x - (-2)]^2(x - 0)[x - (5 + 2i)][x - (5 - 2i)] \\
&= a(x - 4)^3(x + 2)^2 x[(x - 5) - 2i][(x - 5) + 2i] \\
&= a(x - 4)^3(x + 2)^2 x(x^2 - 10x + 29)
\end{aligned}
$$

Aqui a pode ser qualquer número real, exceto 0.

14.14 Encontre um polinômio $P(x)$ de menor grau, com coeficientes inteiros, tal que $\frac{2}{3}, \frac{3}{4}$ e $-\frac{1}{2}$ sejam zeros.

Escreva:

$$
\begin{aligned}
P(x) &= a\left(x - \frac{2}{3}\right)\left(x - \frac{3}{4}\right)\left[x - \left(-\frac{1}{2}\right)\right] \\
&= a\left(\frac{3x - 2}{3}\right)\left(\frac{4x - 3}{4}\right)\left(\frac{2x + 1}{2}\right) \\
&= 24b\left(\frac{3x - 2}{3}\right)\left(\frac{4x - 3}{4}\right)\left(\frac{2x + 1}{2}\right) \\
&= b(3x - 2)(4x - 3)(2x + 1)
\end{aligned}
$$

Aqui b pode ser qualquer inteiro.

14.15 Mostre que $f(x) = x^3 - 5$ tem um zero entre 1 e 2.

Como $f(1) = 1^3 - 5 = -4$ e $f(2) = 2^3 - 5 = 3$, $f(1)$ e $f(2)$ têm sinais opostos. Logo, o polinômio admite pelo menos um zero entre 1 e 2.

14.16 Mostre que $f(x) = 2x^4 + 3x^3 + x^2 - 2x - 8$ tem um zero entre -2 e -1.

Use o procedimento para divisão sintética com $c = -2$ e $c = -1$.

$$
\begin{array}{r|rrrrr}
-2 & 2 & 3 & 1 & -2 & -8 \\
 & & -4 & 2 & -6 & 16 \\
\hline
 & 2 & -1 & 3 & -8 & 8
\end{array}
\qquad
\begin{array}{r|rrrrr}
-1 & 2 & 3 & 1 & -2 & -8 \\
 & & -2 & -1 & 0 & 2 \\
\hline
 & 2 & 1 & 0 & -2 & -6
\end{array}
$$

Como $f(-2) = 8$ e $f(-1) = -6$, $f(-2)$ e $f(-1)$ têm sinais opostos. Logo, o polinômio tem ao menos um zero entre -2 e -1.

14.17 Use a regra de sinais de Descartes para analisar as possíveis combinações de zeros positivos, negativos e imaginários para $f(x) = x^3 - 3x^2 + 2x + 8$.

Os coeficientes de $f(x)$ exibem duas mudanças de sinal. Assim, poderia haver dois ou nenhum zero real positivo em f. Para determinar o possível número de zeros negativos, considere $f(-x)$.

$$f(-x) = (-x)^3 - 3(-x)^2 + 2(-x) + 8 = -x^3 - 3x^2 - 2x + 8$$

Os coeficientes de $f(-x)$ exibem uma mudança de sinal. Logo, deve haver um zero real negativo para f. Como há três ou um zero real, pode haver nenhum ou dois zeros imaginários.
A tabela indica as possíveis combinações de zeros:

Positivo	Negativo	Imaginário
2	1	0
0	1	2

14.18 Use a regra de sinais de Descartes para analisar as possíveis combinações de zeros positivos, negativos e imaginários em $f(x) = -2x^6 + 3x^5 - 3x^3 + 5x^2 - 6x + 9$.

Os coeficientes de $f(x)$ exibem cinco mudanças de sinal. Assim, poderia haver cinco ou três zeros reais positivos em f ou um zero real positivo.
Para determinar o possível número de zeros negativos, considere $f(-x)$.

$$f(-x) = -2(-x)^6 + 3(-x)^5 - 3(-x)^3 + 5(-x)^2 - 6(-x) + 9$$
$$= -2x^6 - 3x^5 + 3x^3 + 5x^2 + 6x + 9$$

Os coeficientes de $f(-x)$ exibem uma mudança de sinal. Logo, deve haver um zero real negativo para f. Como há seis, quatro ou dois zeros reais, pode haver nenhum, dois ou quatro zeros imaginários.
A tabela indica as possíveis combinações de zeros:

Positivo	Negativo	Imaginário
5	1	0
3	1	2
1	1	4

14.19 Use a regra de sinais de Descartes para mostrar que $f(x) = x^3 + 7$ não tem zeros reais positivos e deve ter um zero real negativo.

Como $f(x)$ não exibe mudança alguma de sinal, não pode haver qualquer zero real positivo. Para calcular o possível número de zeros negativos, considere $f(-x)$.

$$f(-x) = (-x)^3 + 7 = -x^3 + 7$$

Os coeficientes de $f(-x)$ exibem uma mudança de sinal. Logo, deve haver um zero real negativo em f.

14.20 Use a regra de sinais de Descartes para mostrar que $f(x) = x^4 + 2x^2 + 1$ não tem zeros reais.

Como $f(x)$ não exibe mudança de sinal, não pode haver qualquer zero real positivo. Para calcular o possível número de zeros negativos, considere $f(-x)$.

$$f(-x) = (-x)^4 + 2(-x)^2 + 1 = x^4 + 2x^2 + 1$$

Como $f(-x)$ não exibe mudança de sinal, não deve haver qualquer zero real negativo em f. Uma vez que 0 não é um zero, não há zero real em $f(x)$.

14.21 Encontre o menor inteiro positivo e o maior inteiro negativo que são, respectivamente, cotas superior e inferior para os zeros de $f(x) = x^3 + 2x^2 - 3x - 5$.

Use o procedimento de divisão sintética por $x - c$, com $c =$ inteiros positivos sucessivos (é mostrada somente a última linha na divisão sintética).

	1	2	−3	−5
1	1	3	0	−5
2	1	4	5	5

Como a última linha na divisão sintética por $x - 2$ é toda positiva e a última linha na divisão sintética por $x - 1$ não é, 2 é o menor inteiro positivo que é uma cota superior para os zeros de f.

Use o procedimento de divisão sintética por $x - c$, com c = inteiros negativos sucessivos (é mostrada somente a última linha na divisão sintética).

	1	2	−3	−5
−1	1	1	−4	−1
−2	1	0	−3	1
−3	1	−1	0	−5

Como a última linha na divisão sintética por $x + 3$ alterna sinal (lembre que 0 pode ser considerado como positivo ou negativo neste contexto) e a última linha na divisão sintética por $x + 2$ não alterna, -3 é o maior inteiro negativo que é uma cota superior para os zeros de f.

14.22 Use o corolário do teorema do valor médio para localizar, entre inteiros sucessivos, os zeros de f no problema anterior.

A partir das divisões sintéticas levadas a cabo no problema acima, como $f(1)$ e $f(2)$ têm sinais opostos, há um zero de f entre 1 e 2. Analogamente, como $f(-1)$ e $f(-2)$ têm sinais opostos, há um zero de f entre -1 e -2. Finalmente, como $f(-2)$ e $f(-3)$ têm sinais opostos, há um zero de f entre -2 e -3.

14.23 Use o corolário do teorema do valor médio para localizar, entre inteiros sucessivos, os zeros de $f(x) = x^4 - 3x^3 - 6x^2 + 33x - 35$.

Use o procedimento para divisão sintética por $x - c$, com c = inteiros positivos sucessivos, em seguida 0 e, então, inteiros negativos sucessivos (é mostrada apenas a última linha na divisão sintética).

	1	−3	−6	33	−35
1	1	−2	−8	25	−10
2	1	−1	−8	17	−1
3	1	0	−6	15	10
4	1	1	−2	25	65
5	1	2	4	53	230
0	1	−3	−6	33	−35
−1	1	−4	−2	35	−70
−2	1	−5	4	25	−85
−3	1	−6	12	−3	−26
−4	1	−7	22	−55	185

Como $f(2)$ e $f(3)$ têm sinais opostos, há um zero de f entre 2 e 3. Nenhum outro zero real positivo pode ser isolado dos dados na tabela (5 é uma cota superior para os zeros reais positivos).

Uma vez que $f(-3)$ e $f(-4)$ têm sinais opostos, há um zero de f entre -3 e -4. Nenhum outro zero pode ser isolado dos zeros dados na tabela (-4 é uma cota inferior para os zeros reais negativos).

14.24 Faça uma lista dos possíveis zeros racionais de $x^3 - 5x^2 + 7x - 12$.

Do teorema sobre zeros racionais de polinômios com coeficientes inteiros, os possíveis zeros racionais são:

$$\frac{\text{Fatores de } -12}{\text{Fatores de } 1} = \frac{\pm 1, \pm 2, \pm 3, \pm 4, \pm 6, \pm 12}{\pm 1} = \pm 1, \pm 2, \pm 3, \pm 4, \pm 6, \pm 12$$

14.25 Liste os possíveis zeros racionais de $4x^3 + 5x^2 + 7x - 18$.

Do teorema sobre zeros racionais de polinômios com coeficientes inteiros, os possíveis zeros racionais são:

$$\frac{\text{Fatores de } -18}{\text{Fatores de } 4} = \frac{\pm 1, \pm 2, \pm 3, \pm 6, \pm 9, \pm 18}{\pm 1, \pm 2, \pm 4} = \pm 1, \pm 2, \pm 3, \pm 6 \pm 9, \pm 18, \pm\frac{1}{2}, \pm\frac{3}{2}, \pm\frac{9}{2}, \pm\frac{1}{4}, \pm\frac{3}{4}, \pm\frac{9}{4}$$

14.26 Encontre todos os zeros de $f(x) = x^3 + 3x^2 - 10x - 24$.

Da regra de sinais de Descartes, as seguintes combinações de zeros positivos, negativos e imaginários são possíveis.

Positivo	Negativo	Imaginário
1	2	0
1	0	2

Do teorema sobre zeros racionais de polinômios com coeficientes inteiros, os possíveis zeros racionais são ± 1, ± 2, ± 3, ± 4, ± 6, ± 8, ± 12, ± 24.

Use o procedimento para divisão sintética por $x - c$, com $c =$ inteiros positivos sucessivos desta lista (é mostrada apenas a última linha na divisão sintética).

	1	3	−10	−24
1	1	4	−6	−30
2	1	5	0	−24
3	1	6	8	0

Assim, 3 é um zero e o polinômio pode ser fatorado como:

$$f(x) = (x - 3)(x^2 + 6x + 8)$$
$$= (x - 3)(x + 2)(x + 4)$$

Logo, os zeros são 3, −2 e −4.

14.27 Encontre todos os zeros de $f(x) = 3x^4 + 16x^3 + 20x^2 - 9x - 18$.

A partir da regra de sinais de Descartes, as seguintes combinações de zeros positivos, negativos e imaginários são possíveis.

Positivo	Negativo	Imaginário
1	3	0
1	1	2

Do teorema sobre zeros racionais de polinômios com coeficientes inteiros, os possíveis zeros racionais são

$$\frac{\text{Fatores de } -18}{\text{Fatores de } 3} = \frac{\pm 1, \pm 2, \pm 3, \pm 6, \pm 9, \pm 18}{\pm 1, \pm 3} = \pm 1, \pm 2, \pm 3, \pm 6, \pm 9, \pm 18, \pm\frac{1}{3}, \pm\frac{2}{3}$$

Use o procedimento para divisão sintética por $x - c$, com $c =$ inteiros positivos sucessivos desta lista (é mostrada apenas a última linha na divisão sintética).

	3	16	20	−9	−18
1	3	19	39	30	12

Como $f(0)$ e $f(1)$ têm sinais contrários, o zero positivo está entre 0 e 1.

Agora use o procedimento para divisão sintética por $x - c$, com $c =$ inteiros negativos sucessivos da lista (é mostrada apenas a última linha na divisão sintética).

	3	16	20	−9	−18
−1	3	13	7	−16	−2
−2	3	10	0	−9	0

Assim, -2 é um zero e o polinômio pode ser fatorado como:

$$f(x) = (x + 2)(3x^3 + 10x^2 - 9)$$

Os possíveis zeros racionais do polinômio menor $3x^3 + 10x^2 - 9$ que não foram eliminados são -3, -9 e $\pm\frac{1}{3}$. A divisão sintética por $x-c$, com $c = -3$, leva a (é mostrada apenas a última linha na divisão sintética):

$$\begin{array}{r|rrrr} & 3 & 10 & 0 & -9 \\ \hline -3 & 3 & 1 & -3 & 0 \end{array}$$

Assim, -3 é um zero e o polinômio pode ser fatorado como:

$$f(x) = (x + 2)(x + 3)(3x^2 + x - 3)$$

Os demais zeros podem ser encontrados resolvendo $3x^2 + x - 3 = 0$ pelo uso da fórmula quadrática para obter $\dfrac{-1 \pm \sqrt{37}}{6}$, além de -2 e -3.

14.28 Encontre todos os zeros de $f(x) = 4x^4 - 4x^3 - 7x^2 - 6x + 18$.

Da regra de sinais de Descartes, as seguintes combinações de zeros positivos, negativos e imaginários são possíveis.

Positivo	Negativo	Imaginário
2	2	0
2	0	2
0	2	2
0	0	4

Do teorema sobre zeros racionais de polinômios com coeficientes inteiros, os possíveis zeros racionais são ± 1, ± 2, ± 3, ± 6, ± 9, ± 18, $\pm\frac{1}{2}$, $\pm\frac{3}{2}$, $\pm\frac{9}{2}$, $\pm\frac{1}{4}$, $\pm\frac{3}{4}$, $\pm\frac{9}{4}$.

Use o procedimento para divisão sintética por $x - c$, com $c =$ inteiros positivos sucessivos desta lista (é mostrada apenas a última linha na divisão sintética).

$$\begin{array}{r|rrrrr} & 4 & -4 & -7 & -6 & 18 \\ \hline 1 & 4 & 0 & -7 & -13 & 5 \\ 2 & 4 & 4 & 1 & -4 & 10 \\ 3 & 4 & 8 & 17 & 45 & 153 \end{array}$$

3 é uma cota superior para os zeros positivos de f. Agora use o procedimento para a divisão sintética por $x - c$, com $c =$ números racionais positivos sucessivos desta lista (é mostrada apenas a última linha na divisão sintética).

$$\begin{array}{r|rrrrr} & 4 & -4 & -7 & -6 & 18 \\ \hline \frac{1}{2} & 4 & -2 & -8 & -10 & 13 \\ \frac{3}{2} & 4 & 2 & -4 & -12 & 0 \end{array}$$

Assim, $\frac{3}{2}$ é um zero e o polinômio pode ser fatorado como:

$$f(x) = \left(x - \frac{3}{2}\right)(4x^3 + 2x^2 - 4x - 12) = (2x - 3)(2x^3 + x^2 - 2x - 6)$$

O único zero racional possível do polinômio menor $2x^3 + x^2 - 2x - 6$ que não foi eliminado de consideração é $\frac{3}{2}$. A divisão sintética por $x - c$, com $c = \frac{3}{2}$ conduz a (é mostrada apenas a última linha na divisão sintética):

	2	1	-2	-6
$\frac{3}{2}$	2	4	4	0

Logo, $\frac{3}{2}$ é um zero duplo do polinômio original, o qual pode ser fatorado como:

$$f(x) = (2x - 3)\left(x - \frac{3}{2}\right)(2x^2 + 4x + 4) = (2x - 3)^2(x^2 + 2x + 2)$$

Os demais zeros podem ser encontrados resolvendo $x^2 + 2x + 2 = 0$ pela fórmula quadrática para obter $-1 \pm i$, além do zero duplo $\frac{3}{2}$.

14.29 Esboce os gráficos das seguintes funções polinomiais:

(a) $f(x) = 2x^3 - 9$
(b) $f(x) = (x + 1)^4$
(c) $f(x) = -\frac{1}{2}(x + 3)^3 + 4$
(d) $f(x) = x^3 + 3x^2 - 10x - 24$
(e) $f(x) = 3x^4 + 16x^3 + 20x^2 - 9x - 18$
(f) $f(x) = 4x^4 - 4x^3 - 7x^2 - 6x + 18$

(a) O gráfico de $f(x) = 2x^3 - 9$ é o mesmo de $f(x) = x^3$ dilatado por um fator 2 em relação ao eixo y e transladado para baixo 9 unidades (ver Fig. 14-9).

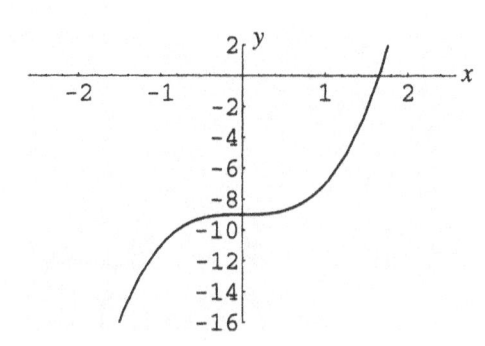

Figura 14-9

(b) O gráfico de $f(x) = (x + 1)^4$ é o mesmo de $f(x) = x^4$ transladado uma unidade para a esquerda (ver Fig. 14-10).

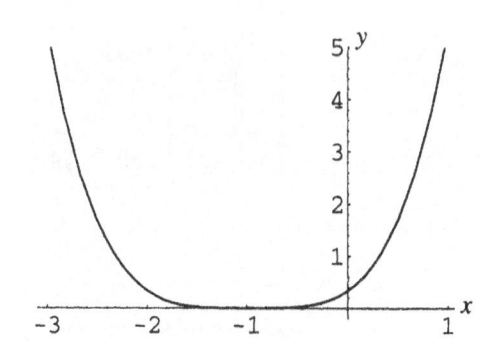

Figura 14-10

(c) O gráfico de $f(x) = -\frac{1}{2}(x+3)^3 + 4$ é o mesmo de $f(x) = x^3$ deslocado 3 unidades para a esquerda, contraído por um fator 2, refletido em relação ao eixo y e deslocado para cima 4 unidades (ver Fig. 14-11).

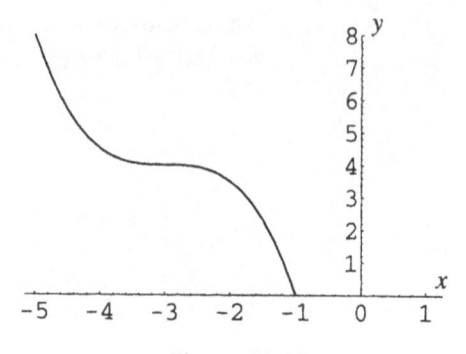

Figura 14-11

(d) No Problema 14-26 foi mostrado que $f(x) = x^3 + 3x^2 - 10x - 24 = (x-3)(x+2)(x+4)$. Use os métodos do Capítulo 6 para obter a tabela de sinais mostrada na Fig. 14-12.

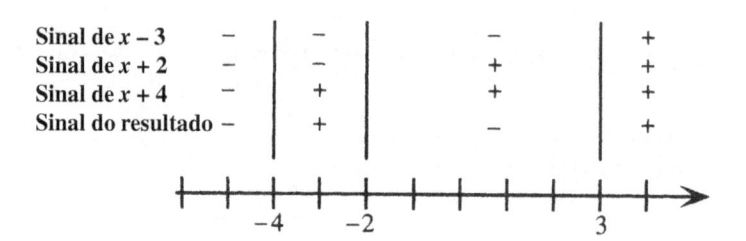

Figura 14-12

O gráfico tem interceptos x -4, -2 e 3 e está abaixo do eixo x nos intervalos $(-\infty, -4)$ e $(-2, 3)$, e acima do eixo x nos intervalos $(-4, -2)$ e $(3, \infty)$. Faça uma tabela de valores e esboce o gráfico como uma curva suave. Veja a Fig. 14-13 e sua tabela correspondente.

x	-5	-4	-3	-2	-1
y	-24	0	6	0	-12
x	0	1	2	3	4
y	-24	-30	-24	0	48

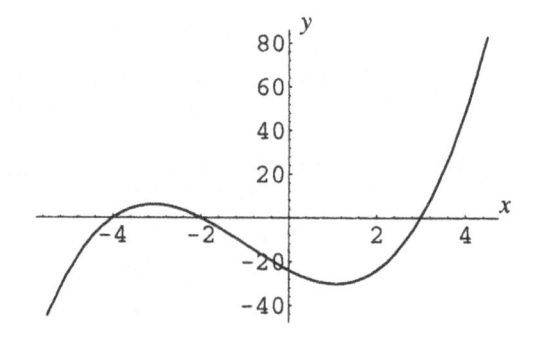

Figura 14-13

(e) No Problema 14-27 foi mostrado que $f(x) = (x+2)(x+3)(3x^2 + x - 3)$. Também foi mostrado que $\dfrac{-1 \pm \sqrt{37}}{6}$ são zeros do polinômio; logo, pelo teorema do fator, $f(x)$ pode ser completamente fatorado como:

$$f(x) = (x+2)(x+3)\left(x - \frac{-1+\sqrt{37}}{6}\right)\left(x - \frac{-1-\sqrt{37}}{6}\right)3$$

Para propósitos gráficos, os zeros irracionais podem ser aproximados como $0{,}85$ e $-1{,}2$. Uma tabela de sinais mostra que o gráfico tem interceptos x -3, -2, $-1{,}2$ e $0{,}85$ e está abaixo do eixo x nos intervalos $(-3, -2)$ e $(-1,2, 0{,}85)$, e acima do eixo x nos intervalos $(-\infty, -3)$, $(-2, -1{,}2)$ e $(0{,}85, \infty)$. Faça uma tabela de valores e esboce o gráfico como uma curva suave.

Veja a Fig. 14-14 e sua tabela correspondente.

x	-4	-3	-2	-1	0	1
y	82	0	0	-2	-18	12

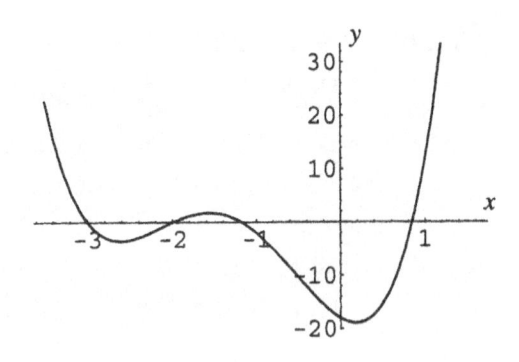

Figura 14-14

(f) No Problema 14-28 foi mostrado que $f(x) = (2x - 3)^2(x^2 + 2x + 2)$. Desse modo o gráfico do polinômio tem um intercepto x em $x = -\frac{3}{2}$ e está acima do eixo x em todos os demais valores de x. Faça uma tabela de valores e esboce o gráfico como uma curva suave.
Veja Fig. 14-15 e sua tabela correspondente.

x	-1,5	-1	-0,5	0
y	45	25	20	18
x	0,5	1	1,5	2
y	13	5	0	10

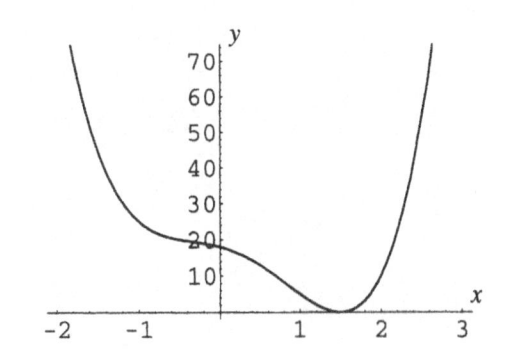

Figura 14-15

Problemas Complementares

14.30 Encontre o quociente e o resto para o que se segue:

(a) $(5x^4 + x^2 - 8x + 2) / (x^2 - 3x + 1)$
(b) $(x^5 + x^4 + 3x^3 - x^2 - x - 3) / (x^2 + x + 1)$
(c) $(x^3 - 3x^2 + 8x - 7) / (2x - 5)$
(d) $(x^6 - x^4 - 8x^3 + x + 2) / (x + 3)$

Resp. (a) Quociente: $5x^2 + 15x + 41$, resto: $100x - 39$; (b) quociente: $x^3 + 2x - 3$, resto: 0;
(c) quociente: $\frac{1}{2}x^2 - \frac{1}{4}x + \frac{27}{8}$, resto: $\frac{79}{8}$; (d) quociente: $x^5 - 3x^4 + 8x^3 - 32x^2 + 96x - 287$, resto: 863

14.31 Dada $f(x) = x^4 + 2x^3 + 6x^2 + 8x + 8$, calcule: (a) $f(-3)$; (b) $f(2i)$; (c) $f(3-i)$; (d) $f(-1+i)$.

Resp. (a) 65; (b) 0; (c) $144 - 192i$; (d) 0.

14.32 Encontre um polinômio $P(x)$ de menor grau, com coeficientes inteiros, tal que $\frac{3}{5}$ e $-3 - 2i$ sejam zeros.

Resp. $P(x) = a(5x^3 + 27x^2 + 47x - 39)$, sendo a um inteiro qualquer.

14.33 Mostre que $x+a$ é um fator de $x^n + a^n$ para todo n ímpar.

14.34 Mostre que $x+a$ é um fator de $x^n - a^n$ para todo n par.

14.35 Assumindo a validade do teorema fundamental da álgebra, prove o primeiro corolário do mesmo.

14.36 Prove: se $P(x)$ é um polinômio com coeficientes *reais*, e, se z é um zero complexo de $P(x)$, o complexo conjugado $\bar{z}$ é igualmente um zero de $P(x)$. (*Sugestão*: Assuma que z seja um zero de $P(x) = a_n x^n + a_{n-1} x^{n-1} + \ldots + a_1 x + a_0$ e use os fatos de que $\bar{a} = a$ se a é real, e que $\overline{z + w} = \bar{z} + \bar{w}$ e $\overline{zw} = \bar{z}\bar{w}$ para todos os números complexos.)

14.37 Localize os zeros de $f(x) = 6x^3 + 32x^2 + 41x + 12$ entre inteiros sucessivos.

Resp. Os zeros estão nos intervalos $(-4,-3)$, $(-2,-1)$ e $(-1,0)$.

14.38 Encontre todos os zeros para as funções polinomiais a seguir:

(a) $2x^3 - 5x^2 - 2x + 2$; (b) $x^4 + 2x^3 - 2x^2 - 6x - 3$; (c) $x^4 - x^3 - 3x^2 + 17x - 30$;

(d) $x^5 + 5x^3 + 6x$; (e) $3x^5 - 2x^4 - 9x^3 + 6x^2 - 12x + 8$

Resp. (a) $\{\frac{1}{2}, 1 \pm \sqrt{3}\}$; (b) $\{-1 \text{ (zero duplo)}, \pm\sqrt{3}\}$; (c) $\{2, -3, 1 \pm 2i\}$;

(d) $\{0, \pm i\sqrt{2}, \pm i\sqrt{3}\}$; (e) $\{\pm 2, \frac{2}{3}, \pm i\}$

14.39 Resolva as equações polinomiais:

(a) $x^3 - 19x - 30 = 0$ (b) $4x^3 + 40x = 22x^2 + 25$

(c) $x^5 - 5x^4 - 4x^3 + 36x^2 + 27x - 135 = 0$ (d) $-12x^4 - 8x^3 + 49x^2 + 39x - 18 = 0$

Resp. (a) $\{-3, -2, 5\}$; (b) $\left\{\frac{5}{2}, \frac{3 \pm i}{2}\right\}$; (c) $\{3, -2 \pm i\}$; (d) $\{2, \frac{1}{3}, -\frac{3}{2}\}$

14.40 Usando a informação do problema anterior, trace os gráficos de:

(a) $f(x) = x^3 - 19x - 30$ (b) $f(x) = 4x^3 - 22x^2 + 40x - 25$

(c) $f(x) = x^5 - 5x^4 - 4x^3 + 36x^2 + 27x - 135$ (d) $f(x) = -12x^4 - 8x^3 + 49x^2 + 39x - 18$

Resp. (a) Fig. 14-16; (b) Fig. 14-17; (c) Fig. 14-18; (d) Fig. 14-19.

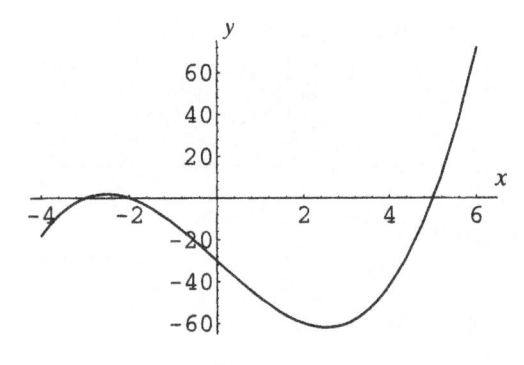

Figura 14-16

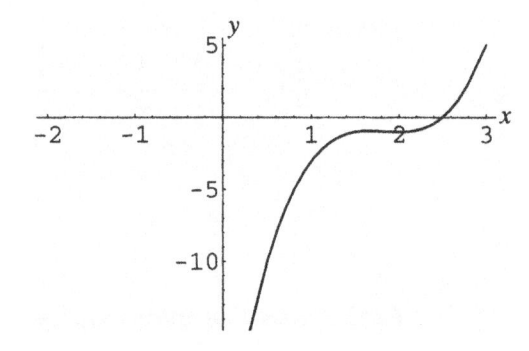

Figura 14-17

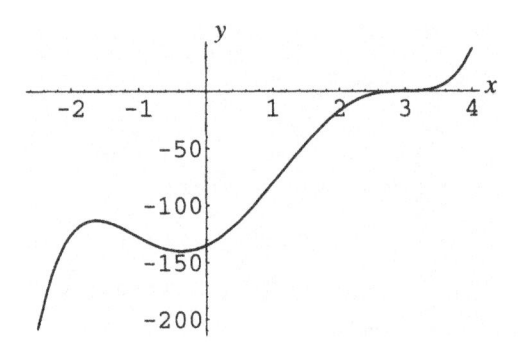

Figura 14-18

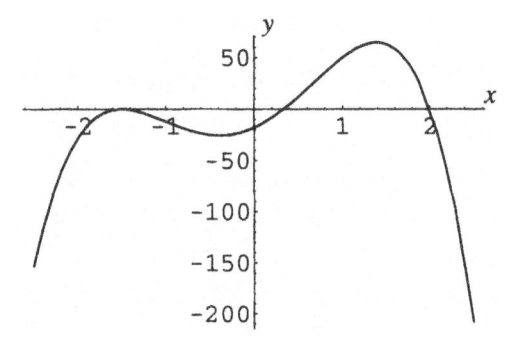

Figura 14-19

14.41 Uma caixa aberta é feita a partir de um pedaço quadrado de cartolina com 20 centímetros de lado, removendo quadrados de lado x e dobrando os lados. Encontre os possíveis valores de x se a caixa tiver um volume de 576 centímetros cúbicos. (Ver Fig. 14-20.)

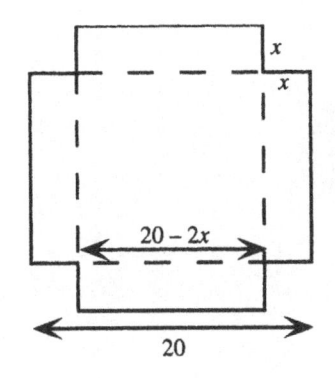

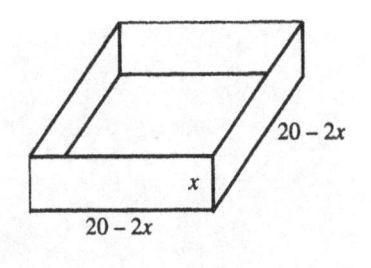

Figura 14-20

Resp. 4 centímetros, ou $8 - \sqrt{28} \approx 2{,}7$ centímetros.

14.42 Um silo está para ser construído no formato de um cilindro circular reto com um topo hemisférico (ver Fig. 14-21). Se a altura total do silo é 30 pés e o volume total é 1.008π pés cúbicos, determine o raio do cilindro.

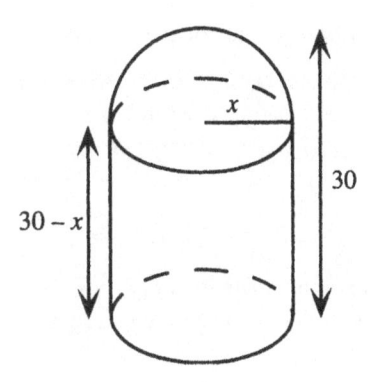

Figura 14-21

Resp. 6 pés.

Capítulo 15

Funções Racionais

DEFINIÇÃO DE FUNÇÃO RACIONAL

Uma função racional é qualquer função que pode ser especificada por uma regra escrita como $f(x) = \dfrac{P(x)}{Q(x)}$, onde $P(x)$ e $Q(x)$ são funções polinomiais. O domínio de uma função $Q(x)$ racional é o conjunto de todos os números reais para os quais $Q(x) \neq 0$. Normalmente, é assumido que a expressão racional $P(x)/Q(x)$ está na forma de termos de menor grau, ou seja, $P(x)$ e $Q(x)$ não têm fatores em comum (veja abaixo a análise de casos nos quais tal hipótese não é assumida).

Exemplo 15.1 $f(x) = \dfrac{12}{x}$, $g(x) = \dfrac{x^2}{x^2 - 9}$, $h(x) = \dfrac{(x+1)(x-4)}{x(x-2)(x+3)}$ e $k(x) = \dfrac{3x}{x^2 + 4}$ são exemplos de funções racionais. Os domínios são, respectivamente, para f, $\{x \in \mathbf{R} | x \neq 0\}$, para g, $\{x \in \mathbf{R} | x \neq \pm 3\}$, para h, $\{x \in \mathbf{R} | x \neq 0, 2, -3\}$ e para k, $\mathbf{R}$ (já que o polinômio do denominador jamais é 0).

GRÁFICO DE UMA FUNÇÃO RACIONAL

O gráfico de uma função racional é analisado em termos da simetria, interceptos, assíntotas e comportamento do sinal da função.

1. Se $Q(x)$ não tem zeros reais, o gráfico de $P(x)/Q(x)$ é uma curva suave para todo real x.
2. Se $Q(x)$ tem zeros reais, o gráfico de $P(x)/Q(x)$ consiste de curvas suaves em cada intervalo aberto que não inclui um zero. O gráfico tem *assíntotas verticais* em cada zero de $Q(x)$.

ASSÍNTOTAS VERTICAIS

A reta $x = a$ é uma assíntota vertical do gráfico de uma função f se, à medida que x se aproxima de a pelos valores maiores ou menores que a, o valor da função cresce acima de quaisquer valores, positivos ou negativos. Os casos são mostrados na seguinte tabela, acompanhados com a notação geralmente empregada.

Notação	Significado	Gráfico
$\lim_{x \to a^-} f(x) = \infty$	Enquanto x se aproxima de a pela esquerda, $f(x)$ é positivo e cresce além de quaisquer valores.	*Figura 15-1*
$\lim_{x \to a^-} f(x) = -\infty$	Enquanto x se aproxima de a pela esquerda, $f(x)$ é negativo e decresce além de quaisquer valores.	*Figura 15-2*
$\lim_{x \to a^+} f(x) = \infty$	Enquanto x se aproxima de a pela direita, $f(x)$ é positivo e cresce além de quaisquer valores.	*Figura 15-3*
$\lim_{x \to a^+} f(x) = -\infty$	Enquanto x se aproxima de a pela direita, $f(x)$ é negativo e decresce além de quaisquer valores.	*Figura 15-4*

Exemplo 15.2 Explique por que a reta $x = 2$ é uma assíntota vertical do gráfico de $f(x) = \dfrac{3}{x-2}$.

Considere os valores de $y = f(x)$ próximos de $x = 2$, como mostrado na tabela:

x	1	1,9	1,99	1,999	3	2,1	2,01	2,001
y	−3	−30	−300	−3000	3	30	300	3000

Claramente, à medida que x se aproxima de 2 pela esquerda, $f(x)$ é negativo e decresce além de quaisquer valores, e à medida que x se aproxima de 2 pela direita, $f(x)$ é positivo e cresce além de quaisquer valores, ou seja, $\lim\limits_{x \to 2^-} f(x) = -\infty$ e $\lim\limits_{x \to 2^+} f(x) = \infty$. Assim, $x = 2$ é uma assíntota vertical do gráfico.

ASSÍNTOTAS HORIZONTAIS

A reta $y = a$ é uma assíntota horizontal do gráfico de uma função f se, à medida que x cresce indefinidamente para valores positivos ou negativos, $f(x)$ se aproxima do valor a. Os casos são mostrados na seguinte tabela, acompanhados da notação geralmente usada.

Notação	Significado	Gráfico
$\lim\limits_{x \to \infty} f(x) = a$	Enquanto x aumenta indefinidamente, $f(x)$ se aproxima do valor a. [Na figura, $f(x) < a$ para valores positivos grandes de x.]	Figura 15-5
$\lim\limits_{x \to \infty} f(x) = a$	Enquanto x aumenta indefinidamente, $f(x)$ se aproxima do valor a. [Na figura, $f(x) > a$ para valores positivos grandes de x.]	Figura 15-6
$\lim\limits_{x \to -\infty} f(x) = a$	Enquanto x diminui indefinidamente, $f(x)$ se aproxima do valor a. [Na figura, $f(x) < a$ para valores negativos grandes de x.]	Figura 15-7

Notação	Significado	Gráfico
$\lim_{x \to -\infty} f(x) = a$	Enquanto x diminui indefinidamente, $f(x)$ se aproxima do valor a. [Na figura, $f(x) > a$ para valores negativos grandes de x.]	*Figura 15-8*

ENCONTRANDO ASSÍNTOTAS HORIZONTAIS

Seja

$$f(x) = \frac{P(x)}{Q(x)} = \frac{a_n x^n + \cdots + a_1 x + a_0}{b_m x^m + \cdots + b_1 x + b_0}$$

com $a_n \neq 0$ e $b_m \neq 0$. Logo,

1. Se $n < m$, o eixo x é uma assíntota horizontal do gráfico de f.
2. Se $n = m$, a reta $y = a_n / b_m$ é uma assíntota horizontal do gráfico de f.
3. Se $n > m$, não existe assíntota horizontal do gráfico de f. Ao contrário, à medida que $x \to \infty$ e $x \to -\infty$, $f(x) \to \infty$ ou $f(x) \to -\infty$.

Exemplo 15.3 Encontre as assíntotas horizontais, se houver, de $f(x) = \frac{2x + 1}{x - 5}$

Como o numerador e o denominador têm ambos grau 1, o quociente pode ser escrito como:

$$f(x) = \frac{2x + 1}{x} \div \frac{x - 5}{x} = \frac{2 + \frac{1}{x}}{1 - \frac{5}{x}}$$

Para valores grandes, positivos ou negativos, de x, isso é muito próximo de $\frac{2}{1}$, a razão entre os primeiros coeficientes; logo, $f(x) \to 2$. A reta $y = 2$ é uma assíntota horizontal.

ASSÍNTOTAS OBLÍQUAS

Seja

$$f(x) = \frac{P(x)}{Q(x)} = \frac{a_n x^n + \cdots + a_1 x + a_0}{b_m x^m + \cdots + b_1 x + b_0}$$

com $a_n \neq 0$ e $b_m \neq 0$. Então, se $n = m+1$, $f(x)$ pode ser reescrito usando a divisão longa (ver Capítulo 14) na forma:

$$f(x) = ax + b + \frac{R(x)}{Q(x)}$$

onde o grau de $R(x)$ é menor que o grau de $Q(x)$. Logo, se $x \to \infty$ ou $x \to -\infty$, $f(x) \to ax + b$ e a reta $y = ax+b$ é uma assíntota oblíqua do gráfico da função.

Exemplo 15.4 Encontre a assíntota oblíqua do gráfico da função $f(x) = \frac{x^3 + 1}{x^2 + x - 2}$.

Use o procedimento da divisão longa para escrever $f(x) = x - 1 + \dfrac{3x-1}{x^2+x-2}$. Logo, se $x \to \infty$ ou $x \to -\infty$, $f(x) \to x - 1$ e a reta $y = x-1$ é uma assíntota oblíqua do gráfico da função.

ESBOÇANDO O GRÁFICO DE UMA FUNÇÃO RACIONAL

Para esboçar o gráfico de uma função racional $y = f(x) = \dfrac{P(x)}{Q(x)}$:

1. Calcule os interceptos x do gráfico [os zeros reais de $P(x)$] e marque os pontos correspondentes. Encontre os interceptos y [$f(0)$, assumindo que 0 está no domínio de f] e marque o ponto $(0, f(0))$. Analise a função para quaisquer simetrias em relação aos eixos ou à origem.
2. Calcule os zeros reais de $Q(x)$ e marque cada assíntota vertical do gráfico no esboço.
3. Encontre cada assíntota horizontal ou oblíqua do gráfico e marque no esboço.
4. Determine se o gráfico intercepta a assíntota horizontal ou oblíqua. Os gráficos de $y = f(x)$ e $y = ax + b$ se interceptarão em soluções reais de $f(x) = ax + b$.
5. Determine a partir de uma tabela de sinais, se necessário, os intervalos nos quais a função é positiva e negativa. Verifique o comportamento da função próximo das assíntotas.
6. Esboce o gráfico de f em cada uma das regiões encontradas no passo 5.

Exemplo 15.5 Esboce o gráfico da função $f(x) = -12/x$.

1. O gráfico não tem interceptos x ou y. Como $f(-x) = -f(x)$, a função é ímpar e o gráfico tem simetria em relação à origem.
2. Já que 0 é o único zero do denominador, o eixo y, $x = 0$, é a única assíntota vertical.
3. Como o grau do denominador é maior que o grau do numerador, o eixo x, $y = 0$, é a assíntota horizontal.
4. Uma vez que não há solução para a equação $-12/x = 0$, o gráfico não intercepta a assíntota horizontal.
5. Se x é negativo, $f(x)$ é positivo. Se x é positivo, $f(x)$ é negativo. Logo, $\lim\limits_{x \to 0^-} f(x) = \infty$ e $\lim\limits_{x \to 0^+} f(x) = -\infty$.
6. Esboce o gráfico (Fig. 15-9).

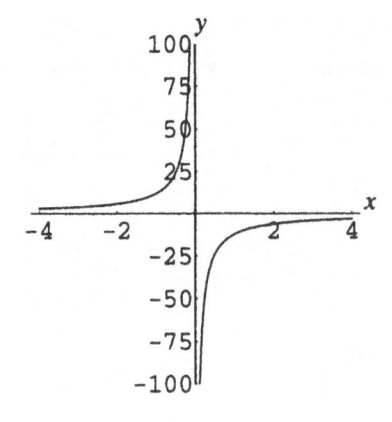

Figura 15-9

Problemas Resolvidos

15.1 Encontre as assíntotas verticais dos gráficos de:

(a) $f(x) = \dfrac{x}{x^2-4}$ (b) $f(x) = \dfrac{2x}{x^2+4}$ (c) $f(x) = \dfrac{2x-1}{x^2-x-2}$ (d) $f(x) = \dfrac{3}{x^3+8}$

(a) Como os zeros reais de $x^2 - 4$ são ± 2, as assíntotas verticais são $x = \pm 2$.

(b) Como $x^2 + 4$ não tem zeros reais, não há assíntotas verticais.

(c) Como os zeros reais de $x^2 - x - 2$ são 2 e -1, as assíntotas verticais são $x = 2$ e $x = -1$.

(d) Como o único zero real de $x^3 + 8$ é -2, a única assíntota vertical é $x = -2$.

15.2 Verifique as assíntotas verticais do gráfico de $f(x) = \dfrac{x^2 - x}{x^2 - 1}$.

À primeira vista, parece que o gráfico tem assíntotas verticais $x = \pm 1$, já que estes são zeros reais do polinômio no denominador. No entanto, a expressão da função não está com seus termos em menor grau. De fato,

$$f(x) = \frac{x(x-1)}{(x+1)(x-1)} = \frac{x}{x+1} \text{ se } x \neq 1$$

Como à medida que $x \to 1^+$ ou $x \to 1^-$, o valor da função não aumenta ou diminui indefinidamente, a reta $x = 1$ não é uma assíntota vertical, e a única assíntota vertical é $x = -1$.

15.3 Determine as assíntotas horizontais dos gráficos de:

(a) $f(x) = \dfrac{4x^2}{x^2 + 4}$ (b) $f(x) = \dfrac{x^2}{x + 4}$ (c) $f(x) = \dfrac{2x}{x^2 - 4}$ (d) $f(x) = \dfrac{3x^2 + 5x + 2}{4x^2 + 1}$

(a) Como o numerador e o denominador têm grau 2, o quociente pode ser escrito como

$$f(x) = \frac{4x^2}{x^2} \div \frac{x^2 + 4}{x^2} = \frac{4}{1 + \dfrac{4}{x^2}}$$

Para valores grandes, positivos ou negativos, de x, isso é muito próximo de $\frac{4}{1}$, a razão entre os primeiros coeficientes; assim, $f(x) \to x - 4$. A reta $y = 4$ é uma assíntota horizontal.

(b) Como o grau do numerador é maior que o grau do denominador, o gráfico não tem assíntota horizontal.

(c) Já que o grau do numerador é menor que o grau do denominador, o eixo x, $y = 0$, é a assíntota horizontal.

(d) Uma vez que o numerador e o denominador têm grau 2, o quociente pode ser escrito como

$$f(x) = \frac{3x^2 + 5x + 2}{x^2} \div \frac{4x^2 + 1}{x^2} = \frac{3 + \dfrac{5}{x} + \dfrac{2}{x^2}}{4 + \dfrac{1}{x^2}}$$

Para valores grandes, positivos ou negativos, de x, isso é muito próximo de $\frac{3}{4}$, a razão entre os primeiros coeficientes; logo, $f(x) \to \frac{3}{4}$. A reta $y = \frac{3}{4}$ é uma assíntota horizontal.

15.4 Encontre as assíntotas oblíquas dos gráficos de:

(a) $f(x) = \dfrac{x^2}{x + 4}$ (b) $f(x) = \dfrac{x^3}{x + 4}$ (c) $f(x) = \dfrac{x^2 - 5x + 3}{2x - 5}$ (d) $f(x) = \dfrac{2x^3 - x}{x^2 + 2x + 1}$

(a) Use o procedimento da divisão sintética para escrever $f(x) = x - 4 + \dfrac{16}{x + 4}$. Logo, se $x \to \infty$ ou $x \to -\infty$, $f(x) \to x - 4$ e a reta $y = x - 4$ é uma assíntota oblíqua do gráfico da função.

(b) Já que o grau do numerador não é igual a uma unidade a mais que o grau do denominador, o gráfico não admite uma assíntota oblíqua. No entanto, se o procedimento da divisão sintética é usado para escrever

$$f(x) = x^2 - 4x + 16 + \frac{-64}{x + 4}$$

então, se $x \to \infty$ ou $x \to -\infty$, $f(x) \to x^2 - 4x + 16$. O gráfico de f é dito, portanto, se *aproximar assintoticamente* da curva $y = x^2 - 4x + 16$.

(c) Use o procedimento da divisão longa para escrever $f(x) = \dfrac{1}{2}x - \dfrac{5}{4} + \dfrac{-\frac{13}{4}}{2x - 5}$. Logo, se $x \to \infty$ ou $x \to -\infty$, $f(x) \to \dfrac{1}{2}x - \dfrac{5}{4}$ e a reta $y = \dfrac{1}{2}x - \dfrac{5}{4}$ é uma assíntota oblíqua do gráfico da função.

(d) Use o procedimento da divisão longa para escrever $f(x) = 2x - 4 + \dfrac{5x + 4}{x^2 + 2x + 1}$. Portanto, se $x \to \infty$ ou $x \to -\infty$, $f(x) \to 2x - 4$ e a reta $y = 2x - 4$ é uma assíntota oblíqua do gráfico da função.

15.5 Esboce um gráfico de $f(x) = \dfrac{4}{x + 2}$.

Aplique os passos listados acima para esboçar o gráfico de uma função racional.

Como $f(0) = 2$, o intercepto y é 2. Já que $f(x)$ nunca é 0, não há intercepto x. O gráfico não tem simetria em relação a eixos ou à origem.

Com o $x + 2 = 0$ quando $x = -2$, essa reta é a única assíntota vertical.

Já que o grau do denominador é maior que o grau do numerador, o eixo x é a assíntota horizontal.
Uma vez que $f(x) = 0$ não admite soluções, o gráfico não cruza sua assíntota horizontal.
Uma tabela de sinais mostra que os valores da função são negativos em $(-\infty, -2)$ e positivos em $(-2, \infty)$. Assim, $\lim_{x \to -2^-} f(x) = -\infty$ e $\lim_{x \to -2^+} f(x) = \infty$.
O gráfico é mostrado na Fig. 15-10.

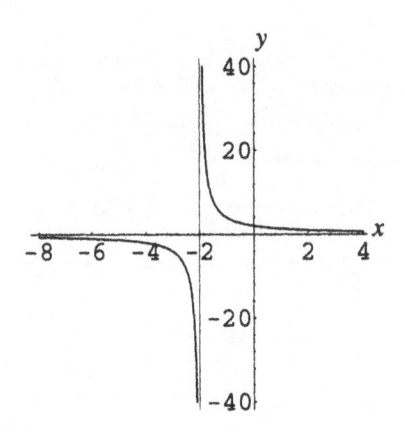

Figura 15-10

15.6 Esboce um gráfico de $f(x) = -\dfrac{3}{x^2}$

O gráfico não tem interceptos x ou y. Como $f(-x) = f(x)$, a função é par e o gráfico tem simetria em relação ao eixo y.
Uma vez que $x^2 = 0$ quando $x = 0$, o eixo y é a única assíntota vertical.
Já que o grau do denominador é maior que o grau do numerador, o eixo x é a assíntota horizontal. Como $f(x) = 0$ não tem solução, o gráfico não corta sua assíntota horizontal.
Uma vez que x^2 nunca é negativo, os valores da função são negativos por todo o domínio. Assim, $\lim_{x \to 0^-} f(x) = -\infty$ e $\lim_{x \to 0^+} f(x) = -\infty$.
O gráfico é mostrado na Fig. 15-11.

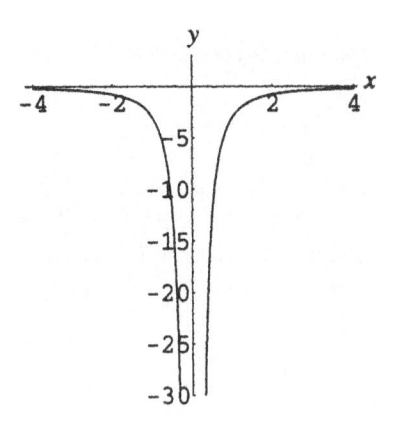

Figura 15-11

15.7 Esboce o gráfico de $f(x) = \dfrac{x+3}{x-2}$.

Uma vez que $f(0) = -\dfrac{3}{2}$, o intercepto y é $-\dfrac{3}{2}$. Já que $f(x) = 0$ se $x = -3$, o intercepto x é -3. O gráfico não tem simetria em relação aos eixos ou à origem.
Como $x - 2 = 0$ quando $x = 2$, essa reta é a única assíntota vertical.

Como o numerador e o denominador têm ambos grau 1 e a razão entre os primeiros coeficientes é $\frac{1}{1}$, ou 1, a reta $y = 1$ é a assíntota horizontal.

Já que $f(x) = 1$ não admite solução, o gráfico não corta sua assíntota horizontal.

Uma tabela de sinais mostra que os valores da função são positivos em $(-\infty, -3)$ e $(2,\infty)$ e negativos em $(-3,2)$. Logo, $\lim_{x \to 2^-} f(x) = -\infty$ e $\lim_{x \to 2^+} f(x) = \infty$.

O gráfico é mostrado na Fig. 15-12.

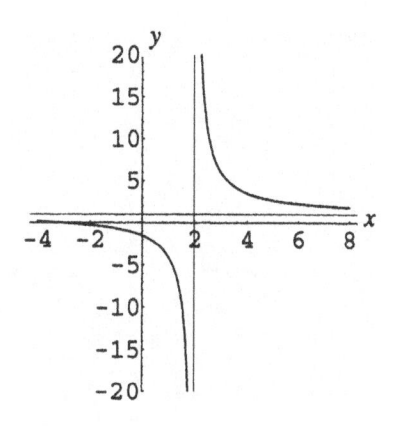

Figura 15-12

15.8 Esboce o gráfico de $f(x) = \dfrac{2x}{x^2 - 4}$.

Uma vez que $f(0) = 0$ e este é o único zero da função, o intercepto x e o intercepto y são 0, ou seja, o gráfico passa pela origem. Já que $f(-x) = -f(x)$, a função é ímpar e o gráfico tem simetria com relação à origem.

Como $x^2 - 4 = 0$ quando $x = \pm 2$, essas retas são assíntotas verticais do gráfico.

Como o grau do denominador é maior que o grau do numerador, o eixo x é a assíntota horizontal. Já que $f(x) = 0$ admite a solução 0, o gráfico cruza sua assíntota horizontal na origem.

Uma tabela de sinais mostra que os valores da função são positivos em $(-2,0)$ e $(2,\infty)$ e negativos em $(-\infty, -2)$ e $(0,2)$. Logo, $\lim_{x \to -2^-} f(x) = -\infty$ e $\lim_{x \to -2^+} f(x) = \infty$, e também $\lim_{x \to 2^-} f(x) = -\infty$ e $\lim_{x \to 2^+} f(x) = \infty$.

O gráfico é mostrado na Fig. 15-13.

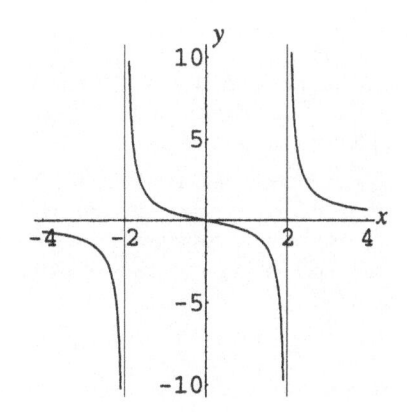

Figura 15-13

15.9 Esboce o gráfico de $f(x) = \dfrac{-2x^2}{x^2 - 4}$.

Uma vez que $f(0) = 0$, o intercepto x e o intercepto y são ambos 0, ou seja, o gráfico passa pela origem. Já que $f(-x) = f(x)$, a função é par e o gráfico tem simetria com relação ao eixo y.

Como $x^2 - 4 = 0$ quando $x = \pm 2$, estas retas são assíntotas verticais do gráfico.

Como o numerador e o denominador têm grau 2 e a razão entre os primeiros coeficientes é $-\frac{2}{1}$, ou -2, a reta $y = -2$ é a assíntota horizontal.

Já que $f(x) = -2$ não admite solução, o gráfico não cruza sua assíntota horizontal.

Uma tabela de sinais mostra que os valores da função são positivos em $(-2,2)$ e negativos em $(-\infty, -2)$ e $(2,\infty)$. Logo, $\lim_{x \to -2^-} f(x) = -\infty$ e $\lim_{x \to -2^+} f(x) = \infty$, e também $\lim_{x \to 2^-} f(x) = \infty$ e $\lim_{x \to 2^+} f(x) = -\infty$.

Além disso, como o comportamento próximo da assíntota $x = 2$ mostra que os valores da função são grandes e negativos para x maior que 2 e, uma vez que o gráfico não cruza sua assíntota horizontal, o gráfico deve, portanto, se aproximar da assíntota horizontal por *baixo*, para valores grandes de x. O comportamento para x grande e negativo é parecido, já que a função é par.

O gráfico é mostrado na Fig. 15-14.

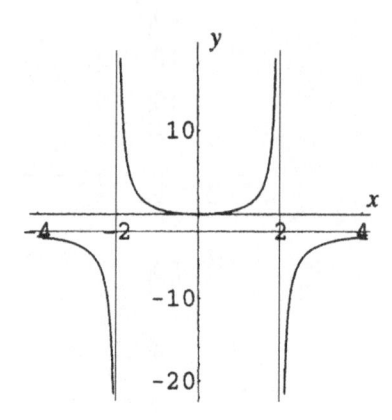

Figura 15-14

15.10 Esboce o gráfico de $f(x) = \dfrac{x^3}{x^2 - 4}$.

Como $f(0) = 0$ e este é o único zero da função, o intercepto x e o intercepto y são 0; ou seja, o gráfico passa pela origem.

Já que $f(-x) = -f(x)$, a função é ímpar e o gráfico tem simetria em relação à origem.

Uma vez que $x^2 - 4 = 0$ quando $x = \pm 2$, essas retas são assíntotas verticais do gráfico.

Como o grau do numerador é uma unidade a mais que o grau do denominador, o gráfico admite uma assíntota oblíqua. A divisão longa mostra que

$$f(x) = \frac{x^3}{x^2 - 4} = x + \frac{4x}{x^2 - 4}$$

Assim, se $x \to \infty$, $f(x) \to x$ e a reta $y = x$ é a assíntota oblíqua.

Como $f(x) = x$ tem solução 0, o gráfico cruza a assíntota oblíqua na origem.

Uma tabela de sinais mostra que os valores da função são positivos em $(-2,0)$ e $(2,\infty)$ e negativos em $(-\infty,-2)$ e $(0,2)$: $\lim_{x \to -2^-} f(x) = -\infty$ e $\lim_{x \to -2^+} f(x) = \infty$, e também $\lim_{x \to 2^-} f(x) = -\infty$ e $\lim_{x \to 2^+} f(x) = \infty$.

Além disso, como o comportamento próximo à assíntota $x = 2$ mostra que os valores da função são grandes e positivos para x maior que 2 e como o gráfico não cruza sua assíntota oblíqua aqui, o gráfico deve, portanto, se aproximar da assíntota por *cima*, para valores grandes e positivos de x. Já que a função é ímpar, o gráfico deve, consequentemente, se aproximar da assíntota oblíqua por *baixo*, para valores grandes e negativos de x.

O gráfico é exibido na Fig. 15-15.

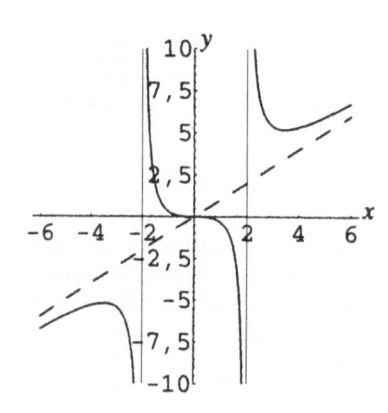

Figura 15-15

15.11 Esboce um gráfico de $f(x) = \dfrac{x^2 + x}{x^2 - 3x + 2}$.

Como $f(0) = 0$, o intercepto y é 0. Como $x^2 + x = 0$ quando $x = 0$ e -1, ambos são interceptos x. O gráfico passa pela origem. Não há simetria óbvia.

Já que $x^2 - 3x + 2 = 0$ quando $x = 1$ e 2, essas retas são assíntotas verticais.

Uma vez que o numerador e o denominador têm grau 2 e a razão dos primeiros coeficientes é $\frac{1}{1}$, ou 1, a reta $y = 1$ é a assíntota horizontal.

Como $f(x) = 1$ tem a solução $\frac{1}{2}$, o gráfico cruza a assíntota horizontal em $(\frac{1}{2}, 1)$.

Uma tabela de sinais mostra que os valores da função são negativos em $(-1, 0)$ e $(1, 2)$ e positivos em $(-\infty, -1)$, $(0, 1)$ e $(2, \infty)$. Logo, $\lim\limits_{x \to 1^-} f(x) = \infty$ e $\lim\limits_{x \to 1^+} f(x) = -\infty$ e, também, $\lim\limits_{x \to 2^-} f(x) = -\infty$ e $\lim\limits_{x \to 2^+} f(x) = \infty$.

Além disso, como o comportamento próximo à assíntota $x = 2$ mostra que os valores da função são grandes e positivos para x maior que 2 e como o gráfico não cruza sua assíntota horizontal nesse ponto, o gráfico deve, portanto, se aproximar da assíntota por *cima*, para valores grandes e positivos de x. Da mesma forma, o gráfico deve se aproximar da assíntota horizontal por *baixo*, para valores grandes e negativos de x.

O gráfico é exibido na Fig. 15-16.

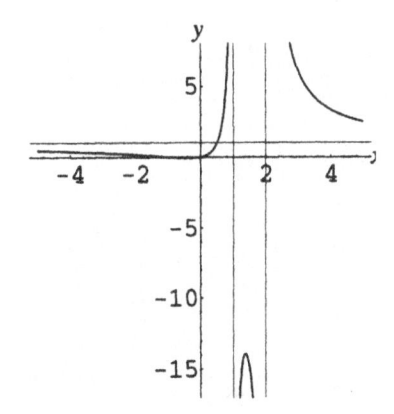

Figura 15-16

15.12 Esboce um gráfico de $f(x) = \dfrac{x^2 - 9}{x^2 + 4}$

Como $f(0) = -\frac{9}{4}$, o intercepto y é $-\frac{9}{4}$. Uma vez que $x^2 - 9 = 0$ quando $x = \pm 3$, ambos são interceptos x. Já que $f(-x) = f(x)$, a função é par e o gráfico tem simetria com relação ao eixo y.

Como $x^2 + 4$ não tem zeros reais, o gráfico não admite assíntotas verticais.

Como o numerador e o denominador têm grau 2 e a razão entre os primeiros coeficientes é $\frac{1}{1}$, ou 1, a reta $y = 1$ é a assíntota horizontal.

Já que $f(x) = 1$ não tem soluções, o gráfico não cruza a assíntota horizontal.

Uma tabela de sinais mostra que os valores da função são positivos em $(-\infty, -3)$ e $(3, \infty)$ e negativos em $(-3, 3)$.

O gráfico é exibido na Fig. 15-17.

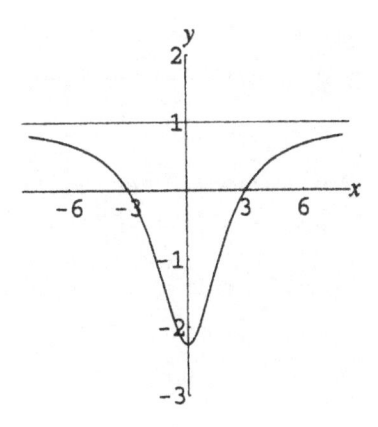

Figura 15-17

15.13 Como um exemplo do caso especial em que o numerador e o denominador de uma expressão racional têm fatores em comum, analise e esboce um gráfico de $f(x) = \dfrac{x^2 - 4}{x^2 - 3x + 2}$.

Fatorando o numerador e o denominador tem-se:

$$f(x) = \frac{(x-2)(x+2)}{(x-2)(x-1)} = \frac{x+2}{x-1} \quad \text{para } x \neq 2$$

Assim, o gráfico da função é idêntico ao gráfico de $g(x) = (x+2)/(x-1)$, exceto que 2 não está no domínio de f. Faça um gráfico de $y = g(x)$. O gráfico de $y = f(x)$ é convencionalmente exibido como o gráfico de g com um pequeno círculo centrado em (2,4) para indicar que esse ponto não pertence ao gráfico.

Como $g(0) = -2$, o intercepto y é -2. Já que $g(x) = 0$ se $x = -2$, o intercepto x é -2. O gráfico não tem qualquer simetria com relação aos eixos ou à origem.

Já que $x - 1 = 0$ quando $x = 1$, essa reta é a única assíntota vertical.

Uma vez que o numerador e o denominador têm grau 1 e a razão entre os primeiros coeficientes é $\frac{1}{1}$, ou 1, a reta $y = 1$ é a assíntota horizontal.

Como $g(x) = 1$ não tem soluções, o gráfico não cruza sua assíntota horizontal.

Uma tabela de sinais mostra que os valores da função são positivos em $(-\infty, -2)$ e $(1, \infty)$ e negativos em $(-2, 1)$. Assim, $\lim\limits_{x \to 1^-} g(x) = -\infty$ e $\lim\limits_{x \to 1^+} g(x) = \infty$.

O gráfico é mostrado na Fig. 15-18.

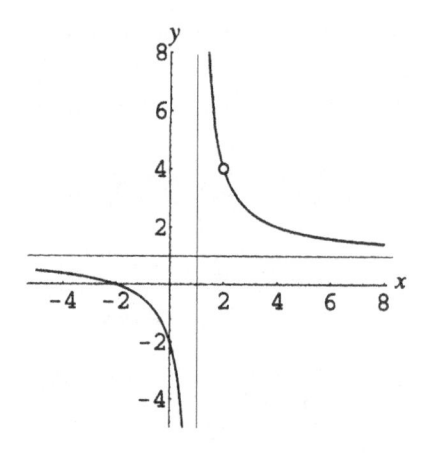

Figura 15-18

Problemas Complementares

15.14 Encontre todos os interceptos nos gráficos das seguintes funções racionais:

(a) $f(x) = \dfrac{2x}{x+4}$; (b) $f(x) = \dfrac{4x^2 - 1}{x^2 + 4}$; (c) $f(x) = \dfrac{x-1}{x^2 - 4x}$; (d) $f(x) = \dfrac{x^3 + 27}{x^4 - 5x^2 + 4}$

Resp. (a) intercepto x: 0, intercepto y: 0; (b) intercepto x: $\pm\frac{1}{2}$, intercepto y: $-\frac{1}{4}$;

(c) intercepto x: 1, intercepto y: nenhum; (d) intercepto x: -3, intercepto y: $\frac{27}{4}$

15.15 Encontre todas as assíntotas horizontais e verticais nos gráficos do problema anterior.

Resp. (a) horizontal: $y = 2$, vertical: $x = -4$; (b) horizontal: $y = 4$, vertical: $x = $ nenhuma;

(c) horizontal: $y = 0$, vertical: $x = 0, x = 4$; (d) horizontal: $y = 0$, vertical: $x = \pm 1, x = \pm 2$

15.16 (a) Mostre interceptos e assíntotas e esboce o gráfico de $f(x) = \dfrac{2x}{x-2}$.

(b) Mostre que f é uma função injetora em seu domínio e que $f(x) = f^{-1}(x)$.

Resp. (*a*) Interceptos: a origem.
Assíntotas: $x = 2, y = 2$.
O gráfico é exibido na Fig. 15-19.

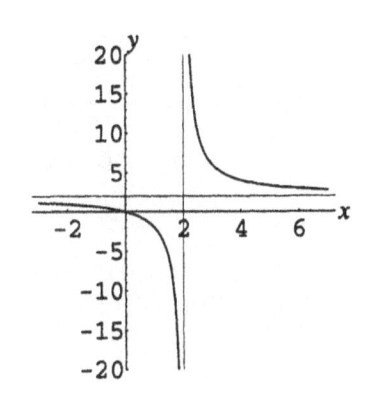

Figura 15-19

15.17 Mostre interceptos e assíntotas e esboce o gráfico de $f(x) = \dfrac{2x^2}{x-2}$.

Resp. Interceptos: a origem.
Assíntotas: $x = 2, y = 2x + 4$.
O gráfico é exibido na Fig. 15-20.

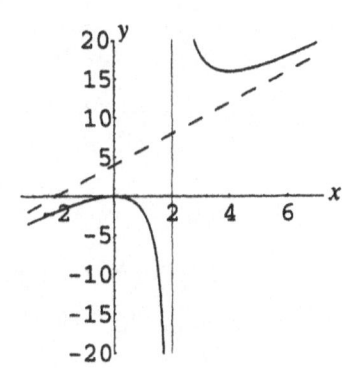

Figura 15-20

15.18 Mostre interceptos e assíntotas e esboce o gráfico de $f(x) = \dfrac{2}{(x-2)^2}$.

Resp. Interceptos: $(0, \tfrac{1}{2})$.
Assíntotas: $x = 2, y = 0$.
O gráfico é exibido na Fig. 15-21.

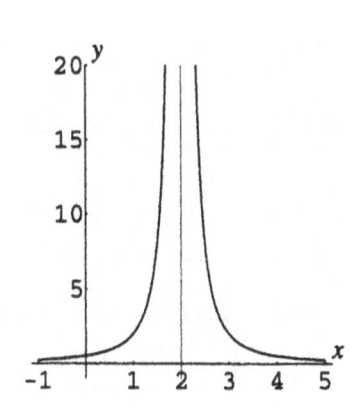

Figura 15-21

15.19 Mostre interceptos e assíntotas e esboce o gráfico de $f(x) = \dfrac{2}{x^2 - 1}$.

Resp. Interceptos: $(0, -2)$.
Assíntotas: $x = \pm 1, y = 0$.
O gráfico é exibido na Fig. 15-22.

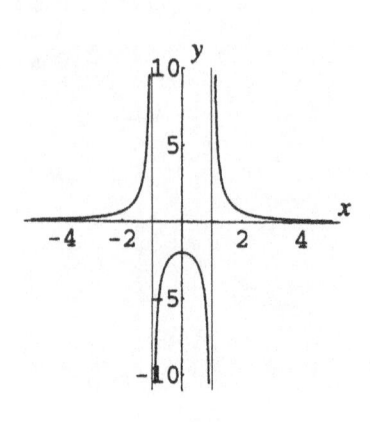

Figura 15-22

15.20 Encontre as assíntotas verticais e oblíquas nos gráficos das funções racionais a seguir:

(a) $f(x) = \dfrac{x^2}{x + 2}$;   (b) $f(x) = \dfrac{x^2 - 4x}{x - 1}$;   (c) $f(x) = \dfrac{8x^3 - 1}{x^2 + 4}$;   (d) $f(x) = \dfrac{x^4 - 5x^2 + 6}{x^3 + x^2}$ (e) $f(x) = \dfrac{x^3 - 2x}{x + 6}$

Resp. (a) vertical: $x = -2$, oblíqua: $y = x - 2$;   (b) vertical: $x = 1$, oblíqua $y = x - 3$;

(c) vertical: nenhuma, oblíqua: $y = 8x$;   (d) vertical: $x = 0, x = -1$, oblíqua: $y = x - 1$;

(e) vertical: $x = -6$, oblíqua: nenhuma, contudo, o gráfico se aproxima assintoticamente do gráfico de $y = x^2 - 6x + 34$

15.21 Mostre interceptos e assíntotas e esboce o gráfico de $f(x) = \dfrac{x^3}{x^2 - 1}$.

Resp. Interceptos: a origem.
Assíntotas: $x = \pm 1, y = x$.
O gráfico é exibido na Fig. 15-23.

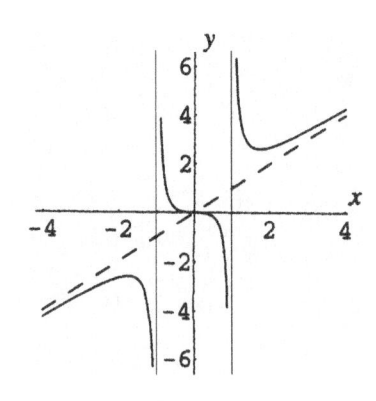

Figura 15-23

15.22 Mostre interceptos e assíntotas e esboce o gráfico de $f(x) = \dfrac{3x}{x^2 + 1}$.

Resp. Interceptos: a origem.
Assíntotas: $y = 0$.
O gráfico é exibido na Fig. 15-24.

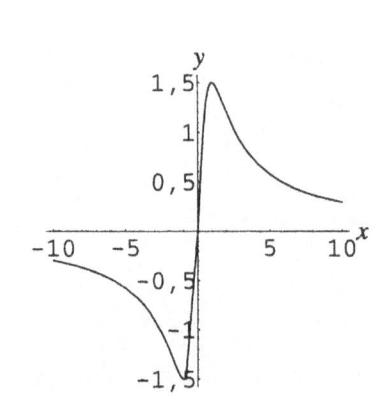

Figura 15-24

15.23 Mostre interceptos e assíntotas e esboce o gráfico de $f(x) = \dfrac{x^3 - x^2 - x + 1}{x^2 + 1}$.

Resp. Interceptos: $(0,1)$, $(1,0)$, $(-1,0)$.
Assíntotas: $y = x - 1$.
O gráfico é exibido na Fig. 15-25.

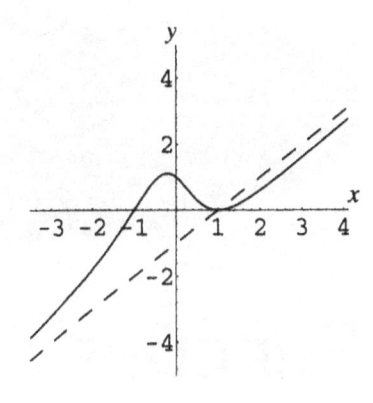

Figura 15-25

15.24 Um campo é delimitado na forma de um retângulo com área de 144 pés quadrados.

(*a*) Escreva uma expressão para o perímetro P como uma função do comprimento x.

(*b*) Esboce um gráfico da função perímetro e determine aproximadamente, a partir do gráfico, as dimensões nas quais o perímetro é um mínimo.

Resp. (*a*) $P(x) = 2x + \dfrac{288}{x}$

(*b*) Ver Fig. 15-26. Dimensões: 12 pés por 12 pés.

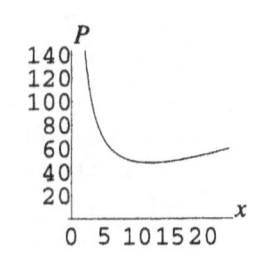

Figura 15-26

Capítulo 16

Funções Algébricas e Variação

DEFINIÇÃO DE FUNÇÃO ALGÉBRICA

Uma função algébrica é qualquer função cuja regra é um polinômio ou que pode ser obtida a partir de polinômios, por adição, subtração, multiplicação, divisão ou potência inteira ou racional.

Exemplo 16.1 Exemplos de funções algébricas incluem:

a. Funções polinomiais, como $f(x) = 5x^2 - 3x$
b. Funções racionais, como $f(x) = 12/x^2$
c. Funções envolvendo valor absoluto, como $f(x) = |x - 3|$, uma vez que $|x - 3| = \sqrt{(x - 3)^2}$
d. Outras funções envolvendo potências racionais, como $f(x) = \sqrt{x}, f(x) = \sqrt[3]{x}, f(x) = 1/\sqrt{x}, f(x) = \sqrt{1 - x^2}$ e assim por diante.

VARIAÇÃO

O termo *variação* é usado para descrever muitas formas de dependência funcional simples. O padrão usual é o de que uma variável, chamada de variável *dependente*, é dita variar como um resultado de mudanças de uma ou mais variáveis distintas, conhecidas como variáveis *independentes*. Afirmações sobre variações sempre incluem um fator constante não nulo, chamado de *constante de variação* ou *constante de proporcionalidade* e que, frequentemente, é denotada por k.

VARIAÇÃO DIRETA

Para descrever uma relação da forma $y = kx$, a seguinte linguagem é empregada:

1. y varia diretamente em termos de x (ocasionalmente, y varia como x).
2. y é diretamente proporcional a x.

Exemplo 16.2 Sabendo que p varia diretamente em termos de q, encontre uma expressão para p em função de q se $p = 300$ quando $q = 12$.

1. Como p varia diretamente em termos de q, escreva $p = kq$.
2. Já que $p = 300$ quando $q = 12$, substitua esses valores para obter $300 = k(12)$, ou $k = 25$.
3. Logo, $p = 25q$ é a expressão pedida.

VARIAÇÃO INVERSA

Para descrever uma relação da forma $xy = k$, ou $y = k/x$, a seguinte terminologia é usada:

1. y varia inversamente em termos de x.
2. y é inversamente proporcional a x.

Exemplo 16.3 Dado que s varia inversamente em termos de t, encontre uma expressão para s em termos de t se $s = 5$ quando $t = 8$.

1. Como s varia inversamente em termos de t, escreva $s = k/t$.
2. Já que $s = 5$ quando $t = 8$, substitua esses valores para obter $5 = k/8$, ou $k = 40$.
3. Portanto, $s = 40/t$ é a expressão solicitada.

VARIAÇÃO CONJUNTA

Para descrever uma relação da forma $z = kxy$, a seguinte terminologia é usada:

1. z varia juntamente em termos de x e y.
2. z varia diretamente em termos do produto entre x e y.

Exemplo 16.4 Sabendo-se que z varia juntamente em termos de x e y, e $z = 3$ quando $x = 4$ e $y = 5$, encontre uma expressão para z em termos de x e y.

1. Como z varia juntamente em termos de x e y, escreva $z = kxy$.
2. Já que $z = 3$ quando $x = 4$ e $y = 5$, substitua esses valores para obter $3 = k \cdot 4 \cdot 5$, ou $k = \frac{3}{20}$.
3. Logo, $z = \frac{3}{20} xy$.

VARIAÇÃO COMBINADA

Esses tipos de variação também podem ser combinados.

Exemplo 16.5 Sabendo que z é diretamente proporcional ao quadrado de x e inversamente proporcional a y, e que $z = 5$ quando $x = 3$ e $y = 12$, encontre uma expressão para z em termos de x e y.

1. Escreva $z = \frac{kx^2}{y}$.
2. Como $z = 5$ quando $x = 3$ e $y = 12$, substitua esses valores para obter $5 = k \cdot \frac{3^2}{12}$ ou $k = 20/3$.
3. Logo, $z = \frac{20x^2}{3y}$.

Problemas Resolvidos

16.1 Defina domínio e imagem e esboce um gráfico de:

(a) $f(x) = \sqrt{x}$; (b) $f(x) = \sqrt[3]{x}$; (c) $f(x) = \sqrt[4]{x}$; (d) $f(x) = \sqrt[5]{x}$

(a) Domínio: $[0, \infty)$
Imagem: $[0, \infty)$
O gráfico é exibido na Fig. 16-1.

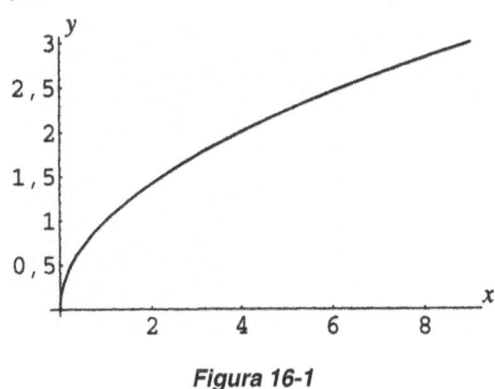

Figura 16-1

(b) Domínio: **R**
   Imagem: **R**
   O gráfico é exibido na Fig. 16-2.

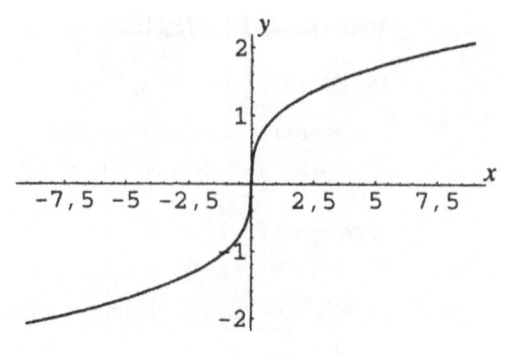

Figura 16-2

(c) Domínio: $[0, \infty)$
   Imagem: $[0, \infty)$
   O gráfico é exibido na Fig. 16-3.

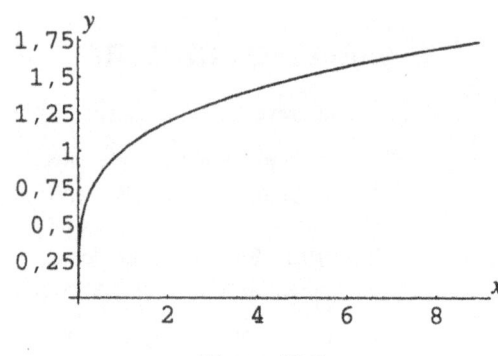

Figura 16-3

(d) Domínio: **R**
   Imagem: **R**
   O gráfico é exibido na Fig. 16-4.

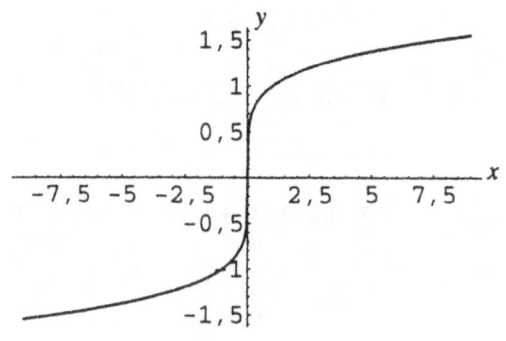

Figura 16-4

16.2 Defina domínio e imagem e esboce um gráfico de:
(a) $f(x) = 1/\sqrt{x}$ (b) $f(x) = 1/\sqrt[3]{x}$

(a) Domínio: $[0, \infty)$
   Imagem: $[0, \infty)$
   O gráfico é exibido na Fig. 16-5.

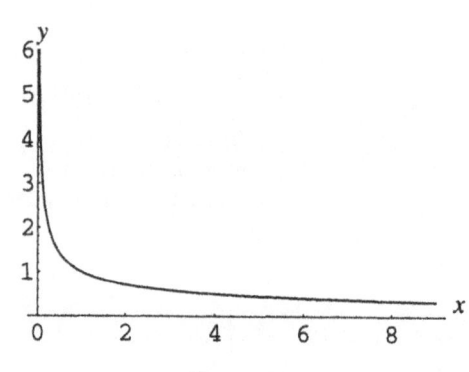

Figura 16-5

(b) Domínio: $\{x \in \mathbf{R} | \ x \neq 0 \ \}$
Imagem: $\{x \in \mathbf{R} | x \neq 0 \ \}$
O gráfico é exibido na Fig. 16-6.

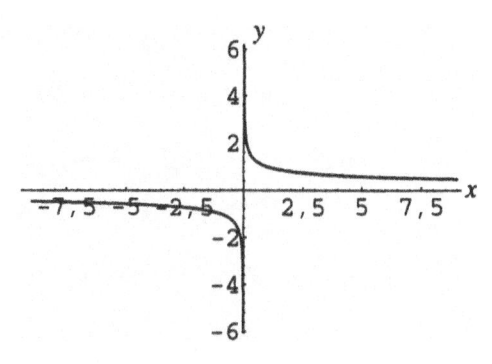

Figura 16-6

16.3 Analise e esboce um gráfico de (a) $f(x) = \sqrt{9 - x^2}$; (b) $f(x) = -\sqrt{9 - x^2}$.

(a) Se $y = \sqrt{9 - x^2}$, então, $x^2 + y^2 = 9$, $y \geq 0$.
Assim, o gráfico da função é a metade superior (semicírculo) do gráfico de
$x^2 + y^2 = 9$.
O domínio é $\{x \in \mathbf{R} | -3 \leq x \leq 3\}$ e
a imagem é $\{y \in \mathbf{R} | 0 \leq y \leq 3\}$
O gráfico é mostrado na Fig. 16-7.

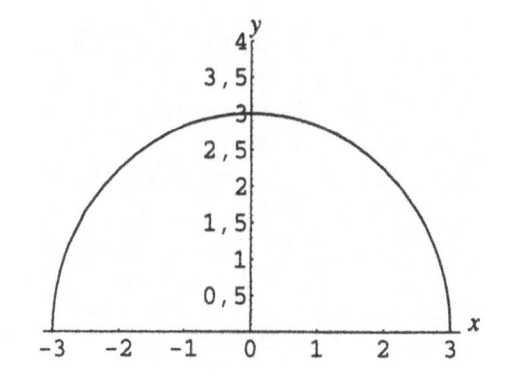

Figura 16-7

(b) Se $y = -\sqrt{9 - x^2}$, então, $x^2 + y^2 = 9$,
$y \leq 0$. Assim, o gráfico da função
é a metade inferior (semicírculo) do
gráfico de $x^2 + y^2 = 9$.
O domínio é $\{x \in \mathbf{R} | -3 \leq x \leq 3\}$ e
a imagem é $\{y \in \mathbf{R} | -3 \leq y \leq 0\}$
O gráfico é mostrado na Fig. 16-8.

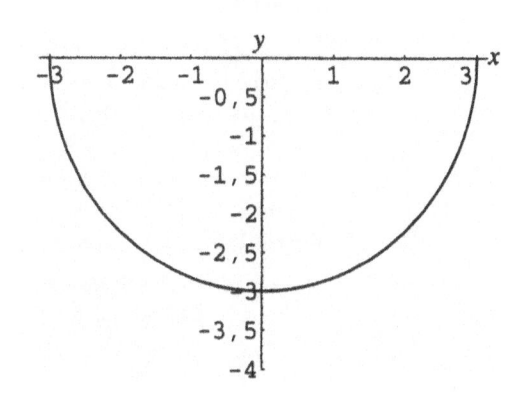

Figura 16-8

16.4 Se s varia diretamente em termos do quadrado de x e $s = 5$ quando $x = 4$, encontre s quando $x = 20$.

1. Como s varia diretamente em termos do quadrado de x, escreva $s = kx^2$.
2. Como $s = 5$ quando $x = 4$, substitua esses valores para obter $5 = k \cdot 4^2$, ou $k = \frac{5}{16}$.
3. Logo, $s = 5x^2/16$. Assim, quando $x = 20$, $s = 5(20)^2/16 = 125$.

16.5 Se y é diretamente proporcional à raiz cúbica de x e $y = 12$ quando $x = 64$, encontre y quando $x = \frac{1}{8}$.

1. Como y é diretamente proporcional à raiz cúbica de x, escreva $y = k\sqrt[3]{x}$.
2. Como $y = 12$ quando $x = 64$, substitua esses valores para obter $12 = k\sqrt[3]{64} = 4k$, ou $k = 3$.
3. Logo, $y = 3\sqrt[3]{x}$. Assim, quando $x = \frac{1}{8}$, $y = 3\sqrt[3]{1/8} = \frac{3}{2}$.

16.6 Se I é inversamente proporcional ao quadrado de t e $I = 100$ quando $t = 15$, encontre I quando $t = 12$.

1. Como I é inversamente proporcional ao quadrado de t, escreva $I = \frac{k}{t^2}$.

2. Como $I = 100$ quando $t = 15$, substitua esses valores para obter $100 = \dfrac{k}{15^2}$, ou $k = 22.500$.

3. Logo, $I = \dfrac{22.500}{t^2}$. Assim, quando $t = 12$, $I = \dfrac{22.500}{12^2} = 156,25$.

16.7 Se u varia inversamente em relação à raiz cúbica de x e $u = 56$ quando $x = -8$, encontre u quando $x = 1.000$.

1. Como u varia inversamente em relação à raiz cúbica de x, escreva $u = \dfrac{k}{\sqrt[3]{x}}$.

2. Como $u = 56$ quando $x = -8$, substitua esses valores para obter $56 = \dfrac{k}{\sqrt[3]{-8}}$, ou $k = -112$.

3. Logo, $u = \dfrac{-112}{\sqrt[3]{x}}$. Assim, quando $x = 1.000$, $u = \dfrac{-112}{\sqrt[3]{1000}} = -11,2$.

16.8 Se z varia juntamente com x e y, e $z = 3$ quando $x = 4$ e $y = 6$, encontre z quando $x = 20$ e $y = 9$.

1. Como z varia juntamente com x e y, escreva $z = kxy$.
2. Como $z = 3$ quando $x = 4$ e $y = 6$, substitua esses valores para obter $3 = k \cdot 4 \cdot 6$, ou $k = \frac{1}{18}$.
3. Logo, $z = xy/8$. Assim, quando $x = 20$ e $y = 9$, $z = (20 \cdot 9)/8 = 22,5$.

16.9 Se P varia juntamente com o quadrado de x e a raiz quarta de y e $P = 24$ quando $x = 12$ e $y = 81$, encontre P quando $x = 1.200$ e $y = \frac{1}{16}$.

1. Como P varia juntamente com o quadrado de x e a raiz quarta de y, escreva $P = kx^2\sqrt[4]{y}$.
2. Como $P = 24$ quando $x = 12$ e $y = 81$, substitua esses valores para obter $24 = k \cdot 12^2 \sqrt[4]{81}$, ou $k = \frac{1}{18}$.
3. Logo, $P = \dfrac{x^2\sqrt[4]{y}}{18}$. Assim, quando $x = 1200$ e $y = \frac{1}{16}$, $P = \dfrac{(1200)^2\sqrt[4]{1/16}}{18} = 40.000$.

16.10 A lei de Hooke estabelece que a força F necessária para esticar uma mola x unidades além de seu comprimento normal é diretamente proporcional a x. Se uma determinada mola é esticada 0,5 polegadas de seu comprimento natural por uma força de 6 libras, encontre a força necessária para esticar a mola em 2,25 polegadas.

1. Como F é diretamente proporcional a x, escreva $F = kx$.
2. Como $F = 6$ quando $x = 0,5$, substitua esses valores para obter $6 = k(0,5)$, ou $k = 12$.
3. Logo, $F = 12x$. Assim, quando $x = 2,25$, $F = 12(2,25) = 27$ libras.

16.11 A lei de Ohm estabelece que a corrente I em um circuito de corrente contínua varia inversamente com a resistência R. Se uma resistência de 12 ohms produz uma corrente de 3,5 ampères, encontre a corrente quando a resistência é de 2,4 ohms.

1. Como I varia inversamente em relação a R, escreva $I = k/R$.
2. Como $I = 3,5$ quando $R = 12$, substitua esses valores para obter $3,5 = k/12$, ou $k = 42$.
3. Logo, $I = 42/R$. Assim, quando $R = 2,4$, $I = 42/2,4 = 17,5$ ampères.

16.12 A pressão P do vento em uma parede varia juntamente com a área A da parede e o quadrado da velocidade v do vento. Se $P = 100$ libras quando $A = 80$ pés quadrados e $v = 40$ milhas por hora, encontre P se $A = 120$ pés quadrados e $v = 50$ milhas por hora.

1. Como P varia juntamente com A e o quadrado de v, escreva $P = kAv^2$.
2. Como $P = 100$ quando $A = 80$ e $v = 40$, substitua esses valores para obter $100 = k \cdot 80 \cdot 40^2$, ou $k = 1/1.280$.
3. Logo, $P = Av^2/1.280$. Assim, quando $A = 120$ e $v = 50$, $P = 120 \cdot 50^2/1.280 = 234,375$ libras.

16.13 O peso w de um objeto sobre ou acima da superfície da Terra varia inversamente com o quadrado da distância d do objeto ao centro da Terra. Se uma astronauta pesa 120 libras na superfície de nosso planeta, quanto (na melhor aproximação em libras) ela pesaria em um satélite distante 400 milhas acima da superfície? (use 4.000 milhas como o raio da Terra)

1. Como w varia inversamente em relação ao quadrado de d, escreva $w = k/d^2$.

2. Como $w = 120$ na superfície da Terra, quando $d = 4.000$, substitua esses valores para obter $120 = k/4.000^2$, ou $k = 1,92 \times 10^9$.
3. Logo, $w = 1,92 \times 10^9/d^2$. Assim, quando $d = 4000 + 400 = 4400$, $w = 1,92 \times 10^9/4400^2$, ou aproximadamente, 99 libras.

16.14 O volume V de uma dada massa de gás varia diretamente com a termperatura T e inversamente à pressão P. Se um gás possui o volume de 16 polegadas cúbicas quando a termperatura está a 320°K e a pressão é de 300 libras por polegada quadrada, encontre o volume quando a temperatura estiver a 350°K e a pressão a 280 libras por polegada quadrada.

1. Como V varia diretamente em relação a T e inversamente a P, escreva $V = kT/P$.
2. Como $V = 16$ quando $T = 320$ e $P = 300$, substitua esses valores para obter $16 = k \cdot 320/300$, ou seja, $k = 15$.
3. Portanto, $V = 15T/P$. Logo, quando $T = 350$ e $P = 280$, $V = 15 \cdot 350/280 = 18,75$ polegadas cúbicas.

16.15 Se y varia diretamente em relação ao quadrado de x, qual o efeito sobre y se x for dobrado?

1. Como $y = kx^2$, escreva $k = y/x^2$.
2. Enquanto x e y variam, k permanece constante; portanto, para diferentes valores de x e y, $y_1/x_1^2 = y_2/x_2^2$ ou $y_2 = y_1 x_2^2/x_1^2$.
3. Logo, se $x_2 = 2x_1$, $y_2 = y_1(2x_1)^2/x_1^2 = 4y_1$. Assim, se x é dobrado, y é multiplicado por 4.

16.16 Se y varia inversamente em relação ao cubo de x, qual o efeito sobre y se x for dobrado?

1. Como $y = k/x^3$, escreva $k = x^3 y$.
2. Enquanto x e y variam, k permanece constante; portanto, para diferentes valores de x e y, $x_1^3 y_1 = x_2^3 y_2$ ou $y_2 = y_1 x_1^3/x_2^3$.
3. Logo, se $x_2 = 2x_1$, $y_2 = y_1 x_1^3/(2x_1)^3 = y_1/8$. Assim, se x é dobrado, y é dividido por 8.

16.17 A resistência W de uma viga retangular de madeira varia juntamente com a largura w e o quadrado da envergadura d, e inversamente com o comprimento L da viga. Qual seria o efeito sobre W se dobrar w e d, enquanto diminuir L por um fator de 20%?

1. Como $W = kwd^2/L$, escreva $k = WL/(wd^2)$.
2. Para diferentes valores das variáveis, k permanece o mesmo, portanto, $W_1 L_1/(w_1 d_1^2) = W_2 L_2/(w_2 d_2^2)$.
3. Logo, se $w_2 = 2w_1$, $d_2 = 2d_1$ e $L_2 = L_1 - 0,2L_1 = 0,8L_1$, escreva:
$$\frac{W_1 L_1}{w_1 d_1^2} = \frac{W_2(0,8L_1)}{(2w_1)(2d_1)^2} \text{ e isole } W_2 \text{ para obter } W_2 = \frac{W_1 L_1}{w_1 d_1^2} \cdot \frac{(2w_1)(2d_1)^2}{0,8L_1} = 10W_1.$$
Assim, W seria multiplicado por 10.

Problemas Complementares

16.18 Defina domínio e imagem e esboce um gráfico das seguintes funções:

(a) $f(x) = \sqrt[3]{x-2}$ (b) $f(x) = -1/\sqrt{x+3}$ (c) $f(x) = \sqrt{4-(x+2)^2}$

Resp. (a) Domínio: **R**
Imagem: **R**
O gráfico é mostrado na Fig. 16-9.

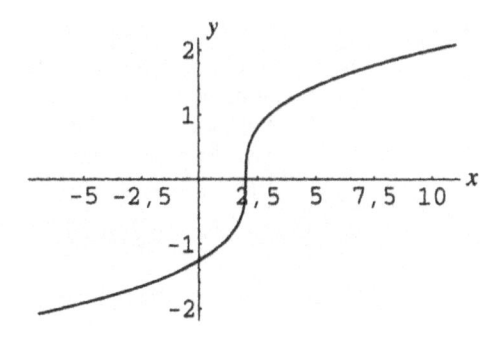

Figura 16-9

(b) Domínio: $\{x \in \mathbf{R} | x > -3\}$
Imagem: $\{y \in \mathbf{R} | y < 0\}$
O gráfico é mostrado na Fig. 16-10.

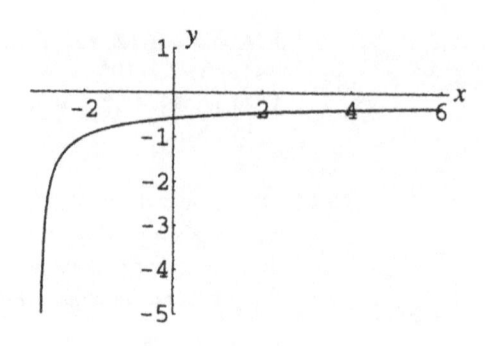

Figura 16-10

(c) Domínio: $\{x \in \mathbf{R} | -4 \leq x \leq 0\}$
Imagem: $\{y \in \mathbf{R} | 0 \leq y \leq 2\}$
O gráfico é mostrado na Fig. 16-11.

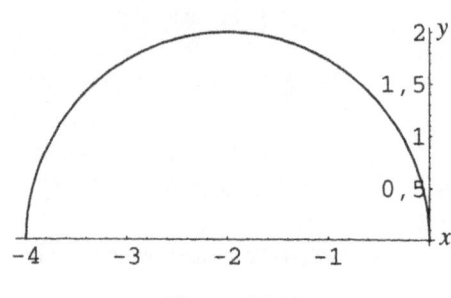

Figura 16-11

16.19 Se y varia diretamente com a quarta potência de x, e $y = 2$ quando $x = \frac{1}{2}$, encontre y quando $x = 2$.

Resp. 512

16.20 Se y varia inversamente com a raiz quadrada de x, e $y = 2$ quando $x = \frac{1}{2}$, encontre y quando $x = 2$.

Resp. 1

16.21 Se uma mola de comprimento normal de 5 centímetros é alongada 0,3 centímetro pela ação de um peso de 6 libras, use a lei de Hooke (Problema 16.10) para determinar o peso necessário para esticar a mola 1 centímetro.

Resp. 20 libras

16.22 A lei de resfriamento de Newton afirma que a taxa r na qual um corpo esfria é diretamente proporcional à diferença entre a temperatura T do corpo e a temperatura T_0 de sua vizinhança. Se uma xícara de café quente a uma temperatura de 140° está em uma sala a 68° e está esfriando a uma taxa de 9° por minuto, encontre a taxa na qual estará esfriando quando sua temperatura cair para 116°.

Resp. 6° por minuto.

16.23 A terceira lei de Kepler estabelece que o quadrado do período T necessário para um planeta completar uma órbita em torno do Sol (i.e., a duração de um ano planetário) é diretamente proporcional ao cubo da distância média d do planeta ao Sol. Para o planeta Terra, assuma $d = 93 \times 10^6$ milhas e $T = 365$ dias. Calcule (a) o período de Marte, sabendo-se que o mesmo fica a uma distância de 1,5 vezes a distância do Sol à Terra; (b) a distância média de Vênus ao Sol, uma vez que o período de Vênus é de aproximadamente 223 dias da Terra.

Resp. (a) 671 dias terrestres; (b) 67×10^6 milhas

16.24 A resistência R de um cabo varia diretamente em relação ao comprimento L e inversamente em relação ao quadrado do diâmetro d. Um pedaço de cabo com o comprimento de 4 metros e diâmetro de 6 milímetros possui uma resistência de 600 ohms. Qual diâmetro deve ser usado para que um cabo de 5 metros tenha resistência de 1000 ohms?

Resp. $\sqrt{27} \approx 5,2$ milímetros

16.25 A lei de Coulomb estabelece que a força F de atração entre duas partículas de cargas opostas varia juntamente com as magnitudes q_1 e q_2 de suas cargas elétricas, e inversamente com o quadrado da distância d entre as partículas. Qual será o efeito sobre F se a magnitude das cargas for dobrada e a distância entre elas for diminuída pela metade?

Resp. A força é multiplicada por um fator 16.

Capítulo 17

Funções Exponenciais

DEFINIÇÃO DE FUNÇÃO EXPONENCIAL

Uma função exponencial é qualquer função na qual a regra especifica a variável independente como um expoente. Uma função exponencial *básica* tem a forma $F(x) = a^x$, $a > 0$, $a \neq 1$. O domínio de uma função exponencial básica é considerado como o conjunto de todos os números reais, a menos que o contrário seja especificado.

Exemplo 17.1 Os seguintes exemplos são de funções exponenciais:

(a) $f(x) = 2^x$; (b) $f(x) = \left(\frac{1}{2}\right)^x$; (c) $f(x) = 4^{-x}$; (d) $f(x) = 2^{-x^2}$

PROPRIEDADES DE EXPOENTES

Propriedades de expoentes podem ser reformuladas, para fins de conveniência, em termos de expoentes variáveis. Considerando que $a, b > 0$, então, para todos os reais x e y:

$$a^x a^y = a^{x+y} \qquad (ab)^x = a^x b^x$$

$$\frac{a^x}{a^y} = a^{x-y} \qquad \left(\frac{a}{b}\right)^x = \frac{a^x}{b^x}$$

$$(a^p)^x = a^{px}$$

O NÚMERO E

O número e é chamado de base exponencial natural. Define-se como $\lim_{n \to \infty} \left(1 + \frac{1}{n}\right)^n$. e é um número irracional com valor aproximado de 2,718281828459045....

CRESCIMENTO E DECAIMENTO EXPONENCIAIS

As aplicações geralmente se classificam como *crescimento* e *decaimento* exponencial. Uma função de crescimento exponencial básico é uma função exponencial crescente; uma função de decaimento exponencial é uma função exponencial decrescente.

JUROS COMPOSTOS

Se um principal de P reais é investido a uma taxa anual de juros r, e os juros são creditados n vezes ao ano, o montante $A(t)$ gerado em um período de tempo t é dado pela fórmula:

$$A(t) = P\left(1 + \frac{r}{n}\right)^{nt}$$

JUROS COMPOSTOS CONTÍNUOS

Se um principal de P reais é investido a uma taxa anual de juros r e os juros são creditados *continuamente*, então, o montante $A(t)$ disponível a qualquer instante t posterior é dado pela fórmula:

$$A(t) = Pe^{rt}$$

CRESCIMENTO POPULACIONAL ILIMITADO

Se uma população, consistindo inicialmente de N_0 indivíduos também for modelada como crescente e sem limites, a população $N(t)$, em qualquer instante t posterior, é dada pela fórmula (k é uma constante a ser determinada):

$$N(t) = N_0 e^{kt}$$

Como alternativa, uma base diferente pode ser usada.

CRESCIMENTO POPULACIONAL LOGÍSTICO

Se uma população consistindo inicialmente de N_0 indivíduos é modelada como crescente e com uma população limite (devido a recursos limitados) de P indivíduos, a população $N(t)$, em qualquer instante t posterior, é dada pela fórmula (k é uma constante a ser determinada):

$$N(t) = \frac{N_0 P}{N_0 + (P - N_0)e^{-kt}}$$

DECAIMENTO RADIOATIVO

Se uma quantia Q_0 de uma substância radioativa está presente no instante $t = 0$, então a quantia $Q(t)$ da substância presente em um instante t posterior qualquer é dada pela fórmula (k é uma constante a ser determinada):

$$Q(t) = Q_0 e^{-kt}$$

Como alternativa, uma base diferente pode ser usada.

Problemas Resolvidos

17.1 Explique por que o domínio de uma função exponencial básica é considerado como sendo **R**. Qual é a imagem da função?

Considere, por exemplo, a função $f(x) = 2^x$. A quantidade 2^x é definida para todo inteiro x; digamos, $2^3 = 8$, $2^{-3} = \frac{1}{8}$, $2^0 = 1$ e, assim por diante. Além disso, a quantidade 2^x é definida para todo racional não inteiro x, como $2^{1/2} = \sqrt{2}$, $2^{5/3} = \sqrt[3]{2^5}$, $2^{-3/4} = 1/\sqrt[4]{2^3}$, etc.

Para definir 2^x para um x irracional, por exemplo, $2^{\sqrt{2}}$, use a representação decimal de $\sqrt{2}$, ou seja, 1,4142... e considere as potências racionais 2^1, $2^{1,4}$, $2^{1,41}$, $2^{1,414}$, $2^{1,4142}$, etc. Pode ser mostrado no cálculo que cada potência sucessiva se aproxima de um número real, o qual se define como $2^{\sqrt{2}}$.

Esse processo pode ser aplicado para definir 2^x para qualquer número irracional e, portanto, 2^x é definido para todos os números reais x. O domínio de $f(x) = 2^x$ é assumido como **R** e, por analogia, para qualquer função exponencial $f(x) = a^x$, $a > 0$, $a \neq 1$.

Como 2^x é positivo para todo real x, a imagem da função é o conjunto dos números positivos $(0, \infty)$.

17.2 Analise e esboce o gráfico de uma função exponencial básica da forma $f(x) = a^x$, $a > 1$.

O gráfico não tem qualquer simetria óbvia. Uma vez que $a^0 = 1$, o gráfico passa pelo ponto $(0,1)$. Como $a^1 = a$, o gráfico passa pelo ponto $(1, a)$.

Pode ser mostrado que se $x_1 < x_2$, então, $a^{x_1} < a^{x_2}$, ou seja, a função é crescente em ***R***; daí o nome função de crescimento exponencial. Portanto, a função exponencial básica é injetora.

Também pode ser provado que se $x \to \infty$, $a^x \to \infty$ e se $x \to -\infty$, $a^x \to 0$. Assim, o eixo x negativo é uma assíntota horizontal do gráfico.

Como a^x é positivo para todo real x (ver o problema anterior), a imagem da função é $(0, \infty)$.

O gráfico é exibido na Fig. 17-1.

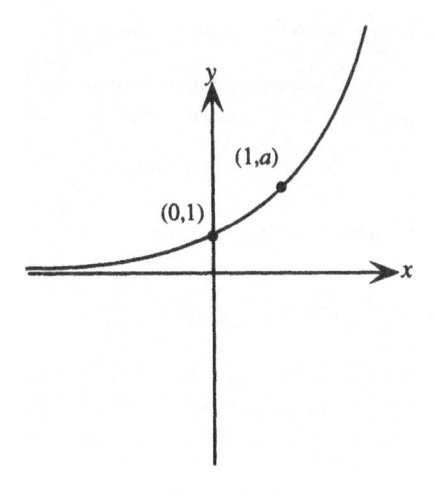

Figura 17-1

17.3 Analise e esboce o gráfico de uma função exponencial básica da forma $f(x) = a^x$, $a < 1$.

O gráfico não tem qualquer simetria óbvia. Uma vez que $a^0 = 1$, o gráfico passa pelo ponto $(0, 1)$. Como $a^1 = a$, o gráfico passa pelo ponto $(1, a)$.

Pode ser mostrado que se $x_1 < x_2$, então, $a^{x_1} > a^{x_2}$, ou seja, a função é decrescente em ***R***; daí o nome função de decaimento exponencial.

Também pode ser provado que se $x \to \infty$, $a^x \to 0$ e se $x \to -\infty$, $a^x \to \infty$. Assim, o eixo x positivo é uma assíntota horizontal do gráfico.

Como a^x é positivo para todo real x, a imagem da função é $(0, \infty)$. O gráfico é exibido na Fig. 17-2.

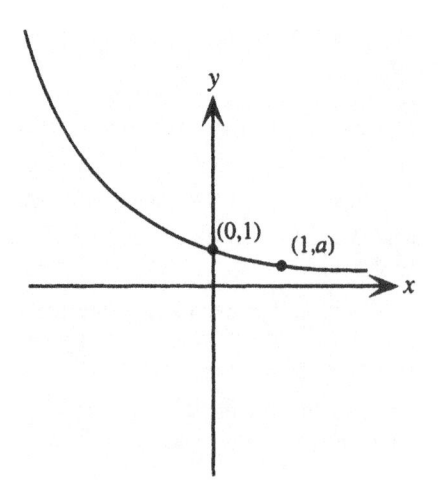

Figura 17-2

17.4 Mostre que o gráfico de $f(x) = a^{-x}$, $a > 1$, é uma curva de decaimento exponencial.

Seja $b = 1/a$. Então, como $a > 1$, segue que $b < 1$. Além disso, $a^{-x} = (1/b)^{-x} = b^x$. Como o gráfico de $f(x) = b^x$, $b < 1$, é uma curva de decaimento exponencial, o mesmo vale para o gráfico de $f(x) = a^{-x}$, $a > 1$.

17.5 Esboce um gráfico de (a) $f(x) = 2^x$ (b) $f(x) = 2^{-x}$

(a) Faça uma tabela de valores

x	y
-2	$\frac{1}{4}$
-1	$\frac{1}{2}$
0	1
1	2
2	4
3	8

Domínio: R; Imagem: $(0, \infty)$
Assíntota: eixo x negativo
O gráfico é exibido na Fig. 17-3.

(b) Faça uma tabela de valores

x	y
-3	8
-2	4
-1	2
0	1
1	$\frac{1}{2}$
2	$\frac{1}{4}$

Domínio: R; Imagem: $(0, \infty)$
Assíntota: eixo x positivo
O gráfico é exibido na Fig. 17-4.

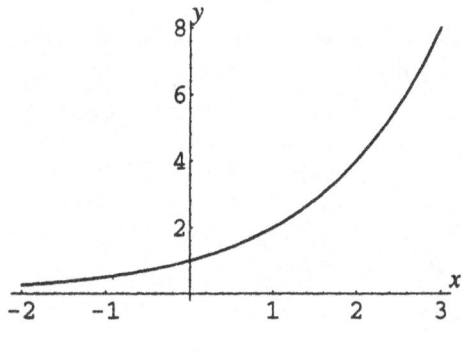

Figura 17-3

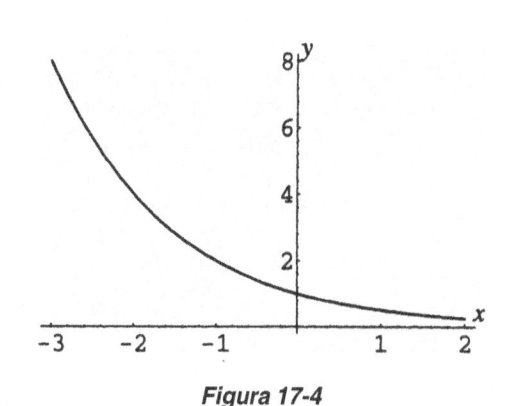

Figura 17-4

17.6 Explique a definição de base exponencial natural e.

Considere a seguinte tabela de valores para a quantidade $\left(1 + \frac{1}{n}\right)^n$.

n	1	10	100	1.000	10.000	100.000	1.000.000
$\left(1 + \frac{1}{n}\right)^n$	2	2,59374246	2,70481383	2,71692393	2,71814593	2,71826824	2,71828047

À medida que $n \to \infty$, a quantidade $\left(1 + \frac{1}{n}\right)^n$ não cresce para além de quaisquer valores, mas parece se aproximar de um valor específico.

No cálculo, demonstra-se que esse valor é um número irracional, denotado por e, com uma aproximação decimal de 2,718281828459045.... Em cálculo, esse número e as funções exponenciais $f(x) = e^{-x}, f(x) = e^x$, entre outras, demonstram ter propriedades especiais.

17.7 Obtenha a fórmula $A(t) = P(1 + r/n)^{nt}$ para a quantia de dinheiro resultante do investimento de um principal P em um período t, a uma taxa anual r, capitalizado n vezes por ano.

Primeiro assuma que a quantia P é investida por um ano a uma taxa de juros simples de r. Então, os juros, após um ano, são $I = Prt = Pr(1) = Pr$. A quantia de dinheiro disponível após um ano é, portanto,

$$A = P + I = P + Pr = P(1 + r)$$

Se esta quantia é então investida por um segundo ano com a mesma taxa de juros r, então os juros após o segundo ano são $P(1 + r)r(1) = P(1 + r)r$. A quantia de dinheiro disponível após dois anos é, portanto,

$$A = P(1 + r) + P(1 + r)r = P(1 + r)(1 + r) = P(1 + r)^2$$

Assim, o montante disponível ao final de cada ano é multiplicado por um fator $1+r$ durante o ano seguinte. Generalizando, o montante disponível no instante t, assumindo capitalização uma vez por ano, é

$$A(t) = P(1 + r)^t$$

Agora assuma que os juros são capitalizados n vezes por ano. Os juros, após um período de capitalização, são, então, $I = Pr/n$. A quantia de dinheiro disponível após um período de capitalização é

$$A = P + I = P + Pr/n = P(1 + r/n)$$

Assim, o montante disponível ao final de cada período de capitalização é multiplicado por um fator $1+r/n$ durante o período seguinte. Portanto, a quantia disponível após um ano, n períodos de capitalização, é

$$A = P(1 + r/n)^n$$

e a quantia disponível no instante t é dada por

$$A(t) = P((1 + r/n)^n)^t = P(1 + r/n)^{nt}$$

17.8 Deduza a fórmula $A(t) = Pe^{rt}$ para a quantia de dinheiro resultante de investimento de um principal P por um período t, a uma taxa anual r, capitalizada continuamente.

Capitalização contínua é entendida como o caso limite de capitalização n vezes por ano, com $n \to \infty$. Do problema anterior, se os juros são capitalizados n vezes por ano, a quantia disponível no instante t é dada por $A(t) = P(1 + r/n)^{nt}$. Se n cresce indefinidamente, então,

$$\begin{aligned}
A(t) &= \lim_{n \to \infty} P(1 + r/n)^{nt} \\
&= \lim_{n \to \infty} P(1 + r/n)^{(n/r)rt} \\
&= \lim_{n \to \infty} P[(1 + r/n)^{n/r}]^{rt} \\
&= \lim_{n/r \to \infty} P[(1 + r/n)^{n/r}]^{rt} \\
&= P[\lim_{n/r \to \infty} (1 + r/n)^{n/r}]^{rt} \\
&= Pe^{rt}
\end{aligned}$$

17.9 Calcule a quantia de dinheiro disponível se $1000 são investidos a 5% de juros a cada 7 anos, capitalizados (a) anualmente; (b) trimestralmente; (c) mensalmente; (d) diariamente; (e) continuamente.

(a) Use $A(t) = P(1 + r/n)^{nt}$ com $P = 1000, r = 0{,}05, t = 7$ e $n = 1$.
$$A(7) = 1000(1 + 0{,}05/1)^{1 \cdot 7} = \$1.407{,}10$$

(b) Use $A(t) = P(1 + r/n)^{nt}$ com $P = 1000, r = 0{,}05, t = 7$ e $n = 4$.
$$A(7) = 1000(1 + 0{,}05/4)^{4 \cdot 7} = \$1.415{,}99$$

(c) Use $A(t) = P(1 + r/n)^{nt}$ com $P = 1000, r = 0{,}05, t = 7$ e $n = 12$.
$$A(7) = 1000(1 + 0{,}05/12)^{12 \cdot 7} = \$1.418{,}04$$

(d) Use $A(t) = P(1 + r/n)^{nt}$ com $P = 1000, r = 0{,}05, t = 7$ e $n = 365$.
$$A(7) = 1000(1 + 0{,}05/365)^{365 \cdot 7} = \$1.419{,}03$$

(e) Use $A(t) = Pe^{rt}$ com $P = 1000, r = 0{,}05$ e $t = 7$.
$$A(7) = 1000 \cdot e^{0{,}05 \cdot 7} = \$1.419{,}07$$

Observe que a diferença nos juros que resulta do aumento de frequência da capitalização, de diária para contínua, é muito pequena.

17.10 Simplifique as expressões:

(a) $\left(\dfrac{e^x + e^{-x}}{2}\right)^2 - \left(\dfrac{e^x - e^{-x}}{2}\right)^2$ (b) $\dfrac{(e^x + e^{-x})(e^x + e^{-x}) - (e^x - e^{-x})(e^x - e^{-x})}{(e^x + e^{-x})^2}$

(a) $\left(\dfrac{e^x + e^{-x}}{2}\right)^2 - \left(\dfrac{e^x - e^{-x}}{2}\right)^2 = \dfrac{(e^x)^2 + 2e^xe^{-x} + (e^{-x})^2}{4} - \dfrac{(e^x)^2 - 2e^xe^{-x} + (e^{-x})^2}{4}$

$= \dfrac{e^{2x} + 2 + e^{-2x} - e^{2x} + 2 - e^{-2x}}{4}$

$= \dfrac{4}{4} = 1$

(b) $\dfrac{(e^x + e^{-x})(e^x + e^{-x}) - (e^x - e^{-x})(e^x - e^{-x})}{(e^x + e^{-x})^2} = \dfrac{e^{2x} + 2e^xe^{-x} + e^{-2x} - e^{2x} + 2e^xe^{-x} - e^{-2x}}{(e^x + e^{-x})^2}$

$= \dfrac{4}{(e^x + e^{-x})^2}$

Como forma alternativa, considere a última expressão como uma fração complexa e multiplique numerador e denominador por e^{2x} para obter

$$\dfrac{4}{(e^x + e^{-x})^2} = \dfrac{4e^{2x}}{e^{2x}(e^x + e^{-x})^2} = \dfrac{4e^{2x}}{(e^{2x} + 1)^2}$$

17.11 Encontre os zeros da função $f(x) = xe^{-x} - e^{-x}$.

Resolva $xe^{-x} - e^{-x} = 0$ por fatoração para obter

$$e^{-x}(x - 1) = 0$$
$$e^{-x} = 0 \text{ ou } x - 1 = 0$$
$$x = 1$$

Como e^{-x} nunca é 0, o único zero da função é 1.

17.12 O número de bactérias em uma cultura é contado como 400 no começo de um experimento. Se o número de bactérias dobrar a cada 3 horas, o número de indivíduos pode ser expresso pela fórmula $N(t) = 400(2)^{t/3}$. Determine o número de bactérias presentes na cultura após 24 horas.

$$N(24) = 400(2)^{24/3} = 400 \cdot 2^8 = 102.400 \text{ indivíduos}$$

17.13 Populações humanas podem ser modeladas sobre curtos períodos por funções de crescimento exponencial ilimitado. Se um país tem uma população de 22 milhões em 2000 e mantém uma taxa de crescimento populacional de 1% ao ano, então sua população, em milhões de habitantes, após um tempo, assumindo que $t = 0$ em 2000, pode ser modelada como $N(t) = 22e^{0,01t}$. Estime a população em 2010.

Em 2010, $t = 10$. Portanto, $N(10) = 22e^{0,01(10)} = 24,3$. Logo, a população é estimada em 24,3 milhões.

17.14 Um rebanho de cervos é introduzido em uma ilha. A população inicial é de 500 indivíduos e estima-se que a população que se manterá constante a longo prazo será de 2.000 indivíduos. Se o tamanho da população é dado pela função de crescimento logístico

$$N(t) = \dfrac{2000}{1 + 3e^{-0,05t}}$$

estime o número de cervos presentes após (a) 1 ano; (b) 20 anos; (c) 50 anos.

Use a fórmula dada com os valores dados para t.

(a) $t = 1$: $N(1) = \dfrac{2000}{1 + 3e^{-0,05(1)}} \approx 520$ indivíduos

(b) $t = 20$: $N(20) = \dfrac{2000}{1 + 3e^{-0,05(20)}} \approx 950$ indivíduos

(c) $t = 50$: $N(50) = \dfrac{2000}{1 + 3e^{-0,05(50)}} \approx 1600$ indivíduos

17.15 Desenhe um gráfico da função $N(t)$ do problema anterior.

Use os valores calculados. Observe também que $N(0)$ é dado como 500 e que à medida que $t \to \infty$, como $e^{-0.05t} \to 0$, o valor da função se aproxima assintoticamente de 2000. O gráfico é mostrado na Fig. 17-5.

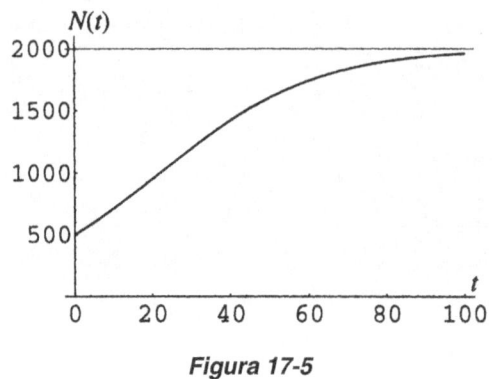

Figura 17-5

17.16 Um certo isótopo radioativo decai de acordo com a fórmula $Q(t) = Q_0 e^{-0.034t}$, sendo que t é tempo em anos e Q_0 é o número de gramas presentes inicialmente. Se 20 gramas estão inicialmente presentes, aproxime na ordem de décimos de grama a quantia presente após 10 anos.

Use a fórmula dada com $Q_0 = 20$ e $t = 10$: $Q(10) = 20 \cdot e^{-0.034(10)} = 14.2$ gramas.

17.17 Se um isótopo radioativo decai de acordo com a fórmula $Q(t) = Q_0 \cdot 2^{-t/T}$, onde t é tempo em anos e Q_0 é o número de gramas inicialmente presente, mostre que a quantia presente no instante $t = T$ é $Q_0 / 2$. (T é dito a *meia-vida* do isótopo)

Use a fórmula dada com $t = T$. Então, $Q(T) = Q_0 \cdot 2^{-T/T} = Q_0 \cdot 2^{-1} = Q_0 / 2$

Problemas Complementares

17.18 Esboce um gráfico das funções (a) $f(x) = 1 - e^{-x}$ (b) $f(x) = 2^{-x^2/2}$

Resp. (a) Fig. 17-6; (b) Fig. 17-7.

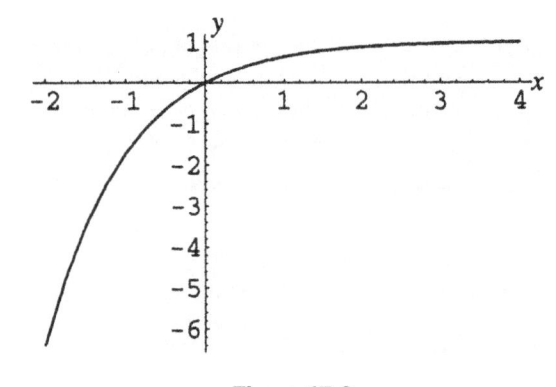

Figura 17-6 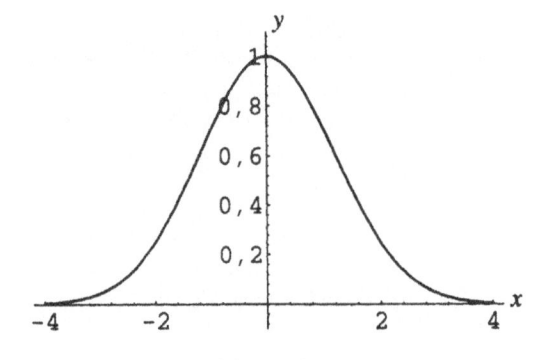 **Figura 17-7**

17.19 Simplifique a expressão $\left(\dfrac{e^x + e^{-x}}{2}\right)^2 + \left(\dfrac{e^x - e^{-x}}{2}\right)^2$.

Resp. $\dfrac{e^{2x} + e^{-2x}}{2}$ ou $\dfrac{e^{4x} + 1}{2e^{2x}}$

17.20 Prove que o quociente de diferença (ver Capítulo 9) para $f(x) = e^x$ pode ser escrito como

$$\frac{e^h - 1}{h} e^x$$

17.21 Encontre os zeros da função $f(x) = -x^2 e^{-x} + 2xe^{-x}$.

Resp. 0 e 2

17.22 São investidos $8000 em uma conta rendendo 5,5% de juros. Calcule o montante do dinheiro na conta após um ano se os juros são capitalizados (*a*) trimestralmente; (*b*) diariamente; (*c*) continuamente.

Resp. (*a*) $8.449,16; (*b*) $8.452,29; (*c*) $8.452,32

17.23 No problema anterior, encontre o percentual anual da conta (essa é a taxa equivalente sem a capitalização que conduziria ao mesmo valor de juros).

Resp. (*a*) 5,61%; (*b*) 5,65%; (*c*) 5,65%

17.24 Qual o valor que deveria ser investido com 5,5% capitalizados continuamente para se obter $5000 depois de 10 anos?

Resp. $2.884,75

17.25 Uma família acaba de ter um novo filho. Quanto deveria ser investido com 6%, capitalizados diariamente, para se ter $60.000 para pagar sua faculdade daqui a 17 anos?

Resp. $21.637,50

17.26 Se o número de bactérias em uma cultura é dado pela fórmula $Q(t) = 250 \cdot 3^{t/4}$, sendo que t é medido em dias, estime (*a*) a população inicial; (*b*) a população após 4 dias; (*c*) a população após 14 dias.

Resp. (*a*) 250; (*b*) 750; (*c*) 11.700

17.27 Se a população de trutas em um lago é dada pela fórmula $N(t) = \dfrac{8000}{2 + 3e^{-0,037t}}$, sendo que t é medido em anos, estime (*a*) a população inicial; (*b*) a população depois de 10 anos; (*c*) a população que se manterá constante a longo prazo.

Resp. (*a*) 1600; (*b*) 1960; (*c*) 4000

17.28 Se um isótopo radioativo decai de acordo com a fórmula $Q(t) = Q_0 \cdot 2^{-t/2}$, onde t é medido em anos, encontre a porção de um montante inicial que resta após (*a*) 1 ano; (*b*) 12 anos; (*c*) 100 anos.

Resp. (*a*) $0,94\,Q_0$; (*b*) $0,5\,Q_0$; (*c*) $0,003\,Q_0$

17.29 A meia-vida (ver Problema 17.17) do Carbono-14 é de 5730 anos.

(*a*) Se 100 gramas de Carbono-14 estavam presentes inicialmente, quanto restaria depois de 3000 anos?

(*b*) Se uma amostra contém 38 gramas de Carbono-14, quanto estava presente 4500 anos atrás?

Resp. (*a*) 69,6 gramas; (*b*) 65,5 gramas

Capítulo 18

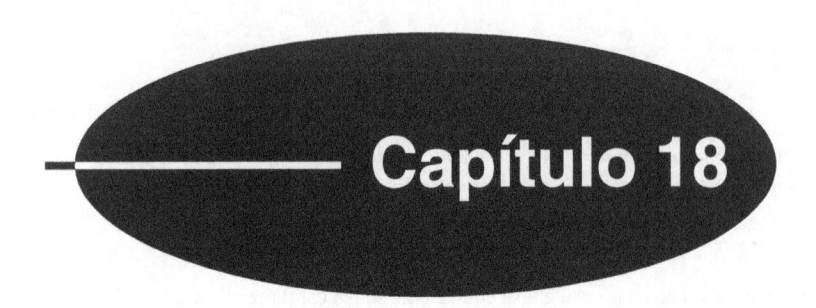

Funções Logarítmicas

DEFINIÇÃO DE FUNÇÃO LOGARÍTMICA

Uma função logarítmica, $f(x) = \log_a x$, $a > 0$, $a \neq 1$, é a inversa de uma função exponencial $f(x) = a^x$. Assim, se $y = \log_a x$, então, $x = a^y$. Ou seja, o logaritmo de x na base a é o expoente ao qual a deve ser elevado para obter x. Reciprocamente, se $x = a^y$, então, $y = \log_a x$.

Exemplo 18.1 A função $f(x) = \log_2 x$ é definida como $f: y = \log_2 x$ se $2^y = x$. Como $2^4 = 16$, 4 é o expoente ao qual 2 deve ser elevado de modo a obter 16; logo, $\log_2 16 = 4$.

Exemplo 18.2 A sentença $10^3 = 1000$ pode ser reescrita em termos de logaritmos na base 10. Como 3 é o expoente ao qual 10 deve ser elevado para obter 1000, $\log_{10} 1000 = 3$.

RELAÇÃO ENTRE FUNÇÕES LOGARÍTMICAS E EXPONENCIAIS

$$\log_a a^x = x \qquad a^{\log_a x} = x$$

Exemplo 18.3 $\log_5 5^3 = 3$; $5^{\log_5 25} = 25$

PROPRIEDADES DE LOGARITMOS

(M e N são números reais positivos)

$$\log_a 1 = 0 \qquad\qquad \log_a a = 1$$
$$\log_a (MN) = \log_a M + \log_a N \qquad\qquad \log_a (M^p) = p\log_a M$$
$$\log_a \left(\frac{M}{N}\right) = \log_a M - \log_a N$$

Exemplo 18.4 (a) $\log_5 1 = 0$ (uma vez que $5^0 = 1$) (b) $\log_4 4 = 1$ (uma vez que $4^1 = 4$)
(c) $\log_6 6x = \log_6 6 + \log_6 x = 1 + \log_6 x$ (d) $\log_6 x^6 = 6 \log_6 x$
(e) $\log_{1/2}(2x) = \log_{1/2}\frac{x}{1/2} = \log_{1/2} x - \log_{1/2}\left(\frac{1}{2}\right) = \log_{1/2} x - 1$

FUNÇÕES LOGARÍTMICAS ESPECIAIS

$\log_{10} x$ é abreviada como $\log x$ (logaritmo).
$\log_e x$ é abreviada como $\ln x$ (logaritmo natural).

Problemas Resolvidos

18.1 Escreva o que se segue em forma exponencial:

(a) $\log_2 8 = 3$; (b) $\log_{25} 5 = \frac{1}{2}$; (c) $\log_{10} \frac{1}{100} = -2$;

(d) $\log_8 \frac{1}{4} = -\frac{2}{3}$; (e) $\log_b c = d$; (f) $\log_e (x^2 + 5x - 6) = y - C$

(a) Se $y = \log_a x$, então $x = a^y$. Logo, se $3 = \log_2 8$, então $8 = 2^3$.

(b) Se $y = \log_a x$, então $x = a^y$. Logo, se $\frac{1}{2} = \log_{25} 5$, então $5 = 25^{1/2}$.

(c) Se $-2 = \log_{10} \frac{1}{100}$, então $\frac{1}{100} = 10^{-2}$.

(d) Se $-\frac{2}{3} = \log_8 \frac{1}{4}$, então $8^{-2/3} = \frac{1}{4}$.

(e) Se $d = \log_b c$, então $b^d = c$.

(f) Se $y - C = \log_e(x^2 + 5x - 6)$, então $e^{y-C} = x^2 + 5x - 6$.

18.2 Escreva o que se segue na forma logarítmica:

(a) $3^5 = 243$; (b) $6^{-3} = \frac{1}{216}$; (c) $256^{3/4} = 64$;

(d) $\left(\frac{1}{2}\right)^{-5} = 32$; (e) $u^m = p$; (f) $e^{at+b} = y - C$

(a) Se $x = a^y$, então $y = \log_a x$. Logo, se $243 = 3^5$, então $5 = \log_3 243$.

(b) Se $x = a^y$, então $y = \log_a x$. Logo, se $\frac{1}{216} = 6^{-3}$, então $-3 = \log_6 \frac{1}{216}$.

(c) Se $64 = 256^{3/4}$, então $\log_{256} 64 = \frac{3}{4}$.

(d) Se $32 = \left(\frac{1}{2}\right)^{-5}$, então $\log_{1/2} 32 = -5$.

(e) Se $p = u^m$, então $\log_u p = m$.

(f) Se $y - C = e^{at+b}$, então $\log_e(y - C) = at + b$.

18.3 Calcule os seguintes logaritmos:

(a) $\log_7 49$ (b) $\log_4 256$ (c) $\log_{10} 0,000001$ (d) $\log_{27} \frac{1}{9}$ (e) $\log_{1/5} 125$

(a) O logaritmo de 49 na base 7 é o expoente ao qual 7 deve ser elevado para obter 49. Esse expoente é 2; portanto, $\log_7 49 = 2$.

(b) O logaritmo de 256 na base 4 é o expoente ao qual 4 deve ser elevado para obter 256. Esse expoente é 4; portanto $\log_4 256 = 4$.

(c) Seja $\log_{10} 0,000001 = x$. Então $\log_{10} 10^{-6} = x$. Reescrevendo na forma exponencial, $10^x = 10^{-6}$. Como a função exponencial é injetora, $x = -6$; portanto, $\log_{10} 0,000001 = -6$.

(d) Seja $\log_{27} \frac{1}{9} = x$. Reescrevendo na forma exponencial, $27^x = \frac{1}{9}$, ou $(3^3)^x = 3^{3x} = 3^{-2}$. Como a função exponencial é injetora, $3x = -2$, $x = -\frac{2}{3}$, portanto, $\log_{27} \frac{1}{9} = -\frac{2}{3}$.

(e) Seja $\log_{1/5} 125 = x$. Reescrevendo na forma exponencial, $\left(\frac{1}{5}\right)^x = 125$, ou $(5^{-1})^x = 5^{-x} = 5^3$. Como a função exponencial é injetora, $-x = 3$, $x = -3$; portanto, $\log_{1/5} 125 = -3$.

18.4 (a) Determine o domínio e a imagem da função logarítmica na base a.

(b) Calcule $\log_5(-25)$.

(a) Como a função logarítmica é a inversa da exponencial na base a, e como a função exponencial tem domínio $\mathbf{R}$ e imagem $(0, \infty)$, a função logarítmica deve ter domínio $(0, \infty)$ e imagem $\mathbf{R}$.

(b) Como -25 não está no domínio da função logarítmica, $\log_5(-25)$ não é definido.

18.5 Esboce um gráfico de $f(x) = a^x$, $a > 1$, $f^{-1}(x) = \log_a x$ e da reta $y = x$ no mesmo sistema de coordenadas cartesianas.

Nota: O gráfico é mostrado na Fig. 18-1.

O domínio de f é $\boldsymbol{R}$ e a imagem de f é $(0, \infty)$.
Os pontos $(0, 1)$ e $(1, a)$ estão no gráfico de f.
O eixo x negativo é uma assíntota.
O domínio de f^{-1} é $(0, \infty)$ e a imagem de f^{-1} é $\boldsymbol{R}$.
Os pontos $(1, 0)$ e $(a, 1)$ estão no gráfico de f^{-1}.
O eixo y negativo é uma assíntota.

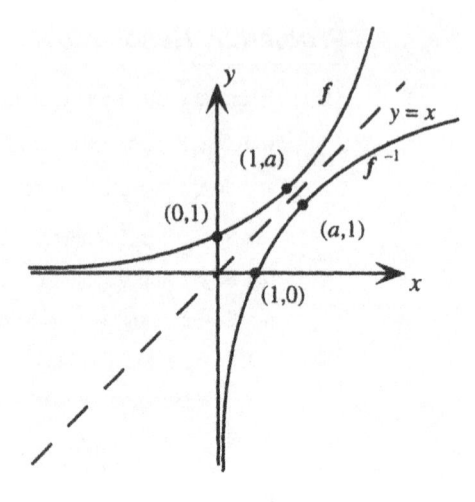

Figura 18-1

18.6 Esboce um gráfico de:

(a) $f(x) = \log_5 x$ (b) $g(x) = \log_{1/4} x$

(a) Faça uma tabela de valores.   (b) Faça uma tabela de valores.

x	y
$\frac{1}{5}$	-1
1	0
5	1
25	2

x	y
$\frac{1}{4}$	1
1	0
4	-1
16	-2

Domínio: $(0, \infty)$; Imagem: $\boldsymbol{R}$
Assíntota: eixo y negativo
O gráfico é mostrado na Fig. 18-2.

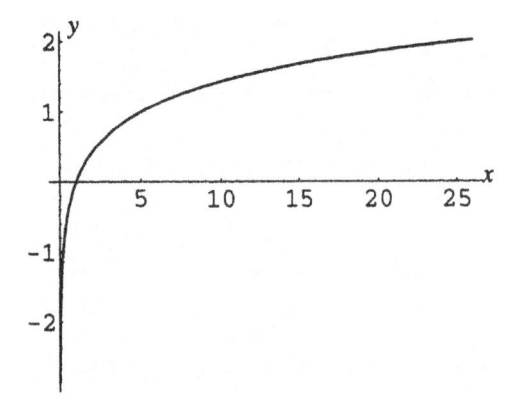

Domínio: $(0, \infty)$; Imagem: $\boldsymbol{R}$
Assíntota: eixo y positivo
O gráfico é mostrado na Fig. 18-3.

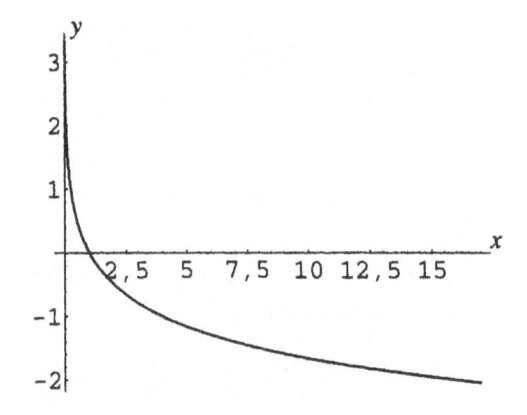

Figura 18-2   **Figura 18-3**

18.7 Demonstre as relações entre funções logarítmica e exponencial.

(a) Se $y = \log_a x$, então $x = a^y$. Logo, $x = a^y = a^{\log_a x}$.

(b) Analogamente, trocando as letras, se $x = \log_a y$, então, $y = a^x$. Logo, $x = \log_a y = \log_a a^x$.

18.8 Mostre que se $\log_a u = \log_a v$, então, $u = v$.

Como a função exponencial $f(x) = a^x$ é injetora, sua função inversa, $f^{-1}(x) = \log_a x$, é também injetora e $(f \circ f^{-1})(x) = f(f^{-1}(x)) = f(\log_a x) = a^{\log_a x} = x$.

Logo, se $\log_a u = \log_a v$, então $a^{\log_a u} = a^{\log_a v}$ e $u = v$.

18.9 Calcule usando as relações entre funções logarítmica e exponencial:

(a) $\log_3 3^5$; (b) $\log_2 256$; (c) $\log_a \sqrt[3]{a^2}$; (d) $\log 0{,}00001$;

(e) $5^{\log_5 3}$; (f) $e^{\ln \pi}$; (g) $a^{\log_a (x^2 - 5x + 6)}$; (h) $36^{\log_6 7}$

Resp. (a) $\log_3 3^5 = 5$ (b) $\log_2 256 = \log_2 2^8 = 8$

(c) $\log_a \sqrt[3]{a^2} = \log_a a^{2/3} = \dfrac{2}{3}$; (d) $\log 0{,}00001 = \log_{10} 10^{-5} = -5$

(e) $5^{\log_5 3} = 3$; (f) $e^{\ln \pi} = e^{\log_e \pi} = \pi$;

(g) $a^{\log_a (x^2 - 5x + 6)} = x^2 - 5x + 6$; (h) $36^{\log_6 7} = (6^2)^{\log_6 7} = 6^{2\log_6 7} = (6^{\log_6 7})^2 = 7^2 = 49$

18.10 Prove as propriedades de logaritmos.

As propriedades $\log_a 1 = 0$ e $\log_a a = 1$ seguem diretamente das relações entre logaritmo e exponencial, uma vez que $\log_a 1 = \log_a a^0 = 0$ e $\log_a a = \log_a a^1 = 1$.

Para provar as outras propriedades, considere $u = \log_a M$ e $v = \log_a N$. Então, $M = a^u$ e $N = a^v$.

Portanto, $MN = a^u a^v$; assim, $MN = a^{u+v}$. Reescrevendo na forma logarítmica, $\log_a MN = u + v$.

Consequentemente, $\log_a MN = \log_a M + \log_a N$.

Da mesma forma, $\dfrac{M}{N} = \dfrac{a^u}{a^v}$, assim, $\dfrac{M}{N} = a^{u-v}$. Reescrevendo na forma logarítmica, $\log_a \dfrac{M}{N} = u - v$.

Logo, $\log_a \left(\dfrac{M}{N}\right) = \log_a M - \log_a N$.

Finalmente, $M^p = (a^u)^p = a^{up}$; ou seja, $M^p = a^{pu}$. Reescrevendo na forma logarítmica, $\log_a M^p = pu$.

Portanto, $\log_a M^p = p \log_a M$.

18.11 Use as propriedades de logaritmos para reescrever em termos de logaritmos de expressões mais simples:

(a) $\log_a \dfrac{xy}{z}$; (b) $\log_a(x^2 - 1)$; (c) $\log_a \dfrac{x^3(x+5)}{(x-4)^2}$; (d) $\log_a \sqrt{\dfrac{x^2 + y^2}{xy}}$; (e) $\ln(Ce^{5x+1})$

Resp. (a) $\log_a \dfrac{xy}{z} = \log_a xy - \log_a z = \log_a x + \log_a y - \log_a z$

(b) $\log_a(x^2 - 1) = \log_a [(x-1)(x+1)] = \log_a (x-1) + \log_a (x+1)$ Nota: As propriedades de logaritmos podem ser usadas para transformar expressões envolvendo logaritmos de produtos, quocientes e potências. Elas não permitem simplificação de logaritmos de somas e diferenças.

(c) $\log_a \dfrac{x^3(x+5)}{(x-4)^2} = \log_a x^3 + \log_a (x+5) - \log_a (x-4)^2 = 3\log_a x + \log_a(x+5) - 2\log_a(x-4)$

(d) $\log_a \sqrt{\dfrac{x^2+y^2}{xy}} = \dfrac{1}{2}\left[\log_a \dfrac{x^2+y^2}{xy}\right] = \dfrac{1}{2}[\log_a(x^2+y^2) - \log_a(xy)] = \dfrac{1}{2}[\log_a(x^2+y^2) - \log_a x - \log_a y]$

(e) $\ln(Ce^{5x+1}) = \ln C + \ln e^{5x+1} = \ln C + 5x + 1$

18.12 Escreva como um logaritmo:

(a) $3\log_a u - \log_a v$; (b) $\frac{1}{3}\log_a 5 - 3\log_a x - 4\log_a y$; (c) $\frac{1}{3}\log_a (x-3) + 3\log_a x + 2\log_a (1+x)$;

(d) $\frac{1}{2}[\log_a x + 3\log_a y - 5\log_a (z-2)]$; (e) $\frac{1}{2}\ln(x+1) - \frac{1}{2}\ln(x-1) + \ln C$

Resp. (a) $3\log_a u - \log_a v = \log_a u^3 - \log_a v = \log_a \dfrac{u^3}{v}$

(b) $\frac{1}{3}\log_a 5 - 3\log_a x - 4\log_a y = \log_a \sqrt[3]{5} - \log_a (x^3 y^4) = \log_a \dfrac{\sqrt[3]{5}}{x^3 y^4}$

$(c)\ \frac{1}{3}\log_a(x-3) + 3\log_a x + 2\log_a(1+x) = \log_a(x-3)^{1/3} + \log_a x^3 + \log_a(1+x)^2$
$$= \log_a \sqrt[3]{x-3} + \log_a x^3(1+x)^2$$
$$= \log_a[x^3(1+x)^2 \sqrt[3]{x-3}]$$

$(d)\ \frac{1}{2}[\log_a x + 3\log_a y - 5\log_a(z-2)] = \frac{1}{2}[\log_a xy^3 - \log_a(z-2)^5]$
$$= \frac{1}{2}\left[\log_a \frac{xy^3}{(z-2)^5}\right] = \log_a \sqrt{\frac{xy^3}{(z-2)^5}}$$

$(e)\ \frac{1}{2}\ln(x+1) - \frac{1}{2}\ln(x-1) + \ln C = \frac{1}{2}\ln\left(\frac{x-1}{x+1}\right) + \ln C$
$$= \ln\sqrt{\frac{x-1}{x+1}} + \ln C = \ln C\sqrt{\frac{x-1}{x+1}}$$

Problemas Complementares

18.13 Escreva na forma exponencial:

(a) $\log_{1000} 10 = \frac{1}{3}$; (b) $\log_7 \frac{1}{49} = -2$; (c) $\log_u \frac{1}{\sqrt{u}} = -\frac{1}{2}$

Resp. $1000^{1/3} = 10$; (b) $7^{-2} = \frac{1}{49}$; (c) $u^{-1/2} = \frac{1}{\sqrt{u}}$

18.14 Escreva na forma logarítmica:

(a) $\left(\frac{1}{4}\right)^{-3} = 64$; (b) $e^{2/5} = \sqrt[5]{e^2}$; (c) $m^{-p} = T$

Resp. (a) $\log_{1/4} 64 = -3$; (b) $\ln \sqrt[5]{e^2} = \frac{2}{5}$; (c) $\log_m T = -p$

18.15 Calcule:

(a) $\ln Ce^{-at}$; (b) $\log_4 \frac{1}{8}$; (c) $\log_{10}(-100)$; (d) $\log_{1/256} \frac{1}{2}$

Resp. (a) $\ln C - at$; (b) $-\frac{3}{2}$; (c) não definido; (d) $\frac{1}{8}$

18.16 (a) Calcule $\log_3 81$. (b) Calcule $\log_3 \frac{1}{81}$. (c) Mostre que $\log_a \frac{1}{N} = -\log_a N$.

Resp. (a) 4; (b) -4

18.17 (a) Calcule $\log_5 125$. (b) Calcule $\log_{125} 5$. (c) Mostre que $\log_a b = \frac{1}{\log_b a}$.

Resp. (a) 3; (b) $\frac{1}{3}$

18.18 Escreva em termos de logaritmos de expressões mais simples:

(a) $\log_a a(x-r)(x-s)$ (b) $\log_a \frac{a^2}{x^3 y^4}$; (c) $\ln \frac{a + \sqrt{a^2 - x^2}}{a - \sqrt{a^2 - x^2}}$; (d) $\ln \frac{e^x - e^{-x}}{2}$

Resp. (a) $1 + \log_a(x-r) + \log_a(x-s)$ (b) $2 - 3\log_a x - 4\log_a y$
(c) $\ln(a + \sqrt{a^2 - x^2}) - \ln(a - \sqrt{a^2 - x^2})$, ou (após racionalizar o denominador)
$2\ln(a + \sqrt{a^2 - x^2}) - 2\ln x$;
(d) $\ln(e^x - e^{-x}) - \ln 2$

18.19 Calcule: (a) $10^{(1/2)\log 3}$; (b) $5^{3\log_5 7}$; (c) $2^{-3\log_2 5}$

Resp. (a) $\sqrt{3}$; (b) 343; (c) $\frac{1}{125}$

18.20 Escreva como um logaritmo:

(a) $2\ln x - 8\ln y + 4\ln z$ (b) $\log(1-x) + \log(x-3)$

(c) $\dfrac{\ln(x+h) - \ln x}{h}$;   (d) $x\ln x - (x-1)\ln(x-1)$;

(e) $\log_c \dfrac{-b + \sqrt{b^2 - 4ac}}{2a} + \log_c \dfrac{-b - \sqrt{b^2 - 4ac}}{2a}$

Resp. (a) $\ln \dfrac{x^2 z^4}{y^8}$;   (b) não definido (não existe valor de x para o qual ambos os logaritmos são definidos)

(c) $\ln\left(\dfrac{x+h}{x}\right)^{1/h}$;   (d) $\ln \dfrac{x^x}{(x-1)^{x-1}}$;   (e) $1 - \log_c a$

18.21 Dados $\log_a 2 = 0{,}69$, $\log_a 3 = 1{,}10$ e $\log_a 5 = 1{,}61$, use as propriedades de logaritmo para calcular:

(a) $\log_a 30$ (b) $\log_a \dfrac{6}{5}$;   (c) $\log_a \dfrac{1}{\sqrt{15}}$;   (d) $\log_a\left(-\dfrac{5}{6}\right)$

Resp. (a) 3,40;   (b) 0,18;   (c) $-1{,}36$;   (d) não definido

18.22 Esboce os gráficos de:

(a) $f(x) = \log_3(x+2)$ (b) $F(x) = 3 - \log_2 x$ (c) $g(x) = \ln |x|$ (d) $G(x) = -\ln(-x)$

Resp. (a) Fig. 18-4;   (b) Fig. 18-5;   (c) Fig. 18-6;   (d) Fig. 18-7

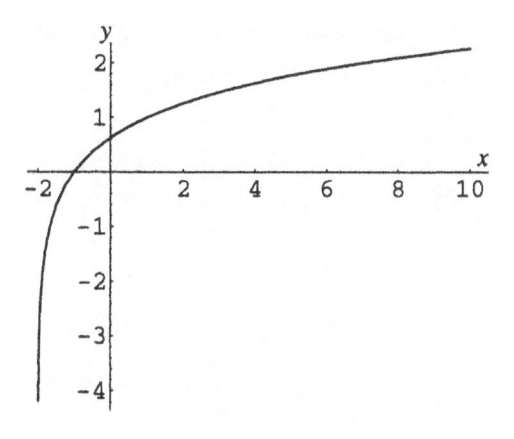

Figura 18-4

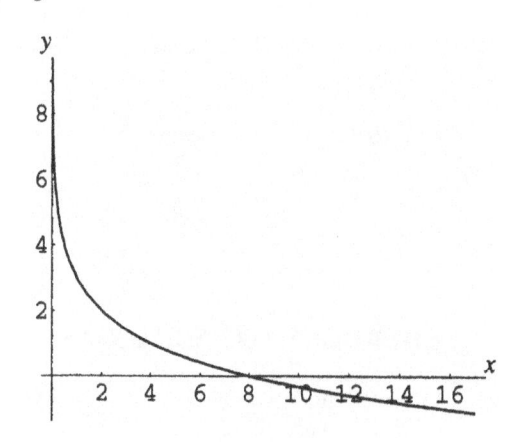

Figura 18-5

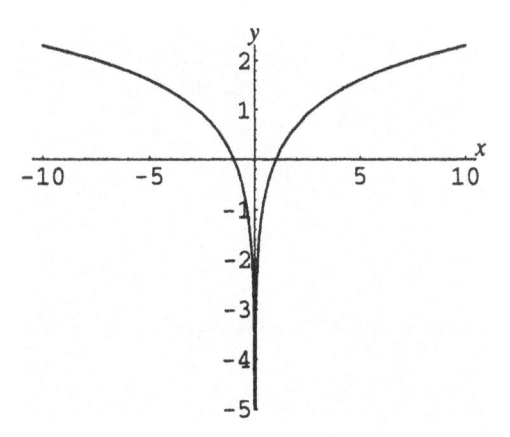

Figura 18-6

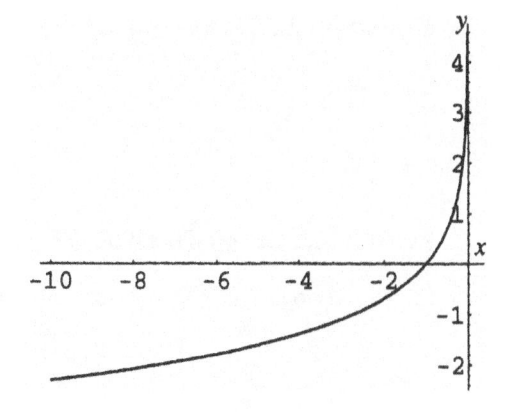

Figura 18-7

Capítulo 19

Equações Exponenciais e Logarítmicas

EQUAÇÕES EXPONENCIAIS

Equações exponenciais são equações que envolvem uma variável em um expoente. O passo crucial para resolver equações exponenciais geralmente é determinar o logaritmo de ambos os lados em uma base apropriada, comumente base 10 ou e.

Exemplo 19.1 Resolva $e^x = 2$.

$\quad\quad e^x = 2$ \hspace{2em} Calcule o logaritmo em ambos os lados
$\quad\quad \ln(e^x) = \ln(2)$ \hspace{2em} Aplique a relação função-função inversa
$\quad\quad x = \ln 2$

EQUAÇÕES LOGARÍTMICAS

Equações logarítmicas são equações que envolvem o logaritmo de uma variável ou expressão variável. O passo crucial para resolver equações logarítmicas geralmente é reescrever a expressão logarítmica em forma exponencial. Se ocorre mais de uma expressão logarítmica, elas podem ser combinadas em apenas uma pelo uso das propriedades de logaritmos.

Exemplo 19.2 Resolva $\log_2(x - 3) = 4$

$\quad\quad \log_2(x - 3) = 4$ \hspace{2em} Reescreva na forma exponencial
$\quad\quad 2^4 = x - 3$ \hspace{2em} Isole a variável
$\quad\quad x = 2^4 + 3$
$\quad\quad x = 19$

FÓRMULA DE MUDANÇA DE BASE

Expressões logarítmicas podem ser reescritas em termos de outras bases por meio da fórmula de *mudança de base*:

$$\log_a x = \frac{\log_b x}{\log_b a}$$

Exemplo 19.3 Encontre uma expressão, em termos de logaritmos na base e, para $\log_5 10$ e calcule um valor aproximado para a quantidade.

A partir da fórmula de mudança de base, $\log_5 10 = \dfrac{\ln 10}{\ln 5} \approx 1{,}43$.

ESCALAS LOGARÍTMICAS

Tratar com números que variam em escalas muito grandes, como, por exemplo, de 0,000 000 000 001 a 10.000.000.000, pode ser problemático. O trabalho pode ser feito de forma mais eficiente se forem usados os logaritmos dos números (como nesse exemplo, no qual os logaritmos variam apenas de -12 a $+10$).

EXEMPLOS DE ESCALAS LOGARÍTMICAS

1. **Intensidade de som:** A escala decibel para medição de intensidade sonora é definida como:

$$D = 10 \log \frac{I}{I_0}$$

sendo que D é o nível decibel do som, I é a intensidade do som (medida em watts por metro quadrado) e I_0 é a intensidade do menor som audível.

2. **Intensidade sísmica:** Há mais de uma escala logarítmica, conhecida como escala Richter, empregada para medir o poder destrutivo de um terremoto. Uma escala Richter comumente usada é definida como:

$$R = \frac{2}{3} \log \frac{E}{E_0}$$

sendo que R é a chamada magnitude (Richter) do terremoto, E é a energia liberada pelo terremoto (medida em joules) e E_0 é a energia liberada por um terremoto muito fraco.

Problemas Resolvidos

19.1 Demonstre a fórmula de mudança de base.

Seja $y = \log_a x$. Então, reescrevendo na forma exponencial, $x = a^y$. Aplicando logaritmos na base b em ambos os lados, tem-se:

$$\log_b x = \log_b a^y$$
$$= y \log_b a \quad \text{pelas propriedades de logaritmos}$$

Logo,

$$y = \frac{\log_b x}{\log_b a}, \text{ ou seja, } \log_a x = \frac{\log_b x}{\log_b a}$$

19.2 Resolva $2^x = 6$.

Calcule logaritmos na base e em ambos os lados (a base 10 também poderia ser usada, mas a base e é padrão na maioria das situações do cálculo).

$$\ln 2^x = \ln 6$$
$$x \ln 2 = \ln 6$$
$$x = \frac{\ln 6}{\ln 2} \quad \text{Resposta exata}$$
$$x \approx 2{,}58 \quad \text{Resposta aproximada}$$

Alternativamente, calcule logaritmos na base 2 em ambos os lados e aplique a fórmula de mudança de base:

$$\log_2 2^x = \log_2 6$$
$$x = \log_2 6$$
$$x = \frac{\ln 6}{\ln 2} \quad \text{pela fórmula de mudança de base}$$

19.3 Resolva $2^{3x-4} = 15$.

Proceda como no problema anterior.

$$\ln 2^{3x-4} = \ln 15$$
$$(3x-4)\ln 2 = \ln 15$$
$$3x \ln 2 - 4 \ln 2 = \ln 15$$
$$3x \ln 2 = \ln 15 + 4 \ln 2$$
$$x = \frac{\ln 15 + 4\ln 2}{3\ln 2} \quad \text{Resposta exata}$$
$$x = 2{,}64 \quad \text{Resposta aproximada}$$

19.4 Resolva $5^{4-x} = 7^{3x+1}$.

Proceda como no problema anterior.

$$\ln 5^{4-x} = \ln 7^{3x+1}$$
$$(4-x)\ln 5 = (3x+1)\ln 7$$
$$4\ln 5 - x\ln 5 = 3x\ln 7 + \ln 7$$
$$4\ln 5 - \ln 7 = x\ln 5 + 3x\ln 7$$
$$x = \frac{4\ln 5 - \ln 7}{\ln 5 + 3\ln 7} \quad \text{Resposta exata}$$
$$x \approx 0{,}60 \quad \text{Resposta aproximada}$$

19.5 Resolva $2^x - 2^{-x} = 1$.

Antes de aplicar logaritmos a ambos os lados, é crucial isolar a forma exponencial:

$$2^x - \frac{1}{2^x} = 1 \quad \text{Multiplique ambos os lados por } 2^x$$

$$2^x \cdot 2^x - 2^x \cdot \frac{1}{2^x} = 2^x$$
$$(2^x)^2 - 1 = 2^x$$
$$(2^x)^2 - 2^x - 1 = 0$$

Essa equação está na forma quadrática. Introduza a substituição $u = 2^x$. Logo, $u^2 = (2^x)^2$ e a equação fica:

$$u^2 - u - 1 = 0$$

Agora use a fórmula quadrática com $a = 1, b = -1, c = -1$.

$$u = \frac{-(-1) \pm \sqrt{(-1)^2 - 4(1)(-1)}}{2(1)}$$
$$= \frac{1 \pm \sqrt{5}}{2}$$

Agora desfaça a substituição $2^x = u$ e aplique logaritmos a ambos os lados.

$$2^x = \frac{1 \pm \sqrt{5}}{2}$$
$$x \ln 2 = \ln \frac{1 \pm \sqrt{5}}{2}$$
$$x = \ln\left(\frac{1 + \sqrt{5}}{2}\right)/\ln 2 \quad \text{ou} \quad \ln\left(\frac{1 - \sqrt{5}}{2}\right)/\ln 2$$

Observe que como $\frac{1-\sqrt{5}}{2}$ é negativo, não está no domínio da função logarítmica. Logo, a única solução é $x = \ln\left(\frac{1 + \sqrt{5}}{2}\right)/\ln 2$ ou, aproximadamente, 0,69.

19.6 Resolva $\dfrac{e^x - e^{-x}}{e^x + e^{-x}} = y$ expressando x em termos de y.

Primeiro observe que o lado esquerdo é uma fração complexa (uma vez que $e^{-x} = 1/e^x$) e escreva-a como uma fração simples.

$$\frac{e^x - 1/e^x}{e^x + 1/e^x} = y$$

$$\frac{e^x(e^x - 1/e^x)}{e^x(e^x + 1/e^x)} = y$$

$$\frac{(e^x)^2 - 1}{(e^x)^2 + 1} = y$$

$$\frac{e^{2x} - 1}{e^{2x} + 1} = y$$

Agora isole a forma exponencial e^{2x}.

$$e^{2x} - 1 = y(e^{2x} + 1)$$
$$e^{2x} - 1 = e^{2x}y + y$$
$$e^{2x} - e^{2x}y = 1 + y$$
$$e^{2x}(1 - y) = 1 + y$$
$$e^{2x} = \frac{1 + y}{1 - y}$$

Calculando os logaritmos em ambos os lados, tem-se:

$$\ln e^{2x} = \ln \frac{1 + y}{1 - y}$$

$$2x = \ln \frac{1 + y}{1 - y}$$

$$x = \frac{1}{2} \ln \frac{1 + y}{1 - y}$$

Isso é válido se a expressão $\dfrac{1 + y}{1 - y}$ for positiva, ou seja, para $-1 < y < 1$.

19.7 Resolva $\log_2 (3x - 4) = 5$.

Reescreva a expressão logarítmica em forma exponencial e, então, isole a variável.

$$2^5 = 3x - 4$$
$$32 = 3x - 4$$
$$x = 12$$

19.8 Resolva $\log x + \log(x + 3) = 1$.

Use as propriedades de logaritmos para combinar as expressões logarítmicas em uma expressão e, então, reescreva a expressão em forma exponencial.

$$\log [x(x + 3)] = 1$$
$$10^1 = x(x + 3)$$
$$x^2 + 3x = 10$$

Essa equação quadrática é resolvida por fatoração:

$$(x + 5)(x - 2) = 0$$
$$x = -5 \text{ ou } x = 2$$

Como -5 não está no domínio da função logarítmica, a única solução é 2.

19.9 Isole y em termos de x e C: $\ln(y + 2) = x + \ln C$

Use as propriedades de logaritmos para combinar as expressões logarítmicas em uma expressão, então reescreva a expressão em forma exponencial.

$$\ln(y + 2) - \ln C = x$$
$$\ln\left(\frac{y + 2}{C}\right) = x$$
$$\frac{y + 2}{C} = e^x$$
$$y = Ce^x - 2$$

19.10 Uma certa quantia de dinheiro P é investida a uma taxa anual de juros de 4,5%. Quantos anos (com aproximação na ordem de décimos de ano) levaria para o montante inicial dobrar, assumindo que a capitalização dos juros seja trimestral?

Use a fórmula $A(t) = P\left(1 + \frac{r}{n}\right)^{nt}$ do Capítulo 17, com $n = 4$ e $r = 0,045$, para encontrar t quando $A(t) = 2P$.

$$2P = P\left(1 + \frac{0,045}{4}\right)^{4t}$$
$$2 = \left(1 + \frac{0,045}{4}\right)^{4t}$$

Para isolar t, aplique logaritmos na base e a ambos os lados.

$$\ln 2 = 4t \ln\left(1 + \frac{0,045}{4}\right)$$
$$t = \frac{\ln 2}{4 \ln\left(1 + \frac{0,045}{4}\right)}$$
$$t \approx 15,5 \text{ anos}$$

19.11 No problema anterior, quantos anos (com aproximação na ordem de décimos de ano) levaria para que o montante de dinheiro dobrasse, assumindo que os juros são capitalizados continuamente?

Use a fórmula $A(t) = Pe^{rt}$ do Capítulo 17, com $r = 0,045$, para encontrar t quando $A(t) = 2P$.

$$2P = Pe^{0,045t}$$
$$2 = e^{0,045t}$$

Para isolar t, calcule logaritmos na base e em ambos os lados.

$$\ln 2 = 0,045t$$
$$t = \frac{\ln 2}{0,045}$$
$$t \approx 15,4 \text{ anos}$$

19.12 Um isótopo radioativo tem meia-vida de 35,2 anos. Quantos anos (com aproximação na ordem de décimos de ano) levaria uma quantidade inicial de 1 grama para decair para 0,01 grama?

Use a fórmula $Q(t) = Q_0 e^{-kt}$ do Capítulo 17.

Primeiro determine k usando $t = 35,2$, $Q_0 = 1$ e $Q(35,2) = Q_0/2 = 1/2$.

$$1/2 = 1e^{-k(35,2)}$$

Para isolar k, calcule logaritmos na base e em ambos os lados.

$$\ln(1/2) = -k(35,2)$$
$$k = -\frac{\ln(1/2)}{35,2}$$
$$= \frac{\ln 2}{35,2}$$

Portanto, para esse isótopo, a quantidade restante após t anos é dada por:

$$Q(t) = Q_0 e^{\frac{-t \ln 2}{35,2}}$$

Para encontrar o tempo necessário para a quantidade inicial decair a 0,01 grama, use essa fórmula com $Q(t) = 0{,}01$ e $Q_0 = 1$ e isole t.

$$0{,}01 = 1 e^{\frac{-t \ln 2}{35,2}}$$

Para isolar t, aplique logaritmos na base e em ambos os lados.

$$\ln 0{,}01 = \frac{-t \ln 2}{35{,}2}$$

$$t = \frac{-35{,}2 \ln 0{,}01}{\ln 2}$$

$$t \approx 233{,}9 \text{ anos}$$

19.13 (a) Calcule o nível decibel do menor som audível, $I_0 = 10^{-12}$ watts por metro quadrado.

(b) Calcule o nível decibel de um concerto de *rock* com uma intensidade de 10^{-1} watts por metro quadrado.

(c) Calcule a intensidade de um som com nível de 85 decibéis.

Use a fórmula $D = 10 \log \dfrac{I}{I_0}$.

(a) Faça $I = I_0$. Logo, $D = 10 \log \dfrac{I}{I_0} = 10 \log 1 = 0$.

(b) Faça $I = 10^{-1}$ e $I_0 = 10^{-12}$. Logo, $D = 10 \log \dfrac{10^{-1}}{10^{-12}} = 10 \log 10^{11} = 10 \cdot 11 = 110$ decibéis.

(c) Faça $D = 85$ e $I_0 = 10^{-12}$. Logo, $85 = 10 \log \dfrac{I}{10^{-12}}$. Isolando I tem-se:

$$8{,}5 = \log \frac{I}{10^{-12}}$$

$$\frac{I}{10^{-12}} = 10^{8{,}5}$$

$$I = 10^{-12} \cdot 10^{8{,}5}$$

$$I = 10^{-3{,}5}$$

$$I \approx 3{,}2 \times 10^{-4} \text{ watts/metro quadrado}$$

19.14 (a) Encontre a magnitude na escala Richter de um terremoto que libera energia de $1000 E_0$. (b) Encontre a energia liberada por um terremoto que mede 5,0 na escala Richter, sendo que $E_0 = 10^{4{,}40}$ joules. (c) Qual é a razão entre a energia liberada por um terremoto que mede 8,1 na escala Richter e um tremor medindo 5,4 na mesma escala?

Use a fórmula $R = \dfrac{2}{3} \log \dfrac{E}{E_0}$.

(a) Faça $E = 1000 E_0$. Logo, $R = \dfrac{2}{3} \log \dfrac{1000 E_0}{E_0} = \dfrac{2}{3} \log 1000 = \dfrac{2}{3} \cdot 3 = 2$.

(b) Faça $R = 5$. Logo, $5 = \dfrac{2}{3} \log \dfrac{E}{E_0}$. Isolando E:

$$\frac{15}{2} = \log \frac{E}{E_0}$$

$$\frac{E}{E_0} = 10^{15/2}$$

$$E = E_0 \cdot 10^{7{,}5}$$

$$= 10^{4{,}40} \cdot 10^{7{,}5}$$

$$\approx 7{,}94 \times 10^{11} \text{ joules}$$

(c) Primeiro isole E em termos de R e R_0.

$$\log \frac{E}{E_0} = \frac{3R}{2}$$

$$\frac{E}{E_0} = 10^{3R/2}$$

$$E = E_0 10^{3R/2}$$

Então, faça $R_1 = 8,1$ e $R_2 = 5,4$ e encontre a razão entre as energias correspondentes E_1 e E_2.

$$E_1 = E_0 10^{3R_1/2} \qquad E_2 = E_0 10^{3R_2/2}$$
$$E_1 = E_0 10^{3(8,1)/2} \qquad E_2 = E_0 10^{3(5,4)/2}$$
$$E_1/E_2 = (E_0 10^{3(8,1)/2})/(E_0 10^{3(5,4)/2})$$
$$E_1/E_2 = 10^{12,15}/10^{8,1}$$
$$E_1/E_2 = 10^{4,05}/1$$
$$E_1/E_2 \approx 11.200/1$$

A energia liberada pelo terremoto é mais de 11.000 vezes a energia liberada pelo tremor.

Problemas Complementares

19.15 Mostre que $a^b = e^{b \ln a}$.

19.16 Resolva (a) $e^{5x-3} = 10$ (b) $5^{3+x} = 20^{x-3}$ (c) $4^{x^2-2x} = 12$

Resp. (a) $x = \dfrac{3 + \ln 10}{5} \approx 1,06$; (b) $x = \dfrac{3 \ln 5 + 3 \ln 20}{\ln 20 - \ln 5} \approx 9,97$;

(c) $x = 1 \pm \sqrt{1 + \dfrac{\ln 12}{\ln 4}}; x \approx 2,67, -0,67$

19.17 Resolva em termos de logaritmos na base 10: (a) $2^x - 6(2^{-x}) = 6$; (b) $\dfrac{10^x - 10^{-x}}{10^x + 10^{-x}} = \dfrac{1}{2}$.

Resp. (a) $x = \log(3 + \sqrt{15})/\log 2$; (b) $x = (\log 3)/2$

19.18 Resolva: (a) $\log_3(x-2) + \log_3(x-4) = 2$ (b) $2\ln x - \ln(x+1) = 3$

Resp. (a) $x = 3 + 10 \approx 6,16$; (b) $x = \dfrac{e^3 + \sqrt{e^6 + 4e^3}}{2} \approx 21,04$

19.19 Isole t, usando logaritmos naturais: (a) $Q = Q_0 e^{kt}$; (b) $A = P\left(1 + \dfrac{r}{n}\right)^{nt}$.

Resp. (a) $t = \dfrac{1}{k} \ln \dfrac{Q}{Q_0}$; (b) $t = \dfrac{\ln(A/P)}{n \ln(1 + r/n)}$

19.20 Isole t, usando logaritmos naturais: (a) $I = \dfrac{V}{R}\left(1 - e^{-Rt/L}\right)$; (b) $N = \dfrac{N_0 P}{N_0 + (P - N_0)e^{-kt}}$

Resp. (a) $t = \dfrac{L}{R} \ln \dfrac{V}{V - RI}$; (b) $t = \dfrac{1}{k} \ln \dfrac{N(P - N_0)}{N_0(P - N)}$

19.21 Isole x em termos de y: (a) $\dfrac{e^x + e^{-x}}{2} = y$; (b) $\dfrac{e^x - e^{-x}}{2} = y$.

Resp. (a) $x = \ln(y \pm \sqrt{y^2 - 1})$; (b) $x = \ln(y + \sqrt{y^2 + 1})$

19.22 Quantos anos seriam necessários para um investimento triplicar a 6% de juros capitalizados trimestralmente?

Resp. 18,4 anos

19.23 A que taxa de juros um investimento dobraria em 8 anos, capitalizado continuamente?

Resp. 8,66%

19.24 Se uma amostra de isótopo radioativo decai de 400 gramas para 300 gramas em 5,3 dias, encontre a meia-vida desse isótopo.

Resp. 12,8 dias

19.25 Se a intensidade de um som é 100 vezes a intensidade de outro som, qual é a diferença de decibéis entre os dois sons?

Resp. 30 decibéis

19.26 A lei de resfriamento de Newton estabelece que a temperatura T de um corpo, inicialmente a uma temperatura T_0, colocado em um meio a uma temperatura menor T_m, é dada pela fórmula $T = T_m + (T_0 - T_m)e^{-kt}$. Se uma xícara de café, a 160° às 7h da manhã, é levada a um ambiente cujo ar está a 40° e esfria para 140° às 7h05min da manhã, (*a*) encontre sua temperatura às 7h10min da manhã, (*b*) a que horas a temperatura terá caído para 100°?

Resp. (*a*) 123°; (*b*) 7h19min da manhã

Capítulo 20

Funções Trigonométricas

CÍRCULO UNITÁRIO

O círculo unitário é o círculo U com centro $(0,0)$ e raio 1. A equação do círculo unitário é $x^2 + y^2 = 1$. O perímetro do círculo unitário é 2π.

Exemplo 20.1 Desenhe um círculo unitário e indique seus interceptos (ver Fig. 20-1).

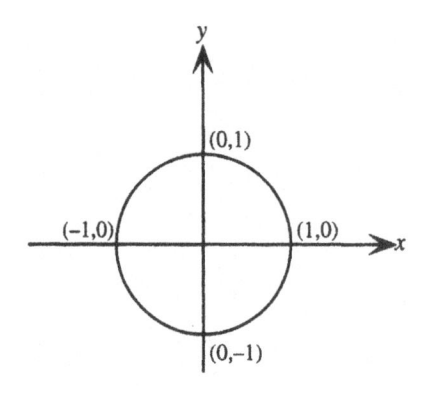

Figura 20-1

PONTOS SOBRE UM CÍRCULO UNITÁRIO

Um único ponto P sobre um círculo unitário U pode ser associado a qualquer número real t da seguinte maneira:

1. Associado com $t = 0$ está o ponto $(1,0)$.
2. Associado com qualquer número real t *positivo* está o ponto $P(x,y)$ obtido por um deslocamento $|t|$ na direção *anti-horária* do ponto $(1,0)$ (ver Fig. 20-2).
3. Associado com qualquer número real t *negativo* está o ponto $P(x,y)$ obtido por um deslocamento $|t|$ na direção *horária* do ponto $(1,0)$ (ver Fig. 20-3).

t positivo

t negativo

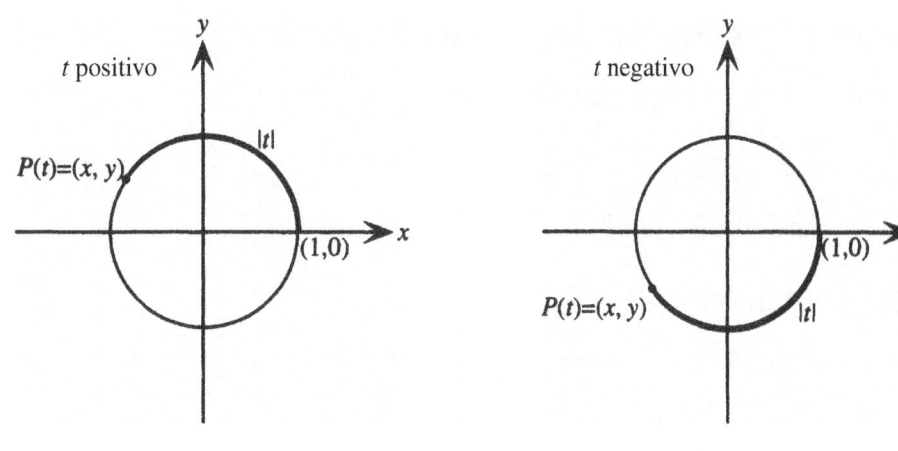

Figura 20-2

Figura 20-3

DEFINIÇÃO DE FUNÇÕES TRIGONOMÉTRICAS

Se t é um número real e $P(x,y)$ é o ponto, referido como $P(t)$, no círculo unitário U que corresponde a P, então, as seis *funções trigonométricas* de t, seno, cosseno, tangente, cossecante, secante e cotangente, abreviadas como sen, cos, tg, csc, sec e cotg, respectivamente, são definidas como:

$$\text{sen } t = y \qquad \csc t = \frac{1}{y} \text{ (se } y \neq 0)$$

$$\cos t = x \qquad \sec t = \frac{1}{x} \text{ (se } x \neq 0)$$

$$\text{tg } t = \frac{y}{x} \text{ (se } x \neq 0) \qquad \cotg t = \frac{x}{y} \text{ (se } y \neq 0)$$

Exemplo 20.2 Se t é um número real tal que $P\left(\frac{3}{5}, -\frac{4}{5}\right)$ é o ponto no círculo unitário que corresponde a t, encontre as seis funções trigonométricas de t.

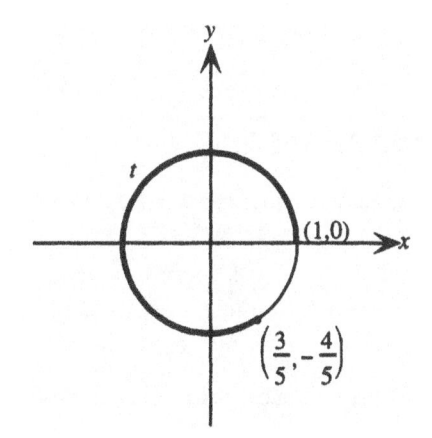

Figura 20-4

Como a coordenada x de P é $\frac{3}{5}$ e a coordenada y é $-\frac{4}{5}$, as seis funções trigonométricas de t são:

$$\text{sen } t = y = -\frac{4}{5} \qquad \cos t = x = \frac{3}{5} \qquad \text{tg } t = \frac{y}{x} = \frac{-4/5}{3/5} = -\frac{4}{3}$$

$$\csc t = \frac{1}{y} = \frac{1}{-4/5} = -\frac{5}{4} \qquad \sec t = \frac{1}{x} = \frac{1}{3/5} = \frac{5}{3} \qquad \cotg t = \frac{x}{y} = \frac{3/5}{-4/5} = -\frac{3}{4}$$

SIMETRIAS DOS PONTOS SOBRE UM CÍRCULO UNITÁRIO

Para qualquer número real t, as seguintes relações podem ser demonstradas como válidas:

1. $P(t + 2\pi) = P(t)$.
2. Se $P(t) = (x,y)$, então $P(-t) = (x,-y)$.
3. Se $P(t) = (x,y)$, então $P(t + \pi) = (-x,-y)$.

FUNÇÕES PERIÓDICAS

Uma função f é dita *periódica* se existe um número real p tal que $f(t + p) = f(t)$ para todo número real t no domínio de f. O menor número real p, nessas condições, é chamado de *período* da função.

PERIODICIDADE DAS FUNÇÕES TRIGONOMÉTRICAS

As funções trigonométricas são todas periódicas. As seguintes relações importantes podem ser demonstradas como válidas:

$$\operatorname{sen}(t + 2\pi) = \operatorname{sen} t \quad \cos(t + 2\pi) = \cos t \quad \operatorname{tg}(t + \pi) = \operatorname{tg} t$$
$$\csc(t + 2\pi) = \csc t \quad \sec(t + 2\pi) = \sec t \quad \operatorname{cotg}(t + \pi) = \operatorname{cotg} t$$

NOTAÇÃO

Notação para expoentes: as expressões para os quadrados das funções trigonométricas ocorrem frequentemente. $(\operatorname{sen} t)^2$ é geralmente escrito como $\operatorname{sen}^2 t$, $(\cos t)^2$ é escrito como $\cos^2 t$ e assim por diante. Analogamente, $(\operatorname{sen} t)^3$ é geralmente escrito como $\operatorname{sen}^3 t$ e assim sucessivamente.

IDENTIDADES

Uma identidade é uma equação verdadeira para todas as variáveis envolvidas, à medida que ambos os lados são definidos.

IDENTIDADES TRIGONOMÉTRICAS

1. **Identidades pitagóricas:** Para qualquer t para o qual ambos os lados são definidos:

$$\cos^2 t + \operatorname{sen}^2 t = 1 \quad 1 + \operatorname{tg}^2 t = \sec^2 t \quad \operatorname{cotg}^2 t + 1 = \csc^2 t$$
$$\cos^2 t = 1 - \operatorname{sen}^2 t \quad \operatorname{tg}^2 t = \sec^2 t - 1 \quad \operatorname{cotg}^2 t = \csc^2 t - 1$$
$$\operatorname{sen}^2 t = 1 - \cos^2 t \quad 1 = \sec^2 t - \operatorname{tg}^2 t \quad 1 = \csc^2 t - \operatorname{cotg}^2 t$$

2. **Identidades recíprocas:** Para qualquer t para o qual ambos os lados são definidos:

$$\operatorname{sen} t = \frac{1}{\csc t} \quad \cos t = \frac{1}{\sec t} \quad \operatorname{tg} t = \frac{1}{\operatorname{cotg} t}$$
$$\csc t = \frac{1}{\operatorname{sen} t} \quad \sec t = \frac{1}{\cos t} \quad \operatorname{cotg} t = \frac{1}{\operatorname{tg} t}$$

3. **Identidades quocientes:** Para qualquer t para o qual ambos os lados são definidos:

$$\operatorname{tg} t = \frac{\operatorname{sen} t}{\cos t} \qquad \operatorname{cotg} t = \frac{\cos t}{\operatorname{sen} t}$$

4. **Identidades para negativos:** Para qualquer t para o qual ambos os lados são definidos:

$$\text{sen}(-t) = -\text{sen}\, t \qquad \cos(-t) = \cos t \qquad \text{tg}(-t) = -\text{tg}\, t$$
$$\csc(-t) = -\csc t \qquad \sec(-t) = \sec t \qquad \cotg(-t) = -\cotg t$$

Problemas Resolvidos

20.1 Encontre o domínio e a imagem das funções seno e cosseno.

Para qualquer número real t, um único ponto $P(t) = (x,y)$ no círculo unitário $x^2 + y^2 = 1$ é associado a t. Como sen $t = y$ e cos $t = x$ são definidos para todo t, o domínio das funções seno e cosseno é **R**. Uma vez que y e x são coordenadas de pontos do círculo unitário, $-1 \leq y \leq 1$ e $-1 \leq x \leq 1$, logo a imagem das funções seno e cosseno é dada por $-1 \leq \text{sen}\, t \leq 1$ e $-1 \leq \cos t \leq 1$, ou seja, $[-1,1]$.

20.2 Para quais valores de t a coordenada y de $P(t)$ é igual a zero?

Ver Fig. 20-5.

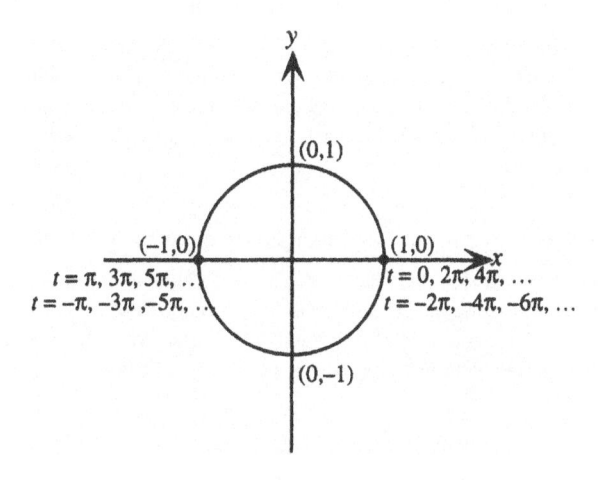

Figura 20-5

Por definição, $P(0) = (1,0)$. Como o perímetro do círculo unitário é 2π, se t é qualquer múltiplo inteiro positivo ou negativo de 2π, então, novamente, $P(t) = (1,0)$.

Como π é metade do perímetro do círculo unitário, $P(\pi)$ corresponde a meia volta no círculo a partir de $(1,0)$; ou seja, $P(\pi) = (-1,0)$. Além disso, se t é igual a π mais algum múltiplo inteiro positivo ou negativo de 2π, então, novamente, $P(t) = (-1,0)$.

Resumindo, a coordenada y de $P(t)$ é igual a zero se t é qualquer múltiplo inteiro de π; ou seja, $n\pi$.

20.3 Para quais valores de t a coordenada x de $P(t)$ é igual a zero?

Ver Fig. 20-6. Como o perímetro do círculo unitário é 2π, um quarto do perímetro é $\pi/2$. Assim, $P(\pi/2)$ é um quarto de volta no círculo unitário a partir de $(1,0)$; ou seja, $P(\pi/2) = (0,1)$. Também, se t é igual a $\pi/2$ mais algum múltiplo inteiro positivo ou negativo de 2π então, novamente, $P(t) = (0,1)$.

Mas, se $t = \pi + \pi/2$ ou $3\pi/2$, então t é três quartos de volta no círculo unitário a partir de $(1,0)$; ou seja, $P(3\pi/2) = (0,-1)$. E, se t é igual a $3\pi/2$ mais qualquer múltiplo inteiro positivo ou negativo de 2π, então, novamente, $P(t) = (0,-1)$.

Resumindo, a coordenada x de $P(t)$ é igual a zero se t é $\pi/2$ ou $3\pi/2$ mais qualquer múltiplo inteiro de 2π; assim, $\pi/2 + 2\pi n$ ou $3\pi/2 + 2\pi n$.

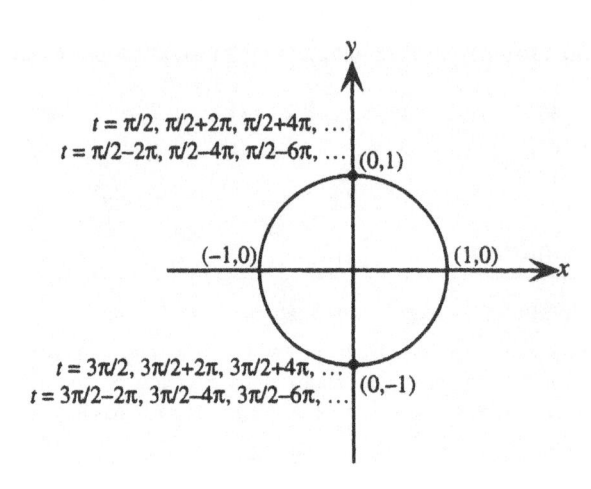

Figura 20-6

20.4 Encontre os domínios das funções tangente e secante.

Para qualquer número real t, um único ponto $P(t) = (x,y)$ no círculo unitário $x^2 + y^2 = 1$ é associado a t. Uma vez que tg t é definida como y/x e sec t é definida como $1/x$, cada função é definida para todos os valores de t, exceto aqueles para os quais $x = 0$. De acordo com o Problema 20.3, esses valores são $\pi/2+2\pi n$ ou $3\pi/2+2\pi n$, sendo n um inteiro qualquer. Assim, os domínios das funções tangente e secante são $\{t \in R | t \neq \pi/2 + 2\pi n, 3\pi/2 + 2\pi n\}$, sendo n um inteiro qualquer.

20.5 Encontre os domínios das funções cotangente e cossecante.

Para qualquer número real t, um único ponto $P(t) = (x,y)$ no círculo unitário $x^2 + y^2 = 1$ é associado a t. Uma vez que cotg t é definida como x/y e csc t é definida como $1/y$, cada função é definida para todos os valores de t, exceto aqueles para os quais $y = 0$. De acordo com o Problema 20.2, esses valores são $n\pi$, sendo n um inteiro qualquer. Assim, o domínio das funções cotangente e cossecante é $\{t \in R | t \neq n\pi\}$, sendo n um inteiro qualquer.

20.6 Encontre as imagens das funções tangente, cotangente, secante e cossecante.

Para qualquer número real t, um único ponto $P(t) = (x,y)$ no círculo unitário $x^2 + y^2 = 1$ é associado a t. Uma vez que tg t é definida como y/x e cotg t é definida como x/y e, além disso, para vários valores de t, x pode ser maior que y, menor que y ou igual a y, tg $t = y/x$ e cotg $t = x/y$ podem assumir qualquer valor real. Assim, as imagens das funções tangente e cotangente são ambas R.

Uma vez que sec t é definida como $1/x$ e csc t é definida como $1/y$ e, para qualquer ponto no círculo unitário, $-1 \leq x \leq 1$ e $-1 \leq y \leq 1$, segue-se que $|1/x| \geq 1$ e $|1/y| \geq 1$, ou seja, $|\sec t| \geq 1$ e $|\csc t| \geq 1$. Assim, as imagens das funções secante e cossecante são ambas $(-\infty, -1] \cup [1, \infty)$.

20.7 Encontre as seis funções trigonométricas de 0.

Ver Fig. 20-7.

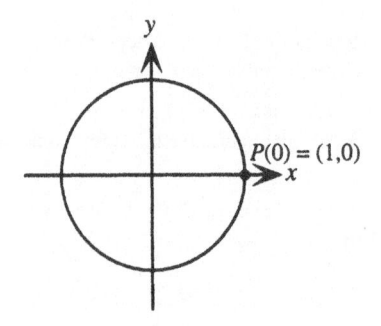

Figura 20-7

Como $P(0) = (1,0) = (x,y)$, segue-se que:

$$\text{sen}(0) = y = 0 \qquad \csc(0) = 1/y = 1/0 \text{ não é definido}$$
$$\cos(0) = x = 1 \qquad \sec(0) = 1/x = 1/1 = 1$$
$$\text{tg}(0) = y/x = 0/1 = 0 \qquad \text{cotg}(0) = x/y = 1/0 \text{ não é definido}$$

20.8 Encontre as seis funções trigonométricas de $\pi/2$.

Ver Fig. 20-8. Como o comprimento do círculo unitário é 2π, $P(\pi/2)$ é um quarto da volta no círculo unitário a partir de $(1,0)$. Assim, $P(\pi/2) = (0,1) = (x,y)$ e segue-se que:

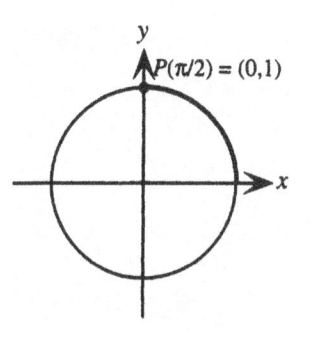

$$\text{sen}(\pi/2) = y = 1 \qquad \csc(\pi/2) = 1/y = 1/1 = 1$$
$$\cos(\pi/2) = x = 0 \qquad \sec(\pi/2) = 1/x = 1/0 \text{ não é definido}$$
$$\text{tg}(\pi/2) = y/x = 1/0 \text{ não é definido} \qquad \text{cotg}(\pi/2) = x/y = 0/1 = 0$$

Figura 20-8

20.9 Se $P(t)$ está em um quadrante, diz-se que t está naquele quadrante. Para t em cada um dos quatro quadrantes, obtenha a seguinte tabela, mostrando os sinais das seis funções trigonométricas de t.

	Quadrante I	Quadrante II	Quadrante III	Quadrante IV
sen t	+	+	−	−
cos t	+	−	−	+
tg t	+	−	+	−
csc t	+	+	−	−
sec t	+	−	−	+
cotg t	+	−	+	−

Como sen $t = y$ e csc $t = 1/y$ e y é positivo nos quadrantes I e II e negativo nos quadrantes III e IV, os sinais de sen t e de csc t são como os mostrados acima.

Como cos $t = x$ e sec $t = 1/x$ e x é positivo nos quadrantes I e IV e negativo nos quadrantes II e III, os sinais de cos t e de sec t são como os mostrados acima.

Como tg $t = y/x$ e cotg $t = x/y$ e x e y têm os mesmos sinais nos quadrantes I e III e sinais opostos nos quadrantes II e IV, os sinais de tg t e de cotg t são como os mostrados acima.

20.10 Encontre as seis funções trigonométricas de $\pi/4$.

Ver Fig. 20-9. Como $\pi/4$ é metade da volta de 0 a $\pi/2$, o ponto $P(\pi/4) = (x,y)$ está sobre a reta $y = x$. Assim, as coordenadas (x,y) satisfazem ambas as equações, $x^2 + y^2 = 1$ e $y = x$. Substituindo, tem-se:

$$x^2 + x^2 = 1$$
$$2x^2 = 1$$
$$x^2 = 1/2$$
$$x = 1/\sqrt{2} \quad \text{uma vez que } x \text{ é positivo}$$

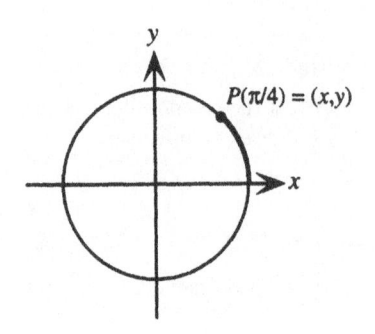

Figura 20-9

Portanto, $P(\pi/4) = (x, y) = \left(1/\sqrt{2}, 1/\sqrt{2}\right)$. Portanto, segue que:

$$\text{sen}\left(\frac{\pi}{4}\right) = y = \frac{1}{\sqrt{2}} \qquad \csc\left(\frac{\pi}{4}\right) = \frac{1}{y} = \frac{1}{1/\sqrt{2}} = \sqrt{2}$$

$$\cos\left(\frac{\pi}{4}\right) = x = \frac{1}{\sqrt{2}} \qquad \sec\left(\frac{\pi}{4}\right) = \frac{1}{x} = \frac{1}{1/\sqrt{2}} = \sqrt{2}$$

$$\text{tg}\left(\frac{\pi}{4}\right) = \frac{y}{x} = \frac{1/\sqrt{2}}{1/\sqrt{2}} = 1 \qquad \text{cotg}\left(\frac{\pi}{4}\right) = \frac{x}{y} = \frac{1/\sqrt{2}}{1/\sqrt{2}} = 1$$

20.11 Prove a lista de propriedades de simetria citadas na página 178 para pontos de um círculo unitário.

(a) Para qualquer número real t, $P(t + 2\pi) = P(t)$.

(b) Se $P(t) = (x, y)$, então $P(-t) = (x, -y)$.

(c) Se $P(t) = (x, y)$, então $P(t + \pi) = (-x, -y)$.

(a) Seja $P(t) = (x, y)$. Como o perímetro do círculo unitário é precisamente 2π, o ponto $P(t + 2\pi)$ é obtido percorrendo exatamente uma vez o contorno do círculo a partir de $P(t)$. Logo as coordenadas de $P(t + 2\pi)$ são as mesmas de $P(t)$.

(b) Ver Fig. 20-10.

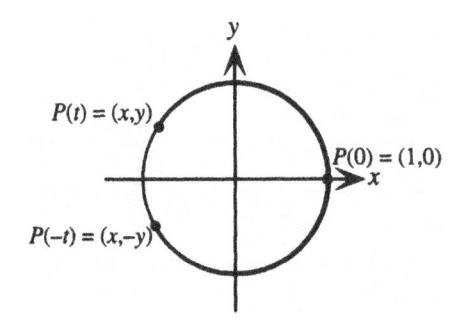

Figura 20-10

Seja $P(t) = (x, y)$. Como $P(t)$ e $P(-t)$ são obtidos percorrendo-se a mesma distância em torno do círculo unitário a partir do mesmo ponto, $P(0)$, as coordenadas dos dois pontos serão iguais em valor absoluto. As coordenadas de x dos dois pontos serão as mesmas; porém, como os dois pontos são reflexos entre si em relação ao eixo x, as coordenadas de y dos pontos terão sinais opostos. Logo, as coordenadas de $P(-t)$ são $(x, -y)$.

(c) Ver Fig. 20-11.

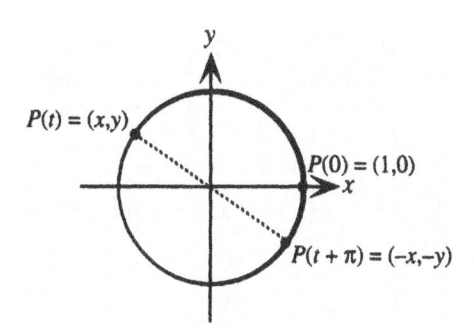

Figura 20-11

Seja $P(t) = (x, y)$. Como $P(t + \pi)$ é obtido percorrendo-se metade do contorno do círculo a partir de $P(t)$, os dois pontos estão em extremos opostos do diâmetro; logo, eles são reflexos entre si em relação à origem. Portanto, $P(t + \pi) = (-x, -y)$.

20.12 Encontre as seis funções trigonométricas de $5\pi/4$.

Como $\dfrac{5\pi}{4} = \dfrac{\pi}{4} + \pi$ e $P\left(\dfrac{\pi}{4}\right) = \left(\dfrac{1}{\sqrt{2}}, \dfrac{1}{\sqrt{2}}\right)$, segue-se que $P\left(\dfrac{5\pi}{4}\right) = \left(-\dfrac{1}{\sqrt{2}}, -\dfrac{1}{\sqrt{2}}\right)$. Portanto, as seis funções trigonométricas de $5\pi/4$ são:

$$\operatorname{sen}\left(\dfrac{5\pi}{4}\right) = y = -\dfrac{1}{\sqrt{2}} \qquad \csc\left(\dfrac{5\pi}{4}\right) = \dfrac{1}{y} = \dfrac{1}{-1/\sqrt{2}} = -\sqrt{2}$$

$$\cos\left(\dfrac{5\pi}{4}\right) = x = -\dfrac{1}{\sqrt{2}} \qquad \sec\left(\dfrac{5\pi}{4}\right) = \dfrac{1}{x} = \dfrac{1}{-1/\sqrt{2}} = -\sqrt{2}$$

$$\operatorname{tg}\left(\dfrac{5\pi}{4}\right) = \dfrac{y}{x} = \dfrac{-1/\sqrt{2}}{-1/\sqrt{2}} = 1 \qquad \operatorname{cotg}\left(\dfrac{5\pi}{4}\right) = \dfrac{x}{y} = \dfrac{-1/\sqrt{2}}{-1/\sqrt{2}} = 1$$

20.13 Demonstre as propriedades de periodicidade das funções seno, cosseno e tangente.

Seja $P(t) = (x,y)$; então $P(t+2\pi) = P(t) = (x,y)$. Segue imediatamente que $\operatorname{sen}(t+2\pi) = y = \operatorname{sen} t$ e $\cos(t+2\pi) = x = \cos t$.

Também, $P(t+\pi) = (-x,-y)$. Logo, $\operatorname{tg}(t+\pi) = \dfrac{-y}{-x} = \dfrac{y}{x} = \operatorname{tg} t$.

20.14 Prove as identidades recíprocas.

Seja $P(t) = (x,y)$; então, segue-se que:

$$\csc t = \dfrac{1}{y} = \dfrac{1}{\operatorname{sen} t} \qquad \sec t = \dfrac{1}{x} = \dfrac{1}{\cos t} \qquad \operatorname{cotg} t = \dfrac{x}{y} = 1 \div \dfrac{y}{x} = 1 \div (\operatorname{tg} t) = \dfrac{1}{\operatorname{tg} t}$$

Portanto, segue-se, por algebrismo:

$$\operatorname{sen} t = \dfrac{1}{\csc t} \qquad \cos t = \dfrac{1}{\sec t} \qquad \operatorname{tg} t = \dfrac{1}{\operatorname{cotg} t}$$

20.15 Demonstre as propriedades de periodicidade das funções cossecante, secante e cotangente.

Use as identidades recíprocas e as propriedades de periodicidade de seno, cosseno e tangente.

$$\csc(t + 2\pi) = \dfrac{1}{\operatorname{sen}(t + 2\pi)} = \dfrac{1}{\operatorname{sen} t} = \csc t$$

$$\sec(t + 2\pi) = \dfrac{1}{\cos(t + 2\pi)} = \dfrac{1}{\cos t} = \sec t$$

$$\operatorname{cotg}(t + \pi) = \dfrac{1}{\operatorname{tg}(t + \pi)} = \dfrac{1}{\operatorname{tg} t} = \operatorname{cotg} t$$

20.16 Prove as identidades quocientes.

Se $P(t) = (x,y)$, então, segue-se que:

$$\operatorname{tg} t = \frac{y}{x} = \frac{\operatorname{sen} t}{\cos t} \quad \text{e} \quad \operatorname{cotg} t = \frac{x}{y} = \frac{\cos t}{\operatorname{sen} t}$$

20.17 Encontre as seis funções trigonométricas de $5\pi/2$.

Como $\frac{5\pi}{2} = 2\pi + \frac{\pi}{2}$ e $P\left(\frac{\pi}{2}\right) = (0, 1)$, segue-se que $P\left(\frac{5\pi}{2}\right) = (0, 1)$

$\operatorname{sen}(5\pi/2) = y = 1$ $\qquad\qquad \csc(5\pi/2) = 1/y = 1/1 = 1$

$\cos(5\pi/2) = x = 0$ $\qquad\qquad \sec(5\pi/2) = 1/x = 1/0$ indefinido

$\operatorname{tg}(5\pi/2) = y/x = 1/0$ indefinido $\qquad \operatorname{cotg}(5\pi/2) = x/y = 0/1 = 0$

20.18 Prove as identidades para negativos.

Seja $P(t) = (x,y)$. Então, $P(-t) = (x,-y)$ de acordo com as propriedades de simetria dos pontos em um círculo unitário. Segue-se que:

$\operatorname{sen}(-t) = -y = -\operatorname{sen} t$ $\qquad \csc(-t) = \dfrac{1}{\operatorname{sen}(-t)} = \dfrac{1}{-\operatorname{sen} t} = -\dfrac{1}{\operatorname{sen} t} = -\csc t$

$\cos(-t) = x = \cos t$ $\qquad \sec(-t) = \dfrac{1}{\cos(-t)} = \dfrac{1}{\cos t} = \sec t$

$\operatorname{tg}(-t) = \dfrac{-y}{x} = -\dfrac{y}{x} = -\operatorname{tg}$ $\qquad \operatorname{cotg}(-t) = \dfrac{x}{-y} = -\dfrac{x}{y} = -\operatorname{cotg} t$

20.19 Encontre as seis funções trigonométricas de $-\pi/4$.

Use as identidades para negativos e os resultados do Problema 20.10

$\operatorname{sen}\left(-\dfrac{\pi}{4}\right) = -\operatorname{sen}\left(\dfrac{\pi}{4}\right) = -\dfrac{1}{\sqrt{2}} \qquad \cos\left(-\dfrac{\pi}{4}\right) = \cos\left(\dfrac{\pi}{4}\right) = \dfrac{1}{\sqrt{2}} \qquad \operatorname{tg}\left(-\dfrac{\pi}{4}\right) = -\operatorname{tg}\left(\dfrac{\pi}{4}\right) = -1$

$\csc\left(-\dfrac{\pi}{4}\right) = -\csc\left(\dfrac{\pi}{4}\right) = -\sqrt{2} \qquad \sec\left(-\dfrac{\pi}{4}\right) = \sec\left(\dfrac{\pi}{4}\right) = \sqrt{2} \qquad \operatorname{cotg}\left(-\dfrac{\pi}{4}\right) = -\operatorname{cotg}\left(\dfrac{\pi}{4}\right) = -1$

20.20 Prove a identidade pitagórica $\cos^2 t + \operatorname{sen}^2 t = 1$.

Para qualquer número real t, um único ponto $P(t) = (x,y)$ no círculo unitário $x^2 + y^2 = 1$ é associado com t. Por definição, $\cos t = x$ e $\operatorname{sen} t = y$; portanto, para qualquer t, $(\cos t)^2 + (\operatorname{sen} t)^2 = 1$, ou seja,

$$\cos^2 t + \operatorname{sen}^2 t = 1$$

20.21 Prove a identidade pitagórica $1 + \operatorname{tg}^2 t = \sec^2 t$.

Comece com $\cos^2 t + \operatorname{sen}^2 t = 1$ e divida ambos os lados por $\cos^2 t$. Então, segue-se que:

$$\frac{\cos^2 t}{\cos^2 t} + \frac{\operatorname{sen}^2 t}{\cos^2 t} = \frac{1}{\cos^2 t}$$

$$1 + \left(\frac{\operatorname{sen} t}{\cos t}\right)^2 = \left(\frac{1}{\cos t}\right)^2$$

$$1 + \operatorname{tg}^2 t = \sec^2 t$$

20.22 Dados $\operatorname{sen} t = \frac{1}{2}$ e t no quadrante II, encontre as outras cinco funções trigonométricas de t.

1. Cosseno. Da identidade pitagórica $\cos^2 t = 1 - \operatorname{sen}^2 t$. Como t é especificado no quadrante II, $\cos t$ deve ser negativo (ver Problema 20.9). Portanto,

$$\cos t = -\sqrt{1 - \operatorname{sen}^2 t} = -\sqrt{1 - \left(\frac{1}{2}\right)^2} = -\sqrt{\frac{3}{4}} = -\frac{\sqrt{3}}{2}$$

2. Tangente. Da identidade do quociente,
$$\operatorname{tg} t = \frac{\operatorname{sen} t}{\cos t} = \frac{\frac{1}{2}}{-\sqrt{3}/2} = -\frac{1}{\sqrt{3}}$$

3. Cotangente. Da identidade recíproca,
$$\operatorname{cotg} t = \frac{1}{\operatorname{tg} t} = \frac{1}{-1/\sqrt{3}} = -\sqrt{3}$$

4. Secante. Da identidade recíproca,
$$\sec t = \frac{1}{\cos t} = \frac{1}{-\sqrt{3}/2} = -\frac{2}{\sqrt{3}}$$

5. Cossecante. Da identidade recíproca,
$$\csc t = \frac{1}{\operatorname{sen} t} = \frac{1}{\frac{1}{2}} = 2$$

20.23 Dados tg $t = -2$ e t no quadrante IV, encontre as outras cinco funções trigonométricas de t.

1. Secante. Da identidade pitagórica $\sec^2 t = 1 + \operatorname{tg}^2 t$. Como t é especificado no quadrante IV, sec t deve ser positivo (ver Problema 20.9). Portanto,
$$\sec t = \sqrt{1 + \operatorname{tg}^2 t} = \sqrt{1 + (-2)^2} = \sqrt{5}$$

2. Cosseno. Da identidade recíproca,
$$\cos t = \frac{1}{\sec t} = \frac{1}{\sqrt{5}}$$

3. Seno. Da identidade do quociente, $\operatorname{tg} t = \frac{\operatorname{sen} t}{\cos t}$; portanto,
$$\operatorname{sen} t = \operatorname{tg} t \cos t = (-2)\frac{1}{\sqrt{5}} = -\frac{2}{\sqrt{5}}$$

4. Cotangente. Da identidade recíproca,
$$\operatorname{cotg} t = \frac{1}{\operatorname{tg} t} = \frac{1}{-2} = -\frac{1}{2}$$

5. Cossecante. Da identidade recíproca,
$$\csc t = \frac{1}{\operatorname{sen} t} = \frac{1}{-2/\sqrt{5}} = -\frac{\sqrt{5}}{2}$$

20.24 Para um valor arbitrário de t, expresse as outras funções trigonométricas em termos de sen t.

1. Cosseno. Da identidade pitagórica, $\cos^2 t = 1 - \operatorname{sen}^2 t$. Portanto, $\cos t = \pm\sqrt{1 - \operatorname{sen}^2 t}$.
2. Tangente. Da identidade quociente, $\operatorname{tg} t = \frac{\operatorname{sen} t}{\cos t}$. Usando o resultado anterior, $\operatorname{tg} t = \pm\frac{\operatorname{sen} t}{\sqrt{1 - \operatorname{sen}^2 t}}$.
3. Cotangente. Da identidade quociente, $\operatorname{cotg} t = \frac{\cos t}{\operatorname{sen} t}$. Logo, $\operatorname{cotg} t = \pm\frac{\sqrt{1 - \operatorname{sen}^2 t}}{\operatorname{sen} t}$.
4. Secante. Da identidade recíproca, $\sec t = \frac{1}{\cos t}$. Logo, $\sec t = \frac{1}{\pm\sqrt{1 - \operatorname{sen}^2 t}} = \pm\frac{1}{\sqrt{1 - \operatorname{sen}^2 t}}$.
5. Cossecante. Da identidade recíproca, $\csc t = \frac{1}{\operatorname{sen} t}$.

Problemas Complementares

20.25 Se t é um ponto no círculo unitário com coordenadas $\left(-\frac{5}{13}, -\frac{12}{13}\right)$, encontre as seis funções trigonométricas de t.

Resp. sen $t = -12/13$, cos $t = -5/13$, tg $t = 12/5$, cotg $t = 5/12$, sec $t = -13/5$, csc $t = -13/12$

20.26 Se t é um ponto no círculo unitário com coordenadas $\left(\frac{2}{\sqrt{5}}, -\frac{1}{\sqrt{5}}\right)$, encontre as seis funções trigonométricas de t.

Resp. sen $t = -1/\sqrt{5}$, cos $t = 2/\sqrt{5}$, tg $t = -1/2$, cotg $t = -2$, sec $t = \sqrt{5}/2$, csc $t = -\sqrt{5}$

20.27 Encontre as seis funções trigonométricas de π.

Resp. sen $\pi = 0$, cos $\pi = -1$, tg $\pi = 0$, cotg π não é definida, sec $\pi = -1$, csc π não é definida

20.28 Encontre as seis funções trigonométricas de $-\pi/2$.

Resp. sen $(-\pi/2) = -1$, cos $(-\pi/2) = 0$, tg $(-\pi/2)$ não é definida, cotg $(-\pi/2) = 0$, sec $(-\pi/2)$ não é definida, csc $(-\pi/2) = -1$

20.29 Encontre as seis funções trigonométricas de $7\pi/4$.

Resp. sen $(7\pi/4) = -1/\sqrt{2}$, cos $(7\pi/4) = 1/\sqrt{2}$, tg $(7\pi/4) = -1$, cotg $(7\pi/4) = -1$, sec $(7\pi/4) = 2$, csc $(7\pi/4) = -\sqrt{2}$

20.30 Prove que para todo t, sen$(t + 2\pi n) =$ sen t para qualquer n inteiro.

20.31 Demonstre a identidade pitagórica $\text{cotg}^2 t + 1 = \csc^2 t$.

20.32 Dados cos $t = 2/5$ e t no quadrante I, encontre as outras cinco funções trigonométricas de t.

Resp. sen $t = \sqrt{21}/5$, tg $t = \sqrt{21}/2$, cotg $t = 2/\sqrt{21}$, sec $t = 5/2$, csc $t = 5/\sqrt{21}$

20.33 Dados tg $t = -2/3$ e t no quadrante IV, encontre as outras cinco funções trigonométricas de t.

Resp. sen $t = -2/\sqrt{13}$, cos $t = 3/\sqrt{13}$, cotg $t = -3/2$, sec $t = \sqrt{13}/3$, csc $t = -\sqrt{13}/2$

20.34 Dados cotg $t = \sqrt{5}$ e t no quadrante III, encontre as outras cinco funções trigonométricas de t.

Resp. sen $t = -1/\sqrt{6}$, cos $t = -\sqrt{5}/\sqrt{6}$, tg $t = 1/\sqrt{5}$, sec $t = -\sqrt{6}/\sqrt{5}$, csc $t = -\sqrt{6}$

20.35 Dados sec $t = -\frac{13}{5}$ e t no quadrante II, encontre as outras cinco funções trigonométricas de t.

Resp. sen $t = \frac{12}{13}$, cos $t = -\frac{5}{13}$, tg $t = -\frac{12}{5}$, cotg $t = -\frac{5}{12}$, csc $t = \frac{13}{12}$

20.36 Dado sen $t = a$, e t no quadrante II, encontre as outras cinco funções trigonométricas de t.

Resp. cos $t = -\sqrt{1-a^2}$, tg $t = -\dfrac{a}{\sqrt{1-a^2}}$, cotg $t = \dfrac{-\sqrt{1-a^2}}{a}$, sec $t = -\dfrac{1}{\sqrt{1-a^2}}$, csc $t = \dfrac{1}{a}$

20.37 Dado cos $t = a$ e t no quadrante IV, encontre as outras cinco funções trigonométricas de t.

Resp. sen $t = -\sqrt{1-a^2}$, tg $t = \dfrac{-\sqrt{1-a^2}}{a}$, cotg $t = -\dfrac{a}{\sqrt{1-a^2}}$, sec $t = \dfrac{1}{a}$, csc $t = -\dfrac{1}{\sqrt{1-a^2}}$

20.38 Dado tg $t = a$, e t no quadrante II, encontre as outras cinco funções trigonométricas de t.

Resp. sen $t = -\dfrac{a}{\sqrt{a^2+1}}$, cos $t = -\dfrac{1}{\sqrt{a^2+1}}$, cotg $t = \dfrac{1}{a}$, sec $t = -\sqrt{a^2+1}$, csc $t = \dfrac{-\sqrt{a^2+1}}{a}$

20.39 Para um valor arbitrário de t, expresse as outras funções trigonométricas em termos de tg t.

Resp. sen $t = \pm\dfrac{\text{tg }t}{\sqrt{1+\text{tg}^2 t}}$, cos $t = \pm\dfrac{1}{\sqrt{1+\text{tg}^2 t}}$, cotg $t = \dfrac{1}{\text{tg }t}$,

sec $t = \pm\sqrt{1+\text{tg}^2 t}$, csc $t = \pm\dfrac{\sqrt{1+\text{tg}^2 t}}{\text{tg }t}$

20.40 Para um valor arbitrário de t, expresse as outras funções trigonométricas em termos de cos t.

Resp. sen $t = \pm\sqrt{1-\cos^2 t}$, tg $t = \pm\dfrac{\sqrt{1-\cos^2 t}}{\cos t}$, cotg $t = \pm\dfrac{\cos t}{\sqrt{1-\cos^2 t}}$,

sec $t = \dfrac{1}{\cos t}$, csc $t = \pm\dfrac{1}{\sqrt{1-\cos^2 t}}$

20.41 Mostre que cosseno e secante são funções pares.

20.42 Prove que seno, tangente, cotangente e cossecante são funções ímpares.

Capítulo 21

Gráficos de Funções Trigonométricas

GRÁFICOS DE FUNÇÕES BÁSICAS SENO E COSSENO

Os domínios de $f(t) = \text{sen } t$ e $f(t) = \cos t$ são idênticos: todos os números reais, **R**. As imagens dessas funções também são idênticas: o intervalo $[-1,1]$. O gráfico de $u = \text{sen } t$ é mostrado na Fig. 21-1.

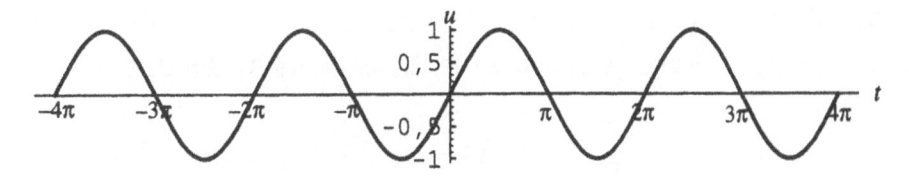

Figura 21-1

O gráfico de $u = \cos t$ é mostrado na Fig. 21-2.

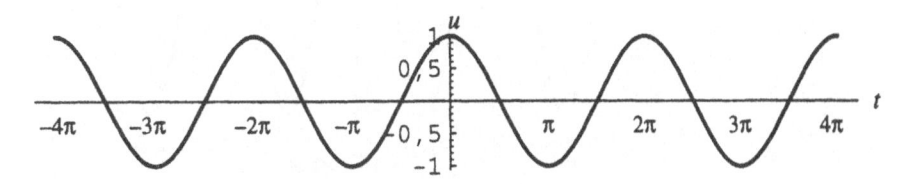

Figura 21-2

PROPRIEDADES DOS GRÁFICOS BÁSICOS

A função $f(t) = \text{sen } t$ é periódica com período 2π. Seu gráfico repete um *ciclo*, considerado como a porção do gráfico para $0 \leq t \leq 2\pi$. O gráfico é frequentemente chamado de *curva seno básica*. A *amplitude* da curva seno básica, definida como metade da diferença entre os valores máximo e mínimo da função, é 1. A função $f(t) = \cos t$ é também periódica com período 2π. Seu gráfico, dito a *curva cosseno básica*, também repete um ciclo, considerado como a porção deste gráfico para $0 \leq t \leq 2\pi$. O gráfico pode igualmente ser visto como uma curva seno com amplitude 1, deslocada $\pi/2$ para a esquerda.

GRÁFICOS DE OUTRAS FUNÇÕES SENO E COSSENO

Os gráficos do que se segue são variações das curvas seno e cosseno básicas.

1. **Gráficos de** $u = A \text{ sen } t$ **E** $u = A \cos t$. O gráfico de $u = A \text{ sen } t$ para A positivo é uma curva seno básica, mas dilatada por um fator de A e, portanto, com amplitude A, conhecida como uma curva seno *padrão*. O gráfico de $u = A \text{ sen } t$ para A negativo é uma curva seno padrão com amplitude $|A|$, refletida em relação ao eixo vertical

e conhecida como *curva seno invertida*. Analogamente, o gráfico de $u = A \cos t$ para A positivo é uma curva cosseno básica, com amplitude $|A|$, conhecida como uma curva cosseno *padrão*. O gráfico de $u = A \cos t$ para A negativo é uma curva cosseno padrão com amplitude $|A|$, refletida em relação ao eixo vertical e conhecida como *curva cosseno invertida*.

2. **Gráficos de** $u = \operatorname{sen} bt$ **E** $u = \cos bt$ (b positivo). O gráfico de $u = \operatorname{sen} bt$ é uma curva seno padrão, contraída por um fator b em relação ao eixo x e, portanto, com período $2\pi/b$. O gráfico de $u = \cos bt$ é uma curva cosseno padrão com período $2\pi/b$.

3. **Gráficos de** $u = \operatorname{sen}(t - c)$ **E** $u = \cos(t - c)$. O gráfico de $u = \operatorname{sen}(t - c)$ é uma curva seno padrão transladada $|c|$ unidades para a direita se c é positivo, transladada $|c|$ unidades para a esquerda se c é negativo. O gráfico de $u = \cos(t - c)$ é uma curva cosseno padrão transladada $|c|$ unidades para a direita se c é positivo, transladada $|c|$ unidades para a esquerda se c é negativo. c é chamado de *mudança de fase*. (*Nota*: A definição de mudança de fase não é universalmente aceita.)

4. **Gráficos de** $u = \operatorname{sen} t + d$ **E** $u = \cos t + d$. O gráfico de $u = \operatorname{sen} t + d$ é uma curva seno padrão transladada para cima $|d|$ unidades se d é positivo, transladada $|d|$ unidades para baixo se d é negativo. O gráfico de $u = \cos t + d$ é uma curva cosseno padrão transladada para cima $|d|$ unidades se d é positivo, transladada $|d|$ unidades para baixo se d é negativo.

5. **Gráficos de** $u = A \operatorname{sen}(bt - c) + d$ **E** $u = A \cos(bt - c) + d$ correspondem a combinações das características acima. Em geral, assumindo A, b, c, d positivos, os gráficos são curvas padrão seno e cosseno, respectivamente, com amplitude A, período $2\pi/b$, mudança de fase c/b e transladada para cima d unidades.

Exemplo 21.1   Esboce um gráfico de $u = 3 \cos t$.

O gráfico (Fig. 21-3) é uma curva cosseno padrão com amplitude 3 e período 2π.

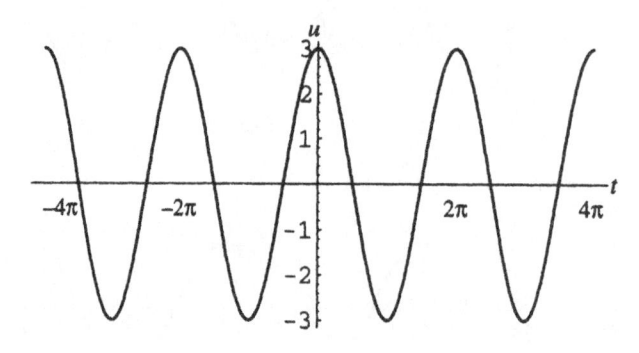

Figura 21-3

Exemplo 21.2   Esboce um gráfico de $u = -2\operatorname{sen} 2t$.

O gráfico (Fig. 21-4) é uma curva seno padrão invertida com amplitude $|-2| = 2$ e período $2\pi/2 = \pi$.

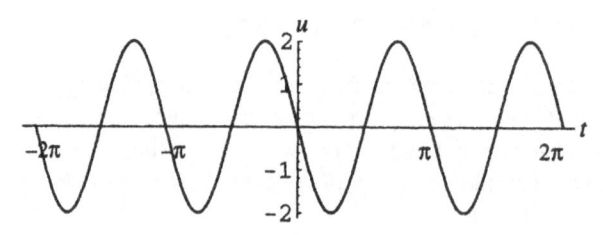

Figura 21-4

GRÁFICOS DAS OUTRAS FUNÇÕES TRIGONOMÉTRICAS

1. **Tangente.** O domínio da função tangente é $\{t \in R | t \neq \pi/2 + 2\pi n, 3\pi/2 + 2\pi n\}$ e a imagem é R. O gráfico é mostrado na Fig. 21-5.

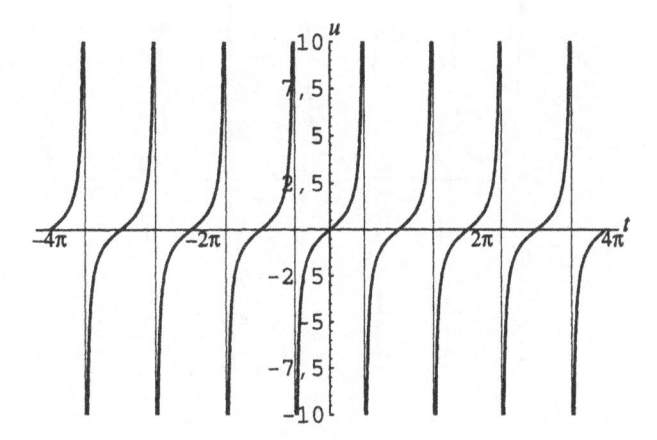

Figura 21-5

2. **Secante.** O domínio da função secante é $\{t \in R | t \neq \pi/2 + 2\pi n, 3\pi/2 + 2\pi n\}$ e a imagem é $(-\infty, -1] \cup [1, \infty)$. O gráfico é mostrado na Fig. 21-6.

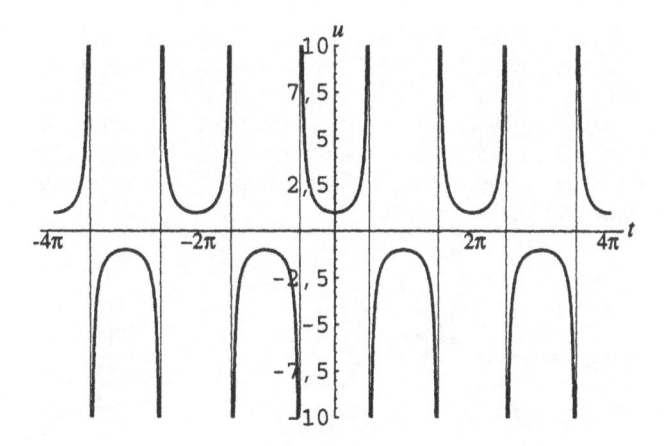

Figura 21-6

3. **Cotangente.** O domínio da função cotangente é $\{t \in R | t \neq n\pi\}$ e a imagem é R. O gráfico é mostrado na Fig. 21-7.

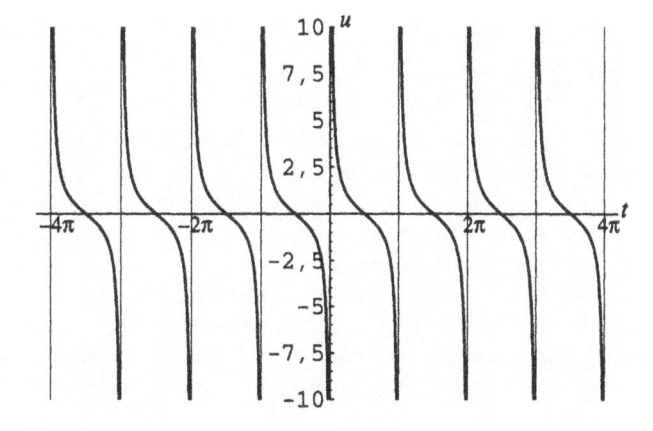

Figura 21-7

4. **Cossecante.** O domínio da função cossecante é $\{t \in \mathbf{R} | t \neq n\pi\}$ e a imagem é $(-\infty, -1] \cup [1, \infty)$. O gráfico é mostrado na Fig. 21-8.

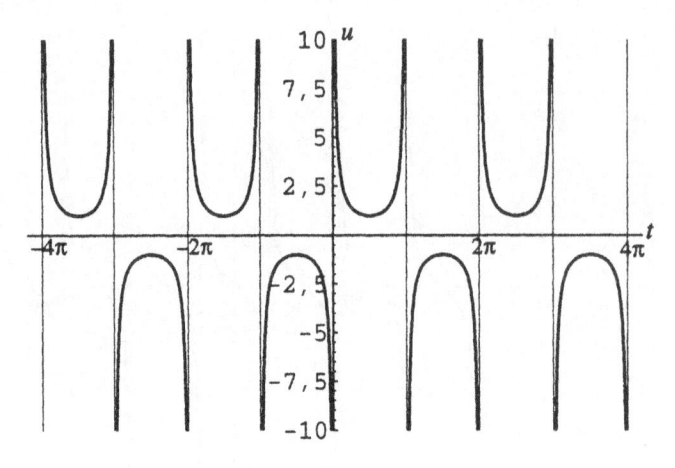

Figura 21-8

Problemas Resolvidos

21.1 Explique as propriedades do gráfico da função seno.

Lembre-se que sen t é definido como a coordenada y do ponto $P(t)$ obtido de um comprimento $|t|$ em torno do círculo unitário a partir do ponto $(1,0)$ (ver Fig. 21-9). À medida que t aumenta de 0 a $\pi/2$, a coordenada y de $P(t)$ aumenta de 0 a 1; à medida que t aumenta de $\pi/2$ a $3\pi/2$, passando por π, y diminui de 1 para -1, passando por 0; à medida que t aumenta de $3\pi/2$ a 2π, y aumenta de -1 para 0 (ver Fig. 21-10). Isso representa um ciclo ou período da função seno; uma vez que a mesma é periódica com período 2π, o ciclo mostrado na Fig. 21-10 repete-se quando t aumenta de 2π para 4π, de 4π para 6π e assim por diante. Para t negativo, o ciclo também é repetido quando t aumenta de -2π para 0, de -4π para -2π e assim por diante.

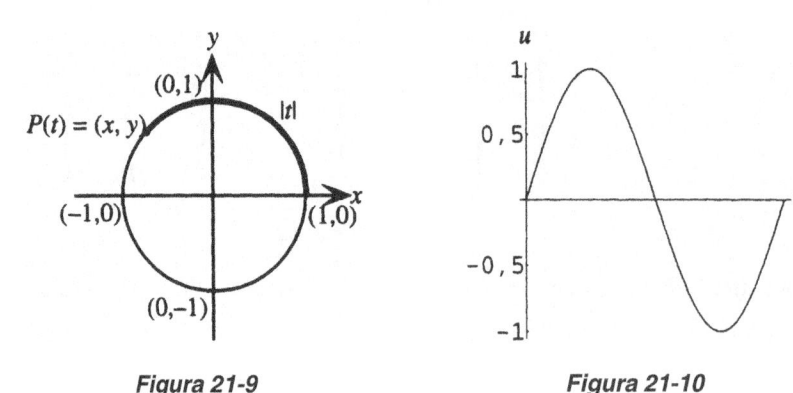

Figura 21-9 *Figura 21-10*

21.2 Explique como esboçar um gráfico de $u = A \operatorname{sen}(bt - c) + d$.

1. Determine amplitude e formato: Amplitude $= |A|$. Se A é positivo, o gráfico é uma curva seno padrão; se A é negativo, o gráfico é uma curva seno invertida. A altura máxima da curva é $d+|A|$, o mínimo é $d-|A|$.
2. Determine período e mudança de fase: Como sen T percorre um ciclo no intervalo $0 \leq T \leq 2\pi$, $\operatorname{sen}(bt - c)$ percorre um ciclo no intervalo $0 \leq bt - c \leq 2\pi$; ou seja, $c/b \leq t \leq (c + 2\pi)/b$. O gráfico é uma curva seno padrão (ou invertida) com período $2\pi/b$ e mudança de fase c/b.
3. Divida o intervalo de c/b a $(c + 2\pi)/b$ em quatro subintervalos iguais e esboce um ciclo da curva. Para A positivo, a curva aumenta de uma altura d para sua altura máxima no primeiro subintervalo, decresce para d no segundo e para sua altura mínima no terceiro, para finalmente aumentar para d no quarto subintervalo. Para A negativo, a curva diminui de uma altura d para sua altura mínima no primeiro subintervalo, aumenta para d no segundo e para sua altura máxima no terceiro, e finalmente diminui para d no quarto subintervalo.
4. Exiba o comportamento da curva nos demais ciclos como pedido.

21.3 Explique as propriedades do gráfico da função cosseno.

Lembre-se que cos t é definida como a coordenada x do ponto $P(t)$ obtido de um comprimento $|t|$ em torno do círculo unitário a partir do ponto $(1,0)$ (ver Fig. 21-11). À medida que t aumenta de 0 para π, passando por $\pi/2$, a coordenada x de $P(t)$ diminui de 1 para -1, passando por 0; à medida que t aumenta de π para 2π, passando por $3\pi/2$, x aumenta de -1 para 1, passando por 0 (ver Fig. 21-12). Isso representa um ciclo ou período da função cosseno; uma vez que a mesma é periódica com período 2π, o ciclo mostrado na Fig. 21-12 repete-se quando t aumenta de 2π para 4π, de 4π para 6π e assim por diante. Para t negativo, o ciclo também é repetido quando t aumenta de -2π para 0, de -4π para -2π e assim por diante.

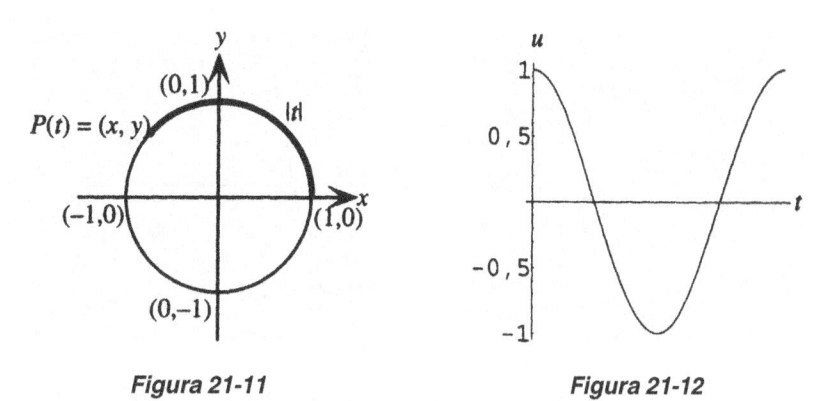

Figura 21-11   *Figura 21-12*

21.4 Explique como esboçar um gráfico de $u = A\cos(bt - c) + d$.

1. Determine amplitude e formato: Amplitude $= |A|$. Se A é positivo, o gráfico é uma curva cosseno padrão; se A é negativo, o gráfico é uma curva cosseno invertida. A altura máxima da curva é $d+|A|$, o mínimo é $d-|A|$.
2. Determine período e mudança de fase: Como cos T percorre um ciclo no intervalo $0 \leq T \leq 2\pi$, $\cos(bt - c)$ percorre um ciclo no intervalo $0 \leq bt - c \leq 2\pi$; ou seja, $c/b \leq t \leq (c + 2\pi)$. O gráfico é uma curva cosseno padrão (ou invertida) com período $2\pi/b$ e mudança de fase c/b.
3. Divida o intervalo de c/b a $(c+2\pi)/b$ em quatro subintervalos iguais e esboce um ciclo da curva. Para A positivo, a curva diminui de uma altura máxima para uma altura d no primeiro subintervalo, e para sua altura mínima no segundo e, então, aumenta para uma altura d no terceiro subintervalo, e para sua altura máxima no quarto. Para A negativo, a curva aumenta de sua altura mínima para uma altura d no primeiro subintervalo, e para sua altura máxima no segundo, então diminui para uma altura d no terceiro subintervalo, e para sua altura mínima no quarto.
4. Exiba o comportamento da curva nos demais ciclos como pedido.

21.5 Esboce um gráfico de $u = 6\operatorname{sen}\frac{1}{2}t$.

Amplitude $= 6$. O gráfico é uma curva seno padrão. Período $= 2\pi \div 1/2 = 4\pi$. Mudança de fase $= 0$; $d = 0$. Divida o intervalo de 0 a 4π em quatro subintervalos iguais e esboce a curva com altura máxima 6 e altura mínima -6. Ver Fig. 21-13.

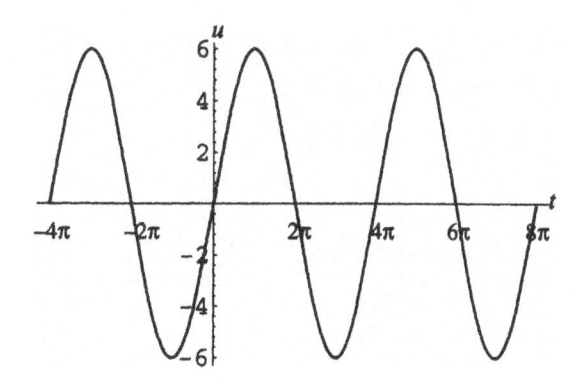

Figura 21-13

21.6 Esboce um gráfico de $u = 3\cos\pi t + 2$.

Amplitude = 3. O gráfico é uma curva cosseno padrão. Período = $2\pi \div \pi = 2$. Mudança de fase = 0; $d = 2$. Divida o intervalo de 0 a 2 em quatro subintervalos iguais e esboce a curva com altura máxima 5 e altura mínima -1. Ver Fig. 21-14.

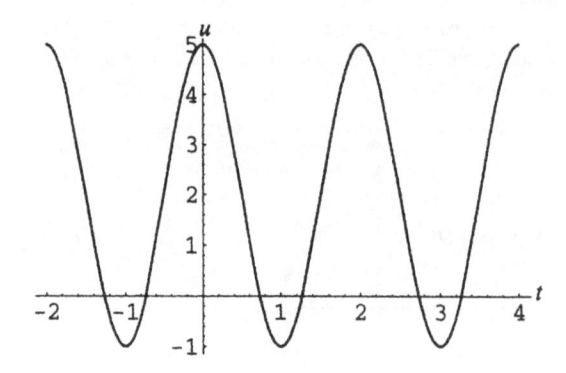

Figura 21-14

21.7 Esboce um gráfico de $u = 2\,\text{sen}(5t - \pi)$.

Amplitude = 2. O gráfico é uma curva seno padrão. Período = $2\pi/5$. Mudança de fase = $\pi/5$; $d = 0$. Divida o intervalo de $\pi/5$ a $3\pi/5$ (= mudança de fase + um período) em quatro subintervalos iguais e esboce a curva com altura máxima 2 e altura mínima -2. Ver Fig. 21-15.

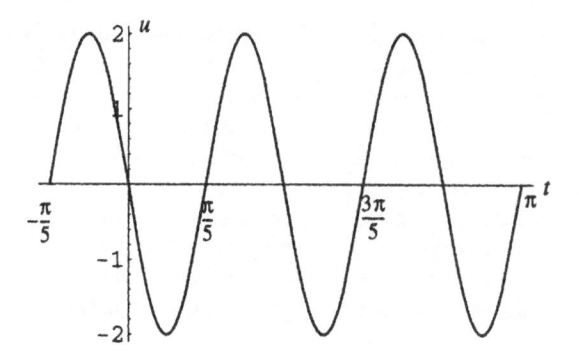

Figura 21-15

21.8 Esboce um gráfico de $u = -\dfrac{1}{2}\cos\left(3t + \dfrac{\pi}{4}\right) + \dfrac{3}{2}$.

Amplitude = $\dfrac{1}{2}$. O gráfico é uma curva cosseno invertida. Período = $\dfrac{2\pi}{3}$. Mudança de fase = $\left(-\dfrac{\pi}{4}\right) \div 3 = -\dfrac{\pi}{12}$. Divida o intervalo de $-\dfrac{\pi}{12}$ a $\dfrac{7\pi}{12}$ (= mudança de fase + um período) em quatro subintervalos iguais e esboce a curva com altura máxima 2 e altura mínima 1. Ver Fig. 21-16.

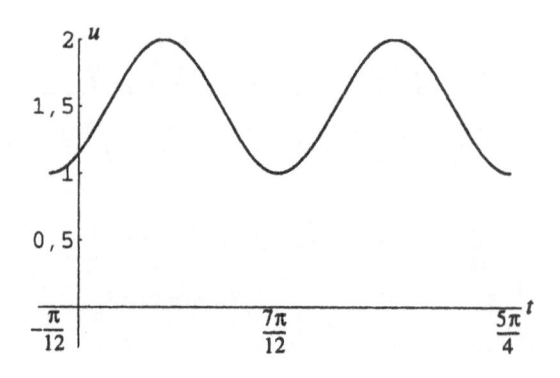

Figura 21-16

21.9 Esboce um gráfico de $u = |\text{sen } t|$.

O gráfico é o mesmo de $u = \text{sen } t$ nos intervalos nos quais sen t é positivo, ou seja, $(0,\pi)$, $(2\pi,3\pi)$, $(-2\pi,-\pi)$, etc. Nos intervalos em que sen t é negativo, ou seja, $(\pi,2\pi)$, $(-\pi,0)$ e assim por diante, como $|\text{sen } t| = -\text{sen } t$ em tais intervalos, o gráfico é o mesmo de $u = -\text{sen } t$, ou de $u = \text{sen } t$ refletido em relação ao eixo t (Fig. 21-17).

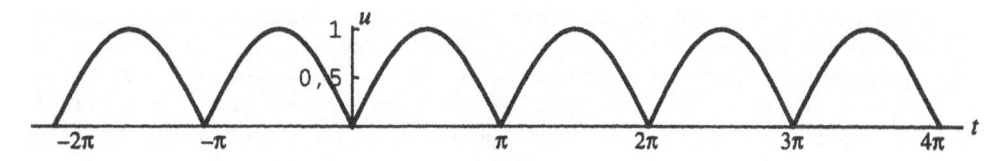

Figura 21-17

21.10 Explique as propriedades do gráfico da função tangente.

Lembre-se que tg t é definida como a razão y/x entre as coordenadas do ponto $P(t)$ obtido de um comprimento $|t|$ em torno do círculo unitário a partir do ponto $(1,0)$ (ver Fig. 21-18). À medida que t aumenta de 0 para $\pi/4$, essa razão cresce de 0 para 1; se t continua a aumentar de $\pi/4$ para $\pi/2$, a razão continua a crescer para além de quaisquer valores, ou seja, se $t \to \pi/2^-$ (se aproxima pela esquerda), tg $t \to \infty$. Assim, a reta $t = \pi/2$ é uma assíntota vertical do gráfico. Como tangente é uma função ímpar, o gráfico tem simetria em relação à origem, a reta $t = -\pi/2$ é também uma assíntota vertical e a curva é como exibida na Fig. 21-19 no intervalo $(-\pi/2,\pi/2)$. Como a função tangente tem período π, o gráfico repete esse ciclo nos intervalos $(\pi/2,3\pi/2)$, $(3\pi/2,5\pi/2)$, $(-3\pi/2,-\pi/2)$ e assim por diante.

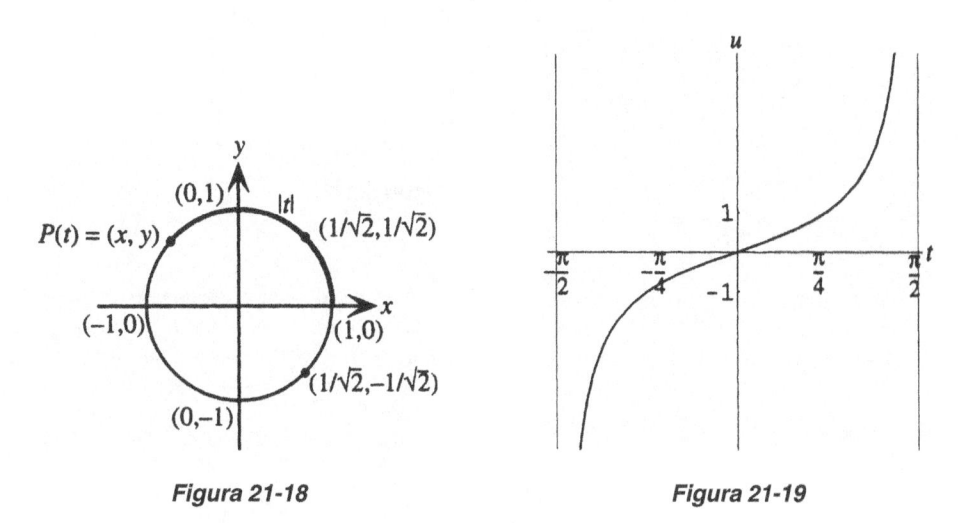

Figura 21-18   **Figura 21-19**

21.11 Esboce um gráfico de $u = \text{tg}(t - \pi/3)$.

O gráfico é o mesmo de $u = \text{tg } t$ deslocado $\pi/3$ unidades para a direita e tem período π. Como tg T percorre um ciclo no intervalo $-\pi/2 < T < \pi/2$, então tg$(t - \pi/3)$ percorre um ciclo no intervalo $-\pi/2 < t - \pi/3 < \pi/2$, ou seja, $-\pi/6 < t < 5\pi/6$. Esboce o gráfico nesse intervalo e repita o ciclo com período π.

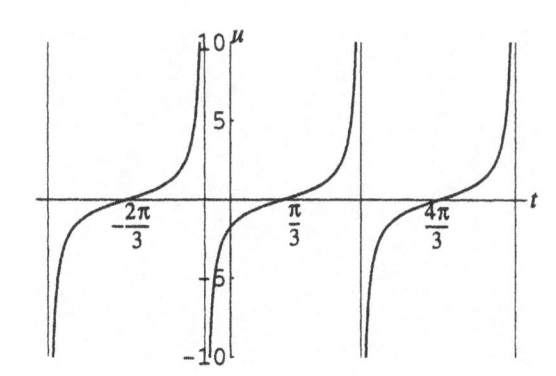

Figura 21-20

21.12 Explique as propriedades e esboce o gráfico da função secante.

Como sec t é a inversa multiplicativa de cos t, é conveniente entender o gráfico da função secante em termos do gráfico da função cosseno: a função secante é par, tem período 2π e tem assíntotas verticais nos zeros da função cosseno, ou seja, em $t = \pi/2 + 2\pi n$ ou $3\pi/2 + 2\pi n$, sendo n um inteiro qualquer. Quando cos $t = 1$, sec $t = 1$, ou seja, para $t = 0+2\pi n$, n inteiro. Quando cos $t = -1$, sec $t = -1$, ou seja, para $t = \pi+2\pi n$, n inteiro. À medida que t aumenta de 0 para $\pi/2$, cos t diminui de 1 para 0; assim sec t aumenta de 1 para além de quaisquer valores; quando t aumenta de $\pi/2$ para π, cos t diminui de 0 para -1 e, portanto, sec t aumenta de grandes valores negativos para -1. Para desenhar o gráfico de $u = \sec t$, esboce um gráfico de cos t (mostrado na curva tracejada da Fig. 21-21), marque assíntotas verticais nos zeros, e esboce a curva secante aumentando de 1 para valores grandes quando t varia de 0 a $\pi/2$ e aumentando de grandes valores negativos para -1 quando t aumenta de $\pi/2$ para π. Use a propriedade par para desenhar a porção do gráfico de $-\pi$ a 0 e, então, a periodicidade da função para indicar demais porções do gráfico.

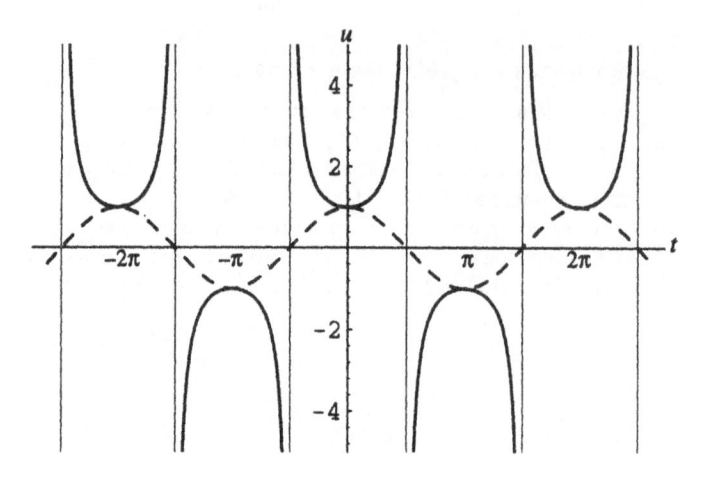

Figura 21-21

21.13 Esboce um gráfico de $u=t$ sen t.

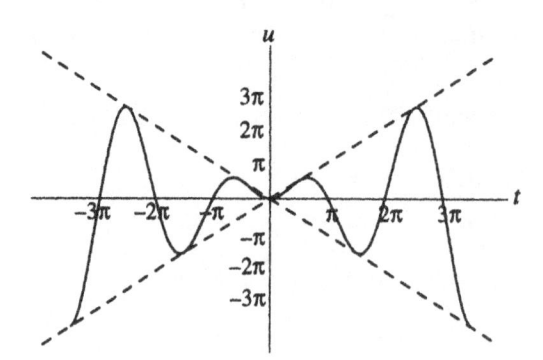

Como $|\operatorname{sen} t| \leq 1$, $0 \leq |t| |\operatorname{sen} t| \leq |t|$, ou seja, $-|t| \leq |t| |\operatorname{sen} t| \leq |t|$ para todo t. Assim, o gráfico de $u = t$ sen t repousa entre as retas $u = t$ e $u = -t$. Além disso, como t sen $t = 0$ em $t = n\pi$ e t sen $t = \pm t$ em $t = n\pi+\pi/2$, o gráfico de $u = t$ sen t tem interceptos t em $t = n\pi$ e toca as retas em $t = n\pi+\pi/2$. A função é par; o gráfico está abaixo.

Figura 21-22

Problemas Complementares

21.14 Determine a amplitude e o período de (a) $u = \operatorname{sen} \pi t$; (b) $u = 2 \cos t - 4$.

Resp. (a) amplitude $= 1$, período $= 2$; (b) amplitude $= 2$, período $= 2\pi$.

21.15 Esboce um gráfico de (a) $u = \operatorname{sen} \pi t$; (b) $u = 2 \cos t - 4$.

Resp. (a) Fig. 21-23; (b) Fig. 21-24.

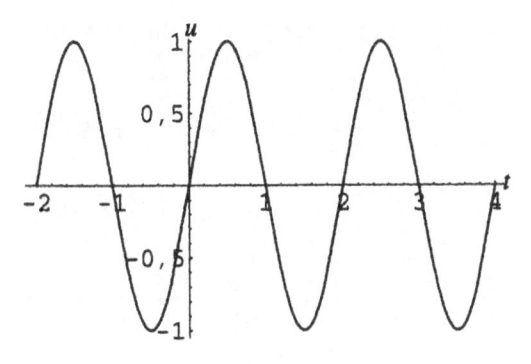

Figura 21-23 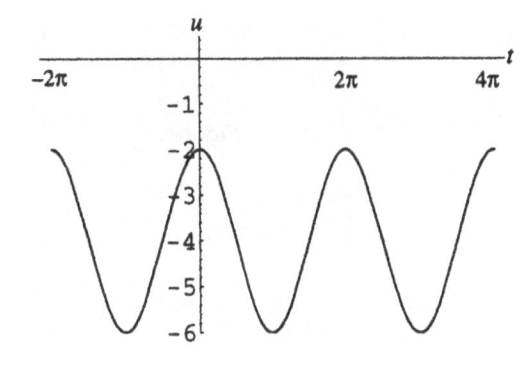   *Figura 21-24*

21.16 Determine a amplitude, o período e a mudança de fase de (a) $u = \frac{1}{3}\cos 2t$; (b) $u = -2\operatorname{sen}\left(\frac{1}{3}t - \pi\right) + 4$.

Resp. (a) amplitude $= \frac{1}{3}$, período $= \pi$, mudança de fase $= 0$; (b) amplitude $= 2$, período $= 6\pi$, mudança de fase $= 3\pi$.

21.17 Esboce um gráfico de (a) $u = \frac{1}{3}\cos 2t$; (b) $u = -2 \operatorname{sen}\left(\frac{1}{3}t - \pi\right) + 4$.

Resp. (a) Fig. 21-25; (b) Fig. 21-26.

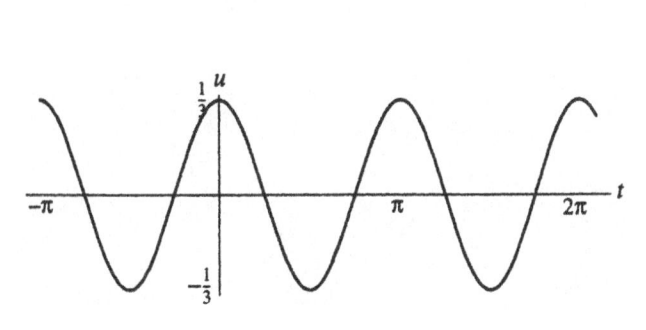

Figura 21-25 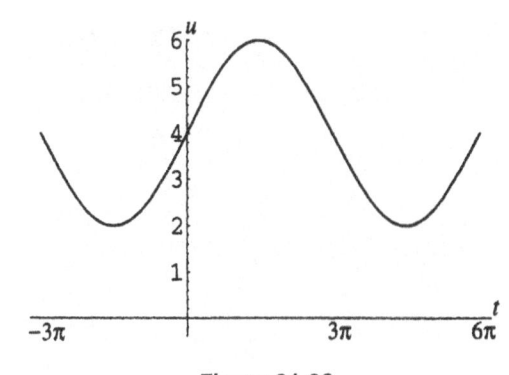   *Figura 21-26*

21.18 Determine o período de (a) $u = \operatorname{tg}\frac{1}{2}t$; (b) $u = -\sec 2t$.

Resp. (a) 2π (b) π

21.19 Esboce um gráfico de (a) $u = \operatorname{tg}\frac{1}{2}t$; (b) $u = -\sec 2t$.

Resp. (a) Fig. 21-27; (b) Fig. 21-28.

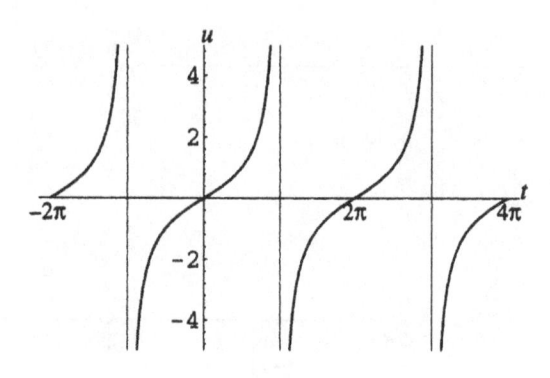

Figura 21-27

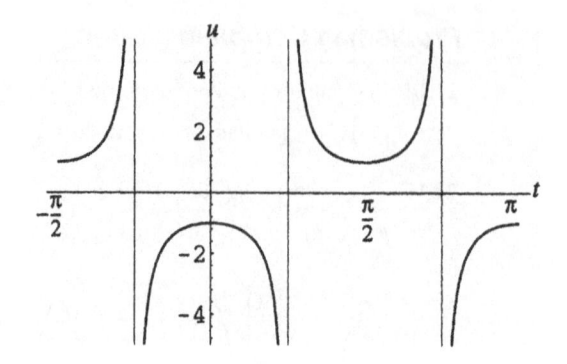

Figura 21-28

21.20 Esboce um gráfico de (a) $u = e^{-t}\cos^2 t$; (b) $u = 2 - |\cos t|$.

Resp. (a) Fig. 21-29; (b) Fig. 21-30.

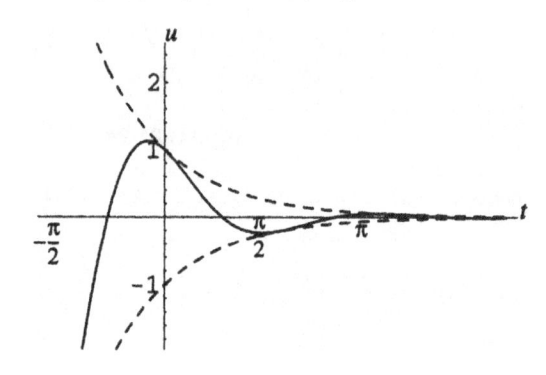

Figura 21-29

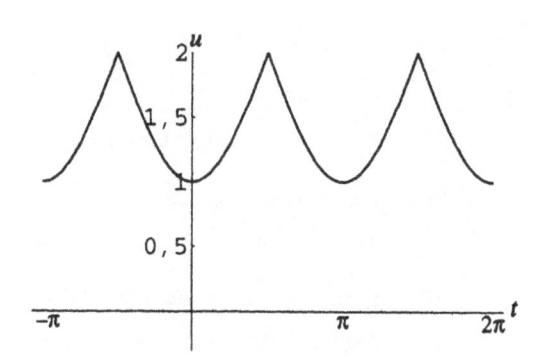

Figura 21-30

21.21 Explique as propriedades dos gráficos das funções cotangente e cossecante.

Capítulo 22

Ângulos

ÂNGULOS TRIGONOMÉTRICOS

Um ângulo trigonométrico é determinado por uma rotação de um raio em torno de seu extremo, chamado de *vértice* do ângulo. A posição inicial do raio é chamada de *lado inicial* e a posição final de *lado final* (ver Fig. 22-1).

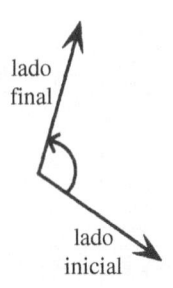

Figura 22-1

Se o deslocamento do raio a partir de sua posição inicial ocorre no sentido anti-horário, o ângulo é associado a uma medida positiva, e se for no sentido horário, uma medida negativa. Um ângulo zero corresponde a um deslocamento zero; os lados inicial e final de um ângulo zero são coincidentes.

ÂNGULOS EM POSIÇÃO CANÔNICA

Um ângulo está em posição canônica em um sistema de coordenadas cartesianas se seu vértice está na origem e seu lado inicial está no eixo x positivo. Ângulos em posição canônica são classificados pelos seus lados finais: se o lado final repousa sobre um eixo coordenado, o ângulo é dito ângulo quadrante; se o lado final está no quadrante n, o ângulo é chamado de ângulo quadrante n (ver Figs. 22-2 a 22-5).

Ângulo positivo quadrante	Ângulo negativo quadrante	Ângulo positivo quadrante IV	Ângulo negativo quadrante II
Figura 22-2	Figura 22-3	Figura 22-4	Figura 22-5

MEDIDA DE ÂNGULOS EM RADIANOS

No cálculo, os ângulos geralmente são medidos em radianos. Um radiano é definido como a medida de um ângulo que, se colocado com vértice no centro de um círculo, compreende (intercepta) um arco de comprimento igual ao raio do círculo. Na Fig. 22-6, o ângulo θ tem medida de 1 radiano.

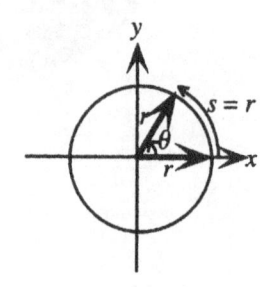

Figura 22-6

Como a circunferência de um círculo de raio r tem comprimento $2\pi r$, um ângulo positivo de uma volta completa corresponde a um comprimento de arco de $2\pi r$ e, dessa forma, mede 2π radianos.

Exemplo 22.1 Desenhe exemplos de ângulos com medidas π, $\dfrac{\pi}{2}$ e $\dfrac{3\pi}{2}$ radianos.

Figura 22-7

COMPRIMENTO DE ARCO E RADIANOS

Em um círculo de raio r, um ângulo θ em radianos corresponde a um comprimento de arco $s = r\theta$.

Exemplo 22.2 Determine o raio de um círculo no qual um ângulo central de 3 radianos corresponde a um arco de 30 cm de comprimento.

Como $\theta = 3$ e $s = 30$ cm, 30 cm $= 3r$; portanto, $r = 10$ cm.

MEDIDA EM GRAUS

Em aplicações, ângulos são comumente medidos em graus (°). Um ângulo positivo de uma volta completa tem 360°. Logo, 2π radianos $= 360°$, ou

$$180° = \pi \text{ radianos}$$

Para transformar radianos em graus, use essa relação na forma $180°/\pi = 1$ radiano e multiplique a medida em radianos por $180°/\pi$. Para transformar graus em radianos, use a relação na forma $1° = \pi/180$ radianos e multiplique a medida em graus por $\pi/180°$. A tabela seguinte resume as medidas de ângulos notáveis:

Medida em graus	0°	30°	45°	60°	90°	120°	135°	150°	180°	270°	360°
Medida em radianos	0	$\frac{\pi}{6}$	$\frac{\pi}{4}$	$\frac{\pi}{3}$	$\frac{\pi}{2}$	$\frac{2\pi}{3}$	$\frac{3\pi}{4}$	$\frac{5\pi}{6}$	π	$\frac{3\pi}{2}$	2π

Exemplo 22.3 (a) Transforme 210° em radianos. (b) Transforme 6π radianos em graus.

(a) $210° = 210° \cdot \frac{\pi}{180°}$ radianos $= \frac{7\pi}{6}$ radianos; (b) 6π radianos $= 6\pi \cdot \frac{180°}{\pi} = 1080°$

GRAUS, MINUTOS E SEGUNDOS

Se medidas menores que um grau são exigidas, o grau pode ser subdividido em frações decimais. Alternativamente, um grau é subdividido em minutos (′) e segundos (″). Assim, 1° = 60′ e 1′ = 60″; portanto, 1° = 3600″.

Exemplo 22.4 Transforme 35°24′36″ em graus decimais.

$$35°24'36'' = \left(35 + \frac{24}{60} + \frac{36}{3600}\right)° = 35,41°$$

TERMINOLOGIA PARA ÂNGULOS ESPECIAIS

Um ângulo com medida entre 0 e $\pi/2$ radianos (entre 0° e 90°) é chamado de ângulo *agudo*. Um ângulo de medida $\pi/2$ radianos (90°) é dito um ângulo *reto*. Um ângulo com medida entre $\pi/2$ e π radianos (entre 90° e 180°) é conhecido como ângulo *obtuso*. Um ângulo de medida π radianos (180°) é chamado de ângulo *raso*. Um ângulo é comumente nomeado por sua medida; assim, $\theta = 30°$ significa que θ tem medida de 30°.

ÂNGULOS COMPLEMENTARES E SUPLEMENTARES

Se α e β são dois ângulos, de forma que $\alpha + \beta = \pi/2$, α e β são chamados de ângulos complementares. Se α e β são dois ângulos, tais que $\alpha + \beta = \pi$, α e β são ditos ângulos suplementares.

Exemplo 22.5 Encontre um ângulo complementar de θ se (a) $\theta = \pi/3$; (b) $\theta = 37°15'$.

(a) O ângulo complementar de θ é $\frac{\pi}{2} - \theta = \frac{\pi}{2} - \frac{\pi}{3} = \frac{\pi}{6}$.

(b) O ângulo complementar de θ é $90° - \theta = 90° - 37°15' = 89°60' - 37°15' = 52°45'$.

ÂNGULOS COTERMINAIS

Dois ângulos em posição canônica são coterminais se eles têm o mesmo lado final. Existe um número infinito de ângulos coterminais com um dado ângulo.

Para um ângulo coterminal com um dado ângulo, some ou subtraia 2π (se o ângulo é medido em radianos) ou 360° (se o ângulo é medido em graus).

Exemplo 22.6 Encontre dois ângulos coterminais com (a) 2 radianos; (b) $-60°$.

(a) Coterminais com 2 radianos são $2+2\pi$ e $2-2\pi$ radianos, entre muitos outros.

(b) Coterminais com $-60°$ são $-60° + 360° = 300°$ e $-60° - 360° = -420°$, bem como muitos outros ângulos.

FUNÇÕES TRIGONOMÉTRICAS DE ÂNGULOS

Se θ é um ângulo com medida t radianos, então o valor de cada função trigonométrica de θ é seu valor no número real t.

Exemplo 22.7 Encontre (a) cos 90°; (b) tg 135°.

(a) $\cos 90° = \cos \frac{\pi}{2} = 0$; (b) $\text{tg } 135° = \text{tg}\left(135° \cdot \frac{\pi}{180°}\right) = \text{tg}\frac{3\pi}{4} = -1$

FUNÇÕES TRIGONOMÉTRICAS DE ÂNGULOS EXPRESSAS COMO RAZÕES

Seja θ um ângulo em posição canônica e $P(x,y)$ um ponto qualquer, exceto a origem, sobre o lado final de θ. Se $r = \sqrt{x^2 + y^2}$ é a distância de P à origem, então as seis funções trigonométricas de θ são dadas por:

$$\text{sen}\,\theta = \frac{y}{r} \qquad\qquad \csc\theta = \frac{r}{y} \quad (\text{se } y \neq 0)$$

$$\cos\theta = \frac{x}{r} \qquad\qquad \sec\theta = \frac{r}{x} \quad (\text{se } x \neq 0)$$

$$\text{tg}\,\theta = \frac{y}{x} \quad (\text{se } x \neq 0) \qquad \text{cotg}\,\theta = \frac{x}{y} \quad (\text{se } y \neq 0)$$

Exemplo 22.8 Seja θ um ângulo em posição canônica, sendo $P(-3,4)$ um ponto sobre o lado final de θ (ver Fig. 22-8). Encontre as seis funções trigonométricas de θ.

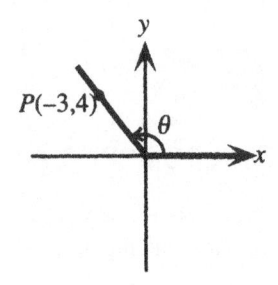

Figura 22-8

$x = -3$, $y = 4$, $r = \sqrt{x^2 + y^2} = \sqrt{(-3)^2 + 4^2} = 5$; logo,

$$\text{sen}\,\theta = \frac{y}{r} = \frac{4}{5} \qquad \cos\theta = \frac{x}{r} = \frac{-3}{5} = -\frac{3}{5} \qquad \text{tg}\,\theta = \frac{y}{x} = \frac{4}{-3} = -\frac{4}{3}$$

$$\csc\theta = \frac{r}{y} = \frac{5}{4} \qquad \sec\theta = \frac{r}{x} = \frac{5}{-3} = -\frac{5}{3} \qquad \text{cotg}\,\theta = \frac{x}{y} = \frac{-3}{4} = -\frac{3}{4}$$

FUNÇÕES TRIGONOMÉTRICAS DE ÂNGULOS AGUDOS

Se θ é um ângulo agudo, pode ser considerado como um ângulo interno de um triângulo retângulo. Colocando θ na posição canônica e chamando os lados do triângulo retângulo de hipotenusa (hip), oposto (opt) e adjacente (adj), os comprimentos dos lados adjacente e oposto são as coordenadas x e y, respectivamente, de um ponto no lado final do ângulo. O comprimento da hipotenusa é $r = \sqrt{x^2 + y^2}$ (ver Fig. 22-9).

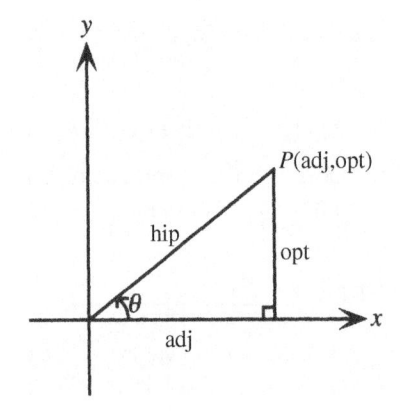

Figura 22-9

Para um ângulo agudo θ, as funções trigonométricas de θ são:

$$\operatorname{sen}\theta = \frac{y}{r} = \frac{\text{opt}}{\text{hip}} \qquad \csc\theta = \frac{r}{y} = \frac{\text{hip}}{\text{opt}}$$

$$\cos\theta = \frac{x}{r} = \frac{\text{adj}}{\text{hip}} \qquad \sec\theta = \frac{r}{x} = \frac{\text{hip}}{\text{adj}}$$

$$\operatorname{tg}\theta = \frac{y}{x} = \frac{\text{opt}}{\text{adj}} \qquad \operatorname{cotg}\theta = \frac{x}{y} = \frac{\text{adj}}{\text{opt}}$$

Exemplo 22.9 Encontre as seis funções trigonométricas de θ como exibido na Fig. 22-10.

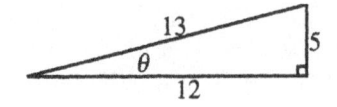

Figura 22-10

Para θ, como mostrado acima, opt = 5, adj = 12 e hip = 13 e, portanto,

$$\operatorname{sen}\theta = \frac{\text{opt}}{\text{hip}} = \frac{5}{13} \qquad \cos\theta = \frac{\text{adj}}{\text{hip}} = \frac{12}{13} \qquad \operatorname{tg}\theta = \frac{\text{opt}}{\text{adj}} = \frac{5}{12}$$

$$\csc\theta = \frac{\text{hip}}{\text{opt}} = \frac{13}{5} \qquad \sec\theta = \frac{\text{hip}}{\text{adj}} = \frac{13}{12} \qquad \operatorname{cotg}\theta = \frac{\text{adj}}{\text{opt}} = \frac{12}{5}$$

ÂNGULOS DE REFERÊNCIA

O ângulo de referência para θ, um ângulo que não é quadrante e em posição canônica, é o ângulo agudo θ_R entre o eixo x e o lado final de θ. A Fig. 22-11 mostra ângulos e ângulos de referência para casos $0 < \theta < 2\pi$. Para determinar ângulos de referência para outros ângulos não quadrantes, primeiro some ou subtraia múltiplos de 2π para obter um ângulo coterminal com θ que satisfaça $0 < \theta < 2\pi$.

Quadrante I	Quadrante II	Quadrante III	Quadrante IV
$\theta_R = \theta$	$\theta_R = \pi - \theta$ $= 180° - \theta$	$\theta_R = \theta - \pi$ $= \theta - 180°$	$\theta_R = 2\pi - \theta$ $= 360° - \theta$

Figura 22-11

FUNÇÕES TRIGONOMÉTRICAS DE ÂNGULOS EM TERMOS DE ÂNGULOS DE REFERÊNCIA

Para qualquer ângulo não quadrante θ, cada função trigonométrica de θ tem o mesmo valor absoluto dessa função trigonométrica aplicada a θ_R. Para calcular uma função trigonométrica de θ, calcule a função de θ_R e, então, use o sinal correto para o quadrante de θ.

Exemplo 22.10 Calcule $\cos\dfrac{3\pi}{4}$.

O ângulo de referência para $\dfrac{3\pi}{4}$, um ângulo do segundo quadrante, é $\pi - \dfrac{3\pi}{4} = \dfrac{\pi}{4}$. No quadrante II, o sinal da função cosseno é negativo. Logo, $\cos\dfrac{3\pi}{4} = -\cos\dfrac{\pi}{4} = -\dfrac{1}{\sqrt{2}}$.

Problemas Resolvidos

22.1 Liste todos os ângulos coterminais com (*a*) 40°; (*b*) $\dfrac{2\pi}{3}$ radianos.

(*a*) Para encontrar ângulos coterminais com 40°, some ou subtraia qualquer múltiplo inteiro de 360°. Assim, 400° e −320° são exemplos de ângulos coterminais com 40°; e todos os ângulos coterminais com 40° podem ser expressos como 40° + *n* 360°, sendo *n* um inteiro qualquer.

(*b*) Para encontrar ângulos coterminais com $2\pi/3$, some ou subtraia qualquer múltiplo inteiro de 2π. Assim, $8\pi/3$ e $-4\pi/3$ são exemplos de ângulos coterminais com $2\pi/3$; e todos os ângulos coterminais com $2\pi/3$ podem ser expressos como $2\pi/3 + 2\pi n$, sendo *n* um inteiro qualquer.

22.2 Encontre as funções trigonométricas de (*a*) 180° (*b*) −360°.

(*a*) 180° = π radianos; logo, sen 180° = sen π = 0, cos 180° = cos π = −1, tg 180° = tg π = 0, cotg 180° = cotg π não é definido, sec 180° = sec π = −1, csc 180° = csc π não se define.

(*b*) −360° = -2π radianos; logo, sen(−360°) = sen(-2π) = 0, cos(−360°) = cos(-2π) = 1, tg (−360°) = tg (-2π) = 0, cot(−360°) = cot(-2π) não se define, sec(−360°) = sec(-2π) = 1 e csc(−360°) = csc(-2π) não se define.

22.3 Encontre um ângulo suplementar para θ se (*a*) $\theta = \pi/3$; (*b*) $\theta = 37°15'$.

(*a*) Suplementar de $\dfrac{\pi}{3}$ é $\pi - \dfrac{\pi}{3} = \dfrac{2\pi}{3}$.

(*b*) Suplementar de $37°15'$ é $180° - 37°15' = 179°60' - 37°15' = 142°45'$.

22.4 Transforme 5 radianos em graus, minutos e segundos.

Primeiro observe que 5 radianos $= 5 \cdot \dfrac{180°}{\pi} = \dfrac{900°}{\pi} \approx 286{,}4789°$. Para transformar isso em graus e minutos, escreva

$$286{,}4789° = 286° + \dfrac{4789°}{10000} = 286° + \dfrac{4789°}{10000} \cdot \dfrac{60'}{1°} = 286° + 28{,}734'$$

Para transformar em graus, minutos e segundos, escreva

$$286° + 28{,}734' = 286° + 28' + \dfrac{734'}{1000} = 286° + 28' + \dfrac{734'}{1000} \cdot \dfrac{60''}{1'} = 286°28'44{,}04''$$

22.5 Transforme $424°34'24''$ em radianos.

Primeiro note que $424°34'24'' = \left(424 + \dfrac{34}{60} + \dfrac{24}{3600}\right)° \approx 424{,}57333°$. Para transformar isso em radianos, escreva

$$424{,}57333° = 424{,}57333° \cdot \dfrac{\pi}{180°} \approx 7{,}41 \text{ radianos.}$$

22.6 (*a*) Obtenha a relação $s = r\theta$. (*b*) Encontre o ângulo, em radianos, definido por um arco de 5 cm de comprimento em um círculo de raio 3 cm. (*c*) Encontre a distância em linha reta percorrida por um ponto localizado em uma roda de bicicleta com raio de 26 polegadas, quando a roda faz 10 rotações.

(*a*) Desenhe dois círculos de raio *r*, como mostrado na Fig. 22-12.

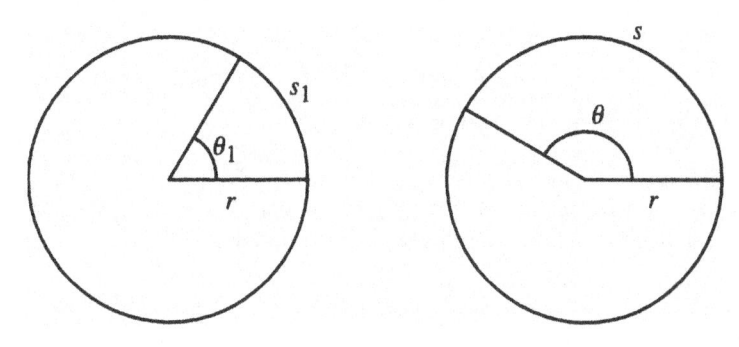

Figura 22-12

Da geometria plana sabe-se que a razão entre comprimentos de arco é igual à razão entre os ângulos. Assim,

$$\frac{s}{s_1} = \frac{\theta}{\theta_1}$$

Se $\theta_1 = 1$ radiano, então, $s_1 = r$; logo, $\frac{s}{r} = \frac{\theta}{1}$, ou seja, $s = r\theta$.

(*b*) Use $s = r\theta$ com $s = 5$cm e $r = 3$cm, ou seja, $5 = 3\theta$; logo, $\theta = \frac{5}{3}$ radianos.

(*c*) Primeiro observe que 10 rotações representam um ângulo de $10 \cdot 2\pi = 20\pi$ radianos. Portanto,

$$s = r\theta = 26 \text{ polegadas} \cdot 20\pi \text{ radianos} = 520\pi \text{ polegadas} \approx 136 \text{ pés.}$$

22.7 Mostre que as definições das funções trigonométricas expressas como razões são consistentes com as definições das funções trigonométricas de ângulos.

Seja θ um ângulo não quadrante em posição canônica. Escolha um ponto arbitrário $Q(x,y)$ sobre o lado final de θ (ver Fig. 22-13).

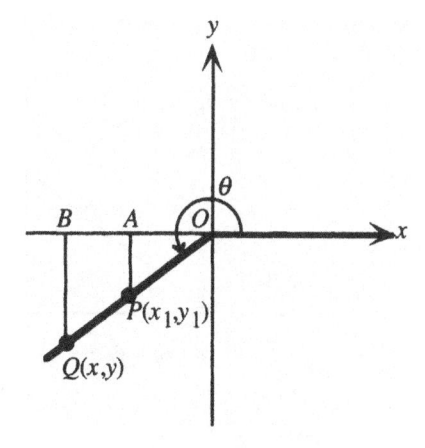

Figura 22-13

Então, $r = \sqrt{x^2 + y^2}$. Seja $P(x_1, y_1)$ um ponto sobre o lado final de θ, tal que $\sqrt{x_1^2 + y_1^2} = 1$. Logo, P está sobre o círculo unitário e sen $\theta = y_1$. Sejam A e B pontos do eixo x, obtidos respectivamente a partir de P e Q, por retas perpendiculares ao mesmo eixo; então, os triângulos OAP e OBQ são similares e, por isso, as razões entre lados correspondentes são iguais, ou seja,

$$\frac{|y|}{r} = \frac{|y_1|}{1}$$

Como y e y_1 têm o mesmo sinal, segue-se que

$$y_1 = \frac{y}{r}$$

Portanto, sen $\theta = y_1 = \frac{y}{r}$ e as duas definições para função seno são consistentes. A demonstração é facilmente estendida para outras funções trigonométricas e para ângulos quadrantes.

22.8 Se θ está em posição canônica e $(-20, 21)$ repousa sobre seu lado final, encontre as funções trigonométricas de θ.

$x = -20$ e $y = 21$; logo, $r = \sqrt{x^2 + y^2} = \sqrt{(-20)^2 + 21^2} = 29$. Portanto,

$$\text{sen}\,\theta = \frac{y}{r} = \frac{21}{29} \qquad \cos\theta = \frac{x}{r} = \frac{-20}{29} = -\frac{20}{29} \qquad \text{tg}\,\theta = \frac{y}{x} = \frac{21}{-20} = -\frac{21}{20}$$

$$\csc\theta = \frac{r}{y} = \frac{29}{21} \qquad \sec\theta = \frac{r}{x} = \frac{29}{-20} = -\frac{29}{20} \qquad \cot g\,\theta = \frac{x}{y} = \frac{-20}{21} = -\frac{20}{21}$$

22.9 Se θ está em posição canônica e seu lado final está no quadrante I e sobre a reta $y = 2x$, encontre as funções trigonométricas de θ.

Para encontrar as funções trigonométricas de θ, qualquer ponto no lado final pode ser escolhido; se $x = 1$, então, $y = 2$ e $r = \sqrt{x^2 + y^2} = \sqrt{1^2 + 2^2} = \sqrt{5}$. Portanto,

$$\text{sen}\,\theta = \frac{y}{r} = \frac{2}{\sqrt{5}} \qquad \cos\theta = \frac{x}{r} = \frac{1}{\sqrt{5}} \qquad \text{tg}\,\theta = \frac{y}{x} = \frac{2}{1} = 2$$

$$\csc\theta = \frac{r}{y} = \frac{\sqrt{5}}{2} \qquad \sec\theta = \frac{r}{x} = \frac{\sqrt{5}}{1} = \sqrt{5} \qquad \cot g\,\theta = \frac{x}{y} = \frac{1}{2}$$

22.10 Se θ é um ângulo agudo, encontre as outras funções trigonométricas de θ, dado

(a) sen $\theta = \frac{3}{5}$; (b) tg $\theta = \frac{2}{3}$.

(a) Desenhe uma figura. No triângulo retângulo, considere opt = 3 e hip = 5. Assim, o terceiro lado é obtido pelo teorema de Pitágoras: adj = $\sqrt{5^2 - 3^2} = 4$. Ver Fig. 22-14.

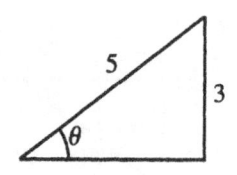

Figura 22-14

Logo,

$$\text{sen}\,\theta = \frac{\text{opt}}{\text{hip}} = \frac{3}{5} \qquad \cos\theta = \frac{\text{adj}}{\text{hip}} = \frac{4}{5} \qquad \text{tg}\,\theta = \frac{\text{opt}}{\text{adj}} = \frac{3}{4}$$

$$\csc\theta = \frac{\text{hip}}{\text{opt}} = \frac{5}{3} \qquad \sec\theta = \frac{\text{hip}}{\text{adj}} = \frac{5}{4} \qquad \cot g\,\theta = \frac{\text{adj}}{\text{opt}} = \frac{4}{3}$$

(b) Desenhe uma figura. No triângulo retângulo, considere opt = 2 e adj = 3. Assim, o terceiro lado é obtido pelo teorema de Pitágoras: hip = $\sqrt{2^2 + 3^2} = \sqrt{13}$. Ver Fig. 22-15.

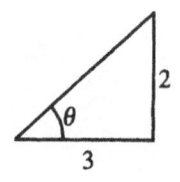

Figura 22-15

Logo,

$$\operatorname{sen}\theta = \frac{\text{opt}}{\text{hip}} = \frac{2}{\sqrt{13}} \qquad \cos\theta = \frac{\text{adj}}{\text{hip}} = \frac{3}{\sqrt{13}} \qquad \operatorname{tg}\theta = \frac{\text{opt}}{\text{adj}} = \frac{2}{3}$$

$$\csc\theta = \frac{\text{hip}}{\text{opt}} = \frac{\sqrt{13}}{2} \qquad \sec\theta = \frac{\text{hip}}{\text{adj}} = \frac{\sqrt{13}}{3} \qquad \cotg\theta = \frac{\text{adj}}{\text{opt}} = \frac{3}{2}$$

22.11 Encontre as funções trigonométricas de 30°, 45° e 60°.

Para determinar as funções trigonométricas de 30° e 60°, desenhe um triângulo retângulo com ângulos 30° e 60° (Fig. 22-16). Como o lado oposto ao ângulo de 30° é metade da hipotenusa, para 30° faça opt = 1 e hip = 2. Portanto, do teorema de Pitágoras, adj = $\sqrt{3}$.

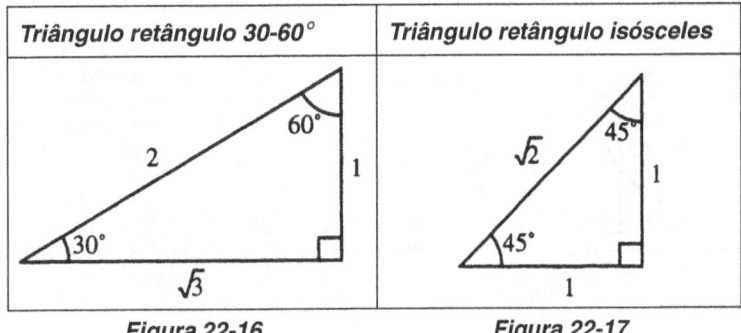

Triângulo retângulo 30-60°

Triângulo retângulo isósceles

Figura 22-16   *Figura 22-17*

Logo,

$$\operatorname{sen}30° = \frac{\text{opt}}{\text{hip}} = \frac{1}{2} \qquad \cos 30° = \frac{\text{adj}}{\text{hip}} = \frac{\sqrt{3}}{2} \qquad \operatorname{tg}30° = \frac{\text{opt}}{\text{adj}} = \frac{1}{\sqrt{3}}$$

$$\csc 30° = \frac{\text{hip}}{\text{opt}} = \frac{2}{1} = 2 \qquad \sec 30° = \frac{\text{hip}}{\text{adj}} = \frac{2}{\sqrt{3}} \qquad \cotg 30° = \frac{\text{adj}}{\text{opt}} = \frac{\sqrt{3}}{1} = \sqrt{3}$$

A Figura 22-16 também pode ser usada para determinar as funções trigonométricas de 60°, a despeito do ângulo de 60° não se encontrar na posição canônica. Fazendo opt = $\sqrt{3}$, adj = 1 e hip = 2, tem-se

$$\operatorname{sen}60° = \frac{\text{opt}}{\text{hip}} = \frac{\sqrt{3}}{2} \qquad \cos 60° = \frac{\text{adj}}{\text{hip}} = \frac{1}{2} \qquad \operatorname{tg}60° = \frac{\text{opt}}{\text{adj}} = \frac{\sqrt{3}}{1} = \sqrt{3}$$

$$\csc 60° = \frac{\text{hip}}{\text{opt}} = \frac{2}{\sqrt{3}} \qquad \sec 60° = \frac{\text{hip}}{\text{adj}} = \frac{2}{1} = 2 \qquad \cotg 60° = \frac{\text{adj}}{\text{opt}} = \frac{1}{\sqrt{3}}$$

Para encontrar as funções trigonométricas de 45°, desenhe um triângulo retângulo isósceles (Fig. 22-17). Fazendo opt = 1, adj = 1 e hip = $\sqrt{2}$, tem-se

$$\operatorname{sen}45° = \frac{\text{opt}}{\text{hip}} = \frac{1}{\sqrt{2}} \qquad \cos 45° = \frac{\text{adj}}{\text{hip}} = \frac{1}{\sqrt{2}} \qquad \operatorname{tg}45° = \frac{\text{opt}}{\text{adj}} = \frac{1}{1} = 1$$

$$\csc 45° = \frac{\text{hip}}{\text{opt}} = \frac{\sqrt{2}}{1} = \sqrt{2} \qquad \sec 45° = \frac{\text{hip}}{\text{adj}} = \frac{\sqrt{2}}{1} = \sqrt{2} \qquad \cotg 45° = \frac{\text{adj}}{\text{opt}} = \frac{1}{1} = 1$$

22.12 Faça uma tabela das funções trigonométricas de 0, $\pi/6$, $\pi/4$, $\pi/3$ e $\pi/2$ radianos.

As funções trigonométricas de 0 e $\pi/2$ radianos são as mesmas das funções dos números reais 0 e $\pi/2$, respectivamente, calculadas nos Problemas 20.7 e 20.8. As funções trigonométricas de $\pi/6$, $\pi/4$ e $\pi/3$ são as mesmas de 30°, 45° e 60°, calculadas no Problema 22.11. Resumindo, tem-se a seguinte tabela ("N" significa "não definido"):

θ (radianos)	θ (graus)	sen θ	cos θ	tg θ	cotg θ	sec θ	csc θ
0	0°	0	1	0	N	1	N
$\pi/6$	30°	1/2	$\sqrt{3}/2$	$1/\sqrt{3}$	$\sqrt{3}$	$2/\sqrt{3}$	2
$\pi/4$	45°	$1/\sqrt{2}$	$1/\sqrt{2}$	1	1	$\sqrt{2}$	$\sqrt{2}$
$\pi/3$	60°	$\sqrt{3}/2$	1/2	$\sqrt{3}$	$1/\sqrt{3}$	2	$2/\sqrt{3}$
$\pi/2$	90°	1	0	N	0	N	1

22.13 Mostre que para qualquer ângulo diferente de um múltiplo inteiro de 90°, cada função trigonométrica de θ tem o mesmo valor absoluto da mesma função trigonométrica de seu ângulo de referência θ_R.

As quatro possíveis posições de θ e θ_R são mostradas na Fig. 22-18.

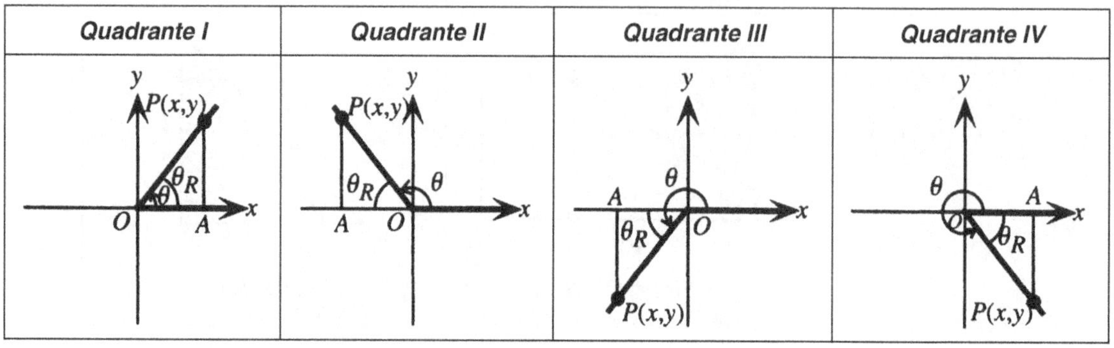

Figura 22-18

Em cada caso, seja $P(x,y)$ um ponto no lado final de θ, desenhe uma reta a partir de P e perpendicular ao eixo x no ponto A. No triângulo OAP, θ_R é um ângulo agudo com opt = $|y|$, adj = $|x|$ e hip = $\sqrt{x^2 + y^2} = r$.

Portanto,

$$|\text{sen}\,\theta| = \left|\frac{y}{r}\right| = \frac{|y|}{r} = \text{sen}\,\theta_R \qquad |\cos\theta| = \left|\frac{x}{r}\right| = \frac{|x|}{r} = \cos\theta_R \qquad |\text{tg}\,\theta| = \left|\frac{y}{x}\right| = \frac{|y|}{|x|} = \text{tg}\,\theta_R$$

e analogamente para as outras funções trigonométricas.

22.14 Encontre o ângulo de referência para (a) 480°; (b) $-\dfrac{3\pi}{4}$ radianos.

(a) Primeiro note que 480° − 360° = 120° é um ângulo entre 0° e 360° coterminal com 480°. Como 90° < 120° < 180°, 120° é um ângulo do segundo quadrante. Logo, o ângulo de referência para 120° e, portanto, para 480°, é 180° − 120° = 60°.

(b) Primeiro note que $-\dfrac{3\pi}{4} + 2\pi = \dfrac{5\pi}{4}$ é um ângulo entre 0 e 2π radianos, coterminal com $-\dfrac{3\pi}{4}$. Como $\pi < \dfrac{5\pi}{4} < \dfrac{3\pi}{2}$, $\dfrac{5\pi}{4}$ é um ângulo do terceiro quadrante. Logo, o ângulo de referência para $\dfrac{5\pi}{4}$ e, portanto, para $-\dfrac{3\pi}{4}$ é $\dfrac{5\pi}{4} - \pi = \dfrac{\pi}{4}$.

22.15 Encontre as funções trigonométricas para (a) $480°$; (b) $-\dfrac{3\pi}{4}$ radianos.

(a) Para encontrar as funções trigonométricas de um ângulo, encontre as funções de seu ângulo de referência e considere o sinal correto de acordo com o quadrante. $480°$ é um ângulo do segundo quadrante. No quadrante II, seno e cosseno são positivos e as outras funções trigonométricas são negativas. Usando o ângulo de referência encontrado no problema anterior, tem-se:

$$\text{sen}\,480° = \text{sen}\,60° = \frac{\sqrt{3}}{2} \qquad \cos 480° = -\cos 60° = -\frac{1}{2} \qquad \text{tg}\,480° = -\text{tg}\,60° = -\sqrt{3}$$

$$\csc 480° = \csc 60° = \frac{2}{\sqrt{3}} \qquad \sec 480° = -\sec 60° = -2 \qquad \cot g\,480° = -\cot g\,60° = -\frac{1}{\sqrt{3}}$$

(b) $-3\pi/4$ é um ângulo do terceiro quadrante. No quadrante III, tangente e cotangente são positivas e as demais funções trigonométricas são negativas. Usando o ângulo de referência encontrado no problema anterior, tem-se:

$$\text{sen}\left(-\frac{3\pi}{4}\right) = -\text{sen}\,\frac{\pi}{4} = -\frac{1}{\sqrt{2}} \qquad \cos\left(-\frac{3\pi}{4}\right) = -\cos\frac{\pi}{4} = -\frac{1}{\sqrt{2}} \qquad \text{tg}\left(-\frac{3\pi}{4}\right) = \text{tg}\,\frac{\pi}{4} = 1$$

$$\csc\left(-\frac{3\pi}{4}\right) = -\csc\frac{\pi}{4} = -\sqrt{2} \qquad \sec\left(-\frac{3\pi}{4}\right) = -\sec\frac{\pi}{4} = -\sqrt{2} \qquad \cot g\left(-\frac{3\pi}{4}\right) = \cot g\,\frac{\pi}{4} = 1$$

22.16 Encontre todos os ângulos θ, $0 \leq \theta < 2\pi$, tais que (a) $\text{sen}\,\theta = \dfrac{1}{2}$; (b) $\text{sen}\,\theta = -\dfrac{\sqrt{3}}{2}$.

A função seno é crescente no intervalo de 0 a $\pi/2$; assim, é uma função injetora sobre este intervalo. Para valores de a no intervalo $0 \leq a \leq 1$ a notação $t = \text{sen}^{-1}a$ é usada para denotar o único valor t no intervalo $0 \leq t \leq \pi/2$ tal que sen $t = a$. (Ver Capítulo 25 para uma discussão mais completa a respeito de funções trigonométricas inversas.)

(a) Da tabela no Problema 22.12, $\text{sen}\,\dfrac{\pi}{6} = \dfrac{1}{2}$ assim, $\dfrac{\pi}{6} = \text{sen}^{-1}\dfrac{1}{2}$. Como a função seno é positiva nos quadrantes I e II, há também um ângulo θ no quadrante II com ângulo de referência $\dfrac{\pi}{6}$ e sen $\theta = \dfrac{1}{2}$. Este ângulo deve ser $\pi - \dfrac{\pi}{6} = \dfrac{5\pi}{6}$. Logo, $\dfrac{\pi}{6}$ e $\dfrac{5\pi}{6}$ são os dois ângulos procurados.

(b) Da tabela no Problema 22.12, $\text{sen}\,\dfrac{\pi}{3} = \dfrac{\sqrt{3}}{2}$; assim $\dfrac{\pi}{3} = \text{sen}^{-1}\dfrac{\sqrt{3}}{2}$. Como a função seno é negativa nos quadrantes III e IV, os ângulos procurados são θ_1 e θ_2 em tais quadrantes, com ângulo de referência $\dfrac{\pi}{3}$ e sen $\theta_1 = $ sen $\theta_2 = -\dfrac{\sqrt{3}}{2}$. No quadrante III, $\theta_1 - \pi = \dfrac{\pi}{3}$; assim, $\theta_1 = \dfrac{4\pi}{3}$. No quadrante IV, $2\pi - \theta_2 = \dfrac{\pi}{3}$; logo, $= \theta_2 = \dfrac{5\pi}{3}$.

22.17 Encontre todos os ângulos θ, $0 \leq \theta < 2\pi$, tais que (a) $\cos\theta = \dfrac{1}{\sqrt{2}}$; (b) $\cos\theta = -\dfrac{1}{2}$.

A função cosseno é decrescente no intervalo de 0 a $\pi/2$; assim, é injetora sobre esse intervalo. Para valores de a no intervalo $0 \leq a \leq 1$ a notação $t = \cos^{-1}a$ é usada para denotar o único valor t no intervalo $0 \leq t \leq \pi/2$, tal que cos $t = a$.

(a) Da tabela no Problema 22.12, $\cos\dfrac{\pi}{4} = \dfrac{1}{\sqrt{2}}$; assim, $\dfrac{\pi}{4} = \cos^{-1}\dfrac{1}{\sqrt{2}}$. Como a função cosseno é positiva nos quadrantes I e IV, há também um ângulo θ no quadrante IV com ângulo de referência $\dfrac{\pi}{4}$ e cos $\theta = \dfrac{1}{\sqrt{2}}$. Esse ângulo deve satisfazer $2\pi - \theta = \dfrac{\pi}{4}$; logo, $\theta = \dfrac{7\pi}{4}$. Assim, $\dfrac{\pi}{4}$ e $\dfrac{7\pi}{4}$ são os dois ângulos procurados.

(b) Da tabela no Problema 22.12, $\cos\dfrac{\pi}{3} = \dfrac{1}{2}$; assim, $\dfrac{\pi}{3} = \cos^{-1}\dfrac{1}{2}$. Como a função cosseno é negativa nos quadrantes II e III, os ângulos procurados são θ_1 e θ_2 em tais quadrantes, com ângulo de referência $\dfrac{\pi}{3}$ e $\cos\theta_1 = \cos\theta_2 = -\dfrac{1}{2}$. No quadrante II, $\pi - \theta_1 = \dfrac{\pi}{3}$; assim, $\theta_1 = \dfrac{2\pi}{3}$. No quadrante III, $\theta_2 - \pi = \dfrac{\pi}{3}$; logo, $\theta_2 = \dfrac{4\pi}{3}$.

22.18 Encontre todos os ângulos θ, $0° \leq \theta < 360°$, tais que (a) tg $\theta = \sqrt{3}$; (b) tg$\theta = -1$.

A função tangente é crescente no intervalo de 0 a $\pi/2$; assim, é injetora sobre esse intervalo. Para valores não negativos de a, a notação $t = \text{tg}^{-1} a$ é usada para denotar o único valor t no intervalo, tal que tg $t = a$.

(a) Da tabela no Problema 22.12, tg $\frac{\pi}{3} = \sqrt{3}$; assim, $\frac{\pi}{3} = \text{tg}^{-1}\sqrt{3}$. Logo, 60° é um ângulo procurado.

Como a função tangente é positiva nos quadrantes I e III, há também um ângulo θ no quadrante III com ângulo de referência 60° e tg $\theta = \sqrt{3}$. No quadrante III, $\theta - 180° = 60°$; assim, $\theta = 240°$. Os ângulos procurados são 60° e 240°.

(b) Da tabela no Problema 22.12, tg $\frac{\pi}{4} = 1$; assim, $\frac{\pi}{4} = \text{tg}^{-1} 1$. Como a função tangente é negativa nos quadrantes II e IV, os ângulos procurados são θ_1 e θ_2 em tais quadrantes, com ângulo de referência $\frac{\pi}{4} = 45°$. No quadrante II, $180° - \theta_1 = 45°$; assim, $\theta_1 = 135°$. No quadrante IV, $360° - \theta_2 = 45°$; logo, $\theta_2 = 315°$.

22.19 Use uma calculadora científica para determinar valores aproximados de (a) sen 42°; (b) cos 238°; (c) tg($-61,5°$); (d) sec 341°25'.*

Ao usar uma calculadora científica para cálculos trigonométricos, é preciso ter certeza de que o modo correto (modo grau ou modo radiano) é selecionado. Consulte o manual da calculadora para instruções sobre seleção de modos. No presente problema, coloque a calculadora no modo grau. (a) sen 42° = 0,6691; (b) cos 238° = $-0,5299$; (c) tg($-61,5°$) = $-1,8418$. (d) Secante não pode ser determinada diretamente em uma calculadora; use uma identidade trigonométrica:

$$\sec(341°25') = \frac{1}{\cos(341°25')} = \frac{1}{\cos(341 + 25/60)°} = 1,055$$

22.20 Use uma calculadora científica para encontrar valores aproximados de (a) sen 3; (b) cos($-5,3$); (c) tg(2,356); (d) cotg(12,3).

Ver comentários no problema anterior. Neste problema, coloque a calculadora em modo radiano. (a) sen 3 = 0,1411; (b) cos($-5,3$) = 0,5544; (c) tg(2,356) = $-1,0004$. (d) Cotangente não pode ser calculada diretamente em uma calculadora; use uma identidade trigonométrica:

$$\cotg(12,3) = \frac{1}{\text{tg}(12,3)} = -3,6650$$

22.21 Use uma calculadora científica para encontrar valores aproximados para todos os ângulos θ, $0 \leq \theta < 2\pi$, tais que

(a) sen $\theta = 0,7543$ (b) tg $\theta = -4,412$

Coloque a calculadora no modo radiano.

(a) Primeiro encontre sen^{-1}0,7543 = 0,8546. Como a função seno é positiva nos quadrantes I e II, existe também um ângulo θ no quadrante II com ângulo de referência 0,8546 e sen $\theta = 0,7543$. Esse ângulo deve ser $\pi - 0,8546 = 2,2870$. Portanto, 0,8546 e 2,2870 são os dois ângulos procurados.

(b) Primeiro encontre tg^{-1}4,412 = 1,3479. Como a função tangente é negativa nos quadrantes II e IV, os ângulos procurados são θ_1 e θ_2 nestes quadrantes, com ângulo de referência 1,3479. No quadrante II, $\pi - \theta_1 = 1,3479$; assim, $\theta_1 = 1,7937$. No quadrante IV, $2\pi - \theta_2 = 1,3479$; logo, $\theta_2 = 4,9353$.

---

* N. de T.: O leitor deve observar que o autor recorre a calculadoras científicas no momento de estimar as funções trigonométricas de ângulos não notáveis, como os apresentados neste exercício. Isso é porque seno e cosseno são usualmente definidas como soluções de uma equação diferencial com específicas condições de contorno, e não da forma como este autor apresenta. Tais soluções podem ser representadas por meio de séries de potências que efetivamente viabilizam o cálculo de seno e cosseno em calculadoras para qualquer ângulo, desde que tais séries sejam truncadas. No entanto, esses conteúdos são acessíveis somente após um curso introdutório de cálculo diferencial e integral, assunto que no Brasil se estuda somente no ensino superior.

22.22 Use uma calculadora científica para encontrar valores aproximados para todos os ângulos θ, $0° \leq \theta < 360°$, tais que (a) $\cos\theta = 0{,}8455$; (b) $\csc\theta = -3$; $\sec\theta = 0{,}333$.

Coloque a calculadora no modo grau.

(a) Primeiro encontre $\cos^{-1} 0{,}8455 = 0{,}5633 = 32{,}27°$. Como a função cosseno é positiva nos quadrantes I e IV, existe também um ângulo θ no quadrante IV com ângulo de referência $32{,}27°$ e $\cos\theta = 0{,}8455$. Tal ângulo deve satisfazer $360° - \theta = 32{,}27°$; portanto, $\theta = 327{,}73°$. Assim, $32{,}27°$ e $327{,}73°$ são os dois ângulos procurados.

(b) Cossecante não pode ser calculada diretamente em uma calculadora; use uma identidade trigonométrica. $\csc\theta = -3$ é equivalente a $1/(\text{sen}\,\theta) = -3$, ou seja, $\text{sen}\,\theta = -\frac{1}{3}$.

Primeiro encontre $\text{sen}^{-1}\frac{1}{3} = 0{,}3398 = 19{,}47°$. Como a função seno é negativa nos quadrantes III e IV, os ângulos procurados são θ_1 e θ_2 nesses quadrantes, com ângulo de referência $19{,}47°$ e $\text{sen}\,\theta_1 = \text{sen}\,\theta_2 = -\frac{1}{3}$. No quadrante III, $\theta_1 - 180° = 19{,}47°$; assim, $\theta_1 = 199{,}47°$. No quadrante IV, $360° - \theta_2 = 19{,}47°$, logo $\theta_2 = 340{,}53°$.

(c) Não existe ângulo que satisfaça $\sec\theta = 0{,}333$, uma vez que $0{,}333$ não pertence à imagem da função secante. Uma calculadora retornará uma mensagem de erro.

Problemas Complementares

22.23 Liste todos os ângulos coterminais com (a) θ radianos; (b) θ graus.

Resp. (a) $\theta + 2\pi n$, sendo n um inteiro qualquer; (b) $\theta + n360°$, sendo n um inteiro qualquer.

22.24 Encontre as funções trigonométricas de $270°$.

Resp. $\text{sen}\,270° = -1$, $\cos 270° = 0$, $\text{tg}\,270°$ não é definido, $\cot g\,270° = 0$, $\sec 270°$ não é definido, $\csc 270° = -1$.

22.25 Complete a demonstração no Problema 22.7 de que as definições das funções trigonométricas como razões são consistentes com as definições das funções trigonométricas de ângulos.

22.26 Determine (a) $\text{sen}\,120°$; (b) $\cos\frac{5\pi}{6}$; (c) $\text{tg}(-45°)$; (d) $\cot g\frac{7\pi}{6}$; (e) $\sec 240°$; (f) $\csc\frac{2\pi}{3}$.

Resp. (a) $\frac{\sqrt{3}}{2}$; (b) $-\frac{\sqrt{3}}{2}$; (c) -1; (d) $\sqrt{3}$; (e) -2; (f) $\frac{2}{\sqrt{3}}$

22.27 Determine (a) $\text{sen}\,\frac{7\pi}{4}$; (b) $\cos 450°$; (c) $\text{tg}\,\frac{8\pi}{3}$; (d) $\cot g(-720°)$; (e) $\sec\frac{17\pi}{6}$; (f) $\csc(-510°)$.

Resp. (a) $-\frac{1}{\sqrt{2}}$; (b) 0; (c) $-\sqrt{3}$; (d) não é definida; (e) $-\frac{2}{\sqrt{3}}$; (f) -2

22.28 Se θ está em posição canônica e $(-1,-4)$ está sobre seu lado final, encontre as funções trigonométricas de θ.

Resp. $\text{sen}\,\theta = -\frac{4}{\sqrt{17}}$, $\cos\theta = -\frac{1}{\sqrt{17}}$, $\text{tg}\,\theta = 4$, $\cot g\,\theta = \frac{1}{4}$, $\sec\theta = -\sqrt{17}$, $\csc\theta = -\frac{\sqrt{17}}{4}$

22.29 Se θ é um ângulo agudo, encontre as outras funções trigonométricas de θ, dado

(a) $\text{sen}\,\theta = \frac{12}{13}$; (b) $\cos\theta = \frac{5}{7}$; (c) $\text{tg}\,\theta = \frac{1}{\sqrt{2}}$.

Resp. (a) $\cos\theta = \frac{5}{13}$, $\text{tg}\,\theta = \frac{12}{5}$, $\cot g\,\theta = \frac{5}{12}$, $\sec\theta = \frac{13}{5}$, $\csc\theta = \frac{13}{12}$

(b) $\text{sen}\,\theta = \frac{\sqrt{24}}{7}$, $\text{tg}\,\theta = \frac{\sqrt{24}}{5}$, $\cot g\,\theta = \frac{5}{\sqrt{24}}$, $\sec\theta = \frac{7}{5}$, $\csc\theta = \frac{7}{\sqrt{24}}$

(c) $\text{sen}\,\theta = \frac{1}{\sqrt{3}}$, $\cos\theta = \sqrt{\frac{2}{3}}$, $\cot g\,\theta = \sqrt{2}$, $\sec\theta = \sqrt{\frac{3}{2}}$, $\csc\theta = \sqrt{3}$

22.30 Se θ está em posição canônica e seu lado final está no quadrante II e sobre a reta $x+3y=0$, encontre as funções trigonométricas de θ.

Resp. $\operatorname{sen}\theta = \dfrac{1}{\sqrt{10}}$, $\cos\theta = -\dfrac{3}{\sqrt{10}}$, $\operatorname{tg}\theta = -\dfrac{1}{3}$, $\operatorname{cotg}\theta = -3$, $\sec\theta = -\dfrac{\sqrt{10}}{3}$, $\csc\theta = \sqrt{10}$

22.31 Encontre valores aproximados para todos os ângulos θ, $0 \leq \theta < 2\pi$, tais que

(a) $\operatorname{sen}\theta = 0{,}1188$;   (b) $\operatorname{tg}\theta = 8{,}7601$;   (c) $\sec\theta = -2{,}3$.

Resp. (a) 0,1191; 3,0225;   (b) 1,4571; 4,5987;   (c) 2,0206; 4,2626

22.32 Encontre valores aproximados para todos os ângulos θ, $0° \leq \theta < 360°$, tais que

(a) $\cos\theta = 0{,}0507$;   (b) $\operatorname{cotg}\theta = 62$;   (c) $\csc\theta = -5{,}2$.

Resp. (a) 87,09°, 272,91°;   (b) 0,92°, 180,92°;   (c) 191,09°, 348,91°

22.33 A velocidade angular ω de um ponto em movimento circular é definida como o quociente θ/t, onde θ é o ângulo em radianos percorrido pelo ponto no intervalo de tempo t.

(a) Determine a velocidade angular de um ponto que percorre um ângulo de 4 radianos em 6 segundos.

(b) Determine a velocidade angular de um ponto no aro de uma roda que gira a 60 rpm (rotações por minuto).

(c) Mostre que a velocidade linear v de um ponto em movimento circular está relacionada à velocidade angular pela fórmula $v = r\omega$.

(d) Um carro move-se a uma velocidade de 60 milhas por hora e o diâmetro de cada roda é de 2,5 pés. Encontre a velocidade angular das rodas.

Resp. (a) $\frac{2}{3}$ rad/seg   (b) 120π rad/min   (d) 4224 rad/min

Capítulo 23

Identidades e Equações Trigonométricas

DEFINIÇÃO DE IDENTIDADE

Uma identidade é uma afirmação de que duas quantidades são iguais, que é verdadeira para todos os valores das variáveis envolvidas e para os quais a afirmação tem sentido.

Exemplo 23.1 Quais das seguintes sentenças são identidades?

(a) $x + 3 = 3 + x$; (b) $x + 3 = 5$; (c) $x \cdot \dfrac{1}{x} = 1$.

(a) é uma identidade, pois é sempre verdadeira; (b) não é uma identidade, uma vez que é verdadeira somente quando $x = 2$; (c) é uma identidade, já que é verdadeira, exceto quando $x = 0$, caso no qual a sentença não faz sentido.

IDENTIDADES TRIGONOMÉTRICAS BÁSICAS

Identidades trigonométricas básicas são repetidas abaixo para fins de referência:

1. **Identidades pitagóricas.** Para quaisquer t para os quais ambos os lados são definidos:

$$\cos^2 t + \mathrm{sen}^2 t = 1 \qquad 1 + \mathrm{tg}^2 t = \sec^2 t \qquad \cot\mathrm{g}^2 t + 1 = \csc^2 t$$

$$\cos^2 t = 1 - \mathrm{sen}^2 t \qquad \mathrm{tg}^2 t = \sec^2 t - 1 \qquad \cot\mathrm{g}^2 t = \csc^2 t - 1$$

$$\mathrm{sen}^2 t = 1 - \cos^2 t \qquad 1 = \sec^2 t - \mathrm{tg}^2 t \qquad 1 = \csc^2 t - \cot\mathrm{g}^2 t$$

2. **Identidades recíprocas.** Para quaisquer t para os quais ambos os lados são definidos:

$$\mathrm{sen}\, t = \frac{1}{\csc t} \qquad \cos t = \frac{1}{\sec t} \qquad \mathrm{tg}\, t = \frac{1}{\cot\mathrm{g}\, t}$$

$$\csc t = \frac{1}{\mathrm{sen}\, t} \qquad \sec t = \frac{1}{\cos t} \qquad \cot\mathrm{g}\, t = \frac{1}{\mathrm{tg}\, t}$$

3. **Identidades quociente.** Para quaisquer t para os quais ambos os lados são definidos:

$$\mathrm{tg}\, t = \frac{\mathrm{sen}\, t}{\cos t} \qquad \cot\mathrm{g}\, t = \frac{\cos t}{\mathrm{sen}\, t}$$

4. **Identidades para negativos.** Para quaisquer t para os quais ambos os lados são definidos:

$$\text{sen}(-t) = -\text{sen}\,t \qquad \cos(-t) = \cos t \qquad \text{tg}(-t) = -\text{tg}\,t$$

$$\csc(-t) = -\csc t \qquad \sec(-t) = \sec t \qquad \cot g(-t) = -\cot g\,t$$

SIMPLIFICANDO EXPRESSÕES TRIGONOMÉTRICAS

As identidades trigonométricas básicas são empregadas para reduzir expressões trigonométricas a formas mais simples:

Exemplo 23.2 Simplifique: $\dfrac{1 - \cos^2\alpha}{\text{sen}\,\alpha}$

Da identidade pitagórica, $1 - \cos^2\alpha = \text{sen}^2\alpha$. Logo, $\dfrac{1 - \cos^2\alpha}{\text{sen}\,\alpha} = \dfrac{\text{sen}^2\alpha}{\text{sen}\,\alpha} = \text{sen}\,\alpha$.

VERIFICANDO IDENTIDADES TRIGONOMÉTRICAS

Para verificar que uma dada sentença é uma identidade, mostre que um lado pode ser transformado no outro, usando técnicas algébricas, incluindo simplificação e substituição, e técnicas trigonométricas, frequentemente incluindo a redução de outras funções para senos e cossenos.

Exemplo 23.3 Verifique que $(1 - \cos\theta)(1 + \cos\theta) = \text{sen}^2\theta$ é uma identidade.

Começando com o lado esquerdo, um primeiro passo óbvio é realizar operações algébricas:

$$\begin{aligned}(1 - \cos\theta)(1 + \cos\theta) &= 1 - \cos^2\theta \qquad \text{Álgebra}\\ &= \text{sen}^2\theta \qquad \text{Identidade pitagórica}\end{aligned}$$

Exemplo 23.4 Verifique que $\dfrac{\text{sen}\,t\cos t}{\text{tg}\,t} = \cos^2 t$ é uma identidade.

Começando com o lado esquerdo, um primeiro passo óbvio é reduzir a senos e cossenos:

$$\begin{aligned}\dfrac{\text{sen}\,t\cos t}{\text{tg}\,t} &= \dfrac{\text{sen}\,t\cos t}{\text{sen}\,t/\cos t} \qquad \text{Identidade quociente}\\ &= \text{sen}\,t\cos t \div \dfrac{\text{sen}\,t}{\cos t} \qquad \text{Álgebra}\\ &= \text{sen}\,t\cos t \cdot \dfrac{\cos t}{\text{sen}\,t} \qquad \text{Álgebra}\\ &= \cos^2 t \qquad \text{Álgebra}\end{aligned}$$

OUTRAS SENTENÇAS

Se uma sentença tem significado, ainda que não seja verdadeira para pelo menos um valor da variável ou das variáveis, não é uma identidade. Para mostrar que não é uma identidade, basta exibir um valor da variável ou das variáveis que torne a sentença falsa.

Exemplo 23.5 Prove que $\text{sen}\,t + \cos t = 1$ não é uma identidade.

Apesar dessa sentença ser verdadeira para alguns valores de t, por exemplo $t = 0$, não é uma identidade. Considere o caso em que $t = \pi/4$. Logo,

$$\text{sen}\dfrac{\pi}{4} + \cos\dfrac{\pi}{4} = \dfrac{1}{\sqrt{2}} + \dfrac{1}{\sqrt{2}} = \dfrac{2}{\sqrt{2}} = \sqrt{2} \neq 1$$

INVERSAS DE FUNÇÕES TRIGONOMÉTRICAS

As funções trigonométricas são periódicas e, portanto, não são injetoras. No entanto, no primeiro quadrante seno e tangente são funções crescentes e cosseno é decrescente; logo, nessa região as funções são injetoras e, consequentemente, admitem inversa. Para os presentes propósitos, a seguinte notação é usada:

$t = \text{sen}^{-1} a$ (lê-se: arco seno de a) se $0 \leq t \leq \pi/2$ e $\text{sen } t = a$.
$t = \cos^{-1} a$ (lê-se: arco cosseno de a) se $0 \leq t \leq \pi/2$ e $\cos t = a$.
$t = \text{tg}^{-1} a$ (lê-se: arco tangente de a) se $0 \leq t < \pi/2$ e $\text{tg } t = a$.

Um tratamento completo sobre funções trigonométricas inversas é dado no Capítulo 25.

Exemplo 23.6 Calcule (a) $\text{sen}^{-1} \frac{\sqrt{3}}{2}$ (b) $\cos^{-1} 0$ (c) $\text{tg}^{-1} 1$

(a) Existe exatamente um valor de t, tal que $\text{sen } t = \sqrt{3}/2$ e $0 \leq t \leq \pi/2$, ou seja, $\pi/3$. Portanto, $\text{sen}^{-1} \frac{\sqrt{3}}{2} = \frac{\pi}{3}$.

(b) Existe exatamente um valor de t, tal que $\cos t = 0$ e $0 \leq t \leq \pi/2$, ou seja, $\pi/2$. Portanto, $\cos^{-1} 0 = \frac{\pi}{2}$.

(c) Existe exatamente um valor de t, tal que $\text{tg } t = 1$ e $0 \leq t < \pi/2$, ou seja, $\pi/4$. Portanto, $\text{tg}^{-1} 1 = \frac{\pi}{4}$.

EQUAÇÕES TRIGONOMÉTRICAS

Equações trigonométricas podem ser resolvidas por uma combinação de técnicas algébricas e trigonométricas, incluindo redução de outras funções a seno e cosseno, substituição a partir de identidades trigonométricas conhecidas, simplificação algébrica, entre outras.

1. **Equações trigonométricas básicas** são equações da forma $\text{sen } t = a$, $\cos t = b$, $\text{tg } t = c$. Elas são resolvidas pelo uso de inversas de funções trigonométricas para expressar todas as soluções no intervalo $[0, 2\pi)$ e, então, estender para o conjunto completo de soluções. Alguns problemas, contudo, especificam que apenas soluções no intervalo $[0, 2\pi)$ devem ser consideradas.
2. **Outras equações trigonométricas** são resolvidas pela redução a equações básicas por meio de técnicas algébricas e trigonométricas.

Exemplo 23.7 Encontre todas as soluções de $\cos t = \frac{1}{2}$.

Primeiro encontre todas as soluções no intervalo $[0, 2\pi)$. Comece com

$$t = \cos^{-1} \frac{1}{2} = \frac{\pi}{3}$$

Como cosseno é positivo nos quadrantes I e IV, há também uma solução no quadrante IV com ângulo de referência $\pi/3$, a saber, $2\pi - \pi/3 = 5\pi/3$.

Estendendo para toda a reta real, como cosseno é periódica com período 2π, todas as soluções podem ser escritas como $\pi/3 + 2\pi n$, $5\pi/3 + 2\pi n$, sendo n um inteiro qualquer.

Exemplo 23.8 Encontre todas as soluções no intervalo $[0, 2\pi)$ para $5\text{tg } t = 3\text{tg } t - 2$. Primeiro reduza a uma equação trigonométrica básica, isolando a quantidade $\text{tg } t$.

$$2 \text{ tg } t = -2$$
$$\text{tg } t = -1$$

Agora encontre todas as soluções dessa equação no intervalo $[0, 2\pi)$. Comece com $\text{tg}^{-1} 1 = \pi/4$. Como tangente é negativa nos quadrantes II e IV, as soluções são os ângulos em tais quadrantes com ângulo de referência $\pi/4$. São $\pi - \pi/4 = 3\pi/4$ e $2\pi - \pi/4 = 7\pi/4$.

Problemas Resolvidos

23.1 Verifique que $\csc t - \operatorname{sen} t = \operatorname{cotg} t \cos t$ é uma identidade.

Começando com o lado esquerdo, o primeiro passo natural é reduzir a senos e cossenos:

$$\csc t - \operatorname{sen} t = \frac{1}{\operatorname{sen} t} - \operatorname{sen} t \qquad \text{Identidade recíproca}$$

$$\csc t - \operatorname{sen} t = \frac{1 - \operatorname{sen}^2 t}{\operatorname{sen} t} \qquad \text{Álgebra}$$

$$= \frac{\cos^2 t}{\operatorname{sen} t} \qquad \text{Identidade pitagórica}$$

$$= \frac{\cos t}{\operatorname{sen} t} \cdot \cos t \qquad \text{Álgebra}$$

$$= \operatorname{cotg} t \cos t \qquad \text{Identidade quociente}$$

23.2 Verifique que $\operatorname{sen}^4 \theta - \cos^4 \theta = \operatorname{sen}^2 \theta - \cos^2 \theta$ é uma identidade.

Começando com o lado esquerdo, o primeiro passo óbvio é expressar as potências quarta em termos de quadrados:

$$\begin{aligned}
\operatorname{sen}^4 \theta - \cos^4 \theta &= (\operatorname{sen}^2 \theta)^2 - (\cos^2 \theta)^2 & \text{Álgebra} \\
&= (\operatorname{sen}^2 \theta - \cos^2 \theta)(\operatorname{sen}^2 \theta + \cos^2 \theta) & \text{Álgebra} \\
&= (\operatorname{sen}^2 \theta - \cos^2 \theta)(1) & \text{Identidade pitagórica} \\
&= \operatorname{sen}^2 \theta - \cos^2 \theta & \text{Álgebra}
\end{aligned}$$

23.3 Verifique que $\dfrac{1}{1 - \cos x} + \dfrac{1}{1 + \cos x} = 2 \csc^2 x$ é uma identidade.

Começando com o lado esquerdo, o primeiro passo é combinar as duas primeiras frações em uma:

$$\frac{1}{1 - \cos x} + \frac{1}{1 + \cos x} = \frac{(1 + \cos x) + (1 - \cos x)}{(1 - \cos x)(1 + \cos x)}$$

$$= \frac{2}{1 - \cos^2 x}$$

Agora, aplique uma identidade pitagórica:

$$\frac{2}{1 - \cos^2 x} = \frac{2}{\operatorname{sen}^2 x} \qquad \text{Identidade pitagórica}$$

$$= 2 \csc^2 x \qquad \text{Identidade recíproca}$$

23.4 Verifique que $\dfrac{1 - \cos \theta}{\operatorname{sen} \theta} = \dfrac{\operatorname{sen} \theta}{1 + \cos \theta}$ é uma identidade.

Geralmente, nesse contexto, quadrados de senos e cossenos são mais fáceis de se lidar do que as funções em si. Começando com o lado direito, é interessante multiplicar numerador e denominador pela expressão $1 - \cos \theta$. (Isso é análogo às operações de racionalização do denominador.)

$$\begin{aligned}
\frac{\operatorname{sen} \theta}{1 + \cos \theta} &= \frac{\operatorname{sen} \theta (1 - \cos \theta)}{(1 + \cos \theta)(1 - \cos \theta)} & \text{Algebrismo} \\
&= \frac{\operatorname{sen} \theta (1 - \cos \theta)}{1 - \cos^2 \theta} & \text{Algebrismo} \\
&= \frac{\operatorname{sen} \theta (1 - \cos \theta)}{\operatorname{sen}^2 \theta} & \text{Identidade pitagórica} \\
&= \frac{1 - \cos \theta}{\operatorname{sen} \theta} & \text{Algebrismo}
\end{aligned}$$

CAPÍTULO 23 • IDENTIDADES E EQUAÇÕES TRIGONOMÉTRICAS

23.5 Verifique que $\dfrac{\text{tg } x + \text{tg } y}{1 - \text{tg } x \text{ tg } y} = \dfrac{\text{sen } x \cos y + \cos x \text{ sen } y}{\cos x \cos y - \text{sen } x \text{ sen } y}$ é uma identidade.

Começando com o lado esquerdo, reduza a senos e cossenos e, então, simplifique a fração complexa resultante, usando o processo de multiplicação de numerador e denominador por cos x cos y, o MMC entre os denominadores das frações mais internas:

$$\dfrac{\text{tg } x + \text{tg } y}{1 - \text{tg } x \text{ tg } y} = \dfrac{\dfrac{\text{sen } x}{\cos x} + \dfrac{\text{sen } y}{\cos y}}{1 - \dfrac{\text{sen } x \text{ sen } y}{\cos x \cos y}} \qquad \text{Identidade quociente}$$

$$= \dfrac{\dfrac{\text{sen } x}{\cos x} + \dfrac{\text{sen } y}{\cos y}}{1 - \dfrac{\text{sen } x \text{ sen } y}{\cos x \cos y}} \cdot \dfrac{\cos x \cos y}{\cos x \cos y} \qquad \text{Álgebra}$$

$$= \dfrac{\text{sen } x \cos y + \cos x \text{ sen } y}{\cos x \cos y - \text{sen } x \text{ sen } y} \qquad \text{Álgebra}$$

23.6 Mostre que $\sqrt{1 - \cos^2 t}$ não é uma identidade.

Da identidade pitagórica, a sentença é geralmente verdadeira se os lados esquerdo e direito têm o mesmo sinal. Para mostrar que não é uma identidade, escolha um valor de t para o qual sen t é negativo, por exemplo, $t = 3\pi/2$. Logo, $\sqrt{1 - \cos^2 3\pi/2} = \sqrt{1 - 0^2} = 1$, mas sen $3\pi/2 = -1$.

23.7 Mostre que $(\text{sen } \theta + \cos \theta)^2 = \text{sen}^2 \theta + \cos^2 \theta$ não é uma identidade.

Esta sentença surge do erro algébrico muito comum em confundir $(a + b)^2$ com $a + b^2$. Para mostrar que isso não é uma identidade, escolha qualquer valor de θ para o qual nem sen θ e nem cos θ é zero, por exemplo, $\theta = \pi/6$.

Logo, $\left(\text{sen } \dfrac{\pi}{6} + \cos \dfrac{\pi}{6}\right)^2 = \left(\dfrac{1}{2} + \dfrac{\sqrt{3}}{2}\right)^2 = \dfrac{4 + 2\sqrt{3}}{4}$, mas $\text{sen}^2 \dfrac{\pi}{6} + \cos^2 \dfrac{\pi}{6} = 1$ (da identidade pitagórica).

23.8 Simplifique a expressão $\sqrt{25 - x^2}$ fazendo a substituição $x = 5 \text{ sen } u$, $-\dfrac{\pi}{2} \leq u \leq \dfrac{\pi}{2}$.

Fazer a substituição e fatorar a expressão sob o radical conduz a uma expressão que pode ser simplificada pelo uso de uma identidade pitagórica:

$$\sqrt{25 - x^2} = \sqrt{25 - (5 \text{ sen } u)^2} = \sqrt{25 - 25 \text{ sen}^2 u} = \sqrt{25(1 - \text{sen}^2 u)} = \sqrt{25 \cos^2 u} = 5|\cos u|$$

A última expressão pode ser mais simplificada observando-se que a restrição $-\dfrac{\pi}{2} \leq u \leq \dfrac{\pi}{2}$ confina u para os quadrantes I e IV, nos quais cos θ nunca é negativa. Em tal região, $5|\cos u| = 5 \cos u$.

23.9 Simplifique a expressão $\dfrac{1}{\sqrt{16 + x^2}}$ fazendo a substituição $x = 4 \text{ tg } u$, $-\dfrac{\pi}{2} < u < \dfrac{\pi}{2}$.

Proceda como no problema anterior:

$$\dfrac{1}{\sqrt{16 + x^2}} = \dfrac{1}{\sqrt{16 + (4 \text{ tg } u)^2}} = \dfrac{1}{\sqrt{16 + 16 \text{ tg}^2 u}} = \dfrac{1}{\sqrt{16(1 + \text{tg}^2 u)}} = \dfrac{1}{\sqrt{16 \sec^2 u}} = \dfrac{1}{4|\sec u|}$$

A última expressão pode ser mais simplificada, observando-se que a restrição $-\dfrac{\pi}{2} < u < \dfrac{\pi}{2}$ confina u para os quadrantes I e IV, nos quais sec u nunca é negativa. Nessa região $\dfrac{1}{4|\sec u|} = \dfrac{1}{4 \sec u} = \dfrac{\cos u}{4}$.

23.10 Encontre todas as soluções para $\text{sen } t = \dfrac{\sqrt{3}}{2}$.

Para essa equação trigonométrica básica, inicie procurando todas as soluções no intervalo $[0, 2\pi)$. Comece com

$$t = \text{sen}^{-1} \dfrac{\sqrt{3}}{2} = \dfrac{\pi}{3}$$

Como seno é positivo nos quadrantes I e II, há também uma solução no quadrante II com ângulo de referência $\pi/3$, a saber, $\pi - \pi/3 = 2\pi/3$.

Estendendo para toda a reta real, uma vez que seno é periódica com período 2π, todas as soluções podem ser escritas como $\pi/3 + 2\pi n, 2\pi/3 + 2\pi n$, sendo n um inteiro qualquer.

23.11 Encontre todas as soluções para $3 - 4\cos^2\theta = 0$.

Primeiro reduza para uma equação trigonométrica básica, isolando a quantidade $\cos\theta$.

$$\cos^2\theta = \frac{3}{4}$$

$$\cos\theta = \pm\frac{\sqrt{3}}{2}$$

Como $\cos^{-1}\frac{\sqrt{3}}{2} = \frac{\pi}{6}$, existem quatro soluções no intervalo $[0, 2\pi)$, a saber, $\frac{\pi}{6}$ (cosseno positivo), $\pi - \frac{\pi}{6} = \frac{5\pi}{6}$ (cosseno negativo), $\pi + \frac{\pi}{6} = \frac{7\pi}{6}$ (cosseno negativo) e $2\pi - \frac{\pi}{6} = \frac{11\pi}{6}$ (cosseno positivo). Estendendo para toda a reta real, já que cosseno é periódica com período 2π, todas as soluções podem ser escritas como $\pi/6 + 2\pi n$, $5\pi/6 + 2\pi n$, $7\pi/6 + 2\pi n$, $11\pi/6 + 2\pi n$, sendo n um inteiro qualquer.

23.12 Encontre todas as soluções para $2\cos 2x - 1 = 0$.

Reduzindo a uma equação trigonométrica básica, tem-se $\cos 2x = \frac{1}{2}$. Para resolvê-la, comece com $2x = \cos^{-1}\frac{1}{2}$. Assim, no intervalo $[0, 2\pi)$, $2x = \frac{\pi}{3}$ e $2x = 2\pi - \frac{\pi}{3} = \frac{5\pi}{3}$; estendendo para toda a reta real $2x = \frac{\pi}{3} + 2\pi n$, tem-se $2x = \frac{5\pi}{3} + 2\pi n$. Logo, isolando x, todas as soluções são dadas por $x = \frac{\pi}{6} + \pi n, \frac{5\pi}{6} + \pi n$, sendo n um inteiro qualquer.

23.13 Encontre todas as soluções no intervalo $[0, 2\pi)$ para $2\operatorname{sen}^2 u + \operatorname{sen} u = 0$.

Essa é uma equação na forma quadrática, em relação à quantidade $\operatorname{sen} u$. É mais facilmente resolvida por fatoração (alternativamente, faça a substituição $v = \operatorname{sen} u$):

$$\operatorname{sen} u(2\operatorname{sen} u + 1) = 0$$
$$\operatorname{sen} u = 0 \quad \text{ou} \quad 2\operatorname{sen} u + 1 = 0$$
$$\operatorname{sen} u = -\frac{1}{2}$$

$\operatorname{sen} u = 0$ admite soluções 0 e π no intervalo $[0, 2\pi)$. $\operatorname{sen} u = -\frac{1}{2}$ tem soluções $\frac{7x}{6}$ e $\frac{11\pi}{6}$ no intervalo.

Soluções: $0, \pi, \frac{7\pi}{6}, \frac{11\pi}{6}$

23.14 Encontre todos os ângulos no intervalo $[0°, 360°)$ que satisfazem $2\operatorname{sen}^2\theta = 1 - \cos\theta$.

Primeiro use uma identidade pitagórica para reduzir a uma função trigonométrica:

$$2(1 - \cos^2\theta) = 1 - \cos\theta$$

Essa é uma equação na forma quadrática, relativa a $\cos\theta$. Reduza à forma usual:

$$2 - 2\cos^2\theta = 1 - \cos\theta$$
$$2\cos^2\theta - \cos\theta - 1 = 0$$

Essa é mais facilmente resolvida por fatoração:

$$(2\cos\theta + 1)(\cos\theta - 1) = 0$$
$$2\cos\theta + 1 = 0 \quad \text{ou} \quad \cos\theta - 1 = 0$$
$$\cos\theta = -\frac{1}{2} \qquad\qquad \cos\theta = 1$$

$\cos\theta = -\frac{1}{2}$ admite soluções nos quadrantes II e III. Como $\cos^{-1}\frac{1}{2} = \frac{\pi}{3} = 60°$, no intervalo $[0°, 360°)$ os ângulos procurados são $180° - 60° = 120°$ e $180° + 60° = 240°$. A única solução para $\cos\theta = 1$ no intervalo é $0°$.

Soluções: $0°, 120°, 240°$

23.15 Encontre todas as soluções no intervalo $[0, 2\pi)$ para $\operatorname{sen} x + \cos x = 1$.

Como observado no Problema 23.4, quadrados de senos e cossenos geralmente são mais fáceis de se lidar do que com as funções propriamente ditas. Isole sen x e eleve ambos os lados ao quadrado. Lembre (Capítulo 5) que elevar ambos os lados de uma equação a uma potência par é permitido se todas as soluções da equação resultante são testadas no sentido de se verificar se são soluções da equação original.

$$\operatorname{sen} x = 1 - \cos x$$
$$\operatorname{sen}^2 x = (1 - \cos x)^2$$
$$= 1 - 2\cos x + \cos^2 x$$

Agora use uma identidade pitagórica para reduzir a uma função trigonométrica:

$$1 - \cos^2 x = 1 - 2\cos x + \cos^2 x$$

Essa é uma equação na forma quadrática em relação a $\cos x$. Reduza à forma usual:

$$0 = 2\cos^2 x - 2\cos x$$

Resolva por fatoração:

$$2\cos x (\cos x - 1) = 0$$
$$2\cos x = 0 \quad \text{ou} \quad \cos x - 1 = 0$$
$$\cos x = 0 \qquad \qquad \cos x = 1$$

No intervalo $[0, 2\pi)$, $\cos x = 0$ tem soluções $\dfrac{\pi}{2}$ e $\dfrac{3\pi}{2}$; $\cos x = 1$ tem solução 0. É necessário verificar cada uma dessas soluções na equação original:

Verificação: $x = 0$: $\operatorname{sen} 0 + \cos 0 = 1$? $x = \dfrac{\pi}{2}$: $\operatorname{sen}\dfrac{\pi}{2} + \cos\dfrac{\pi}{2} = 1$? $x = \dfrac{3\pi}{2}$: $\operatorname{sen}\dfrac{3\pi}{2} + \cos\dfrac{3\pi}{2} = 1$?

$0 + 1 = 1$ $\qquad\qquad\qquad$ $1 + 0 = 0$ $\qquad\qquad\qquad$ $-1 + 0 \neq 1$

Uma solução $\qquad\qquad\qquad$ Uma solução $\qquad\qquad\qquad$ Não é solução

Soluções: $0, \dfrac{\pi}{2}$

23.16 Encontre valores aproximados para todas as soluções de $\operatorname{tg}^2 t - \operatorname{tg} t - 6 = 0$.

Essa é uma equação na forma quadrática em relação à quantidade tg t. É resolvida de forma mais eficiente por fatoração:

$$\operatorname{tg}^2 t - \operatorname{tg} t - 6 = 0$$
$$(\operatorname{tg} t - 3)(\operatorname{tg} t + 2) = 0$$
$$\operatorname{tg} t - 3 = 0 \quad \text{ou} \quad \operatorname{tg} t + 2 = 0$$
$$\operatorname{tg} t = 3 \qquad\qquad \operatorname{tg} t = -2$$

Use a calculadora para encontrar valores aproximados para as soluções dessas equações: tg $t = 3$ admite soluções nos quadrantes I e III; como $\operatorname{tg}^{-1} 3 = 1{,}2490$, as soluções no intervalo $[0, 2\pi)$ são $1{,}2490$ e $\pi + 1{,}2490 = 4{,}3906$. tg $t = -2$ tem soluções nos quadrantes II e IV; como $\operatorname{tg}^{-1} 2 = 1{,}1071$, as soluções são $\pi - 1{,}1071 = 2{,}0344$ e $2\pi - 1{,}1071 = 5{,}1761$. Estendendo à reta real, todas as soluções são dadas por $1{,}2490 + 2\pi n$, $2{,}0344 + 2\pi n$, $4{,}3906 + 2\pi n$, $5{,}1761 + 2\pi n$, para n inteiro qualquer. Resumindo, como tangente tem período π, todas as soluções podem ser escritas com $1{,}2490 + \pi n$, $2{,}0344 + \pi n$, para n inteiro qualquer

23.17 Encontre valores aproximados para todas as soluções no intervalo $[0, 2\pi)$ para $3\operatorname{sen}^2 x - 5\operatorname{sen} x = 2$.

Essa é uma equação na forma quadrática em relação à quantidade sen x. É resolvida de forma mais eficiente por fatoração:

$$3\operatorname{sen}^2 x - 5\operatorname{sen} x - 2 = 0$$
$$(3\operatorname{sen} x + 1)(\operatorname{sen} x - 2) = 0$$
$$3\operatorname{sen} x + 1 = 0 \quad \text{ou} \quad \operatorname{sen} x - 2 = 0$$
$$\operatorname{sen} x = -\tfrac{1}{3} \qquad\qquad \operatorname{sen} x = 2$$

Use a calculadora para encontrar valores aproximados para soluções dessas equações: sen $x = -\frac{1}{3}$ admite soluções nos quadrantes III e IV; como $\text{sen}^{-1}\frac{1}{3} = 0{,}339$, as soluções no intervalo $[0, 2\pi)$ são $\pi + 0{,}3398 = 3{,}4814$ e $2\pi - 0{,}3398 = 5{,}9434$. sen $x = 2$ não tem soluções, uma vez que 2 não está na imagem da função seno; uma calculadora retornará uma mensagem de erro.

Soluções: 3,4814; 5,9434

23.18 Encontre valores aproximados para todos os ângulos no intervalo $[0°, 360°)$ que satisfazem $3\cos^2 A + 5\cos A - 1 = 0$.

Essa é uma equação na forma quadrática em relação à quantidade cos A. Como não é fatorável nos inteiros, use a fórmula quadrática, com $a = 3$, $b = 5$ e $c = -1$.

$$\cos A = \frac{-5 \pm \sqrt{5^2 - 4(3)(-1)}}{2 \cdot 3}$$

$$\cos A = \frac{-5 \pm \sqrt{37}}{6}$$

Usando uma calculadora para aproximar esses valores, tem-se cos $A = 0{,}1805$ e cos $A = -1{,}8471$. O primeiro tem soluções nos quadrantes I e IV; como $\cos^{-1}\left(\frac{-5 + \sqrt{37}}{6}\right) = 1{,}3893 = 79{,}6°$, as soluções (6) são $79{,}6°$ e $360° - 79{,}6° = 280{,}4°$. cos $A = -1{,}8471$ não admite soluções, já que $-1{,}8471$ não está na imagem da função cosseno; uma calculadora retornará uma mensagem de erro.

Soluções: 79,6°; 280,4°

Problemas Complementares

23.19 Simplifique: (a) $\text{sen}^2 x \cot g^2 x$ (b) $\cos t(1 + \text{tg}^2 t)$

(c) $(\cot g\, \theta + \csc \theta)(\cot g\, \theta - \csc \theta)$ (d) $\dfrac{\cos \theta}{1 - \text{sen}\, \theta} - \dfrac{\cos \theta}{1 + \text{sen}\, \theta}$

Resp. (a) $\cos^2 x$;   (b) sec t;   (c) -1;   (d) 2 tg θ

23.20 Simplifique: (a) csc x tg x;   (b) $1 - \dfrac{\text{sen}^2 x}{1 + \cos x}$;

(c) $\dfrac{\text{sen}^4 u - \cos^4 u}{\text{sen}\, u + \cos u}$;   (d) $\dfrac{\sec x}{\csc x} + \dfrac{\text{sen}\, x}{\cos x}$.

Resp. (a) sec x;   (b) cos x;   (c) sen u − cos u;   (d) 2 tg x

23.21 Verifique se o que segue são identidades:

(a) $\dfrac{1}{\text{sen}\, x} - \text{sen}\, x = \dfrac{\cos^2 x}{\text{sen}\, x}$ (b) $\dfrac{1 + \text{sen}\, x}{\cos x} + \dfrac{\cos x}{1 + \text{sen}\, x} = 2\sec x$ (c) $(\sec \beta + \text{tg}\, \beta)^2 = \dfrac{1 + \text{sen}\, \beta}{1 - \text{sen}\, \beta}$

23.22 Verifique se o que segue são identidades:

(a) $\dfrac{\cos t}{\csc t - \text{sen}\, t} = \text{tg}\, t$;   (b) $\sec^2 x - (1 + \text{tg}\, x)^2 = -2\,\text{tg}\, x$;   (c) $\text{tg}\, t + \dfrac{1}{\text{tg}\, t} = \dfrac{1}{\text{sen}\, t \cos t}$

23.23 Verifique se o que segue são identidades:

(a) sen $x(1 - 2\cos^2 x + \cos^4 x) = \text{sen}^5 x$;   (b) $\dfrac{\text{sen}^3 t - \cos^3 t}{\text{sen}\, t - \cos t} = 1 + \text{sen}\, t \cos t$;

(c) $\text{sen}^2 u - \cos^2 u = \dfrac{\text{tg}\, u - \cot g\, u}{\text{tg}\, u + \cot g\, u}$

23.24 Verifique se ln (csc x) $= -\ln$ (sen x) é uma identidade.

CAPÍTULO 23 • IDENTIDADES E EQUAÇÕES TRIGONOMÉTRICAS

23.25 Simplifique as seguintes expressões algébricas fazendo a substituição indicada:

(a) $\dfrac{1}{x\sqrt{4-x^2}}$, faça $x = 2\,\text{sen}\,u$, $-\dfrac{\pi}{2} \leq u \leq \dfrac{\pi}{2}$;

(b) $\dfrac{(4x^2+9)^{3/2}}{x}$, faça $x = \dfrac{3}{2}\,\text{tg}\,u$, $-\dfrac{\pi}{2} < u < \dfrac{\pi}{2}$;

(c) $\dfrac{\sqrt{x^2-a^2}}{x}$, faça $x = a\,\sec u$, $a > 0$, $0 \leq u < \dfrac{\pi}{2}$

Resp. (a) $\dfrac{1}{4}\sec u \csc u$; (b) $18\sec^2 u \csc u$; (c) $\text{sen}\,u$

23.26 Mostre que o que segue não são identidades:

(a) $\sec\theta = \sqrt{\text{tg}^2\theta + 1}$; (b) $\cos 2\theta = 2\cos\theta$

23.27 Encontre todas as soluções:

(a) $4\,\text{sen}\,x + 2\sqrt{3} = 0$ (b) $\text{tg}\,3t = 1$ (c) $2\cos^2 u = \cos u$

(d) $4 - \text{sen}^2\theta = 1$ (e) $\ln\,\text{sen}\,x = 0$

Resp. (a) $x = 4\pi/3 + 2\pi n, 5\pi/3 + 2\pi n$ (b) $t = \pi/12 + n\pi/3$
(c) $u = \pi/2 + 2\pi n, 3\pi/2 + 2\pi n, \pi/3 + 2\pi n, 5\pi/3 + 2\pi n$ (d) sem solução (e) $\pi/2 + 2\pi n$

23.28 Encontre todas as soluções no intervalo $[0, 2\pi)$.

(a) $2\cos^2 4\theta = 1$ (b) $\dfrac{1+\text{sen}\,x}{\cos x} + \dfrac{\cos x}{1+\text{sen}\,x} = 4$; (c) $2\cos^2 x + 3\,\text{sen}\,x = 3$ (d) $\text{tg}\,x - \sec x = 1$

Resp. (a) $\theta = \dfrac{\pi}{16}, \dfrac{3\pi}{16}, \dfrac{5\pi}{16}, \dfrac{7\pi}{16}, \dfrac{9\pi}{16}, \dfrac{11\pi}{16}, \dfrac{13\pi}{16}, \dfrac{15\pi}{16}$; (b) $x = \dfrac{\pi}{3}, \dfrac{5\pi}{3}$; (c) $x = \dfrac{\pi}{6}, \dfrac{5\pi}{6}, \dfrac{\pi}{2}$; (d) $x = \pi$

23.29 Encontre valores aproximados para todas as soluções no intervalo $[0°, 360°)$.

(a) $4\,\text{sen}^2 A - 4\,\text{sen}\,A - 1 = 0$ (b) $2\cos^2 2A + 3\cos 2A - 1 = 0$

Resp. (a) $191{,}95°, 348{,}05°$; (b) $36{,}85°, 143{,}15°, 216{,}85°, 323{,}15°$

Capítulo 24

Fórmulas de Soma e Diferença de Ângulos, Ângulo Múltiplo e Meio-Ângulo

FÓRMULAS DA SOMA E DIFERENÇA

Fórmulas da soma e da diferença para senos, cossenos e tangentes: Sejam u e v quaisquer números reais; então,

$$\operatorname{sen}(u + v) = \operatorname{sen} u \cos v + \cos u \operatorname{sen} v \qquad \operatorname{sen}(u - v) = \operatorname{sen} u \cos v - \cos u \operatorname{sen} v$$

$$\cos(u + v) = \cos u \cos v - \operatorname{sen} u \operatorname{sen} v \qquad \cos(u - v) = \cos u \cos v + \operatorname{sen} u \operatorname{sen} v$$

$$\operatorname{tg}(u + v) = \frac{\operatorname{tg} u + \operatorname{tg} v}{1 - \operatorname{tg} u \operatorname{tg} v} \qquad \operatorname{tg}(u - v) = \frac{\operatorname{tg} u - \operatorname{tg} v}{1 + \operatorname{tg} u \operatorname{tg} v}$$

Exemplo 24.1 Calcule um valor exato para $\operatorname{sen} \frac{\pi}{12}$.

Observando que $\frac{\pi}{12} = \frac{\pi}{3} - \frac{\pi}{4}$, aplique a fórmula da diferença para senos:

$$\operatorname{sen} \frac{\pi}{12} = \operatorname{sen}\left(\frac{\pi}{3} - \frac{\pi}{4}\right)$$

$$= \operatorname{sen} \frac{\pi}{3} \cos \frac{\pi}{4} - \cos \frac{\pi}{3} \operatorname{sen} \frac{\pi}{4}$$

$$= \frac{\sqrt{3}}{2} \cdot \frac{1}{\sqrt{2}} - \frac{1}{2} \cdot \frac{1}{\sqrt{2}}$$

$$= \frac{\sqrt{3} - 1}{2\sqrt{2}} \text{ ou } \frac{\sqrt{6} - \sqrt{2}}{4}$$

FÓRMULAS DE COFUNÇÕES

Fórmulas de cofunções para as funções trigonométricas: Seja θ qualquer número real; então,

$$\operatorname{sen}\left(\frac{\pi}{2} - \theta\right) = \cos \theta \qquad \cos\left(\frac{\pi}{2} - \theta\right) = \operatorname{sen} \theta \qquad \operatorname{tg}\left(\frac{\pi}{2} - \theta\right) = \operatorname{cotg} \theta$$

$$\csc\left(\frac{\pi}{2} - \theta\right) = \sec \theta \qquad \sec\left(\frac{\pi}{2} - \theta\right) = \csc \theta \qquad \operatorname{cotg}\left(\frac{\pi}{2} - \theta\right) = \operatorname{tg} \theta$$

FÓRMULAS DE ÂNGULOS DUPLOS

Fórmulas de ângulos duplos para senos, cossenos e tangentes: Seja θ um número real qualquer; então,

$$\operatorname{sen} 2\theta = 2\operatorname{sen}\theta\cos\theta \qquad \cos 2\theta = \cos^2\theta - \operatorname{sen}^2\theta \qquad \operatorname{tg} 2\theta = \frac{2\operatorname{tg}\theta}{1 - \operatorname{tg}^2\theta}$$

Também,

$$\cos 2\theta = 2\cos^2\theta - 1 = 1 - 2\operatorname{sen}^2\theta$$

Exemplo 24.2 Dado $\cos\theta = \frac{2}{3}$, encontre $\cos 2\theta$.

Use uma fórmula de ângulo duplo para cosseno: $\cos 2\theta = 2\cos^2\theta - 1 = 2\left(\frac{2}{3}\right)^2 - 1 = -\frac{1}{9}$

IDENTIDADES DE MEIO-ÂNGULO

Identidades de meio-ângulo para seno e cosseno: Seja u qualquer número real; então,

$$\operatorname{sen}^2 u = \frac{1 - \cos 2u}{2} \qquad \cos^2 u = \frac{1 + \cos 2u}{2}$$

FÓRMULAS DE MEIO-ÂNGULOS

Fórmulas de meio-ângulo para seno, cosseno e tangente: Seja A um número real qualquer; então,

$$\operatorname{sen}\frac{A}{2} = (\pm)\sqrt{\frac{1 - \cos A}{2}} \qquad \cos\frac{A}{2} = (\pm)\sqrt{\frac{1 + \cos A}{2}} \qquad \operatorname{tg}\frac{A}{2} = (\pm)\sqrt{\frac{1 - \cos A}{1 + \cos A}}$$

$$= \frac{1 - \cos A}{\operatorname{sen} A}$$

$$= \frac{\operatorname{sen} A}{1 + \cos A}$$

O sinal da raiz quadrada nessas fórmulas, em geral, não pode ser especificado; em qualquer caso particular, é determinado pelo quadrante ao qual $A/2$ pertence.

Exemplo 24.3 Dado $\cos\theta = \frac{2}{3}, \frac{3\pi}{2} < \theta < 2\pi$, encontre $\operatorname{sen}\frac{\theta}{2}$ e $\cos\frac{\theta}{2}$.

Use as fórmulas de meio-ângulo para seno e cosseno. Visto que $\frac{3\pi}{2} < \theta < 2\pi$, dividindo todos os lados dessa desigualdade por 2, obtém-se $\frac{3\pi}{4} < \frac{\theta}{2} < \pi$. Por conseguinte, $\frac{\theta}{2}$ está no quadrante II e o sinal de $\operatorname{sen}\frac{\theta}{2}$ deve ser positivo, enquanto o sinal de $\cos\frac{\theta}{2}$ deve ser negativo.

$$\operatorname{sen}\frac{\theta}{2} = +\sqrt{\frac{1 - \frac{2}{3}}{2}} = \sqrt{\frac{1}{6}} \qquad \cos\frac{\theta}{2} = -\sqrt{\frac{1 + \frac{2}{3}}{2}} = -\sqrt{\frac{5}{6}}$$

FÓRMULAS PRODUTO-SOMA

Sejam u e v números reais quaisquer:

$$\operatorname{sen} u\cos v = \frac{1}{2}[\operatorname{sen}(u+v) + \operatorname{sen}(u-v)] \qquad \cos u\operatorname{sen} v = \frac{1}{2}[\operatorname{sen}(u+v) - \operatorname{sen}(u-v)]$$

$$\cos u\cos v = \frac{1}{2}[\cos(u+v) + \cos(u-v)] \qquad \operatorname{sen} u\operatorname{sen} v = \frac{1}{2}[\cos(u-v) - \cos(u+v)]$$

FÓRMULAS SOMA-PRODUTO

Sejam a e b números reais quaisquer:

$$\operatorname{sen} a + \operatorname{sen} b = 2 \operatorname{sen}\frac{a+b}{2}\cos\frac{a-b}{2} \qquad \cos a + \cos b = 2\cos\frac{a+b}{2}\cos\frac{a-b}{2}$$

$$\operatorname{sen} a - \operatorname{sen} b = 2 \cos\frac{a+b}{2}\operatorname{sen}\frac{a-b}{2} \qquad \cos a - \cos b = -2\operatorname{sen}\frac{a+b}{2}\operatorname{sen}\frac{a-b}{2}$$

Exemplo 24.4 Expresse $\operatorname{sen} 10x - \operatorname{sen} 6x$ como um produto.

Use a fórmula para $\operatorname{sen} a - \operatorname{sen} b$ com $a = 10x$ e $b = 6x$.

$$\operatorname{sen} 10x - \operatorname{sen} 6x = 2\cos\frac{10x+6x}{2}\operatorname{sen}\frac{10x-6x}{2} = 2\cos 8x \operatorname{sen} 2x$$

Problemas Resolvidos

24.1 Obtenha a fórmula da diferença para cossenos.

Sejam u e v dois números reais quaisquer. Na Fig. 24-1 está mostrado um caso em que u, v e $u - v$ são positivos

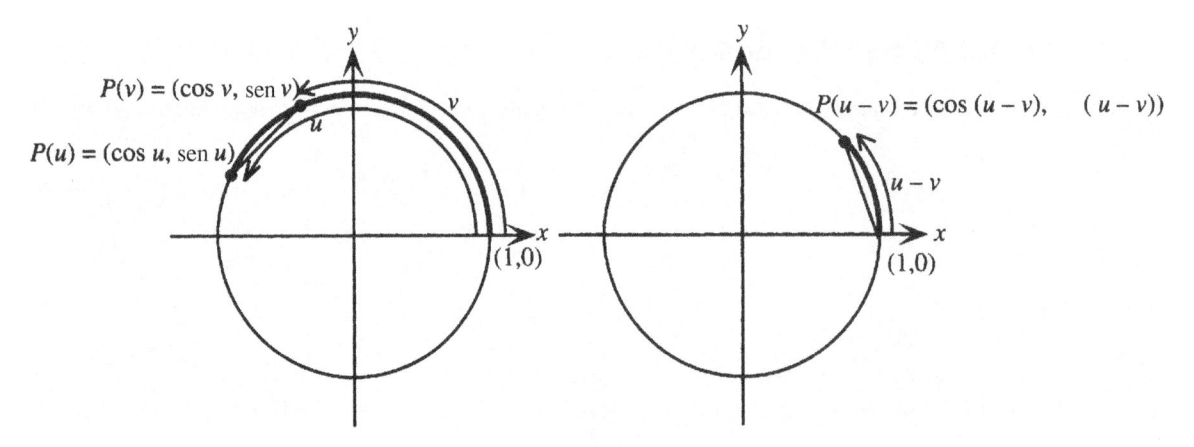

Figura 24-1

O arco com extremos $P(u)$ e $P(v)$, exibido no círculo unitário à esquerda, tem comprimento $u - v$. O arco com extremos $(1,0)$ e $P(u - v)$, mostrado no círculo unitário à direita, tem o mesmo comprimento. Uma vez que arcos congruentes sobre círculos congruentes têm cordas congruentes, a distância entre $P(v)$ e $P(u)$ deve ser igual à distância de $(1,0)$ a $P(u - v)$. Logo, da fórmula da distância,

$$\sqrt{(\cos u - \cos v)^2 + (\operatorname{sen} u - \operatorname{sen} v)^2} = \sqrt{(\cos(u-v) - 1)^2 + (\operatorname{sen}(u-v) - 0)^2}$$

Elevando ao quadrado ambos os lados e desenvolvendo as expressões ao quadrado, tem-se:

$$\cos^2 u - 2\cos u \cos v + \cos^2 v + \operatorname{sen}^2 u - 2\operatorname{sen} u \operatorname{sen} v + \operatorname{sen}^2 v = \cos^2(u-v) - 2\cos(u-v) + 1 + \operatorname{sen}^2(u-v)$$

Uma vez que $\cos^2 u + \operatorname{sen}^2 u = 1$, $\cos^2 v + \operatorname{sen}^2 v = 1$ e $\cos^2(u-v) + \operatorname{sen}^2(u-v) = 1$, (aplicando a identidade pitagórica três vezes), isso simplifica:

$$2 - 2\cos u \cos v - 2\operatorname{sen} u \operatorname{sen} v = 2 - 2\cos(u-v)$$

Subtraindo 2 de cada lado e dividindo por -2, tem-se:

$$\cos u \cos v + \operatorname{sen} u \operatorname{sen} v = \cos(u-v)$$

como requisitado. A prova pode ser estendida para cobrir todos os casos, sendo u e v números reais quaisquer.

24.2 Demonstre:

(a) a fórmula da soma para cossenos; (b) as fórmulas de cofunções para senos e cossenos.

(a) Comece com a fórmula da diferença para cossenos e substitua v por $-v$.

$$\cos(u - v) = \cos u \cos v + \operatorname{sen} u \operatorname{sen} v$$

$$\cos[u - (-v)] = \cos u \cos(-v) + \operatorname{sen} u \operatorname{sen}(-v)$$

Agora aplique as identidades para negativos, $\cos(-v) = \cos v$ e $\operatorname{sen}(-v) = -\operatorname{sen} v$ e simplifique:

$$\cos(u + v) = \cos u \cos v + \operatorname{sen} u (-\operatorname{sen} v)$$

$$\cos(u + v) = \cos u \cos v - \operatorname{sen} u \operatorname{sen} v$$

(b) Use a fórmula da diferença para cossenos, com $u = \dfrac{\pi}{2}$ e $v = \theta$:

$$\cos\left(\dfrac{\pi}{2} - \theta\right) = \cos\dfrac{\pi}{2}\cos\theta + \operatorname{sen}\dfrac{\pi}{2}\operatorname{sen}\theta$$

Como $\cos(\pi/2) = 0$ e $\operatorname{sen}(\pi/2) = 1$, segue-se que

$$\cos\left(\dfrac{\pi}{2} - \theta\right) = 0\cos\theta + 1\operatorname{sen}\theta = \operatorname{sen}\theta.$$

Agora substitua θ por $\pi/2 - \theta$:

$$\cos\left[\dfrac{\pi}{2} - \left(\dfrac{\pi}{2} - \theta\right)\right] = \operatorname{sen}\left(\dfrac{\pi}{2} - \theta\right)$$

Simplificando, tem-se

$$\cos\theta = \operatorname{sen}\left(\dfrac{\pi}{2} - \theta\right)$$

24.3 Demonstre a fórmula da diferença para senos.

Comece com uma fórmula de cofunção, por exemplo $\operatorname{sen}\theta = \cos\left(\dfrac{\pi}{2} - \theta\right)$ e substitua θ por $u - v$:

$$\operatorname{sen}(u - v) = \cos\left[\dfrac{\pi}{2} - (u - v)\right] = \cos\left(\dfrac{\pi}{2} - u + v\right) = \cos\left[\left(\dfrac{\pi}{2} - u\right) + v\right]$$

Na última expressão, aplique a fórmula da soma para cossenos com u substituído por $\pi/2 - u$.

$$\operatorname{sen}(u - v) = \cos\left[\left(\dfrac{\pi}{2} - u\right) + v\right] = \cos\left(\dfrac{\pi}{2} - u\right)\cos v - \operatorname{sen}\left(\dfrac{\pi}{2} - u\right)\operatorname{sen} v = \operatorname{sen} u \cos v - \cos u \operatorname{sen} v$$

usando novamente as fórmulas de cofunção no último passo.

24.4 Obtenha a fórmula da diferença para tangentes.

Comece com a identidade do quociente para $\operatorname{tg}(u - v)$.

$$\operatorname{tg}(u - v) = \dfrac{\operatorname{sen}(u - v)}{\cos(u - v)} = \dfrac{\operatorname{sen} u \cos v - \cos u \operatorname{sen} v}{\cos u \cos v + \operatorname{sen} u \operatorname{sen} v}$$

Para obter a expressão pedida em termos de tangentes, divida o numerador e o denominador da última expressão pela quantidade $\cos u \cos v$ e aplique novamente a identidade do quociente:

$$\operatorname{tg}(u - v) = \dfrac{\operatorname{sen} u \cos v - \cos u \operatorname{sen} v}{\cos u \cos v + \operatorname{sen} u \operatorname{sen} v} = \dfrac{\dfrac{\operatorname{sen} u \cos v}{\cos u \cos v} - \dfrac{\cos u \operatorname{sen} v}{\cos u \cos v}}{\dfrac{\cos u \cos v}{\cos u \cos v} + \dfrac{\operatorname{sen} u \operatorname{sen} v}{\cos u \cos v}} = \dfrac{\dfrac{\operatorname{sen} u}{\cos u} - \dfrac{\operatorname{sen} v}{\cos v}}{1 + \dfrac{\operatorname{sen} u}{\cos u}\dfrac{\operatorname{sen} v}{\cos v}} = \dfrac{\operatorname{tg} u - \operatorname{tg} v}{1 + \operatorname{tg} u \operatorname{tg} v}$$

24.5 Dado $\operatorname{sen} x = \dfrac{3}{5}$, x no quadrante I, e $\cos y = \dfrac{2}{3}$, y no quadrante IV, encontre (a) $\cos(x + y)$; (b) $\operatorname{tg}(x + y)$; (c) o quadrante no qual $x + y$ deve existir.

(a) Da fórmula da soma para cossenos, $\cos(x+y) = \cos x \cos y - \operatorname{sen} x \operatorname{sen} y$. $\operatorname{sen} x$ e $\cos y$ são dados; $\cos x$ e $\operatorname{sen} y$ devem ser determinados.

Como $\operatorname{sen} x = 3/5$ e x está no quadrante I, $\cos x = +\sqrt{1-(3/5)^2} = 4/5$. Como $\cos y = 2/3$ e y está no quadrante IV, $\operatorname{sen} y = -\sqrt{1-(2/3)^2} = -(\sqrt{5})/3$. Logo,

$$\cos(x+y) = \cos x \cos y - \operatorname{sen} x \operatorname{sen} y = \frac{4}{5} \cdot \frac{2}{3} - \frac{3}{5}\left(-\frac{\sqrt{5}}{3}\right) = \frac{8+3\sqrt{5}}{15}$$

(b) $\operatorname{tg}(x+y)$ pode ser encontrada a partir da fórmula da soma para tangentes, usando as quantidades dadas e observando que

$$\operatorname{tg} x = \frac{\operatorname{sen} x}{\cos x} = \frac{3/5}{4/5} = \frac{3}{4} \quad \text{e} \quad \operatorname{tg} y = \frac{\operatorname{sen} y}{\cos y} = \frac{-(\sqrt{5})/3}{2/3} = -\frac{\sqrt{5}}{2}. \text{ Logo,}$$

$$\operatorname{tg}(x+y) = \frac{\operatorname{tg} x + \operatorname{tg} y}{1 - \operatorname{tg} x \operatorname{tg} y} = \frac{\frac{3}{4}+\left(-\frac{\sqrt{5}}{2}\right)}{1-\frac{3}{4}\left(-\frac{\sqrt{5}}{2}\right)} = \frac{6-4\sqrt{5}}{8+3\sqrt{5}}$$

(c) Como $\cos(x+y)$ é positivo e $\operatorname{tg}(x+y)$ é negativo, $x+y$ deve pertencer ao quadrante IV.

24.6 Demonstre a fórmula de ângulo duplo para seno e cosseno.

Comece com a fórmula da soma para senos e faça $u = v = \theta$. Então

$$\operatorname{sen} 2\theta = \operatorname{sen}(\theta+\theta) = \operatorname{sen}\theta \cos\theta + \cos\theta \operatorname{sen}\theta = 2\operatorname{sen}\theta\cos\theta$$

Similarmente para cossenos:

$$\cos 2\theta = \cos(\theta+\theta) = \cos\theta\cos\theta - \operatorname{sen}\theta\operatorname{sen}\theta = \cos^2\theta - \operatorname{sen}^2\theta$$

Para demonstrar as outras formas da fórmula do ângulo duplo para cosseno, aplique as identidades pitagóricas:

$$\cos 2\theta = \cos^2\theta - \operatorname{sen}^2\theta = 1 - \operatorname{sen}^2\theta - \operatorname{sen}^2\theta = 1 - 2\operatorname{sen}^2\theta$$

Também,

$$\cos 2\theta = \cos^2\theta - \operatorname{sen}^2\theta = \cos^2\theta - (1-\cos^2\theta) = 2\cos^2\theta - 1$$

24.7 Dado $\operatorname{tg} t = \frac{7}{24}$, t no quadrante III, encontre $\operatorname{sen} 2t$ e $\cos 2t$.

Da informação dada, segue-se que $\sec t = -\sqrt{1+\operatorname{tg}^2 t} = -\sqrt{1+\left(\frac{7}{24}\right)^2} = -\frac{25}{24}$. Logo, $\cos t = \frac{24}{25}$ e $\operatorname{sen} t = -\frac{7}{25}$.

Agora aplique as fórmulas de ângulo duplo para seno e cosseno:

$$\operatorname{sen} 2t = 2\operatorname{sen} t \cos t = 2\left(-\frac{7}{25}\right)\left(-\frac{24}{25}\right) = \frac{336}{625}$$

$$\cos 2t = \cos^2 t - \operatorname{sen}^2 t = \left(-\frac{24}{25}\right)^2 - \left(-\frac{7}{25}\right)^2 = \frac{527}{625}$$

Para fins de verificação, note que $\operatorname{sen}^2 2t + \cos^2 2t = \left(\frac{336}{625}\right)^2 + \left(\frac{527}{625}\right)^2 = 1$ como esperado.

24.8 Demonstre as identidades de meio-ângulo.

Comece com as fórmulas de ângulo duplo para cosseno e isole $\cos^2\theta$ e $\operatorname{sen}^2\theta$. Então,

$$2\cos^2\theta - 1 = \cos 2\theta \qquad\qquad 1 - 2\operatorname{sen}^2\theta = \cos 2\theta$$

$$2\cos^2\theta = 1 + \cos 2\theta \qquad\qquad -2\operatorname{sen}^2\theta = \cos 2\theta - 1$$

$$\cos^2\theta = \frac{1+\cos 2\theta}{2} \qquad\qquad 2\operatorname{sen}^2\theta = 1 - \cos 2\theta$$

$$\operatorname{sen}^2\theta = \frac{1-\cos 2\theta}{2}$$

24.9 Use uma identidade de ângulo duplo para obter uma expressão para cos $4t$ em termos de cos t.

$$\cos 4t = \cos 2(2t) = 2\cos^2 2t - 1 = 2(2\cos^2 t - 1)^2 - 1$$
$$= 2(4\cos^4 t - 4\cos^2 t + 1) - 1$$
$$= 8\cos^4 t - 8\cos^2 t - 1$$

24.10 Use uma fórmula da identidade de meio-ângulo para obter uma expressão para $\cos^4 t$ em termos de cossenos com expoente 1.

Aplicando uma vez uma identidade de meio-ângulo, tem-se:

$$\cos^4 t = (\cos^2 t)^2 = \left(\frac{1 + \cos 2t}{2}\right)^2 = \frac{1 + 2\cos 2t + \cos^2 2t}{4}$$

Aplicando novamente a identidade, dessa vez para $\cos^2 2t$, tem-se:

$$\cos^4 t = \frac{1 + 2\cos 2t + \cos^2 2t}{4} = \frac{1 + 2\cos 2t + \frac{1 + \cos 2(2t)}{2}}{4}$$
$$= \frac{2 + 4\cos 2t + 1 + \cos 4t}{8}$$
$$= \frac{3 + 4\cos 2t + \cos 4t}{8}$$

24.11 Demonstre as fórmulas de meio-ângulo.

Em cada caso, comece com a identidade de meio-ângulo e coloque $A = 2\theta$, ou seja, $\theta = A$. Então,

$$\cos^2 \frac{A}{2} = \frac{1 + \cos A}{2} \qquad \text{sen}^2 \frac{A}{2} = \frac{1 - \cos A}{2}$$

$$\cos \frac{A}{2} = \pm\sqrt{\frac{1 + \cos A}{2}} \qquad \text{sen} \frac{A}{2} = \pm\sqrt{\frac{1 - \cos A}{2}}$$

Para a tangente, a demonstração é mais complicada. Primeiro obtenha a primeira forma da fórmula começando pela identidade do quociente:

$$\text{tg} \frac{A}{2} = \frac{\text{sen} \frac{A}{2}}{\cos \frac{A}{2}} = \frac{\pm\sqrt{\frac{1 - \cos A}{2}}}{\pm\sqrt{\frac{1 + \cos A}{2}}} = \pm\sqrt{\frac{1 - \cos A}{1 + \cos A}}$$

Observe que para todas as três fórmulas o sinal, em geral, não pode ser determinado, pois depende do quadrante no qual $A/2$ pertence. Para obter a segunda forma da fórmula de meio-ângulo para tangentes e eliminar a ambiguidade de sinal nesse caso, elimine a fração de dentro do radical:

$$\text{tg} \frac{A}{2} = \pm\sqrt{\frac{1 - \cos A}{1 + \cos A}} = \pm\sqrt{\frac{1 - \cos A}{1 + \cos A} \cdot \frac{1 - \cos A}{1 - \cos A}} = \pm\sqrt{\frac{(1 - \cos A)^2}{1 - \cos^2 A}}$$
$$= \pm\sqrt{\frac{(1 - \cos A)^2}{\text{sen}^2 A}} = \pm\left|\frac{1 - \cos A}{\text{sen} A}\right|$$

Desse modo $\text{tg} \frac{A}{2}$ e $\frac{1 - \cos A}{\text{sen} A}$ são sempre iguais em valor absoluto. Para provar que de fato essas quantidades são sempre iguais, é suficiente mostrar que elas têm o mesmo sinal para qualquer valor de A entre 0 e 2π, o que pode ser feito como a seguir: primeiro, observe que $1 - \cos A$ nunca é negativo, assim, o sinal da expressão com fração depende unicamente do sinal do sen A. Se $0 \leq A \leq \pi$, ambos sen A e tg($A/2$) são não negativos, se $\pi \leq A \leq 2\pi$, ambos são não positivos. Resumindo,

$$\text{tg} \frac{A}{2} = \frac{1 - \cos A}{\text{sen} A}$$

A demonstração da terceira forma é deixada para o estudante (Problema 24.26).

24.12 Dado tg $u = 4$, $\pi < u < \dfrac{3\pi}{2}$, encontre tg $\dfrac{u}{2}$.

Use a fórmula do meio-ângulo para tangente. Visto que $\pi < u < \dfrac{3\pi}{2}$, u pertence ao quadrante III e os sinais de sen u e cos u são negativos. Para achar sen u e cos u, use a identidade pitagórica.

$$\sec u = -\sqrt{1 + \operatorname{tg}^2 u} = -\sqrt{1 + 4^2} = -\sqrt{17}$$

Consequentemente,

$$\cos u = \frac{1}{\sec u} = -\frac{1}{\sqrt{17}} \quad \text{e} \quad \operatorname{sen} u = \cos u \operatorname{tg} u = -\frac{1}{\sqrt{17}} \cdot 4 = -\frac{4}{\sqrt{17}}.$$

Da fórmula de meio-ângulo para tangente,

$$\operatorname{tg}\frac{u}{2} = \frac{1 - \cos u}{\operatorname{sen} u} = \frac{1 - (-1/\sqrt{17})}{-4/(\sqrt{17})} = \frac{\sqrt{17} + 1}{4}$$

24.13 Demonstre as fórmulas produto-soma.

Comece com as fórmulas da soma e diferença para seno, e adicione lados esquerdos e direitos:

$$\operatorname{sen}(u + v) = \operatorname{sen} u \cos v + \cos u \operatorname{sen} v$$
$$\underline{\operatorname{sen}(u - v) = \operatorname{sen} u \cos v - \cos u \operatorname{sen} v}$$
$$\operatorname{sen}(u + v) + \operatorname{sen}(u - v) = 2 \operatorname{sen} u \cos v$$

Dividindo ambos os lados por 2, tem-se

$$\operatorname{sen} u \cos v = \frac{1}{2}[\operatorname{sen}(u + v) + \operatorname{sen}(u - v)]$$

como requisitado.

Agora, comece com as fórmulas da diferença e soma para cosseno e adicione lados esquerdos e direitos:

$$\cos(u - v) = \cos u \cos v + \operatorname{sen} u \operatorname{sen} v$$
$$\underline{\cos(u + v) = \cos u \cos v - \operatorname{sen} u \operatorname{sen} v}$$
$$\cos(u - v) + \cos(u + v) = 2 \cos u \cos v$$

Dividindo ambos os lados por 2, tem-se

$$\cos u \cos v = \frac{1}{2}[\cos(u - v) + \cos(u + v)]$$

como requisitado.

As outras duas fórmulas são obtidas de forma análoga, exceto que os dois lados são subtraídos em vez de serem adicionados.

24.14 Use uma fórmula de produto-soma para reescrever $\cos 5x \cos x$ como uma soma.

Use $\cos u \cos v = \dfrac{1}{2}[\cos(u - v) + \cos(u + v)]$ com $u = 5x$ e $v = x$. Então,

$$\cos 5x \cos x = \frac{1}{2}[\cos(5x - x) + \cos(5x + x)] = \frac{1}{2}(\cos 4x + \cos 6x)$$

24.15 Demonstre as fórmulas soma-produto.

Comece com a fórmula produto-soma $\operatorname{sen} u \cos v = \frac{1}{2}[\operatorname{sen}(u + v) + \operatorname{sen}(u - v)]$. Faça a substituição $a = u + v$ e $b = u - v$. Então $a + b = 2u$ e $a - b = 2v$; logo, $u = \dfrac{a + b}{2}$ e $v = \dfrac{a - b}{2}$.

Portanto, $\operatorname{sen}\dfrac{a + b}{2} \cos\dfrac{a - b}{2} = \dfrac{1}{2}[\operatorname{sen} a + \operatorname{sen} b]$. Multiplicando por 2, tem-se $\operatorname{sen} a + \operatorname{sen} b = 2 \operatorname{sen}\dfrac{a + b}{2} \cos\dfrac{a - b}{2}$, como solicitado.

As outras três fórmulas soma-produto são obtidas pela realização das mesmas substituições nas outras três fórmulas produto-soma.

24.16 Use uma fórmula soma-produto para reescrever sen $5u+$ sen $3u$ como um produto.

Use sen a + sen b = $2\operatorname{sen}\dfrac{a+b}{2}\cos\dfrac{a-b}{2}$ com $a=5u$ e $b=3u$. Então,

$$\operatorname{sen}5u + \operatorname{sen}3u = 2\operatorname{sen}\dfrac{5u+3u}{2}\cos\dfrac{5u-3u}{2} = 2\operatorname{sen}4u\cos u$$

24.17 Verifique a identidade sen $3\theta = 3$ sen $\theta - 4\operatorname{sen}^3\theta$.

Começando com o lado esquerdo, use a fórmula da soma para senos para obter uma expressão em termos de sen θ.

$$\begin{aligned}
\operatorname{sen}3\theta &= \operatorname{sen}(\theta+2\theta) && \text{Álgebra} \\
&= \operatorname{sen}\theta\cos2\theta + \cos\theta\operatorname{sen}2\theta && \text{Fórmula da soma para senos} \\
&= \operatorname{sen}\theta(1-2\operatorname{sen}^2\theta) + \cos\theta\cdot 2\operatorname{sen}\theta\cos\theta && \text{Fórmula de ângulo duplo} \\
&= \operatorname{sen}\theta - 2\operatorname{sen}^3\theta + 2\operatorname{sen}\theta\cos^2\theta && \text{Álgebra} \\
&= \operatorname{sen}\theta - 2\operatorname{sen}^3\theta + 2\operatorname{sen}\theta(1-\operatorname{sen}^2\theta) && \text{Identidade pitagórica} \\
&= \operatorname{sen}\theta - 2\operatorname{sen}^3\theta + 2\operatorname{sen}\theta - 2\operatorname{sen}^3\theta && \text{Álgebra} \\
&= 3\operatorname{sen}\theta - 4\operatorname{sen}^3\theta && \text{Álgebra}
\end{aligned}$$

24.18 Se $f(x) = \operatorname{sen}x$, mostre que o coeficiente de diferença para $f(x)$ pode ser escrito como $\operatorname{sen}x\left(\dfrac{\cos h - 1}{h}\right) + \cos x\dfrac{\operatorname{sen}h}{h}$. (Ver Capítulo 9.)

$$\begin{aligned}
\dfrac{f(x+h)-f(x)}{h} &= \dfrac{\operatorname{sen}(x+h)-\operatorname{sen}x}{h} && \text{Substituição} \\
&= \dfrac{\operatorname{sen}x\cos h + \cos x\operatorname{sen}h - \operatorname{sen}x}{h} && \text{Fórmula de soma de senos} \\
&= \dfrac{\operatorname{sen}x(\cos h - 1) + \cos x\operatorname{sen}h}{h} && \text{Algebrismo} \\
&= \operatorname{sen}x\left(\dfrac{\cos h - 1}{h}\right) + \cos x\dfrac{\operatorname{sen}h}{h} && \text{Algebrismo}
\end{aligned}$$

24.19 Verifique as simplificações: (a) sen$(\theta+\pi) = -\operatorname{sen}\theta$ (b) tg$\left(\theta+\dfrac{\pi}{2}\right) = -\operatorname{cotg}\theta$.

(a) Aplique a fórmula da soma para senos e, então, substitua os valores conhecidos:

$$\operatorname{sen}(\theta+\pi) = \operatorname{sen}\theta\cos\pi + \cos\theta\operatorname{sen}\pi = \operatorname{sen}\theta(-1) + \cos\theta(0) = -\operatorname{sen}\theta$$

(b) Proceder exatamente como em (a) falha porque tg$(\pi/2)$ não está definida. Contudo, aplicando primeiro uma identidade quociente, essa dificuldade é eliminada.

$$\operatorname{tg}\left(\theta+\dfrac{\pi}{2}\right) = \dfrac{\operatorname{sen}\left(\theta+\dfrac{\pi}{2}\right)}{\cos\left(\theta+\dfrac{\pi}{2}\right)} = \dfrac{\operatorname{sen}\theta\cos\dfrac{\pi}{2}+\cos\theta\operatorname{sen}\dfrac{\pi}{2}}{\cos\theta\cos\dfrac{\pi}{2}-\operatorname{sen}\theta\operatorname{sen}\dfrac{\pi}{2}} = \dfrac{\operatorname{sen}\theta(0)+\cos\theta(1)}{\cos\theta(0)-\operatorname{sen}\theta(1)} = \dfrac{\cos\theta}{-\operatorname{sen}\theta} = -\operatorname{cotg}\theta$$

24.20 Encontre todas as soluções no intervalo $[0,2\pi)$ para $\cos t - \operatorname{sen}2t = 0$.

Primeiro use a fórmula do ângulo duplo para senos para obter uma equação envolvendo apenas funções de t e, então, resolva por fatoração:

$$\begin{aligned}
\cos t - \operatorname{sen}2t &= 0 \\
\cos t - 2\operatorname{sen}t\cos t &= 0 \\
\cos t(1 - 2\operatorname{sen}t) &= 0 \\
\cos t = 0 \quad &\text{ou} \quad 1 - 2\operatorname{sen}t = 0
\end{aligned}$$

As soluções de $\cos t = 0$ no intervalo $[0,2\pi)$ são $\pi/2$ e $3\pi/2$. As soluções de $1 - 2\operatorname{sen}t = 0$, ou seja, sen $t = 1/2$, neste intervalo, são $\pi/6$ e $5\pi/6$.

Soluções: $\dfrac{\pi}{6}, \dfrac{\pi}{2}, \dfrac{5\pi}{6}, \dfrac{3\pi}{2}$.

24.21 Encontre todas as soluções no intervalo $[0,2\pi)$ para $\cos 5x - \cos 3x = 0$.

Primeiro use uma fórmula da soma-produto para colocar a equação na forma $ab = 0$.

$$\cos 5x - \cos 3x = 0$$
$$-2\,\text{sen}\left(\frac{5x+3x}{2}\right)\text{sen}\left(\frac{5x-3x}{2}\right) = 0$$
$$-2\,\text{sen}\,4x\,\text{sen}\,x = 0$$
$$\text{sen}\,4x\,\text{sen}\,x = 0$$
$$\text{sen}\,4x = 0 \quad \text{ou} \quad \text{sen}\,x = 0$$

As soluções de $\text{sen}\,4x = 0$ no intervalo $[0,2\pi)$ são 0, $\pi/4$, $\pi/2$, $3\pi/4$, π, $5\pi/4$, $3\pi/2$ e $7\pi/4$. As soluções de $\text{sen}\,x = 0$ nesse intervalo são 0 e π, as quais já foram listadas.

Problemas Complementares

24.22 Demonstre as fórmulas da soma para seno e tangente.

24.23 Demonstre as fórmulas de cofunções (*a*) para tangentes e cotangentes; (*b*) para secantes e cossecantes.

24.24 Use as fórmulas da soma ou diferença para achar os valores exatos de (*a*) $\text{sen}\dfrac{5\pi}{12}$; (*b*) $\cos 105°$; (*c*) $\text{tg}\left(-\dfrac{\pi}{12}\right)$

Resp. (*a*) $\dfrac{1+\sqrt{3}}{2\sqrt{2}}$ ou $\dfrac{\sqrt{2}+\sqrt{6}}{4}$; (*b*) $\dfrac{1-\sqrt{3}}{2\sqrt{2}}$ ou $\dfrac{\sqrt{2}-\sqrt{6}}{4}$; (*c*) $\dfrac{1-\sqrt{3}}{1+\sqrt{3}}$ ou $\sqrt{3}-2$

24.25 Dados $\text{sen}\,u = -\tfrac{2}{5}$, u no quadrante III, e $\cos v = \tfrac{3}{4}$ no quadrante IV, calcule (*a*) $\text{sen}(u+v)$; (*b*) $\cos(u-v)$; (*c*) $\text{tg}(v-u)$.

Resp. (*a*) $\dfrac{-6+7\sqrt{3}}{20}$; (*b*) $\dfrac{-3\sqrt{21}+2\sqrt{7}}{20}$; (*c*) $\dfrac{-6-7\sqrt{3}}{3\sqrt{21}-2\sqrt{7}}$ ou $-\dfrac{32\sqrt{21}+75\sqrt{7}}{161}$

24.26 Demonstre (*a*) a fórmula de ângulo duplo para tangentes; (*b*) a terceira forma da fórmula do meio-ângulo para tangentes.

24.27 Dados $\sec t = -3$, $\dfrac{\pi}{2} < t < \pi$, encontre (*a*) $\text{sen}\,2t$; (*b*) $\text{tg}\,2t$; (*c*) $\cos\dfrac{t}{2}$ (*d*) $\text{tg}\dfrac{t}{2}$.

Resp. (*a*) $-\dfrac{4\sqrt{2}}{9}$; (*b*) $\dfrac{4\sqrt{2}}{7}$; (*c*) $\dfrac{1}{\sqrt{3}}$; (*d*) $\sqrt{2}$.

24.28 Use uma identidade de ângulo duplo para obter uma expressão para: (*a*) $\text{sen}\,4x$ em termos de $\text{sen}\,x$ e $\cos x$; (*b*) $\cos 6u$ em termos de $\cos u$.

Resp. (*a*) $\text{sen}\,4x = 4\,\text{sen}\,x\cos x(1-2\,\text{sen}^2 x)$; (*b*) $\cos 6u = 32\cos^6 u - 48\cos^4 u + 18\cos^2 u + 1$

24.29 Utilize uma identidade de meio-ângulo para obter uma expressão em termos de cossenos com expoente 1 para: (*a*) $\text{sen}^2 2t \cos^2 2t$; (*b*) $\text{sen}^4 \dfrac{x}{2}$.

Resp. (*a*) $\dfrac{1-\cos 8t}{8}$; (*b*) $\dfrac{3-4\cos x + \cos 2x}{8}$

24.30 Complete as demonstrações das fórmulas produto-soma e soma-produto (ver Problemas 24.13 e 24.14).

24.31 (*a*) Escreva $\text{sen}\,120\pi t + \text{sen}\,110\pi t$ como um produto. (*b*) Escreva $\text{sen}\dfrac{\pi n}{L}x\cos\dfrac{k\pi n}{L}t$ como uma soma.

Resp. (*a*) $2\,\text{sen}\,115\pi t\cos 5\pi t$; (*b*) $\dfrac{1}{2}\text{sen}\dfrac{\pi n}{L}(x+kt) + \dfrac{1}{2}\text{sen}\dfrac{\pi n}{L}(x-kt)$

24.32 Verifique que as equações seguintes são identidades: (a) $\dfrac{1 + \text{sen}\, 2x - \cos 2x}{1 + \text{sen}\, 2x + \cos 2x} = \text{tg}\, x$; (b) $\text{tg}\, \dfrac{u}{2} = \csc u - \cotg u$; (c) $1 + \text{tg}\, \alpha\, \text{tg}\, \dfrac{\alpha}{2} = \sec \alpha$; (d) $\dfrac{\cos a - \cos b}{\text{sen}\, a - \text{sen}\, b} = -\text{tg}\left(\dfrac{a+b}{2}\right)$

24.33 Verifique a simplificação das fórmulas:

(a) $\text{sen}(n\pi + \theta) = (-1)^n \text{sen}\, \theta$, para n inteiro qualquer; (b) $\cos(n\pi + \theta) = (-1)^n \cos \theta$, para n inteiro qualquer.

24.34 Se $f(x) = \cos x$, mostre que o coeficiente de diferença para $f(x)$ pode ser escrito como

$$\cos x \left(\dfrac{\cos h - 1}{h}\right) - \text{sen}\, x \dfrac{\text{sen}\, h}{h}.$$

24.35 Encontre todas as soluções no intervalo $[0, 2\pi)$ para as seguintes equações:

(a) $\text{sen}\, 2\theta - \text{sen}\, \theta = 0$ (b) $\cos x + \cos 3x = \cos 2x$

Resp. (a) $0, \dfrac{\pi}{3}, \pi, \dfrac{5\pi}{3}$;   (b) $\dfrac{\pi}{4}, \dfrac{\pi}{3}, \dfrac{3\pi}{4}, \dfrac{5\pi}{4}, \dfrac{5\pi}{3}, \dfrac{7\pi}{4}$

24.36 Encontre valores aproximados para todas as soluções no intervalo $[0°, 360°)$ para $\cos x = 2 \cos 2x$.

Resp. $32{,}53°, 126{,}38°, 233{,}62°, 327{,}47°$

Capítulo 25

Funções Trigonométricas Inversas

PERIODICIDADE E INVERSAS

As funções trigonométricas são periódicas; consequentemente, não são injetoras, e nenhuma inversa pode ser definida em todo o domínio de uma função trigonométrica básica. Redefinindo cada função trigonométrica em um subconjunto do domínio cuidadosamente selecionado, a nova função pode ser injetora e, portanto, admitir uma função inversa.

FUNÇÕES TRIGONOMÉTRICAS REDEFINIDAS

A tabela mostra domínios escolhidos nos quais cada função trigonométrica é injetora:

Função f(x) =	Domínio	Imagem	Função f(x) =	Domínio	Intervalo
sen x	$\left[-\frac{\pi}{2}, \frac{\pi}{2}\right]$	$[-1,1]$	csc x	$\left(-\pi, -\frac{\pi}{2}\right] \cup \left(0, \frac{\pi}{2}\right]$	$(-\infty, -1] \cup [1, \infty)$
cos x	$[0, \pi]$	$[-1,1]$	sec x	$\left[0, \frac{\pi}{2}\right) \cup \left[\pi, \frac{3\pi}{2}\right)$	$(-\infty, -1] \cup [1, \infty)$
tg x	$\left(-\frac{\pi}{2}, \frac{\pi}{2}\right)$	R	cotg x	$[0, \pi]$	R

Observe que, em cada caso, embora o domínio tenha sido restringido, toda a imagem da função original é mantida. Note também que em cada caso o domínio restringido (às vezes chamado de domínio principal) é o resultado de uma escolha. Outras escolhas poderiam ser possíveis, e no caso das funções secante e cossecante não existe concordância universal. A escolha feita aqui é a mais comumente feita em textos de cálculo elementar.

DEFINIÇÕES DE FUNÇÕES TRIGONOMÉTRICAS INVERSAS

1. **Seno inverso** $f(x) = \text{sen}^{-1}x$ é definida por $y = \text{sen}^{-1}x$ se, e somente se, $x = \text{sen } y$ com $-1 \leq x \leq 1$ e $-\frac{\pi}{2} \leq y \leq \frac{\pi}{2}$. Os valores que a função assume estão nos quadrantes I e IV.

2. **Cosseno inverso** $f(x) = \cos^{-1}x$ é definida por $y = \cos^{-1}x$ se, e somente se, $x = \cos y$ com $-1 \le x \le 1$ e $0 \le y \le \pi$. Os valores que a função assume estão nos quadrantes I e II.
3. **Tangente inversa** $f(x) = \text{tg}^{-1}x$ é definida por $y = \text{tg}^{-1}x$ se, e somente se, $x = \text{tg}\, y$ com $x \in \mathbf{R}$ e $-\frac{\pi}{2} < y < \frac{\pi}{2}$. Os valores que a função assume estão nos quadrantes I e IV.
4. **Cotangente inversa** $f(x) = \text{cotg}^{-1}x$ é definida por $y = \text{cotg}^{-1}x$ se, e somente se, $x = \text{cotg}\, y$ com $x \in \mathbf{R}$ e $0 < y < \pi$. Os valores que a função assume estão nos quadrantes I e II.
5. **Secante inversa** $f(x) = \sec^{-1}x$ é definida por $y = \sec^{-1}x$ se, e somente se, $x = \sec y$ com $x \ge 1$ e $0 \le y < \frac{\pi}{2}$ ou $x \le -1$ e $\pi \le y < \frac{3\pi}{2}$. Os valores que a função assume estão nos quadrantes I e III.
6. **Cossecante inversa** $f(x) = \csc^{-1}x$ é definida por $y = \csc^{-1}x$ se, e somente se, $x = \csc y$ com $x \ge 1$ e $0 < y \le \frac{\pi}{2}$ ou $x \le -1$ e $-\pi < y \le -\frac{\pi}{2}$. Os valores que a função assume estão nos quadrantes I e III.

Exemplo 25.1 Encontre o valor de (a) $\text{sen}^{-1}\frac{1}{2}$; (b) $\text{sen}^{-1}\left(-\frac{1}{2}\right)$.

(a) $y = \text{sen}^{-1}\frac{1}{2}$ é equivalente a $\text{sen}\, y = \frac{1}{2}$, $-\frac{\pi}{2} \le y \le \frac{\pi}{2}$. A única solução da equação no intervalo é $\frac{\pi}{6}$; logo, $\text{sen}^{-1}\frac{1}{2} = \frac{\pi}{6}$.

(b) $y = \text{sen}^{-1}\left(-\frac{1}{2}\right)$ é equivalente a $\text{sen}\, y = -\frac{1}{2}$, $-\frac{\pi}{2} \le y \le \frac{\pi}{2}$. A única solução da equação no intervalo é $-\frac{\pi}{6}$; logo, $\text{sen}^{-1}\left(-\frac{1}{2}\right) = -\frac{\pi}{6}$. Note que este valor está no quadrante IV.

Exemplo 25.2 Encontre o valor de (a) $\cos^{-1}\frac{1}{2}$; (b) $\cos^{-1}\left(-\frac{1}{2}\right)$.

(a) $y = \cos^{-1}\frac{1}{2}$ é equivalente a $\cos y = \frac{1}{2}$, $0 \le y \le \pi$. A única solução da equação no intervalo é $\frac{\pi}{3}$; logo, $\cos^{-1}\frac{1}{2} = \frac{\pi}{3}$.

(b) $y = \cos^{-1}\left(-\frac{1}{2}\right)$ é equivalente a $\cos y = \frac{1}{2}$, $0 \le y \le \pi$. A única solução da equação no intervalo é $\frac{2\pi}{3}$; logo, $\cos^{-1}\left(-\frac{1}{2}\right) = \frac{2\pi}{3}$. Note que este valor está no quadrante II.

NOTAÇÃO ALTERNATIVA

As funções trigonométricas inversas também são conhecidas como funções arco. Nessa notação:

$$\text{sen}^{-1}x = \text{arcsen}\, x \qquad \cos^{-1}x = \text{arccos}\, x \qquad \text{tg}^{-1}x = \text{arctg}\, x$$
$$\csc^{-1}x = \text{arccsc}\, x \qquad \sec^{-1}x = \text{arcsec}\, x \qquad \text{cotg}^{-1}x = \text{arccotg}\, x$$

Exemplo 25.3 Encontre o valor de $\text{arctg}\, 1$.

$y = \text{arctg}\, 1 = \text{tg}^{-1}\, 1$ é equivalente a $\text{tg}\, y = 1$, $-\frac{\pi}{2} < y < \frac{\pi}{2}$. A única solução da equação no intervalo é $\frac{\pi}{4}$; logo, $\text{arctg}\, 1 = \frac{\pi}{4}$.

IDENTIDADE DA MUDANÇA DE FASE

Seja A um número real positivo qualquer e B e x quaisquer números reais. Então,

$$A \cos bx + B \,\text{sen}\, bx = C \cos(bx - d)$$

onde $C = \sqrt{A^2 + B^2}$ e $d = \text{tg}^{-1}\frac{B}{A}$.

Exemplo 25.4 Escreva sen x + cos x na forma $C \cos(bx - d)$.

Aqui $A = B = 1$; consequentemente, $C = \sqrt{A^2 + B^2} = \sqrt{1^2 + 1^2} = \sqrt{2}$ e $d = \text{tg}^{-1}\dfrac{1}{1} = \dfrac{\pi}{4}$. Segue da identidade de mudança de fase que sen x + cos $x = \sqrt{2} \cos\left(x - \dfrac{\pi}{4}\right)$.

Problemas Resolvidos

25.1 Esboce um gráfico da função seno mostrando o intervalo de redefinição.

A função seno redefinida é restrita ao domínio $[-\pi/2, \pi/2]$. Desenhe o gráfico da função básica seno com a porção em negrito nesse intervalo (ver Fig. 25-1).

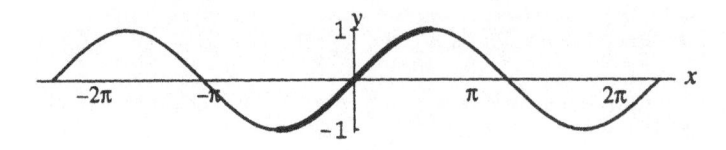

Figura 25-1

25.2 Esboce um gráfico da função cosseno mostrando o intervalo de redefinição.

A função cosseno redefinida é restrita ao domínio $[0, \pi]$. Desenhe o gráfico da função básica cosseno com a porção em negrito nesse intervalo (ver Fig. 25-2).

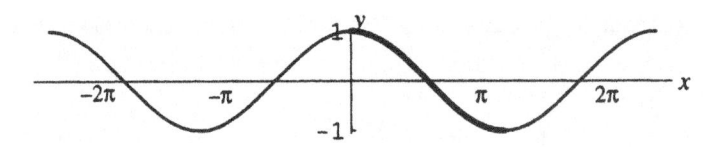

Figura 25-2

25.3 Esboce um gráfico da função inversa do seno.

O domínio da função inversa do seno é a imagem da função seno (redefinida): $[-1,1]$. A imagem da função inversa do seno é o domínio da função seno redefinida: $[-\pi/2, \pi/2]$. O gráfico da inversa da função seno é o gráfico da função seno redefinida, refletido na reta y x. Faça uma tabela de valores (ver tabela de valores para as funções trigonométricas no Problema 22.12) e esboce o gráfico (Fig. 25-3).

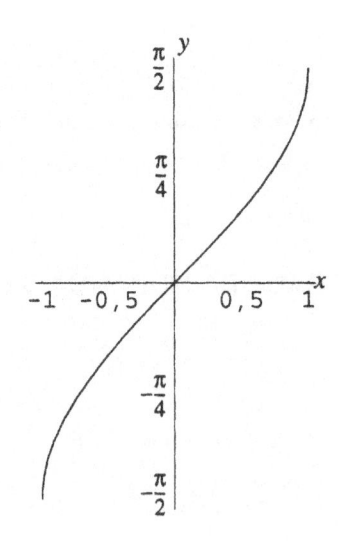

x	-1	$-\dfrac{\sqrt{3}}{2}$	$-\dfrac{\sqrt{2}}{2}$	$-\dfrac{1}{2}$	0
y	$-\dfrac{\pi}{2}$	$-\dfrac{\pi}{3}$	$-\dfrac{\pi}{4}$	$-\dfrac{\pi}{6}$	0
x	1	$\dfrac{\sqrt{3}}{2}$	$\dfrac{\sqrt{2}}{2}$	$\dfrac{1}{2}$	
y	$\dfrac{\pi}{2}$	$\dfrac{\pi}{3}$	$\dfrac{\pi}{4}$	$\dfrac{\pi}{6}$	

Figura 25-3

25.4 Esboce um gráfico da função cosseno inversa.

O domínio da função cosseno inversa é a imagem da função cosseno (redefinida): [−1,1]. A imagem da função inversa do cosseno é o domínio da função cosseno redefinida: [0,π]. O gráfico da inversa da função cosseno é o gráfico da função cosseno redefenida, refletido na reta $y = x$. Faça uma tabela de valores (ver tabela de valores para as funções trigonométricas no Problema 22.12) e esboce o gráfico (Fig.25-4).

x	−1	$-\frac{\sqrt{3}}{2}$	$-\frac{\sqrt{2}}{2}$	$-\frac{1}{2}$	0
y	π	$\frac{5\pi}{6}$	$\frac{3\pi}{4}$	$\frac{2\pi}{3}$	$\frac{\pi}{2}$
x	1	$\frac{\sqrt{3}}{2}$	$\frac{\sqrt{2}}{2}$	$\frac{1}{2}$	
y	0	$\frac{\pi}{6}$	$\frac{\pi}{4}$	$\frac{\pi}{3}$	

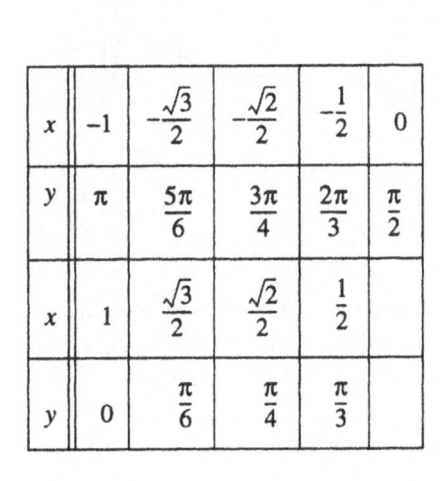

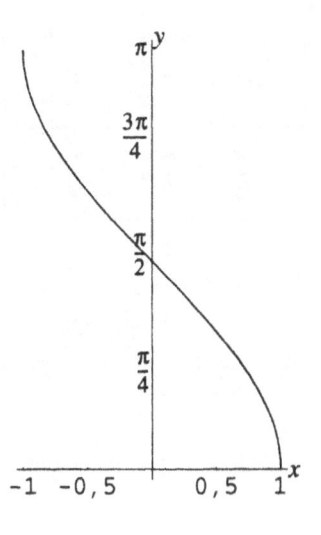

Figura 25-4

25.5 Esboce um gráfico da função tangente mostrando o intervalo de redefinição.

A função tangente redefinida é restrita ao domínio (−π/2,π/2). Desenhe um gráfico da função básica tangente com a porção em negrito nesse intervalo (ver Fig. 25-5).

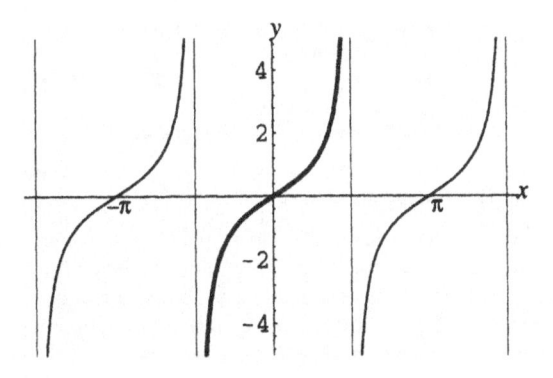

Figura 25-5

25.6 Esboce um gráfico da função inversa da tangente.

O domínio da função tangente inversa é a imagem da função tangente (redefinida): **R**. A imagem da função inversa tangente é o domínio da função tangente redefinida (−π/2,π/2). O gráfico da função inversa tangente é o gráfico da função tangente redefinida, refletida na reta $y = x$. Como o gráfico da função tangente redefinida tem assíntotas em $x = \pm\pi/2$, o gráfico refletido terá assíntotas em $y = \pm \pi/2$. Faça uma tabela de valores (ver tabela de valores das funções trigonométricas no Problema 22.12) e esboce o gráfico (Fig. 25-6).

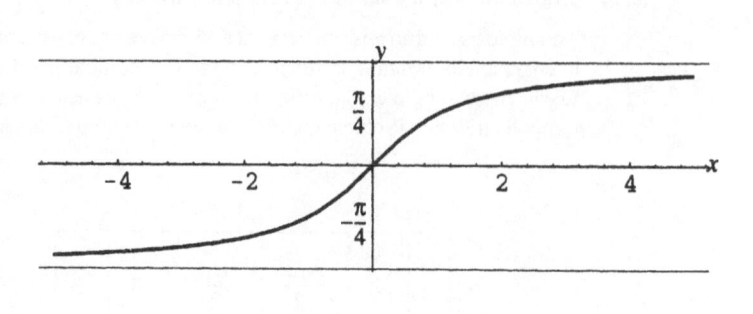

x	$-\sqrt{3}$	-1	$-\dfrac{1}{\sqrt{3}}$	0
y	$-\dfrac{\pi}{3}$	$-\dfrac{\pi}{4}$	$-\dfrac{\pi}{6}$	0
x	$\sqrt{3}$	1	$\dfrac{1}{\sqrt{3}}$	
y	$\dfrac{\pi}{3}$	$\dfrac{\pi}{4}$	$\dfrac{\pi}{6}$	

Figura 25-6

25.7 Esboce um gráfico da função secante mostrando o intervalo de redefinição.

A função secante redefinida é restrita ao domínio $[0, \pi/2) \cup [\pi, 3\pi/2)$. Desenhe um gráfico da função básica secante com a porção em negrito nesse intervalo.

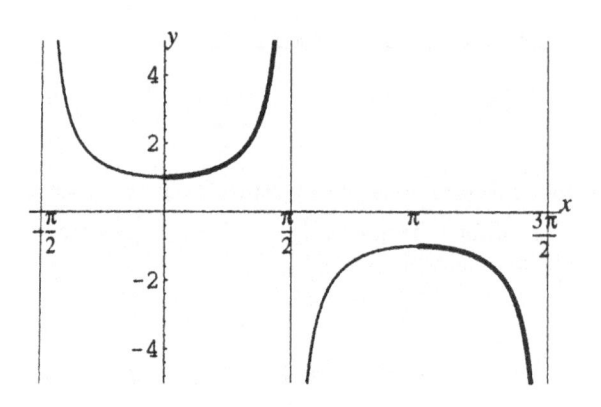

Figura 25-7

25.8 Esboce um gráfico da função secante inversa.

O domínio do inverso da função secante é a imagem da função secante (redefinida): $(-\infty, -1] \cup [1, \infty)$. A imagem da função secante inversa é o domínio da função secante redefinida: $[0, \pi/2) \leq [\pi, 3\pi/2)$. O gráfico da função secante inversa é o gráfico da função secante redefinida, refletida na reta $y = x$. Como o gráfico da função secante redefinida tem assíntotas em $x = \pi/2$ e $x = 3\pi/2$, o gráfico refletido terá assíntotas em $y = \pi/2$ e $y = 3\pi/2$. Faça uma tabela de valores (ver tabela de valores para as funções trigonométricas no Problema 22.12) e esboce o gráfico (Fig. 25-8).

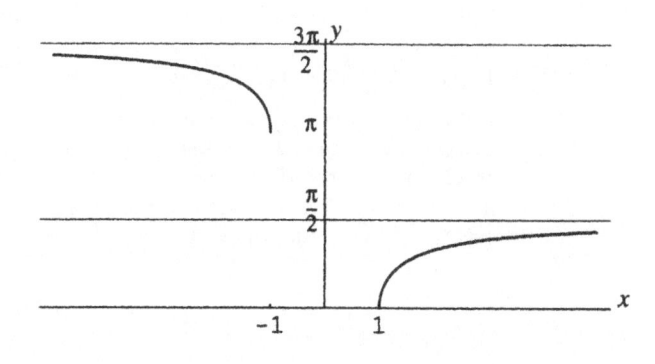

x	-2	$-\sqrt{2}$	$-\dfrac{2}{\sqrt{3}}$	-1
y	$\dfrac{4\pi}{3}$	$\dfrac{5\pi}{4}$	$\dfrac{7\pi}{6}$	π
x	2	$\sqrt{2}$	$\dfrac{2}{\sqrt{3}}$	1
y	$\dfrac{\pi}{3}$	$\dfrac{\pi}{4}$	$\dfrac{\pi}{6}$	0

Figura 25-8

25.9 Analise a aplicação da relação função-função inversa nas (a) funções seno e inversa do seno (b) funções cosseno e inversa do cosseno (c) funções tangente e inversa da tangente (d) funções secante e inversa da secante.

A relação função-função inversa (Capítulo 13) condiciona que, se g é a função inversa de f, então, $g(f(x)) = x$ para todo x no domínio de f, e $f(g(y)) = y$ para todo y no domínio de g. Consequentemente,

(a) $\operatorname{sen}^{-1}(\operatorname{sen} x) = x$ para todo x, $-\frac{\pi}{2} \leq x \leq \frac{\pi}{2}$; $\operatorname{sen}(\operatorname{sen}^{-1} y) = y$ para todo y, $-1 \leq y \leq 1$.

(b) $\cos^{-1}(\cos x) = x$ para todo x, $0 \leq x \leq \pi$; $\cos(\cos^{-1} y) = y$ para todo y, $-1 \leq y \leq 1$.

(c) $\operatorname{tg}^{-1}(\operatorname{tg} x) = x$ para todo x, $-\frac{\pi}{2} < x < \frac{\pi}{2}$; $\operatorname{tg}(\operatorname{tg}^{-1} y) = y$ para todo $y \in \mathbf{R}$.

(d) $\sec^{-1}(\sec x) = x$ para todo x, $0 \leq x < \frac{\pi}{2}$ ou $\pi < x \leq \frac{3\pi}{2}$; $\sec(\sec^{-1} y) = y$ para todo $y \geq 1$ ou $y \leq -1$.

25.10 Simplifique: (a) $\operatorname{sen}\left(\operatorname{sen}^{-1}\frac{\sqrt{3}}{2}\right)$; (b) $\operatorname{sen}\left(\operatorname{sen}^{-1}\frac{1}{3}\right)$; (c) $\operatorname{sen}(\operatorname{sen}^{-1} 2)$.

(a) Como $-1 \leq \sqrt{3}/2 \leq 1$, $\sqrt{3}/2$ está no domínio da função inversa do seno. Assim sendo, aplicando a relação função-função inversa, $\operatorname{sen}\left(\operatorname{sen}^{-1}\frac{\sqrt{3}}{2}\right) = \frac{\sqrt{3}}{2}$. Alternativamente, note que $\operatorname{sen}^{-1}\frac{\sqrt{3}}{2} = \frac{\pi}{3}$, logo, $\operatorname{sen}\left(\operatorname{sen}^{-1}\frac{\sqrt{3}}{2}\right) = \operatorname{sen}\frac{\pi}{3} = \frac{\sqrt{3}}{2}$.

(b) Como $-1 \leq \frac{1}{3} \leq 1$, $\frac{1}{3}$ está no domínio da função inversa do seno. Assim sendo, aplicando a relação função-função inversa, $\operatorname{sen}\left(\operatorname{sen}^{-1}\frac{1}{3}\right) = \frac{1}{3}$.

(c) Como $2 > 1$, 2 não está no domínio do inverso da função seno. Logo, $\operatorname{sen}(\operatorname{sen}^{-1} 2)$ não é definido.

25.11 Simplifique: (a) $\operatorname{tg}^{-1}\left(\operatorname{tg}\frac{\pi}{6}\right)$; (b) $\operatorname{tg}^{-1}\left(\operatorname{tg}\left(-\frac{1}{4}\right)\right)$; (c) $\operatorname{tg}^{-1}\left(\operatorname{tg}\frac{2\pi}{3}\right)$

(a) Como $-\pi/2 < \pi/6 < \pi/2$, $\pi/6$ está no domínio da restrição da função tangente. Assim sendo, aplicando a relação função-função inversa, $\operatorname{tg}^{-1}\left(\operatorname{tg}\frac{\pi}{6}\right) = \frac{\pi}{6}$.

Alternativamente, observe que $\operatorname{tg}\frac{\pi}{6} = \frac{1}{\sqrt{3}}$, portanto, $\operatorname{tg}^{-1}\left(\operatorname{tg}\frac{\pi}{6}\right) = \operatorname{tg}^{-1}\frac{1}{\sqrt{3}} = \frac{\pi}{6}$.

(b) Como $-\pi/2 < -1/4 < \pi/2$, $-1/4$ está no domínio da restrição da função tangente. Logo, aplicando a relação função-função inversa, $\operatorname{tg}^{-1}\left(\operatorname{tg}\left(-\frac{1}{4}\right)\right) = -\frac{1}{4}$.

(c) Como $2\pi/3 > \pi/2$, $2\pi/3$ não está no domínio da função tangente restrita, a relação função-função inversa não pode ser usada. Contudo, $2\pi/3$ está no domínio função tangente geral, portanto,

$$\operatorname{tg}^{-1}\left(\operatorname{tg}\frac{2\pi}{3}\right) = \operatorname{tg}^{-1}(-\sqrt{3}) = -\frac{\pi}{3}$$

25.12 Simplifique: (a) $\cos\left(\operatorname{sen}^{-1}\frac{3}{5}\right)$; (b) $\operatorname{sen}\left(\cos^{-1}\left(-\frac{2}{3}\right)\right)$; (c) $\operatorname{tg}\left(\sec^{-1}\left(-\frac{5}{2}\right)\right)$; (d) $\cot(\cos^{-1} 3)$

(a) Como $\frac{3}{5}$ está no domínio da função seno inversa, faça $u = \operatorname{sen}^{-1}\frac{3}{5}$. Então, por definição da função seno inversa, $\operatorname{sen} u = \frac{3}{5}$, $-\frac{\pi}{2} \leq u \leq \frac{\pi}{2}$. Segue-se da identidade pitagórica que

$$\cos\left(\operatorname{sen}^{-1}\frac{3}{5}\right) = \cos u = \sqrt{1 - \operatorname{sen}^2 u} = \sqrt{1 - \left(\frac{3}{5}\right)^2} = \frac{4}{5}$$

Note que o sinal positivo é assumido na raiz quadrada uma vez que u deve estar nos quadrantes I ou IV, onde o sinal de cosseno é positivo.

(b) Como $-\frac{2}{3}$ está no domínio da função inversa de cosseno, faça $u = \cos^{-1}\left(-\frac{2}{3}\right)$. Então, pela definição do inverso de cosseno, $\cos u = -\frac{2}{3}$, $0 \leq u \leq \pi$. Segue-se da identidade pitagórica que

$$\operatorname{sen}\left(\cos^{-1}\left(-\frac{2}{3}\right)\right) = \operatorname{sen} u = \sqrt{1 - \cos^2 u} = \sqrt{1 - \left(-\frac{2}{3}\right)^2} = \frac{\sqrt{5}}{3}$$

Note que o sinal positivo é assumido na raiz quadrada uma vez que u deve estar nos quadrantes I ou II, onde o sinal de seno é positivo.

(c) Como $-\dfrac{5}{2}$ está no domínio do inverso da função secante, faça $u = \sec^{-1}\left(-\dfrac{5}{2}\right)$. Então, por definição do inverso da secante, $\sec u = -\dfrac{5}{2}, \pi \le u < \dfrac{3\pi}{2}$ (pois sec u é negativa). Segue-se da identidade pitagórica que

$$\tg\left(\sec^{-1}\left(-\dfrac{5}{2}\right)\right) = \tg u = \sqrt{\sec^2 u - 1} = \sqrt{\left(-\dfrac{5}{2}\right)^2 - 1} = \dfrac{\sqrt{21}}{2}$$

Note que o sinal positivo é assumido na raiz quadrada uma vez que u deve estar no quadrante III, onde o sinal da tangente é positivo.

(d) Como 3 não está no domínio do inverso da função cosseno, $\cot(\cos^{-1} 3)$ não é definida.

25.13 Simplifique: (a) $\sen\left(\sen^{-1}\dfrac{1}{3} + \sen^{-1}\dfrac{2}{3}\right)$; (b) $\tg\left(\cos^{-1}\dfrac{3}{5} - \sen^{-1}\dfrac{5}{6}\right)$

(a) Faça $u = \sen^{-1}\dfrac{1}{3}$ e $v = \sen^{-1}\dfrac{2}{3}$. Então, $\sen u \dfrac{1}{3}$ e $\sen v = \dfrac{2}{3}, -\dfrac{\pi}{2} \le u, v \le \dfrac{\pi}{2}$. Da fórmula do seno da soma segue-se que

$$\sen\left(\sen^{-1}\dfrac{1}{3} + \sen^{-1}\dfrac{2}{3}\right) = \sen(u + v) = \sen u \cos v + \cos u \sen v$$

Agora $\sen u$ e $\sen v$ são dados. Procedendo como no problema anterior,

$$\cos u = \sqrt{1 - \sen^2 u} = \sqrt{1 - \left(\dfrac{1}{3}\right)^2} = \dfrac{2\sqrt{2}}{3} \qquad \cos v = \sqrt{1 - \sen^2 v} = \sqrt{1 - \left(\dfrac{2}{3}\right)^2} = \dfrac{\sqrt{5}}{3}$$

Consequentemente,

$$\sen\left(\sen^{-1}\dfrac{1}{3} + \sen^{-1}\dfrac{2}{3}\right) = \sen u \cos v + \cos u \sen v = \dfrac{1}{3} \cdot \dfrac{\sqrt{5}}{3} + \dfrac{2\sqrt{2}}{3} \cdot \dfrac{2}{3} = \dfrac{\sqrt{5} + 4\sqrt{2}}{9}$$

(b) Faça $u = \cos^{-1}\dfrac{3}{5}$ e $v = \sen^{-1}\dfrac{5}{6}$. Então, $\cos u = \dfrac{3}{5}, 0 \le u \le \pi$, e $\sen v = \dfrac{5}{6}, -\dfrac{\pi}{2} \le v \le \dfrac{\pi}{2}$. Da fórmula da tangente da diferença, segue-se que

$$\tg\left(\cos^{-1}\dfrac{3}{5} - \sen^{-1}\dfrac{5}{6}\right) = \tg(u - v) = \dfrac{\tg u - \tg v}{1 + \tg u \tg v}$$

Das identidades pitagórica e quociente

$$\tg u = \dfrac{\sen u}{\cos u} = \dfrac{\sqrt{1 - \cos^2 u}}{\cos u} = \dfrac{\sqrt{1 - (3/5)^2}}{3/5} = \dfrac{4}{3}$$

$$\tg v = \dfrac{\sen v}{\cos v} = \dfrac{\sen v}{\sqrt{1 - \sen^2 v}} = \dfrac{5/6}{\sqrt{1 - (5/6)^2}} = \dfrac{5}{\sqrt{11}}$$

Logo,

$$\tg\left(\cos^{-1}\dfrac{3}{5} - \sen^{-1}\dfrac{5}{6}\right) = \dfrac{\tg u - \tg v}{1 + \tg u \tg v} = \dfrac{\dfrac{4}{3} - \dfrac{5}{\sqrt{11}}}{1 + \left(\dfrac{4}{3}\right)\left(\dfrac{5}{\sqrt{11}}\right)} = \dfrac{4\sqrt{11} - 15}{3\sqrt{11} + 20} = \dfrac{125\sqrt{11} - 432}{301}$$

25.14 Simplifique: (a) $\cos\left(2\cos^{-1}\dfrac{5}{13}\right)$; (b) $\sen\left(\dfrac{1}{2}\sen^{-1}\left(-\dfrac{7}{25}\right)\right)$.

(a) Seja $u = \cos^{-1}\dfrac{5}{13}$. Então, $\cos u = \dfrac{5}{13}, 0 \le u \le \pi$. Da fórmula de ângulos duplos para cossenos, segue-se

$$\cos\left(2\cos^{-1}\dfrac{5}{13}\right) = \cos 2u = 2\cos^2 u - 1 = 2\left(\dfrac{5}{13}\right)^2 - 1 = -\dfrac{119}{169}$$

(b) Seja $u = \operatorname{sen}^{-1}\left(-\frac{7}{25}\right)$. Então, sen $u = -\frac{7}{25}, -\frac{\pi}{2} \leq u \leq 0$ (uma vez que sen u é negativo). Da fórmula de meio ângulo dos senos, segue-se

$$\operatorname{sen}\left(\frac{1}{2}\operatorname{sen}^{-1}\left(-\frac{7}{25}\right)\right) = \operatorname{sen}\left(\frac{1}{2}u\right) = -\sqrt{\frac{1-\cos u}{2}}$$

onde o sinal negativo é assumido na raiz quadrada uma vez que $-\frac{\pi}{4} \leq \frac{u}{2} \leq 0$. Da identidade pitagórica, $\cos u = \frac{24}{25}$, consequentemente,

$$\operatorname{sen}\left(\frac{1}{2}\operatorname{sen}^{-1}\left(-\frac{7}{25}\right)\right) = -\sqrt{\frac{1-\cos u}{2}} = -\sqrt{\frac{1-\frac{24}{25}}{2}} = -\frac{1}{\sqrt{50}}$$

25.15 Encontre uma expressão algébrica para $\operatorname{sen}(\cos^{-1} x)$.

Seja $u = \cos^{-1} x$. Então, $\cos u = x$, $0 \leq u \leq \pi$. Segue-se da identidade pitagórica que

$$\operatorname{sen}(\cos^{-1} x) = \operatorname{sen} u = \sqrt{1 - \cos^2 u} = \sqrt{1 - x^2}$$

onde o sinal positivo é assumido na raiz quadrada, uma vez que u deve estar no quadrante I ou II, sendo que o sinal de seno é positivo.

25.16 Demonstre a fórmula de mudança de fase.

Dada uma quantidade da forma $A \cos bx + B \operatorname{sen} bx$ sendo A qualquer número real positivo e B e x quaisquer números reais, faça $C = \sqrt{A^2 + B^2}$ e $d = \operatorname{tg}^{-1} \frac{B}{A}$. Das identidades pitagórica e quociente, $\cos d = \frac{A}{\sqrt{A^2 + B^2}}$ e $\operatorname{sen} d = \frac{B}{\sqrt{A^2 + B^2}}$. Da álgebra, segue-se que:

$$A \cos bx + B \operatorname{sen} bx = \frac{\sqrt{A^2 + B^2}}{\sqrt{A^2 + B^2}}(A \cos bx + B \operatorname{sen} bx) = \sqrt{A^2 + B^2}\left(\frac{A}{\sqrt{A^2 + B^2}} \cos bx + \frac{B}{\sqrt{A^2 + B^2}} \operatorname{sen} bx\right)$$

Logo,

$$A \cos bx + B \operatorname{sen} bx = \sqrt{A^2 + B^2}(\cos d \cos bx + \operatorname{sen} d \operatorname{sen} bx)$$

Pela fórmula do cosseno da diferença, a quantidade entre parênteses deve ser igual a $\cos(bx - d)$, consequentemente,

$$A \cos bx + B \operatorname{sen} bx = \sqrt{A^2 + B^2} \cos(bx - d) = C \cos(bx - d)$$

25.17 (a) Use a fórmula de mudança de fase para reescrever $\sqrt{2} \cos 3x + \sqrt{2} \operatorname{sen} 3x$.

(b) Desenhe um gráfico de $f(x) = \sqrt{2} \cos 3x + \sqrt{2} \operatorname{sen} 3x$ usando o resultado do item (a).

(a) Faça $A = B = \sqrt{2}$, então, $\sqrt{A^2 + B^2} = \sqrt{(\sqrt{2})^2 + (\sqrt{2})^2} = 2$ e $\operatorname{tg}^{-1}\frac{B}{A} = \operatorname{tg}^{-1}\frac{\sqrt{2}}{\sqrt{2}} = \operatorname{tg}^{-1} 1 = \frac{\pi}{4}$. Segue-se que

$$\sqrt{2} \cos 3x + \sqrt{2} \operatorname{sen} 3x = 2 \cos\left(3x - \frac{\pi}{4}\right)$$

(b) Para esboçar $y = f(x) = 2 \cos\left(3x - \frac{\pi}{4}\right)$, observe que amplitude = 2. O gráfico (Fig. 25-9) é uma curva cosseno básica.

Período = $\frac{2\pi}{3}$. Mudança de fase = $\frac{\pi}{4} \div 3 = \frac{\pi}{12}$. Divida o intervalo de $\frac{\pi}{12}$ a $\frac{3\pi}{4}$ (= mudança de fase + um período) em quatro subintervalos iguais e esboce a curva com altura máxima 2 e altura mínima -2.

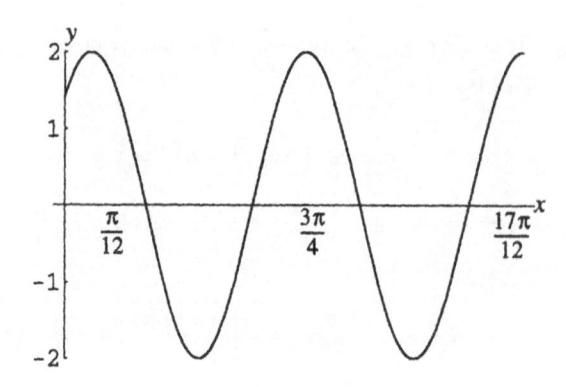

Figura 25-9

Problemas Complementares

25.18 Encontre o valor de (a) $\operatorname{sen}^{-1}\left(-\frac{\sqrt{3}}{2}\right)$; (b) $\cos^{-1}\left(-\frac{\sqrt{3}}{2}\right)$; (c) $\operatorname{tg}^{-1}\left(-\frac{1}{\sqrt{3}}\right)$; (d) $\sec^{-1}\left(-\frac{2}{\sqrt{3}}\right)$;

Resp. (a) $-\frac{\pi}{3}$ (b) $\frac{5\pi}{6}$; (c) $-\frac{\pi}{6}$; (d) $\frac{7\pi}{6}$

25.19 Encontre o valor de: (a) $\operatorname{sen}\left(\operatorname{sen}^{-1}\frac{1}{3}\right)$; (b) $\cos\left(\cos^{-1}\left(-\frac{3}{4}\right)\right)$; (c) $\operatorname{tg}(\operatorname{tg}^{-1} 0)$; (d) $\sec\left(\sec^{-1}\frac{1}{2}\right)$

Resp. (a) $\frac{1}{3}$; (b) $-\frac{3}{4}$; (c) 0; (d) não definido

25.20 Encontre o valor de: (a) $\operatorname{sen}^{-1}\left(\operatorname{sen}\frac{\pi}{3}\right)$; (b) $\cos^{-1}(\cos 1)$; (c) $\operatorname{tg}^{-1}\left(\operatorname{tg}\frac{5\pi}{3}\right)$; (d) $\sec^{-1}\left(\sec\left(-\frac{\pi}{4}\right)\right)$

Resp. (a) $\frac{\pi}{3}$; (b) 1; (c) $-\frac{\pi}{3}$; (d) $\frac{5\pi}{4}$

25.21 Encontre o valor de: (a) $\cos\left(\operatorname{sen}^{-1}\frac{2}{5}\right)$ (b) $\operatorname{sen}(\operatorname{tg}^{-1} 2)$; (c) $\operatorname{tg}(\sec^{-1}(-3))$; (d) $\cos\left(\operatorname{tg}^{-1}\left(-\frac{5}{12}\right)\right)$

Resp. (a) $\frac{\sqrt{21}}{5}$; (b) $\frac{2}{\sqrt{5}}$; (c) $\sqrt{8}$; (d) $\frac{12}{13}$

25.22 Encontre o valor de: (a) $\operatorname{sen}\left(\operatorname{sen}^{-1}\frac{1}{3} + \cos^{-1}\frac{2}{3}\right)$; (b) $\cos\left(\cos^{-1}\frac{3}{5} - \operatorname{sen}^{-1}\frac{12}{13}\right)$; (c) $\operatorname{tg}\left(\operatorname{tg}^{-1}\frac{3}{4} + \operatorname{sen}^{-1}\frac{7}{25}\right)$

Resp. (a) $\frac{2 + 2\sqrt{10}}{9}$; (b) $\frac{63}{65}$; (c) $\frac{4}{3}$

25.23 Encontre o valor de: (a) $\cos\left(2\operatorname{sen}^{-1}\frac{2}{3}\right)$; (b) $\sec\left(2\operatorname{tg}^{-1}\frac{1}{2}\right)$; (c) $\operatorname{sen}\left(\frac{1}{2}\cos^{-1}\frac{4}{5}\right)$; (d) $\sec\left(\frac{1}{2}\operatorname{sen}^{-1}\frac{2}{3}\right)$

Resp. (a) $\frac{1}{9}$; (b) $\frac{5}{3}$; (c) $\frac{1}{\sqrt{10}}$; (d) $\frac{\sqrt{18 - 6\sqrt{5}}}{2}$

25.24 Simplifique: (a) $\operatorname{sen}(\cos^{-1} x)$; (b) $\cos(\operatorname{tg}^{-1} x)$; (c) $\operatorname{tg}(2\cos^{-1} x)$; (d) $\cos(\frac{1}{2}\operatorname{sen}^{-1} x)$

Resp. (a) $\sqrt{1 - x^2}$; (b) $\frac{1}{\sqrt{1 + x^2}}$; (c) $\frac{2x\sqrt{1 - x^2}}{2x^2 - 1}$; (d) $\sqrt{\frac{1 + \sqrt{1 - x^2}}{2}}$;

25.25 (a) Mostre que, para $-1 \leq x \leq 1$, $-\frac{\pi}{2} \leq \operatorname{sen}^{-1} x + \cos^{-1} x \leq \frac{\pi}{2}$. (b) Mostre que $\operatorname{sen}(\operatorname{sen}^{-1} x + \cos^{-1} x) = 1$.

(c) Dos itens (a) e (b), deduza que, para $-1 \leq x \leq 1$, $\operatorname{sen}^{-1} x + \cos^{-1} x = \frac{\pi}{2}$.

25.26 Fazendo a substituição $u = \operatorname{sen}^{-1}\frac{x}{3}$ simplifique: (a) $\sqrt{9 - x^2}$; (b) $\frac{x^2}{\sqrt{9 - x^2}}$.

Resp. (a) $3\cos u$; (b) $3\operatorname{sen} u \operatorname{tg} u$

25.27 Fazendo a substituição $u = \operatorname{tg}^{-1}\frac{x}{4}$ simplifique: (a) $\sqrt{16 + x^2}$; (b) $\frac{\sqrt{16 + x^2}}{x^3}$.

Resp. (a) $4\sec u$; (b) $\frac{\cos^2 u}{16\operatorname{sen}^3 u}$

25.28 Fazendo a substituição $u = \sec^{-1}\frac{x}{2}$, simplifique: (a) $x = x\sqrt{x^2 - 4}$; (b) $(x^2 - 4)^{3/2}$

Resp. (a) $4\operatorname{tg} u \sec u$; (b) $8\operatorname{tg}^3 u$

25.29 Dado $y = 3\,\text{sen}^{-1}(x - 5)$, (a) defina os possíveis valores de x e y; (b) isole x em termos de y.

Resp. (a) $4 \leq x \leq 6$, $-3\pi/2 \leq y \leq 3\pi/2$; (b) $x = 5 + \text{sen}(y/3)$

25.30 Use a fórmula de mudança de fase para reescrever:
(a) $6\cos 3x - 6\,\text{sen}\,3x$; (b) $3\cos 4x + \sqrt{3}\,\text{sen}\,4x$; (c) $3\cos\frac{1}{2}x + 4\,\text{sen}\,\frac{1}{2}x$

Resp. (a) $6\sqrt{2}\cos\left(3x + \dfrac{\pi}{4}\right)$; (b) $2\sqrt{3}\cos\left(4x - \dfrac{\pi}{6}\right)$; (c) $5\cos\left(\dfrac{1}{2}x - \text{tg}^{-1}\dfrac{4}{3}\right)$

Capítulo 26

Triângulos

NOTAÇÃO CONVENCIONAL PARA UM TRIÂNGULO

A notação convencional para um triângulo *ABC* é mostrada na Fig. 26-1.

| Triângulo retângulo | Triângulo acutângulo | Triângulo obtusângulo |

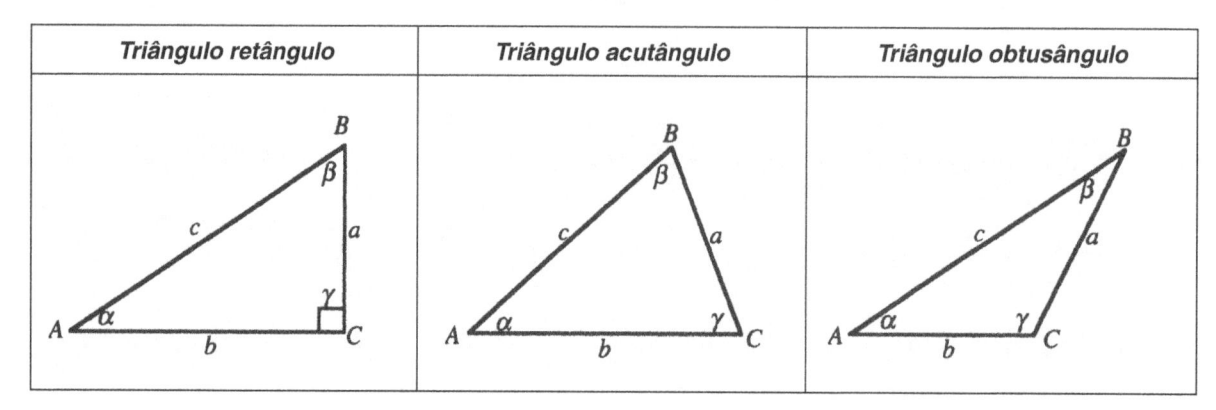

Figura 26-1

Um triângulo que não tem ângulo reto é chamado de triângulo *oblíquo*. As seis *partes* do triângulo *ABC* são os três lados a, b e c, e os três ângulos α, β e γ.

RESOLVER UM TRIÂNGULO

Resolver um triângulo é o processo de determinar todas as partes do triângulo. Em geral, dadas três partes de um triângulo, incluindo pelo menos um lado, as outras podem ser determinadas (são exceções os casos nos quais dois triângulos possíveis são determinados ou nenhum triângulo pode ser encontrado e ser consistente com os elementos dados).

TRIÂNGULOS RETÂNGULOS

Aqui uma parte é conhecida por ser um ângulo de 90°. Dados quaisquer dois lados, ou um lado e um dos ângulos agudos, as outras partes podem ser determinadas usando as definições das funções trigonométricas para ângulos agudos, o teorema de Pitágoras e o fato de que a soma dos três ângulos em um triângulo plano é 180°.

Exemplo 26.1 Dado um triângulo retângulo *ABC* com $c = 20$ e $\alpha = 30°$, resolva o triângulo.

Aqui é assumido que $\gamma = 90°$.

Isole β:

Como $\alpha + \beta + \gamma = 180°$, $\beta = 180° - \alpha - \gamma = 180° - 30° - 90° = 60°$.

Isole a:

No triângulo retângulo ABC, sen $\alpha = \dfrac{a}{c}$; logo, $a = c$ sen $\alpha = 20$ sen $30° = 10$.

Isole b:

Do teorema de Pitágoras, $c^2 = a^2 + b^2$; logo, $b = \sqrt{c^2 - a^2} = \sqrt{20^2 - 10^2} = \sqrt{300} = 10\sqrt{3}$

TRIÂNGULOS OBLÍQUOS

Triângulos oblíquos são resolvidos usando a *lei dos senos* e a *lei dos cossenos*. Normalmente são reconhecidos cinco casos, baseados em quais partes são dadas: **AAL** (são dados dois ângulos e um lado que não fica entre eles), **ALA** (dois ângulos e um lado entre eles), **LLA** (dois lados e um ângulo que não fica entre eles), **LAL** (dois lados e um ângulo entre eles) e **LLL** (três lados).

LEI DOS SENOS

Em qualquer triângulo, a razão entre cada lado e o seno do ângulo oposto àquele lado é a mesma para todos os três lados:

$$\frac{a}{\text{sen}\,\alpha} = \frac{b}{\text{sen}\,\beta} \qquad \frac{a}{\text{sen}\,\alpha} = \frac{c}{\text{sen}\,\gamma} \qquad \frac{b}{\text{sen}\,\beta} = \frac{c}{\text{sen}\,\gamma}$$

LEI DOS COSSENOS

Em qualquer triângulo, o quadrado de algum lado é igual à soma dos quadrados dos outros dois lados, subtraído pelo dobro do produto dos outros dois lados e o cosseno do ângulo entre eles:

$$a^2 = b^2 + c^2 - 2bc \cos \alpha$$
$$b^2 = a^2 + c^2 - 2ac \cos \beta$$
$$c^2 = a^2 + b^2 - 2ab \cos \gamma$$

EXATIDÃO NA COMPUTAÇÃO

Trabalhando com dados aproximados, o número de dígitos significativos em um resultado não pode ser maior que o número de dígitos significativos nos dados oferecidos. Ao interpretar resultados da calculadora para ângulos, a tabela seguinte é útil:

Número de dígitos significativos para os lados	*Medida em grau de ângulos*
2	1°
3	0,1° ou 10′
4	0,01° ou 1′

DIREÇÃO

Nas aplicações envolvendo navegação e aviação, como também em outras situações, os ângulos são normalmente especificados com referência ao eixo norte-sul:

1. **Direção Bearing**: Uma direção é especificada em termos de um ângulo medido para leste ou oeste a partir de um eixo norte-sul. Desse modo, a Fig. 26-2 mostra as direções de N30°L e S70°O.

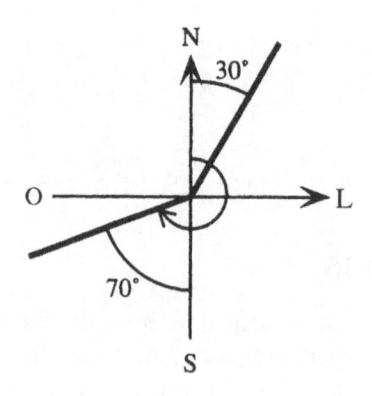

Figura 26-2

2. **Direção Heading**: Uma direção é especificada em termos de um ângulo medido no sentido horário a partir do norte. Desse modo, a mesma figura mostra direções de 30° e 250° (ou seja, 180° + 70°).

ÂNGULOS DE ELEVAÇÃO E DEPRESSÃO

1. **Ângulo de elevação** é o ângulo medido da horizontal para cima da linha de visão do observador.
2. **Ângulo de depressão** é o ângulo medido da horizontal para baixo da linha de visão do observador.

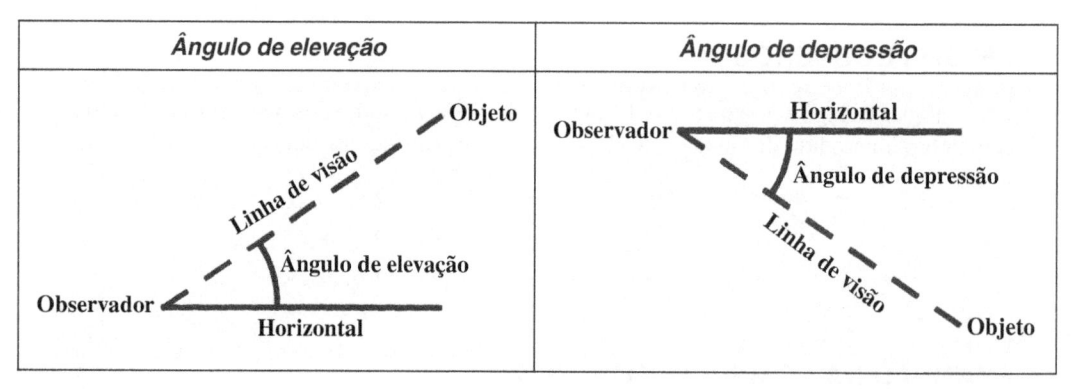

Figura 26-3

Problemas Resolvidos

26.1 Dado um triângulo retângulo ABC com $\alpha = 42{,}7°$ e $a = 68{,}2$, resolva o triângulo. (Ver Fig. 26-1.)

Aqui se assume que $\gamma = 90°$. Em qualquer triângulo retângulo, os ângulos agudos são complementares, visto que $\alpha + \beta + 90° = 180°$ implica em $\alpha + \beta = 90°$.

Isole β:

$$\beta = 90° - \alpha = 90° - 42{,}7° = 47{,}3°$$

Isole b:

No triângulo retângulo ABC, $\operatorname{tg}\alpha = \dfrac{a}{b}$; logo, $b = \dfrac{a}{\operatorname{tg}\alpha} = \dfrac{68{,}2}{\operatorname{tg}42{,}7°} = 73{,}9$.

Isole c:

No triângulo retângulo ABC, $\operatorname{sen}\alpha = \dfrac{a}{c}$; logo, $c = \dfrac{a}{\operatorname{sen}\alpha} = \dfrac{68{,}2}{\operatorname{sen}42{,}7°} = 100{,}6$.

De forma alternativa, use o teorema de Pitágoras para encontrar c, uma vez que a e b são conhecidos. Porém, é preferível, sempre que possível, usar dados disponíveis no lugar de dados calculados, uma vez que são acumulados erros nos cálculos.

26.2 Dado um triângulo retângulo ABC com $c = 5,07$ e $a = 3,34$, resolva o triângulo. Expresse os ângulos em graus e minutos. (ver Fig. 26-1)

Aqui está assumido que $\gamma = 90°$.

Isole α:

No triângulo retângulo ABC, sen $\alpha = \dfrac{a}{c}$; logo, $a = \text{sen}^{-1} \dfrac{a}{c} = \text{sen}^{-1} \dfrac{3,34}{5,07} = 41° \, 12'$.

Isole β:

No triângulo retângulo ABC, $a + \beta = 90°$; logo, $\beta = 90° - \alpha = 90° - 41° \, 12' = 48° \, 48'$.

Isole b:

Do teorema de Pitágoras, $c^2 = a^2 + b^2$; logo, $b = \sqrt{c^2 - a^2} = \sqrt{5,07^2 - 3,34^2} = 3,81$.

26.3 Quando o ângulo de elevação do Sol é $27°$, um poste projeta uma sombra de 14 metros no solo. Encontre a altura do poste.

Esboce uma figura (ver Fig. 26-4).

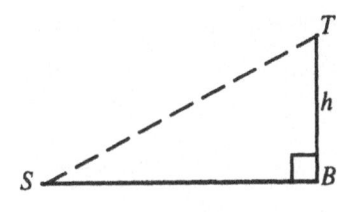

Figura 26-4

No triângulo retângulo STB, faça h = altura do poste. Sabe-se que $SB = 14$ e $\angle S = 27°$, então, tg $S = \dfrac{h}{SB}$, assim,

$$h = SB \text{ tg } S = 14 \text{ tg} 27° = 7,1 \text{ metros}$$

26.4 Um avião deixa um aeroporto e viaja com uma velocidade média de 450 quilômetros por hora em uma direção *heading* de $250°$. Depois de 3 horas, quão distante ao sul e quão distante ao oeste ele está da sua posição original?

Esboce uma figura (ver Fig. 26-5).

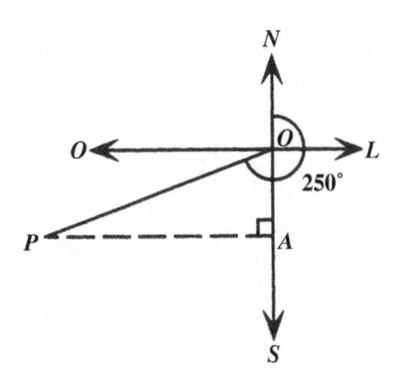

Figura 26-5

Na figura, a posição original é O e a posição final é P. Assim, $OP = (450 \text{ km/h}) (3\text{h}) = 1350$ km. Como a direção *heading* é $250°$, $\angle AOP$ deve ser $250° - 180° = 70°$.

Logo, no triângulo retângulo AOP,

$$\dfrac{OA}{OP} = \cos AOP, \text{ ou } OA = OP \cos AOP = 1350 \cos 70° = 462 \text{ km ao sul}$$

e

$$\dfrac{AP}{OP} = \text{sen } AOP, \text{ ou } AP = OP \text{ sen } AOP = 1350 \text{ sen } 70° = 1269 \text{ km a oeste}$$

26.5 De um ponto ao nível do solo o ângulo de elevação do topo de um prédio é 37,3°. De um ponto 50 jardas* mais próximo, o ângulo de elevação é 56,2°. Encontre a altura do prédio.

Esboce uma figura (Fig. 26-6).

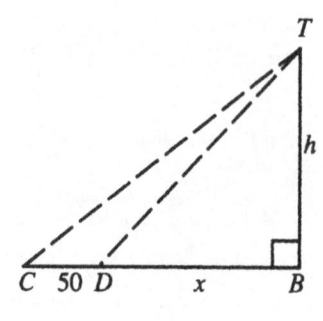

Figura 26-6

Introduza a variável auxiliar x. A função cotangente é escolhida, uma vez que conduz a uma álgebra mais simples para eliminar x. No triângulo retângulo DBT,

$$\cotg TDB = \frac{x}{h}$$

No triângulo retângulo CBT,

$$\cotg TCB = \frac{50 + x}{h}$$

Portanto,

$$\cotg TCB - \cotg TDB = \frac{50 + x}{h} - \frac{x}{h} = \frac{50}{h}$$

logo,

$$h = \frac{50}{\cotg TCB - \cotg TDB} = \frac{50}{\cotg 37,3° - \cotg 56,2°} = 78 \text{ jardas}$$

Nota: A precisão do resultado é determinada pela precisão na medição dos dados. Observe também que calculando a cotangente em uma calculadora científica, é usada a identidade $\cotg u = 1 / (\tg u)$.

26.6 Demonstre a lei dos senos.

Duas situações típicas (triângulos agudo e obtuso) estão esboçadas (Fig. 26-7).

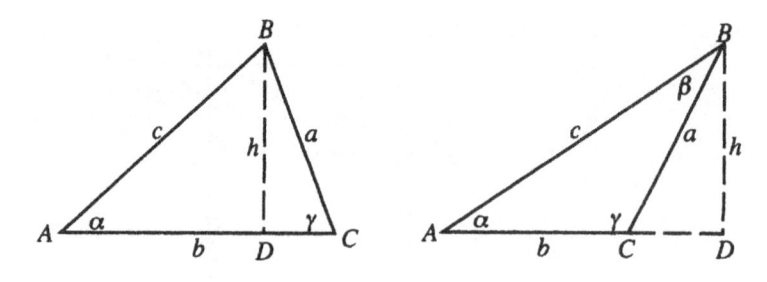

Figura 26-7

h representa uma altura do triângulo, desenhada a partir de um vértice (mostrado como B) e perpendicular ao lado oposto. No triângulo obtuso, a altura fica fora do triângulo. Em geral, no entanto, os triângulos ADB e CDB são triângulos retângulos. No triângulo ADB,

$$\sen \alpha = \frac{h}{c}, \quad \text{logo, } h = c \sen \alpha$$

---

* N. de T.: Uma jarda é uma medida inglesa de comprimento que corresponde a 91 centímetros.

No triângulo CDB, $\angle BCD$ é γ ou $180° - \gamma$. Em qualquer caso, sen BCD = sen γ = sen($180° - \gamma$); logo,

$$\text{sen } BCD = \text{sen } \gamma = \frac{h}{a}, \quad \text{portanto, } h = a \text{ sen } \gamma$$

Assim, a sen $\gamma = c$ sen α, ou dividindo ambos os lados por sen α sen γ,

$$\frac{a}{\text{sen } \alpha} = \frac{c}{\text{sen } \gamma}$$

Nota: Como as letras são arbitrariamente escolhidas, os outros casos da lei dos senos podem ser imediatamente obtidos por substituição (algumas vezes chamada rotação de letras): substitua a por b, b por c, c por a e também α por β, β por γ, γ por α.

A lei dos senos também é aplicada para um triângulo retângulo; a demonstração é deixada para o estudante.

26.7 Analise os casos AAL e ALA para resolver um triângulo oblíquo.

Em qualquer dos casos, dois ângulos são conhecidos; logo, o terceiro pode ser encontrado imediatamente, já que a soma dos ângulos de um triângulo é 180°. Com os três ângulos conhecidos, e um lado dado, existe informação suficiente para substituir na lei dos senos a fim de encontrar o segundo e o terceiro lados. Por exemplo, dado a, então b pode ser encontrado, uma vez que

$$\frac{a}{\text{sen } \alpha} = \frac{b}{\text{sen } \beta}, \quad \text{logo, } b = \frac{a \text{ sen } \beta}{\text{sen } \alpha}$$

26.8 Resolva o triângulo ABC, dados $\alpha = 23,9°$, $\beta = 114°$ e $c = 82,8$.

Como são dados dois ângulos e o lado entre eles, esse é o caso ALA.

Isole γ.

Como $\alpha + \beta + \gamma = 180°$, $\gamma = 180° - \alpha - \beta = 180° - 23,9° - 114° = 42,1°$.

Isole a:

Da lei dos senos, $\frac{a}{\text{sen } \alpha} = \frac{c}{\text{sen } \gamma}$; consequentemente

$$a = \frac{c \text{ sen } \alpha}{\text{sen } \gamma} = \frac{82,8 \text{ sen } 23,9°}{\text{sen } 42,1°} = 50,0$$

Isole b:

Aplicando a lei dos senos outra vez, $\frac{b}{\text{sen } \beta} = \frac{c}{\text{sen } \gamma}$, logo,

$$b = \frac{c \text{sen} \beta}{\text{sen } \gamma} = \frac{82,8 \text{sen} 114°}{\text{sen} 42,1°} = 113$$

26.9 Um corpo de bombeiros B localiza-se 11 quilômetros a leste do corpo de bombeiros A. Uma fumaça é avistada na direção *bearing* S23°40′ L do corpo de bombeiros A, e S68°40′O do corpo de bombeiros B. Qual a distância do fogo até cada corpo de bombeiros?

Esboce uma figura (Fig. 26-8).

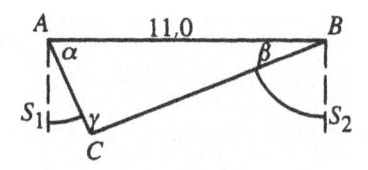

Figura 26-8

Dado o lado $AB = c = 11,0$, $\angle S_1AC = 23°40′$ e $\angle S_2BC = 68°40′$, segue que

$$\alpha = 90° - 23°40′ = 66°20′ \text{ e } \beta = 90° - 68°40′ = 21°20′$$

Portanto, são dados dois ângulos e o lado entre eles e esse é o caso ALA.

Isole γ.

$$\gamma = 180° - \alpha - \beta = 180° - 66°20' - 21°20' = 92°20'$$

Isole a:

Da lei dos senos, $\dfrac{a}{\operatorname{sen}\alpha} = \dfrac{c}{\operatorname{sen}\gamma}$; consequentemente,

$$a = \frac{c\operatorname{sen}\alpha}{\operatorname{sen}\gamma} = \frac{11,0\,\operatorname{sen}66°20'}{\operatorname{sen}92°20'} = 10,1 \text{ km de } B$$

Isole b:

Aplicando a lei dos senos novamente, $\dfrac{b}{\operatorname{sen}\beta} = \dfrac{c}{\operatorname{sen}\gamma}$; logo,

$$b = \frac{c\operatorname{sen}\beta}{\operatorname{sen}\gamma} = \frac{11,0\,\operatorname{sen}21°20'}{\operatorname{sen}92°20'} = 4,01 \text{ km de } A$$

26.10 Analise o caso LLA quando se resolve um triângulo oblíquo.

Existem várias possibilidades. Assuma, por consistência, que a, b e α são dados. Desenhe uma reta de comprimento não especificado para representar c e, então, desenhe o ângulo α e o lado b. Logo, os seguintes casos podem ser distinguidos:

α agudo (ver Fig. 26-9):

b sen α > a	b sen α = a	b sen α < a < b	a ≥ b
Não existe	Um triângulo	Dois triângulos	Um triângulo

Figura 26-9

α obtuso (ver Fig. 26-10):

a ≤ b	a > b
Não existe	Um triângulo

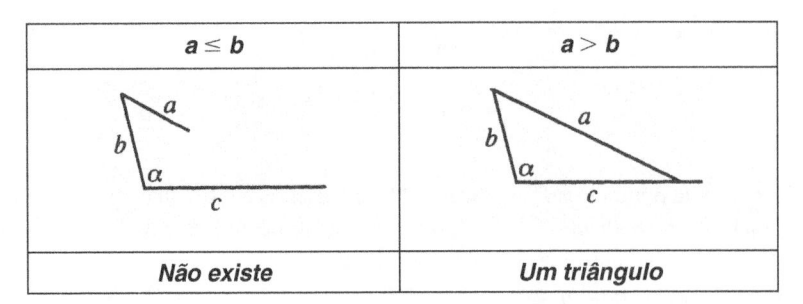

Figura 26-10

Em cada caso, comece calculando os possíveis valores de β, usando a lei dos senos:

Como $\dfrac{a}{\operatorname{sen}\alpha} = \dfrac{b}{\operatorname{sen}\beta}$; segue-se que $\operatorname{sen}\beta = \dfrac{b\operatorname{sen}\alpha}{a}$.

Se o valor de sen β calculado por este caminho é maior que 1, não existe solução para essa equação e nenhum triângulo é possível. Se esse valor de sen $\beta = 1$, existe um triângulo (retângulo) possível. Se esse valor de $\beta < 1$, existem duas soluções para β:

$$\beta = \operatorname{sen}^{-1}\frac{b\operatorname{sen}\alpha}{a} \text{ e } \beta' = 180° - \operatorname{sen}^{-1}\frac{b\operatorname{sen}\alpha}{a}.$$

Se ambas as soluções, substituídas em $\alpha + \beta + \gamma = 180°$, produzem um valor positivo para γ, então dois triângulos são possíveis; se não, somente a primeira solução conduz a um triângulo possível e existe apenas um triângulo.

O caso LLA é conhecido algumas vezes como um caso de ambiguidade, pois existem muitas possibilidades e porque dois triângulos podem ser determinados pela informação dada.

26.11 Resolva o triângulo ABC, dados $\alpha = 23,9°$, $a = 43,7$ e $b = 35,1$.

Esboce uma figura, começando com um segmento de reta de comprimento não especificado para representar c. Como dois lados e um ângulo que não está entre eles são dados, esse é o caso LLA.

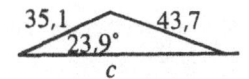

Figura 26-11

Da figura e do fato de que $a > b$, um único triângulo é determinado pelos dados disponíveis.

Isole β:

$$\operatorname{sen}\beta = \frac{b\operatorname{sen}\alpha}{a} = \frac{35,1\operatorname{sen}23,9°}{43,7} = 0,3254$$

$$\beta = \operatorname{sen}^{-1}0,3254 = 19,0°$$

Isole γ.

$$\gamma = 180° - \alpha - \beta = 180° - 23,9° - 19,0° = 137,1°$$

Observe que a segunda solução de $\operatorname{sen}\beta = 0,3254$, isto é, $\beta = 180° - \operatorname{sen}^{-1}0,3254 = 161°$, é muito grande para ser consistente com o mesmo triângulo no qual $\alpha = 23,9°$; essa possibilidade deve ser descartada.

Isole c:

Da lei dos senos $\dfrac{a}{\operatorname{sen}\alpha} = \dfrac{c}{\operatorname{sen}\gamma}$, logo

$$c = \frac{a\operatorname{sen}\gamma}{\operatorname{sen}\alpha} = \frac{43,7\operatorname{sen}137,1°}{\operatorname{sen}23,9°} = 73,4$$

26.12 Demonstre a lei dos cossenos.

Duas situações típicas (ângulo γ agudo e obtuso) estão esboçadas (Fig. 26-12).

Em qualquer caso, como A é um ponto distante b unidades da origem, no lado final de γ em posição canônica, as coordenadas de A são dadas por $(b\cos\gamma, b\operatorname{sen}\gamma)$. As coordenadas de B são dadas por $(a, 0)$. Então, a distância de A até B, denotada por c, é dada pela fórmula da distância como:

$$c = d(A,B) = \sqrt{(a - b\cos\gamma)^2 + (0 - b\operatorname{sen}\gamma)^2}$$

Elevando ao quadrado

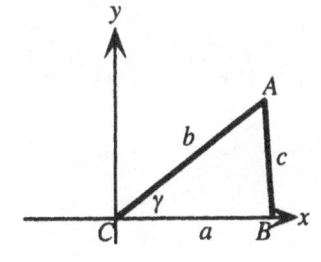

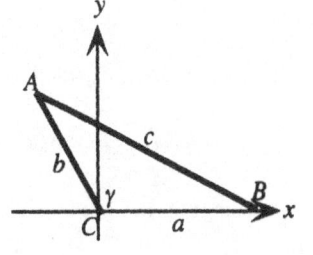

$$c^2 = (a - b\cos\gamma)^2 + (b\operatorname{sen}\gamma)^2$$

Figura 26-12

Simplificando:

$$c^2 = a^2 - 2ab\cos\gamma + b^2\cos^2\gamma + b^2\text{sen}^2\gamma$$
$$= a^2 - 2ab\cos\gamma + b^2(\cos^2\gamma + \text{sen}^2\gamma)$$

Logo, pela identidade pitagórica,

$$c^2 = a^2 + b^2 - 2ab\cos\gamma$$

Nota: Como as letras são arbitrariamente escolhidas, os outros casos da lei dos cossenos podem ser imediatamente obtidos por substituição (algumas vezes chamada rotação de letras): substitua a por b, b por c, c por a e também α por β, β por γ, γ por α.

A lei dos cossenos também se aplica ao triângulo retângulo; para o lado oposto ao ângulo reto reduz-se ao teorema de Pitágoras; a prova é deixada para o estudante.

26.13 Analise os casos LAL e LLL quando se resolve um triângulo oblíquo.

No caso LAL, são dados dois lados e o ângulo entre eles. Denote-os por a, b e γ. Então, nenhuma das três razões na lei dos senos é conhecida a princípio, assim nenhuma informação pode ser obtida dessa lei. Da lei dos cossenos, porém, o terceiro lado c, pode ser determinado. Então, com os três lados e um ângulo conhecido, a lei dos senos pode ser usada para determinar um segundo ângulo. Se o menor dos dois ângulos desconhecidos (menor porque está oposto a um lado menor) é escolhido, esse ângulo deve ser agudo e, assim, existe apenas uma possibilidade. O terceiro ângulo segue imediatamente, uma vez que a soma dos três ângulos deve ser 180°.

No caso LLL, novamente nenhuma das três razões na lei dos senos é conhecida a princípio, assim nenhuma informação pode ser obtida dessa lei. Contudo, a lei dos cossenos pode ser utilizada para isolar o cosseno de um ângulo desconhecido resultando:

$$\cos\alpha = \frac{b^2 + c^2 - a^2}{2bc} \quad \cos\beta = \frac{a^2 + c^2 - b^2}{2ac} \quad \cos\gamma = \frac{a^2 + b^2 - c^2}{2ab}$$

Se o ângulo oposto ao maior lado é calculado primeiro, o ângulo será obtuso se o seu cosseno for negativo e será agudo se for positivo. Em qualquer caso, os outros dois ângulos não podem ser obtusos e devem ser agudos. Por essa razão, o segundo ângulo pode ser encontrado da lei dos senos sem ambiguidade, uma vez que este ângulo deve ser agudo. O terceiro ângulo segue imediatamente já que a soma dos três ângulos deve ser 180°.

26.14 Resolva o triângulo ABC, dados $a = 3{,}562$, $c = 8{,}026$ e $\beta = 14°23'$.

Como são dados dois lados e o ângulo entre eles, esse é o caso LAL.

Isole b:

Da lei dos cossenos:

$$b^2 = a^2 + c^2 - 2ac\cos\beta = (3{,}562)^2 + (8{,}026)^2 - 2(3{,}562)(8{,}026)\cos 14°23' = 21{,}7194$$

Logo

$$b = \sqrt{21{,}7194} = 4{,}660$$

Isole o menor dos dois ângulos desconhecidos, o qual deve ser α:

Da lei dos senos, $\dfrac{a}{\text{sen}\,\alpha} = \dfrac{b}{\text{sen}\,\beta}$ logo, $\text{sen}\,\alpha = \dfrac{a\,\text{sen}\,\beta}{b} = \dfrac{3{,}562\,\text{sen}\,14°23'}{4{,}660} = 0{,}18986$. A única solução aceitável dessa equação deve ser um ângulo agudo; logo, $\alpha = \text{sen}^{-1}\,0{,}18986$, ou, expresso em graus e minutos, $\alpha = 10°56'$.

Isole γ.

$$\gamma = 180° - \alpha - \beta = 180° - 10°56' - 14°23' = 154°41'$$

26.15 Resolva o triângulo ABC, dados $a = 29{,}4$, $b = 47{,}5$ e $c = 22{,}0$.

Como os três lados são dados, esse caso é o LLL. Comece por isolar o maior ângulo, β, que é o maior porque é oposto ao maior lado, b.

Isole β:

Da lei dos cossenos,

$$\cos\beta = \frac{a^2 + c^2 - b^2}{2ac} = \frac{(29{,}4)^2 + (22{,}0)^2 - (47{,}5)^2}{2(29{,}4)(22{,}0)} = -0{,}70183$$

A única solução aceitável dessa equação deve ser um ângulo obtuso; logo, $\beta = \cos^{-1}(-0{,}70183)$, ou expresso em graus, $\beta = 134{,}6°$.

Isole α:

Da lei dos senos, $\dfrac{a}{\operatorname{sen}\alpha} = \dfrac{b}{\operatorname{sen}\beta}$; logo, sen $\alpha = \dfrac{a\operatorname{sen}\beta}{b} = \dfrac{29{,}4\operatorname{sen}[\cos^{-1}(-0{,}70183)]}{47{,}5} = 0{,}44090$. A única solução aceitável dessa equação deve ser um ângulo agudo, logo $\alpha = \operatorname{sen}^{-1}0{,}44090$, ou expresso em graus, $\alpha = 26{,}2°$.

Isole γ.

$$\gamma = 180° - a - b = 180° - 26{,}2° - 134{,}6° = 19{,}2°$$

26.16 Um carro deixa uma interseção viajando em uma velocidade média de 56 milhas por hora. Cinco minutos depois, um segundo carro deixa a mesma interseção e viaja em uma estrada que faz um ângulo de 112° com a primeira, em uma velocidade média de 48 milhas por hora. Assumindo que as estradas sejam retas, qual a distância que separa os carros 15 minutos depois que o primeiro carro tenha partido?

Esboce uma figura (ver Fig. 26-13).

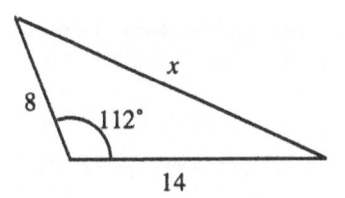

Figura 26-13

Seja $x =$ a distância pedida. Como o primeiro carro viaja a 56 mph (milhas por hora) durante $\frac{1}{4}$ h, chega a uma distância de $56\left(\frac{1}{4}\right) = 14$ milhas. O segundo carro viaja a 48 mph durante $\frac{1}{6}$ h, assim chega a uma distância de $48\left(\frac{1}{6}\right) = 8$ milhas. No triângulo, são dados dois lados e o ângulo entre eles; logo, pela lei dos cossenos,

$$x^2 = 8^2 + 14^2 - 2(8)(14)\cos 112° = 343{,}9$$

Logo, $x = \sqrt{343{,}9} = 19$ milhas, com a mesma precisão dos dados fornecidos.

26.17 Um pentágono regular é inscrito em um círculo de raio 10,0 unidades. Encontre o comprimento de um lado do pentágono.

Esboce uma figura (ver Fig. 26-14).

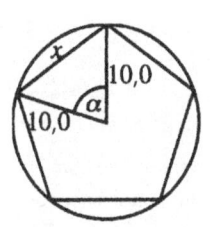

Figura 26-14

Seja $x =$ o comprimento de um lado. Como o pentágono é regular, o ângulo $\alpha = \frac{1}{5}$ de um círculo completo $= 72°$. Logo, da lei dos cossenos,

$$x^2 = (10{,}0)^2 + (10{,}0)^2 - 2(10{,}0)(10{,}0)\cos 72° = 138{,}2; \text{ portanto, } x = \sqrt{138{,}2} = 11{,}8 \text{ unidades}$$

Problemas Complementares

26.18 Resolva um triângulo retângulo dados $a = 350$ e $\alpha = 73°$.

Resp. $\beta = 17°, b = 107, c = 366$

26.19 Resolva um triângulo retângulo dados $b = 9,94$ e $c = 12,7$.

Resp. $a = 7,90, \beta = 51,5°, \alpha = 38,5°$

26.20 Um retângulo tem 173 metros de comprimento e 106 metros de altura. Encontre o ângulo entre uma diagonal e o lado maior.

Resp. $31,5°$

26.21 Do alto de uma torre, o ângulo de depressão de um ponto ao nível do solo é $56°30'$. Se a altura da torre é 79,4 pés, qual a distância do ponto até a base da torre?

Resp. 52,6 pés

26.22 Uma antena de rádio é fixada no topo de um prédio. De um ponto 12,5 metros da base do prédio, a partir do nível do solo, o ângulo de elevação da base da antena é $47,2°$ e o ângulo de elevação do topo é $51,8°$. Encontre a altura da antena.

Resp. 2,39 metros

26.23 Mostre que a lei dos senos vale para um triângulo retângulo.

26.24 Mostre que a lei dos cossenos vale para um triângulo retângulo, e se reduz ao teorema de Pitágoras para o lado oposto ao ângulo reto.

26.25 Mostre que a área de um triângulo pode ser expressa como a metade do produto de quaisquer dos dois lados pelo seno do ângulo entre eles. ($A = \frac{1}{2} bc \operatorname{sen} \alpha$)

26.26 Quantos triângulos são possíveis, baseando-se nos dados apresentados?

(a) $\alpha = 20°, b = 30, \gamma = 40°$; (b) $\alpha = 20°, b = 30, a = 5$; (c) $a = 30, c = 20, \gamma\ 50°$;

(d) $a = 30, c = 30, \gamma = 100°$; (e) $\beta = 20°, b = 50, c = 30$

Resp. (a) 1; (b) 0; (c) 2; (d) 0; (e) 1

26.27 Resolva o triângulo ABC dados (a) $\beta = 35,5°, \gamma = 82,6°, c = 7,88$; (b) $\alpha = 65°50', \beta = 78°20', c = 15,3$.

Resp. (a) $\alpha = 61,9°, b = 4,61, a = 7,01$; (b) $\gamma = 35°50', a = 23,8. b = 25,6$

26.28 Resolva o triângulo ABC dados (a) $a = 12,3, b = 84,5, \alpha = 71,0°$; (b) $a = 84,5, b = 12,3, \alpha = 71,0°$;

(c) $a = 4,53, c = 6,47, \alpha = 39,3°$; (d) $a = 934, b = 1420, \beta = 108°$.

Resp. (a) Nenhum triângulo pode ser obtido com os dados disponíveis; (b) $\beta = 7,91°, \gamma = 101°, c = 87,7$;
  (c) Dois triângulos podem ser obtidos com os dados disponíveis; triângulo 1: $\gamma = 64,8°, \beta = 75,9°, b = 6,94$,
  triângulo 2: $\gamma' = 115,2°, \beta' = 25,5°, b' = 3,08$; (d) $\alpha = 38,7°, \gamma = 33,3°, c = 819$

26.29 Quantos triângulos são possíveis, baseando-se nos dados apresentados?

(a) $a = 30, \beta = 40°, c = 50$; (b) $a = 80, b = 120, c = 30$; (c) $a = 40, b = 50, c = 35$;

(d) $\alpha = 75°, \beta = 35°, \gamma = 70°$; (e) $a = 40, b = 40, \gamma = 130°$

Resp. (a) 1; (b) 0; (c) 1; (d) uma infinidade; (e) 1

26.30 Resolva o triângulo ABC dados (a) $b = 78, c = 150, \alpha = 83°$; (b) $a = 1260, b = 1440, c = 1710$.

Resp. (a) $a = 160, \beta = 29°, \gamma = 68°$; (b) $\alpha = 46,2°, \beta = 55,5°, \gamma = 78,3°$

26.31 Os pontos A e B estão em lados opostos de um lago. Para encontrar a distância entre eles, um ponto C é colocado a 354 metros de B e 286 metros de A. O ângulo entre AB e AC é $46°20'$. Encontre a distância entre A e B.

Resp. 485 metros

26.32 Dois lados de um paralelogramo medem 9 e 15 unidades de comprimento. O comprimento da diagonal menor do paralelogramo mede 14 unidades. Encontre o comprimento da diagonal maior.

Resp. $4\sqrt{26} \approx 20{,}4$ unidades

26.33 Um avião viaja 175 milhas na direção *heading* $130°$ e, em seguida, viaja 85 milhas na direção *heading* $255°$. Qual a distância do avião a partir do ponto inicial?

Resp. 144 milhas

26.34 (*a*) Use a lei dos senos para mostrar que em qualquer triângulo $\dfrac{a+b}{c} = \dfrac{\operatorname{sen}\alpha + \operatorname{sen}\beta}{\operatorname{sen}\gamma}$.

(*b*) Use o resultado do item (*a*) para obter a fórmula de Mollweide: $\dfrac{a+b}{c} = \dfrac{\cos\frac{1}{2}(\alpha - \beta)}{\operatorname{sen}(\gamma/2)}$.

26.35 Por conter as seis partes de um triângulo, a fórmula de Mollweide é, algumas vezes, usada para verificar os resultados nos triângulos resolvidos. Use a fórmula para verificar os resultados no Problema 26.27a.

Resp. $\dfrac{a+b}{c} = 1{,}4746$, $\dfrac{\cos\frac{1}{2}(\alpha - \beta)}{\operatorname{sen}(\gamma/2)} = 1{,}4751$; os dois lados estão de acordo com a precisão dos dados disponíveis.

Capítulo 27

Vetores

VETORES E QUANTIDADES VETORIAIS

Uma quantidade com magnitude e direção é chamada de *quantidade vetorial*. Exemplos incluem força, velocidade, aceleração e deslocamento linear. Uma quantidade vetorial pode ser representada por um segmento de reta orientado, chamado *vetor* (geométrico). O comprimento do segmento de reta representa a magnitude do vetor; a direção é indicada pela posição relativa do *ponto inicial* e do *ponto final* do segmento de reta. (ver Fig. 27-1)

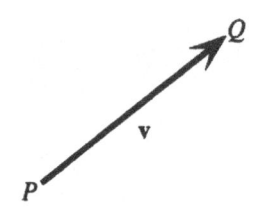

Figura 27-1

Os vetores são indicados por letras em negrito. Na figura, P é o ponto inicial do vetor **v** e Q é o ponto final. O vetor **v** também poderia ser representado como o vetor $\overrightarrow{PQ}$.

ESCALARES E QUANTIDADES ESCALARES

Uma quantidade somente com magnitude é chamada uma *quantidade escalar*. Exemplos incluem massa, comprimento, tempo e temperatura. Os números usados para medir quantidades escalares são chamados *escalares*.

VETORES EQUIVALENTES

Dois vetores são ditos equivalentes se têm a mesma magnitude e a mesma direção.

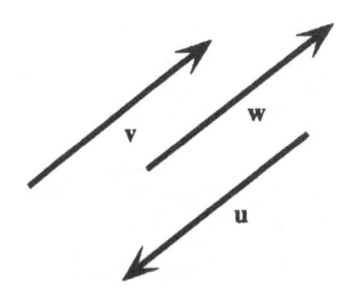

Figura 27-2

Normalmente, equivalência é indicada com o símbolo de igualdade. Na Fig. 27-2, **v** = **w**, mas **u** ≠ **v**. Como há um número infinito de segmentos de reta com uma dada magnitude e direção, há um número infinito de vetores equivalentes a um dado vetor (algumas vezes chamados de cópias do vetor).

VETOR NULO

Um vetor nulo é definido como um vetor com magnitude zero e representado por **0**. Os pontos inicial e final do vetor nulo coincidem; logo, um vetor nulo pode ser entendido como um simples ponto.

ADIÇÃO DE VETORES

A adição de dois vetores é definida de duas formas equivalentes, o método do triângulo e o método do paralelogramo.

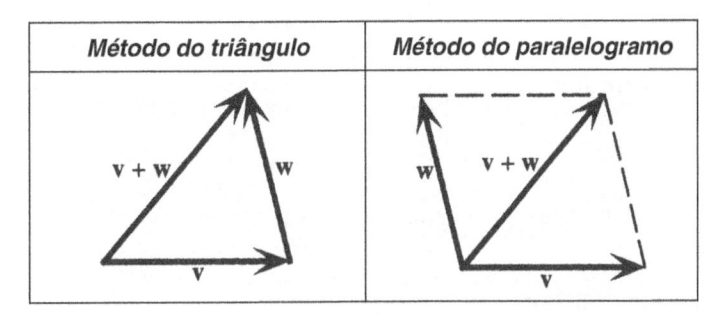

Figura 27-3

1. **Método do triângulo**: Dados **v** e **w**, **v** + **w** é o vetor formado como segue: coloque uma cópia de **w** com ponto inicial coincidente com ponto final de **v**. Então **v** + **w** tem o ponto inicial de **v** e o ponto final de **w**.
2. **Método do paralelogramo**: Dados **v** e **w**, **v** + **w** é o vetor formado como segue: coloque cópias de **v** e **w** com o mesmo ponto inicial. Complete o paralelogramo (assumindo **v** e **w** como segmentos de retas não paralelas). Então, **v** + **w** é a diagonal do paralelogramo com esse ponto inicial.

MULTIPLICAÇÃO DE UM VETOR POR UM ESCALAR

Dado um vetor **v** e um escalar c, o produto c**v** é definido como segue: se c é positivo, c**v** é um vetor com a mesma direção de **v** e c vezes sua magnitude. Se $c = 0$, então, c**v** $= 0$**v** $= $ **0**. Se c é negativo, c**v** é um vetor com a direção oposta de **v** e $|c|$ vezes a magnitude de **v**.

Exemplo 27.1 Dado **v** como mostrado ao lado, desenhe 2**v**, $\frac{1}{2}$**v** e -2**v**

O vetor 2**v** tem a mesma direção de **v** e duas vezes a magnitude. O vetor $\frac{1}{2}$**v** tem a mesma direção de **v** e metade da magnitude. O vetor -2**v** tem direção oposta de **v** e duas vezes a magnitude (ver Fig. 27-4).

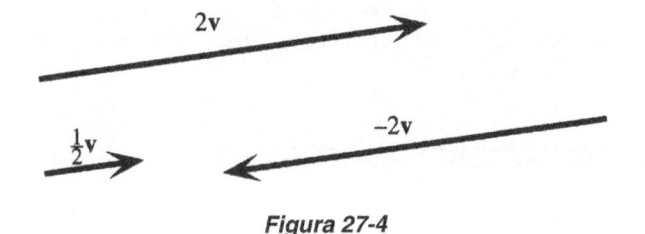

Figura 27-4

SUBTRAÇÃO DE VETORES

Se **v** é um vetor não nulo, $-$**v** é o vetor com a mesma magnitude de **v** e direção oposta. Então, **v** $-$ **w** é definido como **v** + ($-$**w**).

Exemplo 27.2 Ilustre as relações entre **v**, **w**, −**w**, **v** − **w** e **v** + (−**w**).

Ver Fig. 27-5.

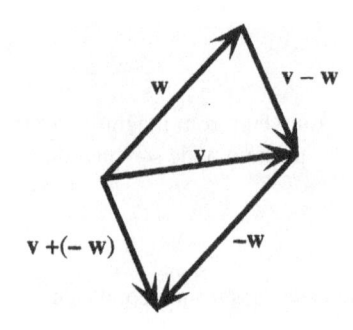

Figura 27-5

−**w** tem a mesma magnitude de **w** e a direção oposta. **v** + (−**w**) é obtido pelo método do triângulo. Do método do paralelogramo, observe que

$$\mathbf{v} + (-\mathbf{w}) + \mathbf{w} = \mathbf{v} \qquad \mathbf{v} - \mathbf{w} + \mathbf{w} = \mathbf{v}$$

Portanto, **v** − **w** é o vetor que deve ser somado a **w** para obter **v**.

VETORES ALGÉBRICOS

Se um vetor **v** é colocado no sistema de coordenadas cartesianas tal que $\mathbf{v} = \overrightarrow{P_1P_2}$, onde P_1 tem coordenadas (x_1, y_1) e P_2 tem coordenadas (x_2, y_2), então o deslocamento horizontal de P_1 a P_2, $x_2 - x_1$, é chamado de *componente horizontal* de **v**, e o deslocamento vertical $y_2 - y_1$ é chamado de *componente vertical* de **v** (ver Fig. 27-6).

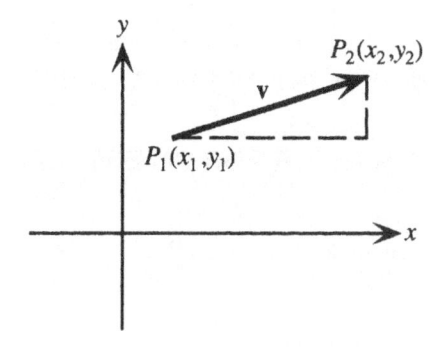

Figura 27-6

Dadas as componentes horizontal e vertical a e b, então **v** é completamente determinado por a e b e é escrito como o *vetor algébrico* $\mathbf{v} = \langle a, b \rangle$. Então, $\mathbf{v} = \overrightarrow{OP}$, onde P tem coordenadas (a,b). Existe uma correspondência um-a-um (injetora) entre os vetores algébricos e geométricos; qualquer vetor geométrico correspondente a $\langle a, b \rangle$ é chamado um *representante geométrico* de $\langle a, b \rangle$.

OPERAÇÕES COM VETORES ALGÉBRICOS

Seja $\mathbf{v} = \langle v_1, v_2 \rangle$ e $\mathbf{w} = \langle w_1, w_2 \rangle$. Então,

$$\mathbf{v} + \mathbf{w} = \langle v_1 + w_1, v_2 + w_2 \rangle \qquad -\mathbf{w} = \langle -w_1, -w_2 \rangle$$
$$\mathbf{v} - \mathbf{w} = \langle v_1 - w_1, v_2 - w_2 \rangle \qquad c\mathbf{v} = \langle cv_1, cv_2 \rangle$$

Exemplo 27.3 Dados $\mathbf{a} = \langle 3, -8 \rangle$ e $\mathbf{b} = \langle 5, 2 \rangle$, encontre $\mathbf{a} + \mathbf{b}$.

$$\mathbf{a} + \mathbf{b} = \langle 3, -8 \rangle + \langle 5, 2 \rangle = \langle 3+5, -8+2 \rangle = \langle 8, -6 \rangle$$

MAGNITUDE DE UM VETOR ALGÉBRICO

A magnitude de $\mathbf{v} = \langle v_1, v_2 \rangle$ é dada por

$$|\mathbf{v}| = \sqrt{v_1^2 + v_2^2}$$

ÁLGEBRA VETORIAL

Dados os vetores **u**, **v** e **w**, então,

$\mathbf{v} + \mathbf{w} = \mathbf{w} + \mathbf{v}$	$\mathbf{u} + (\mathbf{v} + \mathbf{w}) = (\mathbf{u} + \mathbf{v}) + \mathbf{w}$	$\mathbf{v} + \mathbf{0} = \mathbf{v}$
$\mathbf{v} + (-\mathbf{v}) = \mathbf{0}$	$c(\mathbf{v} + \mathbf{w}) = c\mathbf{v} + c\mathbf{w}$	$(c+d)\mathbf{v} = c\mathbf{v} + d\mathbf{v}$
$(cd)\mathbf{v} = c(d\mathbf{v}) = d(c\mathbf{v})$	$1\mathbf{v} = \mathbf{v}$	$0\mathbf{v} = \mathbf{0}$

MULTIPLICAÇÃO VETORIAL

Dados dois vetores $\mathbf{v} = \langle v_1, v_2 \rangle$ e $\mathbf{w} = \langle w_1, w_2 \rangle$, o *produto interno* de **v** e **w** é definido como $\mathbf{v} \cdot \mathbf{w} = v_1 w_1 + v_2 w_2$. Observe que esta é uma quantidade escalar.

Exemplo 27.4 Dados $\mathbf{a} = \langle 3, -8 \rangle$ e $\mathbf{b} = \langle 5, 2 \rangle$, encontre $\mathbf{a} \cdot \mathbf{b}$.

$$\mathbf{a} \cdot \mathbf{b} = 3 \cdot 5 + (-8)2 = -1$$

ÂNGULO ENTRE DOIS VETORES

Se dois vetores não nulos $\mathbf{v} = \langle v_1, v_2 \rangle$ e $\mathbf{w} = \langle w_1, w_2 \rangle$ têm representações geométricas $\overrightarrow{OV}$ e $\overrightarrow{OW}$, então o ângulo entre **v** e **w** é definido como o ângulo *VOW* (Fig. 27-7).

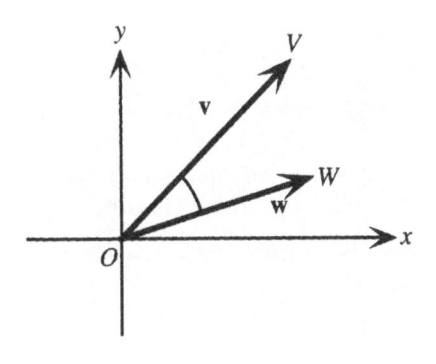

Figura 27-7

TEOREMA DO PRODUTO INTERNO

Se θ é o ângulo entre dois vetores não nulos **v** e **w**, então $\mathbf{v} \cdot \mathbf{w} = |\mathbf{v}|\,|\mathbf{w}| \cos \theta$.

PROPRIEDADES DO PRODUTO INTERNO

Dados os vetores **u**, **v** e **w**, e a sendo um número real, então

u · **v** = **v** · **u** (propriedade comutativa) (a**v**) · **w** = a(**v** · **w**)	(propriedade associativa)
u ·(**v** + **w**) = **u** · **v** + **u** · **w**	(propriedade distributiva)
v · **v** ≥ 0 e **v** · **v** = 0 se, e somente se, **v** = **0**	(propriedade da positividade)

Problemas Resolvidos

27.1 Dados os vetores **v** e **w** como mostrados, esboce **v** + **w**, 2**v** e $2\mathbf{v} - \frac{1}{2}\mathbf{w}$.

Para encontrar **v** + **w**, coloque uma cópia de **w** com o ponto inicial coincidente com o ponto final de **v**. Então, **v** + **w** tem o ponto inicial de **v** e o ponto final de **w**.

Para encontrar 2**v**, esboce um vetor com a mesma direção de **v** e o dobro da magnitude.

Para encontrar $2\mathbf{v} - \frac{1}{2}\mathbf{w}$ esboce $-\frac{1}{2}\mathbf{w}$, um vetor com direção oposta a **w** e metade de sua magnitude, cujo ponto inicial é coincidente com o ponto final de 2**v**. Portanto, $2\mathbf{v} - \frac{1}{2}\mathbf{w}$ tem o ponto inicial de 2**v** e o ponto final de $-\frac{1}{2}\mathbf{w}$.

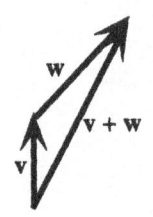

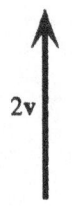

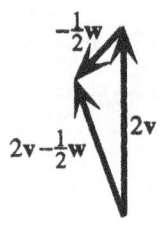

Figura 27-8

27.2 Dados **v** = ⟨−5, 3⟩ e **w** = ⟨0, −4⟩, encontre **v** + **w**, 4**v** e $2\mathbf{v} - \frac{1}{2}\mathbf{w}$.

$$\mathbf{v} + \mathbf{w} = \langle -5, 3\rangle + \langle 0, -4\rangle = \langle -5 + 0, 3 + (-4)\rangle = \langle -5, -1\rangle$$

$$4\mathbf{v} = 4\langle -5, 3\rangle = \langle 4(-5), 4 \cdot 3\rangle = \langle -20, 12\rangle$$

$$2\mathbf{v} - \frac{1}{2}\mathbf{w} = 2\langle -5, 3\rangle - \frac{1}{2}\langle 0, -4\rangle = \langle -10, 6\rangle - \langle 0, -2\rangle = \langle -10, 8\rangle$$

27.3 Dado o vetor **v** = ⟨v_1, v_2⟩, (a) mostre que a magnitude de **v** é dada por $|\mathbf{v}| = \sqrt{v_1^2 + v_2^2}$; ($b$) encontre o ângulo θ formado pelo vetor **v** = ⟨v_1, v_2⟩ e a horizontal.

(a) Desenhe uma cópia de **v** com o ponto inicial na origem; então, o ponto final de **v** é $P(v_1, v_2)$.

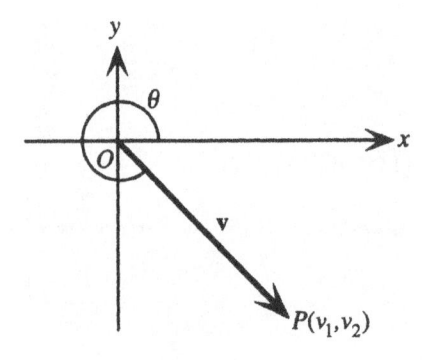

Figura 27-9

Da fórmula da distância,

$$|\mathbf{v}| = d(O, P) = \sqrt{(v_1 - 0)^2 + (v_2 - 0)^2} = \sqrt{v_1^2 + v_2^2}$$

(b) Das definições de funções trigonométricas como razões (Capítulo 22), como P é um ponto no lado final do ângulo θ,

$$\operatorname{tg} \theta = \frac{v_2}{v_1}$$

Portanto, se $0 \le \theta < \pi/2$, então, $\theta = \operatorname{tg}^{-1} \frac{v_2}{v_1}$. Por outro lado, θ é um ângulo com esse valor como ângulo de referência. (Se $v_1 = 0$, então, se $v_2 > 0$, θ pode ser tomado como $\pi/2 + 2\pi n$; e se $v_2 < 0$, θ pode ser tomado como $-\pi/2 + 2\pi n$.)

27.4 Encontre $|\mathbf{v}|$ e o ângulo θ formado entre o vetor $\mathbf{v} = \langle v_1, v_2 \rangle$ e a horizontal, dados

(a) $\mathbf{v} = \langle 8, 5 \rangle$; (b) $\mathbf{v} = \langle -6, -6 \rangle$

(a) $|\mathbf{v}| = \sqrt{8^2 + 5^2} = \sqrt{89}$. $\operatorname{tg} \theta = \frac{5}{8}$. Como o ponto inicial de $\mathbf{v}$ está na origem, o ponto final (8,5) no quadrante I, θ pode ser tomado como está $\operatorname{tg}^{-1} \frac{5}{8}$.

(b) $|\mathbf{v}| = \sqrt{(-6)^2 + (-6)^2} = \sqrt{72} = 6\sqrt{2}$. $\operatorname{tg} \theta = \frac{-6}{-6} = 1$. Como o ponto inicial de $\mathbf{v}$ está na origem, o ponto final $(-6, -6)$ está no quadrante III, θ pode ser tomado como qualquer solução de $\operatorname{tg} \theta = 1$ nesse quadrante, por exemplo, $5\pi/4$.

27.5 Resolva um vetor $\mathbf{v}$ em componentes horizontal e vertical.

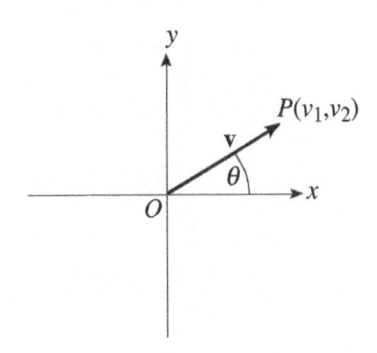

Figura 27-10

Veja a Fig. 27-10. Vetor $\mathbf{v} = \langle v_1, v_2 \rangle$. v_1 e v_2 referem-se, respectivamente, às componentes horizontal e vertical de $\mathbf{v}$. Como as coordenadas de P são (v_1, v_2),

$$\frac{v_1}{|\mathbf{v}|} = \cos \theta \text{ e } \frac{v_2}{|\mathbf{v}|} = \operatorname{sen} \theta$$

logo, $v_1 = |\mathbf{v}| \cos \theta$ e $v_2 = |\mathbf{v}| \operatorname{sen} \theta$ são os componentes horizontal e vertical de $\mathbf{v}$.

27.6 Mostre que para quaisquer dois vetores algébricos $\mathbf{v}$ e $\mathbf{w}$, $\mathbf{v} + \mathbf{w} = \mathbf{w} + \mathbf{v}$ (adição de vetores é comutativa). Assim, $\mathbf{v} = \langle v_1, v_2 \rangle$ e $\mathbf{w} = \langle w_1, w_2 \rangle$. Então,

$$\mathbf{v} + \mathbf{w} = \langle v_1, v_2 \rangle + \langle w_1, w_2 \rangle = \langle v_1 + w_1, v_2 + w_2 \rangle$$

e

$$\mathbf{w} + \mathbf{v} = \langle w_1, w_2 \rangle + \langle v_1, v_2 \rangle = \langle w_1 + v_1, w_2 + v_2 \rangle.$$

Pela lei comutativa da adição entre números reais, $\langle v_1 + w_1, v_2 + w_2 \rangle = \langle w_1 + v_1, w_2 + v_2 \rangle$. Logo,

$$\mathbf{v} + \mathbf{w} = \mathbf{w} + \mathbf{v}$$

27.7 Prove que, se θ é o ângulo entre dois vetores não nulos **v** e **w**, então $\mathbf{v} \cdot \mathbf{w} = |\mathbf{v}| |\mathbf{w}| \cos \theta$.

Primeiro, considere o caso especial quando **v** e **w** têm a mesma direção. Então, $\theta = 0$ e $\mathbf{w} = k\mathbf{v}$, sendo que k é positivo. Logo,

$$\mathbf{v} \cdot \mathbf{w} = \mathbf{v} \cdot k\mathbf{v} = \langle v_1, v_2 \rangle \cdot \langle kv_1, kv_2 \rangle = kv_1^2 + kv_2^2,$$

e

$$|\mathbf{v}| |\mathbf{w}| \cos \theta = \sqrt{v_1^2 + v_2^2} \sqrt{k^2 v_1^2 + k^2 v_2^2} \cos 0 = kv_1^2 + kv_2^2$$

Portanto, $\mathbf{v} \cdot \mathbf{w} = |\mathbf{v}| |\mathbf{w}| \cos \theta$ nesse caso.

Um segundo caso especial ocorre quando **v** e **w** têm direções opostas. Esse caso é deixado para o estudante. Por outro lado, tome os vetores geométricos **v** e **w**, cada um com ponto inicial na origem, e considere o triângulo formado por **v**, **w** e $\mathbf{v} - \mathbf{w}$. O ponto final de **v** é $V(v_1, v_2)$ e o ponto final de **w** é $W(w_1, w_2)$. $\mathbf{v} - \mathbf{w} = \overrightarrow{WV} = \langle v_1 - w_1, v_2 - w_2 \rangle$. Então, pela lei dos cossenos aplicada no triângulo VOW,

$$|\mathbf{v} - \mathbf{w}|^2 = |\mathbf{v}|^2 + |\mathbf{w}|^2 - 2|\mathbf{v}| |\mathbf{w}| \cos \theta$$

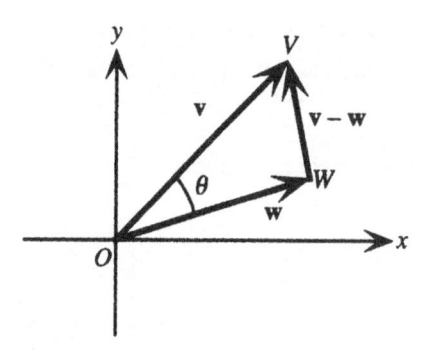

Figura 27-11

Ou, escrevendo em termos das componentes,

$$(v_1 - w_1)^2 + (v_2 - w_2)^2 = v_1^2 + v_2^2 + w_1^2 + w_2^2 - 2|\mathbf{v}| |\mathbf{w}| \cos \theta$$

Simplificando o lado esquerdo, subtraindo e dividindo ambos os lados pela mesma quantidade resulta,

$$v_1^2 - 2v_1 w_1 + w_1^2 + v_2^2 - 2v_2 w_2 + w_2^2 = v_1^2 + v_2^2 + w_1^2 + w_2^2 - 2|\mathbf{v}| |\mathbf{w}| \cos \theta$$
$$-2v_1 w_1 - 2v_2 w_2 = -2 |\mathbf{v}| |\mathbf{w}| \cos \theta$$
$$v_1 w_1 + v_2 w_2 = |\mathbf{v}| |\mathbf{w}| \cos \theta$$

Como o lado esquerdo, por definição, é $\mathbf{v} \cdot \mathbf{w}$, a prova está completa.

27.8 Encontre o ângulo θ entre os vetores $\langle 5, 6 \rangle$ e $\langle 7, -8 \rangle$.

A fórmula no problema anterior é frequentemente escrita como

$$\cos \theta = \frac{\mathbf{v} \cdot \mathbf{w}}{|\mathbf{v}| |\mathbf{w}|}$$

Nesse caso, a fórmula é aplicada para obter

$$\cos \theta = \frac{\langle 5, 6 \rangle \cdot \langle 7, -8 \rangle}{|\langle 5, 6 \rangle| |\langle 7, -8 \rangle|} = \frac{5 \cdot 7 + 6(-8)}{\sqrt{5^2 + 6^2} \sqrt{7^2 + (-8)^2}} = \frac{-13}{\sqrt{61} \sqrt{113}}$$

Assim, $\theta = \cos^{-1} \frac{-13}{\sqrt{61} \sqrt{113}}$, ou, expresso em graus, $\theta \approx 99°$.

27.9 Prove a propriedade comutativa do produto interno.

Sejam $\mathbf{u} = \langle u_1, u_2 \rangle$ e $\mathbf{v} = \langle v_1, v_2 \rangle$. Então, $\mathbf{u} \cdot \mathbf{v} = u_1 v_1 + u_2 v_2$ e $\mathbf{v} \cdot \mathbf{u} = v_1 u_1 + v_2 u_2$. Pela lei comutativa de multiplicação entre números reais, $u_1 v_1 = v_1 u_1$ e $u_2 v_2 = v_2 u_2$. Logo,

$$\mathbf{u} \cdot \mathbf{v} = u_1 v_1 + u_2 v_2 = v_1 u_1 + v_2 u_2 = \mathbf{v} \cdot \mathbf{u}.$$

27.10 O vetor soma de forças é geralmente chamado de *resultante* das forças. Encontre a resultante de duas forças, uma força $\mathbf{F}_1$ de 55,0 libras e uma força $\mathbf{F}_2$ de 35,0 libras agindo em um ângulo de 120° em relação a $\mathbf{F}_1$.

Denote a força resultante por $\mathbf{R}$. Esboce uma figura (ver Fig. 27-11).

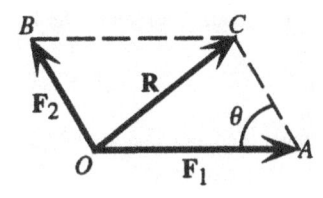

Figura 27-12

Como $\angle AOB$ está dado como 120°, o ângulo θ deve medir $180° - 120° = 60°$. Da lei dos cossenos aplicadas no triângulo OBC,

$$|\mathbf{R}|^2 = |\mathbf{F}_1|^2 + |\mathbf{F}_2|^2 - 2|\mathbf{F}_1||\mathbf{F}_2|\cos\theta$$
$$= 55^2 + 35^2 - 2 \cdot 55 \cdot 35 \cos 60°$$
$$= 2325$$

Portanto, $|\mathbf{R}| = \sqrt{2325} = 48{,}2$ libras. Isso determina a magnitude da força resultante; como $\mathbf{R}$ é um vetor, a direção de $\mathbf{R}$ deve também ser determinada. Da lei dos senos aplicada ao triângulo OBC,

$$\frac{\operatorname{sen} AOC}{|\mathbf{F}_2|} = \frac{\operatorname{sen}\theta}{|\mathbf{R}|}$$

Logo,

$$\angle AOC = \operatorname{sen}^{-1} \frac{|\mathbf{F}_2|\operatorname{sen}\theta}{|\mathbf{R}|} = \operatorname{sen}^{-1} \frac{35 \operatorname{sen} 60°}{48{,}2} = 38{,}9°$$

Problemas Complementares

27.11 Seja $\mathbf{v}$ um vetor com ponto inicial $(3,8)$ e ponto final $(1,1)$. Seja $\mathbf{w}$ um vetor com ponto inicial $(3,-4)$ e ponto final $(0,0)$. (*a*) Expresse $\mathbf{v}$ e $\mathbf{w}$ em termos de componentes. (*b*) Encontre $\mathbf{v} + \mathbf{w}$, $\mathbf{v} - \mathbf{w}$, $3\mathbf{v} - 2\mathbf{w}$ e $\mathbf{v} \cdot \mathbf{w}$. (*c*) Encontre $|\mathbf{v}|$, $|\mathbf{w}|$ e o ângulo entre $\mathbf{v}$ e $\mathbf{w}$.

Resp. (*a*) $\mathbf{v} = \langle -2, -7 \rangle$, $\mathbf{w} = \langle -3, 4 \rangle$

(*b*) $\mathbf{v} + \mathbf{w} = \langle -5, -3 \rangle$, $\mathbf{v} - \mathbf{w} = \langle 1, -11 \rangle$, $3\mathbf{v} - 2\mathbf{w} = \langle 0, -29 \rangle$, $\mathbf{v} \cdot \mathbf{w} = -22$

(*c*) $|\mathbf{v}| = \sqrt{53}$, $|\mathbf{w}| = 5$, ângulo $= \cos^{-1} \dfrac{-22}{5\sqrt{53}}$, ou, expresso em graus, $\approx 127°$.

27.12 (*a*) Mostre que qualquer vetor $\mathbf{v}$ pode ser escrito como $\langle |\mathbf{v}|\cos\theta, |\mathbf{v}|\operatorname{sen}\theta \rangle$.

(*b*) Mostre que um vetor paralelo a uma reta com coeficiente angular m pode ser escrito como $a\langle 1, m \rangle$ para algum valor de a.

27.13 Um vetor unitário é definido como um vetor de magnitude 1. Os vetores unitários nas direções positivas x e y são, respectivamente, referidos como $\mathbf{i}$ e $\mathbf{j}$.

(*a*) Mostre que qualquer vetor unitário pode ser escrito como $\langle \cos\theta, \operatorname{sen}\theta \rangle$.

(*b*) Mostre que qualquer vetor $\mathbf{v} = \langle v_1, v_2 \rangle$ pode ser escrito como $v_1\mathbf{i} + v_2\mathbf{j}$.

27.14 Dois vetores que formam um ângulo de $\pi/2$ são chamados *ortogonais*.

  (*a*) Mostre que o produto interno de dois vetores não nulos é 0 se, e somente se, os vetores são ortogonais.

  (*b*) Mostre que $\langle 10, -6 \rangle$ e $\langle 9, 15 \rangle$ são ortogonais.

  (*c*) Encontre um vetor unitário ortogonal a $\langle 2, -5 \rangle$ com componente horizontal positiva.

  Resp. (*c*) $\langle 5/\sqrt{29}, 2/\sqrt{29} \rangle$

27.15 (*a*) Prove a propriedade associativa do produto interno;

  (*b*) Prove a propriedade distributiva do produto interno;

  (*c*) Prove a propriedade da positividade do produto interno.

27.16 Para qualquer vetor **v**, prove (*a*) $\mathbf{v} \cdot \mathbf{v} = |\mathbf{v}|^2$; (*b*) $\mathbf{0} \cdot \mathbf{v} = 0$.

27.17 Uma força de 46,3 libras é aplicada em um ângulo de 34,8° em relação à horizontal. Resolva a força nas componentes horizontal e vertical.

  Resp. Horizontal: 38,0 libras; vertical: 26,4 libras

27.18 Um peso de 75 libras está em repouso sobre uma superfície inclinada em um ângulo de 25° em relação ao solo. Encontre as componentes do peso paralela e perpendicular à superfície.

  Resp. 32 libras paralela à superfície, 68 libras perpendicular à superfície.

27.19 Encontre a resultante de duas forças, uma com magnitude de 155 libras e direção N50° O, e uma segunda com magnitude de 305 libras e direção S78° O.

  Resp. 376 libras na direção S78°O

Capítulo 28

Coordenadas Polares e Equações Paramétricas

SISTEMA DE COORDENADAS POLARES

Um sistema de coordenadas polares especifica pontos no plano em termos de distâncias orientadas r de um ponto fixado chamado *polo* e ângulos θ medidos de um raio fixo (com ponto inicial no polo) chamado *eixo polar*. O eixo polar é a metade positiva de uma reta numerada, desenhada à direita do polo. Ver Fig. 28-1.

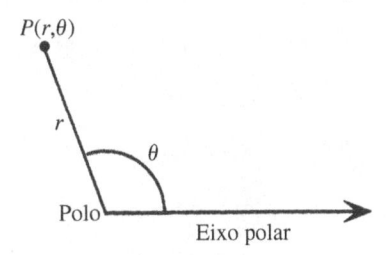

Figura 28-1

Para qualquer ponto P, θ é um ângulo formado pelo eixo polar e o raio conectando o polo a P, e r é a distância medida ao longo desse raio a partir do polo P. Para qualquer par ordenado (r,θ), se r é positivo, tome θ como um ângulo com vértice no polo e lado inicial o eixo polar, medindo r unidades ao longo do lado final de θ. Se r é negativo, mede $|r|$ unidades ao longo do raio de sentido *oposto* ao lado final de θ. Qualquer par com $r = 0$ representa o polo. Dessa maneira, todo par ordenado (r,θ) é representado por um único ponto.

Exemplo 28.1 Represente os pontos especificados por $(3,\pi/3)$ e $(-3,\pi/3)$.

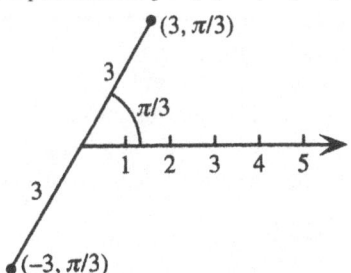

Figura 28-2

COORDENADAS POLARES DE UM PONTO NÃO SÃO ÚNICAS

No entanto, as coordenadas polares de um ponto não são únicas. Dado o ponto P, existe um conjunto infinito de coordenadas que correspondem a P, assim como existe uma infinidade de ângulos com lados finais passando através de P.

Exemplo 28.2 Liste quatro conjuntos alternativos de coordenadas polares que correspondam ao ponto $P(3, \pi/3)$. Adicionar qualquer múltiplo de 2π resulta em um ângulo com lado final coincidindo com um ângulo dado; logo, $(3, 7\pi/3)$ e $(3, 13\pi/3)$ são duas possíveis coordenadas polares alternativas. Como $\pi + \pi/3 = 4\pi/3$ tem como lado final o raio oposto a $\pi/3$, as coordenadas $(-3, 4\pi/3)$ e $(-3, 10\pi/3)$ são coordenadas polares alternativas adicionais para P.

COORDENADAS POLARES E CARTESIANAS

Se um sistema de coordenadas polares é sobreposto a um sistema de coordenadas cartesianas, como na Fig. 28-3, as relações abaixo de transformações entre dois sistemas de coordenadas valem.

Se P tem coordenadas polares (r, θ) e coordenadas cartesianas (x, y), então
$$x = r \cos \theta \qquad y = r \operatorname{sen} \theta$$
$$r^2 = x^2 + y^2 \qquad \operatorname{tg} \theta = y/x \; (x \neq 0)$$

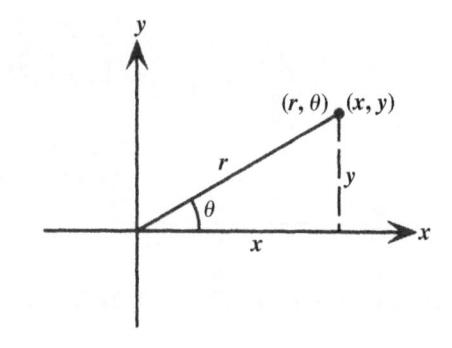

Figura 28-3

Exemplo 28.3 Converta $(6, 2\pi/3)$ para coordenadas cartesianas.

Como $r = 6$ e $\theta = 2\pi/3$, aplicar as relações de transformações resulta
$$x = r \cos \theta = 6 \cos 2\pi/3 = -3 \qquad y = r \operatorname{sen} \theta = 6 \operatorname{sen} 2\pi/3 = 3\sqrt{3}$$
Assim, as coordenadas cartesianas são $(-3, 3\sqrt{3})$.

Exemplo 28.4 Converta $(-5, -5)$ para coordenadas polares com $r > 0$ e $0 \leq \theta \leq 2\pi$.

Como $x = -5$ e $y = -5$, aplicar as relações de transformações resulta
$$r^2 = x^2 + y^2 = (-5)^2 + (-5)^2 = 50 \qquad \operatorname{tg} \theta = \frac{y}{x} = \frac{-5}{-5} = 1$$
Como r é positivo, $r = \sqrt{50} = 5\sqrt{2}$. Como o ponto $(-5, -5)$ está no quadrante III, $\theta = 5\pi/4$. As coordenadas polares que satisfazem as condições dadas são $(5\sqrt{2}, 5\pi/4)$.

EQUAÇÕES EM COORDENADAS POLARES

Qualquer equação com variáveis r e θ pode ser interpretada como uma equação em coordenada polar. Frequentemente, r é especificado como uma função de θ.

Exemplo 28.5 $r\theta = 1$ e $r^2 = 2 \cos 2\theta$ são exemplos de equações em coordenadas polares. $r = 2 \operatorname{sen} \theta$ e $r = 3 - 3 \cos 2\theta$ são exemplos de equações em coordenadas polares com r especificado como função de θ.

EQUAÇÕES PARAMÉTRICAS

Uma equação de uma curva pode ser dada especificando x e y separadamente como funções de uma terceira variável, em geral t, chamada de *parâmetro*. Essas funções são ditas *equações paramétricas* de uma curva. Pontos sobre a curva podem ser encontrados atribuindo valores permitidos de t. Com frequência, t pode ser eliminado algebricamente, mas quaisquer restrições colocadas em t são necessárias para determinar a porção da curva que é especificada pelas equações paramétricas.

Exemplo 28.6 Desenhe a curva dada pelas equações paramétricas $x = 1 - t$, $y = 2t + 2$.

Primeiro, observe que t pode ser eliminado pela resolução da equação com x, obtendo $t = 1 - x$, então substitua por t na equação com y para obter $y = 2(1 - x) + 2 = 4 - 2x$. Assim, para cada valor de t, o ponto (x, y) pertence ao gráfico de $y = 4 - 2x$. Além disso, como não existem restrições sobre t, e as funções $x(t)$ e $y(t)$ são injetoras, segue-se que x e y podem ser obtidos de qualquer valor e o gráfico é toda a reta $y = 4 - 2x$. Faça uma tabela de valores; em seguida, marque os pontos e conecte-os (Fig. 28-4).

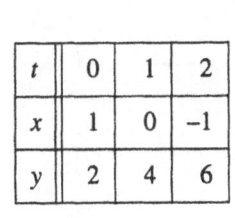

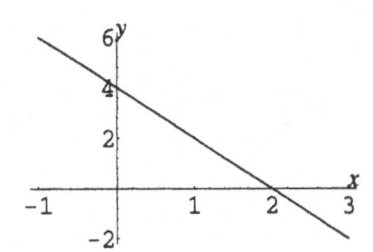

t	0	1	2
x	1	0	-1
y	2	4	6

Figura 28-4

Exemplo 28.7 Desenhe a curva especificada pelas equações paramétricas $x = \cos^2 t$, $y = \text{sen}^2 t$.

Primeiro, observe que t pode ser eliminado adicionando as equações que especificam x e y para obter $x + y = 1$. Porém, ambas as variáveis são restritas por essas equações ao intervalo [0, 1]. De fato, como ambas são periódicas com período π, o gráfico é a porção da reta $x + y = 1$ no intervalo $0 \le x \le 1$, e está desenhado repetidamente à medida em que t varia através de todos os valores reais possíveis. Faça uma tabela de valores, marque os pontos e conecte-os (Fig. 28-5).

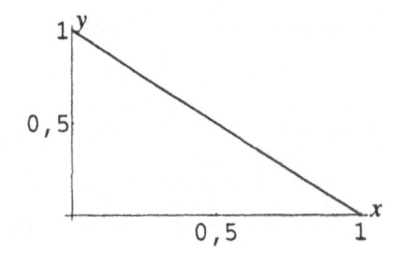

t	0	$\pi/4$	$\pi/2$	$3\pi/4$	π
x	1	1/2	0	1/2	1
y	0	1/2	1	1/2	0

Figura 28-5

COORDENADAS POLARES E EQUAÇÕES PARAMÉTRICAS

De acordo com as relações de transformação, as coordenadas cartesianas de um ponto são dadas em termos de coordenadas polares pelas equações $x = r \cos \theta$ e $y = r \,\text{sen}\, \theta$. Logo, qualquer equação em coordenadas polares especificando $r = f(\theta)$ pode ser considerada como fornecendo equações paramétricas para x e y da forma $x = f(\theta) \cos \theta$, $y = f(\theta) \,\text{sen}\, \theta$, com θ sendo um parâmetro.

Exemplo 28.8 Escreva as equações paramétricas para x e y sendo que $r = 1 + \text{sen}\, \theta$.

$$x = (1 + \text{sen}\, \theta) \cos \theta \qquad y = (1 + \text{sen}\, \theta) \,\text{sen}\, \theta$$

Problemas Resolvidos

28.1 Localize os pontos com as seguintes coordenadas polares:

(a) $A\,(4, \pi/6)$, $B\,(6, -\pi/4)$; (b) $C\,(-2, 5\pi/3)$, $D\,(-5, \pi)$.

(a) $(4, \pi/6)$ está localizado 4 unidades ao longo do raio que forma um ângulo de $\pi/6$ com o eixo polar. $(6, -\pi/4)$ está localizado 6 unidades ao longo do raio que forma um ângulo de $-\pi/4$ com o eixo polar (Fig. 28-6).

(b) $(-2, 5\pi/3)$ está localizado $|-2| = 2$ unidades ao longo do raio que fica em sentido oposto a $5\pi/3$. $(-5, \pi)$ está localizado $|-5| = 5$ unidades ao longo do raio com direção oposta a π (Fig. 28-7).

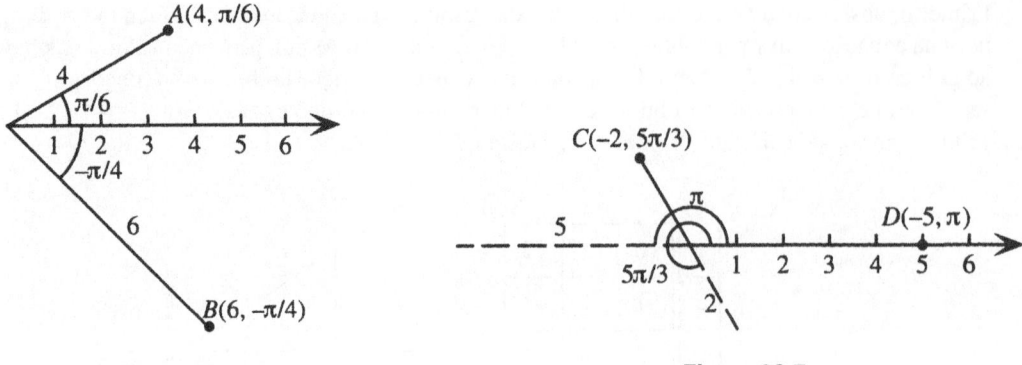

Figura 28-6

Figura 28-7

28.2 Encontre todas as possíveis coordenadas polares que podem descrever um ponto $P(r, \theta)$.

Como qualquer ângulo de medida $\theta + 2\pi$, onde n é um inteiro, é coterminal com θ, qualquer ponto com coordenadas $(r, \theta + 2\pi n)$ coincide com (r, θ). Além disso, como o raio que forma um ângulo $\theta + \pi$ com o eixo polar tem direção oposta ao raio formando um ângulo θ, as coordenadas (r,θ) e $(-r,\theta + \pi)$ denotam o mesmo ponto. Por fim, qualquer ponto com coordenadas $(-r,\theta + \pi + 2\pi n)$ coincide com $(-r,\theta + \pi)$. Resumindo, as coordenadas $(r,\theta + 2\pi n)$ e $(-r,\theta + (2n+1)\pi)$ descrevem o mesmo ponto com coordenadas (r, θ).

28.3 Esbeleça as relações de transformação entre as coordenadas polares e cartesianas.

Ver Fig. 28-3. Seja P um ponto com coordenadas cartesianas (x, y) e coordenadas polares (r, θ). Como $P(x, y)$ é um ponto sobre o lado final do ângulo θ, e r é a distância de P até a origem, segue que

$$\operatorname{tg}\theta = \frac{y}{x}(x \neq 0) \quad \cos\theta = \frac{x}{r} \quad \operatorname{sen}\theta = \frac{y}{r}$$

Logo, $x = r\cos\theta$ e $y = r\operatorname{sen}\theta$. Dessas relações segue que

$$x^2 + y^2 = r^2\cos^2\theta + r^2\operatorname{sen}^2\theta = r^2(\cos^2\theta + \operatorname{sen}^2\theta) = r^2$$

A última relação também deriva imediatamente da fórmula da distância.

28.4 Converta para coordenadas cartesianas: (a) $\left(4\sqrt{3}, \frac{4\pi}{3}\right)$; (b) $\left(-5, -\frac{\pi}{2}\right)$.

(a) Como $r = 4\sqrt{3}$ e $\theta = 4\pi/3$, segue da relação de transformação que

$$x = r\cos\theta = 4\sqrt{3}\cos(4\pi/3) = 4\sqrt{3}(-1/2) = -2\sqrt{3}$$

e

$$y = r\operatorname{sen}\theta = 4\sqrt{3}\operatorname{sen}(4\pi/3) = 4\sqrt{3}(-\sqrt{3}/2) = -6.$$

As coordenadas cartesianas são $(-2\sqrt{3}, -6)$.

(b) Como $r = -5$ e $\theta = -\pi/2$, segue da relação de transformação que

$$x = r\cos\theta = -5\cos(-\pi/2) = 0 \quad \text{e} \quad y = r\operatorname{sen}\theta = -5\operatorname{sen}(-\pi/2) = 5.$$

As coordenadas cartesianas são $(0, 5)$.

28.5 Converta $(-8\sqrt{2}, 8\sqrt{2})$ para coordenadas polares com $r > 0$ e $0 \leq \theta \leq 2\pi$.

Como $x = -8\sqrt{2}$ e $y = 8\sqrt{2}$, aplicando a relação de transformação resulta

$$r^2 = x^2 + y^2 = (-8\sqrt{2})^2 + (8\sqrt{2})^2 = 256 \quad \text{e} \quad \operatorname{tg}\theta = \frac{y}{x} = \frac{8\sqrt{2}}{-8\sqrt{2}} = -1$$

Já que r é positivo, $r = \sqrt{256} = 16$. Como o ponto $(-8\sqrt{2}, 8\sqrt{2})$ está no quadrante II, $\theta = 3\pi/4$.

As coordenadas polares que satisfazem as condições dadas são $(16, 3\pi/4)$.

28.6 Transforme as seguintes equações em coordenadas polares para coordenadas cartesianas:

(a) $r = 4$; (b) $r = 4 \cos \theta$; (c) $r^2 \,\text{sen}\, 2\theta = 4$.

(a) Como a equação em coordenadas polares se refere a todos os pontos que estão a uma distância de 4 unidades da origem, essa é a equação de um círculo com raio 4 e centro na origem. Logo, a equação em coordenadas cartesianas é $x^2 + y^2 = 16$.

(b) Multiplique ambos os lados por r para obter uma equação mais fácil para trabalhar: $r^2 = 4r \cos\theta$. Essa operação adiciona o polo ao gráfico ($r = 0$). Mas o polo já era parte do gráfico (faça $\theta = \pi/2$), assim, nada foi mudado. Agora aplique as relações de transformação $r^2 = x^2 + y^2$ e $x = r \cos \theta$ para obter $x^2 + y^2 = 4x$. Essa equação pode ser reescrita como $(x - 2)^2 + y^2 = 4$; assim, essa é a equação de um círculo com centro em (2,0) e raio 2.

(c) Reescreva $r^2 \,\text{sen}\, 2\theta = 4$ como segue:

$r^2(2\,\text{sen}\,\theta\cos\theta) = 4$ Identidade de ângulo duplo
$2r\cos\theta\, r\,\text{sen}\,\theta = 4$ Álgebra
$2xy = 4$ Relações de transformação
$xy = 2$ Álgebra

28.7 Transforme as seguintes equações em coordenadas cartesianas para coordenadas polares:

(a) $x + y = 3$; (b) $x^2 + y^2 = 3y$; (c) $y^2 = 4x$.

(a) Aplique as equações de transformação $x = r \cos\theta$ e $y = r\,\text{sen}\,\theta$ para obter $r \cos\theta + r\,\text{sen}\,\theta = 3$.

(b) Aplique as equações de transformação $x^2 + y^2 = r^2$ e $y = r\,\text{sen}\,\theta$ para obter $r^2 = 3r\,\text{sen}\,\theta$. Essa pode ser mais simplificada como segue:

$$r^2 - 3r\,\text{sen}\,\theta = 0$$
$$r(r - 3\,\text{sen}\,\theta) = 0$$
$$r = 0 \quad \text{ou} \quad r - 3\,\text{sen}\,\theta = 0$$
$$r = 3\,\text{sen}\,\theta$$

O gráfico de $r = 0$ consiste somente do polo. Como o polo está no gráfico de $r = 3\,\text{sen}\,\theta$ (faça $\theta = 0$), é suficiente considerar somente $r = 3 \,\text{sen}\, \theta$ como a equação transformada.

(c) Aplique as equações de transformação $x = r \cos \theta$ e $y = r \,\text{sen}\, \theta$ para obter $r^2 \,\text{sen}^2\, \theta = 4r \cos\theta$. Procedendo como no item (b), isso pode ser simplificado para $r \,\text{sen}^2\, \theta = 4 \cos \theta$, a qual pode ser reescrita como segue:

$$r = \frac{4\cos\theta}{\text{sen}^2\theta}$$
$$= 4\,\frac{\cos\theta}{\text{sen}\,\theta}\,\frac{1}{\text{sen}\,\theta}$$
$$= 4\cotg\theta\,\csc\theta$$

28.8 Esboce um gráfico de $r = 1 + \cos \theta$.

Antes de fazer uma tabela de valores, é útil considerar o comportamento geral da função $r(\theta) = 1 + \cos \theta$. Conhecendo o comportamento da função cosseno:

Quando θ cresce	cos θ	1 + cos θ
de 0 a $\pi/2$	decresce de 1 a 0	decresce de 2 a 1
de $\pi/2$ a π	decresce de 0 a -1	decresce de 1 a 0
de π a $3\pi/2$	cresce de -1 a 0	cresce de 0 a 1
de $3\pi/2$ a 2π	cresce de 0 a 1	cresce de 1 a 2

Como a função cosseno é periódica com período 2π, isso mostra o comportamento de $1 + \cos \theta$ para todo θ. Agora faça uma tabela de valores e esboce o gráfico (ver Fig. 28-8).

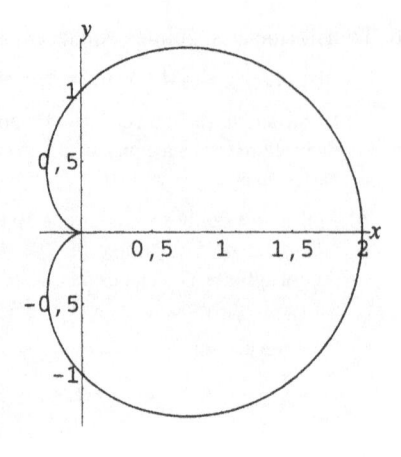

θ	0	$\pi/4$	$\pi/2$	$3\pi/4$	π
r	2	1,7	1	0,3	0
θ		$5\pi/4$	$3\pi/2$	$7\pi/4$	2π
r		0,3	1	1,7	2

Figura 28-8

A curva é conhecida como uma cardioide devido à sua forma de coração.

28.9 Esboce um gráfico de $r = \cos 2\theta$.

Antes de fazer uma tabela de valores, é útil considerar o comportamento geral da função $r(\theta) = \cos 2\theta$. Conhecendo o comportamento da função cosseno:

Quando 2θ cresce	θ cresce	$\cos 2\theta$
de 0 a $\pi/2$	de 0 a $\pi/4$	decresce de 1 a 0
de $\pi/2$ a π	de $\pi/4$ a $\pi/2$	decresce de 0 a -1
de π a $3\pi/2$	de $\pi/2$ a $3\pi/4$	cresce de -1 a 0
de $3\pi/2$ a 2π	de $3\pi/4$ a π	cresce de 0 a 1
de 2π a $5\pi/2$	de π a $5\pi/4$	decresce de 1 a 0
de $5\pi/2$ a 3π	de $5\pi/4$ a $3\pi/2$	decresce de 0 a -1
de 3π a $7\pi/2$	de $3\pi/2$ a $7\pi/4$	cresce de -1 a 0
de $7\pi/2$ a 4π	de $7\pi/4$ a 2π	cresce de 0 a 1

Como a função cosseno é periódica com período 2π, isso mostra o comportamento de $\cos 2\theta$ para todo θ. Agora faça uma tabela de valores e esboce o gráfico (Fig. 28-9).

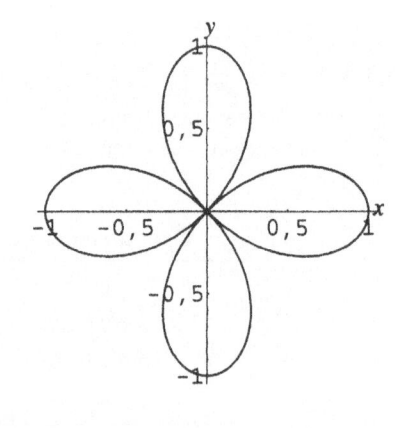

θ	0	$\pi/8$	$\pi/4$	$3\pi/8$	$\pi/2$
r	1	0,7	0	$-0,7$	-1
θ		$5\pi/8$	$3\pi/4$	$7\pi/8$	π
r		$-0,7$	0	0,7	1
θ		$9\pi/8$	$5\pi/4$	$11\pi/8$	$3\pi/2$
r		0,7	0	$-0,7$	-1
θ		$13\pi/8$	$7\pi/4$	$15\pi/8$	2π
r		$-0,7$	0	0,7	1

Figura 28-9

A curva é conhecida como uma rosácea.

28.10 Desenhe a curva especificada pelas equações paramétricas $x = t^2$, $y = t^2 + 2$.

Primeiro, observe que t pode ser eliminado substituindo x por t^2 para obter $y = x + 2$. Porém, ambas as variáveis são restritas por essas equações, de tal modo que $x \geq 0$ e, portanto, $y \geq 2$. Logo, o gráfico é a porção da reta $y = x + 2$ no primeiro quadrante, mas é desenhada duas vezes, uma vez para t negativo e uma para t positivo. Faça uma tabela de valores e, então, marque os pontos e conecte-os (ver Fig. 28-10).

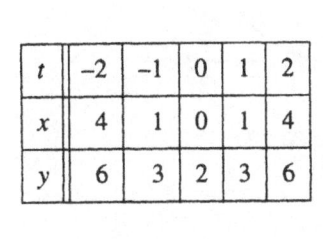

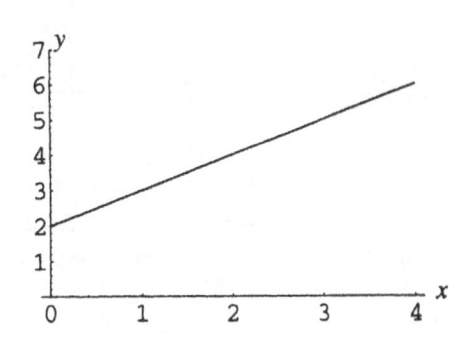

t	−2	−1	0	1	2
x	4	1	0	1	4
y	6	3	2	3	6

Figura 28-10

28.11 Desenhe a curva especificada pelas equações paramétricas $x = 2\cos t$, $y = 2\,\text{sen}\, t$.

Primeiro observe que t pode ser eliminado elevando ao quadrado as equações que especificam x e y e adicionando para obter $x^2 + y^2 = 4$. Assim, o gráfico consiste do círculo com centro na origem e raio 2, e é desenhado uma vez sempre que t aumenta por uma soma de 2π. Faça uma tabela de valores e, então, marque os pontos e desenhe o círculo (Fig. 28-11).

t	0	$\pi/4$	$\pi/2$	$3\pi/4$	π
x	2	$\sqrt{2}$	0	$-\sqrt{2}$	−2
y	0	$\sqrt{2}$	2	$\sqrt{2}$	0
t		$5\pi/4$	$3\pi/2$	$7\pi/4$	2π
x		$-\sqrt{2}$	0	$\sqrt{2}$	2
y		$-\sqrt{2}$	−2	$-\sqrt{2}$	0

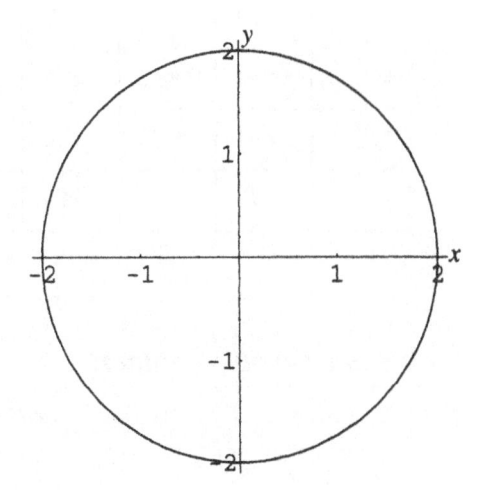

Figura 28-11

28.12 Se uma roda de raio a rola sem deslizar em uma superfície horizontal, a curva traçada por um ponto sobre a borda da roda chama-se cicloide. (*a*) Mostre que as equações paramétricas de um cicloide podem ser escritas como

$$x = a(\phi - \text{sen}\phi)$$
$$y = a(1 - \cos\phi)$$

(*b*) Esboce um gráfico de um cicloide para $a = 1$.

(*a*) Desenhe uma figura (ver Fig. 28-12). O parâmetro ϕ é o ângulo de rotação da roda.

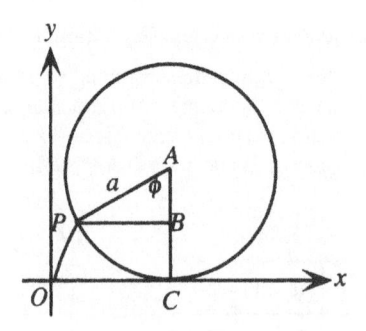

Figura 28-12

As coordenadas de P, o ponto da borda, são (x, y). Devido à roda girar sem deslizar, o comprimento do arco $\overset{\frown}{PC}$ é igual ao comprimento do segmento de reta $\overline{OC}$. Logo, $x = \overline{OC} - \overline{PB} = a\phi - a\,\text{sen}\,\phi$ e $y = \overline{CB} = \overline{AC} - \overline{AB} = a - a\cos\phi$.

(b) Neste caso, $x = \phi - \text{sen}\,\phi$, $y = 1 - \cos\phi$. Faça uma tabela de valores e conecte os pontos. A curva (Fig. 28-13) é mostrada para $0 \le \phi \le 2\pi$; para outros valores de ϕ a forma de arco formado é repetida, uma vez que y é uma função periódica de ϕ.

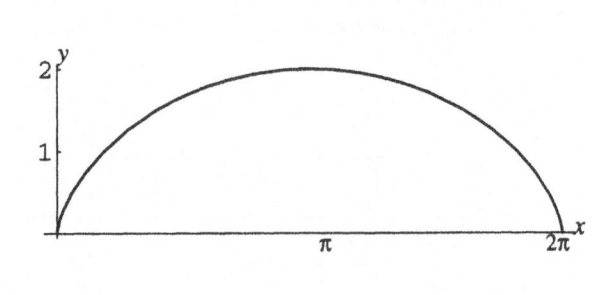

ϕ	0	$\pi/4$	$\pi/2$	$3\pi/4$	π
x	0	0,08	0,57	1,65	π
y	0	0,29	1	1,71	2
ϕ		$5\pi/4$	$3\pi/2$	$7\pi/4$	2π
x		4,63	5,71	6,20	2π
y		1,71	1	0,29	0

Figura 28-13

Problemas Complementares

28.13 Converta para coordenadas cartesianas: $(5,0), (5,\pi), (6,-\pi/3), (-2\sqrt{2}, 3\pi/4), (-20, -5\pi/2)$.

Resp. $(5,0), (-5,0), (3, -3\sqrt{3}), (2,-2), (0,20)$

28.14 Converta para coordenadas polares com $r > 0$ e $0 \le \theta \le 2\pi$: $(0,2), (0,-3), (-4,4), (6, -6\sqrt{3})$.

Resp. $(2,\pi/2), (3,3\pi/2), (4\sqrt{2}, 3\pi/4), (12,5\pi/3)$

28.15 Transforme as seguintes equações em coordenadas polares para coordenadas cartesianas:

(a) $r = 3\,\text{sen}\,\theta$; (b) $\theta = \pi/4$; (c) $r = 2\,\text{tg}\,\theta$; (d) $r = 1 + \cos\theta$.

Resp. (a) $x^2 + y^2 = 3y$ (b) $y = x$ (c) $x^4 + x^2y^2 = 4y^2$ (d) $x^4 + y^4 - 2x^3 - 2xy^2 + 2x^2y^2 - y^2 = 0$

28.16 Transforme as seguintes equações em coordenadas cartesianas para coordenadas polares:

(a) $y = 5$; (b) $xy = 4$; (c) $x^2 + y^2 = 16$; (d) $x^2 - y^2 = 16$.

Resp. (a) $r = 5\csc\theta$; (b) $r^2\,\text{sen}\,\theta\cos\theta = 4$; (c) $r = 4$; (d) $r^2\cos 2\theta = 16$

28.17 Esboce um gráfico das seguintes equações em coordenadas polares;

(a) $r = \theta\ (0 \le \theta \le 4\pi)$; (b) $r = 1 + 2\,\text{sen}\,\theta$

Resp. (a) Fig. 28-14; (b) Fig. 28-15.

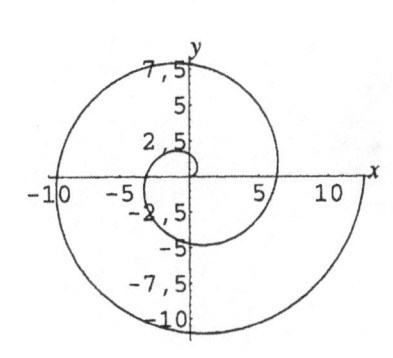

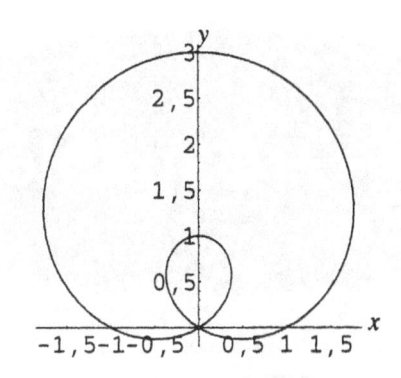

Figura 28-14 *Figura 28-15*

28.18 Elimine o parâmetro t e explicite quaisquer restrições sobre as variáveis na equação resultante:

(a) $x = 3t, y = 2t - 5$; (b) $x = \sqrt{t-1}, y = t - 2$; (c) $x = e^t, y = e^{-t}$.

Resp. (a) $2x - 3y = 15$; (b) $y = x^2 - 1, x \geq 0$; (c) $xy = 1, x, y > 0$

28.19 Um projétil é disparado com um ângulo de inclinação α ($0 < \alpha < \pi/2$) a uma velocidade inicial de v_0. Equações paramétricas para sua trajetória podem ser demonstradas como sendo $x = v_0 t \cos\alpha, y = v_0 t \,\text{sen}\, \alpha - (gt^2)/2$ (t representa tempo).

(a) Elimine o parâmetro t e encontre o valor de t quando o projétil atinge o solo.

(b) Esboce o caminho do projétil para o caso $\alpha = \pi/6$, $v_0 = 32$ pés/seg, $g = 32$ pés/seg^2.

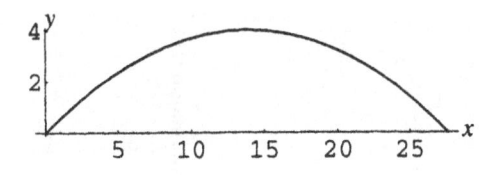

Resp. (a) $y = x \,\text{tg}\,\alpha - (gx^2 \sec^2\alpha)/(2v_0^2)$; $y = 0$ quando $t = \dfrac{2v_0 \,\text{sen}\,\alpha}{g}$; (b) Fig. 28-16

Figura 28-16

Capítulo 29

Forma Trigonométrica de Números Complexos

O PLANO COMPLEXO

Cada número complexo na forma usual, $z = x + yi$, corresponde a um par ordenado de números reais (x,y) e, portanto, a um ponto no sistema de coordenadas cartesianas, referido como *plano complexo*. O eixo x nesse sistema é conhecido como o *eixo real*, e o eixo y, como o *eixo imaginário*.

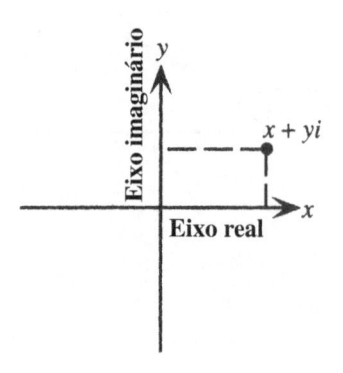

Figura 29-1

Exemplo 29.1 Mostre $4 + 2i$, $-2i$ e $-3 - i$ em um plano complexo.

Os pontos são representados geometricamente por $(4,2)$, $(0,-2)$ e $(-3,-1)$.

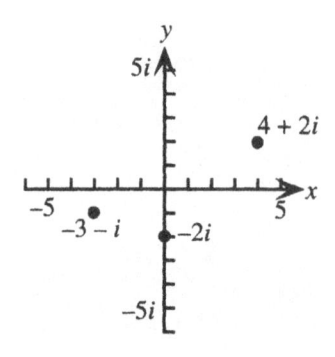

Figura 29-2

FORMA TRIGONOMÉTRICA DE NÚMEROS COMPLEXOS

Se um sistema de coordenadas polares é sobreposto ao sistema de coordenadas cartesianas, as relações $x = r \cos \theta$ e $y = r \operatorname{sen} \theta$ valem. Assim, cada número complexo z pode ser escrito na *forma trigonométrica*:

$$z = r\cos\theta + ir\operatorname{sen}\theta$$
$$= r(\cos\theta + i\operatorname{sen}\theta)$$

Essa forma é algumas vezes abreviada como $z = r \operatorname{cis} \theta$. A forma usual $z = x + yi$ é chamada de *forma retangular*. Como as coordenadas polares de um ponto não são únicas, existem infinitas formas trigonométricas equivalentes de um número complexo. As relações entre x, y, z, r e θ são mostradas na Figura 29-3.

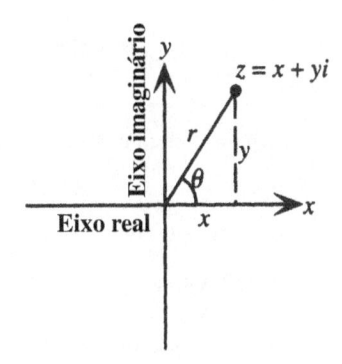

Figura 29-3

Exemplo 29.2 Escreva $5\left(\cos\dfrac{\pi}{2} + i\operatorname{sen}\dfrac{\pi}{2}\right)$ na forma retangular.

$$5\left(\cos\frac{\pi}{2} + i\operatorname{sen}\frac{\pi}{2}\right) = 5(0 + 1i) = 0 + 5i$$

MÓDULO E ARGUMENTO DE UM NÚMERO COMPLEXO

Ao escrever um número complexo na forma trigonométrica, a quantidade r é normalmente escolhida como sendo positiva. Então, uma vez que $r^2 = x^2 + y^2$, r representa a distância do número complexo à origem, e é chamado de *módulo* (algumas vezes, *valor absoluto*) do número complexo. A notação de valor absoluto é usada assim,

$$|z| = r = \sqrt{x^2 + y^2}$$

A quantidade θ é conhecida como o *argumento* do número complexo. A menos que seja especificado o contrário, θ é normalmente escolhido de modo que $0 \leq \theta < 2\pi$.

Exemplo 29.3 Escreva $z = -6 + 6i$ na forma trigonométrica e especifique o módulo e o argumento de z, escolhendo $0 \leq \theta < 2\pi$.

$-6 + 6i$ corresponde ao ponto geométrico $(-6,6)$. Como $x = -6$ e $y = 6$, $r = |z| = \sqrt{(-6)^2 + 6^2} = \sqrt{72} = 6\sqrt{2}$ e $\operatorname{tg}\theta = \operatorname{tg}\theta = \dfrac{6}{-6} = -1$. Como $(-6,6)$ está no quadrante II, segue que $\theta = \dfrac{3\pi}{4}$. Portanto, na forma trigonométrica, $z = 6\sqrt{2}\left(\cos\dfrac{3\pi}{4} + i\operatorname{sen}\dfrac{3\pi}{4}\right)$. O módulo de z é $6\sqrt{2}$ e o argumento de z é $\dfrac{3\pi}{4}$. (Observe que outros argumentos, igualmente válidos, de z podem ser obtidos adicionando múltiplos inteiros de 2π ao argumento $3\pi/4$.)

PRODUTOS E QUOCIENTES DE NÚMEROS COMPLEXOS

Sejam $z_1 = r_1(\cos\theta_1 + i\operatorname{sen}\theta_1)$ e $z_2 = r_2(\cos\theta_2 + i\operatorname{sen}\theta_2)$ números complexos na forma trigonométrica. Então, (assumindo $z_2 \neq 0$)

$$z_1 z_2 = r_1 r_2[\cos(\theta_1 + \theta_2) + i\operatorname{sen}(\theta_1 + \theta_2)] \quad \text{e} \quad \frac{z_1}{z_2} = \frac{r_1}{r_2}[\cos(\theta_1 - \theta_2) + i\operatorname{sen}(\theta_1 - \theta_2)]$$

TEOREMA DE DEMOIVRE

Teorema de DeMoivre sobre potências de números complexos: seja $z = r(\cos\theta + i\,\text{sen}\,\theta)$ um número complexo na forma trigonométrica. Então, para qualquer inteiro n não negativo,

$$z^n = r^n(\cos n\theta + i\,\text{sen}\,n\theta)$$

TEOREMA DAS N-ÉSIMAS RAÍZES DOS NÚMEROS COMPLEXOS

Se $z = r(\cos\theta + i\,\text{sen}\,\theta)$ é um número complexo não nulo qualquer e, se n é qualquer inteiro positivo, então z tem exatamente n raízes diferentes $w_0, w_1, ..., w_{n-1}$. Essas raízes são dadas por

$$w_k = \sqrt[n]{r}\left(\cos\frac{\theta + 2\pi k}{n} + i\,\text{sen}\,\frac{\theta + 2\pi k}{n}\right)$$

para $k = 0, 1, ..., n - 1$. As raízes são simetricamente colocadas e igualmente espaçadas em torno de um círculo de raio $\sqrt[n]{r}$ e centro na origem.

Exemplo 29.4 (a) Escreva i na forma trigonométrica (b) Encontre as duas raízes quadradas de i.

(a) Como $i = 0 + 1i$ corresponde ao par ordenado $(0,1)$, $r = \sqrt{0^2 + 1^2} = 1$ e $\theta = \pi/2$. Portanto,
$i = 1[\cos(\pi/2) + i\,\text{sen}(\pi/2)]$

(b) Como $n = 2$, $r = 1$ e $\theta = \pi/2$, as duas raízes quadradas são dadas por

$$w_k = \sqrt{1}\left(\cos\frac{\pi/2 + 2\pi k}{2} + i\,\text{sen}\,\frac{\pi/2 + 2\pi k}{2}\right)$$

para $k = 0, 1$. Assim,

$$w_0 = 1\left(\cos\frac{\pi/2}{2} + i\,\text{sen}\,\frac{\pi/2}{2}\right) = \cos\frac{\pi}{4} + i\,\text{sen}\,\frac{\pi}{4} = \frac{\sqrt{2}}{2} + i\frac{\sqrt{2}}{2}$$

$$w_1 = 1\left(\cos\frac{\pi/2 + 2\pi}{2} + i\,\text{sen}\,\frac{\pi/2 + 2\pi}{2}\right) = \cos\frac{5\pi}{4} + i\,\text{sen}\,\frac{5\pi}{4} = -\frac{\sqrt{2}}{2} - i\frac{\sqrt{2}}{2}$$

FORMA POLAR DE NÚMEROS COMPLEXOS

Em cursos avançados, é mostrado que

$$e^{i\theta} = \cos\theta + i\,\text{sen}\,\theta$$

Então, todo número complexo pode ser escrito como

$$z = r(\cos\theta + i\,\text{sen}\,\theta) = re^{i\theta}$$

Aqui, a menos que seja especificado o contrário, θ é normalmente escolhido entre $-\pi$ e π. $e^{i\theta}$ segue as propriedades padrão para expoentes, logo;

Para $z = re^{i\theta}$, $z_1 = r_1 e^{i\theta_1}$, $z_2 = r_2 e^{i\theta_2}$, as fórmulas anteriores podem ser escritas como:

$$z_1 z_2 = r_1 r_2 e^{i(\theta_1 + \theta_2)} \qquad \frac{z_1}{z_2} = \frac{r_1}{r_2} e^{i(\theta_1 - \theta_2)}$$

$$z^n = r^n e^{in\theta} \text{ (teorema de DeMoivre)}$$

As n raízes n-ésimas de $z = re^{i\theta}$ são dadas por $w_k \sqrt[n]{r} e^{i(\theta + 2\pi k)/n}$ para $k = 0, 1, ..., n - 1$ (teorema das raízes n-ésimas).

Problemas Resolvidos

29.1 Escreva na forma retangular (usual):

(a) $4(\cos 0 + i \operatorname{sen} 0)$ (b) $3\left(\cos\dfrac{\pi}{6} + i\operatorname{sen}\dfrac{\pi}{6}\right)$ (c) $10\left(\cos\dfrac{5\pi}{4} + i\operatorname{sen}\dfrac{5\pi}{4}\right)$

(d) $20\left[\cos\left(\operatorname{tg}^{-1}\dfrac{3}{4}\right) + i\operatorname{sen}\left(\operatorname{tg}^{-1}\dfrac{3}{4}\right)\right]$

(a) $4(\cos 0 + i \operatorname{sen} 0) = 4(1 + 0i) = 4$

(b) $3\left(\cos\dfrac{\pi}{6} + i\operatorname{sen}\dfrac{\pi}{6}\right) = 3\left(\dfrac{\sqrt{3}}{2} + i\left(\dfrac{1}{2}\right)\right) = \dfrac{3\sqrt{3} + 3i}{2}$

(c) $10\left(\cos\dfrac{5\pi}{4} + i\operatorname{sen}\dfrac{5\pi}{4}\right) = 10\left(-\dfrac{\sqrt{2}}{2} - i\dfrac{\sqrt{2}}{2}\right) = -5\sqrt{2} - 5i\sqrt{2}$

(d) Seja $u = \operatorname{tg}^{-1}\dfrac{3}{4}$. Então, $\operatorname{tg} u = \dfrac{3}{4}, -\dfrac{\pi}{2} < u < \dfrac{\pi}{2}$. Segue-se que

$$\cos\left(\operatorname{tg}^{-1}\dfrac{3}{4}\right) = \cos u = \dfrac{4}{5} \quad \text{e} \quad \operatorname{sen}\left(\operatorname{tg}^{-1}\dfrac{3}{4}\right) = \operatorname{sen} u = \dfrac{3}{5}$$

Logo,

$$20\left[\cos\left(\operatorname{tg}^{-1}\dfrac{3}{4}\right) + i\operatorname{sen}\left(\operatorname{tg}^{-1}\dfrac{3}{4}\right)\right] = 20\left[\dfrac{4}{5} + i\dfrac{3}{5}\right] = 16 + 12i$$

29.2 Escreva na forma trigonométrica: (a) -8; (b) $3i$; (c) $4 + 4i\sqrt{3}$; (d) $-3\sqrt{2} - 3i\sqrt{2}$; (e) $6 - 8i$.

(a) $-8 = -8 + 0i$ corresponde ao ponto geométrico $(-8,0)$. Como $x = -8$ e $y = 0$,

$$r = \sqrt{x^2 + y^2} = \sqrt{(-8)^2 + 0^2} = 8 \quad \text{e} \quad \operatorname{tg}\theta = \dfrac{0}{-8} = 0.$$

Como $(-8,0)$ está no eixo x negativo, $\theta = \pi$. Segue que $-8 = 8(\cos\pi + i\operatorname{sen}\pi)$.

(b) $3i = 0 + 3i$ corresponde ao ponto geométrico $(0,3)$. Como $x = 0$ e $y = 3$,

$$r = \sqrt{x^2 + y^2} = \sqrt{0^2 + 3^2} = 3 \quad \text{e} \quad \operatorname{tg}\theta = \dfrac{3}{0} \text{ não é definido}.$$

Como $(0,3)$ está no eixo x positivo, $\theta = \dfrac{\pi}{2}$. Segue que $3i = 3\left(\cos\dfrac{\pi}{2} + i\operatorname{sen}\dfrac{\pi}{2}\right)$.

(c) $4 + 4i\sqrt{3}$ corresponde ao ponto geométrico $(4, 4\sqrt{3})$. Como $x = 4$ e $y = 4\sqrt{3}$,

$$r = \sqrt{x^2 + y^2} = \sqrt{4^2 + (4\sqrt{3})^2} = 8 \quad \text{e} \quad \operatorname{tg}\theta = \dfrac{4\sqrt{3}}{4} = \sqrt{3}.$$

Como $(4, 4\sqrt{3})$ está no quadrante I, $\theta = \dfrac{\pi}{3}$. Segue que $4 + 4i\sqrt{3} = 8\left(\cos\dfrac{\pi}{3} + i\operatorname{sen}\dfrac{\pi}{3}\right)$.

(d) $-3\sqrt{2} - 3i\sqrt{2}$ corresponde ao ponto geométrico $(-3\sqrt{2}, -3\sqrt{2})$. Como $x = y = -3\sqrt{2}$,

$$r = \sqrt{x^2 + y^2} = \sqrt{(-3\sqrt{2})^2 + (-3\sqrt{2})^2} = 6 \quad \text{e} \quad \operatorname{tg}\theta = \dfrac{-3\sqrt{2}}{-3\sqrt{2}} = 1.$$

Como $(-3\sqrt{2}, -3\sqrt{2})$ está no quadrante III, $\theta = \dfrac{5\pi}{4}$. Segue que $-3\sqrt{2} - 3i\sqrt{2} = 6\left(\cos\dfrac{5\pi}{4} + i\operatorname{sen}\dfrac{5\pi}{4}\right)$.

(e) $6 - 8i$ corresponde ao ponto geométrico $(6,-8)$. Como $x = 6$ e $y = -8$,

$$r = \sqrt{x^2 + y^2} = \sqrt{6^2 + (-8)^2} = 10 \quad \text{e} \quad \operatorname{tg}\theta = \dfrac{-8}{6} = -\dfrac{4}{3}.$$

Como $(6,-8)$ está no quadrante IV, θ pode ser escolhido como $\operatorname{tg}^{-1}\left(-\dfrac{4}{3}\right)$. Porém, como esse é um ângulo negativo, a exigência de que $0 \leq \theta < 2\pi$ resulta no argumento alternativo $\theta = 2\pi + \operatorname{tg}^{-1}\left(-\dfrac{4}{3}\right)$. Com esse argumento, $6 - 8i = 10(\cos\theta + i\operatorname{sen}\theta)$.

29.3 Sejam $z_1 = r_1(\cos\theta_1 + i\operatorname{sen}\theta_1)$ e $z_2 = r_2(\cos\theta_2 + i\operatorname{sen}\theta_2)$ números complexos na forma trigonométrica. Assumindo $z_2 \neq 0$, prove:

(a) $z_1 z_2 = r_1 r_2[\cos(\theta_1 + \theta_2) + i\operatorname{sen}(\theta_1 + \theta_2)]$; (b) $\dfrac{z_1}{z_2} = \dfrac{r_1}{r_2}[\cos(\theta_1 - \theta_2) + i\operatorname{sen}(\theta_1 - \theta_2)]$.

(a) $z_1 z_2 = r_1(\cos\theta_1 + i\,\text{sen}\,\theta_1)r_2(\cos\theta_2 + i\,\text{sen}\,\theta_2)$

$\quad = r_1 r_2(\cos\theta_1 + i\,\text{sen}\,\theta_1)(\cos\theta_2 + i\,\text{sen}\,\theta_2)$

$\quad = r_1 r_2(\cos\theta_1\cos\theta_2 + i\,\text{sen}\,\theta_2\cos\theta_1 + i\,\text{sen}\,\theta_1\cos\theta_2 + i^2\,\text{sen}\,\theta_1\,\text{sen}\,\theta_2)$ por distributividade dupla

Nessa expressão, use $i^2 = -1$ e combine os termos reais e imaginários:

$z_1 z_2 = r_1 r_2(\cos\theta_1\cos\theta_2 + i\,\text{sen}\,\theta_2\cos\theta_1 + i\,\text{sen}\,\theta_1\cos\theta_2 - \text{sen}\,\theta_1\,\text{sen}\,\theta_2)$

$\quad = r_1 r_2[(\cos\theta_1\cos\theta_2 - \text{sen}\,\theta_1\,\text{sen}\,\theta_2) + i(\text{sen}\,\theta_2\cos\theta_1 + \text{sen}\,\theta_1\cos\theta_2)]$

As quantidades entre parênteses são identificadas como $\cos(\theta_1 + \theta_2)$ e $\text{sen}(\theta_1 + \theta_2)$, respectivamente, a partir das fórmulas da soma para cosseno e seno. Logo,

$$z_1 z_2 = r_1 r_2[\cos(\theta_1 + \theta_2) + i\,\text{sen}(\theta_1 + \theta_2)]$$

(b) $\dfrac{z_1}{z_2} = \dfrac{r_1(\cos\theta_1 + i\,\text{sen}\,\theta_1)}{r_2(\cos\theta_2 + i\,\text{sen}\,\theta_2)} = \dfrac{r_1}{r_2}\dfrac{\cos\theta_1 + i\,\text{sen}\,\theta_1}{\cos\theta_2 + i\,\text{sen}\,\theta_2}$

Nessa expressão, multiplique o numerador e denominador por $\cos\theta_2 - i\,\text{sen}\,\theta_2$, o conjugado do denominador e, em seguida, use $i^2 = -1$ e combine os termos reais e imaginários:

$\dfrac{z_1}{z_2} = \dfrac{r_1}{r_2}\dfrac{(\cos\theta_1 + i\,\text{sen}\,\theta_1)(\cos\theta_2 - i\,\text{sen}\,\theta_2)}{(\cos\theta_2 + i\,\text{sen}\,\theta_2)(\cos\theta_2 - i\,\text{sen}\,\theta_2)}$

$\quad = \dfrac{r_1}{r_2}\dfrac{\cos\theta_1\cos\theta_2 - i\cos\theta_1\,\text{sen}\,\theta_2 + i\,\text{sen}\,\theta_1\cos\theta_2 - i^2\,\text{sen}\,\theta_1\,\text{sen}\,\theta_2}{\cos^2\theta_2 - i^2\,\text{sen}^2\theta_2}$

$\quad = \dfrac{r_1}{r_2}\dfrac{(\cos\theta_1\cos\theta_2 + \text{sen}\,\theta_1\,\text{sen}\,\theta_2) + i(\text{sen}\,\theta_1\cos\theta_2 - \cos\theta_1\,\text{sen}\,\theta_2)}{\cos^2\theta_2 + \text{sen}^2\theta_2}$

As quantidades entre parênteses são identificadas como $\cos(\theta_1 - \theta_2)$ e $\text{sen}(\theta_1 - \theta_2)$, respectivamente, a partir das fórmulas da soma para cossenos e senos, enquanto $\cos^2\theta_2 + \text{sen}^2\theta_2 = 1$ vem da identidade pitagórica. Logo,

$$\frac{z_1}{z_2} = \frac{r_1}{r_2}[\cos(\theta_1 - \theta_2) + i\,\text{sen}(\theta_1 - \theta_2)]$$

29.4 Sejam $z_1 = 40\left(\cos\dfrac{4\pi}{5} + i\,\text{sen}\dfrac{4\pi}{5}\right)$ e $z_2 = 5\left(\cos\dfrac{3\pi}{5} + i\,\text{sen}\dfrac{3\pi}{5}\right)$. Encontre $z_1 z_2$ e $\dfrac{z_1}{z_2}$.

$z_1 z_2 = 40\left(\cos\dfrac{4\pi}{5} + i\,\text{sen}\dfrac{4\pi}{5}\right)5\left(\cos\dfrac{3\pi}{5} + i\,\text{sen}\dfrac{3\pi}{5}\right)$ $\quad\dfrac{z_1}{z_2} = \dfrac{40}{5}\left[\cos\left(\dfrac{4\pi}{5} - \dfrac{3\pi}{5}\right) + i\,\text{sen}\left(\dfrac{4\pi}{5} - \dfrac{3\pi}{5}\right)\right]$

$\quad = 40(5)\left[\cos\left(\dfrac{4\pi}{5} + \dfrac{3\pi}{5}\right) + i\,\text{sen}\left(\dfrac{4\pi}{5} + \dfrac{3\pi}{5}\right)\right]$ $\quad = 8\left(\cos\dfrac{\pi}{5} + i\,\text{sen}\dfrac{\pi}{5}\right)$

$\quad = 200\left(\cos\dfrac{7\pi}{5} + i\,\text{sen}\dfrac{7\pi}{5}\right)$

29.5 Sejam $z_1 = 24i$ e $z_2 = 4\sqrt{3} - 4i$. Converta para a forma trigonométrica e encontre $z_1 z_2$ e $\dfrac{z_1}{z_2}$ nas formas trigonométrica e retangular.

Na forma trigonométrica

$$z_1 = 0 + 24i = 24\left(\cos\frac{\pi}{2} + i\,\text{sen}\frac{\pi}{2}\right) \quad\text{e}\quad z_2 = 8\left(\cos\frac{11\pi}{6} + i\,\text{sen}\frac{11\pi}{6}\right)$$

Logo,

$z_1 z_2 = 24\left(\cos\dfrac{\pi}{2} + i\,\text{sen}\dfrac{\pi}{2}\right)8\left(\cos\dfrac{11\pi}{6} + i\,\text{sen}\dfrac{11\pi}{6}\right)$ $\quad\dfrac{z_1}{z_2} = \dfrac{24}{8}\left[\cos\left(\dfrac{\pi}{2} - \dfrac{11\pi}{6}\right) + i\,\text{sen}\left(\dfrac{\pi}{2} - \dfrac{11\pi}{6}\right)\right]$

$\quad = 24(8)\left[\cos\left(\dfrac{\pi}{2} + \dfrac{11\pi}{6}\right) + i\,\text{sen}\left(\dfrac{\pi}{2} + \dfrac{11\pi}{6}\right)\right]$ $\quad = 3\left[\cos\left(-\dfrac{4\pi}{3}\right) + i\,\text{sen}\left(-\dfrac{4\pi}{3}\right)\right]$

$\quad = 192\left(\cos\dfrac{7\pi}{3} + i\,\text{sen}\dfrac{7\pi}{3}\right)$

Para satisfazer o requisito de que $0 \leq \theta < 2\pi$, subtraia 2π do primeiro argumento e adicione 2π no segundo. Portanto,

$$z_1 z_2 = 192\left[\cos\frac{\pi}{3} + i\,\text{sen}\,\frac{\pi}{3}\right] \quad \text{e} \quad \frac{z_1}{z_2} = 3\left[\cos\frac{2\pi}{3} + i\,\text{sen}\,\frac{2\pi}{3}\right]$$

Na forma retangular:

$$z_1 z_2 = 192\left(\frac{1}{2} + i\frac{\sqrt{3}}{2}\right) = 96 + 96i\sqrt{3} \quad \text{e} \quad \frac{z_1}{z_2} = 3\left(-\frac{1}{2} + i\frac{\sqrt{3}}{2}\right) = -\frac{3}{2} + i\frac{3\sqrt{3}}{2}$$

29.6 Prove o teorema de DeMoivre para $n = 2$ e $n = 3$.

Escolha $z_1 = z_2 = z = r(\cos\theta + i\,\text{sen}\,\theta)$. Então,

$$\begin{aligned} z^2 &= zz = r(\cos\theta + i\,\text{sen}\,\theta)r(\cos\theta + i\,\text{sen}\,\theta) \\ &= r^2[\cos(\theta + \theta) + i\,\text{sen}(\theta + \theta)] \\ &= r^2(\cos 2\theta + i\,\text{sen}\,2\theta) \end{aligned} \qquad \begin{aligned} z^3 &= z^2 z = r^2(\cos 2\theta + i\,\text{sen}\,2\theta)r(\cos\theta + i\,\text{sen}\,\theta) \\ &= r^2 r[\cos(2\theta + \theta) + i\,\text{sen}(2\theta + \theta)] \\ &= r^3(\cos 3\theta + i\,\text{sen}\,3\theta) \end{aligned}$$

Nota: provas similares podem ser dadas facilmente para $n = 4$, $n = 5$ e assim por diante. Isso sugere que o teorema de DeMoivre é válido para inteiros arbitrários n. Uma prova completa para inteiro arbitrário n requer o princípio de indução matemática (Capítulo 42).

29.7 Aplique o teorema de DeMoivre para encontrar (a) $\left[2\left(\cos\frac{\pi}{9} + i\,\text{sen}\,\frac{\pi}{9}\right)\right]^5$; (b) $(-1 + i)^6$

(a) $\left[2\left(\cos\frac{\pi}{9} + i\,\text{sen}\,\frac{\pi}{9}\right)\right]^5 = 2^5\left(\cos\frac{5\pi}{9} + i\,\text{sen}\,\frac{5\pi}{9}\right) = 32\left(\cos\frac{5\pi}{9} + i\,\text{sen}\,\frac{5\pi}{9}\right)$

(b) Primeiro escreva $-1 + i$ na forma trigonométrica como $\sqrt{2}\left(\cos\frac{3\pi}{4} + i\,\text{sen}\,\frac{3\pi}{4}\right)$. Então, aplique o teorema de DeMoivre para obter

$$(-1 + i)^6 = \left[\sqrt{2}\left(\cos\frac{3\pi}{4} + i\,\text{sen}\,\frac{3\pi}{4}\right)\right]^6 = (\sqrt{2})^6\left(\cos\frac{9\pi}{2} + i\,\text{sen}\,\frac{9\pi}{2}\right) = 8(0 + 1i) = 8i$$

29.8 Mostre que qualquer número complexo $w_k = \sqrt[n]{r}\left(\cos\frac{\theta + 2\pi k}{n} + i\,\text{sen}\,\frac{\theta + 2\pi k}{n}\right)$, para inteiro não negativo, é uma raiz n-ésima do número complexo $z = r(\cos\theta + i\,\text{sen}\,\theta)$.

Aplique o teorema de DeMoivre para w_k:

$$\begin{aligned} w_k^n &= \left[\sqrt[n]{r}\left(\cos\frac{\theta + 2\pi k}{n} + i\,\text{sen}\,\frac{\theta + 2\pi k}{n}\right)\right]^n = (\sqrt[n]{r})^n[\cos(\theta + 2\pi k) + i\,\text{sen}(\theta + 2\pi k)] \\ &= r(\cos\theta + i\,\text{sen}\,\theta) \end{aligned}$$

A última igualdade segue da periodicidade das funções seno e cosseno. Logo w_k é uma raiz n-ésima de z.

29.9 Encontre as quatro raízes quartas de $5(\cos 3 + i\,\text{sen}\,3)$.

Aplicando o teorema da n-ésima raiz com $n = 4$, $r = 5$ e $\theta = 3$, as quatro raízes quartas são dadas

$$w_k = \sqrt[4]{5}\left(\cos\frac{3 + 2\pi k}{4} + i\,\text{sen}\,\frac{3 + 2\pi k}{4}\right)$$

para $k = 0, 1, 2, 3$. Portanto,

$$w_0 = \sqrt[4]{5}\left(\cos\frac{3}{4} + i\,\text{sen}\,\frac{3}{4}\right) \qquad w_1 = \sqrt[4]{5}\left(\cos\frac{3 + 2\pi}{4} + i\,\text{sen}\,\frac{3 + 2\pi}{4}\right)$$

$$w_2 = \sqrt[4]{5}\left(\cos\frac{3 + 4\pi}{4} + i\,\text{sen}\,\frac{3 + 4\pi}{4}\right) \qquad w_3 = \sqrt[4]{5}\left(\cos\frac{3 + 6\pi}{4} + i\,\text{sen}\,\frac{3 + 6\pi}{4}\right)$$

29.10 (a) Encontre as três raízes cúbicas de $-27i$ (b) Esboce esses números em um plano complexo.

(a) Primeiro escreva $-27i$ na forma trigonométrica como $27\left(\cos\dfrac{3\pi}{2} + i\,\text{sen}\,\dfrac{3\pi}{2}\right)$. Aplicando o teorema nas n-ésimas raízes com $n = 3$, $r = 27$ e $\theta = \dfrac{3\pi}{2}$, as três raízes cúbicas são dadas por

$$w_k = \sqrt[3]{27}\left(\cos\dfrac{3\pi/2 + 2\pi k}{3} + i\,\text{sen}\,\dfrac{3\pi/2 + 2\pi k}{3}\right)$$

para $k = 0, 1, 2$. Portanto,

$$w_0 = \sqrt[3]{27}\left(\cos\dfrac{3\pi/2}{3} + i\,\text{sen}\,\dfrac{3\pi/2}{3}\right) = 3\left(\cos\dfrac{\pi}{2} + i\,\text{sen}\,\dfrac{\pi}{2}\right) = 3(0 + i1) = 3i$$

$$w_1 = \sqrt[3]{27}\left(\cos\dfrac{3\pi/2 + 2\pi}{3} + i\,\text{sen}\,\dfrac{3\pi/2 + 2\pi}{3}\right) = 3\left(\cos\dfrac{7\pi}{6} + i\,\text{sen}\,\dfrac{7\pi}{6}\right) = 3\left(-\dfrac{\sqrt{3}}{2} - i\dfrac{1}{2}\right) = -\dfrac{3\sqrt{3}}{2} - \dfrac{3}{2}i$$

$$w_2 = \sqrt[3]{27}\left(\cos\dfrac{3\pi/2 + 4\pi}{3} + i\,\text{sen}\,\dfrac{3\pi/2 + 4\pi}{3}\right) = 3\left(\cos\dfrac{11\pi}{6} + i\,\text{sen}\,\dfrac{11\pi}{6}\right) = 3\left(\dfrac{\sqrt{3}}{2} - i\dfrac{1}{2}\right) = \dfrac{3\sqrt{3}}{2} - \dfrac{3}{2}i$$

(b) As três raízes cúbicas têm magnitude 3; logo, estão no círculo trigonométrico de raio 3 com o centro na origem (ver Fig. 29-4).

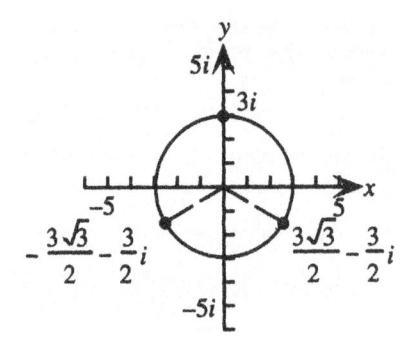

Figura 29-4

Observe que, como os argumentos diferem por $2\pi/3$, as três raízes cúbicas estão simetricamente colocadas e igualmente espaçadas em torno do círculo.

29.11 Encontre todas as soluções complexas de $x^6 + 64 = 0$.

Como $x^6 + 64 = 0$ é equivalente a $x^6 = -64$, as soluções são as seis raízes sextas complexas de -64.

Escreva -64 na forma trigonométrica como $64(\cos\pi + i\,\text{sen}\,\pi)$. Aplicando o teorema nas n-ésimas raízes com $n = 6$, $r = 64$ e $\theta = \pi$, as seis raízes sextas são dadas por

$$w_k = \sqrt[6]{64}\left(\cos\dfrac{\pi + 2\pi k}{6} + i\,\text{sen}\,\dfrac{\pi + 2\pi k}{6}\right)$$

para $k = 0, 1, 2, 3, 4, 5$. Portanto, as seis soluções complexas de $x^6 + 64 = 0$ são:

$$w_0 = \sqrt[6]{64}\left(\cos\dfrac{\pi}{6} + i\,\text{sen}\,\dfrac{\pi}{6}\right) = 2\left(\dfrac{\sqrt{3}}{2} + i\dfrac{1}{2}\right) = \sqrt{3} + i$$

$$w_1 = \sqrt[6]{64}\left(\cos\dfrac{3\pi}{6} + i\,\text{sen}\,\dfrac{3\pi}{6}\right) = 2(0 + i1) = 2i$$

$$w_2 = \sqrt[6]{64}\left(\cos\dfrac{5\pi}{6} + i\,\text{sen}\,\dfrac{5\pi}{6}\right) = 2\left(-\dfrac{\sqrt{3}}{2} + i\dfrac{1}{2}\right) = -\sqrt{3} + i$$

$$w_3 = \sqrt[6]{64}\left(\cos\dfrac{7\pi}{6} + i\,\text{sen}\,\dfrac{7\pi}{6}\right) = 2\left(-\dfrac{\sqrt{3}}{2} - i\dfrac{1}{2}\right) = -\sqrt{3} - i$$

$$w_4 = \sqrt[6]{64}\left(\cos\dfrac{9\pi}{6} + i\,\text{sen}\,\dfrac{9\pi}{6}\right) = 2(0 - i1) = -2i$$

$$w_5 = \sqrt[6]{64}\left(\cos\dfrac{11\pi}{6} + i\,\text{sen}\,\dfrac{11\pi}{6}\right) = 2\left(\dfrac{\sqrt{3}}{2} - i\dfrac{1}{2}\right) = \sqrt{3} - i$$

29.12 (a) Escreva $3e^{i(\pi/3)}$ na forma retangular (padrão); (b) escreva $6 - 6i$ na forma polar.

(a) $e^{i(\pi/3)} = 3\left(\cos\dfrac{\pi}{3} + i\sen\dfrac{\pi}{3}\right) = 3\left(\dfrac{1}{2} + \dfrac{\sqrt{3}}{2}i\right) = \dfrac{3}{2} + \dfrac{3\sqrt{3}}{2}i$

(b) $6 - 6i$ corresponde ao ponto geométrico $(6, -6)$. Como $x = 6$ e $y = -6$,

$$r = \sqrt{x^2 + y^2} = \sqrt{6^2 + (-6)^2} = 6\sqrt{2} \quad \text{e} \quad \tg\theta = \dfrac{-6}{6} = -1$$

Como $(6, -6)$ está no quadrante IV, $\theta = -\dfrac{\pi}{4}$. Segue que $6 - 6i = 6\sqrt{2}e^{-i\pi/4}$.

29.13 Para $z_1 = 12e^{i(5\pi/6)}$, $z_2 = 3e^{i\pi/3}$, encontre (a) $z_1 z_2$; (b) $\dfrac{z_1}{z_2}$.

(a) $z_1 z_2 = (12e^{i(5\pi/6)})(3e^{i\pi/3}) = 36e^{i(5\pi/6 + \pi/3)} = 36e^{i(7\pi/6)}$. Se θ for escolhido entre $-\pi$ e π, então escreva $36e^{i(7\pi/6)} = 36e^{-i(5\pi/6)}$.

(b) $\dfrac{z_1}{z_2} = \dfrac{12e^{i(5\pi/6)}}{3e^{i\pi/3}} = 4e^{i(5\pi/6 - \pi/3)} = 4e^{i(\pi/2)}$

29.14 Para $z = -1 + i\sqrt{3}$, encontre z^3 na (a) forma polar e (b) forma retangular (padrão)

(a) Em primeiro lugar, escreva $-1 + i\sqrt{3}$ na forma polar como $2e^{i(2\pi/3)}$. Então aplique o teorema de DeMoivre para obter

$$(-1 + i\sqrt{3})^3 = [2e^{i(2\pi/3)}]^3 = 2^3 e^{2\pi i} = 8e^{2\pi i}$$

(b) Na forma padrão $8e^{2\pi i} = 8(\cos 2\pi + i\sen 2\pi) = 8$.

29.15 Encontre as três raízes cúbicas de $64e^{i(5\pi/4)}$.

Aplicando o teorema de raízes n-ésimas com $n = 3$, $r = 64$ e $\theta = 5\pi/4$, as três raízes cúbicas são dadas por $w_k = \sqrt[3]{64}e^{i(5\pi/4 + 2\pi k)/3}$, para $k = 0, 1, 2$. Logo

$$w_0 = \sqrt[3]{64}e^{i(5\pi/4)/3} = 4e^{i(5\pi/12)}$$
$$w_1 = \sqrt[3]{64}e^{i(5\pi/4 + 2\pi)/3} = 4e^{i(13\pi/4)/3} = 4e^{i(13\pi/12)}$$
$$w_2 = \sqrt[3]{64}e^{i(5\pi/4 + 4\pi)/3} = 4e^{i(21\pi/4)/3} = 4e^{i(7\pi/4)}$$

29.16 Mostre que $e^{i\pi} + 1 = 0$.

$$e^{i\pi} + 1 = \cos\pi + i\sen\pi + 1 = -1 + 0i + 1 = 0$$

Problemas Complementares

29.17 Sejam $z_1 = 8\left(\cos\dfrac{4\pi}{9} + i\sen\dfrac{4\pi}{9}\right)$ e $z_2 = \cos\dfrac{2\pi}{9} + i\sen\dfrac{2\pi}{9}$. Encontre $z_1 z_2$ e $\dfrac{z_1}{z_2}$.

Resp. $z_1 z_2 = -4 + 4i\sqrt{3}$, $\dfrac{z_1}{z_2} = 8\left(\cos\dfrac{2\pi}{9} + i\sen\dfrac{2\pi}{9}\right)$

29.18 Escreva $-12, -8i, 2 - 2i$ e $-\sqrt{3} + i$ na forma trigonométrica.

Resp. $12(\cos\pi + i\sen\pi), 8\left(\cos\dfrac{3\pi}{2} + i\sen\dfrac{3\pi}{2}\right), 2\sqrt{2}\left(\cos\dfrac{7\pi}{4} + i\sen\dfrac{7\pi}{4}\right), 2\left(\cos\dfrac{5\pi}{6} + i\sen\dfrac{5\pi}{6}\right)$

29.19 Use os resultados do problema anterior para encontrar (a) $(-8i)(2 - 2i)$; (b) $\dfrac{-8i}{-\sqrt{3} + i}$; (c) $(2 - 2i)^3$.

Resp. (a) $-16 - 16i$; (b) $-2 + 2i\sqrt{3}$; (c) $-16 - 16i$.

29.20 Prove o teorema de DeMoivre para os casos $n = 0$, $n = 1$ e $n = 4$.

29.21 Mostre que todo número complexo $z = r(\cos\theta + i\sen\theta)$ tem exatamente n diferentes raízes n-ésimas complexas, para um n inteiro maior do que 1. [*Sugestão*: faça $w = s(\cos\alpha + i\sen\alpha)$ e considere as soluções da equação $w^n = z$.]

29.22 Encontre as duas raízes quadradas de $-1 + i\sqrt{3}$.

Resp. $\dfrac{\sqrt{2}}{2} + i\dfrac{\sqrt{6}}{2}, -\dfrac{\sqrt{2}}{2} - i\dfrac{\sqrt{6}}{2}$

29.23 (a) Encontre as três raízes complexas cúbicas de 1. (b) Encontre as quatro raízes quartas complexas de -1.

Resp. (a) $1, -\dfrac{1}{2} + i\dfrac{\sqrt{3}}{2}, -\dfrac{1}{2} - i\dfrac{\sqrt{3}}{2}$; (b) $\dfrac{1+i}{\sqrt{2}}, \dfrac{-1+i}{\sqrt{2}}, \dfrac{-1-i}{\sqrt{2}}, \dfrac{1-i}{\sqrt{2}}$

29.24 (a) Escreva $12e^{i(3\pi/4)}$ i na forma retangular (padrão); (b) Escreva $5i$ na forma polar.

Resp (a) $-6\sqrt{2} + 6i\sqrt{2}$; (b) $5e^{i\pi/2}$

29.25 Para $z_1 = 20e^{i(4\pi/3)}, z_2 = 2e^{i\pi/2}$, encontre (a) $z_1 z_2$; (b) $\dfrac{z_1}{z_2}$.

Resp. (a) $40e^{i(11\pi/6)}$ ou $40e^{-i\pi/6}$; (b) $10e^{i(5\pi/6)}$

29.26 Para $z = 1 - i$, encontre z^5 nas formas (a) polar e (b) retangular (padrão).

Resp. (a) $4\sqrt{2}e^{i(3\pi/4)}$; (b) $-4 + 4i$

29.27 Encontre as quatro raízes quartas de $81e^{i(2\pi/3)}$.

Resp. $3e^{i\pi/6} = \dfrac{3\sqrt{3} + 3i}{2}, 3e^{i(2\pi/3)} = \dfrac{-3 + 3i\sqrt{3}}{2}, 3e^{i(7\pi/6)} = \dfrac{-3\sqrt{3} - 3i}{2}, 3e^{i(5\pi/3)} = \dfrac{3 - 3i\sqrt{3}}{2}$

Capítulo 30

Sistemas de Equações Lineares

SISTEMAS DE EQUAÇÕES

Um sistema de equações consiste de duas ou mais equações consideradas como especificações simultâneas para mais de uma variável. Uma *solução* para um sistema de equações é uma designação ordenada de valores das variáveis que, quando substituída, torna cada uma das equações verdadeiras. O processo de achar as soluções de um sistema é chamado *resolver* o sistema. O conjunto de todas as soluções é chamado *conjunto de soluções* do sistema. Sistemas com o mesmo conjunto de soluções são chamados sistemas *equivalentes*.

Exemplo 30.1 Verifique que $(x, y) = (-4, 2)$ é uma solução do sistema

$$y^2 + x = 0 \qquad (1)$$
$$2x + 3y = -2 \qquad (2)$$

Se $x = -4$ e $y = 2$, então a equação (1) torna-se $2^2 + (-4) = 0$ e a equação (2) torna-se $2(-4) + 3 \cdot 2 = -2$. Como ambas são verdadeiras, $(x, y) = (-4, 2)$ é uma solução para o sistema.

SISTEMAS DE EQUAÇÕES LINEARES

Uma equação linear de várias variáveis $x_1, x_2,...., x_n$ é uma que pode ser escrita na forma $a_1x_1 + a_2x_2 +... + a_nx_n = b$, onde os a_i são constantes. Essa é chamada de *forma usual*. Se todas as equações de um sistema são lineares, o sistema é chamado de *sistema linear*; se todas as equações estão na forma usual, o sistema é também considerado como estando na forma usual.

Exemplo 30.2 Reescreva o sistema

$$2x + 4y = 5x - 6y \qquad (1)$$
$$y + 5 = 3x + 5y \qquad (2)$$

na forma usual.

Uma equação na forma usual deve ter todos os termos variáveis no lado esquerdo e quaisquer termos constantes no lado direito. Aqui, a equação (1) viola a primeira dessas condições e a equação (2) viola ambas. Logo, adicione $-5x + 6y$ em ambos os lados da equação (1) para obter $-3x + 10y = 0$ e adicione $-3x - 5y$ e -5 em ambos os lados da equação (2) para obter $-3x - 4y = -5$. As equações resultantes estão na forma usual:

$$-3x + 10y = 0 \qquad (3)$$
$$-3x - 4y = -5 \qquad (4)$$

SISTEMAS EQUIVALENTES

Sistemas equivalentes de equações lineares podem ser obtidos pelas seguintes *operações sobre equações* (entende-se por "adicionar duas equações" adicionar lado esquerdo com lado esquerdo e lado direito com lado direito para obter uma nova equação, e por "múltiplo de uma equação" o resultado da multiplicação dos lados esquerdo e direito pela mesma constante).

1. Permuta de duas equações.
2. Substituição de uma equação por um múltiplo não nulo da mesma.
3. Substituição de uma equação pelo resultado da adição da equação com o múltiplo de uma outra.

Exemplo 30.3 Para o sistema do exemplo anterior, encontre um sistema equivalente no qual uma das equações não contém a variável x.

Se ambos os lados da equação (4) são multiplicados por -1, o coeficiente de x será o oposto do coeficiente de x na equação (3). Logo, substituindo a equação (3) por ela mesma adicionada à equação (4) vezes -1, conseguimos o resultado pedido:

$$14y = 5 \quad (5)$$
$$-3x - 4y = -5 \quad (4)$$

CLASSIFICAÇÃO DE SISTEMAS LINEARES

É mostrado nos cursos avançados que sistemas de equações lineares recaem em uma das três categorias:

1. **Consistente e independente.** Tais sistemas têm exatamente uma solução.
2. **Inconsistente.** Tais sistemas não têm solução.
3. **Dependente.** Tais sistemas têm infinitas de soluções.

SOLUÇÕES DE SISTEMAS LINEARES COM DUAS VARIÁVEIS

Soluções de sistemas lineares com duas variáveis são encontradas por três métodos:

1. **Método gráfico.** Represente graficamente cada equação (cada gráfico é uma linha reta). Se as retas se interceptam em um só ponto, as coordenadas desse ponto podem ser obtidas do gráfico. Após verificar por substituição em cada equação, essas coordenadas são a solução do sistema. Se as retas coincidem, o sistema é dependente e existe um número infinito de soluções, sendo que cada solução de uma equação é uma solução das outras. Se nenhuma dessas situações ocorre, o sistema é inconsistente.
2. **Método da substituição.** Em uma equação, isole uma variável em termos da outra. Substitua essa expressão nas outras equações para determinar o valor da primeira variável (se possível). Então, substitua esse valor para determinar a outra variável.
3. **Método da eliminação.** Aplique as operações sobre equações para obter sistemas equivalentes a fim de eliminar uma variável de uma equação, isole essa variável na equação resultante e substitua esse valor para determinar a outra variável.

Nos métodos 2 e 3, a ocorrência de uma equação da forma $a = b$, onde a e b são constantes diferentes, indica um sistema inconsistente. Se isso não ocorre, mas todas as equações, exceto uma, se reduzirem a $0 = 0$, o sistema é dependente e existe um número infinito de soluções, sendo que cada solução de uma equação é uma solução das outras.

SOLUÇÕES DE SISTEMAS LINEARES COM MAIS DE DUAS VARIÁVEIS

Soluções de sistemas lineares com mais de duas variáveis são obtidas por dois métodos:

1. **Método da substituição.** Em uma equação, isole uma variável em termos das outras. Substitua essa expressão nas outras equações para obter um sistema com menos variáveis. Se esse processo puder ser continuado até que uma equação com uma variável seja obtida, isole essa variável na equação resultante e substitua esse valor para determinar as outras variáveis.

2. **Método da eliminação.** Aplique as operações sobre equações para obter sistemas equivalentes a fim de eliminar uma variável de todas as equações, exceto uma. Isso conduz a um sistema com uma variável a menos. Se esse processo puder continuar até que seja obtida uma equação com só uma variável, isole essa variável na equação resultante e substitua o valor para determinar as outras variáveis.

Novamente, a ocorrência de uma equação da forma $a = b$, onde a e b são constantes diferentes, indica um sistema inconsistente. Se isso não ocorre, mas uma ou mais equações se reduzem a $0 = 0$, restando menos equações não triviais do que variáveis, o sistema é dependente e existe um número infinito de soluções, com cada solução de uma equação sendo uma solução das outras.

Problemas Resolvidos

30.1 Resolva o sistema $\begin{array}{ll} 2x + 3y = 6 & (1) \\ -3x - y = 5 & (2) \end{array}$ (a) graficamente (b) por substituição (c) por eliminação.

(a) Represente as duas equações no mesmo sistema de coordenadas cartesianas (Fig. 30-1); os gráficos são linhas retas.

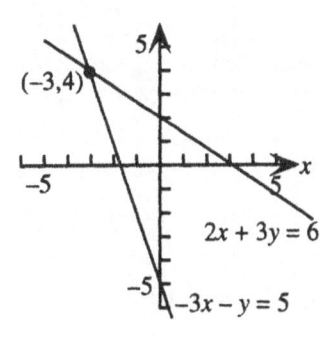

Figura 30-1

As duas retas parecem se interceptar em $(-3, 4)$. É necessário verificar esse resultado: substituindo $x = -3$ e $y = 4$ nas equações (1) e (2), tem-se

$$2(-3) + 3 \cdot 4 = 6 \quad \text{e} \quad -3(-3) - 4 = 5$$
$$6 = 6 \quad \quad 5 = 5$$

respectivamente. Portanto, $(-3, 4)$ é a única solução do sistema.

(b) É correto começar resolvendo qualquer das equações isolando qualquer variável em termos da outra. A escolha mais simples parece ser a de isolar y em termos de x na equação (2) para obter

$$y = -3x - 5$$

Substitua a expressão $-3x - 5$ no lugar de y na equação (1) para obter

$$2x + 3(-3x - 5) = 6$$
$$-7x - 15 = 6$$
$$-7x = 21$$
$$x = -3$$

Substitua -3 no lugar de x na equação (2) para obter

$$-3(-3) - y = 5$$
$$9 - y = 5$$
$$y = 4$$

Novamente, $(-3, 4)$ é a única solução do sistema.

(c) Se a equação (2) for multiplicada por 3, o coeficiente de y será "semelhante" ao coeficiente de y na equação (1); ou seja, será igual em valor absoluto e oposto em sinal. A equação (2) torna-se

$$-9x - 3y = 15 \quad (3)$$

Se a equação (1) é substituída por ela própria mais este múltiplo da equação (2), resulta o seguinte sistema:

$$-7x = 21 \quad (4)$$
$$-3x - y = 5 \quad (2)$$

Da equação (4), $x = -3$. Substituindo na equação (2), tem-se $y = 4$, como antes.

30.2 Resolva o sistema $\begin{matrix} y = 2x + 2 & (1) \\ 4x - 2y = 8 & (2) \end{matrix}$ (a) graficamente (b) não graficamente.

(a) Represente as duas equações no mesmo sistema de coordenadas cartesianas (Fig. 30-2); os gráficos são linhas retas.

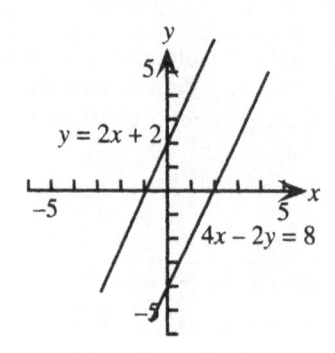

Figura 30-2

As retas parecem ser paralelas. De fato, como ambas têm coeficiente angular 2, mas diferentes interceptos y, as retas são paralelas; não existe ponto de interseção e o sistema não tem solução (sistema inconsistente).

(b) Resolva por substituição: A partir da equação (1), substitua a expressão $2x + 2$ no lugar de y na equação (2).

$$4x - 2(2x + 2) = 8$$
$$4x - 4x - 4 = 8$$
$$-4 = 8$$

Portanto, o sistema não possui solução e é inconsistente.

30.3 Resolva o sistema $\begin{matrix} 4x + 2y = 6 & (1) \\ 6x + 3y = 9 & (2) \end{matrix}$ (a) graficamente (b) não graficamente.

(a) Represente as duas equações no mesmo sistema de coordenadas cartesianas (Fig. 30-3); os gráficos são linhas retas.

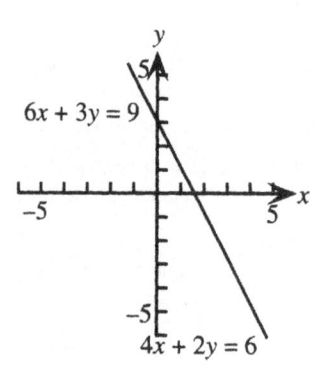

Figura 30-3

As retas parecem coincidir. De fato, como ambas têm coeficiente angular -2 e intercepto y 3, elas coincidem.
O sistema é dependente; toda solução de uma equação é uma solução da outra. Todas as soluções podem ser resumidas como segue:

(b) Seja $y = c$, onde c é qualquer número real. Então, substituindo y por c em uma equação, digamos (1), e isolando x, resulta:

$$4x + 2c = 6$$
$$4x = 6 - 2c$$
$$x = \frac{3 - c}{2}$$

Logo, todas as soluções do sistema podem ser escritas como $\left(\frac{3-c}{2}, c\right)$, onde c é qualquer número real.

30.4 Mostre em forma de tabela as interpretações algébrica e geométrica dos tipos de sistemas de equações lineares com duas variáveis.

Os sistemas são caracterizados como consistentes e independentes, inconsistentes ou dependentes. Por interpretação algébrica, entende-se o número de soluções; por interpretação geométrica, o comportamento dos gráficos.

Tipo do sistema	Número de soluções	Comportamento dos gráficos
Consistente e independente	Uma	Retas interceptadas em um ponto
Inconsistente	Nenhuma	Duas retas paralelas, mais que duas retas não se interceptam em um ponto
Dependente	Infinitas	Retas coincidentes

30.5 Resolva o sistema
$$\begin{aligned} x - 3y + 2z &= 14 \quad (1) \\ 2x + 5y - z &= -9 \quad (2) \\ -3x - y + 2z &= 2 \quad (3) \end{aligned}$$
(a) por substituição (b) por eliminação.

(a) Isole x na equação (1) para obter
$$x = 3y - 2z + 14 \quad (4)$$

Substitua a expressão x da equação (4) por $3y - 2z + 14$ nas equações (2) e (3).
$$2(3y - 2z + 14) + 5y - z = -9$$
$$-3(3y - 2z + 14) - y + 2z = 2$$

Simplificando:
$$11y - 5z = -37 \quad (5)$$
$$-10y + 8z = 44 \quad (6)$$

Isole y na equação (5) para obter
$$y = \frac{5z - 37}{11} \quad (7)$$

Substitua y pela expressão à direita na equação (6).
$$-10\left(\frac{5z - 37}{11}\right) + 8z = 44$$
$$-50z + 370 + 88z = 484$$
$$38z = 114$$
$$z = 3$$

Substituindo esse valor no lugar de z na equação (7) resulta $y = -2$. Substituindo $y = -2$ e $z = 3$ na equação (4) resulta $x = 2$. Existe exatamente uma solução, escrita como uma *tripla ordenada* $(2, -2, 3)$.

(b) Substituindo a equação (2) por ela própria mais -2 vezes a equação (1) eliminará x da equação (2).

Portanto,
$$\begin{aligned} 2x + 5y - z &= -9 \quad &(2) \\ \underline{-2x + 6y - 4z} &= \underline{-28} \quad &(-2) \cdot \text{Eq. (1)} \\ 11y - 5z &= -37 \quad &(5) \end{aligned}$$

Analogamente, substituindo a equação (3) por ela própria mais 3 vezes a equação (1) x será eliminado da equação (3):
$$\begin{aligned} -3x - y + 2z &= 2 \quad &(3) \\ \underline{3x - 9y + 6z} &= \underline{42} \quad &3 \cdot \text{Eq. (1)} \\ -10y + 8z &= 44 \quad &(6) \end{aligned}$$

Resolvendo o sistema (5), (6) por eliminação resulta a mesma solução anterior: $(2, -2, 3)$.

30.6 Resolva o sistema
$$x - 4y - 5z = 8 \quad (1)$$
$$4x \quad\quad - 2z = 10 \quad (2)$$
$$5x - 4y - 7z = 3 \quad (3)$$

Substituindo a equação (2) por ela própria mais -4 vezes a equação (1):

$$\begin{array}{rl} 4x \quad\quad - 2z = 10 & (2) \\ \underline{-4x + 16y + 20z = -32} & (-4) \cdot \text{Eq. (1)} \\ 16y + 18z = -22 & (4) \end{array}$$

Substituindo a equação (3) por ela própria mais -5 vezes a equação (1).

$$\begin{array}{rl} 5x - 4y - 7z = 3 & (3) \\ \underline{-5x + 20y + 25z = -40} & (-5) \cdot \text{Eq. (1)} \\ 16y + 18z = -37 & (5) \end{array}$$

O sistema (1), (4), (5) é claramente inconsistente, uma vez que adicionando -1 vezes a equação (4) à equação (5) resulta $0 = -15$. Não há solução.

30.7 Resolva o sistema
$$x + y + z = 1 \quad (1)$$
$$2x - 2y - 10z = -6 \quad (2)$$
$$-x + 3y + 11z = 7 \quad (3)$$

Substituindo a equação (2) por ela própria mais -2 vezes equação (1):

$$\begin{array}{rl} 2x - 2y - 10z = -6 & (2) \\ \underline{-2x - 2y - 2z = -2} & (-2) \cdot \text{Eq. (1)} \\ -4y - 12z = -8 & (4) \end{array}$$

Substituindo a equação (3) por ela própria mais a equação (1):

$$\begin{array}{rl} -x + 3y + 11z = 7 & (3) \\ \underline{x + y + z = 1} & (1) \\ 4y + 12z = 8 & (5) \end{array}$$

O sistema (1), (4), (5)

$$x + y + z = 1 \quad (1)$$
$$-4y - 12z = -8 \quad (4)$$
$$4y + 12z = 8 \quad (5)$$

é claramente dependente, uma vez que substituindo a equação (5) por ela própria mais a equação (4) resulta:

$$x + y + z = 1 \quad (1)$$
$$-4y - 12z = -8 \quad (4)$$
$$0 = 0 \quad (6)$$

Logo, existe um número infinito de soluções. Para expressar todas elas, seja $z = c$, sendo c um número real qualquer. Então, isolando y em $-4y - 12c = -8$ resulta $y = 2 - 3c$. Substituindo $y = 2 - 3c$ e $z = c$ na equação (1) resulta

$$x + 2 - 3c + c = 1$$
$$x = 2c - 1$$

Logo, todas as soluções podem ser escritas como triplas ordenadas $(2c - 1, 2 - 3c, c)$, sendo c um número real qualquer.

30.8 São investidos $ 8.000, parte a 6% de taxa de juros e parte a 11% de taxa de juros. Quanto deveria ser investido em cada modalidade se um total de 9% é desejado?

Use a fórmula $I = Prt$ com t correspondendo a um ano. Sejam x = montante investido a 6% e y = montante investido a 11%; uma tabela é útil:

	P: Quantia investida	r: Taxa de juros	I: Juro ganho
Primeira modalidade	x	0,06	0,06x
Segunda modalidade	y	0,11	0,11y
Total do investimento	8.000	0,09	0,09 (8.000)

Como as quantias investidas somam o total do investimento,

$$x + y = 8.000 \quad (1)$$

Como os juros ganhos somam o juro total,

$$0,06x + 0,11y = 0,09(8.000) \quad (2)$$

O sistema (1), (2) pode ser resolvido por eliminação. Substitua a equação (2) por ela própria mais $-0,06$ vezes a equação (1):

$$\begin{array}{ll} 0,06x + 0,11y = 0,09(8.000) & (2) \\ \underline{-0,06x - 0,06y = -0,06(8.000)} & (-0,06) \cdot \text{Eq. (1)} \\ 0,05y = 0,03(8.000) & (3) \end{array}$$

Logo, $y = 4.800$. Substituindo na equação (1) resulta $x = 3.200$; logo, $ 3.200 deveriam ser investidos a 6% e $ 4.800 a 11%.

30.9 Encontre a, b e c tais que o gráfico do círculo com equação $x^2 + y^2 + ax + by + c = 0$ passe pelos pontos (1,5), (4,4) e (3,1).

Se um ponto está no gráfico de uma equação, as coordenadas do ponto satisfazem a equação. Logo, substitua $(x, y) = (1,5)$, $(x, y) = (4,4)$ e $(x, y) = (3,1)$ para obter,

$$\begin{array}{ll} 1 + 25 + a1 + b5 + c = 0 & a + 5b + c = -26 \quad (1) \\ 16 + 16 + a4 + b4 + c = 0 \quad \text{ou, simplificando} & 4a + 4b + c = -32 \quad (2) \\ 9 + 1 + a3 + b1 + c = 0 & 3a + b + c = -10 \quad (3) \end{array}$$

Para resolver o sistema (1), (2), (3), elimine a das equações (2) e (3) como segue:

$$\begin{array}{ll} a + 5b + c = -26 & (1) \\ -16b - 3c = 72 & (4) = \text{Eq. (2)} + (-4) \cdot \text{Eq. (1)} \\ -14b - 2c = 68 & (5) = \text{Eq. (3)} + (-3) \cdot \text{Eq. (1)} \end{array}$$

Agora, elimine b da equação (5), substituindo por ela própria mais $-7/8$ vezes a equação (4).

$$\begin{array}{ll} a + 5b + c = -26 & (1) \\ -16b - 3c = 72 & (4) \\ \frac{5}{8}c = 5 & (6) \end{array}$$

Finalmente, resolva a equação (6) para obter $c = 8$ e substitua nas equações (4) e (1) para obter $b = -6$ e $a = -4$. A equação do círculo é $x^2 + y^2 - 4x - 6y + 8 = 0$.

Problemas Complementares

30.10 Resolva os sistemas (a) $\begin{array}{l}2x - 3y = 4 \\ 3x + 2y = 19\end{array}$ (b) $\begin{array}{l}6x - 4y = 8 \\ 9x - 6y = 12\end{array}$ (c) $\begin{array}{l}2y = 3x + 4 \\ 9x - 6y = 4\end{array}$

Resp. (a) (5,2); (b) $\left(\dfrac{2c + 4}{3}, c\right)$, c qualquer número real; (c) sem solução.

30.11 Resolva os sistemas (a) $\begin{array}{l}3x - 2y = 0 \\ x + 3y = 0 \\ 2x - y = 0\end{array}$ (b) $\begin{array}{l}x - 3y = 0 \\ 2x + 3y = 2 \\ -x + y = 1\end{array}$ (c) $\begin{array}{l}x + 2y = 2 \\ 2x - y = 3 \\ 3x + y = 5\end{array}$

Resp. (a) (0,0); (b) sem solução; (c) $\left(\dfrac{8}{5}, \dfrac{1}{5}\right)$

30.12 Resolva os sistemas:

(a) $\begin{array}{l}x + y + z = 5 \\ x - 4y - 3z = 11 \\ -2x + 2y + 5z = -30\end{array}$ (b) $\begin{array}{l}x + y - 2z = 4 \\ 2x - 5y + z = 7 \\ x + 8y - 7z = 2\end{array}$ (c) $\begin{array}{l}-x + 2y + 2z = -13 \\ 5x + y - 8z = 0 \\ 3x - y = 12\end{array}$

Resp. (a) $(7, 2, -4)$; (b) não há solução; (c) $\left(2, -6, \dfrac{1}{2}\right)$

30.13 Resolva os sistemas (a) $\begin{array}{l}2x - y - z = 0 \\ x - y + z = 0 \\ 3x + 2y + z = 0\end{array}$ (b) $\begin{array}{l}x + y - z = 5 \\ 3x - y + z = 3 \\ y - z = 3\end{array}$ (c) $\begin{array}{l}3x - 3y - 6z = -15 \\ -2x + 2y + 4z = 10\end{array}$

Resp. (a) (0,0,0); (b) $(2, 3 + c, c)$, c qualquer número real; (c) $(c + 2d - 5, c, d)$, c e d quaisquer números reais.

30.14 A quantia de $ 16.500 foi investida em três contas, resultando um lucro anual de 5%, 8% e 10%, respectivamente. A quantia investida a 5% era igual à quantia investida a 8% mais o dobro da quantia investida a 10%. Quanto foi investido em cada conta se o total dos juros sobre o investimento foi de $ 1.085?

Resp. $ 9.500 a 5%, $ 4.500 a 8%, $ 2.500 a 10%

30.15 Encontre a, b e c, tais que a equação da parábola $y = ax^2 + bx + c$ passe pelos pontos (1,4), (−1,6) e (2,12).

Resp. $a = 3$, $b = -1$, $c = 2$

Capítulo 31

Eliminações Gaussiana e de Gauss-Jordan

NOTAÇÃO MATRICIAL

Métodos de eliminação para resolver sistemas de equações são mais eficientemente utilizados pelo emprego de matrizes. Uma *matriz* é uma disposição retangular de números, arranjada em linhas e colunas que ficam entre colchetes*:

$$\begin{bmatrix} a_{11} & a_{12} & a_{13} & a_{14} \\ a_{21} & a_{22} & a_{23} & a_{24} \\ a_{31} & a_{32} & a_{33} & a_{34} \end{bmatrix}$$

Os números são chamados de *elementos* da matriz. Diz-se que a matriz acima tem três linhas (primeira linha: a_{11} a_{12} a_{13} a_{14}, e assim por diante) e quatro colunas e que, portanto, é uma matriz de ordem 3×4. Os elementos são denotados por dois índices; assim, o elemento da linha 2 e coluna 3 é o elemento a_{23}. Uma matriz pode ter qualquer número de linhas e colunas; uma matriz qualquer é dita ter ordem $m \times n$, ou seja, m linhas e n colunas.

MATRIZES LINHA-EQUIVALENTES

Duas matrizes são ditas linha-equivalentes se uma pode ser transformada na outra por sucessivas aplicações das seguintes *operações de linhas* sobre matrizes:

1. Trocar duas linhas. (Notação: $R_i \leftrightarrow R_j$)
2. Substituir uma linha por um múltiplo não nulo da mesma. (Notação: $kR_i \to R_i$)
3. Substituir uma linha pela própria somada de um múltiplo de outra linha. (Notação: $kR_i + R_j \to R_j$)

Observe a correspondência exata com as operações que resultam em sistemas equivalentes de equações (Capítulo 30).

Exemplo 31.1 Dada a matriz $\begin{bmatrix} 5 & -2 \\ 2 & 6 \end{bmatrix}$, mostre o resultado ao se aplicar de (a) $R_1 \leftrightarrow R_2$;
(b) $\tfrac{1}{2}R_1 \to R_1$, (c) $-5R_1 + R_2 \to R_2$

(a) $R_1 \leftrightarrow R_2$, a troca das duas linhas nos leva a $\begin{bmatrix} 2 & 6 \\ 5 & -2 \end{bmatrix}$.

(b) $\tfrac{1}{2}R_1 \to R_1$, a substituição de cada elemento da nova primeira linha 2 6 pela metade de seu valor nos leva a $\begin{bmatrix} 1 & 3 \\ 5 & -2 \end{bmatrix}$.

---

* N. de T.: Uma definição rigorosa para o conceito de matriz pode ser feita na linguagem da teoria de conjuntos. Uma matriz não é formada necessariamente por números, nem precisa ser denotada por colchetes.

(c) $-5R_1 + R_2 \to R_2$, a substituição de cada elemento na nova segunda linha pela mesma mais -5 vezes o elemento correspondente da primeira linha $-5 -15$ nos leva a $\begin{bmatrix} 1 & 3 \\ 0 & -17 \end{bmatrix}$.

MATRIZES E SISTEMAS DE EQUAÇÕES LINEARES

Para cada sistema linear de m equações a n variáveis na forma usual corresponde uma matriz de ordem $m \times n+1$ conhecida como a matriz aumentada do sistema. Assim, ao sistema:

$$\begin{array}{rcl} 3x + 5y - 2z &=& 4 \\ -2x - 3y &=& 6 \\ 2x + 4y + z &=& -3 \end{array} \quad \text{corresponde a matriz aumentada} \quad \begin{bmatrix} 3 & 5 & -2 & | & 4 \\ -2 & -3 & 0 & | & 6 \\ 2 & 4 & 1 & | & -3 \end{bmatrix}$$

A barra vertical não tem significado matemático e serve apenas para separar os coeficientes das variáveis dos termos constantes.

MATRIZ EM FORMA ESCADA

Uma matriz está em forma escada se satisfaz as seguintes condições:

1. O primeiro número não nulo de cada linha é 1.
2. A coluna contendo o primeiro número não nulo em cada linha está à esquerda da coluna contendo o primeiro número não nulo em linhas abaixo.
3. Qualquer linha contendo apenas zeros aparece abaixo de qualquer linha que tenha números diferentes de zero.

Exemplo 31.2 Faça operações de linha para encontrar uma matriz em forma escada e linha-equivalente à matriz $\begin{bmatrix} 1 & -1 & | & 3 \\ 3 & 2 & | & -1 \end{bmatrix}$.

$$\begin{bmatrix} 1 & -1 & | & 3 \\ 3 & 2 & | & -1 \end{bmatrix} \xrightarrow{-3R_1 + R_2 \to R_2} \begin{bmatrix} 1 & -1 & | & 3 \\ 0 & 5 & | & -10 \end{bmatrix} \xrightarrow{\frac{1}{5}R_2 \to R_2} \begin{bmatrix} 1 & -1 & | & 3 \\ 0 & 1 & | & -2 \end{bmatrix}$$

ELIMINAÇÃO GAUSSIANA

Eliminação gaussiana (com substituição) é o seguinte processo para resolver sistemas de equações lineares:

1. Escreva o sistema na forma usual.
2. Escreva a matriz aumentada do sistema.
3. Aplique operações de linha a essa matriz aumentada para obter uma matriz linha-equivalente que seja uma matriz em forma escada.
4. Escreva o sistema de equações ao qual essa matriz corresponde.
5. Encontre a solução desse sistema; pode ser rapidamente resolvido por substituição dos valores de cada equação na equação anterior, começando pela última equação correspondente a uma linha não nula.

Exemplo 31.3 Resolva o sistema $\begin{array}{r} x - y = 3 \\ 3x + 2y = -1 \end{array}$ por eliminação gaussiana.

O sistema está na forma usual. A matriz aumentada do sistema é $\begin{bmatrix} 1 & -1 & | & 3 \\ 3 & 2 & | & -1 \end{bmatrix}$, considerada no exemplo anterior. Reduzindo essa à forma escada resulta $\begin{bmatrix} 1 & -1 & | & 3 \\ 0 & 1 & | & -2 \end{bmatrix}$. Essa matriz corresponde ao sistema $\begin{array}{r} x - y = 3 \\ y = -2 \end{array}$.

Assim, $y = -2$. Substituindo isso na primeira equação resulta $x - (-2) = 3$ ou $x = 1$. Assim, a solução do sistema é $(1, -2)$.

MATRIZ EM FORMA ESCADA REDUZIDA

A matriz está na forma escada *reduzida* (frequentemente chamada de *forma reduzida*) se satisfaz as condições da forma escada e se, além disso, os elementos *acima* do primeiro 1 em cada linha são todos 0.

Exemplo 31.4 Encontre uma matriz na forma reduzida que é linha-equivalente à matriz $\begin{bmatrix} 1 & -1 & | & 3 \\ 0 & 1 & | & -2 \end{bmatrix}$ do Exemplo 31.2.

$$\begin{bmatrix} 1 & -1 & | & 3 \\ 0 & 1 & | & -2 \end{bmatrix} R_2 + R_1 \to R_1 \begin{bmatrix} 1 & 0 & | & 1 \\ 0 & 1 & | & -2 \end{bmatrix}$$

Observe que a solução do sistema pode ser imedidatamente lida à direita após escrever o sistema que corresponde à matriz ($x = 1, y = -2$).

ELIMINAÇÃO DE GAUSS-JORDAN

Eliminação de Gauss-Jordan é o seguinte processo para resolver sistemas de equações lineares:

1. Escreva o sistema na forma usual.
2. Escreva a matriz aumentada do sistema.
3. Aplique operações de linha a essa matriz aumentada para obter uma matriz linha-equivalente em forma escada reduzida.
4. Escreva o sistema de equações ao qual corresponde essa matriz.
5. Encontre a solução desse sistema. Se existe uma única solução, pode ser imediatamente lida à direita. Se existem infinitas soluções, o sistema será tal que, depois de atribuir valores reais arbitrários para as variáveis indeterminadas, as outras variáveis são imediatamente expressas em termos dessas.

O processo de encontrar uma matriz na forma escada ou forma escada reduzida que é linha-equivalente a uma dada matriz desempenha um papel-chave na resolução de sistemas de equações lineares. Esse processo é usualmente abreviado como "transformação para forma escada (ou forma escada reduzida)".

Problemas Resolvidos

31.1 Mostre o resultado da aplicação (*a*) $R_1 \leftrightarrow R_3$; (*b*) $-\frac{1}{3}R_2 \to R_2$; (*c*) $2R_2 + R_1 \to R_1$ para a matriz $\begin{bmatrix} 5 & 3 & -2 & | & 3 \\ -3 & 6 & 12 & | & -3 \\ 1 & 0 & -4 & | & 5 \end{bmatrix}$.

(*a*) $R_1 \leftrightarrow R_3$ permuta linhas 1 e 3, resultando $\begin{bmatrix} 1 & 0 & -4 & | & 5 \\ -3 & 6 & 12 & | & -3 \\ 5 & 3 & -2 & | & 3 \end{bmatrix}$.

(*b*) $-\frac{1}{3}R_2 \to R_2$ substitui a linha 2 por $-\frac{1}{3}$ vezes ela mesma, resultando $\begin{bmatrix} 5 & 3 & -2 & | & 3 \\ 1 & -2 & -4 & | & 1 \\ 1 & 0 & -4 & | & 5 \end{bmatrix}$.

(*c*) $2R_2 + R_1 \to R_1$ adiciona a linha $-6\ 12\ 24\ |\ -6$ à linha 1, resultando $\begin{bmatrix} -1 & 15 & 22 & | & -3 \\ -3 & 6 & 12 & | & -3 \\ 1 & 0 & -4 & | & 5 \end{bmatrix}$.

31.2 Transforme a matriz $\begin{bmatrix} 1 & 2 & -2 & | & 3 \\ 2 & 5 & 0 & | & -7 \\ 3 & 7 & -2 & | & -4 \end{bmatrix}$ para a forma escada.

O primeiro elemento na linha 1 é 1. Use isso para produzir zeros na primeira posição nas linhas abaixo:

$$\begin{bmatrix} 1 & 2 & -2 & | & 3 \\ 2 & 5 & 0 & | & -7 \\ 3 & 7 & -2 & | & -4 \end{bmatrix} \begin{array}{c} R_2 + (-2)R_1 \to R_2 \\ R_3 + (-3)R_1 \to R_3 \end{array} \begin{bmatrix} 1 & 2 & -2 & | & 3 \\ 0 & 1 & 4 & | & -13 \\ 0 & 1 & 4 & | & -13 \end{bmatrix}$$

O primeiro elemento não nulo na linha 2 agora é 1. Use isso para produzir um zero na posição correspondente na última linha.

$$\begin{bmatrix} 1 & 2 & -2 & | & 3 \\ 0 & 1 & 4 & | & -13 \\ 0 & 1 & 4 & | & -13 \end{bmatrix} R_3 + (-1)R_2 \to R_3 \begin{bmatrix} 1 & 2 & -2 & | & 3 \\ 0 & 1 & 4 & | & -13 \\ 0 & 0 & 0 & | & 0 \end{bmatrix}$$

Essa matriz está na forma escada e é linha-equivalente à matriz original.

31.3 Generalize o procedimento do problema anterior para uma estratégia geral para transformar a matriz de um sistema arbitrário na forma escada.

1. Pela permuta de linhas, se necessário, obtenha um elemento não nulo na primeira posição na linha 1. Substitua a linha 1 por um múltiplo que torne esse elemento 1.
2. Use esse elemento para produzir zeros na primeira posição nas linhas abaixo.
3. Se isso produz linhas com zeros à esquerda da barra vertical, ou com todos os elementos iguais a zero, mova essas linhas para baixo. Se não existem outras linhas, pare.
4. Se existem elementos não nulos nas linhas abaixo da primeira, mova a linha com o elemento não nulo mais à esquerda para a linha 2. Substitua a linha 2 por um mútiplo para fazer desse elemento um 1.
5. Use esse elemento para produzir zeros na posição correspondente em quaisquer linhas abaixo da linha 2 que são não nulos à esquerda da barra vertical.
6. Proceda como nos passos 3 a 5 para quaisquer linhas remanescentes.

31.4 Resolva o sistema $\begin{array}{l} x + 2y - 2z = 3 \\ 2x + 5y = -7 \\ 3x + 7y - 2z = -4 \end{array}$ por eliminação gaussiana.

A matriz aumentada do sistema é a matriz do Problema 31.2. Transformando na forma escada, temos a matriz

$$\begin{bmatrix} 1 & 2 & -2 & | & 3 \\ 0 & 1 & 4 & | & -13 \\ 0 & 0 & 0 & | & 0 \end{bmatrix}$$ a qual corresponde ao sistema $\begin{array}{lr} x + 2y - 2z = 3 & (1) \\ y + 4z = -13 & (2) \\ 0 = 0 & (3) \end{array}$

Esse sistema tem um número infinito de soluções. Seja $z = r$, r é qualquer número real. Então, da equação (2), $y = -13 - 4r$. Substituindo de volta na equação (1) resulta:

$$x + 2(-13 - 4r) - 2r = 3$$
$$x = 10r + 29$$

Portanto, todas as soluções do sistema podem ser escritas como $(10r + 29, -13 - 4r, r)$, sendo r qualquer número real.

31.5 Transforme a matriz $\begin{bmatrix} 1 & 0 & -1 & 1 & 2 & | & 2 \\ 1 & 1 & 0 & 2 & -3 & | & -4 \\ 2 & 0 & -1 & 1 & 3 & | & 3 \\ 0 & -2 & -1 & -3 & 9 & | & 11 \end{bmatrix}$ na forma escada reduzida.

O primeiro elemento na linha 1 é 1. Use isso para produzir zeros na primeira posição nas linhas inferiores:

$$\begin{bmatrix} 1 & 0 & -1 & 1 & 2 & | & 2 \\ 1 & 1 & 0 & 2 & -3 & | & -4 \\ 2 & 0 & -1 & 1 & 3 & | & 3 \\ 0 & -2 & -1 & -3 & 9 & | & 11 \end{bmatrix} \begin{array}{c} R_2 + (-1)R_1 \to R_2 \\ R_3 + (-2)R_1 \to R_3 \end{array} \begin{bmatrix} 1 & 0 & -1 & 1 & 2 & | & 2 \\ 0 & 1 & 1 & 1 & -5 & | & -6 \\ 0 & 0 & 1 & -1 & -1 & | & -1 \\ 0 & -2 & -1 & -3 & 9 & | & 11 \end{bmatrix}$$

Agora o primeiro elemento não nulo na linha 2 é 1. Use isso para produzir zeros na posição abaixo nas linhas inferiores (somente na linha 4 falta um zero).

$$\begin{bmatrix} 1 & 0 & -1 & 1 & 2 & | & 2 \\ 0 & 1 & 1 & 1 & -5 & | & -6 \\ 0 & 0 & 1 & -1 & -1 & | & -1 \\ 0 & -2 & -1 & -3 & 9 & | & 11 \end{bmatrix} R_4 + 2R_2 \to R_4 \begin{bmatrix} 1 & 0 & -1 & 1 & 2 & | & 2 \\ 0 & 1 & 1 & 1 & -5 & | & -6 \\ 0 & 0 & 1 & -1 & -1 & | & -1 \\ 0 & 0 & 1 & -1 & -1 & | & -1 \end{bmatrix}$$

Agora o primeiro elemento não nulo na linha 3 é 1. Use isso para produzir um zero na posição abaixo, na linha 4.

$$\begin{bmatrix} 1 & 0 & -1 & 1 & 2 & | & 2 \\ 0 & 1 & 1 & 1 & -5 & | & -6 \\ 0 & 0 & 1 & -1 & -1 & | & -1 \\ 0 & 0 & 1 & -1 & -1 & | & -1 \end{bmatrix} R_4 + (-1)R_3 \to R_4 \begin{bmatrix} 1 & 0 & -1 & 1 & 2 & | & 2 \\ 0 & 1 & 1 & 1 & -5 & | & -6 \\ 0 & 0 & 1 & -1 & -1 & | & -1 \\ 0 & 0 & 0 & 0 & 0 & | & 0 \end{bmatrix}$$

Essa matriz está na forma escada. Para produzir a matriz na forma escada reduzida, use o primeiro 1 em cada linha para produzir zeros na posição correspondente nas linhas acima, começando na última linha.

$$\begin{bmatrix} 1 & 0 & -1 & 1 & 2 & | & 2 \\ 0 & 1 & 1 & 1 & -5 & | & -6 \\ 0 & 0 & 1 & -1 & -1 & | & -1 \\ 0 & 0 & 0 & 0 & 0 & | & 0 \end{bmatrix} \begin{matrix} R_1 + R_3 \to R_1 \\ R_2 + (-1)R_3 \to R_2 \end{matrix} \begin{bmatrix} 1 & 0 & 0 & 0 & 1 & | & 1 \\ 0 & 1 & 0 & 2 & -4 & | & -5 \\ 0 & 0 & 1 & -1 & -1 & | & -1 \\ 0 & 0 & 0 & 0 & 0 & | & 0 \end{bmatrix}$$

Essa matriz está na forma escada reduzida.

31.6 Resolva por eliminação de Gauss-Jordan:

$$\begin{aligned} x_1 \quad\quad - x_3 + x_4 + 2x_5 &= 2 \\ x_1 + x_2 \quad\quad + 2x_4 - 3x_5 &= -4 \\ 2x_1 \quad\quad - x_3 + x_4 + 3x_5 &= 3 \\ -2x_2 - x_3 - 3x_4 + 9x_5 &= 11 \end{aligned}$$

A matriz aumentada do sistema é a matriz do Problema 31.5. Transformando na forma escada reduzida resulta a matriz

$$\begin{bmatrix} 1 & 0 & 0 & 0 & 1 & | & 1 \\ 0 & 1 & 0 & 2 & -4 & | & -5 \\ 0 & 0 & 1 & -1 & -1 & | & -1 \\ 0 & 0 & 0 & 0 & 0 & | & 0 \end{bmatrix}$$ a qual corresponde ao sistema $\begin{aligned} x_1 \quad\quad\quad + x_5 &= 1 \quad (1) \\ x_2 \quad + 2x_4 - 4x_5 &= -5 \quad (2) \\ x_3 - x_4 - x_5 &= -1 \quad (3) \end{aligned}$

Esse sistema tem um número infinito de soluções. Sejam $x_5 = r$, $x_4 = s$, r e s números reais quaisquer. Então, da equação (3) $x_3 = r + s - 1$; da equação (2), $x_2 = 4r - 2s - 5$; e da equação (1), $x_1 = 1 - r$. Portanto, todas as soluções podem ser escritas como $(1 - r, 4r - 2s - 5, r + s - 1, s, r)$, sendo r e s números reais quaisquer.

31.7 As bombas A, B e C, trabalhando juntas, podem encher um tanque em 2 horas. Se somente A e C são usadas, levaria 4 horas. Se somente B e C são usadas, levaria 3 horas. Quanto tempo levaria cada uma para encher o tanque trabalhando separadamente?

Sejam t_1, t_2 e t_3 os tempos das bombas A, B e C, respectivamente. Então, a taxa na qual cada bomba trabalha pode ser expressa como $r_1 = 1/t_1$, $r_2 = 1/t_2$ e $r_3 = 1/t_3$. Usando quantidade de trabalho = (taxa)(tempo), a seguinte tabela pode ser feita:

	Taxa	Tempo	Quantidade de trabalho
Bomba A	r_1	2	$2r_1$
Bomba B	r_2	2	$2r_2$
Bomba C	r_3	2	$2r_3$

Portanto, se todas as três máquinas, trabalhando juntas, podem encher o tanque em 2 horas,
$$2r_1 + 2r_2 + 2r_3 = 1 \quad (1)$$

Analogamente,
$$4r_1 + 4r_3 = 1 \quad (2)$$
$$3r_2 + 3r_3 = 1 \quad (3)$$

O sistema (1), (2), (3) tem a matriz aumentada
$$\begin{bmatrix} 2 & 2 & 2 & | & 1 \\ 4 & 0 & 4 & | & 1 \\ 0 & 3 & 3 & | & 1 \end{bmatrix}$$ a qual se transforma na forma escada reduzida $$\begin{bmatrix} 1 & 0 & 0 & | & 1/6 \\ 0 & 1 & 0 & | & 1/4 \\ 0 & 0 & 1 & | & 1/12 \end{bmatrix}$$

Portanto, $r_1 = 1/6$ tarefa/hora, $r_2 = 1/4$ tarefa/hora e $r_3 = 1/12$ tarefa/hora. Logo, $t_1 = 6$ horas para a bomba A encher o tanque, $t_2 = 4$ horas para a bomba B encher o tanque e $t_3 = 12$ horas para a bomba C encher o tanque, trabalhando sozinhas.

31.8 Uma investidora deseja investir $ 800.000 em Caderneta de Poupança, pagando 6% de juros, fundo de renda fixa, pagando 10%, ações, pagando 12%, e investimentos de risco, pagando 14% de juros. Por questões tributárias, ela quer planejar um retorno anual de $ 78.000 e deseja ter no total dos outros investimentos o triplo da quantia investida em poupança. Como ela deveria dividir o investimento?

Sejam x_1 = quantia investida em poupança, x_2 = quantia investida em fundo de renda fixa, x_3 = quantia investida em ações e x_4 = quantia aplicada em investimento de risco. Forme uma tabela:

	Quantia investida	Razão de juros	Juro ganho
Poupança	x_1	0,06	$0,06x_1$
Fundo de renda fixa	x_2	0,1	$0,1x_2$
Ações	x_3	0,12	$0,12x_3$
Investimento de risco	x_4	0,14	$0,14x_4$

Como o total do investimento é $800.000, $x_1 + x_2 + x_3 + x_4 = 800.000$ (1)

Como o total capitalizado é $78.000, $0,06x_1 + 0,1x_2 + 0,12x_3 + 0,14x_4 = 78.000$ (2)

Como o total dos outros investimentos é o triplo da quantia investida em poupança,

$x_2 + x_3 + x_4 = 3x_1$, ou, na forma usual, $-3x_1 + x_2 + x_3 + x_4 = 0$ (3)

O sistema (1), (2), (3) tem a seguinte matriz aumentada:
$$\begin{bmatrix} 1 & 1 & 1 & 1 & | & 800.000 \\ 0,06 & 0,1 & 0,12 & 0,14 & | & 78.000 \\ -3 & 1 & 1 & 1 & | & 0 \end{bmatrix}$$

Transformando isso na forma escada reduzida resulta:
$$\begin{bmatrix} 1 & 0 & 0 & 0 & | & 200.000 \\ 0 & 1 & 0 & -1 & | & 300.000 \\ 0 & 0 & 1 & 2 & | & 300.000 \end{bmatrix}$$

Isso corresponde ao sistema de equações:

$$x_1 = 200.000$$
$$x_2 - x_4 = 300.000$$
$$x_3 + 2x_4 = 300.000$$

Há um número infinito de soluções. Seja $x_4 = r$. Então, todas as soluções podem ser escritas na forma (200.000, 300.000 + r, 300.000 − 2r, r). Desse modo, a investidora deve aplicar $ 200.000 em poupança, mas tem uma ampla variedade de outras opções que atendem às condições dadas. Uma quantia r aplicada em investimento de risco requer um total de $ 300.000 a mais que no fundo de renda fixa, e uma quantia de $ 300.000 − 2r em ações. Sempre que esses valores forem positivos, as condições do problema são satisfeitas; por exemplo, uma solução seria $r = 100.000$, então $x_1 = $ 200.000$ em poupança, $x_2 = $ 400.000$ em fundo de renda fixa, $x_3 = $ 100.000$ em ações e $x_4 = $ 100.000$ em investimento de risco.

Problemas Complementares

31.9 Transforme em forma escada:

(a) $\begin{bmatrix} 2 & 5 & | & 3 \\ 4 & -2 & | & -6 \end{bmatrix}$ (b) $\begin{bmatrix} 2 & 5 & | & 3 \\ 4 & 10 & | & -6 \end{bmatrix}$ (c) $\begin{bmatrix} 2 & 5 & | & 3 \\ 4 & 10 & | & 6 \end{bmatrix}$

Resp. (a) $\begin{bmatrix} 1 & 5/2 & | & 3/2 \\ 0 & 1 & | & 1 \end{bmatrix}$; (b) $\begin{bmatrix} 1 & 5/2 & | & 3/2 \\ 0 & 0 & | & -12 \end{bmatrix}$; (c) $\begin{bmatrix} 1 & 5/2 & | & 3/2 \\ 0 & 0 & | & 0 \end{bmatrix}$

31.10 Resolva usando a informação do problema anterior:

(a) $\begin{aligned} 2x + 5y &= 3 \\ 4x - 2y &= -6 \end{aligned}$ (b) $\begin{aligned} 2x + 5y &= 3 \\ 4x + 10y &= -6 \end{aligned}$ (c) $\begin{aligned} 2x + 5y &= 3 \\ 4x + 10y &= 6 \end{aligned}$

Resp. (a) $(-1, 1)$; (b) sem solução; (c) $\left(\dfrac{3 - 5r}{2}, r\right)$, sendo r um número real qualquer.

31.11 Transforme na forma escada reduzida:

(a) $\begin{bmatrix} 2 & 3 & | & 8 \\ 3 & -1 & | & 12 \\ 5 & 2 & | & 20 \end{bmatrix}$ (b) $\begin{bmatrix} 2 & 3 & -4 & | & 8 \\ 3 & 4 & -5 & | & 6 \\ 1 & 1 & -1 & | & 2 \end{bmatrix}$ (c) $\begin{bmatrix} 1 & 3 & 4 & 5 & | & 1 \\ 3 & 5 & 2 & 6 & | & 7 \\ 4 & 8 & 6 & 11 & | & 8 \end{bmatrix}$

Resp. (a) $\begin{bmatrix} 1 & 0 & | & 4 \\ 0 & 1 & | & 0 \\ 0 & 0 & | & 0 \end{bmatrix}$; (b) $\begin{bmatrix} 1 & 0 & 1 & | & 2 \\ 0 & 1 & -2 & | & 0 \\ 0 & 0 & 0 & | & 4 \end{bmatrix}$; (c) $\begin{bmatrix} 1 & 0 & -7/2 & -7/4 & | & 4 \\ 0 & 1 & 5/2 & 9/4 & | & -1 \\ 0 & 0 & 0 & 0 & | & 0 \end{bmatrix}$

31.12 Resolva usando a informação do problema anterior:

(a) $\begin{aligned} 2x + 3y &= 8 \\ 3x - y &= 12 \\ 5x + 2y &= 20 \end{aligned}$ (b) $\begin{aligned} 2x + 3y - 4z &= 8 \\ 3x + 4y - 5z &= 6 \\ x + y - z &= 2 \end{aligned}$ (c) $\begin{aligned} x_1 + 3x_2 + 4x_3 + 5x_4 &= 1 \\ 3x_1 + 5x_2 + 2x_3 + 6x_4 &= 7 \\ 4x_1 + 8x_2 + 6x_3 + 11x_4 &= 8 \end{aligned}$

Resp. (a) $(4, 0)$; (b) não existe solução; (c) $\left(4 + \dfrac{7s}{2} + \dfrac{7r}{4}, -1 - \dfrac{5s}{2} - \dfrac{9r}{4}, s, r\right)$, sendo r e s números reais quaisquer

31.13 Será produzida uma mistura de 140 libras de amêndoas que custam $4 por libra, castanhas que custam $6 por libra e nozes custando $7,50 por libra. Se a mistura será vendida por $ 5,50 a libra, quais são as possíveis combinações que podem ser feitas?

Resp. Se t = número de libras de nozes, então, qualquer combinação de $105 - 1,75t$ libras de castanha e $35 + 0,75t$ libras de amêndoas para a qual todos os três valores são positivos; assim, $0 < t < 60$, $105 > 105 - 1,75t > 0$ e $35 < 35 + 0,75t < 80$.

Capítulo 32

Decomposição em Fração Parcial

EXPRESSÕES RACIONAIS PRÓPRIAS E IMPRÓPRIAS

Uma expressão racional é qualquer quociente da forma $\frac{f(x)}{g(x)}$, onde f e g são expressões polinomiais (aqui, assume-se que f e g tenham coeficientes reais). Se o grau de f é menor que o grau de g, a expressão racional é chamada *própria*, caso contrário, *imprópria*. Uma expressão racional imprópria pode ser sempre escrita usando o esquema da divisão longa (Capítulo 14), como um polinômio mais uma expressão racional própria.

DECOMPOSIÇÃO EM FRAÇÃO PARCIAL

Qualquer polinômio $g(x)$ pode, teoricamente, ser escrito como o produto de um ou mais fatores lineares e quadráticos, onde os fatores quadráticos não têm zeros reais (fatores quadráticos *irredutíveis*). Segue-se que qualquer expressão racional própria com denominador $g(x)$ pode ser escrita como a soma de uma ou mais expressões racionais próprias, cada uma tendo um denominador que é uma potência de um polinômio com grau menor ou igual a 2. Essa soma é chamada de *decomposição em fração parcial* da expressão racional.

Exemplo 32.1 $\frac{x^2}{x+1}$ é uma expressão racional imprópria. Pode ser reescrita como a soma de um polinômio e uma expressão racional própria: $\frac{x^2}{x+1} = x - 1 + \frac{1}{x+1}$.

Exemplo 32.2 $\frac{2x+1}{x^2+x}$ é uma expressão racional própria. Como seu denominador é fatorado como $x^2 + x = x(x+1)$, a decomposição em fração parcial de $\frac{2x+1}{x^2+x}$ é $\frac{2x+1}{x^2+x} = \frac{1}{x} + \frac{1}{x+1}$, como pode ser verificado pela adição:

$$\frac{1}{x} + \frac{1}{x+1} = \frac{x+1}{x(x+1)} + \frac{x}{x(x+1)} = \frac{2x+1}{x^2+x}$$

Exemplo 32.3 $\frac{x}{x^2+1}$ já está decomposta na forma de fração parcial, uma vez que o denominador é quadrático e não admite zeros reais.

PROCEDIMENTO PARA ENCONTRAR A DECOMPOSIÇÃO EM FRAÇÃO PARCIAL

Procedimento para encontrar a decomposição em fração parcial de uma expressão racional:

1. Se a expressão é própria, vá para o passo 2. Se a expressão é imprópria, divida para obter um polinômio mais uma expressão racional própria e aplique os seguintes passos para a expressão própria $f(x)/g(x)$.
2. Escreva o denominador como um produto de potências de fatores lineares da forma $(ax+b)^m$ e fatores quadráticos irredutíveis da forma $(ax^2+bx+c)^n$.

3. Para cada fator $(ax + b)^m$, escreva uma soma de frações parciais da forma:

$$\frac{A_1}{ax + b} + \frac{A_2}{(ax + b)^2} + \cdots + \frac{A_m}{(ax + b)^m}$$

onde os A_i estão ainda para serem determinados.

4. Para cada fator $(ax^2 + bx + c)^n$, escreva uma soma de frações parciais da forma:

$$\frac{B_1 x + C_1}{ax^2 + bx + c} + \frac{B_2 x + C_2}{(ax^2 + bx + c)^2} + \cdots + \frac{B_n x + C_n}{(ax^2 + bx + c)^n}$$

onde os B_j e C_j estão ainda para ser determinados.

5. Faça $f(x) / g(x)$ igual à soma das frações parciais dos passos 4 e 5. Elimine o denominador $g(x)$ multiplicando ambos os lados para obter a *equação básica* dos coeficientes desconhecidos.

6. Resolva a equação básica para os coeficientes desconhecidos A_i, B_j e C_j.

MÉTODO GERAL PARA RESOLVER A EQUAÇÃO BÁSICA

1. Expanda ambos os lados.
2. Agrupe termos em cada potência de x.
3. Iguale os coeficientes de cada potência de x.
4. Resolva o sistema linear dos termos desconhecidos A_i, B_j e C_j resultantes.

Exemplo 32.4 Encontre a decomposição em fração parcial de $\dfrac{4}{x^2 - 1}$.

Essa é uma expressão racional própria. O denominador $x^2 - 1$ é fatorado como $(x - 1)(x + 1)$. Logo, existe uma soma de somente duas frações parciais, uma com o denominador $x - 1$ e a outra com denominador $x + 1$. Então, faça

$$\frac{4}{x^2 - 1} = \frac{A_1}{x - 1} + \frac{A_2}{x + 1}$$

Multiplicando ambos os lados por $x^2 - 1$ para obter a equação básica

$$4 = A_1(x + 1) + A_2(x - 1)$$

Expandindo, resulta

$$4 = A_1 x + A_1 + A_2 x - A_2$$

Agrupando termos em cada potência de x, resulta

$$0x + 4 = (A_1 + A_2)x + (A_1 - A_2)$$

Para isso valer para todo x, os coeficientes de cada potência de x em ambos os lados da equação devem ser iguais; logo:

$$A_1 + A_2 = 0$$
$$A_1 - A_2 = 4$$

Esse sistema tem uma solução: $A_1 = 2$, $A_2 = -2$. Logo, a decomposição em fração parcial é

$$\frac{4}{x^2 - 1} = \frac{2}{x - 1} + \frac{-2}{x + 1}$$

MÉTODO ALTERNATIVO

Método alternativo para resolver a equação básica: em vez de expandir ambos os lados da equação básica, substitua valores de x na equação. Se, e somente se, todas as frações parciais tiverem denominadores lineares distintos, e se os valores escolhidos são os zeros distintos dessas expressões, os valores dos A_i serão achados imediatamente. Em outras situações, não haverá zeros suficientes para determinar todos os termos desconhecidos. Outros valores de x podem ser escolhidos e o sistema resultante de equações resolvido, mas, nessas situações, o método alternativo não é preferível.

Exemplo 32.5 Use o método alternativo para o exemplo anterior.

A equação básica é

$$4 = A_1(x + 1) + A_2(x - 1)$$

Substitua $x = 1$, então, segue-se que:

$$4 = A_1(1 + 1) + A_2(1 - 1)$$
$$4 = 2A_1$$
$$A_1 = 2$$

Agora substitua $x = -1$, então, segue-se que:

$$4 = A_1(-1 + 1) + A_2(-1 - 1)$$
$$4 = -2A_2$$
$$A_2 = -2$$

Isso leva ao mesmo resultado anterior.

Problemas Resolvidos

32.1 Encontre a decomposição em fração parcial de $\dfrac{x^2 + 7x - 2}{x^3 - x}$.

Essa é uma expressão racional própria. Fatore o denominador como segue:

$$x^3 - x = x(x^2 - 1) = x(x - 1)(x + 1)$$

Portanto, existe uma soma de três frações parciais, com denominadores x, $x - 1$ e $x + 1$. Faça

$$\frac{x^2 + 7x - 2}{x^3 - x} = \frac{A_1}{x} + \frac{A_2}{x - 1} + \frac{A_3}{x + 1}$$

Multiplicando ambos os lados por $x^3 - x = x(x - 1)(x + 1)$ resulta

$$(x^3 - x)\frac{x^2 + 7x - 2}{x^3 - x} = x(x - 1)(x + 1)\frac{A_1}{x} + x(x - 1)(x + 1)\frac{A_2}{x - 1} + x(x - 1)(x + 1)\frac{A_3}{x + 1}$$

$$x^2 + 7x - 2 = A_1(x - 1)(x + 1) + A_2 x(x + 1) + A_3 x(x - 1)$$

Essa é a equação básica. Como todas as frações parciais têm denominadores lineares, é mais eficiente aplicar o método alternativo. Substitua x pelos zeros do denominador $x(x - 1)(x + 1)$.

$x = 0$:

$$-2 = A_1(-1)(1) + A_2(0)(1) + A_3(0)(-1)$$
$$-2 = -A_1$$
$$A_1 = 2$$

$x = 1$:
$$1^2 + 7 \cdot 1 - 2 = A_1(1-1)(1+1) + A_2(1)(1+1) + A_3(1)(1-1)$$
$$6 = 2A_2$$
$$A_2 = 3$$

$x = -1$:
$$(-1)^2 + 7(-1) - 2 = A_1(-1-1)(-1+1) + A_2(-1)(-1+1) + A_3(-1)(-1-1)$$
$$-8 = 2A_3$$
$$A_3 = -4$$

Logo, a decomposição em fração parcial é

$$\frac{x^2 + 7x - 2}{x^3 - x} = \frac{2}{x} + \frac{3}{x-1} + \frac{-4}{x+1}$$

32.2 Encontre a decomposição em fração parcial de $\dfrac{6x^3 + 5x^2 + 2x - 10}{6x^2 - x - 2}$.

Essa é uma expressão imprópria. Use o método de divisão longa para reescrevê-la como:

$$x + 1 + \frac{5x - 8}{6x^2 - x - 2}$$

Fatore o denominador como $(3x - 2)(2x + 1)$. Portanto, existe uma soma de duas frações parciais, uma com denominador $3x - 2$ e a outra com denominador $2x + 1$. Faça

$$\frac{5x - 8}{6x^2 - x - 2} = \frac{A_1}{3x - 2} + \frac{A_2}{2x + 1}$$

Multiplique ambos os lados por $6x^2 - x - 2 = (3x - 2)(2x + 1)$ para obter

$$5x - 8 = A_1(2x + 1) + A_2(3x - 2)$$

Essa é a equação básica. Como os zeros do denominador envolvem frações, o método alternativo não parece ser atrativo. Expandindo, resulta

$$5x - 8 = 2A_1 x + A_1 + 3A_2 x - 2A_2$$

Agrupando termos em cada potência de x, o resultado é

$$5x - 8 = (2A_1 + 3A_2)x + (A_1 - 2A_2)$$

Para isso valer para todo x, os coeficientes de cada potência de x em ambos os lados da equação devem ser iguais; logo,

$$2A_1 + 3A_2 = 5$$
$$A_1 - 2A_2 = -8$$

A única solução desse sistema é $A_1 = -2, A_2 = 3$. Logo, a decomposição em fração parcial é

$$\frac{6x^3 + 5x^2 + 2x - 10}{6x^2 - x - 2} = x + 1 + \frac{-2}{3x - 2} + \frac{3}{2x + 1}$$

32.3 Encontre a decomposição em fração parcial de $\dfrac{-x^5 - x^4 + 3x^3 + 5x^2 + 6x + 6}{x^4 + x^3}$.

Essa é uma expressão imprópria. Use o método da divisão longa para reescrever como:

$$-x + \frac{3x^3 + 5x^2 + 6x + 6}{x^4 + x^3}$$

Fatore o denominador como $x^3(x + 1)$. O primeiro fator é chamado de *fator linear repetido*; uma soma de frações parciais deve ser considerada para cada potência de x de 1 a 3. Faça

$$\frac{3x^3 + 5x^2 + 6x + 6}{x^4 + x^3} = \frac{A_1}{x} + \frac{A_2}{x^2} + \frac{A_3}{x^3} + \frac{A_4}{x + 1}$$

Multiplique ambos os lados por $x^4 + x^3 = x^3(x + 1)$ para obter

$$3x^3 + 5x^2 + 6x + 6 = A_1 x^2(x + 1) + A_2 x(x + 1) + A_3(x + 1) + A_4 x^3$$

Essa é a equação básica. Expandindo, resulta

$$3x^3 + 5x^2 + 6x + 6 = A_1 x^3 + A_1 x^2 + A_2 x^2 + A_2 x + A_3 x + A_3 + A_4 x^3$$

Agrupar os termos em cada potência de x resulta

$$3x^3 + 5x^2 + 6x + 6 = (A_1 + A_4)x^3 + (A_1 + A_2)x^2 + (A_2 + A_3)x + A_3$$

Para isso valer para todo x, os coeficientes de cada potência de x em ambos os lados da equação devem ser iguais, logo,

$$A_1 + A_4 = 3$$
$$A_1 + A_2 = 5$$
$$A_2 + A_3 = 6$$
$$A_3 = 6$$

A única solução desse sistema é $A_1 = 5, A_2 = 0, A_3 = 6, A_4 = -2$. Logo, a decomposição em fração parcial é

$$\frac{-x^5 - x^4 + 3x^3 + 5x^2 + 6x + 6}{x^4 + x^3} = -x + \frac{5}{x} + \frac{6}{x^3} + \frac{-2}{x + 1}$$

32.4 Encontre a decomposição em fração parcial de $\dfrac{x^3 - x^2 + 9x - 1}{x^4 - 1}$.

Essa é uma expressão racional própria. Fatore o denominador como segue:

$$x^4 - 1 = (x^2 - 1)(x^2 + 1) = (x - 1)(x + 1)(x^2 + 1)$$

Portanto, existe uma soma de três frações parciais com denominadores $x - 1$, $x + 1$ e $x^2 + 1$. Observe que o denominador quadrático irredutível $x^2 + 1$ requer um numerador da forma $B_1 x + C_1$, ou seja, linear em vez de uma expressão constante. Faça

$$\frac{x^3 - x^2 + 9x - 1}{x^4 - 1} = \frac{A_1}{x - 1} + \frac{A_2}{x + 1} + \frac{B_1 x + C_1}{x^2 + 1}$$

Multiplique ambos os lados por $x^4 - 1 = (x - 1)(x + 1)(x^2 + 1)$ para obter

$$x^3 - x^2 + 9x - 1 = A_1(x + 1)(x^2 + 1) + A_2(x - 1)(x^2 + 1) + (B_1 x + C_1)(x - 1)(x + 1)$$

Essa é a equação básica. Expandindo, resulta

$$x^3 - x^2 + 9x - 1 = A_1 x^3 + A_1 x^2 + A_1 x + A_1 + A_2 x^3 - A_2 x^2 + A_2 x - A_2 + B_1 x^3 + C_1 x^2 - B_1 x - C_1$$

Agrupar os termos em cada potência de x resulta

$$x^3 - x^2 + 9x - 1 = (A_1 + A_2 + B_1)x^3 + (A_1 - A_2 + C_1)x^2 + (A_1 + A_2 - B_1)x + A_1 - A_2 - C_1$$

Para isso valer para todo x, os coeficientes de cada potência de x em ambos os lados da equação devem ser iguais, logo,

$$A_1 + A_2 + B_1 = 1$$
$$A_1 - A_2 + C_1 = -1$$
$$A_1 + A_2 - B_1 = 9$$
$$A_1 - A_2 - C_1 = -1$$

A única solução desse sistema é $A_1 = 2, A_2 = 3, B_1 = -4$ e $C_1 = 0$. Logo, a decomposição em fração parcial é

$$\frac{x^3 - x^2 + 9x - 1}{x^4 - 1} = \frac{2}{x - 1} + \frac{3}{x + 1} + \frac{-4x}{x^2 + 1}$$

32.5 Encontre a decomposição em fração parcial de $\dfrac{5x^3 - 4x^2 + 21x - 28}{x^4 + 10x^2 + 9}$.

Essa é uma expressão racional própria. Fatore o denominador como $x^4 + 10x^2 + 9 = (x^2 + 1)(x^2 + 9)$. Existem somente duas frações parciais, com denominadores $x^2 + 1$ e $x^2 + 9$. Cada denominador quadrático irredutível requer um numerador linear não constante. Faça

$$\frac{5x^3 - 4x^2 + 21x - 28}{x^4 + 10x^2 + 9} = \frac{B_1 x + C_1}{x^2 + 1} + \frac{B_2 x + C_2}{x^2 + 9}$$

Multiplique ambos os lados por $x^4 + 10x^2 + 9 = (x^2 + 1)(x^2 + 9)$ para obter

$$5x^3 - 4x^2 + 21x - 28 = (B_1 x + C_1)(x^2 + 9) + (B_2 x + C_2)(x^2 + 1)$$

Essa é a equação básica. Expandindo, resulta

$$5x^3 - 4x^2 + 21x - 28 = B_1 x^3 + C_1 x^2 + 9B_1 x + 9C_1 + B_2 x^3 + C_2 x^2 + B_2 x + C_2$$

Agrupar termos em cada potência de x resulta

$$5x^3 - 4x^2 + 21x - 28 = (B_1 + B_2)x^3 + (C_1 + C_2)x^2 + (9B_1 + B_2)x + 9C_1 + C_2$$

Para isso valer para todo x, os coeficientes de cada potência de x em ambos os lados da equação devem ser iguais, logo:

$$B_1 + B_2 = 5$$
$$C_1 + C_2 = -4$$
$$9B_1 + B_2 = 21$$
$$9C_1 + C_2 = -28$$

A única solução desse sistema é $B_1 = 2, B_2 = 3, C_1 = -3, C_2 = -1$. Logo, a decomposição em fração parcial é

$$\frac{5x^3 - 4x^2 + 21x - 28}{x^4 + 10x^2 + 9} = \frac{2x - 3}{x^2 + 1} + \frac{3x - 1}{x^2 + 9}$$

32.6 Um erro comum em determinar uma soma de frações parciais é assinalar um numerador constante a uma fração parcial com um denominador quadrático irredutível. Explique o que aconteceria no problema anterior como resultado desse erro.

Assuma a soma de frações parciais incorreta

$$\frac{5x^3 - 4x^2 + 21x - 28}{x^4 + 10x^2 + 9} = \frac{A_1}{x^2 + 1} + \frac{A_2}{x^2 + 9}$$

Multiplicar ambos os lados por $x^4 + 10x^2 + 9 = (x^2 + 1)(x^2 + 9)$, resultaria

$$5x^3 - 4x^2 + 21x - 28 = A_1(x^2 + 9) + A_2(x^2 + 1)$$

Expandindo essa equação básica incorreta, resultaria

$$5x^3 - 4x^2 + 21x - 28 = A_1 x^2 + 9A_1 + A_2 x^2 + A_2$$

Agrupando termos em cada potência de x

$$5x^3 - 4x^2 + 21x - 28 = (A_1 + A_2)x^2 + 9A_1 + A_2$$

Para isso valer para todo x, os coeficientes de cada potência de x em ambos os lados da equação teriam que ser iguais, mas isso é impossível; por exemplo, o coeficiente de x^3 do lado esquerdo é 5, mas no direito é 0. Desse modo, o problema foi tratado incorretamente.

32.7 Encontre a decomposição em fração parcial de $\dfrac{3x^3 + 14x - 3}{x^4 + 8x^2 + 16}$.

Essa é uma expressão racional própria. Fatore o denominador como $x^4 + 8x^2 + 16 = (x^2 + 4)^2$. Esse é um fator quadrático repetido; uma soma de frações parciais deve ser considerada para ambos $x^2 + 4$ e $(x^2 + 4)^2$. Cada denominador quadrático irredutível requer um numerador linear não constante. Faça

$$\frac{3x^3 + 14x - 3}{x^4 + 8x^2 + 16} = \frac{B_1 x + C_1}{x^2 + 4} + \frac{B_2 x + C_2}{(x^2 + 4)^2}$$

Multiplique ambos os lados por $x^4 + 8x^2 + 16 = (x^2 + 4)^2$ para obter

$$3x^3 + 14x - 3 = (B_1 x + C_1)(x^2 + 4) + B_2 x + C_2$$

Essa é a equação básica. Expandindo, resulta

$$3x^3 + 14x - 3 = B_1 x^3 + C_1 x^2 + 4B_1 x + 4C_1 + B_2 x + C_2$$

Agrupar termos em cada potência de x resulta

$$3x^3 + 14x - 3 = B_1 x^3 + C_1 x^2 + (4B_1 + B_2)x + 4C_1 + C_2$$

Para isso valer para todo x, os coeficientes de cada potência de x em ambos os lados da equação devem ser iguais, logo,

$$B_1 = 3$$
$$C_1 = 0$$
$$4B_1 + B_2 = 14$$
$$4C_1 + C_2 = -3$$

A única solução desse sistema é $B_1 = 3, B_2 = 2, C_1 = 0, C_2 = -3$. Logo, a decomposição em fração parcial é

$$\frac{3x^3 + 14x - 3}{x^4 + 8x^2 + 16} = \frac{3x}{x^2 + 4} + \frac{2x - 3}{(x^2 + 4)^2}$$

Problemas Complementares

32.8 Encontre a decomposição em fração parcial de $\dfrac{11x - 10}{x^2 - 2x}$.

Resp. $\dfrac{5}{x} + \dfrac{6}{x - 2}$

32.9 Encontre a decomposição em fração parcial de $\dfrac{2x + 22}{x^2 + x - 12}$.

Resp. $\dfrac{4}{x - 3} + \dfrac{-2}{x + 4}$

32.10 Encontre a decomposição em fração parcial de $\dfrac{x^4 + 3x^3 - 2x^2 - 2x - 4}{x^2 - 1}$.

Resp. $x^2 + 3x - 1 + \dfrac{-2}{x - 1} + \dfrac{3}{x + 1}$

CAPÍTULO 32 • DECOMPOSIÇÃO EM FRAÇÃO PARCIAL

32.11 Encontre a decomposição em fração parcial de $\dfrac{4x^2 - 15x - 125}{x^3 - 25x}$.

Resp. $\dfrac{5}{x} + \dfrac{-2}{x-5} + \dfrac{1}{x+5}$

32.12 Encontre a decomposição em fração parcial de $\dfrac{-2x^2 + 46x - 3}{30x^3 + 39x^2 - 9x}$.

Resp. $\dfrac{1}{3x} + \dfrac{3}{5x-1} + \dfrac{-2}{2x+3}$

32.13 Encontre a decomposição em fração parcial de $\dfrac{x^2 - 4}{x^3 - 3x^2 + 3x - 1}$.

Resp. $\dfrac{1}{x-1} + \dfrac{2}{(x-1)^2} + \dfrac{-3}{(x-1)^3}$

32.14 Encontre a decomposição em fração parcial de $\dfrac{x^6 - x^5 - 3x^3 + x^2 + 3x - 3}{x^4 - x^3}$.

Resp. $x^2 + \dfrac{-1}{x} + \dfrac{3}{x^3} + \dfrac{-2}{x-1}$

32.15 Encontre a decomposição em fração parcial de $\dfrac{x^4 + 3x^2 - x - 8}{x^3 + 4x}$.

Resp. $x + \dfrac{-2}{x} + \dfrac{x-1}{x^2+4}$

32.16 Encontre a decomposição em fração parcial de $\dfrac{2x^3 - 4x}{x^4 + 2x^3 + 2x^2 + 2x + 1}$.

Resp. $\dfrac{2}{x+1} + \dfrac{1}{(x+1)^2} + \dfrac{-3}{x^2+1}$

32.17 Encontre a decomposição em fração parcial de $\dfrac{2x^5 + 42x^3 + x^2 + 124x + 16}{x^4 + 20x^2 + 64}$.

Resp. $2x + \dfrac{1-x}{x^2+4} + \dfrac{3x}{x^2+16}$

32.18 Encontre a decomposição em fração parcial de $\dfrac{x^5 + x^4 + 2x^3 + 2x^2 + 4x - 1}{(x^2+1)^3}$.

Resp. $\dfrac{x+1}{x^2+1} + \dfrac{3x-2}{(x^2+1)^3}$

32.19 Encontre a decomposição em fração parcial de $\dfrac{x^6 - x^5 + 2x^4 - x^3 - x^2 + 3x - 3}{x^4 + 2x^2 + 1}$.

Resp. $x^2 - x + \dfrac{x-2}{x^2+1} + \dfrac{3x-1}{(x^2+1)^2}$

32.20 Encontre a decomposição em fração parcial de $\dfrac{5x^6 - x^5 + 33x^4 - 14x^3 + 51x^2 - 31x + 23}{(x^2+1)^2(x^2+4)^2}$.

Resp. $\dfrac{5}{x^2+4} + \dfrac{x+3}{(x^2+4)^2} + \dfrac{-2x}{(x^2+1)^2}$

32.21 Encontre a decomposição em fração parcial de $\dfrac{3x^2 - 6x + 6}{x^3 + 1}$.

Resp. $\dfrac{5}{x+1} + \dfrac{1-2x}{x^2-x+1}$

32.22 Mostre que a decomposição em fração parcial de $\dfrac{c}{x^2-a^2}$ pode ser escrita como $\dfrac{c}{2a(x-a)} + \dfrac{-c}{2a(x+a)}$.

Capítulo 33

Sistemas de Equações Não Lineares

DEFINIÇÃO DE SISTEMAS NÃO LINEARES DE EQUAÇÕES

Um sistema de equações no qual qualquer uma das equações é não linear é um sistema não linear. Um sistema não linear pode não ter soluções, ter um conjunto infinito de soluções ou qualquer número de soluções reais ou complexas.

SOLUÇÕES DE SISTEMAS NÃO LINEARES COM DUAS VARIÁVEIS

Soluções de sistemas não lineares com duas variáveis podem ser encontradas por meio de três métodos:

1. **Método gráfico.** Desenhe no gráfico cada equação. As coordenadas de quaisquer pontos de interseção podem ser lidas do gráfico. Após verificar cada equação por substituição, essas coordenadas são soluções reais do sistema. Normalmente, apenas aproximações de soluções reais podem ser encontradas por esse método, mas quando os métodos algébricos abaixo falham, esse método ainda pode ser usado.
2. **Método da substituição.** Em uma equação, isole uma variável em termos das outras. Substitua essa expressão nas outras equações para determinar o valor da primeira variável (se possível). Então, substitua esse valor para determinar a outra variável.
3. **Método da eliminação.** Aplique as operações sobre equações para obter sistemas equivalentes a fim de eliminar uma variável de uma equação; isole essa variável na equação resultante e substitua esse valor para determinar o valor da outra variável.

Exemplo 33.1 Resolva o sistema $\begin{matrix} y = e^{-x} \\ y = 1 + x \end{matrix}$ graficamente.

O gráfico de $y = e^{-x}$ é uma curva de decaimento exponencial; o gráfico de $y = 1 + x$ é uma linha reta.

Esboce os dois gráficos no mesmo sistema de coordenadas (ver Fig. 33-1).

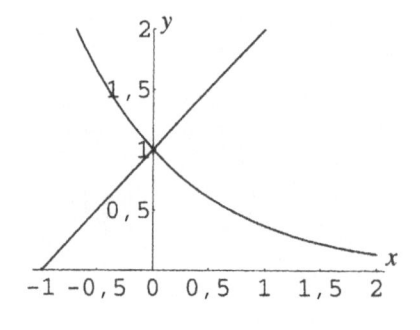

Figura 33-1

Os gráficos parecem se interceptar em (0, 1). Substituindo $x = 0$, $y = 1$ em $y = e^{-x}$, resulta $1 = e^{-0}$ ou $1 = 1$. Substituindo em $y = 1 + x$, resulta $1 = 1 + 0$. Portanto, (0, 1) é uma solução do sistema. O método não descarta a possibilidade de outras soluções, incluindo soluções não reais complexas.

Exemplo 33.2 Resolva o sistema $\begin{matrix} y = x^2 - 2 & (1) \\ x + 2x = 11 & (2) \end{matrix}$ por substituição.

Substitua a expressão $x^2 - 2$ da equação (1) na equação (2) no lugar de y para obter

$$x + 2(x^2 - 2) = 11$$

Isolando x nessa equação quadrática

$$2x^2 + x - 15 = 0$$

$$(2x - 5)(x + 3) = 0$$

$$2x - 5 = 0 \quad \text{ou} \quad x + 3 = 0$$

$$x = \frac{5}{2} \qquad x = -3$$

Substituir esses valores de x na equação (1) resulta:

$$x = \frac{5}{2} : y = \left(\frac{5}{2}\right)^2 - 2 = \frac{17}{4} \qquad\qquad x = -3 : y = (-3)^2 - 2 = 7$$

Portanto, as soluções são $\left(\frac{5}{2}, \frac{17}{4}\right)$ e $(-3, 7)$.

Exemplo 33.3 Resolva por eliminação: $\begin{matrix} x^2 + y^2 = 1 & (1) \\ x^2 - y^2 = 7 & (2) \end{matrix}$

Sustituindo a equação (2) por ela própria mais a equação (1), resulta o sistema equivalente:

$$x^2 + y^2 = 1 \quad (1)$$

$$2x^2 = 8 \quad (3)$$

Isolando x na equação (3)

$$x^2 = 4$$

$$x = 2 \quad \text{ou} \quad x = -2$$

Substituindo esses valores de x na equação (1) resulta:

$x = 2:\quad 2^2 + y^2 = 1 \qquad\qquad\qquad\qquad x = -2:\quad (-2)^2 + y^2 = 1$

$\qquad\qquad y^2 = -3 \qquad\qquad\qquad\qquad\qquad\qquad\qquad y^2 = -3$

$\qquad y = i\sqrt{3} \quad \text{ou} \quad y = -i\sqrt{3} \qquad\qquad\qquad y = i\sqrt{3} \quad \text{ou} \quad y = -i\sqrt{3}$

Portanto, as soluções são $(2, i\sqrt{3}), (2, -i\sqrt{3}), (-2, i\sqrt{3}), (-2, -i\sqrt{3})$.

NÃO EXISTE PROCEDIMENTO GERAL

Não há procedimento geral para resolver sistemas de equações não lineares. Algumas vezes, uma combinação dos métodos descritos é efetiva; frequentemente, nenhum método algébrico funciona e o método gráfico pode ser usado para encontrar algumas soluções aproximadas, as quais podem, então, ser refinadas por métodos numéricos avançados.

Problemas Resolvidos

33.1 Resolva o sistema $\begin{matrix} y = x^2 & (1) \\ x + y = 2 & (2) \end{matrix}$ e ilustre graficamente.

Resolva por substituição: substitua a expressão x^2 da equação (1) na equação (2) no lugar de y para obter a equação quadrática

$$x + x^2 = 2$$

Resolvendo

$$x^2 + x - 2 = 0$$

$$(x - 1)(x + 2) = 0$$

$$x = 1 \quad \text{ou} \quad x = -2$$

Substituindo esses valores de x na equação (1) resulta:

$$x = 1: y = 1^2 = 1 \quad x = -2: y = (-2)^2 = 4$$

Portanto, as soluções são $(1,1)$ e $(-2,4)$.

O gráfico de $y = x^2$ é a parábola básica, com abertura para cima. O gráfico de $x + y = 2$ é uma reta com coeficiente angular -1 e intercepto y 2. Esboce os dois gráficos no mesmo sistema de coordenadas (Fig. 33-2).

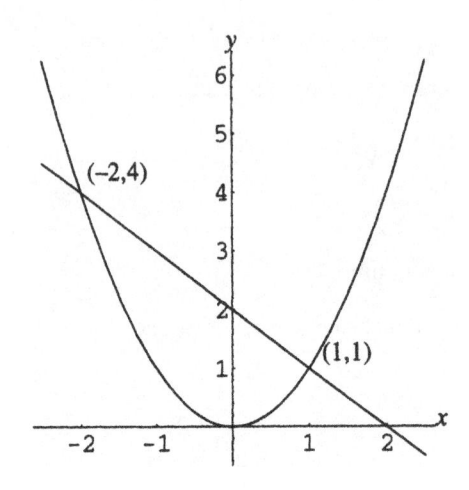

Figura 33-2

33.2 Resolva o sistema $\begin{array}{l} y = x^2 + 2 \quad (1) \\ y = 2x - 4 \quad (2) \end{array}$ e ilustre graficamente.

Resolva por substituição: substitua a expressão $x^2 + 2$ da equação (1) na equação (2) no lugar de y para obter a equação quadrática

$$x^2 + 2 = 2x - 4$$

Resolvendo

$$x^2 - 2x + 6 = 0$$

$$x = \frac{-(-2) \pm \sqrt{(-2)^2 - 4(1)(6)}}{2(1)}$$

$$x = 1 \pm i\sqrt{5}$$

Substituindo esses valores de x na equação (1) resulta:

$$x = 1 + i5: y = (1 + i5)^2 + 2 = -2 + 2i5$$
$$x = 1 - i5: y = (1 - i5)^2 + 2 = -2 - 2i5$$

Portanto, as soluções são $(1 + i\sqrt{5}, -2 + 2i\sqrt{5})$ e $(1 - i\sqrt{5}, -2 - 2i\sqrt{5})$.

O gráfico de $y = x^2 + 2$ é a parábola básica, com abertuta para cima, deslocado 2 unidades para cima. O gráfico de $y = 2x - 4$ é uma reta com coeficiente angular 2 e intercepto y -4. Esboce os dois gráficos no mesmo sistema de coordenadas e observe que as soluções complexas correspondem ao fato de que os gráficos não se interceptam (Fig. 33-3).

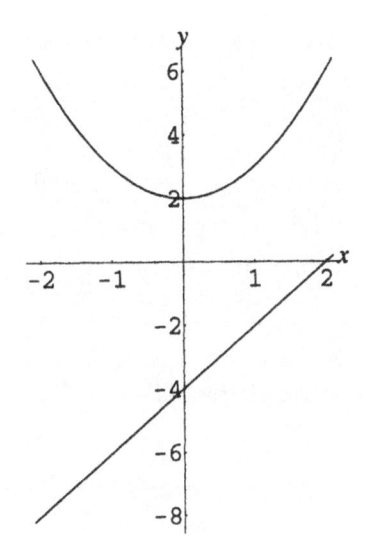

Figura 33-3

33.3 Resolva o sistema $\begin{array}{ll} y^2 - 4x^2 = 4 & (1) \\ 9y^2 + 16x^2 = 140 & (2) \end{array}$.

A forma mais eficiente de resolver esse sistema é por eliminação. Substitua a equação (2) por ela própria mais o quádruplo da equação (1):

$$\begin{array}{ll} 4y^2 - 16x^2 = 16 & 4 \cdot \text{Eq. (1)} \\ \underline{9y^2 + 16x^2 = 140} & (2) \\ 13y^2 = 156 & (3) \end{array}$$

Resolvendo a equação (3) resulta

$$y^2 = 12$$
$$y = \pm 2\sqrt{3}$$

Substituindo esses valores de y na equação (1) resulta:

$y = 2\sqrt{3}: \quad (2\sqrt{3})^2 - 4x^2 = 4 \qquad\qquad y = -2\sqrt{3}: \quad (-2\sqrt{3})^2 - 4x^2 = 4$

$\phantom{y = 2\sqrt{3}:\quad} x^2 = 2 \qquad\qquad\qquad\qquad\qquad\qquad x^2 = 2$

$\phantom{y = 2\sqrt{3}:\quad} x = \sqrt{2} \quad \text{ou} \quad x = -\sqrt{2} \qquad\qquad\qquad x = \sqrt{2} \quad \text{ou} \quad x = -\sqrt{2}$

Portanto, as soluções são ($\sqrt{2}, 2\sqrt{3}$), ($\sqrt{2}, -2\sqrt{3}$), ($-\sqrt{2}, 2\sqrt{3}$), ($-\sqrt{2}, -2\sqrt{3}$).

33.4 Resolva o sistema $\begin{array}{ll} x^2 + xy - 3y^2 = 3 & (1) \\ x^2 + 4xy + 3y^2 = 0 & (2) \end{array}$.

A forma mais eficiente de resolver esse sistema é por substituição. Isole x em termos de y na equação (2):

$$(x + y)(x + 3y) = 0$$
$$x + y = 0 \quad \text{ou} \quad x + 3y = 0$$
$$x = -y \qquad\qquad\quad x = -3y$$

Agora substitua essas expressões para x na equação (1).

Se $x = -y$: $(-y)^2 + (-y)y - 3y^2 = 3$
$$-3y^2 = 3$$
$$y = i \quad \text{ou} \quad y = -i$$

Como $x = -y$, quando $y = i$, $x = -i$ e quando $y = -i$, $x = i$.

$$\text{Se } x = -3y: (-3y)^2 + (-3y)y - 3y^2 = 3$$
$$3y^2 = 3$$
$$y = 1 \quad \text{ou} \quad y = -1$$

Como $x = -3y$, quando $y = 1$, $x = -3$ e quando $y = -1$, $x = 3$.

Portanto, as soluções são $(i,-i)$, $(-i,i)$, $(-3,1)$, $(3,-1)$.

33.5 Resolva o sistema $\begin{array}{l} x^2 + xy - y^2 = -1 \quad (1) \\ x^2 + 2xy - y^2 = 1 \quad (2) \end{array}$.

Isso pode ser resolvido por uma combinação de técnicas de eliminação e substituição. Substitua a equação (2) por ela própria mais -1 vezes a equação (1):

$$\begin{array}{rl} -x^2 - xy + y^2 = 1 & (-1) \cdot \text{Eq. (1)} \\ x^2 + 2xy - y^2 = 1 & (2) \\ \hline xy = 2 & (3) \end{array}$$

Isolando y na equação (3) em termos de x resulta $y = \frac{2}{x}$. Substitua a expressão $\frac{2}{x}$ na equação (1) no lugar de y para obter:

$$x^2 + x\left(\frac{2}{x}\right) - \left(\frac{2}{x}\right)^2 = -1$$
$$x^2 + 2 - \frac{4}{x^2} = -1$$
$$x^2 + 3 - \frac{4}{x^2} = 0$$
$$x^4 + 3x^2 - 4 = 0 \quad (x \neq 0)$$
$$(x-1)(x+1)(x-2i)(x+2i) = 0$$
$$x = 1 \quad \text{ou} \quad x = -1 \quad \text{ou} \quad x = 2i \quad \text{ou} \quad x = -2i$$

Como $y = \frac{2}{x}$, quando $x = 1$, $y = \frac{2}{1} = 2$ e quando $x = -1$, $y = \frac{2}{-1} = -2$. Também, quando $x = 2i$, $y = \frac{2}{2i} = -i$, e quando $x = -2i$, $y = \frac{2}{-2i} = i$. Portanto, as soluções são $(1,2)$, $(-1,-2)$, $(2i,-i)$ e $(-2i,i)$.

33.6 Um engenheiro deseja projetar uma tela retangular de televisão que tenha uma área de 220 polegadas quadradas e uma diagonal de 21 polegadas. Quais dimensões deveriam ser usadas?

Faça x = largura e y = comprimento da tela. Esboce uma figura (ver Fig. 33-4).

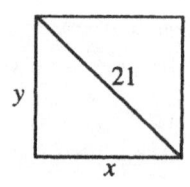

Figura 33-4

Como a área do retângulo deve ser 220 polegadas quadradas,

$$xy = 220 \quad (1)$$

Como a diagonal deve ser 21 polegadas, do teorema de Pitágoras,

$$x^2 + y^2 = 21^2 \quad (2)$$

O sistema (1) e (2) pode ser resolvido por substituição. Isolar y da equação (1) em termos de x resulta

$$y = \frac{220}{x}$$

Substitua a expressão $\frac{220}{x}$ no lugar de y na equação (2) para obter:

$$x^2 + \left(\frac{220}{x}\right)^2 = 441$$

$$x^2 + \frac{48.400}{x^2} = 441$$

$$x^4 + 48.400 = 441x^2 \quad (x \neq 0)$$

$$x^4 - 441x^2 + 48.400 = 0$$

A última equação é quadrática em relação a x^2, mas não fatorável. Use a fórmula quadrática para obter:

$$x^2 = \frac{-(-441) \pm \sqrt{(-441)^2 - 4(1)(48.400)}}{2(1)}$$

$$= \frac{441 \pm \sqrt{881}}{2}$$

$$x = \sqrt{\frac{441 \pm \sqrt{881}}{2}}$$

No último passo, somente a raiz quadrada positiva tem interpretação física. Nesse caso, as duas soluções possíveis são

$$x = \sqrt{\frac{441 + \sqrt{881}}{2}} \approx 15{,}34 \quad \text{e} \quad x = \sqrt{\frac{441 - \sqrt{881}}{2}} \approx 14{,}34$$

Como $y = 220/x$, se $x = 15{,}34$, $y = 14{,}34$ e reciprocamente. Logo, a única solução para as dimensões da tela é $14{,}34 \times 15{,}34$ polegadas.

Problemas Complementares

33.7 Resolva os sistemas (a) $\begin{matrix} 2y = x^2 \\ 4y = x^3 \end{matrix}$; (b) $\begin{matrix} x = y^2 \\ x^2 - y^2 = 2 \end{matrix}$

Resp. (a) (0,0), (2,2); (b) $(2, \sqrt{2})$, $(2, -\sqrt{2})$, $(-1, i)$, $(-1, -i)$

33.8 Resolva os sistemas (a) $\begin{matrix} x^2 + y^2 = 16 \\ y^2 = 4 - x \end{matrix}$; (b) $\begin{matrix} x^2 + y^2 = 8 \\ y - x = 4 \end{matrix}$

Resp. (a) (4,0), $(-3, \sqrt{7})$, $(-3, -\sqrt{7})$; (b) $(-2, 2)$

33.9 Resolva os sistemas (a) $\begin{matrix} x^2 + 4y^2 = 24 \\ x^2 - 4y = 0 \end{matrix}$; (b) $\begin{matrix} x^2 - 8y^2 = 1 \\ x^2 + 4y^2 = 25 \end{matrix}$

Resp. (a) $(\sqrt{8}, 2)$, $(-\sqrt{8}, 2)$, $(2i\sqrt{3}, -3)$, $(-2i\sqrt{3}, -3)$;

(b) $(\sqrt{17}, \sqrt{2})$, $(\sqrt{17}, -\sqrt{2})$, $(-\sqrt{17}, \sqrt{2})$, $(-\sqrt{17}, -\sqrt{2})$

33.10 Resolva e ilustre as soluções graficamente: (a) $\begin{array}{l} y = x^2 - 1 \\ y = 2x + 2 \end{array}$; (b) $\begin{array}{l} y = x^2 - 2 \\ y = 2 - 2x - x^2 \end{array}$

Resp. (a) Soluções: $(-1,0), (3,8)$; Fig. 33-5   (b) Soluções: $(-2,2), (1,-1)$; Fig. 33-6

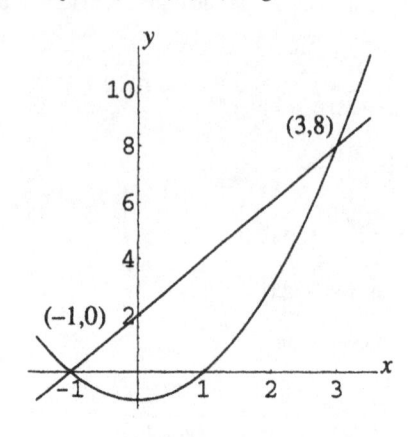

Figura 33-5 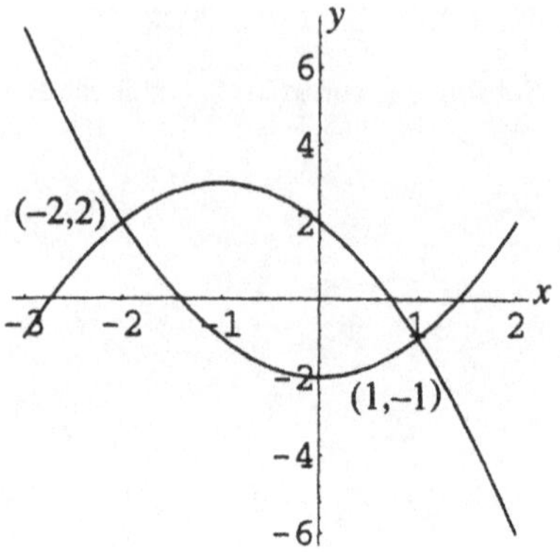   **Figura 33-6**

33.11 Resolva os sistemas (a) $\begin{array}{l} 2x + 3y + xy = 16 \\ xy - 5 = 0 \end{array}$; (b) $\begin{array}{l} 2x^2 - 5xy + 2y^2 = 0 \\ 3x^2 + 2xy - y^2 = 15 \end{array}$

Resp. (a) $\left(\frac{5}{2}, 2\right), \left(3, \frac{5}{3}\right)$; (b) $(2,1), (-2,-1), (\sqrt{5}, 2\sqrt{5}), (-\sqrt{5}, -2\sqrt{5})$

33.12 Um retângulo de perímetro 100 metros deve ser construído para ter uma área de 100 metros quadrados. Quais são as dimensões exigidas?

Resp. $25 + \sqrt{525}$ por $25 - \sqrt{525}$ ou, aproximadamente, $47{,}91 \times 2{,}09$ metros

Capítulo 34

Introdução à Álgebra Matricial

DEFINIÇÃO DE MATRIZ

Uma matriz é um arranjo retangular de números em linhas e colunas entre colchetes:

$$\begin{bmatrix} a_{11} & a_{12} & a_{13} & a_{14} \\ a_{21} & a_{22} & a_{23} & a_{24} \\ a_{31} & a_{32} & a_{33} & a_{34} \end{bmatrix}$$

Os números são chamados *elementos* da matriz. A matriz acima é dita ter três linhas (primeira linha: $a_{11} a_{12} a_{13} a_{14}$, e assim por diante) e quatro colunas, e é chamada de matriz de *ordem* 3×4. Os elementos são representados por dois índices; portanto, o elemento na linha 2, coluna 3 é o elemento a_{23}. Uma matriz pode ter qualquer número de linhas e qualquer número de colunas; uma matriz geral é dita ter *ordem* $m \times n$, ou seja, m linhas e n colunas.

NOTAÇÃO DE MATRIZES

Matrizes são representadas por letras maiúsculas, por exemplo, A, e por índice duplo em letras entre parênteses, por exemplo, (a_{ij}). Se necessário, para deixar claro, a ordem da matriz é especificada por um índice, como: $A_{m \times n}$.

MATRIZES ESPECIAIS

Uma matriz que consiste apenas de uma linha é chamada matriz *linha*. Uma matriz que consiste apenas de uma coluna é chamada matriz *coluna*. Uma matriz com número igual de linhas e colunas é chamada matriz *quadrada*. Para uma matriz quadrada de ordem $n \times n$, os elementos $a_{11}, a_{22}, ..., a_{nn}$ são chamados elementos da *diagonal principal*. Uma matriz com todos os elementos iguais a zero é dita matriz *nula*. Uma matriz nula de ordem $m \times n$ é denotada por $0_{m \times n}$, ou, se a ordem está clara em um dado contexto, simplesmente 0.

Exemplo 34.1 $[5 \ -2 \ 0 \ 9]$ é uma matriz linha (ordem 1×4). $\begin{bmatrix} 2 \\ -3 \end{bmatrix}$ é uma matriz coluna (ordem 2×1).

Exemplos de matrizes quadradas são $[4]$, $\begin{bmatrix} 0 & 0 \\ 0 & 0 \end{bmatrix}$ e $\begin{bmatrix} -3 & 5 & -4 \\ 2 & 2 & -4 \\ 0 & 9 & -4 \end{bmatrix}$. $\begin{bmatrix} 0 & 0 \\ 0 & 0 \end{bmatrix}$ é também uma matriz nula de ordem 2×2.

IGUALDADE DE MATRIZES

Duas matrizes são iguais se, e somente se, têm a mesma ordem e os elementos correspondentes são iguais; desse modo, dadas $A = (a_{ij})$ e $B = (b_{ij})$, $A = B$ se, e somente se, as matrizes têm a mesma ordem e $a_{ij} = b_{ij}$ para todo i e j.

ADIÇÃO DE MATRIZES

Dadas matrizes da mesma ordem $m \times n$, $A = (a_{ij})$ e $B = (b_{ij})$, a matriz soma $A + B$ é definida por $A + B = (a_{ij} + b_{ij})$, ou seja, $A + B$ é uma matriz de ordem $m \times n$ com cada elemento sendo a soma dos elementos correspondentes de A e B. A soma de duas matrizes de ordens diferentes não é definida.

INVERSA ADITIVA E SUBTRAÇÃO

A inversa aditiva, ou negativa, de uma matriz $m \times n$ $A = (a_{ij})$ é a matriz $m \times n$ $-A = (-a_{ij})$. A subtração de duas matrizes de mesma ordem $m \times n$, $A = (a_{ij})$ e $B = (b_{ij})$, é definida por $A - B = (a_{ij} - b_{ij})$, ou seja, $A - B$ é uma matriz de ordem $m \times n$ com cada elemento sendo a diferença dos elementos correspondentes de A e B.

PROPRIEDADES DA ADIÇÃO DE MATRIZES

Dadas as matrizes $m \times n$ A, B, C e O, as seguintes propriedades podem ser mostradas:

1. **Propriedade comutativa:** $A + B = B + A$
2. **Propriedade associativa:** $A + (B + C) = (A + B) + C$
3. **Propriedade do elemento neutro:** $A + O = A$
4. **Propriedade da inversa aditiva:** $A + (-A) = O$

O PRODUTO DE UMA MATRIZ POR UM ESCALAR

O produto de uma matriz por um escalar é definido como segue: dada uma matriz $m \times n$ $A = (a_{ij})$ e um escalar (número real) c, então, $cA = (ca_{ij})$, ou seja, cA é a matriz $m \times n$ formada pela multiplicação de cada elemento de A por c. As seguintes propriedades podem ser mostradas (A e B são ambas de ordem $m \times n$):

$$c(A + B) = cA + cB \qquad (c + d)A = cA + dA \qquad (cd)A = c(dA)$$

Problemas Resolvidos

34.1 Especifique a ordem das seguintes matrizes: $A = \begin{bmatrix} 3 \\ 4 \end{bmatrix}$; $B = \begin{bmatrix} 4 & 3 \\ 5 & -2 \\ 6 & 4 \end{bmatrix}$; $C = \begin{bmatrix} 0 & 0 & -3 \\ 4 & 2 & 2 \end{bmatrix}$.

A tem 2 linhas e 1 coluna; é uma matriz 2×1.

B tem 3 linhas e 2 colunas; é uma matriz 3×2.

C tem 2 linhas e 3 colunas; é uma matriz 2×3.

34.2 Dadas as matrizes $A = \begin{bmatrix} 5 & 0 \\ 2 & -3 \end{bmatrix}$, $B = \begin{bmatrix} 3 & -2 \\ -4 & 8 \end{bmatrix}$, $C = \begin{bmatrix} -3 & -2 & -3 \\ 4 & 0 & 2 \end{bmatrix}$, encontre

(a) $A + B$; (b) $-C$; (c) $B + C$; (d) $B - A$.

(a) $A + B = \begin{bmatrix} 5 & 0 \\ 2 & -3 \end{bmatrix} + \begin{bmatrix} 3 & -2 \\ -4 & 8 \end{bmatrix} = \begin{bmatrix} 5 + 3 & 0 + (-2) \\ 2 + (-4) & (-3) + 8 \end{bmatrix} = \begin{bmatrix} 8 & -2 \\ -2 & 5 \end{bmatrix}$

(b) $-C = -\begin{bmatrix} -3 & -2 & -3 \\ 4 & 0 & 2 \end{bmatrix} = \begin{bmatrix} 3 & 2 & 3 \\ -4 & 0 & -2 \end{bmatrix}$

(c) Como B é uma matriz 2×2 e C é uma matriz 2×3, $B + C$ não é definida.

(d) $B - A = \begin{bmatrix} 3 & -2 \\ -4 & 8 \end{bmatrix} - \begin{bmatrix} 5 & 0 \\ 2 & -3 \end{bmatrix} = \begin{bmatrix} 3 - 5 & (-2) - 0 \\ (-4) - 2 & 8 - (-3) \end{bmatrix} = \begin{bmatrix} -2 & -2 \\ -6 & 11 \end{bmatrix}$

34.3 Verifique a propriedade comutativa para a adição de matrizes. Para quaisquer duas matrizes $m \times n$, A e B, $A + B = B + A$.

Sejam $A = (a_{ij})$ e $B = (b_{ij})$. Como A e B têm ordem $m \times n$, ambas $A + B$ e $B + A$ estão definidas e têm ordem $m \times n$. Então,

$$A + B = (a_{ij}) + (b_{ij}) = (a_{ij} + b_{ij}) \text{ e } B + A = (b_{ij}) + (a_{ij}) = (b_{ij} + a_{ij})$$

Como para todos i e j, $a_{ij} + b_{ij}$ e $b_{ij} + a_{ij}$ são números reais, $a_{ij} + b_{ij} = b_{ij} + a_{ij}$. Logo, $A + B = B + A$.

34.4 Verifique a propriedade do elemento neutro para adição de matrizes. Para qualquer matriz A $m \times n$, $A + 0_{m \times n} = A$.

Seja $A = (a_{ij})$; pela definição $0_{m \times n}$ é uma matiz $m \times n$ com todos os elementos iguais a zero, ou seja, $0_{m \times n} = (0)$. Então, $A + 0_{m \times n}$ está definida e tem ordem $m \times n$; logo,

$$A + 0_{m \times n} = (a_{ij}) + (0) = (a_{ij} + 0) = (a_{ij}) = A$$

34.5 Dadas as matrizes $A = \begin{bmatrix} -2 & 6 & 2 \\ 0 & -3 & 4 \end{bmatrix}$, $B = \begin{bmatrix} 3 & -2 \\ -4 & 8 \end{bmatrix}$, $C = \begin{bmatrix} -3 & -2 & -3 \\ 4 & 0 & 2 \end{bmatrix}$, encontre

(a) $-2A$; (b) $0B$; (c) $5B + 3A$; (d) $-3C + 4A$.

(a) $-2A = -2\begin{bmatrix} -2 & 6 & 2 \\ 0 & -3 & 4 \end{bmatrix} = \begin{bmatrix} (-2)(-2) & (-2)6 & (-2)2 \\ (-2)0 & (-2)(-3) & (-2)4 \end{bmatrix} = \begin{bmatrix} 4 & -12 & -4 \\ 0 & 6 & -8 \end{bmatrix}$

(b) $0B = 0\begin{bmatrix} 3 & -2 \\ -4 & 8 \end{bmatrix} = \begin{bmatrix} 0(3) & 0(-2) \\ 0(-4) & 0(8) \end{bmatrix} = \begin{bmatrix} 0 & 0 \\ 0 & 0 \end{bmatrix}$

(c) Como $5B$ é uma matriz 2×2 e $3A$ é uma matriz 2×3, $5B + 3A$ não é definida.

(d) $-3C + 4A = -3\begin{bmatrix} -3 & -2 & -3 \\ 4 & 0 & 2 \end{bmatrix} + 4\begin{bmatrix} -2 & 6 & 2 \\ 0 & -3 & 4 \end{bmatrix} = \begin{bmatrix} 9 & 6 & 9 \\ -12 & 0 & -6 \end{bmatrix} + \begin{bmatrix} -8 & 24 & 8 \\ 0 & -12 & 16 \end{bmatrix}$

$= \begin{bmatrix} 1 & 30 & 17 \\ -12 & -12 & 10 \end{bmatrix}$

34.6 Verifique se ambas as matrizes A e B são $m \times n$; então, para qualquer escalar c, $c(A + B) = cA + cB$.

Primeiro, observe que $A + B$, $c(A + B)$, cA, cB e, portanto, $cA + cB$, estão todas definidas e são de ordem $m \times n$.

Sejam $A = (a_{ij})$ e $B = (a_{ij})$; então,

$$c(A + B) = c((a_{ij}) + (b_{ij})) = c((a_{ij} + b_{ij})) = (c(a_{ij} + b_{ij}))$$

onde a multiplicação mais interna é o produto de dois números reais, e

$$cA + cB = c(a_{ij}) + c(b_{ij}) = (ca_{ij} + cb_{ij})$$

Mas, pela propriedade distributiva dos números reais, $c(a_{ij} + b_{ij})$ para qualquer i e j. Logo

$$c(A + B) = cA + cB$$

Problemas Complementares

34.7 Dadas $A = \begin{bmatrix} 3 & 4 & -2 \\ 8 & 0 & 2 \\ 1 & 1 & -2 \end{bmatrix}$, $B = \begin{bmatrix} 4 & 2 \\ 4 & 2 \\ -4 & -2 \end{bmatrix}$, $C = \begin{bmatrix} 0 & 2 & 0 \\ -3 & -4 & 2 \\ 7 & 2 & -1 \end{bmatrix}$, determine

(a) $A + B$; (b) $A + C$; (c) $B - B$; (d) $2C$.

Resp. (a) Não definida; (b) $\begin{bmatrix} 3 & 6 & -2 \\ 5 & -4 & 4 \\ 8 & 3 & -3 \end{bmatrix}$; (c) $\begin{bmatrix} 0 & 0 \\ 0 & 0 \\ 0 & 0 \end{bmatrix}$; (d) $\begin{bmatrix} 0 & 4 & 0 \\ -6 & -8 & 4 \\ 14 & 4 & -2 \end{bmatrix}$

34.8 Dadas A, B e C como no problema anterior, calcule (a) $3A + 2C$; (b) $\frac{1}{4}B$; (c) $-A - 2C$.

Resp. (a) $\begin{bmatrix} 9 & 16 & -6 \\ 18 & -8 & 10 \\ 17 & 7 & -8 \end{bmatrix}$; (b) $\begin{bmatrix} 1 & 1/2 \\ 1 & 1/2 \\ -1 & -1/2 \end{bmatrix}$; (c) $\begin{bmatrix} -3 & -8 & 2 \\ -2 & 8 & -6 \\ -15 & -5 & 4 \end{bmatrix}$

34.9 Verifique a propriedade associativa para a adição de matrizes. Para quaisquer três matrizes $m \times n$, A, B e C, $A + (B + C) = (A + B) + C$.

34.10 Verifique a propriedade inversa aditiva para adição de matrizes. Para qualquer matriz $m \times n$ A, $A + (-A) = O_{m \times n}$.

34.11 Verifique se, para quaisquer dois escalares c e d e qualquer matriz A, $(c + d)A = cA + dA$.

34.12 Verifique se, para quaisquer dois escalares c e d e qualquer matriz A, $(cd)A = c(dA)$.

34.13 A *transposta* de uma matriz A $m \times n$ é uma matriz A^T formada pela permutação de linhas e colunas de A, ou seja, uma matriz $n \times m$ com o elemento na linha j e coluna i, sendo a_{ij}. Encontre as transpostas das matrizes

(a) $A = \begin{bmatrix} 3 & 4 & -2 \\ 8 & 0 & 2 \\ 1 & 1 & -2 \end{bmatrix}$; (b) $B = \begin{bmatrix} 4 & 2 \\ 4 & 2 \\ -4 & -2 \end{bmatrix}$.

Resp. (a) $A^T = \begin{bmatrix} 3 & 8 & 1 \\ 4 & 0 & 1 \\ -2 & 2 & -2 \end{bmatrix}$; (b) $B^T = \begin{bmatrix} 4 & 4 & -4 \\ 2 & 2 & -2 \end{bmatrix}$

34.14 Prove que: (a) $(A^T)^T = A$ (b) $(A + B)^T = A^T + B^T$ (c) $(cA)^T = cA^T$

ID
Capítulo 35

Multiplicação e Inversa de Matrizes

DEFINIÇÃO DE PRODUTO INTERNO

O produto interno de uma linha da matriz A por uma coluna da matriz B é definido se, e somente se, o número de colunas da matriz A é igual ao número de linhas da matriz B; o produto interno é o seguinte número real: multiplique cada elemento da linha de A pelo elemento correspondente da coluna de B e some os resultados. Desse modo:

$$a_i \cdot b_j = a_{i1} a_{i2} \ldots a_{ip} \cdot \begin{bmatrix} b_{1j} \\ b_{2j} \\ \ldots \\ b_{pj} \end{bmatrix} = a_{i1}b_{1j} + a_{i2}b_{2j} + \cdots + a_{ip}b_{pj}$$

Exemplo 35.1 Encontre o produto interno da linha 1 de $\begin{bmatrix} 3 & 4 \\ 6 & -2 \end{bmatrix}$ pela coluna 2 de $\begin{bmatrix} 5 & 9 & 2 \\ 0 & 7 & 8 \end{bmatrix}$.

$$[3 \quad 4] \cdot \begin{bmatrix} 9 \\ 7 \end{bmatrix} = 3(9) + 4(7) = 55$$

MULTIPLICAÇÃO DE MATRIZES

O produto de duas matrizes é definido se, e somente se, o número de colunas da matriz A for igual ao número de linhas da matriz B; o produto AB é definido da seguinte maneira: assumindo que A seja uma matriz $m \times p$ e B, uma matriz $p \times n$, então, $C = AB$ é uma matriz $m \times n$ com o elemento na linha i e coluna j sendo o produto interno da linha i da matriz A pela coluna j da matriz B.

Exemplo 35.2 Sejam $A = \begin{bmatrix} 3 & 4 \\ 6 & -2 \end{bmatrix}$ e $B = \begin{bmatrix} 5 & 9 & 2 \\ 0 & 7 & 8 \end{bmatrix}$. Encontre AB.

Primeiro, observe que A é uma matriz 2×2 e B é uma matriz 2×3; logo, AB é definido e é uma matriz 2×3. O elemento na linha 1, coluna 1 de AB é o produto interno da linha 1 de A com a coluna 1 de B, portanto:

$$[3 \quad 4] \cdot \begin{bmatrix} 5 \\ 0 \end{bmatrix} = 3(5) + 4(0) = 15$$

Continuando esse processo, temos

$$AB = \begin{bmatrix} 3(5) + 4(0) & 3(9) + 4(7) & 3(2) + 4(8) \\ 6(5) + (-2)(0) & 6(9) + (-2)(7) & 6(2) + (-2)(8) \end{bmatrix} = \begin{bmatrix} 15 & 55 & 38 \\ 30 & 40 & -4 \end{bmatrix}$$

PROPRIEDADES DA MULTIPLICAÇÃO MATRICIAL

Em geral, a multiplicação de matrizes não é comutativa, isto é, não existe garantia de que AB seja igual a BA. No caso em que os dois resultados sejam iguais, as matrizes A e B são ditas que *comutam*. As seguintes propriedades podem ser provadas para as matrizes A, B e C quando todos os produtos estão definidos:

1. **Lei associativa:** $A(BC) = (AB)C$
2. **Lei distributiva à esquerda:** $A(B + C) = AB + AC$
3. **Lei distributiva à direita:** $(B + C)A = BA + CA$

MATRIZ IDENTIDADE

Uma matriz quadrada $n \times n$ com todos os elementos da diagonal principal iguais a 1 e todos os outros elementos iguais a 0 é chamada de matriz identidade e é denotada por I_n ou, se a ordem em um dado contexto está clara, I. Para qualquer matriz quadrada A $n \times n$,

$$AI_n = I_n A = A$$

Exemplo 35.3 $I_2 = \begin{bmatrix} 1 & 0 \\ 0 & 1 \end{bmatrix}$, $I_3 = \begin{bmatrix} 1 & 0 & 0 \\ 0 & 1 & 0 \\ 0 & 0 & 1 \end{bmatrix}$.

INVERSAS DE MATRIZES

Se A é uma matriz quadrada, pode existir uma outra matriz quadrada de mesma ordem, B, tal que $AB = BA = I$. Se esse for o caso, B é chamada *inversa* (multiplicativa) de A; a notação A^{-1} é usada para B, portanto,

$$AA^{-1} = A^{-1}A = I$$

Não são todas as matrizes quadradas que admitem inversa; uma matriz que tem inversa é chamada *não singular*; uma matriz que não possui inversa é chamada *singular*. Se uma inversa pode ser encontrada para uma matriz, essa inversa é única; qualquer outra inversa é igual a essa.

Exemplo 35.4 Mostre que $B = \begin{bmatrix} -5 & 2 \\ 3 & -1 \end{bmatrix}$ é uma inversa de $A = \begin{bmatrix} 1 & 2 \\ 3 & 5 \end{bmatrix}$.

Multiplique as matrizes para encontrar AB e BA:

$$AB = \begin{bmatrix} 1 & 2 \\ 3 & 5 \end{bmatrix}\begin{bmatrix} -5 & 2 \\ 3 & -1 \end{bmatrix} = \begin{bmatrix} 1(-5) + 2(3) & 1(2) + 2(-1) \\ 3(-5) + 5(3) & 3(2) + 5(-1) \end{bmatrix} = \begin{bmatrix} 1 & 0 \\ 0 & 1 \end{bmatrix} = I$$

$$BA = \begin{bmatrix} -5 & 2 \\ 3 & -1 \end{bmatrix}\begin{bmatrix} 1 & 2 \\ 3 & 5 \end{bmatrix} = \begin{bmatrix} (-5)1 + 2(3) & (-5)2 + 2(5) \\ 3(1) + (-1)3 & 3(2) + (-1)5 \end{bmatrix} = \begin{bmatrix} 1 & 0 \\ 0 & 1 \end{bmatrix} = I$$

Como $AB = BA = I$, $B = A^{-1}$.

CALCULANDO A INVERSA DE UMA MATRIZ DADA

Para encontrar a inversa de uma matriz quadrada A não singular, realize as seguintes operações:

1. Junte a A a matriz identidade de mesma ordem para formar uma matriz esquematicamente dada por: $[A|I]$.
2. Realize operações nas linhas dessa matriz utilizando a eliminação de Gauss-Jordan até que a parte do lado esquerdo da barra vertical tenha sido reduzida a I. Se isso não for possível, uma linha de zeros aparecerá e a matriz original A é, de fato, singular.
3. A matriz inteira agora aparecerá como $[I|A^{-1}]$ e a matriz A^{-1} pode ser lida à direita da barra vertical.

Exemplo 35.5 Encontre a inversa da matriz $A = \begin{bmatrix} 1 & 0 \\ 1 & 1 \end{bmatrix}$.

Primeiro, forme a matriz $\begin{bmatrix} 1 & 0 & | & 1 & 0 \\ 1 & 1 & | & 0 & 1 \end{bmatrix}$. Uma operação: $R_2 + (-1)R_1 \to R_2$, transforma a parte à esquerda da barra em I_2 e resulta $\begin{bmatrix} 1 & 0 & | & 1 & 0 \\ 0 & 1 & | & -1 & 1 \end{bmatrix}$. Então, $A^{-1} = \begin{bmatrix} 1 & 0 \\ -1 & 1 \end{bmatrix}$ aparece do lado direito da barra. Verificando, observe que $AA^{-1} = \begin{bmatrix} 1 & 0 \\ 1 & 1 \end{bmatrix}\begin{bmatrix} 1 & 0 \\ -1 & 1 \end{bmatrix} = \begin{bmatrix} 1 & 0 \\ 0 & 1 \end{bmatrix}$ e $A^{-1}A = \begin{bmatrix} 1 & 0 \\ -1 & 1 \end{bmatrix}\begin{bmatrix} 1 & 0 \\ 1 & 1 \end{bmatrix} = \begin{bmatrix} 1 & 0 \\ 0 & 1 \end{bmatrix}$.

Problemas Resolvidos

35.1 Dadas $A = [3 \ 8]$ e $B = \begin{bmatrix} 5 \\ 2 \end{bmatrix}$, encontre o produto interno de cada linha de A com cada coluna de B.

Existe somente uma linha de A e somente uma coluna de B. O produto interno pedido é dado por $3 \cdot 5 + 8 \cdot 2 = 31$.

35.2 Dadas $A = \begin{bmatrix} 2 & 1 & 4 \\ -3 & -1 & 6 \end{bmatrix}$ e $B = \begin{bmatrix} 9 \\ 5 \\ -2 \end{bmatrix}$, encontre o produto interno de cada linha de A com cada coluna de B.

Existe somente uma coluna de B.

O produto interno da linha 1 de A com essa coluna é dado por $2 \cdot 9 + 1 \cdot 5 + 4(-2) = 15$. O produto interno da linha 2 de A pela coluna é dado por $(-3)9 + (-1)5 + 6(-2) = -44$.

35.3 Encontre a ordem de AB e BA, dadas as seguintes ordens de A e B:

(a) $A: 2 \times 3, B: 3 \times 2$ (b) $A: 2 \times 3, B: 3 \times 3$ (c) $A: 2 \times 4, B: 4 \times 3$
(d) $A: 3 \times 2, B: 3 \times 2$ (e) $A: 3 \times 3, B: 3 \times 3$ (f) $A: 1 \times 3, B: 2 \times 2$

(a) Uma matriz 2×3 multiplicada por uma matriz 3×2 resulta em uma matriz 2×2 para AB. Uma matriz 3×2 multiplicada por uma matriz 2×3 resulta em uma matriz 3×3 para BA.

(b) Uma matriz 2×3 multiplicada por uma matriz 3×3 resulta em uma matriz 2×3 para AB. Uma matriz 3×3 somente pode ser multiplicada por uma matriz com 3 linhas; portanto, BA não é definida.

(c) Uma matriz 2×4 multiplicada por uma matriz 4×3 resulta em uma matriz 2×3 para AB. Uma matriz 4×3 pode ser somente multiplicada por uma matriz com 3 linhas; portanto, BA não é definida.

(d) Uma matriz 3×2 pode ser somente multiplicada por uma matriz com 2 linhas; portanto, nem AB, nem BA são definidas.

(e) Uma matriz 3×3 multiplicada por uma matriz 3×3 resulta em uma matriz 3×3 para ambas AB e BA.
(f) Uma matriz 1×3 pode ser somente multiplicada por uma com 3 linhas; portanto, AB não é definida. Uma matriz 2×2 pode ser somente multiplicada por uma matriz com 2 linhas; portanto, BA é não definida.

35.4 Dadas $A = \begin{bmatrix} 2 & 1 & 4 \\ -3 & -1 & 6 \end{bmatrix}$ e $B = \begin{bmatrix} 9 \\ 5 \\ -2 \end{bmatrix}$, encontre AB e BA.

Como A é uma matriz 2×3 e B é uma matriz 3×1, AB é definida e é uma matriz 2×1. O elemento na linha 1 e coluna 1 de AB é o produto interno da linha 1 de A pela coluna 1 de B. Isso foi encontrado no Problema 35.2 e é 15. O elemento na linha 2 e coluna 1 de AB é o produto interno da linha 2 pela coluna 1 de B. Isso foi obtido no Problema 35.2 e é -44. Portanto,

$$AB = \begin{bmatrix} 15 \\ -44 \end{bmatrix}$$

Como B é uma matriz 3×1, pode somente ser multiplicada por uma matriz com 1 linha, portanto BA não é definida.

35.5 Dadas $A = \begin{bmatrix} 5 & 2 \\ 3 & 1 \end{bmatrix}$ e $B = \begin{bmatrix} 1 & 6 \\ -8 & 4 \end{bmatrix}$, encontre AB e BA.

Como A é uma matriz 2×2 e B é uma matriz 2×2, AB é definida e é uma matriz 2×2. Encontre o produto interno de cada linha de A com cada coluna de B e forme AB:

$$AB = \begin{bmatrix} 5(1) + 2(-8) & 5(6) + 2(4) \\ 3(1) + 1(-8) & 3(6) + 1(4) \end{bmatrix} = \begin{bmatrix} -11 & 38 \\ -5 & 22 \end{bmatrix}$$

Como B é uma matriz 2×2 e A é uma matriz 2×2, BA é definida e é uma matriz 2×2. Encontre o produto interno de cada linha de B com cada coluna de A e forme BA:

$$BA = \begin{bmatrix} 1(5) + 6(3) & 1(2) + 6(1) \\ (-8)5 + 4(3) & (-8)2 + 4(1) \end{bmatrix} = \begin{bmatrix} 23 & 8 \\ -28 & -12 \end{bmatrix}$$

Observe que $AB \neq AB$.

35.6 Explique por que não existe a lei comutativa para multiplicação de matrizes.

Dadas duas matrizes A e B, existem diversas situações nas quais AB pode não ser igual a BA. Primeiro, tanto AB quanto BA podem não ser definidas (por exemplo, se A é uma matriz 2×1 e B é uma matriz 2×2, AB não é definida, enquanto BA é). Segundo, ambas podem ser definidas, mas ser de ordens diferentes (por exemplo, se A é uma matriz 2×3 e B é uma matriz 3×2, AB é uma matriz 2×2 e BA é uma matriz 3×3). Finalmente, AB e BA podem ser definidas e ser da mesma ordem, como no problema anterior, mas porque AB envolve o produto interno das linhas de A com as colunas de B, enquanto BA envolve o produto interno das linhas de B com as colunas de A, $AB \neq BA$.

35.7 Dadas $A = \begin{bmatrix} 2 & 1 & 0 \\ 3 & -2 & 5 \\ -2 & 5 & 0 \end{bmatrix}$ e $B = \begin{bmatrix} 4 & 4 & -1 \\ -3 & 0 & 2 \end{bmatrix}$, encontre AB e BA.

Como A é uma matriz 3×3 e B é uma matriz 2×3, AB não é definida.

Como B é uma matriz 2×3 e A é uma matriz 3×3, BA é definida e tem ordem 2×3. Calcule o produto interno de cada linha de B com cada coluna de A e forme BA:

$$BA = \begin{bmatrix} 4(2) + 4(3) + (-1)(-2) & 4(1) + 4(-2) + (-1)5 & 4(0) + 4(5) + (-1)0 \\ (-3)(2) + 0(3) + 2(-2) & (-3)(1) + 0(-2) + 2(5) & (-3)0 + 0(5) + 2(0) \end{bmatrix} = \begin{bmatrix} 22 & -9 & 20 \\ -10 & 7 & 0 \end{bmatrix}$$

35.8 Dadas $A = \begin{bmatrix} 3 & 1 \\ 0 & -3 \end{bmatrix}$, $B = \begin{bmatrix} 8 & 3 \\ 3 & 8 \end{bmatrix}$ e $C = \begin{bmatrix} -5 & -1 \\ 4 & 2 \end{bmatrix}$, verifique a lei associativa para multiplicação $(AB)C = A(BC)$.

Primeiro determine AB e BC:

$$AB = \begin{bmatrix} 3 & 1 \\ 0 & -3 \end{bmatrix}\begin{bmatrix} 8 & 3 \\ 3 & 8 \end{bmatrix} = \begin{bmatrix} 27 & 17 \\ -9 & -24 \end{bmatrix} \quad \text{e} \quad BC = \begin{bmatrix} 8 & 3 \\ 3 & 8 \end{bmatrix}\begin{bmatrix} -5 & -1 \\ 4 & 2 \end{bmatrix} = \begin{bmatrix} -28 & -2 \\ 17 & 13 \end{bmatrix}$$

Logo,

$$(AB)C = \begin{bmatrix} 27 & 17 \\ -9 & -24 \end{bmatrix}\begin{bmatrix} -5 & -1 \\ 4 & 2 \end{bmatrix} = \begin{bmatrix} -67 & 7 \\ -51 & -39 \end{bmatrix} \quad \text{e} \quad A(BC) = \begin{bmatrix} 3 & 1 \\ 0 & -3 \end{bmatrix}\begin{bmatrix} -28 & -2 \\ 17 & 13 \end{bmatrix} = \begin{bmatrix} -67 & 7 \\ -51 & -39 \end{bmatrix}.$$

Portanto, $(AB)C = A(BC)$.

35.9 Dadas $A = \begin{bmatrix} 3 & 1 \\ 0 & -3 \end{bmatrix}$, $B = \begin{bmatrix} 8 & 3 \\ 3 & 8 \end{bmatrix}$ e $C = \begin{bmatrix} -5 & -1 \\ 4 & 2 \end{bmatrix}$, verifique a lei distributiva à esquerda para multiplicação de matrizes $A(B + C) = AB + AC$.

Primeiro calcule $B + C$ e AC (AB foi encontrada no problema anterior).

$$B + C = \begin{bmatrix} 8 & 3 \\ 3 & 8 \end{bmatrix} + \begin{bmatrix} -5 & -1 \\ 4 & 2 \end{bmatrix} = \begin{bmatrix} 3 & 2 \\ 7 & 10 \end{bmatrix} \quad \text{e} \quad AC = \begin{bmatrix} 3 & 1 \\ 0 & -3 \end{bmatrix} \begin{bmatrix} -5 & -1 \\ 4 & 2 \end{bmatrix} = \begin{bmatrix} -11 & -1 \\ -12 & -6 \end{bmatrix}$$

Logo,

$$A(B + C) = \begin{bmatrix} 3 & 1 \\ 0 & -3 \end{bmatrix} \begin{bmatrix} 3 & 2 \\ 7 & 10 \end{bmatrix} = \begin{bmatrix} 16 & 16 \\ -21 & -30 \end{bmatrix} \quad \text{e} \quad AB + AC = \begin{bmatrix} 27 & 17 \\ -9 & -24 \end{bmatrix} + \begin{bmatrix} -11 & -1 \\ -12 & -6 \end{bmatrix} = \begin{bmatrix} 16 & 16 \\ -21 & -30 \end{bmatrix}.$$

Portanto, $A(B + C) = AB + AC$.

35.10 Verifique que $I_3 A = A$ para qualquer matriz A 3×3.

Seja $A = \begin{bmatrix} a_{11} & a_{12} & a_{13} \\ a_{21} & a_{22} & a_{23} \\ a_{31} & a_{32} & a_{33} \end{bmatrix}$. Então,

$$I_3 A = \begin{bmatrix} 1 & 0 & 0 \\ 0 & 1 & 0 \\ 0 & 0 & 1 \end{bmatrix} \begin{bmatrix} a_{11} & a_{12} & a_{13} \\ a_{21} & a_{22} & a_{23} \\ a_{31} & a_{32} & a_{33} \end{bmatrix} = \begin{bmatrix} 1a_{11} + 0a_{21} + 0a_{31} & 1a_{12} + 0a_{22} + 0a_{32} & 1a_{13} + 0a_{23} + 0a_{33} \\ 0a_{11} + 1a_{21} + 0a_{31} & 0a_{12} + 1a_{22} + 0a_{32} & 0a_{13} + 1a_{23} + 0a_{33} \\ 0a_{11} + 0a_{21} + 1a_{31} & 0a_{12} + 0a_{22} + 1a_{32} & 0a_{13} + 0a_{23} + 1a_{33} \end{bmatrix}$$

$$= \begin{bmatrix} a_{11} & a_{12} & a_{13} \\ a_{21} & a_{22} & a_{23} \\ a_{31} & a_{32} & a_{33} \end{bmatrix}$$

Portanto, $I_3 A = A$.

35.11 Mostre que $I_n X = X$ para qualquer matriz X $n \times 1$.

Como $I_n A = A$ para qualquer matriz A $n \times n$, multiplicar por I deve deixar cada coluna de A inalterada. Como cada coluna de A pode ser vista como uma matriz $n \times 1$, multiplicar por I_n deve deixar qualquer matriz $n \times 1$ inalterada. Desse modo, $I_n X = X$.

35.12 Mostre que, se $A = [a_{11}]$ é uma matriz 1×1 com $a_{11} \neq 0$, então, $A - 1 = [1/a_{11}]$.

Como $[a_{11}][1/a_{11}] = [a_{11}(1/a_{11})] = [1] = I_1$ e $[1/a_{11}][a_{11}] = [(1/a_{11})a_{11}] = [1] = I_1$, segue que $[1/a_{11}] = [a_{11}]^{-1}$.

35.13 Obtenha a A^{-1} dada $A = \begin{bmatrix} 1 & 3 \\ 4 & 11 \end{bmatrix}$.

Forme a matriz

$$[A|I] = \begin{bmatrix} 1 & 3 & | & 1 & 0 \\ 4 & 11 & | & 0 & 1 \end{bmatrix}$$

Aplique operações sobre as linhas da matriz até que a parte à esquerda da barra vertical tenha sido reduzida à I.

$$\begin{bmatrix} 1 & 3 & | & 1 & 0 \\ 4 & 11 & | & 0 & 1 \end{bmatrix} \xrightarrow{-4R_1 + R_2 \to R_2} \begin{bmatrix} 1 & 3 & | & 1 & 0 \\ 0 & -1 & | & -4 & 1 \end{bmatrix} \xrightarrow{3R_2 + R_1 \to R_1} \begin{bmatrix} 1 & 0 & | & -11 & 3 \\ 0 & -1 & | & -4 & 1 \end{bmatrix}$$

$$\xrightarrow{-R_2 \to R_2} \begin{bmatrix} 1 & 0 & | & -11 & 3 \\ 0 & 1 & | & 4 & -1 \end{bmatrix} = [I|A^{-1}]$$

Portanto, $A^{-1} = \begin{bmatrix} -11 & 3 \\ 4 & -1 \end{bmatrix}$.

35.14 Mostre que a matriz $A = \begin{bmatrix} 2 & 5 \\ 4 & 10 \end{bmatrix}$ não tem inversa multiplicativa.

Forme a matriz

$$[A|I] = \begin{bmatrix} 2 & 5 & | & 1 & 0 \\ 4 & 10 & | & 0 & 1 \end{bmatrix}$$

Aplicando operações sobre as linhas dessa matriz para reduzir a parte à esquerda da barra vertical em I resulta

$$\begin{bmatrix} 2 & 5 & | & 1 & 0 \\ 4 & 10 & | & 0 & 1 \end{bmatrix} -2R_1 + R_2 \to R_2 \begin{bmatrix} 2 & 5 & | & 1 & 0 \\ 0 & 0 & | & -2 & 1 \end{bmatrix}$$

Não existe uma maneira para produzir 1 na linha 2 e coluna 2 sem trocar o 0 na linha 2 e coluna 1 por outro número. Nesse caso, a parte à esquerda da barra vertical não pode ser reduzida à I e não existe inversa da matriz A.

35.15 Mostre que se uma inversa B existe para uma da matriz A, essa inversa é única, isto é, qualquer outra inversa C é igual a B.

Assuma que ambas, B e C, são inversas de A, então, $BA = I$ e $CA = I$; logo, $BA = CA$. Multiplique ambos os lados dessa igualdade por B, então,

$$(BA)B = (CA)B$$

Pela lei associativa da multiplicação de matrizes,

$$B(AB) = C(AB)$$

Mas, como B é uma inversa de A, $AB = I$; logo, $BI = CI$, portanto, $B = C$.

35.16 Encontre A^{-1} dada $A = \begin{bmatrix} 5 & 3 & 4 \\ 2 & 2 & 3 \\ 2 & 0 & 0 \end{bmatrix}$.

Forme a matriz

$$[A|I] = \begin{bmatrix} 5 & 3 & 4 & | & 1 & 0 & 0 \\ 2 & 2 & 3 & | & 0 & 1 & 0 \\ 2 & 0 & 0 & | & 0 & 0 & 1 \end{bmatrix}$$

Aplique as operações sobre as linhas da matriz até que a parte do lado esquerdo da barra vertical fique reduzida à I.

$$\begin{bmatrix} 5 & 3 & 4 & | & 1 & 0 & 0 \\ 2 & 2 & 3 & | & 0 & 1 & 0 \\ 2 & 0 & 0 & | & 0 & 0 & 1 \end{bmatrix} R_1 \leftrightarrow R_3 \begin{bmatrix} 2 & 0 & 0 & | & 0 & 0 & 1 \\ 2 & 2 & 3 & | & 0 & 1 & 0 \\ 5 & 3 & 4 & | & 1 & 0 & 0 \end{bmatrix} \frac{1}{2}R_1 \to R_1 \begin{bmatrix} 1 & 0 & 0 & | & 0 & 0 & 1/2 \\ 2 & 2 & 3 & | & 0 & 1 & 0 \\ 5 & 3 & 4 & | & 1 & 0 & 0 \end{bmatrix}$$

$$\begin{matrix} R_2 + (-2)R_1 \to R_2 \\ R_3 + (-5)R_1 \to R_3 \end{matrix} \begin{bmatrix} 1 & 0 & 0 & | & 0 & 0 & 1/2 \\ 0 & 2 & 3 & | & 0 & 1 & -1 \\ 0 & 3 & 4 & | & 1 & 0 & -5/2 \end{bmatrix} \frac{1}{2}R_2 \to R_2 \begin{bmatrix} 1 & 0 & 0 & | & 0 & 0 & 1/2 \\ 0 & 1 & 3/2 & | & 0 & 1/2 & -1/2 \\ 0 & 3 & 4 & | & 1 & 0 & -5/2 \end{bmatrix}$$

$$R_3 + (-3)R_2 \to R_3 \begin{bmatrix} 1 & 0 & 0 & | & 0 & 0 & 1/2 \\ 0 & 1 & 3/2 & | & 0 & 1/2 & -1/2 \\ 0 & 0 & -1/2 & | & 1 & -3/2 & -1 \end{bmatrix} R_2 + 3R_3 \to R_2 \begin{bmatrix} 1 & 0 & 0 & | & 0 & 0 & 1/2 \\ 0 & 1 & 0 & | & 3 & -4 & -7/2 \\ 0 & 0 & -1/2 & | & 1 & -3/2 & -1 \end{bmatrix}$$

$$(-2)R_3 \to R_3 \begin{bmatrix} 1 & 0 & 0 & | & 0 & 0 & 1/2 \\ 0 & 1 & 0 & | & 3 & -4 & -7/2 \\ 0 & 0 & 1 & | & -2 & 3 & 2 \end{bmatrix} = [I|A^{-1}]$$

Portanto, $A^{-1} = \begin{bmatrix} 0 & 0 & 1/2 \\ 3 & -4 & -7/2 \\ -2 & 3 & 2 \end{bmatrix}$

35.17 Mostre que qualquer sistema de m equações lineares com n variáveis:

$$\begin{aligned} a_{11}x_1 + a_{12}x_2 + \cdots + a_{1n}x_n &= b_1 \\ a_{21}x_1 + a_{22}x_2 + \cdots + a_{2n}x_n &= b_2 \\ &\cdots \\ a_{m1}x_1 + a_{m2}x_2 + \cdots + a_{mn}x_n &= b_m \end{aligned}$$

pode ser escrito como $AX = B$, onde A é chamada de *matriz dos coeficientes* do sistema, e A, X e B são dadas, respectivamente, por:

$$A = \begin{bmatrix} a_{11} & a_{12} & a_{13} & \cdots & a_{1n} \\ a_{21} & a_{22} & a_{23} & \cdots & a_{2n} \\ \cdots & \cdots & \cdots & \cdots & \cdots \\ a_{m1} & a_{m2} & a_{m3} & \cdots & a_{mn} \end{bmatrix} \quad X = \begin{bmatrix} x_1 \\ x_2 \\ \cdots \\ x_n \end{bmatrix} \quad B = \begin{bmatrix} b_1 \\ b_2 \\ \cdots \\ b_m \end{bmatrix}$$

Sendo A a matriz $m \times n$ e X a matriz $n \times 1$, o produto AX é a matriz $m \times 1$:

$$\begin{bmatrix} a_{11}x_1 + a_{12}x_2 + \cdots + a_{1n}x_n \\ a_{21}x_1 + a_{22}x_2 + \cdots + a_{2n}x_n \\ \cdots \cdots \cdots \cdots \cdots \cdots \cdots \cdots \cdots \\ a_{m1}x_1 + a_{m2}x_2 + \cdots + a_{mn}x_n \end{bmatrix}$$

Desse modo, pela definição de igualdade de matrizes a equação matricial $AX = B$ vale se, e somente se, cada entrada de AX é igual ao elemento correspondente da matriz B $m \times 1$, isto é, se, e somente se, o sistema de equações é satisfeito. Ou seja, a equação matricial é simplesmente o sistema de equações com notação matricial.

35.18 Mostre que se A é uma matriz quadrada não singular, então, a matriz X que satisfaz a equação matricial $AX = B$ é dada por $X = A^{-1}B$, onde

$$X = \begin{bmatrix} x_1 \\ x_2 \\ \cdots \\ x_n \end{bmatrix} \quad \text{e} \quad B = \begin{bmatrix} b_1 \\ b_2 \\ \cdots \\ b_n \end{bmatrix}$$

Seja $AX = B$. Então, uma vez que A é não-singular, A^{-1} existe; multiplicando ambos os lados dessa equação por A^{-1} resulta:

$$A^{-1}AX = A^{-1}B$$

$$IX = A^{-1}B$$

$$X = A^{-1}B$$

35.19 Use o resultado do problema anterior para resolver o sistema de equações

$$x_1 + x_2 + x_3 = b_1$$
$$x_1 + 2x_2 + 3x_3 = b_2$$
$$x_1 + x_2 + 2x_3 = b_3$$

dados (a) $b_1 = 3$, $b_2 = 4$, $b_3 = 5$; (b) $b_1 = -7$, $b_2 = 9$, $b_3 = -6$.

O sistema de equações dado pode ser escrito como $AX = B$, com

$$A = \begin{bmatrix} 1 & 1 & 1 \\ 1 & 2 & 3 \\ 1 & 1 & 2 \end{bmatrix} \quad X = \begin{bmatrix} x_1 \\ x_2 \\ x_3 \end{bmatrix} \quad B = \begin{bmatrix} b_1 \\ b_2 \\ b_3 \end{bmatrix}$$

Para aplicar o resultado do problema anterior, primeiro calcule A^{-1}. Comece formando a matriz

$$[A|I] = \begin{bmatrix} 1 & 1 & 1 & | & 1 & 0 & 0 \\ 1 & 2 & 3 & | & 0 & 1 & 0 \\ 1 & 1 & 2 & | & 0 & 0 & 1 \end{bmatrix}$$

Aplique operações sobre as linhas da matriz até a parte à esquerda da barra vertical ter sido reduzida

$$\begin{bmatrix} 1 & 1 & 1 & | & 1 & 0 & 0 \\ 1 & 2 & 3 & | & 0 & 1 & 0 \\ 1 & 1 & 2 & | & 0 & 0 & 1 \end{bmatrix} \begin{matrix} R_2 + (-1)R_1 \to R_2 \\ R_3 + (-1)R_1 \to R_3 \end{matrix} \begin{bmatrix} 1 & 1 & 1 & | & 1 & 0 & 0 \\ 0 & 1 & 2 & | & -1 & 1 & 0 \\ 0 & 0 & 1 & | & -1 & 0 & 1 \end{bmatrix} \begin{matrix} R_1 + (-1)R_3 \to R_1 \\ R_2 + (-2)R_3 \to R_2 \end{matrix}$$

$$\begin{bmatrix} 1 & 1 & 0 & | & 2 & 0 & -1 \\ 0 & 1 & 0 & | & 1 & 1 & -2 \\ 0 & 0 & 1 & | & -1 & 0 & 1 \end{bmatrix} R_1 + (-1)R_2 \to R_1 \begin{bmatrix} 1 & 0 & 0 & | & 1 & -1 & 1 \\ 0 & 1 & 0 & | & 1 & 1 & -2 \\ 0 & 0 & 1 & | & -1 & 0 & 1 \end{bmatrix}$$

Portanto, $A^{-1} = \begin{bmatrix} 1 & -1 & 1 \\ 1 & 1 & -2 \\ -1 & 0 & 1 \end{bmatrix}$. Agora, as soluções dos sistemas dados são obtidas por $X = A^{-1}B$. Portanto,

(a) $\begin{bmatrix} x_1 \\ x_2 \\ x_3 \end{bmatrix} = \begin{bmatrix} 1 & -1 & 1 \\ 1 & 1 & -2 \\ -1 & 0 & 1 \end{bmatrix} \begin{bmatrix} b_1 \\ b_2 \\ b_3 \end{bmatrix} = \begin{bmatrix} 1 & -1 & 1 \\ 1 & 1 & -2 \\ -1 & 0 & 1 \end{bmatrix} \begin{bmatrix} 3 \\ 4 \\ 5 \end{bmatrix} = \begin{bmatrix} 4 \\ -3 \\ 2 \end{bmatrix}$, isto é, $x_1 = 4, x_2 = -3, x_3 = 2$.

(b) $\begin{bmatrix} x_1 \\ x_2 \\ x_3 \end{bmatrix} = \begin{bmatrix} 1 & -1 & 1 \\ 1 & 1 & -2 \\ -1 & 0 & 1 \end{bmatrix} \begin{bmatrix} b_1 \\ b_2 \\ b_3 \end{bmatrix} = \begin{bmatrix} 1 & -1 & 1 \\ 1 & 1 & -2 \\ -1 & 0 & 1 \end{bmatrix} \begin{bmatrix} -7 \\ 9 \\ -6 \end{bmatrix} = \begin{bmatrix} -22 \\ 14 \\ 1 \end{bmatrix}$, isto é, $x_1 = -22, x_2 = 14, x_3 = 1$.

Observe que, em geral, esse método para resolver sistemas de equações lineares não é mais eficiente que os métodos de eliminação, já que o cálculo da matriz inversa requer todos os passos de uma eliminação de Gauss-Jordan. Porém, o método é útil se, como nesse problema, vários sistemas com a mesma matriz de coeficientes, mas com lados direitos diferentes, estão para ser resolvidos.

Problemas Complementares

35.20 Dadas $A = \begin{bmatrix} 1 \\ 3 \end{bmatrix}$ e $B = [2 \ 4]$, encontre AB e BA.

Resp. $AB = \begin{bmatrix} 2 & 4 \\ 6 & 12 \end{bmatrix}, BA = [14]$

35.21 Dadas $A = \begin{bmatrix} 2 & 3 \\ -4 & 5 \end{bmatrix}$ e $B = \begin{bmatrix} 1 & -2 & 3 \\ 4 & 0 & 6 \end{bmatrix}$, encontre AB e BA.

Resp. $AB = \begin{bmatrix} 14 & -4 & 24 \\ 16 & 8 & 18 \end{bmatrix}$, BA não é definida

35.22 Se A é uma matriz quadrada, A^2 é definida como AA. Calcule A^2 se A é dada por:

(a) $\begin{bmatrix} 1 & -1 \\ -1 & 1 \end{bmatrix}$; (b) $\begin{bmatrix} 2 & 0 & 1 \\ 1 & 3 & 2 \\ -3 & -1 & 0 \end{bmatrix}$

Resp. (a) $\begin{bmatrix} 2 & -2 \\ -2 & 2 \end{bmatrix}$; (b) $\begin{bmatrix} 1 & -1 & 2 \\ -1 & 7 & 7 \\ -7 & -3 & -5 \end{bmatrix}$

35.23 Dadas $A = \begin{bmatrix} 3 & 1 \\ 0 & -3 \end{bmatrix}, B = \begin{bmatrix} 8 & 3 \\ 3 & 8 \end{bmatrix}$ e $C = \begin{bmatrix} -5 & -1 \\ 4 & 2 \end{bmatrix}$, verifique a lei distributiva à direita para a multiplicação de matrizes $(B + C)A = BA + CA$.

35.24 Uma matriz ortonormal é definida como uma matriz quadrada A com a transposta igual a sua inversa: $A^T = A^{-1}$. (Ver Problema 34.13.) Mostre que

$$\begin{bmatrix} 1/\sqrt{2} & -1/\sqrt{2} \\ 1/\sqrt{2} & 1/\sqrt{2} \end{bmatrix}$$

é uma matriz ortonormal.

35.25 Para matrizes quadradas I, A, B de ordem $n \times n$, verifique que (a) $I^{-1} = I$; (b) $(A^{-1})^{-1} = A$; (c) $(AB)^{-1} = B^{-1}A^{-1}$.

35.26 Encontre inversas para:

(a) $\begin{bmatrix} 3 & 0 \\ 0 & 1/2 \end{bmatrix}$; (b) $\begin{bmatrix} 3 & 5 \\ -3 & -2 \end{bmatrix}$; (c) $\begin{bmatrix} 3 & 4 & 5 \\ 1 & 0 & 1 \\ 4 & 4 & 6 \end{bmatrix}$; (d) $\begin{bmatrix} 3 & 3 & 1 \\ 2 & -1 & 1 \\ -2 & -1 & -2 \end{bmatrix}$; (e) $\begin{bmatrix} 1 & 0 & 1 & 0 \\ 0 & 1 & 0 & 1 \\ -1 & 0 & 1 & 0 \\ 0 & -1 & 0 & 1 \end{bmatrix}$

Resp. (a) $\begin{bmatrix} 1/3 & 0 \\ 0 & 2 \end{bmatrix}$; (b) $\frac{1}{9}\begin{bmatrix} -2 & -5 \\ 3 & 3 \end{bmatrix}$; (c) não existe inversa; (d) $\frac{1}{11}\begin{bmatrix} 3 & 5 & 4 \\ 2 & -4 & -1 \\ -4 & -3 & -9 \end{bmatrix}$;

(e) $\frac{1}{2}\begin{bmatrix} 1 & 0 & -1 & 0 \\ 0 & 1 & 0 & -1 \\ 1 & 0 & 1 & 0 \\ 0 & 1 & 0 & 1 \end{bmatrix}$

35.27 Use o resultado do Problema 35.26d para resolver o sistema

$$3x + 3y + z = b_1$$
$$2x - y + z = b_2$$
$$-2x - y - 2z = b_3$$

Para (a) $b_1 = -4, b_2 = 0, b_3 = 3$; (b) $b_1 = 11, b_2 = 22, b_3 = -11$; (c) $b_1 = 2, b_2 = -1, b_3 = 5$.

Resp. (a) $x = 0, y = -1, z = -1$; (b) $x = 9, y = -5, z = -1$; (c) $x = \frac{21}{11}, y = \frac{3}{11}, z = -\frac{50}{11}$

Capítulo 36

Determinantes e Regra de Cramer

NOTAÇÃO PARA O DETERMINANTE DE UMA MATRIZ

Associado a toda matriz quadrada A existe um número chamado *determinante* da matriz, denotado por $\det A$ ou $|A|$. Para uma matriz $A = [a_{11}] 1 \times 1$, o determinante é escrito $|A|$ e seu valor é definido como $|A| = a_{11}$ (*Nota*: as barras verticais não denotam valor absoluto).

O DETERMINANTE DE UMA MATRIZ 2 × 2

Seja $A = \begin{bmatrix} a_{11} & a_{12} \\ a_{21} & a_{22} \end{bmatrix}$. Então, o determinante de A é escrito: $|A| = \begin{vmatrix} a_{11} & a_{12} \\ a_{21} & a_{22} \end{vmatrix}$;

seu valor é definido como $\begin{vmatrix} a_{11} & a_{12} \\ a_{21} & a_{22} \end{vmatrix} = a_{11}a_{22} - a_{21}a_{12}$.

O determinante de uma matriz $n \times n$ é chamado de um determinante $n \times n$.

Exemplo 36.1 $\begin{vmatrix} 3 & 7 \\ 4 & 6 \end{vmatrix} = 3 \cdot 6 - 4 \cdot 7 = -10$.

DETERMINANTES REDUZIDOS E COFATORES

Para qualquer matriz $n \times n$ (a_{ij}) com $n > 1$, definimos o seguinte:

1. O *determinante reduzido* M_{ij} do elemento a_{ij} é o determinante da matriz $(n-1) \times (n-1)$ obtida excluindo a linha i e coluna j de (a_{ij}).
2. O *cofator* A_{ij} do elemento a_{ij} é $A_{ij} = (-1)^{i+j} M_{ij}$. Um cofator é algumas vezes chamado de *determinante reduzido com sinal*.

Exemplo 36.2 Encontre M_{12} e A_{12} para a matriz $\begin{bmatrix} 8 & 2 \\ 3 & -5 \end{bmatrix}$.

Exclua a linha 1 e a coluna 2 para obter $\begin{bmatrix} 8 & 2 \\ 3 & -5 \end{bmatrix}$:

Então, $M_{12} = 3$ e $A_{12} = (-1)^{1+2} M_{12} = (-1)^3(3) = -3$

Exemplo 36.3 Encontre M_{23} e A_{23} para a matriz $\begin{bmatrix} a_{11} & a_{12} & a_{13} \\ a_{21} & a_{22} & a_{23} \\ a_{31} & a_{32} & a_{33} \end{bmatrix}$.

Delete a linha 2 e a coluna 3 para obter: $\begin{bmatrix} a_{11} & a_{12} & a_{13} \\ a_{21} & a_{22} & a_{23} \\ a_{31} & a_{32} & a_{33} \end{bmatrix}$. Logo,

$$M_{23} = \begin{vmatrix} a_{11} & a_{12} \\ a_{31} & a_{32} \end{vmatrix} = a_{11}a_{32} - a_{31}a_{12}$$

$$A_{23} = (-1)^{2+3} M_{23} = (-1)^5 (a_{11}a_{32} - a_{31}a_{12}) = a_{31}a_{12} - a_{11}a_{32}$$

O DETERMINANTE DE UMA MATRIZ 3 × 3

O determinante de uma matriz 3 × 3 é definido como segue:

$$|A| = \begin{vmatrix} a_{11} & a_{12} & a_{13} \\ a_{21} & a_{22} & a_{23} \\ a_{31} & a_{32} & a_{33} \end{vmatrix} = a_{11}A_{11} + a_{12}A_{12} + a_{13}A_{13}$$

Isto é, o valor do determinante é encontrado multiplicando cada elemento na linha 1 pelo seu cofator e, então adiciona-se esses resultados. Essa definição é frequentemente chamada de *expansão pela primeira linha*.

Exemplo 36.4 Determine o valor $\begin{vmatrix} 3 & 1 & -2 \\ 2 & 4 & 1 \\ 3 & 6 & 5 \end{vmatrix}$.

$$\begin{vmatrix} 3 & 1 & -2 \\ 2 & 4 & 1 \\ 3 & 6 & 5 \end{vmatrix} = 3(-1)^{1+1} \begin{vmatrix} 4 & 1 \\ 6 & 5 \end{vmatrix} + 1(-1)^{1+2} \begin{vmatrix} 2 & 1 \\ 3 & 5 \end{vmatrix} + (-2)(-1)^{1+3} \begin{vmatrix} 2 & 4 \\ 3 & 6 \end{vmatrix}$$

$$= 3(4 \cdot 5 - 6 \cdot 1) - 1(2 \cdot 5 - 3 \cdot 1) - 2(2 \cdot 6 - 3 \cdot 4)$$
$$= 3 \cdot 14 - 1 \cdot 7 - 2 \cdot 0$$
$$= 35$$

DETERMINANTE DE UMA MATRIZ n × n

O determinante de uma matriz $n \times n$ é definido como

$$|A| = a_{11}A_{11} + a_{12}A_{12} + \cdots + a_{1n}A_{1n}$$

Novamente, o valor do determinante é encontrado pela multiplicação de cada elemento da linha 1 pelo seu cofator e, então, adiciona-se esses resultados.*

PROPRIEDADES DE DETERMINANTES

As seguintes afirmações podem ser provadas, em geral, para qualquer determinante $n \times n$.

1. O valor do determinante pode ser encontrado pela multiplicação de cada elemento em qualquer linha ou coluna pelo seu cofator e, então, adiciona-se esses resultados. (Isso é chamado de expansão por uma linha particular ou coluna.)

---

* N. de T.: O leitor disposto a uma melhor compreensão do significado intuitivo de determinantes deve perceber, após uma certa reflexão sobre o assunto, que determinantes são *unidades de informação*. Determinantes informam se uma dada matriz admite inversa ou não. Isso porque uma matriz admite inversa se, e somente se, seu determinante for não nulo.

2. O valor de um determinante é invariante se a matriz é substituída pela sua transposta, isto é, se cada linha for reescrita como uma coluna. (Isso é chamado de permuta de linhas e colunas.)
3. Se cada elemento em qualquer linha ou coluna é multiplicado por c, o valor do determinante fica multiplicado por c.
4. Se é realizada uma operação de linha $R_i \leftrightarrow R_j$, isto é, se quaisquer duas linhas permutam (ou se quaisquer duas colunas permutam) o valor do determinante fica multiplicado por -1.
5. Se duas linhas de uma matriz são iguais (isto é, cada elemento de uma linha i é igual ao elemento correspondente da linha j) o valor do determinante é 0.
6. Se qualquer linha ou coluna de um determinante consiste inteiramente de zeros, o valor do determinante é 0.
7. Se for realizada em uma matriz uma operação de linha $R_i + kR_j \to R_i$, isto é, os elementos de qualquer linha são substituídos pela soma deles com um múltiplo constante de uma outra linha, o valor do determinante não muda. Se, em uma coluna, for realizada uma operação análoga $C_i + kC_j \to C_i$, o valor do determinante também não muda.

REGRA DE CRAMER PARA RESOLVER SISTEMAS DE EQUAÇÕES

1. Seja

$$a_{11}x + a_{12}y = b_1$$
$$a_{21}x + a_{22}y = b_2$$

um sistema de equações 2×2. Defina os determinantes

$$D = \begin{vmatrix} a_{11} & a_{12} \\ a_{21} & a_{22} \end{vmatrix} \quad D_1 = \begin{vmatrix} b_1 & a_{12} \\ b_2 & a_{22} \end{vmatrix} \quad D_2 = \begin{vmatrix} a_{11} & b_1 \\ a_{21} & b_2 \end{vmatrix}$$

D é o determinante da matriz dos coeficientes do sistema, e é conhecido como o *determinante do sistema*. D_1 e D_2 são os determinantes encontrados substituindo, respectivamente, a primeira e segunda colunas de D pelas constantes b_j. A regra de Cramer especifica que se, e somente se, $D \neq 0$, então o sistema tem exatamente uma solução, dada por

$$x = \frac{D_1}{D} \qquad y = \frac{D_2}{D}$$

2. Seja

$$a_{11}x_1 + a_{12}x_2 + a_{13}x_3 = b_1$$
$$a_{21}x_1 + a_{22}x_2 + a_{23}x_3 = b_2$$
$$a_{31}x_1 + a_{32}x_2 + a_{33}x_3 = b_3$$

um sistema de equações 3×3. Defina os determinantes

$$D = \begin{vmatrix} a_{11} & a_{12} & a_{13} \\ a_{21} & a_{22} & a_{23} \\ a_{31} & a_{32} & a_{33} \end{vmatrix} \quad D_1 = \begin{vmatrix} b_1 & a_{12} & a_{13} \\ b_2 & a_{22} & a_{23} \\ b_3 & a_{32} & a_{33} \end{vmatrix} \quad D_2 = \begin{vmatrix} a_{11} & b_1 & a_{13} \\ a_{21} & b_2 & a_{23} \\ a_{31} & b_3 & a_{33} \end{vmatrix} \quad D_3 = \begin{vmatrix} a_{11} & a_{12} & b_1 \\ a_{21} & a_{22} & b_2 \\ a_{31} & a_{32} & b_3 \end{vmatrix}$$

Novamente, D é o determinante da matriz dos coeficientes do sistema, e é chamado de determinante do sistema. D_1, D_2 e D_3 são os determinantes encontrados substituindo, respectivamente, a primeira, segunda e terceira colunas de D pelas constantes b_j. A regra de Cramer especifica que se, e somente se, $D \neq 0$, então o sistema tem exatamente uma solução, dada por

$$x_1 = \frac{D_1}{D} \qquad x_2 = \frac{D_2}{D} \qquad x_3 = \frac{D_3}{D}$$

3. A regra de Cramer pode ser estendida para sistemas arbitrários de n equações com n incógnitas. Porém, determinar valores de determinantes grandes consome muito tempo; logo, a regra não é um método prático para resolver grandes sistemas (eliminação Gaussiana ou de Gauss-Jordan é geralmente mais eficiente); contudo, é de importância teórica.

Problemas Resolvidos

36.1 Calcule os determinantes: $(a) \begin{vmatrix} 9 & 4 \\ 3 & 8 \end{vmatrix}; (b) \begin{vmatrix} 8 & 4 \\ 16 & 8 \end{vmatrix}; (c) \begin{vmatrix} 3 & 8 \\ 9 & 4 \end{vmatrix}$

$(a) \begin{vmatrix} 9 & 4 \\ 3 & 8 \end{vmatrix} = 9 \cdot 8 - 3 \cdot 4 = 60; (b) \begin{vmatrix} 8 & 4 \\ 16 & 8 \end{vmatrix} = 8 \cdot 8 - 16 \cdot 4 = 0; (c) \begin{vmatrix} 3 & 8 \\ 9 & 4 \end{vmatrix} = 3 \cdot 4 - 9 \cdot 8 = -60$

36.2 Calcule os determinantes: $(a) \begin{vmatrix} 5 & 2 & -2 \\ 3 & 4 & 0 \\ -4 & 2 & 6 \end{vmatrix}; (b) \begin{vmatrix} 5 & 2 & -2 \\ 3 & 4 & 0 \\ 8 & 6 & -2 \end{vmatrix}$

Use a definição de um determinante 3×3 (expansão pela linha 1):

(a) O valor do determinante é encontrado multiplicando cada elemento da linha 1 pelo seu cofator e, então, adiciona-se os resultados:

$$\begin{vmatrix} 5 & 2 & -2 \\ 3 & 4 & 0 \\ -4 & 2 & 6 \end{vmatrix} = 5(-1)^{1+1} \begin{vmatrix} 4 & 0 \\ 2 & 6 \end{vmatrix} + 2(-1)^{1+2} \begin{vmatrix} 3 & 0 \\ -4 & 6 \end{vmatrix} + (-2)(-1)^{1+3} \begin{vmatrix} 3 & 4 \\ -4 & 2 \end{vmatrix}$$

$$= 5(4 \cdot 6 - 2 \cdot 0) - 2[3 \cdot 6 - (-4) \cdot 0] - 2[3 \cdot 2 - (-4) \cdot 4]$$

$$= 120 - 36 - 44$$

$$= 40$$

(b) Proceda como em (a):

$$\begin{vmatrix} 5 & 2 & -2 \\ 3 & 4 & 0 \\ 8 & 6 & -2 \end{vmatrix} = 5(-1)^{1+1} \begin{vmatrix} 4 & 0 \\ 6 & -2 \end{vmatrix} + 2(-1)^{1+2} \begin{vmatrix} 3 & 0 \\ 8 & -2 \end{vmatrix} + (-2)(-1)^{1+3} \begin{vmatrix} 3 & 4 \\ 8 & 6 \end{vmatrix}$$

$$= 5[4 \cdot (-2) - 6 \cdot 0] - 2[3 \cdot (-2) - 8 \cdot 0] - 2(3 \cdot 6 - 8 \cdot 4) = -40 + 12 + 28 = 0$$

36.3 Prove a seguinte fórmula para calcular o determinante genérico 3×3:

$$\begin{vmatrix} a_{11} & a_{12} & a_{13} \\ a_{21} & a_{22} & a_{23} \\ a_{31} & a_{32} & a_{33} \end{vmatrix} = a_{11}a_{22}a_{33} - a_{11}a_{23}a_{32} - a_{12}a_{21}a_{33} + a_{12}a_{23}a_{31} + a_{13}a_{21}a_{32} - a_{13}a_{22}a_{31}$$

Expanda o determinante pela primeira linha:

$$\begin{vmatrix} a_{11} & a_{12} & a_{13} \\ a_{21} & a_{22} & a_{23} \\ a_{31} & a_{32} & a_{33} \end{vmatrix} = a_{11}(-1)^{1+1} \begin{vmatrix} a_{22} & a_{23} \\ a_{32} & a_{33} \end{vmatrix} + a_{12}(-1)^{1+2} \begin{vmatrix} a_{21} & a_{23} \\ a_{31} & a_{33} \end{vmatrix} + a_{13}(-1)^{1+3} \begin{vmatrix} a_{21} & a_{22} \\ a_{31} & a_{32} \end{vmatrix}$$

$$= a_{11}(a_{22}a_{33} - a_{32}a_{23}) - a_{12}(a_{21}a_{33} - a_{31}a_{23}) + a_{13}(a_{21}a_{32} - a_{31}a_{22})$$

$$= a_{11}a_{22}a_{33} - a_{11}a_{23}a_{32} - a_{12}a_{21}a_{33} + a_{12}a_{23}a_{31} + a_{13}a_{21}a_{32} - a_{13}a_{22}a_{31}$$

36.4 A propriedade 1 dos determinantes especifica que o valor de um determinante pode ser encontrado pela expansão de qualquer linha ou coluna. Verifique isso para o determinante acima para o caso de expansão da primeira coluna.

Multiplique cada elemento da primeira coluna pelo seu cofator e adicione os resultados para obter:

$$a_{11}A_{11} + a_{21}A_{21} + a_{31}A_{31} = a_{11}(-1)^{1+1}\begin{vmatrix} a_{22} & a_{23} \\ a_{32} & a_{33} \end{vmatrix} + a_{21}(-1)^{2+1}\begin{vmatrix} a_{12} & a_{13} \\ a_{32} & a_{33} \end{vmatrix} + a_{31}(-1)^{3+1}\begin{vmatrix} a_{12} & a_{13} \\ a_{22} & a_{23} \end{vmatrix}$$

$$= a_{11}(a_{22}a_{33} - a_{32}a_{23}) - a_{21}(a_{12}a_{33} - a_{32}a_{13}) + a_{31}(a_{12}a_{23} - a_{22}a_{13})$$

$$= a_{11}a_{22}a_{33} - a_{11}a_{32}a_{23} - a_{21}a_{12}a_{33} + a_{21}a_{32}a_{13} + a_{31}a_{12}a_{23} - a_{31}a_{22}a_{13}$$

$$= a_{11}a_{22}a_{33} - a_{11}a_{23}a_{32} - a_{12}a_{21}a_{33} + a_{12}a_{23}a_{31} + a_{13}a_{21}a_{32} - a_{13}a_{22}a_{31}$$

onde a última igualdade segue da reorganização da ordem de fatores e termos pelas leis comutativa e associativa para multiplicação e adição dos números reais. A última expressão é precisamente a quantidade obtida no Problema 36.3.

36.5 Encontre o valor de $\begin{vmatrix} 5 & 2 & -3 \\ 4 & 0 & 1 \\ -2 & 0 & 3 \end{vmatrix}$

Use a propriedade 1 dos determinantes para expandir pela segunda coluna. Então,

$$\begin{vmatrix} 5 & 2 & -3 \\ 4 & 0 & 1 \\ -2 & 0 & 3 \end{vmatrix} = 2(-1)^{1+2}\begin{vmatrix} 4 & 1 \\ -2 & 3 \end{vmatrix} + 0(A_{22}) + 0(A_{32}) = -2[4 \cdot 3 - (-2)1] = -28$$

onde os cofatores A_{22} e A_{32} não precisam ser calculados, uma vez que eles são multiplicados por 0.

36.6 A propriedade 2 dos determinantes especifica que o valor de um determinante não muda se a matriz for substituída pela sua transposta, isto é, se cada linha é reescrita como uma coluna. Verifique isso para um determinante 2×2 arbitrário.

Considere o determinante

$$\begin{vmatrix} a_{11} & a_{12} \\ a_{21} & a_{22} \end{vmatrix} = a_{11}a_{22} - a_{21}a_{12} \quad \text{(por definição)}$$

O determinante da matriz transposta é, então,

$$\begin{vmatrix} a_{11} & a_{21} \\ a_{12} & a_{22} \end{vmatrix}$$

Mas, pela definição do determinante 2×2, isso deve ser igual a $a_{11}a_{22} - a_{12}a_{21}$, o que é claramente o mesmo que $a_{11}a_{22} - a_{21}a_{12}$. Portanto, o valor do determinante não se altera na troca de linhas por colunas.

36.7 A propriedade 3 dos determinantes estabelece que, se cada elemento de qualquer linha ou coluna for multiplicado por c, o valor do determinante é multiplicado por c. Verifique isso para a primeira linha de um determinante 2×2.

Considere

$$\begin{vmatrix} ca_{11} & ca_{12} \\ a_{21} & a_{22} \end{vmatrix} = ca_{11}a_{22} - ca_{21}a_{12} = c(a_{11}a_{22} - a_{21}a_{12}) = c\begin{vmatrix} a_{11} & a_{12} \\ a_{21} & a_{22} \end{vmatrix}$$

36.8 A propriedade 4 dos determinantes diz que, se duas linhas quaisquer forem permutadas entre si (ou se quaisquer duas colunas forem permutadas entre si, o valor do determinante é multiplicado por -1. Verifique isso para a permuta de duas linhas de um determinante 2×2.

Considere

$$\begin{vmatrix} a_{11} & a_{12} \\ a_{21} & a_{22} \end{vmatrix} = a_{11}a_{22} - a_{21}a_{12}$$

Agora permute as duas linha para obter

$$\begin{vmatrix} a_{21} & a_{22} \\ a_{11} & a_{12} \end{vmatrix}$$

Pela definição de determinante 2 × 2, isso deve ser igual a $a_{21}a_{12} - a_{11}a_{12} = -1(a_{11}a_{22} - a_{21}a_{12})$. Portanto, permutando as duas linhas o valor do determinante fica multiplicado por -1.

36.9 A propriedade 7 dos determinantes especifica que, se for realizada uma operação de linha $R_i + kR_j \rightarrow R_i$ em uma matriz, isto é se os elementos de qualquer linha são substituídos pela soma deles com um múltiplo constante de outra linha, o valor do determinante não muda. Verifique isso para a operação $R_1 + kR_2 \rightarrow R_1$ realizada em um determinante 2 × 2.

Considere

$$\begin{vmatrix} a_{11} & a_{12} \\ a_{21} & a_{22} \end{vmatrix} = a_{11}a_{22} - a_{21}a_{12}$$

Agora realize a operação $R_1 + kR_2 \rightarrow R_1$ para obter

$$\begin{vmatrix} a_{11} + ka_{21} & a_{12} + ka_{22} \\ a_{21} & a_{22} \end{vmatrix} = (a_{11} + ka_{21})a_{22} - a_{21}(a_{12} + ka_{22})$$

Simplificando a última expressão, resulta

$$(a_{11} + ka_{21})a_{22} - a_{21}(a_{12} + ka_{22}) = a_{11}a_{22} + ka_{21}a_{22} - a_{21}a_{12} - ka_{21}a_{22} = a_{11}a_{22} - a_{21}a_{12},$$

ou seja, o valor do determinante original não mudou.

36.10 A propriedade 7 é utilizada para determinar valores de determinantes grandes produzindo linhas ou colunas nas quais apareçam muitos zeros. Ilustre a aplicação da propriedade 7 para calcular:

$$(a)\ \begin{vmatrix} 5 & 6 & 7 \\ 5 & 7 & 9 \\ 10 & 9 & -1 \end{vmatrix}; (b)\ \begin{vmatrix} 1 & 2 & 3 & 4 \\ 0 & 3 & 0 & 2 \\ 2 & 4 & 5 & 6 \\ 3 & 7 & 8 & 2 \end{vmatrix}$$

Resp. (a) $\begin{vmatrix} 5 & 6 & 7 \\ 5 & 7 & 9 \\ 10 & 9 & -1 \end{vmatrix} \begin{array}{l} R_2 + (-1)R_1 \rightarrow R_2 \\ R_3 + (-2)R_1 \rightarrow R_3 \end{array} \begin{vmatrix} 5 & 6 & 7 \\ 0 & 1 & 2 \\ 0 & -3 & -15 \end{vmatrix}$

O último determinante pode ser eficientemente calculado pela expansão da primeira coluna:

$$\begin{vmatrix} 5 & 6 & 7 \\ 0 & 1 & 2 \\ 0 & -3 & -15 \end{vmatrix} = 5(-1)^{1+1}\begin{vmatrix} 1 & 2 \\ -3 & -15 \end{vmatrix} + 0(A_{21}) + 0(A_{31}) = 5[1(-15) - (-3)2] = -45$$

(b)

$$\begin{vmatrix} 1 & 2 & 3 & 4 \\ 0 & 3 & 0 & 2 \\ 2 & 4 & 5 & 6 \\ 3 & 7 & 8 & 2 \end{vmatrix} \begin{array}{l} R_3 + (-2)R_1 \rightarrow R_3 \\ R_4 + (-3)R_1 \rightarrow R_4 \end{array} \begin{vmatrix} 1 & 2 & 3 & 4 \\ 0 & 3 & 0 & 2 \\ 0 & 0 & -1 & -2 \\ 0 & 1 & -1 & -10 \end{vmatrix} = 1(-1)^{1+1}\begin{vmatrix} 3 & 0 & 2 \\ 0 & -1 & -2 \\ 1 & -1 & -10 \end{vmatrix} = \begin{vmatrix} 3 & 0 & 2 \\ 0 & -1 & -2 \\ 1 & -1 & -10 \end{vmatrix}$$

Aplique a propriedade 7 no último determinante para produzir um segundo zero na coluna 2:

$$\begin{vmatrix} 3 & 0 & 2 \\ 0 & -1 & -2 \\ 1 & -1 & -10 \end{vmatrix} R_3 + (-1)R_2 \rightarrow R_3 \begin{vmatrix} 3 & 0 & 2 \\ 0 & -1 & -2 \\ 1 & 0 & -8 \end{vmatrix}$$

Esse determinante pode ser eficientemente calculado pela expansão da segunda coluna:

$$\begin{vmatrix} 3 & 0 & 2 \\ 0 & -1 & -2 \\ 1 & 0 & -8 \end{vmatrix} = 0(A_{12}) + (-1)(-1)^{2+2}\begin{vmatrix} 3 & 2 \\ 1 & -8 \end{vmatrix} + 0(A_{32}) = (-1)[3(-8) - 1 \cdot 2] = 26$$

36.11 Mostre que a equação da reta que passa pelos pontos (x_1, y_1) e (x_2, y_2) pode ser expressa como:

$$\begin{vmatrix} x & y & 1 \\ x_1 & y_1 & 1 \\ x_2 & y_2 & 1 \end{vmatrix}$$

Expandindo o determinante pela primeira linha resulta

$$xA_{11} + yA_{12} + 1A_{13} = 0,$$

onde os três cofatores não contêm as variáveis x e y; por essa razão, essa é a equação de uma reta. Agora faça $x = x_1$ e $y = y_1$. Então, o valor do determinante é 0, pela propriedade 5 dos determinantes, já que duas linhas são iguais. Por isso, as coordenadas (x_1, y_1) satisfazem a equação da reta, ou seja, o ponto pertence à reta. Analogamente, fazendo $x = x_2$ e $y = y_2$ mostra-se que o ponto (x_2, y_2) pertence à reta. Logo, a equação dada é a equação de uma reta que passa pelos pontos dados.

36.12 Aplique a regra de Cramer para resolver sistema 2×2 nos sistemas de equações:

(a) $\begin{aligned} 3x + 4y &= 5 \\ 4x + 3y &= 16 \end{aligned}$;   (b) $\begin{aligned} 5x - 7y &= 3 \\ 3x + 8y &= 5 \end{aligned}$

(a) O determinante do sistema é

$$D = \begin{vmatrix} 3 & 4 \\ 4 & 3 \end{vmatrix} = -7$$

Portanto, o sistema tem exatamente uma solução, dada por

$$x = \frac{D_x}{D} = \frac{\begin{vmatrix} 5 & 4 \\ 16 & 3 \end{vmatrix}}{-7} = \frac{-49}{-7} = 7 \qquad y = \frac{D_y}{D} = \frac{\begin{vmatrix} 3 & 5 \\ 4 & 16 \end{vmatrix}}{-7} = \frac{28}{-7} = -4$$

(b) O determinante do sistema é

$$D = \begin{vmatrix} 5 & -7 \\ 3 & 8 \end{vmatrix} = 61$$

Logo, o sistema tem exatamente uma solução, dada por

$$x = \frac{D_x}{D} = \frac{\begin{vmatrix} 3 & -7 \\ 5 & 8 \end{vmatrix}}{61} = \frac{59}{61} \qquad y = \frac{D_y}{D} = \frac{\begin{vmatrix} 5 & 3 \\ 3 & 5 \end{vmatrix}}{61} = \frac{16}{61}$$

36.13 Aplique a regra de Cramer para resolver sistemas 3×3 nos sistemas de equações:

(a) $\begin{aligned} 3x_1 + 5x_2 - x_3 &= 4 \\ -x_1 + 4x_2 + 4x_3 &= 6 \\ 2x_1 + 5x_3 &= -2 \end{aligned}$;   (b) $\begin{aligned} 3x_1 + 5x_2 - x_3 &= 4 \\ -x_1 + 4x_2 + 4x_3 &= 6 \\ 2x_1 + 9x_2 + 3x_3 &= 10 \end{aligned}$

(a) O determinante do sistema é

$$D = \begin{vmatrix} 3 & 5 & -1 \\ -1 & 4 & 4 \\ 2 & 0 & 5 \end{vmatrix} = 133$$

Logo, o sistema tem exatamente uma solução, dada por

$$x_1 = \frac{D_1}{D} = \frac{\begin{vmatrix} 4 & 5 & -1 \\ 6 & 4 & 4 \\ -2 & 0 & 5 \end{vmatrix}}{133} = -\frac{118}{133} \qquad x_2 = \frac{D_2}{D} = \frac{\begin{vmatrix} 3 & 4 & -1 \\ -1 & 6 & 4 \\ 2 & -2 & 5 \end{vmatrix}}{133} = \frac{176}{133}$$

$$x_3 = \frac{D_3}{D} = \frac{\begin{vmatrix} 3 & 5 & 4 \\ -1 & 4 & 6 \\ 2 & 0 & -2 \end{vmatrix}}{133} = -\frac{6}{133}$$

(b) O determinante do sistema é

$$D = \begin{vmatrix} 3 & 5 & -1 \\ -1 & 4 & 4 \\ 2 & 9 & 3 \end{vmatrix} = 0$$

Logo, a regra de Cramer não pode ser usada para resolver o sistema. A eliminação Gaussiana pode ser empregada para mostrar que existem infinitas soluções dadas por $\left(\dfrac{24r - 14}{17}, \dfrac{22 - 11r}{17}, r\right)$, sendo r qualquer número real.

Problemas Complementares

36.14 Calcule os determinantes: $(a) \begin{vmatrix} 11 & 12 \\ 13 & 14 \end{vmatrix}$; $(b) \begin{vmatrix} -5 & 8 \\ 25 & -40 \end{vmatrix}$; $(c) \begin{vmatrix} \cos t & -\sen t \\ \sen t & \cos t \end{vmatrix}$

Resp. (a) -2; (b) 0; (c) 1

36.15 Calcule os determinantes: $(a) \begin{vmatrix} 3 & -4 & -5 \\ 0 & -4 & 0 \\ 3 & 1 & 7 \end{vmatrix}$; $(b) \begin{vmatrix} 0 & -4 & -5 \\ -4 & 0 & 8 \\ -5 & 8 & 0 \end{vmatrix}$; $(c) \begin{vmatrix} 3 & -4 & -5 & 1 \\ 0 & 4 & 0 & 1 \\ 3 & 1 & 7 & 1 \\ 0 & 1 & 1 & 1 \end{vmatrix}$.

Resp. (a) -144; (b) 320; (c) 123

36.16 Verifique a propriedade 5 dos determinantes: se duas linhas de uma matriz são iguais (ou se duas colunas são iguais), o valor do determinante é 0. (*Sugestão*: analise o que acontece quando as duas linhas ou colunas permutam.)

36.17 Verifique a propriedade 6 dos determinantes: se uma linha de uma matriz consiste apenas de zeros, o valor do determinante é 0.

36.18 Calcule os determinantes $(a) \begin{vmatrix} i & j & k \\ 2 & 3 & 4 \\ 5 & -4 & 6 \end{vmatrix}$; $(b) \begin{vmatrix} i & j & k \\ 6 & -12 & 8 \\ -9 & 18 & -12 \end{vmatrix}$.

Resp. (a) $34i + 8j - 23k$; (b) 0

36.19 Use as propriedades de determinantes para verificar: $\begin{vmatrix} 1 & 1 & 1 \\ a & b & c \\ a^2 & b^2 & c^2 \end{vmatrix} = (a - b)(b - c)(c - a)$.

36.20 Aplique a regra de Cramer para resolver os sistemas

$(a) \begin{matrix} 5x - 6y = 9 \\ 3x + 8y = -5 \end{matrix}$; $(b) \begin{matrix} x_1 - 2x_2 - 5x_3 = -28 \\ 2x_1 + 6x_2 + 5x_3 = 44 \\ -3x_1 + 3x_2 - 4x_3 = 25 \end{matrix}$; $(c) \begin{matrix} 2x_1 - 3x_2 + 4x_3 = 0 \\ 4x_1 + x_2 - 3x_3 = 3 \\ 10x_1 - x_2 - 2x_3 = 5 \end{matrix}$

Resp. (a) $x = \dfrac{21}{29}$, $y = -\dfrac{26}{29}$; (b) $x_1 = -4, x_2 = 7, x_3 = 2$; (c) Como o determinante do sistema é 0, a regra de Cramer não permite obter uma solução; a eliminação gaussiana mostra que o sistema não possui solução.

Capítulo 37

Loci e Parábolas

CONJUNTO DE TODOS OS PONTOS

O conjunto de todos os pontos que satisfazem condições específicas é chamado o *locus* (no plural, *loci*) dos pontos sob tais condições.*

Exemplo 37.1 O *locus* de um ponto com coordenadas positivas é o primeiro quadrante ($x > 0$, $y > 0$).

Exemplo 37.2 O *locus* dos pontos com distância 3 da origem é o círculo $x^2 + y^2 = 9$ com centro em (0,0) e raio 3.

FÓRMULAS DE DISTÂNCIA

Fórmulas de distância são frequentemente usadas para encontrar os *loci*.

1. **Fórmula da distância entre dois pontos** (deduzida no Capítulo 8): A distância entre dois pontos $P_1(x_1,y_1)$ e $P_2(x_2,y_2)$ é dada por

$$d(P_1,P_2) = \sqrt{(x_2 - x_1)^2 + (y_2 - y_1)^2}$$

2. **Fórmula da distância de um ponto a uma reta:** A distância de um ponto $P_1(x_1,y_1)$ a uma reta

$$d = \frac{|Ax_1 + By_1 + C|}{\sqrt{A^2 + B^2}}$$

Exemplo 37.3 Encontre o *locus* de pontos $P(x,y)$ equidistantes de $P_1(1,0)$ e $P_2(3,0)$.

Faça $d(P,P_1) = d(P,P_2)$. Então, $\sqrt{(x - 1)^2 + (y - 0)^2} = \sqrt{(x - 3)^2 + (y - 0)^2}$. Simplificando, resulta:

$$(x - 1)^2 + (y - 0)^2 = (x - 3)^2 + (y - 0)^2$$
$$x^2 - 2x + 1 + y^2 = x^2 - 6x + 9 + y^2$$
$$4x = 8$$
$$x = 2$$

O *locus* é uma reta vertical que forma o bissetor perpendicular de P_1P_2.

---

* N. de T.: Também chamado por alguns autores de lugar geométrico.

PARÁBOLA

Uma parábola é definida como o *locus* dos pontos *P* equidistantes de um ponto e uma reta dados, isto é, tais que *PF* = *PD*, onde *F* é um ponto dado, chamado de *foco*, e *PD* é a distância dada da reta *l*, chamada *diretriz*. Uma reta que passa pelo foco e é perpendicular à diretriz é chamada de *eixo* (ou *eixo de simetria*) e o ponto médio do eixo entre a diretriz e o foco é chamado de *vértice*.

Uma parábola com eixo paralelo a um dos eixos coordenados é dita estar na *orientação usual*. Se, além disso, o vértice da parábola está na origem, a parábola é dita estar em uma das quatro *posições usuais*: concavidade à direita, à esquerda, para cima e para baixo.

GRÁFICOS DE PARÁBOLAS EM POSIÇÃO USUAL

Gráficos de parábolas em posição usual com suas equações e características estão mostrados nas Figuras 37-1 a 37-4.

Concavidade à direita	*Concavidade à esquerda*	*Concavidade p/ cima*	*Concavidade p/ baixo*
Vértice: (0,0) Foco: $F(p,0)$ Diretriz: $x = -p$	Vértice: (0,0) Foco: $F(-p,0)$ Diretriz: $x = p$	Vértice: (0,0) Foco: $F(0,p)$ Diretriz: $y = -p$	Vértice: (0,0) Foco: $F(0,-p)$ Diretriz: $y = p$
Equação: $y^2 = 4px$	Equação: $y^2 = -4px$	Equação: $x^2 = 4py$	Equação: $x^2 = -4py$
Figura 37-1	*Figura 37-2*	*Figura 37-3*	*Figura 37-4*

PARÁBOLAS COM ORIENTAÇÃO USUAL

Substituir *x* por *x* − *h* tem o efeito de deslocar o gráfico de uma equação |*h*| unidades para a direita se *h* é positivo e para a esquerda se *h* é negativo. Da mesma forma, substituir *y* por *y* − *k* tem o efeito de deslocar o gráfico |*k*| unidades para cima se *k* é positivo e para baixo se *k* é negativo. As equações e características de parábolas na orientação usual, mas não necessariamente na posição usual, são mostradas na tabela seguinte.

Concavidade à direita	*Concavidade à esquerda*	*Concavidade p/ cima*	*Concavidade p/ baixo*
Equação: $(y-k)^2 = 4p(x-h)$	Equação: $(y-k)^2 = -4p(x-h)$	Equação: $(x-h)^2 = 4p(y-k)$	Equação: $(x-h)^2 = -4p(y-k)$
Vértice: (h,k) Foco: $F(h+p,k)$ Diretriz: $x = h - p$	Vértice: (h,k) Foco: $F(h-p,k)$ Diretriz: $x = h + p$	Vértice: (h,k) Foco: $F(h,k+p)$ Diretriz: $y = k - p$	Vértice: (h,k) Foco: $F(h,k-p)$ Diretriz: $y = k + p$

Problemas Resolvidos

37.1 Encontre o *locus* dos pontos $P(x,y)$, tais que a distância de P ao ponto $P_1(2,0)$ é o dobro da distância de P à origem.

Faça $d(P_1,P) = 2d(O,P)$. Então, $\sqrt{(x-2)^2 + y^2} = 2\sqrt{x^2 + y^2}$. Simplificando resulta:

$$(x-2)^2 + y^2 = 4(x^2 + y^2)$$
$$x^2 - 4x + 4 + y^2 = 4x^2 + 4y^2$$
$$0 = 3x^2 + 3y^2 + 4x - 4$$

O *locus* é um círculo com o centro no eixo x.

37.2 Obtenha a fórmula $d = \dfrac{|Ax_1 + By_1 + C|}{\sqrt{A^2 + B^2}}$ para a distância perpendicular d de um ponto $P_1(x_1,y_1)$ a uma reta $Ax + By + C = 0$.

Construa uma reta de P_1 ao ponto L, perpendicular à reta dada. Então, $d = \left|\overrightarrow{P_1L}\right|$. Seja $P(x,y)$ um ponto arbitrário pertencente à reta dada (ver Fig. 37-5).

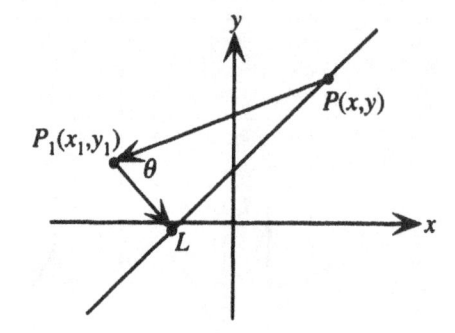

Figura 37-5

No triângulo retângulo PP_1L, $d = \left|\overrightarrow{P_1L}\right| = \left|\overrightarrow{PP_1}\right|\cos\theta = \left|\overrightarrow{PP_1}\right|\dfrac{\overrightarrow{PP_1} \cdot \overrightarrow{P_1L}}{\left|\overrightarrow{PP_1}\right|\left|\overrightarrow{P_1L}\right|} = \dfrac{\overrightarrow{PP_1} \cdot \overrightarrow{P_1L}}{\left|\overrightarrow{P_1L}\right|}$.

Mas $\overrightarrow{PP_1} = \langle x_1 - x, y_1 - y \rangle$. Para encontrar $\overrightarrow{P_1L}$, observe que a reta dada tem coeficiente angular $-\dfrac{A}{B}$; logo, qualquer reta perpendicular tem coeficiente angular $\dfrac{B}{A}$. Portanto, cada vetor perpendicular à reta dada, incluindo $\overrightarrow{P_1L}$, pode ser escrito como $a\langle 1, B/A \rangle$ para algum valor de a. Então,

$$d = \dfrac{\overrightarrow{PP_1} \cdot \overrightarrow{P_1L}}{\left|\overrightarrow{P_1L}\right|} = \dfrac{\langle x_1 - x, y_1 - y \rangle \cdot a\langle 1, B/A \rangle}{|a\langle 1, B/A \rangle|} = \dfrac{a[(x_1 - x) + (B/A)(y_1 - y)]}{\sqrt{a^2(1 + B^2/A^2)}}$$

Como os sinais de a e A não estão especificados e a distância deve ser uma quantidade não negativa, considere o valor absoluto do lado direito para assegurar que d não resulta negativa. Então,

$$d = \left|\dfrac{a[(x_1 - x) + (B/A)(y_1 - y)]}{\sqrt{a^2(1 + B^2/A^2)}}\right| = \left|\dfrac{a[A(x_1 - x) + B(y_1 - y)]}{a\sqrt{A^2 + B^2}}\right| = \dfrac{|Ax_1 - Ax + By_1 - By|}{\sqrt{A^2 + B^2}}$$

Finalmente, como (x,y) pertence à reta $Ax + By + C = 0$, deve satisfazer a equação da reta, ou seja, a quantidade $-Ax - By$ pode ser substituída por C e

$$d = \dfrac{|Ax_1 + By_1 + C|}{\sqrt{A^2 + B^2}}$$

37.3 Encontre a distância (a) do ponto $(5,-3)$ à reta $3x + 7y - 6 = 0$; (b) do ponto $(5,7)$ à reta $x = -4$.

(a) Use a fórmula $d = \dfrac{|Ax_1 + By_1 + C|}{\sqrt{A^2 + B^2}}$ com $x_1 = 5$ e $y_1 = -3$:

$$d = \frac{|3 \cdot 5 + 7(-3) - 6|}{\sqrt{3^2 + 7^2}} = \frac{12}{\sqrt{58}}$$

(b) Reescreva a equação da reta na forma usual $1x + 0y + 4 = 0$ e, então, use a fórmula $d = \dfrac{|Ax_1 + By_1 + C|}{\sqrt{A^2 + B^2}}$ com $x_1 = 5$ e $y_1 = 7$:

$$d = \frac{|1 \cdot 5 + 0 \cdot 7 + 4|}{\sqrt{1^2 + 0^2}} = 9$$

37.4 Mostre que a equação de uma parábola com foco $F(p,0)$ e diretriz $x = -p$ pode ser escrita como $y^2 = 4px$.

A parábola é definida pela relação $PF = PD$. Seja P um ponto arbitrário (x,y) pertencente à parábola. Então, PF é encontrado pela fórmula da distância entre dois pontos $\sqrt{(x-p)^2 + (y-0)^2}$. PD é encontrado pela fórmula da distância de um ponto a uma reta $|x + p|$. Logo:

$$PF = PD$$
$$\sqrt{(x-p)^2 + (y-0)^2} = |x + p|$$
$$(x-p)^2 + y^2 = (x+p)^2$$
$$x^2 - 2px + p^2 + y^2 = x^2 + 2px + p^2$$
$$y^2 = 4px$$

37.5 Mostre que a equação de uma parábola com foco $F(0,-p)$ e diretriz $y = p$ pode ser escrita como $x^2 = -4py$.

A parábola é definida pela relação $PF = PD$. Seja P um ponto arbitrário (x,y) sobre a parábola. Então, PF é encontrado pela fórmula da distância entre dois pontos $\sqrt{(x-0)^2 + (y+p)^2}$. PD é obtido pela fórmula da distância de um ponto a uma reta $|y - p|$. Logo:

$$PF = PD$$
$$\sqrt{(x-0)^2 + (y+p)^2} = |y - p|$$
$$x^2 + (y+p)^2 = (y-p)^2$$
$$x^2 + y^2 + 2py + p^2 = y^2 - 2py + p^2$$
$$x^2 = -4py$$

37.6 Para a parábola $y^2 = 12x$, encontre o foco, a diretriz, o vértice e o eixo e esboce um gráfico.

A equação da parábola está na forma $y^2 = 4px$ com $4p = 12$, assim, $p = 3$. Logo, a parábola está na posição usual, com vértice $(0,0)$, concavidade à direita e possui foco em $(3,0)$, a reta diretriz é $x = -3$ e o eixo é o eixo x, pois, $y = 0$. O gráfico é mostrado na Fig. 37-6.

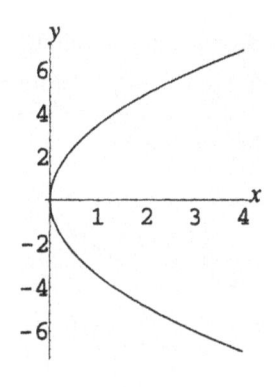

Figura 37-6

37.7 Mostre que $y^2 - 8x + 2y + 9 = 0$ é a equação de uma parábola. Encontre o foco, a diretriz, o vértice e o eixo e esboce um gráfico.

Complete o quadrado em y para obter:
$$y^2 + 2y = 8x - 9$$
$$y^2 + 2y + 1 = 8x - 8$$
$$(y + 1)^2 = 8(x - 1)$$

Desse modo, a equação é a de uma parábola na forma $(y - k)^2 = 4p(x - h)$ com $p = 2, h = 1$ e $k = -1$. Logo, a parábola está com a orientação usual, com vértice $(1,-1)$, concavidade à direita e tem seu foco em $(h + p, k) = (2 + 1, -1) = (3,-1)$. Sua diretriz é a reta $x = h - p = 1 - 2 = -1$ e seu eixo é a reta $y = -1$. O gráfico é mostrado na Fig. 37-7.

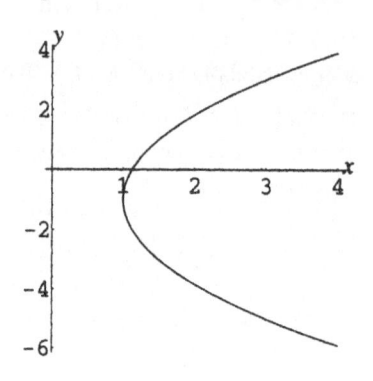

Figura 37-7

37.8 Encontre a equação de uma parábola na posição usual com foco $(5,0)$ e diretriz $x = -5$.

Como a parábola está na posição usual com foco no eixo x positivo, o foco está localizado no ponto $(p,0)$. Logo, $p = 5$. A parábola tem concavidade à direita, ou seja, sua equação deve estar na forma $y^2 = 4px$. Substituindo $p = 5$ resulta $y^2 = 20x$.

37.9 Encontre a equação de uma parábola na orientação usual com o foco $(3,4)$ e diretriz coincidente com o eixo y.

A equação pode ser encontrada pela substituição direta na definição da parábola $PF = PD$. Alternativamente, observe que o vértice é o ponto médio entre o foco e a diretriz, isto é, o ponto $\left(\frac{3}{2}, 4\right)$. Uma vez que o foco está à direita da diretriz, a parábola tem concavidade à direita e admite uma equação da forma $(y - k)^2 = 4p(x - h)$, com $h = \frac{3}{2}$ e $k = 4$. A distância do vértice no ponto $\left(\frac{3}{2}, 4\right)$ até o foco $(3,4)$ é, também, $\frac{3}{2}$, e esse é o valor de p. Substituindo, resulta
$$(y - 4)^2 = 4\left(\frac{3}{2}\right)\left(x - \frac{3}{2}\right)$$
$$(y - 4)^2 = 6x - 9$$

37.10 Para a parábola $x^2 = -2y$, encontre o foco, a diretriz, o vértice e o eixo e esboce um gráfico.

A equação da parábola está na forma $x^2 = -4py$ com $4p = 2$, portanto, $p = \frac{1}{2}$. Logo, a parábola está na posição usual, com vértice $(0,0)$, concavidade para baixo e tem o foco no ponto $\left(0, -\frac{1}{2}\right)$, a reta diretriz é $y = \frac{1}{2}$ e o eixo em y, ou seja, quando $x = 0$. O gráfico é mostrado na Fig. 37-8.

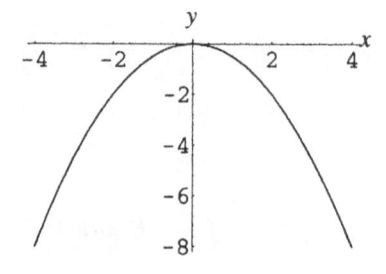

Figura 37-8

37.11 Mostre que $x^2 + 2x + 6y - 11 = 0$ é a equação de uma parábola. Encontre o foco, a diretriz, o vértice e o eixo, e esboce um gráfico.

Complete o quadrado em x para obter:
$$x^2 + 2x = -6y + 11$$
$$x^2 + 2x + 1 = -6y + 12$$
$$(x + 1)^2 = -6(y - 2)$$

Nesse caso, a equação é a de uma parábola na forma $(x - h)^2 = -4p(y - k)$ com $p = \frac{3}{2}$, $h = -1$ e $k = 2$. Logo, a parábola está na orientação usual, com vértice $(-1, 2)$, concavidade para baixo e, portanto, tem seu foco em $(h, k - p) = \left(-1, 2 - \frac{3}{2}\right) = \left(-1, \frac{1}{2}\right)$. A diretriz é a reta $y = k + p = 2 + \frac{3}{2} = \frac{7}{2}$, e seu eixo é a reta $x = -1$. O gráfico é mostrado na Fig. 37-9.

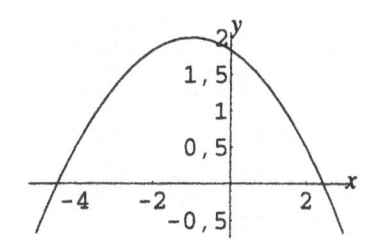

Figura 37-9

37.12 Encontre a equação de uma parábola na posição usual, concavidade para baixo, com foco $(0, -4)$ e diretriz $y = 4$.

Como a parábola está na posição usual com foco no eixo y negativo, o foco está localizado no ponto $(0, -p)$; logo, $p = 4$. A parábola tem concavidade para baixo, ou seja, sua equação deve ser da forma $x^2 = -4py$. Substituindo $p = 4$, resulta $x^2 = -16y$.

37.13 Encontre a equação de uma parábola na orientação usual com foco $(3, 4)$ e diretriz $y = 6$.

A equação pode ser encontrada pela substituição direta na definição de parábola $PF = PD$. Alternativamente, observe que o vértice é o ponto médio entre o foco e a diretriz, isto é, o ponto $(3, 5)$. Já que o foco está abaixo da diretriz, a parábola tem concavidade para baixo e uma equação da forma $(x - h)^2 = -4p(y - k)$, com $h = 3$ e $k = 5$. A distância do vértice $(3, 5)$ ao foco $(3, 6)$ é 1 e esse é o valor de p. Substituindo, resulta
$$(x - 3)^2 = -4(1)(y - 5)$$
$$(x - 3)^2 = -4y + 20$$

Problemas Complementares

37.14 Encontre o *locus* dos pontos $P(x,y)$ tais que a distância de P ao eixo y seja 5.

Resp. $x = 5$ e $x = -5$, duas retas paralelas ao eixo y.

37.15 Encontre o *locus* dos pontos $P(x,y)$ tais que P seja equidistante de ambos os eixos.

Resp. $y = x$ e $y = -x$, duas retas que passam pela origem.

37.16 Encontre o *locus* dos pontos $P(x,y)$ tais que a distância de P até $P_1(1,1)$ seja a metade da distância de P até $P_2(-2,-2)$.

Resp. $x^2 + y^2 - 4x - 4y = 0$, um círculo que passa pela origem.

37.17 Encontre o *locus* dos pontos $P(x, y)$ equidistantes de $(5, -1)$ e $(3, -8)$.

Resp. $4x + 14y + 47 = 0$, uma linha reta, o bissetor perpendicular do segmento de reta que junta os pontos dados.

37.18 Encontre o *locus* dos pontos $P(x, y)$ equidistantes de $(5, -3)$ e $x - y + 8 = 0$

Resp. $x^2 + y^2 + 2xy + 4x + 4y + 4$, isto é, $(x + y + 2)^2$, uma linha reta perpendicular à linha no ponto dado.

37.19 Encontre o *locus* dos pontos $P(x, y)$ tais que o produto de suas distâncias de $(0, 4)$ e $(0, -4)$ seja 16.

Resp. $x^4 + 2x^2y^2 + y^4 + 32x^2 - 32y^2 = 0$

37.20 Mostre que a equação de uma parábola com foco $F(-p,0)$ e diretriz $x = p$ pode ser escrita como $y^2 = -4px$.

37.21 Mostre que a equação de uma parábola com foco $F(0,p)$ e diretriz $y = -p$ pode ser escrita como $x^2 = 4py$.

37.22 Esboce os gráficos das equações (*a*) $y^2 = -2x$; (*b*) $x^2 = 6y$.

Resp. (*a*) Fig. 37-10; (*b*) Fig. 37-11.

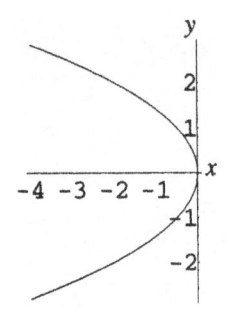

Figura 37-10

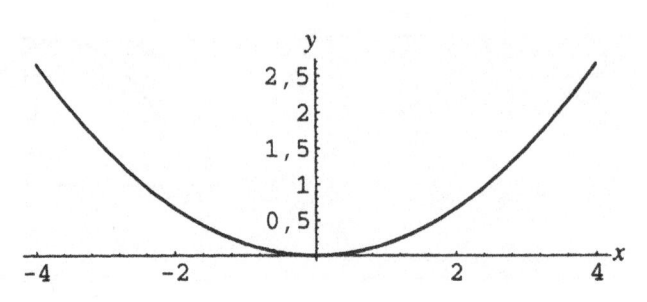

Figura 37-11

37.23 Encontre equações para parábolas na posição usual (*a*) com foco em $(0,7)$ e reta diretriz $y = -7$; (*b*) com foco em $\left(-\frac{5}{4}, 0\right)$ e reta diretriz $x = \frac{5}{4}$.

Resp. (*a*) $x^2 = 28y$; (*b*) $y^2 = -5x$

37.24 Encontre equações para parábolas na posição usual (*a*) com foco em $(-2,3)$ e diretriz o eixo y; (*b*) com foco em $(-2,3)$ e diretriz $y = 1$.

Resp. (*a*) $y^2 - 6y + 4x + 13 = 0$; (*b*) $x^2 + 4x - 4y + 12 = 0$

37.25 Esboce os gráficos das equações (*a*) $y^2 - 2y - 3x - 2 = 0$ (*b*) $x^2 + 2x + 2y - 5 = 0$

Resp. (*a*) Fig. 37-12; (*b*) Fig. 37-13.

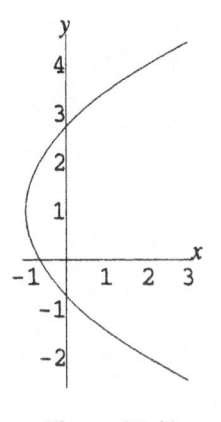

Figura 37-12

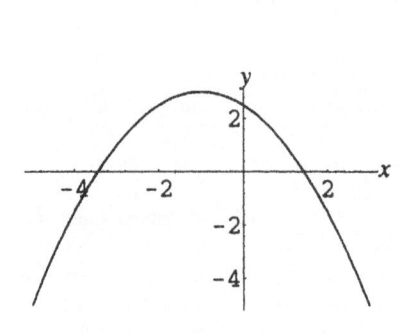

Figura 37-13

37.26 Use a definição de parábola diretamente para encontrar a equação de uma parábola com foco $F(2,2)$ e reta diretriz $x + y + 2 = 0$.

Resp. $x^2 - 2xy + y^2 - 12x - 12y + 12 = 0$

Capítulo 38

Elipses e Hipérboles

DEFINIÇÃO DE ELIPSE

O *locus* dos pontos, *P* tais que a soma das distâncias de *P* a dois pontos fixos é constante, é chamado de *elipse*. Desse modo, sejam F_1 e F_2 os dois pontos (chamados focos), então a relação que define as elipses é $PF_1 + PF_2 = 2a$. A reta que passa pelos focos é chamada *eixo focal* da elipse; o ponto médio, no eixo focal, entre os focos é chamado de *centro*; os pontos onde a elipse atravessa o eixo focal são chamados *vértices*. O segmento de reta que liga os dois vértices é chamado de *eixo maior* e o segmento de reta que passa pelo centro e é perpendicular ao eixo maior, com ambas as extremidades pertencentes à elipse, é chamado de *eixo menor* (ver Fig. 38-1).

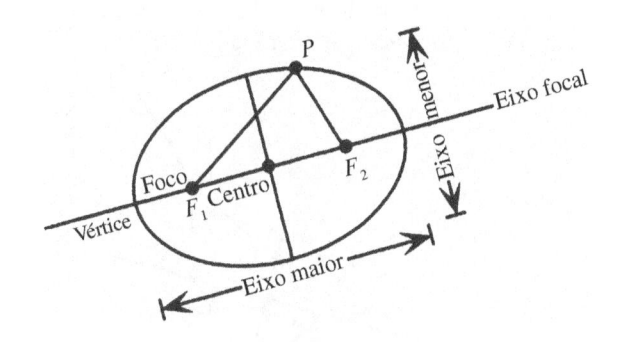

Figura 38-1

Uma elipse com eixo focal paralelo a um dos eixos coordenados é dita estar com *orientação usual*. Se, além disso, o centro da elipse está na origem, ela é dita estar em uma das duas *posições usuais*: com focos sobre o eixo *x* ou com focos sobre o eixo *y*.

GRÁFICOS DE ELIPSES NA POSIÇÃO USUAL

Gráficos de elipses na posição usual com suas equações e características são mostrados na seguinte tabela:

Focos sobre o eixo x	*Focos sobre o eixo y*
Equação: $\dfrac{x^2}{a^2} + \dfrac{y^2}{b^2} = 1$ onde $b^2 = a^2 - c^2$ Nota: $a > b, a > c$	Equação: $\dfrac{x^2}{b^2} + \dfrac{y^2}{a^2} = 1$ onde: $b^2 = a^2 - c^2$ Nota: $a > b, a > c$
Focos: $F_1(-c, 0), F_2(c, 0)$ Vértices: $(-a, 0), (a, 0)$ Centro: $(0,0)$	Focos: $F_1(0, -c), F_2(0, c)$ Vértices: $(0, -a), (0, a)$ Centro: $(0,0)$

Focos sobre o eixo x	Focos sobre o eixo y
Figura 38-2	Figura 38-3

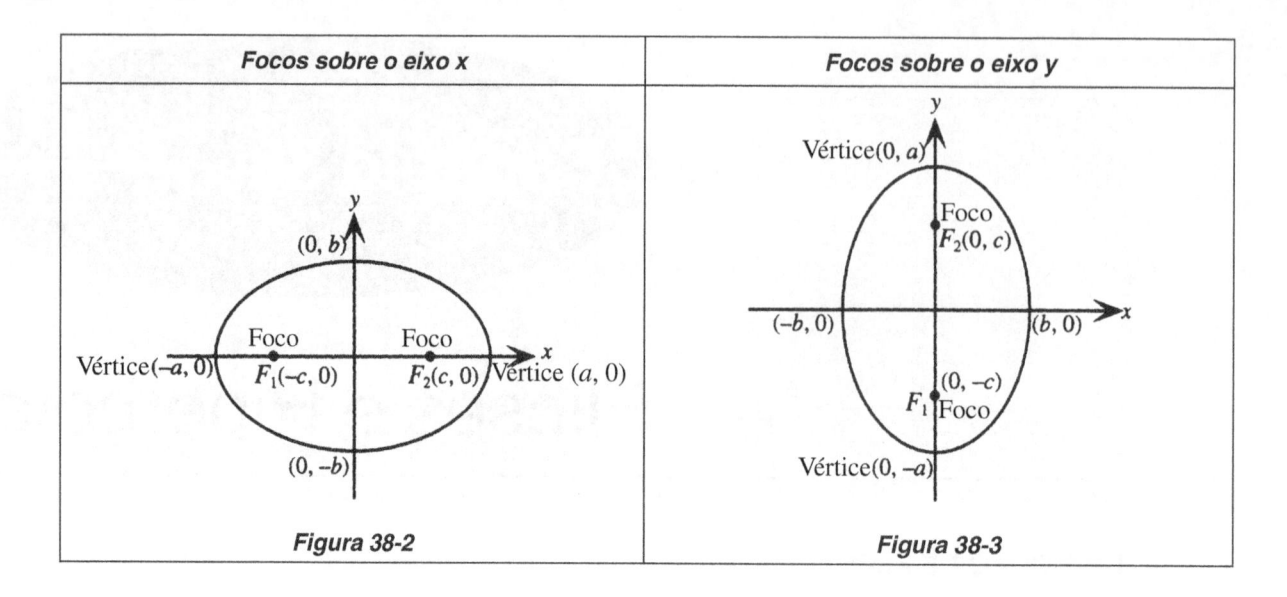

LOCUS DE PONTOS

O *locus* dos pontos P, tais que o valor absoluto da diferença entre as distâncias de P a dois pontos fixos é constante, é chamado de *hipérbole*. Desse modo, se F_1 e F_2 são os dois pontos (*focos*), então a relação que define a hipérbole é $|PF_1 - PF_2| = 2a$. A reta que passa pelos focos é chamada *eixo focal* da hipérbole; o ponto médio entre os focos é chamado *centro*; os pontos onde a hipérbole atravessa o eixo focal são chamados *vértices*. O segmento de reta que une os dois vértices é chamado *eixo transverso* (ver Fig. 38-4).

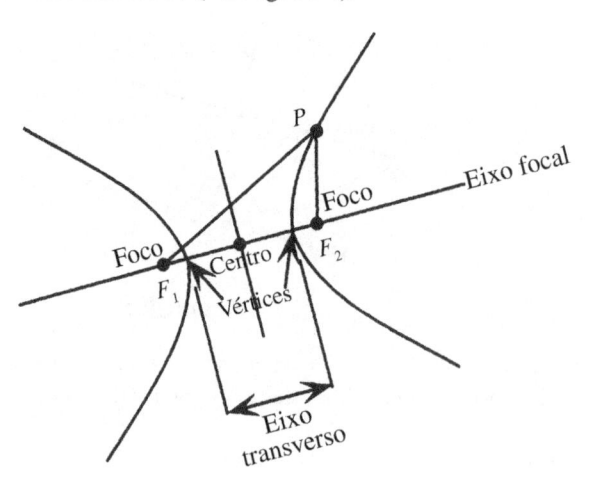

Figura 38-4

Uma hipérbole com eixo focal paralelo a um dos eixos coordenados é dita estar com *orientação usual*. Se, além disso, o centro da hipérbole está na origem, e é dita estar em uma das duas *posições usuais*: com focos sobre o eixo x ou com focos sobre o eixo y.

GRÁFICOS DE HIPÉRBOLES NA POSIÇÃO USUAL

Gráficos de hipérboles na posição usual com suas equações e características são exibidos na seguinte tabela:

Focos sobre o eixo x	*Focos sobre o eixo y*
Focos: $F_1(-c, 0), F_2(c, 0)$ Vértices: $(-a, 0), (a, 0)$ Centro: $(0, 0)$	Focos: $F_1(0, -c), F_2(0, c)$ Vértices: $(0, -a), (0, a)$ Centro: $(0, 0)$
Equação: $\dfrac{x^2}{a^2} - \dfrac{y^2}{b^2} = 1$ onde $b^2 = c^2 - a^2$ Nota: $c > a, c > b$	Equação: $\dfrac{y^2}{a^2} - \dfrac{x^2}{b^2} = 1$ onde: $b^2 = c^2 - a^2$ Nota: $c > a, c > b$
Assíntotas: $y = \pm \dfrac{b}{a} x$	Assíntotas: $y = \pm \dfrac{a}{b} x$
Figura 38-5	*Figura 38-6*

DEFINIÇÃO DE EXCENTRICIDADE

Uma medida da forma de uma elipse ou hipérbole é uma quantidade $e = \dfrac{c}{a}$, chamada de *excentricidade*. Para uma elipse, $0 < e < 1$; para uma hipérbole, $e > 1$.

Problemas Resolvidos

38.1 Obtenha a equação de uma elipse na posição usual com focos sobre o eixo x.

Seja $P(x,y)$ um ponto arbitrário sobre a elipse. Dado que os focos são $F_1(-c, 0)$ e $F_2(c, 0)$, então, da definição de elipse $PF_1 + PF_2 = 2a$ resulta:

$$\sqrt{(x + c)^2 + (y - 0)^2} + \sqrt{(x - c)^2 + (y - 0)^2} = 2a$$

Subtraindo uma das raízes quadradas em ambos os lados, elevando ao quadrado e simplificando,

$$\sqrt{(x+c)^2 + (y-0)^2} = 2a - \sqrt{(x-c)^2 + (y-0)^2}$$

$$(x+c)^2 + y^2 = 4a^2 - 4a\sqrt{(x-c)^2 + (y-0)^2} + (x-c)^2 + y^2$$

$$x^2 + 2xc + c^2 + y^2 = 4a^2 - 4a\sqrt{(x-c)^2 + (y-0)^2} + x^2 - 2xc + c^2 + y^2$$

$$4xc - 4a^2 = -4a\sqrt{(x-c)^2 + (y-0)^2}$$

$$xc - a^2 = -a\sqrt{(x-c)^2 + (y-0)^2}$$

Agora, eleve novamente ao quadrado ambos os lados e simplifique:

$$x^2c^2 - 2xca^2 + a^4 = a^2[(x-c)^2 + y^2]$$

$$x^2c^2 - 2xca^2 + a^4 = a^2x^2 - 2a^2xc + a^2c^2 + a^2y^2$$

$$x^2c^2 - a^2x^2 - a^2y^2 = a^2c^2 - a^4$$

$$x^2(c^2 - a^2) - a^2y^2 = a^2(c^2 - a^2)$$

Pela desigualdade triangular, a soma de dois lados de um triângulo é sempre maior que o terceiro lado. Logo, (ver Fig. 38-1)

$$PF_1 + PF_2 > F_1F_2$$

$$2a > 2c$$

$$a^2 > c^2$$

Assim, a quantidade $a^2 - c^2$ deve ser positiva. Faça $a^2 - c^2 = b^2$. Então, $c^2 - a^2 = -b^2$ e a equação da elipse torna-se:

$$-b^2x^2 - a^2y^2 = -a^2b^2$$

$$b^2x^2 + a^2y^2 = a^2b^2$$

Isso geralmente é escrito na forma usual como:

$$\frac{x^2}{a^2} + \frac{y^2}{b^2} = 1$$

Observe que segue de $a^2 - c^2 = b^2$ que $a > b$.

38.2 Analise a equação de $\frac{x^2}{a^2} + \frac{y^2}{b^2} = 1$ de uma elipse na posição usual e com focos sobre o eixo x.

Seja $x = 0$, então, $\frac{y^2}{b^2} = 1$; assim, $y = \pm b$. Logo, $\pm b$ são interceptos y.

Seja $y = 0$, então, $\frac{x^2}{a^2} = 1$; assim, $x = \pm a$. Logo, $\pm a$ são interceptos x.

Substitua $-y$ por y: $\frac{x^2}{a^2} + \frac{(-y)^2}{b^2} = 1$; $\frac{x^2}{a^2} + \frac{y^2}{b^2} = 1$. Como a equação não muda, o gráfico tem simetria em relação ao eixo x.

Substitua $-x$ por x: $\frac{(-x)^2}{a^2} + \frac{y^2}{b^2} = 1$; $\frac{x^2}{a^2} + \frac{y^2}{b^2} = 1$. Como a equação não muda, o gráfico tem simetria em relação ao eixo y. Segue que o gráfico é simétrico também em relação à origem.

Observe também que, isolando y em termos de x, $y = \pm \frac{b}{a}\sqrt{a^2 - x^2}$; logo, $-a \leq x \leq a$ para y ser real.

Analogamente, $-b \leq y \leq b$ para x ser real.

Resumindo, o gráfico está confinado à região entre os interceptos $\pm a$ sobre o eixo x e $\pm b$ sobre o eixo y, e tem as três simetrias. O gráfico da elipse é mostrado na Fig. 38-2.

38.3 Analise a equação $\dfrac{x^2}{b^2} + \dfrac{y^2}{a^2} = 1$ de uma elipse na posição usual com focos sobre o eixo y.

Seja $x = 0$, então, $\dfrac{y^2}{a^2} = 1$; assim, $y = \pm a$. Logo, $\pm a$ são interceptos y.

Seja $y = 0$, então, $\dfrac{x^2}{b^2} = 1$; assim, $x = \pm b$. Logo, $\pm b$ são interceptos x.

Substitua $-y$ por y: $\dfrac{x^2}{b^2} + \dfrac{(-y)^2}{a^2} = 1$; $\dfrac{x^2}{b^2} + \dfrac{y^2}{a^2} = 1$. Como a equação não muda, o gráfico tem simetria em relação ao eixo x.

Substitua $-x$ por x: $\dfrac{(-x)^2}{b^2} + \dfrac{y^2}{a^2} = 1$; $\dfrac{x^2}{b^2} + \dfrac{y^2}{a^2} = 1$. Como a equação não muda, o gráfico tem simetria em relação ao eixo y. Segue que o gráfico também tem simetria em relação à origem.

Observe que, além disso, isolar y em termos de x resulta $y = \pm \dfrac{a}{b}\sqrt{b^2 - x^2}$; logo, $-b \le x \le b$ para y ser real. Analogamente, $-a \le y \le a$ para x ser real.

Resumindo, o gráfico está confinado na região entre os interceptos $\pm b$ sobre o eixo x e $\pm a$ sobre o eixo y, e tem as três simetrias. O gráfico da elipse é mostrado na Fig. 38-3.

38.4 Analise e esboce os gráficos das elipses (a) $4x^2 + 9y^2 = 36$ (b) $4x^2 + y^2 = 36$

(a) Escrita na forma usual, a equação torna-se

$$\dfrac{x^2}{9} + \dfrac{y^2}{4} = 1$$

Portanto, $a = 3$, $b = 2$.

Por essa razão $c = \sqrt{a^2 - b^2} = \sqrt{9 - 4} = \sqrt{5}$

Logo, a elipse está na posição usual com focos em $(\pm \sqrt{5}, 0)$ sobre o eixo x, interceptos x $(\pm 3, 0)$ e interceptos y $(0, \pm 2)$. O gráfico é mostrado na Fig. 38-7.

(b) Escrita na forma usual, a equação torna-se

$$\dfrac{x^2}{9} + \dfrac{y^2}{36} = 1$$

Portanto, $a = 6$, $b = 3$.

Por essa razão $c = \sqrt{a^2 - b^2} = \sqrt{36 - 9} = 3\sqrt{3}$

Logo, a elipse está na posição usual com focos em $(0, \pm 3\sqrt{3})$ sobre o eixo y, interceptos x $(\pm 3, 0)$ e interceptos y $(0, \pm 6)$. O gráfico é mostrado na Fig. 38-8.

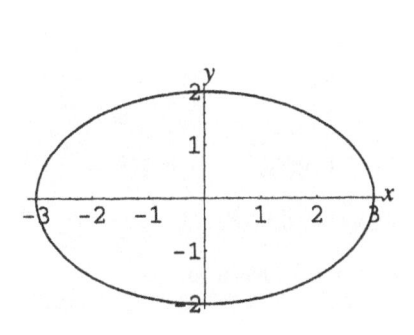

Figura 38-7 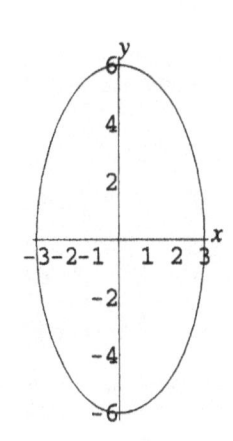   *Figura 38-8*

38.5 Obtenha a equação de uma hipérbole na posição usual com focos sobre o eixo x.

Seja $P(x, y)$ um ponto arbitrário pertencente à hipérbole. Dado que os focos são $F_1(-c, 0)$ e $F_2(c, 0)$, então, pela definição de hipérbole $|PF_1 - PF_2| = 2a$; isto é, $PF_1 - PF_2 = \pm 2a$ resulta

$$\sqrt{(x+c)^2 + (y-0)^2} - \sqrt{(x-c)^2 + (y-0)^2} = \pm 2a$$

Somando a segunda raiz quadrada em ambos os lados, elevando ao quadrado e simplificando, resulta:

$$\sqrt{(x+c)^2 + (y-0)^2} = \pm 2a + \sqrt{(x-c)^2 + (y-0)^2}$$

$$(x+c)^2 + y^2 = 4a^2 \pm 4a\sqrt{(x-c)^2 + (y-0)^2} + (x-c)^2 + y^2$$

$$x^2 + 2xc + c^2 + y^2 = 4a^2 \pm 4a\sqrt{(x-c)^2 + (y-0)^2} + x^2 - 2xc + c^2 + y^2$$

$$4xc - 4a^2 = \pm 4a\sqrt{(x-c)^2 + (y-0)^2}$$

$$xc - a^2 = \pm a\sqrt{(x-c)^2 + (y-0)^2}$$

Agora, eleve novamente ao quadrado ambos os lados e simplifique:

$$x^2c^2 - 2xca^2 + a^4 = a^2[(x-c)^2 + y^2]$$

$$x^2c^2 - 2xca^2 + a^4 = a^2x^2 - 2a^2xc + a^2c^2 + a^2y^2$$

$$x^2c^2 - a^2x^2 - a^2y^2 = a^2c^2 - a^4$$

$$x^2(c^2 - a^2) - a^2y^2 = a^2(c^2 - a^2)$$

Pela desigualdade triangular, a soma de dois lados de um triângulo é sempre maior que o terceiro lado. Logo, (ver Fig. 38-4)

$$PF_2 + F_1F_2 > PF_1$$

$$F_1F_2 > PF_1 - PF_2$$

$$2c > 2a$$

$$c > a$$

Portanto, a quantidade $c^2 - a^2$ deve ser positiva. Faça $c^2 - a^2 = b^2$. Então, a equação da hipérbole fica:

$$b^2x^2 - a^2y^2 = a^2b^2$$

Geralmente, isso é escrito na forma usual como:

$$\frac{x^2}{a^2} - \frac{y^2}{b^2} = 1$$

Observe que segue de $c^2 - a^2 = b^2$ que $c > b$ e $c > a$.

38.6 Analise a equação $\dfrac{x^2}{a^2} - \dfrac{y^2}{b^2} = 1$ de uma hipérbole na posição usual com focos sobre o eixo x.

Seja $x = 0$, então $\dfrac{y^2}{b^2} = -1$; assim, $y^2 = -b^2$. Logo, não há interceptos y.

Seja $y = 0$, então $\dfrac{x^2}{a^2} = 1$; assim, $x = \pm a$. Logo, $\pm a$ são os interceptos x.

Substitua $-y$ por y: $\dfrac{x^2}{a^2} - \dfrac{(-y)^2}{b^2} = 1$; $\dfrac{x^2}{a^2} - \dfrac{y^2}{b^2} = 1$. Como a equação não muda, o gráfico tem simetria em relação ao eixo x.

Substitua $-x$ por x: $\dfrac{(-x)^2}{a^2} - \dfrac{y^2}{b^2} = 1$; $\dfrac{x^2}{a^2} - \dfrac{y^2}{b^2} = 1$. Como a equação não muda, o gráfico tem simetria em relação ao eixo y. Segue que o gráfico tem simetria também em relação à origem.

Observe que, além disso, isolando y em termos de x resulta $y = \pm\dfrac{b}{a}\sqrt{x^2 - a^2}$; logo, $x \geq a$ ou $x \leq -a$ para y ser real. Isolando x em termos de y resulta $x = \pm\dfrac{a}{b}\sqrt{y^2 + b^2}$; logo, y pode assumir qualquer valor.

É deixado como um exercício mostrar que, à medida que x torna-se arbitrariamente grande, a distância entre os gráficos de $y = \pm\dfrac{b}{a}\sqrt{x^2 - b^2}$ e as retas $y = \pm\dfrac{b}{a}x$ torna-se arbitrariamente pequena, portanto, as retas são assíntotas oblíquas do gráfico.

Para construir o gráfico da hipérbole, marque os interceptos $\pm a$ sobre o eixo x. Marque os pontos $\pm b$ sobre o eixo y. Construa segmentos de reta verticais através dos pontos $x = \pm a$ e segmentos de reta horizontais através dos pontos $y = \pm b$ para formar o retângulo mostrado na Fig. 38-5. Desenhe as diagonais do retângulo; essas são as assíntotas da hipérbole. Então, esboce a hipérbole começando do intercepto $x = a$ e se aproximando da assíntota $y = bx/a$. O restante da hipérbole segue da simetria em relação aos eixos e à origem, como mostra a Fig. 38-5.

38.7 Analise a equação $\dfrac{y^2}{a^2} - \dfrac{x^2}{b^2} = 1$ de uma hipérbole na posição usual com focos sobre o eixo y.

Seja $x = 0$, então $\dfrac{y^2}{a^2} = 1$; logo, $y = \pm a$. Assim, $\pm a$ são os interceptos y.

Seja $y = 0$, então $-\dfrac{x^2}{b^2} = 1$; logo $x^2 = -b^2$. Assim, não podem existir interceptos x.

Substitua $-y$ por y: $\dfrac{(-y)^2}{a^2} - \dfrac{x^2}{b^2} = 1$; $\dfrac{y^2}{a^2} - \dfrac{x^2}{b^2} = 1$. Como a equação não muda, o gráfico tem simetria em relação ao eixo x.

Substitua $-x$ por x: $\dfrac{y^2}{a^2} - \dfrac{(-x)^2}{b^2} = 1$; $\dfrac{y^2}{a^2} - \dfrac{x^2}{b^2} = 1$. Como a equação não muda, o gráfico tem simetria em relação ao eixo y. Segue que o gráfico tem também simetria em relação à origem.

Observe que, além disso, isolando y em termos de x resulta $y = \pm\dfrac{a}{b}\sqrt{b^2 + x^2}$; logo, y pode assumir qualquer valor. Isolando x em termos de y resulta $x = \pm\dfrac{b}{a}\sqrt{y^2 - a^2}$; logo, $y \geq a$ ou $y \leq -a$ para x ser real.

É deixado como um exercício mostrar que, à medida que x torna-se arbitrariamente grande, a distância entre os gráficos de $y = \pm\dfrac{a}{b}\sqrt{b^2 + x^2}$ e as retas $y = \pm\dfrac{a}{b}x$ torna-se arbitrariamente pequena, portanto, as retas são assíntotas oblíquas do gráfico.

Para construir o gráfico de uma hipérbole, marque os interceptos $\pm a$ sobre o eixo y. Marque os pontos $\pm b$ sobre o eixo x. Construa segmentos de reta verticais através dos pontos $x = \pm b$ e segmentos de reta horizontais através dos pontos $y = \pm a$ para formar o retângulo mostrado na Fig. 38-6. Desenhe as diagonais do retângulo; essas são as assíntotas da hipérbole. Então, esboce a hipérbole começando do intercepto $y = a$ e se aproximando da assíntota $y = ax/b$. O restante da hipérbole segue da simetria em relação aos eixos e à origem, como mostra a Fig. 38-6.

38.8 Analise e esboce os gráficos das hipérboles (a) $4x^2 - 9y^2 = 36$; (b) $y^2 - 4x^2 = 36$.

(a) Escrita na forma usual, a equação torna-se

$$\frac{x^2}{9} - \frac{y^2}{4} = 1$$

Portanto $a = 3$, $b = 2$.

Por essa razão $c = \sqrt{a^2 + b^2} = \sqrt{9 + 4} = \sqrt{13}$.

Logo, a hipérbole está na posição usual com focos em $(\pm\sqrt{13}, 0)$ sobre o eixo x, interceptos x ($\pm 3, 0$) e assíntotas $y = \pm\frac{2}{3}x$. O gráfico é mostrado na Fig. 38-9.

(b) Escrita na forma usual, a equação torna-se

$$\frac{y^2}{36} - \frac{x^2}{9} = 1$$

Portanto, $a = 6$, $b = 3$.

Por essa razão $c = \sqrt{a^2 + b^2} = \sqrt{36 + 9} = 3\sqrt{5}$.

Logo, a hipérbole está na posição usual com focos em $(0, \pm 3\sqrt{5})$ sobre o eixo y, interceptos y $(0, \pm 6)$ e assíntotas $y = \pm 2x$. O gráfico é mostrado na Fig. 38-10.

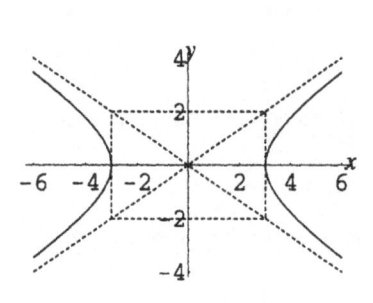

Figura 38-9

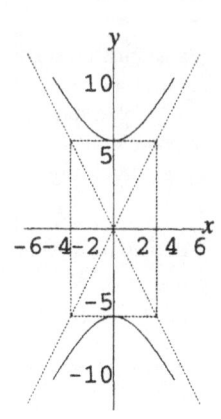

Figura 38-10

38.9 Mostre em uma tabela as características de hipérboles e elipses com orientação usual e com centro no ponto (h, k).

Deslocar o centro das curvas da origem para o ponto (h, k) reflete nas equações pela substituição de x por $x - h$ e y por $y - k$, respectivamente. Logo, as curvas deslocadas podem ser descritas como segue:

Elipse; equação $\frac{(x-h)^2}{a^2} + \frac{(y-k)^2}{b^2} = 1$	Elipse; equação $\frac{(x-h)^2}{b^2} + \frac{(y-k)^2}{a^2} = 1$	Hipérbole; equação $\frac{(x-h)^2}{a^2} - \frac{(y-k)^2}{b^2} = 1$	Hipérbole: equação $\frac{(y-k)^2}{a^2} - \frac{(x-h)^2}{b^2} = 1$
Focos: $(h \pm c, k)$ Vértices: $(h \pm a, k)$ Extremidades do eixo menor: $(h, k \pm b)$	Focos: $(h, k \pm c)$ Vértices: $(h, k \pm a)$ Extremidades do eixo menor: $(h \pm b, k)$	Focos: $(h \pm c, k)$ Vértices: $(h \pm a, k)$ Assíntotas: $(y - k) = \pm\frac{b}{a}(x - h)$	Focos: $(h, k \pm c)$ Vértices: $(h, k \pm a)$ Assíntotas: $(y - k) = \pm\frac{a}{b}(x - h)$

38.10 Analise e esboce o gráfico de $9x^2 + 4y^2 - 18x + 8y = 23$

Complete os quadrados sobre x e y.

$$9(x^2 - 2x) + 4(y^2 + 2y) = 23$$
$$9(x^2 - 2x + 1) + 4(y^2 + 2y + 1) = 23 + 9 \cdot 1 + 4 \cdot 1$$
$$9(x - 1)^2 + 4(y + 1)^2 = 36$$
$$\frac{(x - 1)^2}{4} + \frac{(y + 1)^2}{9} = 1$$

Comparando com a tabela no Problema 38.9, essa é a equação de uma elipse com centro em $(1,-1)$.

Como $a > b$, $a^2 = 9$ e $b^2 = 4$, então $a = 3$, $b = 2$ e $c = \sqrt{a^2 - b^2} = \sqrt{5}$; o eixo focal é paralelo ao eixo y. Focos: $(h, k \pm c) = (1, -1 \pm \sqrt{5})$. Vértices: $(h, k \pm a) = (1, -1 \pm 3)$, portanto, $(1,2)$ e $(1,-4)$. Extremidades do eixo menor: $(h \pm b, k) = (1 \pm 2, -1)$, portanto, $(3,-1)$ e $(-1,-1)$. O gráfico é mostrado na Fig. 38-11.

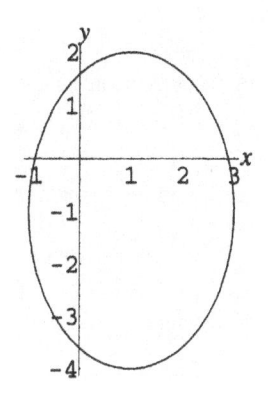

Figura 38-11

38.11 Analise e esboce o gráfico de $9x^2 - 16y^2 - 36x + 32y = 124$.

Complete os quadrados em x e y.

$$9(x^2 - 4x) - 16(y^2 - 2y) = 124$$
$$9(x^2 - 4x + 4) - 16(y^2 - 2y + 1) = 124 + 9 \cdot 4 - 16 \cdot 1$$
$$9(x - 2)^2 - 16(y - 1)^2 = 144$$
$$\frac{(x - 2)^2}{16} - \frac{(y - 1)^2}{9} = 1$$

Comparando com a tabela no Problema 38.9, essa é a equação de uma hipérbole com centro em $(2,1)$. Como o coeficiente do quadrado envolvendo x é positivo, o eixo focal é paralelo ao eixo x. (*Nota*: para uma hipérbole, não existe a restrição $a > b$.) Logo, $a^2 = 16$ e $b^2 = 9$; portanto, $a = 4$, $b = 3$ e $c = \sqrt{a^2 + b^2} = \sqrt{25} = 5$. Focos: $(h \pm c, k) = (2 \pm 5, 1)$, portanto, $(7,1)$ e $(-3,1)$. Vértices: $(h \pm a, k) = (2 \pm 4, 1)$, portanto, $(6,1)$ e $(-2,1)$. Assíntotas: $(y - k) = \pm\frac{b}{a}(x - h)$, portanto, $(y - 1) = \pm\frac{3}{4}(x - 2)$. Construa retas verticais pelos vértices e retas horizontais pelos pontos $(h, k \pm b) = (2, 1 \pm 3)$, ou seja, $(2,4)$ e $(2,-2)$. Essas retas formam um retângulo. Esboce nas assíntotas as diagonais desse retângulo, então construa a hipérbole a partir dos vértices e em direção às assíntotas. O gráfico é mostrado na Fig. 38-12.

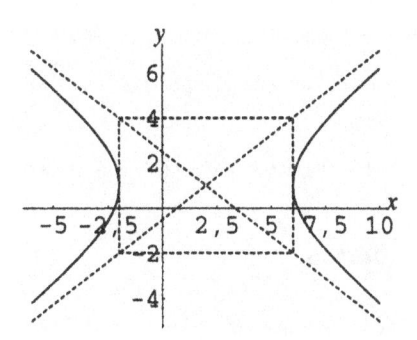

Figura 38-12

38.12 Analise a excentricidade $e = c/a$ para uma elipse e uma hipérbole.

Para uma elipse, $0 < c < a$, logo, $0 < c/a = e < 1$. A excentricidade mede a forma da elipse como segue:

Se e é pequeno, isto é, próximo de 0, então c é pequeno comparado a a; logo, $b = \sqrt{a^2 - c^2}$ está próximo de a. Então, os eixos menor e maior da elipse estão aproximadamente iguais no tamanho e a elipse assemelha-se a um círculo (a palavra *excentricidade* significa saída do centro).

Se e é grande, isto é, próximo de 1, então c é aproximadamente igual a a; logo, $b = \sqrt{a^2 - c^2}$ está proximo de 0. Então, o eixo maior da elipse é substancialmente maior que o eixo menor e a elipse tem aspecto alongado.

Para uma hipérbole, $c > a$; logo, $c/a = e > 1$. A excentricidade mede a forma da hipérbole restringindo o coeficiente angular da assíntota, como segue:

Se e é pequeno, isto é, próximo de 1, então c é aproximadamente igual a a; logo, $b = \sqrt{c^2 - a^2}$ está próximo de 0. Então, as assíntotas, tendo coeficientes angulares $\pm b/a$ ou $\pm a/b$, parecerão próximas aos eixos nos quais estão os vértices e a hipérbole terá um aspecto de grampo para o cabelo.

Se e é grande, então a é pequeno comparado com c; logo, $b = \sqrt{c^2 - a^2}$ está próximo de c e, portanto, também é grande comparado a a. Então, as assíntotas parecerão distantes dos eixos sobre os quais estão os vértices e a hipérbole parecerá mais ampla.

38.13 Encontre a equação de uma elipse (a) na posição usual com focos $(\pm 3,0)$ e interceptos y $(0, \pm 2)$;

(b) na orientação usual com focos $(1,5)$ e $(1,7)$ e excentricidade $\frac{1}{2}$.

(a) A elipse está na posição usual com focos sobre o eixo x. Logo, tem uma equação da forma $\frac{x^2}{a^2} + \frac{y^2}{b^2} = 1$. Das posições dos focos, $c = 3$, das posições dos interceptos y, $b = 2$; logo, $a = \sqrt{c^2 + b^2} = \sqrt{3^2 + 2^2} = \sqrt{13}$. Portanto, a equação da elipse é $\frac{x^2}{13} + \frac{y^2}{4} = 1$.

(b) O centro da elipse é o ponto médio entre os focos, portanto, $(1,6)$. Comparando com a tabela no Problema 38.9, a elipse tem uma equação da forma $\frac{(x-h)^2}{b^2} + \frac{(y-k)^2}{a^2} = 1$, com $(h, k) = (1,6)$. A distância entre os focos $= 2c = 2$, portanto, $c = 1$. Como $e = c/a = 1/2$, segue que $a = 2$ e $b = \sqrt{a^2 - c^2} = \sqrt{2^2 - 1^2} = \sqrt{3}$. Portanto, a equação da elipse é $\frac{(x-1)^2}{3} + \frac{(y-6)^2}{4} = 1$.

38.14 Encontre a equação de uma hipérbole (a) na posição usual com focos $(\pm 3,0)$ e interceptos x $(\pm 2,0)$;

(b) na orientação usual com focos $(1,5)$ e $(1,7)$ e excentricidade 2.

(a) A hipérbole está na posição usual com focos sobre o eixo x. Logo, tem uma equação da forma $\frac{x^2}{a^2} - \frac{y^2}{b^2} = 1$. Das posições dos focos, $c = 3$, das posições dos vértices, $a = 2$; logo, $b = \sqrt{c^2 - a^2} = \sqrt{3^2 - 2^2} = \sqrt{5}$. Portanto, a equação da hipérbole é $\frac{x^2}{4} - \frac{y^2}{5} = 1$.

(b) O centro da hipérbole é o ponto médio entre os focos, ou seja, $(1,6)$. Comparando com a tabela no Problema 38.9, a hipérbole tem uma equação da forma $\frac{(y-k)^2}{a^2} - \frac{(x-h)^2}{b^2} = 1$, com $(h,k) = (1,6)$. A distância entre os focos $= 2c = 2$, portanto, $c = 1$. Uma vez que $e = c/a = 2$, segue que $a = 1/2$ e $b = \sqrt{c^2 - a^2} = \sqrt{1^2 - (1/2)^2} = (\sqrt{3})/2$. Assim, a equação da hipérbole é $\frac{(y-6)^2}{1/4} - \frac{(x-1)^2}{3/4} = 1$.

Problemas Complementares

38.15 Analise e esboce os gráficos das elipses (a) $\frac{x^2}{9} + \frac{y^2}{5} = 1$; (b) $25x^2 + 16y^2 + 100x - 96y = 156$.

Resp. (*a*) Posição usual, focos sobre o eixo *x* em (±2,0), vértices (±3,0), extremidades do eixo menor (0,±√5). Ver Fig. 38-13

(*b*) Orientação usual, eixo focal paralelo ao eixo *y*, centro em (−2,3), focos (−2,0) e (−2,6), vértices (−2,−2) e (−2,8), extremidades do eixo menor (2,3) e (−6,3). Ver Fig. 38-14.

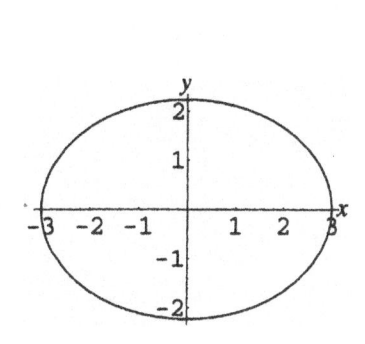

Figura 38-13

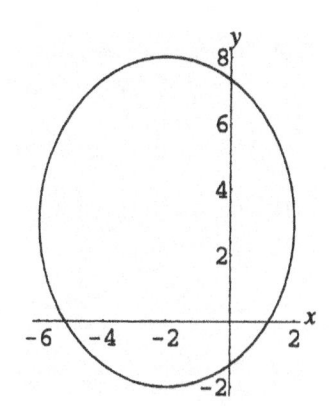

Figura 38-14

38.16 Analise e esboce os gráficos das hipérboles (*a*) $\dfrac{x^2}{9} - \dfrac{y^2}{5} = 1$; (*b*) $x^2 - y^2 + 6x + 34 = 0$.

Resp. (*a*) Posição usual, focos sobre o eixo *x* em (±√14,0), vértices (±3,0), assíntotas $y = \pm\dfrac{\sqrt{5}}{3}x$. Ver Fig. 38-15

(*b*) Orientação usual, eixo focal paralelo ao eixo *y*, focos em (−3,±5√2), vértices (−3, ±5), assíntotas $y = \pm(x + 3)$. Ver Fig. 38-16.

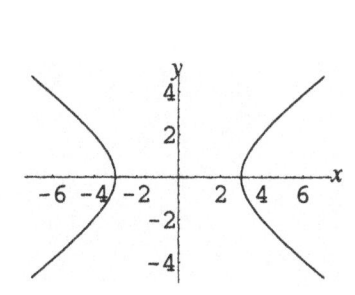

Figura 38-15

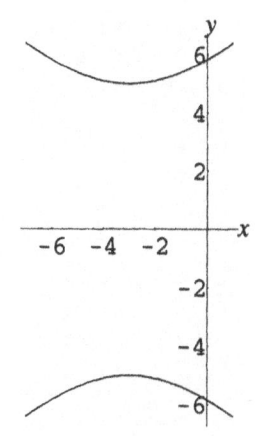

Figura 38-16

38.17 Mostre que, à medida que *x* torna-se arbitrariamente grande, a distância entre os gráficos de $y = \pm\dfrac{b}{a}\sqrt{x^2 - a^2}$ e as retas $y = \pm\dfrac{b}{a}x$ torna-se arbitrariamente pequena, portanto, as retas são assíntotas oblíquas do gráfico.

38.18 Mostre que, à medida que *x* torna-se arbitrariamente grande, a distância entre os gráficos de $y = \pm\dfrac{a}{b}\sqrt{b^2 + x^2}$ e as retas $y = \pm\dfrac{a}{b}x$ torna-se arbitrariamente pequena, portanto, as retas são assíntotas oblíquas do gráfico.

38.19 Encontre a excentricidade para:

(a) $\dfrac{x^2}{9} + \dfrac{y^2}{5} = 1$; (b) $25x^2 + 16y^2 + 100x - 96y = 156$ (c) $\dfrac{x^2}{9} - \dfrac{y^2}{5} = 1$ (d) $x^2 - y^2 + 6x + 34 = 0$.

Resp. (a) 2/3; (b) 3/5; (c) $\sqrt{14}/3$; (d) $\sqrt{2}$

38.20 Encontre a equação de uma elipse (a) com vértices do eixo maior ($\pm 4,0$) e excentricidade $\dfrac{1}{4}$; (b) com vértices do eixo menor ($-3,4$) e ($1,4$) e excentricidade $\dfrac{4}{3}$.

Resp. (a) $\dfrac{x^2}{16} + \dfrac{y^2}{15} = 1$; (b) $\dfrac{(x+1)^2}{4} + \dfrac{(y-4)^2}{100/9} = 1$

38.21 Encontre a equação de uma hipérbole (a) com vértices $(0, \pm 12)$ e assíntotas ($y = \pm 3x$); (b) com focos (3,6) e (11,6) e excentricidade $\dfrac{4}{3}$.

Resp. (a) $\dfrac{y^2}{144} - \dfrac{x^2}{16} = 1$; (b) $\dfrac{(x-7)^2}{9} - \dfrac{(y-6)^2}{7} = 1$

38.22 Use a definição de elipse $PF_1 + PF_2 = 2a$ diretamente para encontrar a equação de uma elipse com focos em (0,0) e (4,0), e eixo maior $2a = 6$.

Resp. $\dfrac{(x-2)^2}{9} + \dfrac{y^2}{5} = 1$

Capítulo 39

Rotação de Eixos

ROTAÇÃO DE SISTEMAS COORDENADOS

Frequentemente convém analisar curvas e equações em termos de um sistema de coordenadas cartesianas nos quais os eixos são rigidamente rotacionados por um determinado ângulo (normalmente agudo) em relação ao sistema de coordenadas cartesianas padrão.

TRANSFORMAÇÃO DE COORDENADAS SOB ROTAÇÃO

Seja P um ponto no plano; então P tem coordenadas (x,y) no sistema cartesiano usual (chamado o sistema *antigo*) e coordenadas (x', y') no sistema rotacionado (chamado o sistema *novo*) (ver Fig. 39-1). Logo, as coordenadas no sistema antigo podem ser expressas em termos das coordenadas do novo sistema pelas *equações de transformação*:

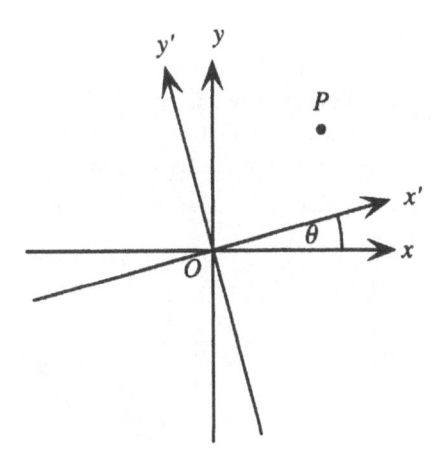

$$x = x'\cos\theta - y'\text{sen}\theta$$
$$y = x'\text{sen}\theta + y'\cos\theta$$

Figura 39-1

Essas equações podem ser aplicadas para as coordenadas de pontos individuais; um uso frequente é transformar equações de curvas dadas no antigo sistema de coordenadas em equações no novo sistema, no qual a forma da equação pode ser analisada mais facilmente.

Exemplo 39.1 Analise o efeito sobre a equação $xy = 2$ sob a rotação dos eixos de um ângulo de 45°.

Se $\theta = 45°$, então $\cos \theta = \sen \theta = 1/\sqrt{2}$. Logo, as equações de transformação ficam

$$x = \frac{x' - y'}{\sqrt{2}}, \quad y = \frac{x' + y'}{\sqrt{2}}$$

Realizando essas substituições na equação original resulta

$$xy = \left(\frac{x' - y'}{\sqrt{2}}\right)\left(\frac{x' + y'}{\sqrt{2}}\right) = 2$$

$$\frac{x'^2 - y'^2}{2} = 2$$

Isso pode ser escrito como

$$\frac{x'^2}{4} - \frac{y'^2}{4} = 1$$

que pode ser vista como a equação de uma hipérbole na posição usual com focos sobre o eixo x' (ou seja, o *novo* eixo x), rotacionado 45° em relação ao eixo antigo.

ANALISANDO EQUAÇÕES DO SEGUNDO GRAU

Ao analisar equações do segundo grau escritas na forma usual

$$Ax^2 + Bxy + Cy^2 + Dx + Ey + F = 0$$

é útil rotacionar eixos. Um ângulo θ pode sempre ser encontrado tal que, rotacionando eixos por esse ângulo, a equação se transforma em $A'x'^2 + C'y'^2 + D'x' + E'y' + F = 0$. O ângulo θ é dado por

1. Se $A = C$, então $\theta = 45°$
2. Caso contrário, θ é uma solução da equação $\tg 2\theta = \dfrac{B}{A - C}$.

Problemas Resolvidos

39.1 Mostre que, para qualquer ponto P que tem coordenadas (x,y) no sistema de coordenadas cartesianas usual e coordenadas (x',y') no sistema com eixos rotacionados pelo ângulo θ, as equações de transformação $x = x'\cos \theta - y'\sen \theta$, $y = x'\sen \theta + y'\cos \theta$ são válidas.

Considere o vetor $\overrightarrow{OP}$ construído da origem de ambos os sistemas de coordenadas até P na Fig. 39-2.

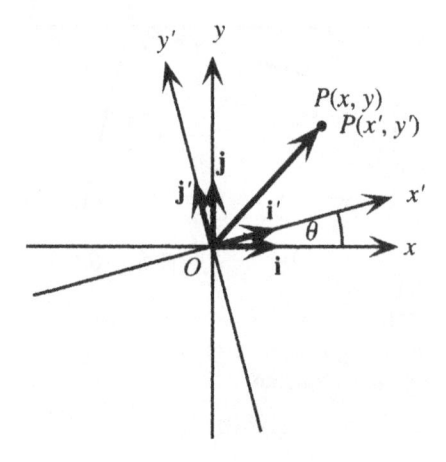

Figura 39-2

É conveniente usar a notação do Problema 27.11, na qual **i** e **j** são definidos, respectivamente, como os vetores unitários positivos nas direções x e y (no antigo sistema de coordenadas). Então, nesse sistema de coordenadas, $\overrightarrow{OP} = x\mathbf{i} + y\mathbf{j}$. Analogamente, **i′** e **j′** são, respectivamente, os vetores unitários nas direções positivas x' e y', e, nesse sistema de coordenadas, $\overrightarrow{OP} = x'\mathbf{i'} + y'\mathbf{j'}$. Então, $x\mathbf{i} + y\mathbf{j} = x'\mathbf{i'} + y'\mathbf{j'}$. Se, agora, calcularmos o produto interno de ambos os lados dessa identidade pelo vetor **i**, segue que:

$$(x\mathbf{i} + y\mathbf{j}) \cdot \mathbf{i} = (x'\mathbf{i'} + y'\mathbf{j'}) \cdot \mathbf{i}$$

$$x\mathbf{i} \cdot \mathbf{i} + y\mathbf{j} \cdot \mathbf{i} = x'\mathbf{i'} \cdot \mathbf{i} + y'\mathbf{j'} \cdot \mathbf{i}$$

Na última identidade, aplique o teorema sobre o produto interno:

Como o ângulo entre **i** e **i** é $0°$, $\mathbf{i} \cdot \mathbf{i} = |\mathbf{i}||\mathbf{i}|\cos 0° = 1 \cdot 1 \cdot 1 = 1$.

Como o ângulo entre **i** e **j** é $90°$, $\mathbf{i} \cdot \mathbf{j} = |\mathbf{i}||\mathbf{j}|\cos 90° = 1 \cdot 1 \cdot 0 = 0$.

Como o ângulo entre **i** e **i′** é θ, $\mathbf{i} \cdot \mathbf{i'} = |\mathbf{i}||\mathbf{i'}|\cos\theta = 1 \cdot 1 \cdot \cos\theta = \cos\theta$.

Como o ângulo entre **i** e **j′** é $\theta + 90°$, $\mathbf{i} \cdot \mathbf{j'} = |\mathbf{i}||\mathbf{j'}|\cos(\theta + 90°) = 1 \cdot 1 \cdot (-\operatorname{sen}\theta) = -\operatorname{sen}\theta$.

Sustituindo, resulta:

$$x(1) + y(0) = x'\cos\theta - y'\operatorname{sen}\theta$$

$$x = x'\cos\theta - y'\operatorname{sen}\theta$$

A prova da equação de transformação para y, $y = x'\operatorname{sen}\theta + y'\cos\theta$, é deixada como exercício.

39.2 Mostre que um ângulo θ sempre pode ser encontrado uma vez que rotacionar os eixos com esse ângulo transforma a equação $Ax^2 + Bxy + Cy^2 + Dx + Ey + F = 0$ na equação $A'x'^2 + C'y'^2 + D'x' + E'y' + F = 0$.

Rotacionar os eixos através de um ângulo θ transforma a equação $Ax^2 + Bxy + Cy^2 + Dx + Ey + F = 0$ fazendo as substituições $x = x'\cos\theta - y'\operatorname{sen}\theta$, $y = x'\operatorname{sen}\theta + y'\cos\theta$. Realizando as substituições, resulta:

$$A(x'\cos\theta - y'\operatorname{sen}\theta)^2 + B(x'\cos\theta - y'\operatorname{sen}\theta)(x'\operatorname{sen}\theta + y'\cos\theta) + C(x'\operatorname{sen}\theta + y'\cos\theta)^2$$
$$+ D(x'\cos\theta - y'\operatorname{sen}\theta) + E(x'\operatorname{sen}\theta + y'\cos\theta) + F = 0$$

Expandindo e combinando os termos em $x'^2, y'^2, x'y', x'$ e y', resulta:

$$x'^2(A\cos^2\theta + B\cos\theta\operatorname{sen}\theta + C\operatorname{sen}^2\theta) + x'y'[-2A\cos\theta\operatorname{sen}\theta + B(\cos^2\theta - \operatorname{sen}^2\theta) + 2C\operatorname{sen}\theta\cos\theta]$$
$$+ y'^2(A\operatorname{sen}^2\theta - B\operatorname{sen}\theta\cos\theta + C\cos^2\theta) + x'(D\cos\theta + E\operatorname{sen}\theta) + y'(-D\operatorname{sen}\theta + E\cos\theta) + F = 0$$

A fim de que a equação tenha exatamente a forma $A'x'^2 + C'y'^2 + D'x' + E'y' + F = 0$, o coeficiciente do termo $x'y'$ deve ser zero, isto é,

$$-2A\cos\theta\operatorname{sen}\theta + B(\cos^2\theta - \operatorname{sen}^2\theta) + 2C\operatorname{sen}\theta\cos\theta = 0$$

$$-A\operatorname{sen}2\theta + B\cos 2\theta + C\operatorname{sen}2\theta = 0$$

$$(A - C)\operatorname{sen}2\theta = B\cos 2\theta$$

Portanto, se $A = C$, então $B\cos 2\theta = 0$, assim, $2\theta = 90°$ ou $\theta = 45°$. Caso contrário, divida ambos os lados por $(A - C)\cos 2\theta$ para obter

$$\frac{\operatorname{sen}2\theta}{\cos 2\theta} = \frac{B}{A - C}$$

$$\operatorname{tg}2\theta = \frac{B}{A - C}$$

Essa equação terá um ângulo agudo como solução para θ.

39.3 Encontre um ângulo apropriado para rotacionar os eixos e esboçar um gráfico da equação
$3x^2 - 2\sqrt{3}xy + y^2 + 2x + 2\sqrt{3}y = 0$.

Aqui $A = 3, B = -2\sqrt{3}, C = 1$; logo, faça

$$\operatorname{tg}2\theta = \frac{B}{A - C} = \frac{-2\sqrt{3}}{3 - 1} = -\sqrt{3}$$

A menor solução dessa equação é dada por $2\theta = 120°$, isto é, $\theta = 60°$. Uma vez que $\operatorname{sen} 60° = \sqrt{3}/2$ e $\cos 60° = \frac{1}{2}$, as equações de transformação são:

$$x = \frac{x' - y'\sqrt{3}}{2} \qquad y = \frac{x'\sqrt{3} + y'}{2}$$

Substituindo essas na equação original e, em seguida, fazendo a simplificação, resulta:

$$3\left(\frac{x' - y'\sqrt{3}}{2}\right)^2 - 2\sqrt{3}\left(\frac{x' - y'\sqrt{3}}{2}\right)\left(\frac{x'\sqrt{3} + y'}{2}\right) + \left(\frac{x'\sqrt{3} + y'}{2}\right)^2 + 2\left(\frac{x' - y'\sqrt{3}}{2}\right)$$

$$+ 2\sqrt{3}\left(\frac{x'\sqrt{3} + y'}{2}\right) = 0$$

$$\frac{x'^2(3 - 6 + 3) + x'y'(-6\sqrt{3} + 4\sqrt{3} + 2\sqrt{3}) + y'^2(9 + 6 + 1)}{4} + \frac{x'(2 + 6) + y'(-2\sqrt{3} + 2\sqrt{3})}{2} = 0$$

$$4y'^2 + 4x' = 0$$

$$y'^2 = -x'$$

Portanto, no sistema rotacionado, o gráfico da equação é uma parábola cujo vértice é o ponto (0,0) e cuja concavidade é à esquerda. O gráfico é mostrado na Fig. 39-3.

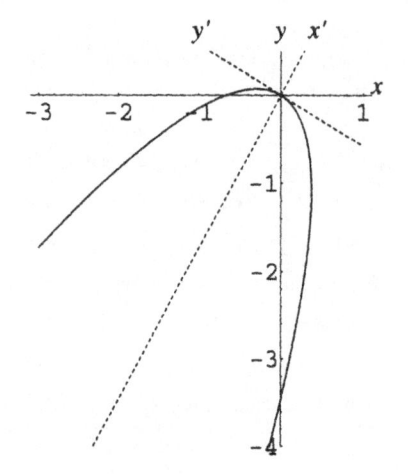

Figura 39-3

39.4 Isole nas equações de transformação x' e y' em termos de x e y para encontrar as *equações de transformação reversa*.

Escreva as equações de transformação na forma usual como equações em x' e y':

$$x'\cos\theta - y'\operatorname{sen}\theta = x$$
$$x'\operatorname{sen}\theta + y'\cos\theta = y$$

Agora aplique a regra de Cramer para obter:

$$x' = \frac{\begin{vmatrix} x & -\operatorname{sen}\theta \\ y & \cos\theta \end{vmatrix}}{\begin{vmatrix} \cos\theta & -\operatorname{sen}\theta \\ \operatorname{sen}\theta & \cos\theta \end{vmatrix}} = x\cos\theta + y\operatorname{sen}\theta \qquad y' = \frac{\begin{vmatrix} \cos\theta & x \\ \operatorname{sen}\theta & y \end{vmatrix}}{\begin{vmatrix} \cos\theta & -\operatorname{sen}\theta \\ \operatorname{sen}\theta & \cos\theta \end{vmatrix}} = -x\operatorname{sen}\theta + y\cos\theta$$

39.5 Encontre equações de transformação apropriadas para rotacionar os eixos e esboçar um gráfico da equação $2x^2 - 3xy - 2y^2 + 10 = 0$.

Aqui $A = 2$, $B = -3$, $C = -2$; logo, faça

$$\operatorname{tg} 2\theta = \frac{B}{A-C} = \frac{-3}{2-(-2)} = -\frac{3}{4}$$

Uma solução exata dessa equação não é possível, mas também não é necessária, já que $\operatorname{sen}\theta$ e $\cos\theta$ podem ser encontrados pelas fórmulas de meio ângulo. Assuma a menor solução da equação, com $90° < 2\theta < 180°$, então, como $\sec 2\theta =$
$-\sqrt{1 + \operatorname{tg}^2 2\theta} = -\sqrt{1 + \left(-\frac{3}{4}\right)^2} = -\frac{5}{4}$, $\cos 2\theta = \frac{1}{\sec 2\theta} = -\frac{4}{5}$.

Logo, já que $45° < \theta < 90°$,

$$\operatorname{sen}\theta = \sqrt{\frac{1 - \cos 2\theta}{2}} = \sqrt{\frac{1 - (-4/5)}{2}} = \sqrt{\frac{9}{10}} = \frac{3}{\sqrt{10}}$$

$$\cos\theta = \sqrt{\frac{1 + \cos 2\theta}{2}} = \sqrt{\frac{1 + (-4/5)}{2}} = \sqrt{\frac{1}{10}} = \frac{1}{\sqrt{10}}$$

Portanto, as equações de transformação para rotacionar os eixos e eliminar o termo xy são:

$$x = \frac{x' - 3y'}{\sqrt{10}} \qquad y = \frac{3x' + y'}{\sqrt{10}}$$

Substituindo essas equações na equação original e, em seguida, fazendo a simplificação, resulta:

$$2\left(\frac{x' - 3y'}{\sqrt{10}}\right)^2 - 3\left(\frac{x' - 3y'}{\sqrt{10}}\right)\left(\frac{3x' + y'}{\sqrt{10}}\right) - 2\left(\frac{3x' + y'}{\sqrt{10}}\right)^2 + 10 = 0$$

$$\frac{x'^2(2 - 9 - 18) + x'y'(-12 + 24 - 12) + y'^2(18 + 9 - 2)}{10} + 10 = 0$$

$$\frac{-25x'^2 + 25y'^2}{10} + 10 = 0$$

$$\frac{x'^2}{4} - \frac{y'^2}{4} = 1$$

Portanto, no sistema rotacionado, o gráfico da equação é uma hipérbole na posição usual, com eixo focal sobre o eixo x' e assíntotas $y' = \pm x'$. Para esboçar o gráfico, observe que os eixos foram rotacionados por um ângulo θ com $\operatorname{tg}\theta = 3$; logo, o eixo x' tem precisamente coeficiente angular 3 em relação ao antigo sistema de coordenadas. O gráfico, juntamente com as assíntotas, é mostrado na Fig. 39-4.

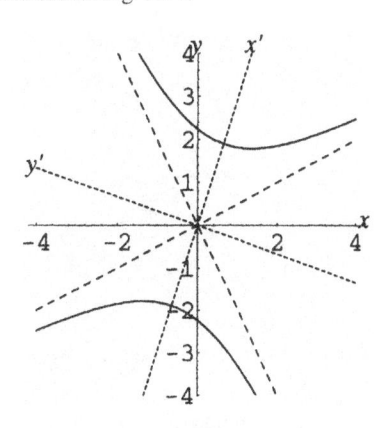

Figura 39-4

39.6 No problema anterior, (a) encontre as coordenadas dos focos nos sistemas novo e antigo; (b) encontre as equações das assíntotas no sistema antigo.

(a) Da equação de hipérbole no sistema novo, $a = b = 2$; logo, $c = \sqrt{a^2 + b^2} = 2\sqrt{2}$.

Portanto, as coordenadas dos focos no novo sistema são $(x', y') = (\pm 2\sqrt{2}, 0)$. Para transformar essas coordenadas para o sistema antigo, use as equações de transformação:

$$x = x'\cos\theta - y'\sin\theta = \pm 2\sqrt{2}\left(\frac{1}{\sqrt{10}}\right) - 0\left(\frac{3}{\sqrt{10}}\right) = \pm\frac{2}{\sqrt{5}}$$

$$y = x'\sin\theta + y'\cos\theta = \pm 2\sqrt{2}\left(\frac{3}{\sqrt{10}}\right) + 0\left(\frac{1}{\sqrt{10}}\right) = \pm\frac{6}{\sqrt{5}}$$

Logo, as coordenadas dos focos no sistema antigo são $(x, y) = \left(\frac{2}{\sqrt{5}}, \frac{6}{\sqrt{5}}\right)$ e $(x, y) = \left(-\frac{2}{\sqrt{5}}, -\frac{6}{\sqrt{5}}\right)$.

(*b*) As equações das assíntotas no sistema novo são $y' = \pm x'$. Para transformar para o sistema antigo, use as equações de transformação *reversa*:

$$x' = x\cos\theta + y\sin\theta = \frac{x + 3y}{\sqrt{10}} \qquad y' = -x\sin\theta + y\cos\theta = \frac{-3x + y}{\sqrt{10}}$$

Então, $y' = x'$ torna-se $\dfrac{-3x + y}{\sqrt{10}} = \dfrac{x + 3y}{\sqrt{10}}$, ou, depois da simplificação, $-2x = y$; e $y' = -x'$ fica $\dfrac{-3x + y}{\sqrt{10}} = -\left(\dfrac{x + 3y}{\sqrt{10}}\right)$, ou, depois da simplificação, $x = 2y$.

Problemas Complementares

39.7 Complete o Problema 39.1 mostrando que uma rotação através de um ângulo θ transforma *y* de acordo com a equação de transformação $y = x'\sin\theta + y'\cos\theta$.

39.8 Encontre um ângulo apropriado para rotacionar os eixos e eliminar o termo *xy* na equação $21x^2 - 10xy\sqrt{3} + 31y^2 = 144$.

Resp. 30°

39.9 Encontre a equação na qual $21x^2 - 10xy\sqrt{3} + 31y^2 = 144$ é transformada pela rotação do problema anterior e esboce o gráfico.

Resp. Equação: $\dfrac{x'^2}{9} + \dfrac{y'^2}{4} = 1$. Ver Fig. 39-5.

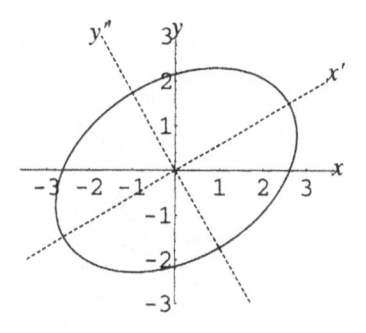

Figura 39-5

39.10 Mostre que a equação $x^2 + y^2 = r^2$ não muda (é *invariante*) sob uma rotação de eixos por qualquer ângulo θ.

39.11 Encontre as equações de transformação para rotacionar os eixos através de um ângulo apropriado para eliminar o termo *xy* na equação $16x + 24xy + 9y^2 + 60x - 80y + 100 = 0$.

Resp. $x = \dfrac{4x' - 3y'}{5}, \quad y = \dfrac{3x' + 4y'}{5}$

39.12 Encontre a equação na qual $16x^2 + 24xy + 9y^2 + 60x - 80y + 100 = 0$ é transformada pela rotação do problema anterior e esboce o gráfico.

Resp. Equação: $x'^2 = 4(y' - 1)$. Ver Fig. 39-6.

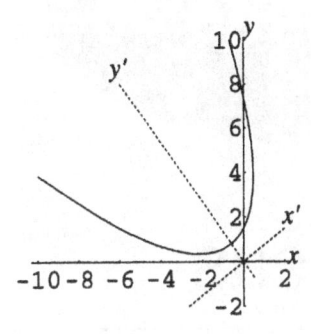

Figura 39-6

39.13 Mostre que, ao transformar a equação $Ax^2 + Bxy + Cy^2 + Dx + Ey + F = 0$ por qualquer rotação dos eixos em uma equação da forma $A'x'^2 + B'x'y' + C'y'^2 + D'x' + E'y' + F = 0$, a quantidade $A + C$ será igual à quantidade $A' + C'$. (*Sugestão*: veja o Problema 39.2 para expressões para A' e C'.)

39.14 Encontre as equações de transformação para rotacionar eixos através de um ângulo apropriado para eliminar o termo xy na equação $3x^2 + 8xy - 3y^2 - 4x\sqrt{5} + 8y\sqrt{5} = 0$.

Resp. $x = \dfrac{2x' - y'}{\sqrt{5}}, y = \dfrac{x' + 2y'}{\sqrt{5}}$.

39.15 Encontre a equação na qual $3x^2 + 8xy - 3y^2 - 4x\sqrt{5} + 8y\sqrt{5} = 0$ é transformada pela rotação do problema anterior e esboce o gráfico.

Resp. Equação: $\dfrac{(y' - 2)^2}{4} - \dfrac{x'^2}{4} = 1$. Ver Fig. 39-7.

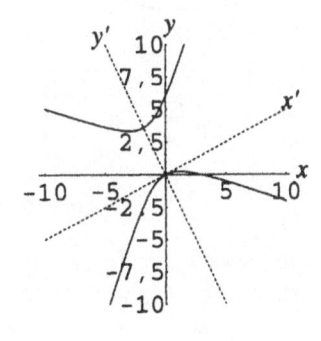

Figura 39-7

Capítulo 40

Seções Cônicas

DEFINIÇÃO DE SEÇÕES CÔNICAS

As curvas que resultam da interseção de um plano com um cone são chamadas de *seções cônicas*. A Fig 40-1 mostra as quatro possibilidades mais importantes: círculo, elipse, parábola e hipérbole.

Círculo   Elipse   Parábola   Hipérbole

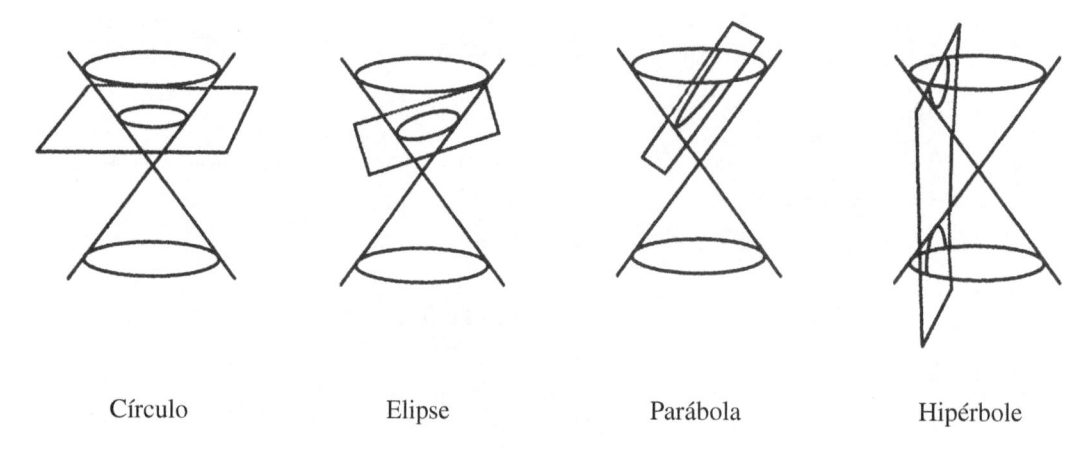

Figura 40-1

Casos *degenerados* aparecem em situações excepcionais; por exemplo, se o plano na primeira figura que intercepta o cone em um círculo fosse abaixado até que passasse somente através do vértice do cone, o círculo "degeneraria" para um ponto. Outros casos degenerados são duas retas se interceptando, duas retas paralelas, uma reta ou nenhum gráfico.

CLASSIFICAÇÃO DE EQUAÇÕES DE SEGUNDO GRAU

O gráfico de uma equação do segundo grau com duas variáveis $Ax^2 + Bxy + Cy^2 + Dx + Ey + F = 0$ é uma seção cônica. Ignorando os casos degenerados, as possibilidades são as seguintes:

A. Se nenhum termo xy está presente ($B = 0$):

1. Se $A = C$ o gráfico é um círculo. Caso contrário $A \neq C$; então:
2. Se $AC = 0$ o gráfico é uma parábola.
3. Se $AC > 0$ o gráfico é uma elipse.
4. Se $AC < 0$ o gráfico é uma hipérbole.

B. Em geral:

1. Se $B^2 - 4AC = 0$ o gráfico é uma parábola.
2. Se $B^2 - 4AC < 0$ o gráfico é uma elipse (ou círculo se $B = 0$, $A = C$).
3. Se $B^2 - 4AC > 0$ o gráfico é uma hipérbole.

A quantidade $B^2 - 4AC$ é chamada de *discriminante* da equação de segundo grau.

Exemplo 40.1 Identifique a curva com equação $x^2 + 3y^2 + 8x + 4y = 50$, assumindo que o gráfico existe. $B = 0$. Como $A = 1$ e $C = 3$, $AC = 3 > 0$, o gráfico é uma elipse.

Exemplo 40.2 Identifique a curva com equação $x^2 + 8xy + 3y^2 + 4y = 50$, assumindo que o gráfico existe. Como $A = 1, B = 8, C = 3, B^2 - 4AC = 8^2 - 4 \cdot 1 \cdot 3 = 52 > 0$, o gráfico é uma hipérbole.

Problemas Resolvidos

40.1 Obtenha o esquema para a classificação de equações do segundo grau com $B = 0$.

Primeiro observe que qualquer equação desse tipo tem a forma $Ax^2 + Cy^2 + Dx + Ey + F = 0$.

1. Se $A = 0$, o quadrado pode ser completado em y para resultar $C(y - k)^2 = -D(x - h)$; se $C = 0$, o quadrado pode ser completado em x para resultar $A(x - h)^2 = -E(y - k)$. Essas são reconhecidas como equações de parábolas com orientação usual, correspondendo ao caso $AC = 0$.
2. Considerando outro caso, nem A e nem C são zero. Então, o quadrado pode ser completado em x e y para resultar $A(x - h)^2 + C(y - k)^2 = G$. Os seguintes casos podem ainda ser identificados.
3. $G = 0$. A equação representa uma seção cônica degenerada, um ponto ou duas retas.
4. $G \neq 0$. Se A e C têm sinais opostos, a equação pode ser escrita como $\dfrac{(x-h)^2}{m^2} - \dfrac{(y-k)^2}{n^2} = \pm 1$, que é a equação de uma hipérbole, correspondendo ao caso $AC < 0$. Se A e C têm o mesmo sinal de G, a equação pode ser escrita como $\dfrac{(x-h)^2}{m^2} + \dfrac{(y-k)^2}{n^2} = 1$. Então, se os denominadores são iguais, essa é a equação de um círculo; se não, é a equação de uma elipse, com $AC > 0$. Finalmente, se A e C têm sinal oposto de G, a equação representa uma seção cônica degenerada, consistindo de nenhum ponto.

40.2 Lembre que uma rotação de eixos por qualquer ângulo θ transforma uma equação de segundo grau da forma $Ax^2 + Bxy + Cy^2 + Dx + Ey + F = 0$ em outra equação de segundo grau na forma $A'x'^2 + B'x'y' + C'y'^2 + D'x' + E'y' + F = 0$. Mostre que, independentemente do valor de θ, $B^2 - 4AC = B'^2 - 4A'C'$.

No Problema 39.2 foi mostrado que rotacionar eixos por um ângulo θ transforma a equação

$Ax^2 + Bxy + Cy^2 + Dx + Ey + F = 0$ fazendo as substituições $x = x'\cos\theta - y'\text{sen}\theta, y = x'\text{sen}\theta + y'\cos\theta$ e resultando:

$$x'^2(A\cos^2\theta + B\cos\theta\,\text{sen}\theta + C\,\text{sen}^2\theta) + x'y'[-2A\cos\theta\,\text{sen}\theta + B(\cos^2\theta - \text{sen}^2\theta) + 2C\,\text{sen}\theta\cos\theta]$$
$$+ y'^2(A\,\text{sen}^2\theta - B\,\text{sen}\theta\cos\theta + C\cos^2\theta) + x'(D\cos\theta + E\,\text{sen}\theta) + y'(-D\,\text{sen}\theta + E\cos\theta) + F = 0$$

Comparando isso com a forma $A'x'^2 + B'x'y' + C'y'^2 + D'x' + E'y' + F = 0$, mostra-se que

$$A' = A\cos^2\theta + B\cos\theta\,\text{sen}\theta + C\,\text{sen}^2\theta$$
$$B' = -2A\cos\theta\,\text{sen}\theta + B(\cos^2\theta - \text{sen}^2\theta) + 2C\,\text{sen}\theta\cos\theta$$
$$C' = A\,\text{sen}^2\theta - B\,\text{sen}\theta\cos\theta + C\cos^2\theta$$

Portanto,

$$B'^2 - 4A'C' = [-2A\cos\theta\,\text{sen}\theta + B(\cos^2\theta - \text{sen}^2\theta) + 2C\,\text{sen}\theta\cos\theta]^2$$
$$-4(A\cos^2\theta + B\cos\theta\,\text{sen}\theta + C\,\text{sen}^2\theta)(A\,\text{sen}^2\theta - B\,\text{sen}\theta\cos\theta + C\cos^2\theta)$$

Expandindo e juntando os termos semelhantes resulta

$$B'^2 - 4A'C' = A^2(4\cos^2\theta\sen^2\theta - 4\cos^2\theta\sen^2\theta) + B^2(\cos^4\theta - 2\cos^2\theta\sen^2\theta + \sen^4\theta + 4\cos^2\theta\sen^2\theta)$$
$$+ C^2(4\cos^2\theta\sen^2\theta - 4\cos^2\theta\sen^2\theta) + AB(-4\cos^3\theta\sen\theta + 4\cos\theta\sen^3\theta + 4\cos^3\theta\sen\theta - 4\cos\theta\sen^3\theta)$$
$$+ AC(-8\sen^2\theta\cos^2\theta - 4\cos^4\theta - 4\sen^4\theta) + BC(4\cos^3\theta\sen\theta - 4\cos\theta\sen^3\theta - 4\cos^3\theta\sen\theta + 4\cos\theta\sen^3\theta)$$

Os coeficientes de A^2, C^2, AB e BC se reduzem a zero e o lado direito se reduz a:

$$B'^2 - 4A'C' = B^2(\cos^4\theta + 2\cos^2\theta\sen^2\theta + \sen^4\theta) - 4AC(\cos^4\theta + 2\cos^2\theta\sen^2\theta + \sen^4\theta)$$
$$= (B^2 - 4AC)(\cos^2\theta + \sen^2\theta)^2$$
$$= B^2 - 4AC$$

Essa igualdade é frequentemente referida da seguinte forma: a quantidade $B^2 - 4AC$ é *invariante* sob uma rotação de eixos por qualquer ângulo.

40.3 Obtenha o esquema de classificação geral para equações de segundo grau.

A equação geral de segundo grau tem a forma $Ax^2 + Bxy + Cy^2 + Dx + Ey + F = 0$. Se $B \neq 0$, então foi mostrado no capítulo anterior (Problema 39.2) que existe um ângulo θ através do qual os eixos podem ser rotacionados de maneira que a equação assuma a forma $A'x'^2 + C'y'^2 + D'x' + E'y' + F = 0$. Logo, essa é a equação de

1. Uma parábola se $A'C' = 0$
2. Uma elipse se $A'C' > 0$
3. Uma hipérbole se $A'C' < 0$

Para a equação transformada, o discriminante torna-se $B^2 - 4AC = -4A'C'$. Por essa razão, no caso 1, o discriminante original $B^2 - 4AC = 0$, no caso 2, $B^2 - 4AC < 0$ e no caso 3, $B^2 - 4AC > 0$. Resumindo, a equação $Ax^2 + Bxy + Cy^2 + Dx + Ey + F = 0$ representa

1. Uma parábola se $B^2 - 4AC = 0$
2. Uma elipse se $B^2 - 4AC < 0$ (ou círculo se $B = 0, A = C$)
3. Uma hipérbole se $B^2 - 4AC > 0$

Aqui os casos degenerados são omitidos e é assumido que a equação tem um gráfico.

40.4 Identifique as seguintes expressões como equações de um círculo, uma elipse, uma parábola ou uma hipérbole:

(a) $3x^2 + 8x + 12y = 16$; (b) $3x^2 - 3y^2 + 8x + 12y = 16$;

(c) $3x^2 + 3y^2 + 8x + 12y = 16$; (d) $3x^2 + 4y^2 + 8x + 12y = 16$

(a) Aqui, $B = 0, A = 3$ e $C = 0$. Com $B = 0$, como $AC = 0$, essa é a equação de uma parábola.

(b) Aqui, $B = 0, A = 3$ e $C = -3$. Com $B = 0$, como $AC < 0$, essa é a equação de uma hipérbole.

(c) Aqui, $B = 0, A = C = 3$. Portanto, é a equação de um círculo.

(d) Aqui, $B = 0, A = 3$ e $C = 4$. Com $B = 0$, como $AC > 0$, essa é a equação de uma elipse.

40.5 Identifique as seguintes expressões como as equações de um círculo, uma elipse, uma parábola ou uma hipérbole:

(a) $3x^2 + 8xy + 12y = 16$; (b) $3x^2 + 8xy - 3y^2 + 8x + 12y = 16$

(c) $3x^2 + 6xy + 3y^2 + 8x + 12y = 16$; (d) $3x^2 + 2xy + 3y^2 + 8x + 12y = 16$

(a) Aqui, $A = 3, B = 8$ e $C = 0$. Desse modo, $B^2 - 4AC = 8^2 - 4 \cdot 3 \cdot 0 = 64 > 0$. Logo, essa é a equação de uma hipérbole.

(b) Aqui, $A = 3, B = 8$ e $C = -3$. Desse modo, $B^2 - 4AC = 8^2 - 4 \cdot 3(-3) = 100 > 0$. Logo, essa é a equação de uma hipérbole.

(c) Aqui, $A = 3, B = 6$ e $C = 3$. Desse modo, $B^2 - 4AC = 6^2 - 4 \cdot 3 \cdot 3 = 0$. Logo, essa é a equação de uma parábola.

(d) Aqui, $A = 3, B = 2$ e $C = 3$. Desse modo, $B^2 - 4AC = 2^2 - 4 \cdot 3 \cdot 3 = -32 < 0$. Logo, essa é a equação de uma elipse.

Nota: Já que $B \neq 0$ em todos esses casos, nenhuma delas pode ser a equação de um círculo.

40.6 Pode ser mostrado que, em geral, para qualquer elipse ou hipérbole, existem duas retas chamadas *diretrizes*, perpendiculares ao eixo focal e com uma distância $a/e = a^2/c$ do centro, tais que a equação da curva pode ser obtida da relação $PF = e \cdot PD$, onde PF é a distância de um ponto pertencente à curva a um foco, e PD a distância perpendicular à diretriz (ver Figs. 40-2 e 40-3).

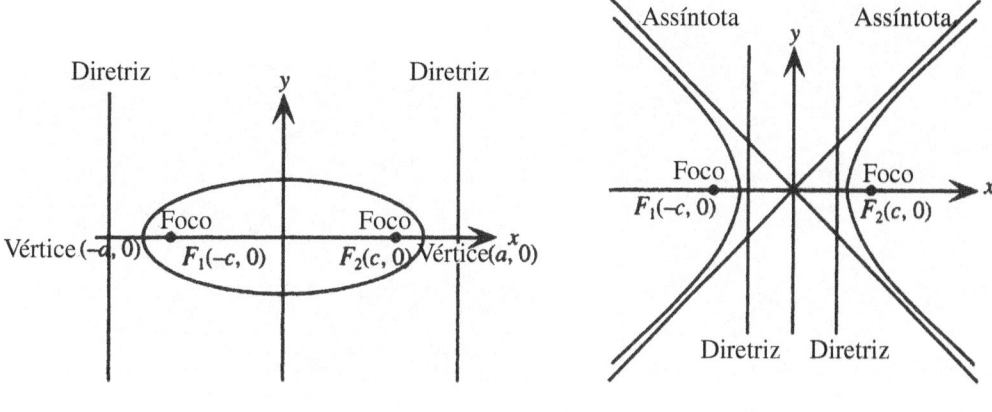

Figura 40-2   *Figura 40-3*

Encontre as diretrizes e verifique a dedução da equação a partir de $PF = e \cdot PD$ para os seguintes casos:
(*a*) a elipse $\frac{x^2}{4} + y^2 = 1$; (*b*) a hipérbole $x^2 - y^2 = 1$

(*a*) Aqui, $a = 2$, $b = 1$, $c = \sqrt{a^2 - b^2} = \sqrt{4 - 1} = \sqrt{3}$. Portanto, $e = c/a = \sqrt{3}/2$. As diretrizes, então, são as retas verticais $x = \pm a/e = \pm 2 \div \sqrt{3}/2 = \pm 4/\sqrt{3}$. A relação $PF = e \cdot PD$ torna-se

$$\sqrt{(x - \sqrt{3})^2 + y^2} = \frac{\sqrt{3}}{2}\left|x - \frac{4}{\sqrt{3}}\right| \qquad \text{(escolhendo foco e diretriz do lado direito)}$$

Elevando ao quadrado ambos os lados e simplificando resulta:

$$x^2 - 2x\sqrt{3} + 3 + y^2 = \frac{3}{4}\left(x^2 - \frac{8}{\sqrt{3}}x + \frac{16}{3}\right)$$

$$x^2 - 2x\sqrt{3} + 3 + y^2 = \frac{3}{4}x^2 - 2x\sqrt{3} + 4$$

$$\frac{x^2}{4} + y^2 = 1$$

(*b*) Aqui, $a = 1$, $b = 1$, $c = \sqrt{a^2 + b^2} = \sqrt{1 + 1} = \sqrt{2}$. Portanto, $e = c/a = \sqrt{2}$. As diretrizes, então, são as retas verticais $x = \pm a/e = \pm 1/\sqrt{2}$. A relação $PF = e \cdot PD$ torna-se

$$\sqrt{(x - \sqrt{2})^2 + y^2} = \sqrt{2}\left|x - \frac{1}{\sqrt{2}}\right| \qquad \text{(escolhendo foco e diretriz do lado direito)}$$

Elevando ao quadrado ambos os lados e simplificando resulta:

$$x^2 - 2x\sqrt{2} + 2 + y^2 = 2\left(x^2 - \frac{2}{\sqrt{2}}x + \frac{1}{2}\right)$$

$$x^2 - 2x\sqrt{2} + 2 + y^2 = 2x^2 - 2x\sqrt{2} + 1$$

$$x^2 + y^2 + 2 = 2x^2 + 1$$

$$1 = x^2 - y^2$$

Nota: Se a excentricidade de uma parábola é definida como 1, então, a relação $PF = e \cdot PD$ pode ser vista como descrevendo todas as três seções cônicas não circulares: parábola, elipse e hipérbole.

40.7 Mostre que, em coordenadas polares, a equação de uma seção cônica com (um) foco no polo e diretriz sendo a linha $r\cos\theta = -p$, pode ser escrita como

$$r = \frac{ep}{1 - e\cos\theta}$$

Ver Fig. 40-4.

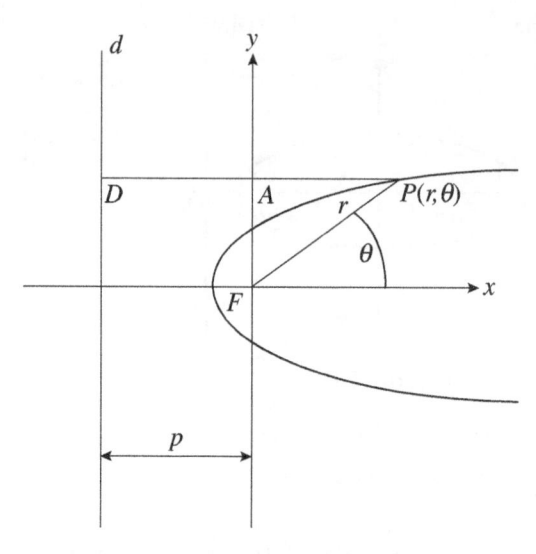

Figura 40-4

Do problema anterior, uma seção cônica pode ser definida pela relação $PF = e \cdot PD$. Aqui, o foco é na origem, logo, a distância de um ponto na seção cônica ao foco $PF = r$. A distância de P à diretriz é dada por

$$PD = PA + AD = r\cos\theta + p.$$

Logo

$$PF = e \cdot PD$$
$$r = e(r\cos\theta + p)$$
$$r = re\cos\theta + ep$$
$$r - re\cos\theta = ep$$
$$r(1 - e\cos\theta) = ep$$
$$r = \frac{ep}{1 - e\cos\theta}$$

40.8 Identifique as equações a seguir como sendo de elipse, hipérbole ou parábola:

(a) $r = \dfrac{4}{1 - \cos\theta}$; (b) $r = \dfrac{4}{1 - 2\cos\theta}$; (c) $r = \dfrac{4}{2 - \cos\theta}$

(a) Comparando a equação dada com $r = \dfrac{ep}{1 - e\cos\theta}$, $e = 1$ e $ep = p = 4$, logo, essa é a equação de uma parábola.

(b) Comparando a equação dada com $r = \dfrac{ep}{1 - e\cos\theta}$, $e = 2$ e $ep = 2p = 4$, $p = 2$, logo, essa é a equação de uma hipérbole.

(c) Para comparar a equação dada com $r = \dfrac{ep}{1 - e\cos\theta}$, reescreva-a como $r = \dfrac{2}{1 - \frac{1}{2}\cos\theta}$. Então $e = \dfrac{1}{2}$ e $ep = \dfrac{1}{2}p = 2$, $p = 4$, logo, essa é a equação de uma elipse.

Problemas Complementares

40.9 Identifique as seguintes expressões como as equações de um círculo, uma elipse, uma parábola ou uma hipérbole:

(a) $x^2 + 2y^2 - 2x + 3y = 50$; (b) $x^2 - 2x + 3y = 50$; (c) $x^2 - y^2 - 2x + 3y = 50$;

(d) $y^2 - 2x + 3y = x^2 + 50$; (e) $2x^2 + 2y^2 - 2x + 3y = 50$

Resp. (a) elipse; (b) parábola; (c) hipérbole; (d) hipérbole; (e) círculo

40.10 Identifique as seguintes expressões como as equações de um círculo, uma elipse, uma parábola ou uma hipérbole:

(a) $x^2 + 2xy + y^2 - 2x + 3y = 50$; (b) $2xy + y^2 - 2x + 3y = 50$; (c) $x^2 + xy + y^2 - 2x + 3y = 50$;

(d) $x^2 + 4xy + y^2 - 2x + 3y = 50$; (e) $(x - y)^2 + (x + y)^2 - 2x = 50$

Resp. (a) parábola; (b) hipérbole; (c) elipse; (d) hipérbole; (e) círculo

40.11 As seguintes equações representam típicas seções cônicas degeneradas. Por fatoração ou outras técnicas algébricas, identifique os gráficos:

(a) $x^2 + xy - 3x = 0$; (b) $x^2 - 2xy + y^2 = 81$; (c) $x^2 + 4xy + 4y^2 + 2x + 4y + 1 = 0$;

(d) $2x^2 + y^2 - 4y + 16 = 0$; (e) $2x^2 + 4x + y^2 - 4y + 6 = 0$

Resp. (a) $x = 0$ ou $x + y = 3$, duas retas que se interceptam; (b) $x - y = \pm 9$, duas retas paralelas;

(c) $x + 2y + 1 = 0$, uma reta; (d) $2x^2 + (y - 2)^2 = -12$, nenhum ponto;

(e) $2(x + 1)^2 + (y - 2)^2 = 0$, o gráfico contém um ponto: $(-1, 2)$

40.12 Encontre as diretrizes para os gráficos das seguintes equações: (a) $\dfrac{x^2}{4} + \dfrac{y^2}{9} = 1$; (b) $\dfrac{y^2}{9} - \dfrac{x^2}{4} = 1$

Resp. (a) $y = \pm \dfrac{9}{\sqrt{5}}$; (b) $y = \pm \dfrac{9}{\sqrt{13}}$

40.13 Mostre que, em coordenadas polares, a equação de uma seção cônica com (um) foco no polo e tendo como diretriz a linha $r \cos \theta = p$, pode ser escrita como

$$r = \frac{ep}{1 + e \cos \theta}$$

40.14 Identifique cada uma das equações a seguir como sendo de elipse, hipérbole ou parábola:

(a) $r = \dfrac{12}{3 - \cos \theta}$; (b) $r = \dfrac{12}{1 + 3\cos \theta}$; (c) $r = \dfrac{12}{1 + \cos \theta}$; (d) $r = \dfrac{12}{3 - 8\cos \theta}$

Resp. (a) elipse; (b) hipérbole; (c) parábola; (d) hipérbole

40.15 Mostre que, em coordenadas polares, a equação de uma seção cônica com (um) foco no polo e tendo como diretriz a linha $r \,\text{sen}\, \theta = p$, pode ser escrita como

$$r = \frac{ep}{1 + e \,\text{sen}\, \theta}$$

40.16 Mostre que, em coordenadas polares, a equação de uma seção cônica com (um) foco no polo e tendo como diretriz a linha $r \,\text{sen}\, \theta = -p$, pode ser escrita como

$$r = \frac{ep}{1 - e \,\text{sen}\, \theta}$$

Capítulo 41

Sequências e Séries

DEFINIÇÃO DE SEQUÊNCIA

Uma sequência é uma função cujo domínio são os números naturais (*sequência infinita*) ou mesmo subconjuntos dos números naturais de 1 até um número maior (*sequência finita*). A notação $f(n) = a_n$ é usada para denotar as imagens da função: os $a_1, a_2, a_3,...$ são chamados de primeiro, segundo, terceiro, etc. *termos* da sequência, e a_n é dito o *n*-ésimo termo. A variável independente *n* é chamada de *índice*. A menos que seja especificado o contrário, uma sequência é assumida como uma sequência infinita.

Exemplo 41.1 Escreva os primeiros quatro termos da sequência dada por $a_n = 2n$.

$a_1 = 2 \cdot 1, a_2 = 2 \cdot 2, a_3 = 2 \cdot 3, a_4 = 2 \cdot 4$. A sequência poderia ser escrita como $2 \cdot 1, 2 \cdot 2, 2 \cdot 3, 2 \cdot 4, ...$ ou 2, 4, 6, 8, ...

Exemplo 41.2 Escreva os primeiros quatro termos da sequência dada por $a_n = (-1)^n$.

$a_1 = (-1)^1, a_2 = (-1)^2, a_3 = (-1)^3, a_4 = (-1)^4$. A sequência poderia ser escrita como $(-1)^1, (-1)^2, (-1)^3, (-1)^4,...$ ou $-1, 1, -1, 1,...$

ENCONTRANDO O *N*-ÉSIMO TERMO DE UMA SEQUÊNCIA

Dados os primeiros termos de uma sequência, um exercício comum é determinar o *n*-ésimo termo, isto é, uma fórmula que irá gerar todos os termos. De fato, tal fórmula não é unicamente determinada, mas em muitos casos uma fórmula simples pode ser desenvolvida.

Exemplo 41.3 Encontre uma fórmula para o *n*-ésimo termo da sequência 1, 4, 9, 16,...

Observe que os termos são todos quadrados perfeitos e a sequência poderia ser escrita $1^2, 2^2, 3^2, 4^2,...$
Portanto, o *n*-ésimo termo da sequência pode ser dado como $a_n = n^2$.

SEQUÊNCIA DEFINIDA RECURSIVAMENTE

Uma sequência é definida *recursivamente* especificando-se o primeiro termo e definindo os termos seguintes em relação aos anteriores.

Exemplo 41.4 Escreva os primeiros quatro termos da sequência definida por $a_1 = 3, a_n = a_{n-1} + 7, n > 1$.

Para $n = 1, a_1 = 3$

Para $n = 2, a_2 = a_{2-1} + 7 = a_1 + 7 = 3 + 7 = 10$

Para $n = 3$, $a_3 = a_{3-1} + 7 = a_2 + 7 = 10 + 7 = 17$

Para $n = 4$, $a_4 = a_{4-1} + 7 = a_3 + 7 = 17 + 7 = 24$

A sequência pode ser escrita como 3, 10, 17, 24,....

DEFINIÇÃO DE SÉRIE

Uma série é a soma indicada dos termos de uma sequência. Nesse caso, se $a_1, a_2, a_3,...a_m$ são os m termos de uma sequência finita, então, associada à sequência está a série dada por $a_1 + a_2 + a_3 +... + a_m$. As séries são frequentemente escritas usando a notação de somatório:

$$a_1 + a_2 + a_3 + \cdots + a_m = \sum_{k=1}^{m} a_k$$

Aqui Σ é chamado de *símbolo do somatório* e k é chamado de *índice do somatório* ou apenas índice. O lado direito dessa definição é lido "a soma dos a_k, com k variando de 1 a m".

Exemplo 41.5 Escreva na forma expandida: $\sum_{k=1}^{5} \dfrac{1}{k^2}$

Substitua k, em ordem, pelos inteiros de 1 a 5 e adicione os resultados:

$$\sum_{k=1}^{5} \frac{1}{k^2} = \frac{1}{1^2} + \frac{1}{2^2} + \frac{1}{3^2} + \frac{1}{4^2} + \frac{1}{5^2} = 1 + \frac{1}{4} + \frac{1}{9} + \frac{1}{16} + \frac{1}{25}$$

SÉRIES INFINITAS

A soma de todos os termos de uma sequência infinita é chamada de *série infinita* e é representada pelo símbolo:

$$\sum_{k=1}^{\infty} a_k$$

Séries infinitas geralmente são discutidas em cursos de cálculo; um caso especial (série geométrica infinita) é tratado no Capítulo 43.

O SÍMBOLO FATORIAL

Uma definição útil é o símbolo de fatorial. Para números naturais n, $n!$ (pronuncia-se n fatorial) é definido como o produto dos números naturais de 1 até n. Então,

$$1! = 1 \quad 2! = 1 \cdot 2 = 2 \quad 3! = 1 \cdot 2 \cdot 3 = 6 \quad 4! = 1 \cdot 2 \cdot 3 \cdot 4 = 24$$

e assim por diante. Como caso especial, $0!$ é definido como sendo igual a 1.

Problemas Resolvidos

41.1 Escreva os quatro primeiros termos das sequências especificadas por

(a) $a_n = 2n - 1$ (b) $b_n = 6 - 4n$ (c) $c_n = 2^n$ (d) $d_n = 3(-2)^n$

(a) $a_1 = 2 \cdot 1 - 1 = 1, a_2 = 2 \cdot 2 - 1 = 3, a_3 = 2 \cdot 3 - 1 = 5, a_4 = 2 \cdot 4 - 1 = 7$. A sequência poderia ser escrita como 1, 3, 5, 7,....

(b) $b_1 = 6 - 4 \cdot 1 = 2, b_2 = 6 - 4 \cdot 2 = -2, b_3 = 6 - 4 \cdot 3 = -6, b_4 = 6 - 4 \cdot 4 = -10$. A sequência poderia ser escrita como 2, $-2, -6, -10$,....

(c) $c_1 = 2^1 = 2, c_2 = 2^2 = 4, c_3 = 2^3 = 8, c_4 = 2^4 = 16$. A sequência poderia ser escrita como 2, 4, 8, 16,....

(d) $d_1 = 3(-2)^1 = -6, d_2 = 3(-2)^2 = 12, d_3 = 3(-2)^3 = -24, d_4 = 3(-2)^4 = 48$. A sequência poderia ser escrita como $-6, 12, -24, 48,\ldots$.

41.2 Escreva os quatro primeiros termos das sequências dadas por

(a) $a_n = \dfrac{1}{3n+1}$; (b) $b_n = \dfrac{n^2}{3n-2}$; (c) $c_n = \operatorname{sen}\dfrac{\pi n}{4}$; (d) $d_n = \dfrac{(-1)^n \sqrt{n}}{(n+1)(n+2)}$

(a) $a_1 = \dfrac{1}{3 \cdot 1 + 1} = \dfrac{1}{4}, a_2 = \dfrac{1}{3 \cdot 2 + 1} = \dfrac{1}{7}, a_3 = \dfrac{1}{3 \cdot 3 + 1} = \dfrac{1}{10}, a_4 = \dfrac{1}{3 \cdot 4 + 1} = \dfrac{1}{13}$

(b) $b_1 = \dfrac{1^2}{3 \cdot 1 - 2} = 1, b_2 = \dfrac{2^2}{3 \cdot 2 - 2} = 1, b_3 = \dfrac{3^2}{3 \cdot 3 - 2} = \dfrac{9}{7}, b_4 = \dfrac{4^2}{3 \cdot 4 - 2} = \dfrac{8}{5}$

(c) $c_1 = \operatorname{sen}\dfrac{\pi \cdot 1}{4} = \dfrac{1}{\sqrt{2}}, c_2 = \operatorname{sen}\dfrac{\pi \cdot 2}{4} = 1, c_3 = \operatorname{sen}\dfrac{\pi \cdot 3}{4} = \dfrac{1}{\sqrt{2}}, c_4 = \operatorname{sen}\dfrac{\pi \cdot 4}{4} = 0$

(d) $d_1 = \dfrac{(-1)^1 \sqrt{1}}{(1+1)(1+2)} = -\dfrac{1}{6}, d_2 = \dfrac{(-1)^2 \sqrt{2}}{(2+1)(2+2)} = \dfrac{\sqrt{2}}{12}, d_3 = \dfrac{(-1)^3 \sqrt{3}}{(3+1)(3+2)} = -\dfrac{\sqrt{3}}{20},$

$d_4 = \dfrac{(-1)^4 \sqrt{4}}{(4+1)(4+2)} = \dfrac{\sqrt{4}}{30} = \dfrac{1}{15}$

41.3 Escreva o décimo termo de cada uma das sequências do problema anterior.

$a_{10} = \dfrac{1}{3 \cdot 10 + 1} = \dfrac{1}{31}$ $\qquad b_{10} = \dfrac{10^2}{3 \cdot 10 - 2} = \dfrac{25}{7}$

$c_{10} = \operatorname{sen}\dfrac{\pi \cdot 10}{4} = 1$ $\qquad d_{10} = \dfrac{(-1)^{10} \sqrt{10}}{(10+1)(10+2)} = \dfrac{\sqrt{10}}{132}$

41.4 Escreva os quatro primeiros termos das seguintes sequências definidas recursivamente:

(a) $a_1 = 1, a_n = na_{n-1}, n > 1$ (b) $a_1 = 1, a_n = a_{n-1} + 2, n > 1$ (c) $a_1 = \dfrac{a_{n-1}}{4}, n > 1$

(a) Para $n = 1, a_1 = 1$
  Para $n = 2, a_2 = 2a_{2-1} = 2a_1 = 2 \cdot 1 = 2$
  Para $n = 3, a_3 = 3a_{3-1} = 3a_2 = 3 \cdot 2 = 6$
  Para $n = 4, a_4 = 4a_{4-1} = 4a_3 = 4 \cdot 6 = 24$

(b) Para $n = 1, a_1 = 1$
  Para $n = 2, a_2 = a_{2-1} + 2 = a_1 + 2 = 1 + 2 = 3$
  Para $n = 3, a_3 = a_{3-1} + 2 = a_2 + 2 = 3 + 2 = 5$
  Para $n = 4, a_4 = a_{4-1} + 2 = a_3 + 2 = 5 + 2 = 7$

(c) Para $n = 1, a_1 = 12$
  Para $n = 2, a_2 = \dfrac{a_{2-1}}{4} = \dfrac{a_1}{4} = \dfrac{12}{4} = 3$
  Para $n = 3, a_3 = \dfrac{a_{3-1}}{4} = \dfrac{a_2}{4} = \dfrac{3}{4}$
  Para $n = 4, a_4 = \dfrac{a_{4-1}}{4} = \dfrac{a_3}{4} = \dfrac{3/4}{4} = \dfrac{3}{16}$

41.5 A sequência definida por $a_1 = 1, a_2 = 1, a_n = a_{n-1} + a_{n-2}, n > 2$, é chamada uma sequência de Fibonacci. Escreva os primeiros 6 termos dessa sequência.

Para $n = 1, a_1 = 1$ $\qquad$ Para $n = 2, a_2 = 1$
Para $n = 3, a_3 = a_2 + a_1 = 1 + 1 = 2$ $\qquad$ Para $n = 4, a_4 = a_3 + a_2 = 2 + 1 = 3$
Para $n = 5, a_5 = a_4 + a_3 = 3 + 2 = 5$ $\qquad$ Para $n = 6, a_6 = a_5 + a_4 = 5 + 3 = 8$

A sequência poderia ser escrita como $1, 1, 2, 3, 5, 8,\ldots$.

41.6 Encontre uma fórmula para o n-ésimo termo de uma sequência cujos primeiros quatro termos são dados por:

(a) $2, 4, 6, 8,\ldots$ (b) $\dfrac{1}{3}, \dfrac{1}{5}, \dfrac{1}{7}, \ldots$ (c) $-1, 2, -4, 8,\ldots$ (d) $\dfrac{1}{2}, \dfrac{2}{5}, \dfrac{3}{10}, \dfrac{4}{17}, \ldots$

(a) Comparando os termos da sequência com $n = 1, 2, 3, 4,\ldots$ percebe-se que os termos individuais são, cada um, duas vezes o índice n do termo. Portanto, uma possível fórmula seria $a_n = 2n$.

(b) A sequência pode ser escrita como $\dfrac{1}{1}, \dfrac{1}{3}, \dfrac{1}{5}, \dfrac{1}{7}, \ldots$; portanto, comparando os denominadores com a sequência anterior percebe-se que cada denominador é 1 a menos que 2, 4, 6, 8,..., logo, pode ser escrito como $2n - 1$. Assim, uma possível fórmula seria $a_n = \dfrac{1}{2n - 1}$.

(c) Os valores absolutos dos termos da sequência são potências de 2, isto é, $2^0, 2^1, 2^2, 2^3$; comparando isso com $n = 1, 2, 3, 4,\ldots$ sugere que o n-ésimo termo tem valor absoluto 2^{n-1}. O fato de que os sinais dos termos são alternados pode ser representado (em mais de uma maneira) por sucessivas potências de -1, por exemplo, $(-1)^1, (-1)^2, (-1)^3, (-1)^4,\ldots$. Portanto, uma possível fórmula seria $a_n = (-1)^n 2^{n-1}$.

(d) Um padrão para os denominadores pode ser encontrado comparando com a sequência 1, 4, 9, 16,... do Exemplo 41.3; uma vez que cada denominador é 1 a mais que o correspondente termo dessa sequência, eles podem ser representados por $n^2 + 1$. Os numeradores são iguais aos índices dos termos; portanto, uma possível fórmula seria $a_n = \dfrac{n}{n^2 + 1}$.

41.7 Escreva cada série na forma expandida:

(a) $\displaystyle\sum_{k=1}^{4} (6k + 1)$; (b) $\displaystyle\sum_{j=1}^{5} \dfrac{j}{j^2 + 1}$ (c) $\displaystyle\sum_{j=3}^{20} (-1)^{j-1}(5j)$; (d) $\displaystyle\sum_{k=1}^{p} \dfrac{k^k}{k!}$

(a) Substitua k na expressão $6k + 1$ para cada um dos números naturais de 1 a 4 e coloque um símbolo de adição entre os resultados:

$$\sum_{k=1}^{4} (6k + 1) = (6\cdot 1 + 1) + (6\cdot 2 + 1) + (6\cdot 3 + 1) + (6\cdot 4 + 1) = 7 + 13 + 19 + 25 = 64$$

(b) Observe que foi usada a letra j para o índice. Qualquer letra pode ser usada, mas utiliza-se com mais frequência i, j e k. Substitua j na expressão que segue o símbolo de somatório e substitua cada um dos números naturais de 1 a 5, colocando um símbolo de adição entre os resultados.

$$\sum_{j=1}^{5} \dfrac{j}{j^2+1} = \dfrac{1}{1^2+1} + \dfrac{2}{2^2+1} + \dfrac{3}{3^2+1} + \dfrac{4}{4^2+1} + \dfrac{5}{5^2+1} = \dfrac{1}{2} + \dfrac{2}{5} + \dfrac{3}{10} + \dfrac{4}{17} + \dfrac{5}{26}$$

Nesse contexto, nem sempre é necessário terminar as contas; se desejar, a adição pode ser efetuada, resultando em $\dfrac{3597}{2210} \approx 1{,}6276$.

(c) Observe que o índice começa com 3; não há exigência que uma série deva começar do índice 1. Substitua j na expressão que segue o símbolo de somatório por cada um dos números naturais de 3 a 20, colocando um símbolo de adição entre os resultados.

$$\sum_{j=3}^{20} (-1)^{j-1}(5j) = (-1)^{3-1}(5\cdot 3) + (-1)^{4-1}(5\cdot 4) + (-1)^{5-1}(5\cdot 5) + \cdots + (-1)^{20-1}(5\cdot 20)$$
$$= 15 - 20 + 25 - \cdots - 100$$

Se existe um número considerável de termos, como nesse caso, nem todos os termos são escritos explicitamente; a sequência de três pontos (*reticências...*) é o símbolo usado.

(d) Aqui a incógnita no alto do símbolo do somatório indica que o número de termos não é declarado explicitamente. Escreva os primeiros termos e o último; use o símbolo de reticências.

$$\sum_{k=1}^{p} \dfrac{k^k}{k!} = \dfrac{1^1}{1!} + \dfrac{2^2}{2!} + \dfrac{3^3}{3!} + \cdots + \dfrac{p^p}{p!}$$

41.8 Escreva as seguintes séries na forma expandida:

(a) $\displaystyle\sum_{k=1}^{3} \dfrac{x^{k+1}}{k}$; (b) $\displaystyle\sum_{k=1}^{5} (-1)^{k-1} x^k$; (c) $\displaystyle\sum_{k=0}^{4} \dfrac{(-1)^k x^k}{k!}$

(a) Substitua k na expressão que segue o símbolo de somatório e cada um dos números naturais de 1 a 3 e, então, coloque um símbolo de adição entre os resultados.

$$\sum_{k=1}^{3} \dfrac{x^{k+1}}{k} = \dfrac{x^{1+1}}{1} + \dfrac{x^{2+1}}{2} + \dfrac{x^{3+1}}{3} = x^2 + \dfrac{x^3}{2} + \dfrac{x^4}{3}$$

(b) Substitua k na expressão que segue o símbolo de somatório e cada um dos números naturais de 1 a 5 e, então, coloque um símbolo de adição entre os resultados.

$$\sum_{k=1}^{5}(-1)^{k-1}x^k = (-1)^{1-1}x^1 + (-1)^{2-1}x^2 + (-1)^{3-1}x^3 + (-1)^{4-1}x^4 + (-1)^{5-1}x^5$$
$$= x - x^2 + x^3 - x^4 + x^5$$

(c) Substitua k na expressão que segue o símbolo de somatório e cada um dos números naturais de 0 a 4 e, então, coloque um símbolo de adição entre os resultados.

$$\sum_{k=0}^{4}\frac{(-1)^k x^k}{k!} = \frac{(-1)^0 x^0}{0!} + \frac{(-1)^1 x^1}{1!} + \frac{(-1)^2 x^2}{2!} + \frac{(-1)^3 x^3}{3!} + \frac{(-1)^4 x^4}{4!}$$
$$= \frac{1}{0!} - \frac{x}{1!} + \frac{x^2}{2!} - \frac{x^3}{3!} + \frac{x^4}{4!} \text{ ou } 1 - x + \frac{x^2}{2} - \frac{x^3}{6} + \frac{x^4}{24}$$

41.9 Escreva as seguintes séries em notação de somatório:

(a) $3 + 6 + 9 + 12 + 15$; (b) $\frac{1}{2} - \frac{1}{4} + \frac{1}{8} - \frac{1}{16}$; (c) $4 + \frac{4}{3} + \frac{4}{9} + \cdots + \frac{4}{729}$; (d) $\frac{x}{1} + \frac{x^2}{2} + \frac{x^3}{6} + \frac{x^4}{24}$

(a) Comparando os termos da sequência com $k = 1, 2, 3, 4,...$ parece que os termos individuais são, cada um, 3 vezes o índice k do termo. Assim, uma possível fórmula para os termos seria $a_k = 3k$; existem cinco termos, logo, a série pode ser escrita como $\sum_{k=1}^{5} 3k$.

(b) Comparando os termos da sequência com $k = 1, 2, 3, 4,...$ parece que os denominadores são potências de 2: $2^1, 2^2, 2^3,...$ O fato de que os sinais dos termos são alternados pode ser representado pelas potências sucessivas de -1, por exemplo, $(-1)^0, (-1)^1, (-1)^2,...$ Portanto, uma possível fórmula para os termos seria $a_k = (-1)^{k-1}/2^k$; há quatro termos, logo, a série pode ser escrita como $\sum_{k=1}^{4}(-1)^{k-1}/2^k$.

(c) Comparando os termos da sequência com $k = 1, 2, 3, 4,...$ sugere que os denominadores são potências de 3: $3^0, 3^1, 3^2,...$ Assim, uma possível fórmula para os termos seria $a_k = 4/3^{k-1}$. Como o último termo tem denominador 729 $= 3^6$, fazendo $6 = k - 1$ resulta $k = 7$; existem sete termos, logo, a série pode ser escrita como $\sum_{k=1}^{7} 4/3^{k-1}$.

(d) Comparando os termos da sequência com $k = 1, 2, 3, 4,...$ sugere que os denominadores podem ser representados como fatoriais; uma possível fórmula para os termos seria $a_k = x^k/k!$; existem quatro termos, logo, a série pode ser escrita como $\sum_{k=1}^{4} x^k/k!$.

Problemas Complementares

41.10 Escreva os primeiros quatro termos das seguintes sequências: (a) $a_n = \frac{1}{10^n}$; (b) $a_n = \frac{3n}{n+5}$; (c) $a_n = 5 - 2n$; (d) $a_n = n[1 - (-1)^n]$ (e) $a_1 = 5, a_n = 2a_{n-1} - 1, n > 1$; (f) $a_1 = 4, a_n = -a_{n-1}/5 \; n > 1$

Resp. (a) $\frac{1}{10}, \frac{1}{100}, \frac{1}{1000}, \frac{1}{10.000}$; (b) $\frac{3}{6}, \frac{6}{7}, \frac{9}{8}, \frac{12}{9}$; (c) $3, 1, -1, -3$;

(d) $2, 0, 6, 0$; (e) $5, 9, 17, 33$; (f) $-\frac{4}{5}, \frac{4}{25}, -\frac{4}{125}$

41.11 A sequência recursivamente definida por $a_n = \frac{a_{n-1}^2 + x}{2a_{n-1}}$, com a_1 escolhido de forma arbitrária, pode ser usada para aproximar $\sqrt{x}$ para qualquer grau desejado de precisão. Encontre os primeiros quatro termos da sequência $a_1 = 2, a_n = \frac{a_{n-1}^2 + 5}{2a_{n-1}}, n > 1$ e compare com a aproximação obtida com a calculadora para $\sqrt{5}$.

Resp. $2; 2,25; 2,23611; 2,236068$; calculadora: $\sqrt{5} \approx 2,236068$

41.12 Encontre uma fórmula para o n-ésimo termo de uma sequência cujos primeiros quatro termos são dados por:

(a) $4, 7, 10, 13,...$ (b) $1, -3, 5, -7,...$ (c) $\frac{6}{7}, -\frac{7}{9}, \frac{8}{11}, -\frac{9}{13},...$ (d) $a_n = \frac{x^{2n}}{(2n)!},...$

Resp. (a) $a_n = 3n + 1$; (b) $a_n = (-1)^{n-1}(2n - 1)$; (c) $a_n = (-1)^{n-1}\dfrac{n + 5}{2n + 5}$; (d) $a_n = \dfrac{x^{2n}}{(2n)!}$

41.13 Escreva na forma expandida: (a) $\displaystyle\sum_{k=1}^{4} \dfrac{(-2)^k}{k + 1}$; (b) $\displaystyle\sum_{k=3}^{6} \dfrac{x^k}{(k + 1)!}$; (c) $\displaystyle\sum_{k=0}^{3} \dfrac{x^k}{(k + 1)(k + 3)}$

Resp. (a) $\dfrac{-2}{2} + \dfrac{4}{3} + \dfrac{-8}{4} + \dfrac{16}{5}$; (b) $\dfrac{x^3}{4!} + \dfrac{x^4}{5!} + \dfrac{x^5}{6!} + \dfrac{x^6}{7!}$; (c) $\dfrac{1}{1 \cdot 3} + \dfrac{x}{2 \cdot 4} + \dfrac{x^2}{3 \cdot 5} + \dfrac{x^3}{4 \cdot 6}$

41.14 Escreva o que se segue em notação de somatório:

(a) $\dfrac{1}{3} + \dfrac{2}{5} + \dfrac{3}{7} + \dfrac{4}{9}$; (b) $x - 2x^2 + 3x^3 - 4x^4 + 5x^5 - 6x^6$ (c) $x - \dfrac{x^3}{3!} + \dfrac{x^5}{5!} - \dfrac{x^7}{7!}$

Resp. (a) $\displaystyle\sum_{k=1}^{4} \dfrac{k}{2k + 1}$; (b) $\displaystyle\sum_{k=1}^{6} (-1)^{k-1} k x^k$; (c) $\displaystyle\sum_{k=1}^{4} \dfrac{(-1)^{k-1} x^{2k-1}}{(2k - 1)!}$

Capítulo 42

O Princípio da Indução Matemática

SEQUÊNCIAS DE AFIRMAÇÕES

Afirmações (ou declarações) sobre os números naturais podem ser consideradas como sequências de afirmações P_n.

Exemplo 42.1 A sentença "A soma dos primeiros n números naturais é igual a $\frac{n(n+1)}{2}$," pode ser escrita como $P_n: 1 + 2 + 3 + \cdots + n = \frac{n(n+1)}{2}$ ou $P_n: \sum_{k=1}^{n} k = \frac{n(n+1)}{2}$. Então, P_1 é a sentença $1 = \frac{1(1+1)}{2}$, P_2 é a sentença $1 + 2 = \frac{2(2+1)}{2}$, e assim por diante.

Exemplo 42.2 A sentença: "Para cada número natural n, $n^2 - n + 41$ é um número primo" pode ser escrita como $P_n: n^2 - n + 41$ é um número primo. Então, P_1 é a sentença: $1^2 - 1 + 41$, ou 41 é um número primo, P_2 é a sentença: $2^2 - 2 + 41$, ou 43 é um número primo, e assim por diante.

PRINCÍPIO DA INDUÇÃO MATEMÁTICA (PIM)

Dada qualquer sentença sobre os números naturais P_n, se as seguintes condições forem válidas:

1. P_1 é verdadeira.
2. Sempre que P_k é verdadeira, P_{k+1} é verdadeira;

Então, P_n é verdadeira para todo n.*

PROVA POR INDUÇÃO MATEMÁTICA

Para aplicar o princípio da indução matemática a uma sequência de declarações P_n:

1. Escreva as declarações P_1, P_k e P_{k+1}.
2. Mostre que P_1 é verdadeira.
3. Assuma que P_k é verdadeira. Dessa suposição (nunca é necessário provar P_k explicitamente) mostre que a P_{k+1} seguinte é verdadeira. Essa prova é frequentemente chamada de *passo da indução*.
4. Conclua que P_n vale para todo n.**

---

* N. de T.: Normalmente, esse princípio é dado como um postulado da chamada aritmética elementar ou aritmética de Peano.

** N. de T.: Intuitivamente falando, a demonstração por indução funciona como uma espécie de efeito "dominó".

FALHA DE PROVA POR PIM

Uma sequência de afirmações pode ser verdadeira somente para alguns valores de n ou pode ser verdadeira para valor nenhum de n. Nesses casos, o princípio de indução matemática não poderá ser aplicado e a demonstração falhará.*

Exemplo 42.3 No exemplo anterior, $P_1, P_2, P_3, \ldots$, até P_{40} são todas verdadeiras. (P_{40} é a sentença: $40^2 - 40 + 41$, ou 1601, é um número primo.) Porém, P_{41}, a sentença: $41^2 - 41 + 41$, ou 41^2, é um número primo, é claramente falsa. Portanto, a sequência de declarações P_n é considerada como falsa em geral e, certamente, não pode ser provada, apesar de algumas declarações individuais serem verdadeiras.

PRINCÍPIO DE INDUÇÃO MATEMÁTICA ESTENDIDO

Se existe algum número natural m tal que todas as declarações P_n de uma sequência são verdadeiras para $n \geq m$, então, o princípio *estendido* da indução matemática pode ser usado se as seguintes condições forem satisfeitas:

1. P_m é verdadeira.
2. Sempre que P_k é verdadeira, P_{k+1} é verdadeira.

Então, P_n é verdadeira para todo $n \geq m$.

Exemplo 42.4 Seja P_n a sentença: $n! \geq 2^n$. P_1, P_2 e P_3 são falsas. (Por exemplo, P_2 é a sentença falsa $2! \geq 2^2$ ou $2 \geq 4$.) Contudo, P_4 é a sentença verdadeira $4! \geq 2^4$ ou $24 \geq 16$, e a sentença pode ser provada como verdadeira para todo $n \geq 4$ pelo princípio de indução matemática estendido.

Problemas Resolvidos

42.1 Prove a sentença P_n: $1 + 2 + 3 + \cdots + n = \dfrac{n(n+1)}{2}$ por indução matemática.

Observe que o lado esquerdo pode ser visto como a soma dos número naturais até um certo n. Então

P_1 é a sentença $1 = \dfrac{1(1+1)}{2}$.

P_k é a sentença $1 + 2 + 3 + \cdots + k = \dfrac{k(k+1)}{2}$.

P_{k+1} é a sentença $1 + 2 + 3 + \cdots + (k+1) = \dfrac{(k+1)[(k+1)+1]}{2}$.

Mas P_1 é verdadeira, uma vez que $1 = \dfrac{1(1+1)}{2} = \dfrac{2}{2} = 1$ é verdadeira. Assuma que P_k é verdadeira para um valor arbitrário de k.

Para mostrar que P_{k+1} vale sob essa hipótese, observe que o lado esquerdo pode ser visto como a soma dos números naturais até $k + 1$, ou seja, o termo imediatamente à esquerda do último é k, e P_{k+1} pode ser reescrita como

$$P_{k+1}: 1 + 2 + 3 + \cdots + k + (k+1) = \dfrac{(k+1)(k+2)}{2}$$

Nesse caso, o lado esquerdo de P_{k+1} difere do lado esquerdo de P_k somente pelo termo adicional $(k+1)$. Logo, começando com P_k, o qual é assumido como verdadeiro, adicione $(k+1)$ em ambos os lados:

$$1 + 2 + 3 + \cdots + k = \dfrac{k(k+1)}{2}$$

$$1 + 2 + 3 + \cdots + k + (k+1) = \dfrac{k(k+1)}{2} + (k+1)$$

---

* N. de T.: Isso não quer dizer que o princípio da indução não está bem fundamentado. Tal princípio falha quando é impossível provar a condição 1 (P_1 é verdadeira) ou a condição 2 (se P_k é verdadeira, então P_{k+1} é verdadeira).

Simplificando o lado direito resulta:

$$\frac{k(k+1)}{2} + (k+1) = \frac{k(k+1)}{2} + \frac{2(k+1)}{2} = \frac{k(k+1) + 2(k+1)}{2} = \frac{(k+1)(k+2)}{2}$$

Portanto, da hipótese de que P_k é verdadeira, segue que

$$1 + 2 + 3 + \cdots + k + (k+1) = \frac{(k+1)(k+2)}{2}$$

vale. Mas essa é precisamente a sentença P_{k+1}. Então, a validade de P_{k+1} segue da validade de P_k. Portanto, pelo princípio de indução matemática, P_n vale para todo n.

42.2 Prove a sentença P_n: $1 + 3 + 5 + \cdots + (2n - 1) = n^2$ por indução matemática.

Proceda como no problema anterior.

P_1 é a sentença $1 = 1^2$.

P_k é a sentença $1 + 3 + 5 + \cdots + (2k - 1) = k^2$.

P_{k+1} é a sentença $1 + 3 + 5 + \cdots + [2(k+1) - 1] = (k+1)^2$, a qual pode ser reescrita como

$$1 + 3 + 5 + \cdots + (2k - 1) + (2k + 1) = (k+1)^2$$

Mas P_1 é obviamente verdadeira. Assuma como verdadeira P_k e, comparando com P_{k+1}, observe que o lado esquerdo de P_{k+1} difere do lado esquerdo de P_k somente pelo termo adicional $(2k + 1)$. Portanto, começando com P_k, adicione $(2k + 1)$ a ambos os lados.

$$1 + 3 + 5 + \cdots + (2k - 1) = k^2$$
$$1 + 3 + 5 + \cdots + (2k - 1) + (2k + 1) = k^2 + (2k + 1)$$

O lado direito é imediatamente visto como sendo $k^2 + 2k + 1 = (k+1)^2$, desse modo

$$1 + 3 + 5 + \cdots + (2k - 1) + (2k + 1) = (k+1)^2$$

vale. Mas essa é precisamente a sentença P_{k+1}. Por essa razão, a validade de P_{k+1} segue da validade de P_k. Portanto, pelo princípio de indução matemática, P_n vale para todo n.

42.3 Prove a sentença P_n: $1 + 2 + 2^2 + \cdots + 2^{n-1} = 2^n - 1$ por indução matemática.

Proceda como no problema anterior.

P_1 é a sentença $1 = 2^1 - 1$.

P_k é a sentença $1 + 2 + 2^2 + \cdots + 2^{k-1} = 2^k - 1$.

P_{k+1} é a sentença $1 + 2 + 2^2 + \cdots + 2^{(k+1)-1} = 2^{k+1} - 1$, a qual pode ser reescrita como

$$1 + 2 + 2^2 + \cdots + 2^{k-1} + 2^k = 2^{k+1} - 1$$

Mas P_1 é verdadeira uma vez que $1 = 2^1 - 1 = 2 - 1 = 1$ é verdadeira. Assuma como verdadeira P_k e, comparando com P_{k+1}, observe que o lado esquerdo de P_{k+1} difere do lado esquerdo de P_k somente pelo termo adicional 2^k. Logo, começando com P_k, adicione 2^k em ambos os lados.

$$1 + 2 + 2^2 + \cdots + 2^{k-1} = 2^k - 1$$
$$1 + 2 + 2^2 + \cdots + 2^{k-1} + 2^k = 2^k + 2^k - 1$$

Simplificando o lado direito resulta:

$$2^k + 2^k - 1 = 2 \cdot 2^k - 1 = 2^1 \cdot 2^k - 1 = 2^{k+1} - 1, \text{ logo}$$
$$1 + 2 + 2^2 + \cdots + 2^{k-1} + 2^k = 2^{k+1} - 1$$

vale. Mas essa é precisamente a sentença P_{k+1}. Por essa razão, a validade de P_{k+1} segue da validade de P_k. Portanto, pelo princípio de indução matemática, P_n vale para todo n.

42.4 Prove a sentença P_n: $\sum_{j=1}^{n} j^2 = \frac{n(n+1)(2n+1)}{6}$ por indução matemática.

Proceda como no problema anterior.

P_1 é a sentença $\sum_{j=1}^{1} j^2 = \frac{1(1+1)(2 \cdot 1 + 1)}{6}$.

P_k é a sentença $= \sum_{j=1}^{k} j^2 = \dfrac{k(k+1)(2k+1)}{6}$ ou $1^2 + 2^2 + \cdots + k^2 = \dfrac{k(k+1)(2k+1)}{6}$.

P_{k+1} é a sentença $= \sum_{j=1}^{k+1} j^2 = \dfrac{(k+1)[(k+1)+1][2(k+1)+1]}{6}$, a qual pode ser reescrita como

$$1^2 + 2^2 + \cdots + k^2 + (k+1)^2 = \dfrac{(k+1)(k+2)(2k+3)}{6}$$

Mas P_1 é verdadeira uma vez que o lado esquerdo é simplesmente 1^2 e o lado direito é $\dfrac{1 \cdot 2 \cdot 3}{6}$, isto é, 1. Assuma como verdadeira P_k e, comparando com P_{k+1}, observe que o lado esquerdo de P_{k+1} difere do lado esquerdo de P_k somente pelo termo adicional $(k+1)^2$. Logo, começando com P_k, adicione $(k+1)^2$ em ambos os lados.

$$1^2 + 2^2 + \cdots + k^2 = \dfrac{k(k+1)(2k+1)}{6}$$

$$1^2 + 2^2 + \cdots + k^2 + (k+1)^2 = \dfrac{k(k+1)(2k+1)}{6} + (k+1)^2$$

Simplificando o lado direito, resulta:

$$\dfrac{k(k+1)(2k+1)}{6} + (k+1)^2 = \dfrac{k(k+1)(2k+1)}{6} + \dfrac{6(k+1)^2}{6}$$

$$= \dfrac{(k+1)[k(2k+1) + 6(k+1)]}{6}$$

$$= \dfrac{(k+1)[2k^2 + 7k + 6]}{6}$$

$$= \dfrac{(k+1)(k+2)(2k+3)}{6}$$

Nesse caso, $1^2 + 2^2 + \cdots + k^2 + (k+1)^2 = \dfrac{(k+1)(k+2)(2k+3)}{6}$ vale. Mas essa é precisamente a sentença P_{k+1}. Por essa razão, a validade de P_{k+1} segue da validade de P_k. Portanto, pelo princípio de indução matemática, P_n vale para todo n.

42.5 Prove a sentença P_n: $n < 2^n$ para qualquer inteiro positivo n por indução matemática.

P_1 é a sentença $1 < 2^1$.

P_k é a sentença $k < 2^k$.

P_{k+1} é a sentença $k + 1 < 2^{k+1}$.

Mas P_1 é obviamente verdadeira. Assuma como verdadeira P_k e, comparando com P_{k+1}, observe que o lado direito de P_{k+1} é duas vezes o lado direito de P_k. Logo, começando com P_k, multiplique ambos os lados por 2.

$$2^k > k$$
$$2 \cdot 2^k > 2k$$
$$2^{k+1} > 2k$$

Mas $2k = k + k \geq k + 1$. Logo,

$$2^{k+1} > 2k \geq k+1 \qquad \text{e} \qquad 2^{k+1} > k+1.$$

Mas essa é precisamente a sentença P_{k+1}. Por essa razão, a validade de P_{k+1} segue da validade de P_k. Portanto, pelo princípio de indução matemática, P_n vale para todo n.

42.6 Prove que a sentença P_n: $n! > 2^n$ é verdadeira para qualquer $n \geq 4$ inteiro pelo princípio estendido de indução matemática.

P_4 é a sentença $4! > 2^4$.

P_k é a sentença $k! > 2^k$, ou $1 \cdot 2 \cdot 3 \cdots k > 2^k$

P_{k+1} é a sentença $(k+1)! > 2^{k+1}$, ou $1 \cdot 2 \cdot 3 \cdots k \cdot (k+1) > 2^{k+1}$.

P_4 é verdadeira uma vez que $4! = 1 \cdot 2 \cdot 3 \cdot 4 = 24$ e $2^4 = 16$. Assuma como verdadeira P_k e, comparando com P_{k+1}, observe que o lado esquerdo de P_{k+1} é $k + 1$ vezes o lado esquerdo de P_k. Logo, começando com P_k, multiplique ambos os lados por $k + 1$:

$$1 \cdot 2 \cdot 3 \cdot \cdots \cdot k > 2^k$$
$$1 \cdot 2 \cdot 3 \cdot \cdots \cdot k \cdot (k + 1) > 2^k(k + 1)$$

Mas, uma vez que $k > 1$, $k + 1 > 2$, então, $2^k(k + 1) > 2^k \cdot 2 = 2^k \cdot 2^1 = 2^{k+1}$. Logo,

$$1 \cdot 2 \cdot 3 \cdot \cdots \cdot k \cdot (k + 1) > 2^{k+1}$$

vale. Mas essa é precisamente a sentença P_{k+1}. Por essa razão, a validade de P_{k+1} segue da validade de P_k. Portanto, pelo princípio de indução matemática estendido, P_n vale para todo $n \geq 4$.

42.7 Prove que a sentença P_n: $x - y$ é um fator de $x^n - y^n$ para qualquer inteiro positivo n, por indução matemática.

P_1 é a sentença: $x - y$ é um fator de $x^1 - y^1$.

P_k é a sentença: $x - y$ é um fator de $x^k - y^k$.

P_{k+1} é a sentença: $x - y$ é um fator de $x^{k+1} - y^{k+1}$.

P_1 é verdadeira, uma vez que qualquer número é um fator dele próprio. Assuma como verdadeira P_k; a sentença pode ser reescrita como $x^k - y^k = (x - y)Q(x)$, onde $Q(x)$ é algum polinômio. Analogamente, P_{k+1} pode ser reescrita como $x^{k+1} - y^{k+1} = (x - y)R(x)$, onde $R(x)$ é algum (outro) polinômio. Para mostrar que P_{k+1} é válida sob a hipótese de que P_k é verdadeira, observe que

$$\begin{aligned} x^{k+1} - y^{k+1} &= x^{k+1} - xy^k + xy^k - y^{k+1} \\ &= (x^{k+1} - xy^k) + (xy^k - y^{k+1}) \\ &= x(x^k - y^k) + y^k(x - y) \end{aligned}$$

Como, por hipótese, $x^k - y^k = (x - y)Q(x)$, então,

$$\begin{aligned} x^{k+1} - y^{k+1} &= x(x^k - y^k) + y^k(x - y) \\ &= x(x - y)Q(x) + y^k(x - y). \\ &= (x - y)[xQ(x) + y^k] \end{aligned}$$

Em outras palavras, o polinômio desejado $R(x)$ é igual a $xQ(x) + y^k$ e $x - y$ é um fator de $x^{k+1} - y^{k+1}$. Mas essa é precisamente a sentença P_{k+1}. Por essa razão, a validade de P_{k+1} segue da validade de P_k. Portanto, pelo princípio de indução matemática, P_n vale para todos os inteiros positivos n.

42.8 Use o princípio de indução matemática para provar o teorema de DeMoivre: Se $z = r(\cos\theta + i\,\text{sen}\,\theta)$ é um número complexo na forma trigonométrica, então, para qualquer inteiro positivo n, $z^n = r^n(\cos n\theta + i\,\text{sen}\,n\theta)$.

Aqui P_n é a sentença $z^n = r^n(\cos n\theta + i\,\text{sen}\,n\theta)$. Então,

P_1 é a sentença $z^1 = r^1(\cos 1\theta + i\,\text{sen}\,1\theta)$.

P_k é a sentença $z^k = r^k(\cos k\theta + i\,\text{sen}\,k\theta)$.

P_{k+1} é a sentença $z^{k+1} = r^{k+1}[\cos(k+1)\theta + i\,\text{sen}(k+1)\theta]$.

A sentença P_1 é obviamente verdadeira. Assuma como verdadeira a sentença P_k e, comparando-a com P_{k+1}, observe que o lado esquerdo de P_{k+1} é z vezes o lado esquerdo de P_k. Logo, começando com P_k, multiplique ambos os lados por z:

$$\begin{aligned} z^k &= r^k(\cos k\theta + i\,\text{sen}\,k\theta) \\ zz^k &= z(r^k(\cos k\theta + i\,\text{sen}\,k\theta)) \\ z^{k+1} &= r(\cos\theta + i\,\text{sen}\,\theta)r^k(\cos k\theta + i\,\text{sen}\,k\theta) \\ z^{k+1} &= rr^k(\cos\theta + i\,\text{sen}\,\theta)(\cos k\theta + i\,\text{sen}\,k\theta) \\ z^{k+1} &= r^{k+1}(\cos\theta + i\,\text{sen}\,\theta)(\cos k\theta + i\,\text{sen}\,k\theta) \end{aligned}$$

Mas, pela regra da multiplicação para números complexos na forma trigonométrica,

$$(\cos\theta + i\,\text{sen}\,\theta)(\cos k\theta + i\,\text{sen}\,k\theta) = \cos(\theta + k\theta) + i\,\text{sen}(\theta + k\theta) = \cos(k+1)\theta + i\,\text{sen}(k+1)\theta.$$

Assim $z^{k+1} = r^{k+1}[\cos(k+1)\theta + i\,\text{sen}(k+1)\theta]$ é válida. Mas, essa é precisamente a sentença P_{k+1}. Desse modo, a validade de P_{k+1} segue da validade de P_k. Portanto, pelo princípio de indução matemática, P_n, isto é, o teorema de DeMoivre é válido para todos os inteiros positivos n.

Problemas Complementares

42.9 Prove por indução matemática: $2 + 4 + 6 + \cdots 2n = n(n+1)$.

42.10 Prove por indução matemática: $3 + 7 + 11 + \cdots + (4n - 1) = n(2n + 1)$.

42.11 Prove por indução matemática: $1 + 3 + 3^2 + \cdots + 3^{n-1} = \dfrac{3^n - 1}{2}$.

42.12 Prove por indução matemática: $1^3 + 2^3 + 3^3 + \cdots + n^3 = \dfrac{n^2(n+1)^2}{4}$.

42.13 Deduza dos Problemas 42.1 e 42.12 que $\displaystyle\sum_{k=1}^{n} k^3 = \left(\sum_{k=1}^{n} k\right)^2$.

42.14 Prove por indução matemática: $\dfrac{1}{1\cdot 3} + \dfrac{1}{3\cdot 5} + \dfrac{1}{5\cdot 7} + \cdots + \dfrac{1}{(2n-1)(2n+1)} = \dfrac{n}{2n+1}$.

42.15 Prove que $\dfrac{1}{\sqrt{1}} + \dfrac{1}{\sqrt{2}} + \dfrac{1}{\sqrt{3}} + \cdots + \dfrac{1}{\sqrt{n}} > \sqrt{n}$, $n \geq 2$, pelo princípio de indução matemática estendido.

42.16 Prove pelo princípio de indução matemática: $x + y$ é um fator de $x^{2n-1} + y^{2n-1}$ para qualquer inteiro positivo n.

Capítulo 43

Sequências e Séries Especiais

DEFINIÇÃO DE SEQUÊNCIA ARITMÉTICA

Uma sequência de números a_n é dita sequência *aritmética* se sucessivos termos diferem por uma mesma constante, chamada de *diferença comum*. Nesse caso, $a_n - a_{n-1} = d$ e $a_n = a_{n-1} + d$ para todos os termos da sequência. Pode ser provado por indução matemática que, para qualquer sequência aritmética, $a_n = a_1(n-1)d$.

DEFINIÇÃO DE SÉRIE ARITMÉTICA

Uma série aritmética é a soma dos termos de uma sequência aritmética finita. A notação S_n é frequentemente usada, ou seja, $S_n = \sum_{k=1}^{n} a_k$. Para uma série aritmética,

$$S_n = \frac{n}{2}(a_1 + a_n) \qquad S_n = \frac{n}{2}[2a_1 + (n-1)d]$$

Exemplo 43.1 Escreva os seis primeiros termos da sequência aritmética 4, 9,....

Uma vez que a sequência é aritmética, com $a_1 = 4$ e $a_2 = 9$, a diferença comum d é dada por $a_2 - a_1 = 9 - 4 = 5$. Portanto, cada termo pode ser encontrado adicionando 5 ao termo anterior, logo, os seis primeiros termos são 4, 9, 14, 19, 24, 29.

Exemplo 43.2 Encontre a soma dos primeiros 20 termos da sequência do exemplo anterior.

Para encontrar S_{20}, quaisquer das fórmulas para séries aritméticas podem ser usadas. Já que $a_1 = 4$, $n = 20$ e $d = 5$ são conhecidos, a segunda fórmula é mais conveniente:

$$S_n = \frac{n}{2}[2a_1 + (n-1)d]$$

$$S_{20} = \frac{20}{2}[2 \cdot 4 + (20-1)5] = 1.030$$

DEFINIÇÃO DE SEQUÊNCIA GEOMÉTRICA

Uma sequência de números a_n é dita *sequência geométrica* se o quociente de sucessivos termos é uma constante, chamada *razão comum*. Nesse caso, $a_n \div a_{n-1} = r$ ou $a_n = ra_{n-1}$ para todos os termos da sequência. Pode ser provado por indução matemática que para qualquer sequência geométrica, $a_n = a_1 r^{n-1}$.

DEFINIÇÃO DE SÉRIE GEOMÉTRICA

Uma série geométrica é a soma dos termos de uma sequência geométrica. Para uma série geométrica com $r \neq 1$,

$$S_n = a_1 \frac{1-r^n}{1-r}$$

Exemplo 43.3 Escreva os primeiros seis termos da sequência geométrica 4, 6,....

Uma vez que a sequência é geométrica, com $a_1 = 4$ e $a_2 = 6$, a razão comum r é dada por $a_2 \div a_1 = 6 \div 4 = 3/2$. Nesse caso, cada termo pode ser obtido a partir do termo anterior multiplicando por 3/2, ou seja, os primeiros seis termos são 4, 6, 9, 27/2, 81/4, 243/8.

Exemplo 43.4 Encontre a soma dos primeiros oito termos da sequência do exemplo anterior.

Use a fórmula da soma com $a_1 = 4$, $n = 8$ e $r = 3/2$

$$S_n = a_1 \frac{1 - r^n}{1 - r}$$

$$S_8 = 4 \frac{1 - (3/2)^8}{1 - (3/2)} = \frac{6305}{32}$$

SÉRIES GEOMÉTRICAS INFINITAS

Não é possível somar todos os termos de uma sequência geométrica infinita. De fato, se $|r| \geq 1$, a soma não é definida. Contudo, pode ser mostrado no cálculo que se $|r| < 1$, então, a soma de todos os termos, denotada por S_∞, é dada por:

$$S_\infty = \frac{a_1}{1 - r}$$

Exemplo 43.5 Encontre a soma de todos os termos da sequência geométrica 6, 4,....

Como a sequência é geométrica, com $a_1 = 6$ e $a_2 = 4$, a razão comum r é dada por $a \div a = 4 \div 6 = 2/3$. Por essa razão, $S_\infty = \dfrac{a_1}{1 - r} = \dfrac{6}{1 - 2/3} = 18$.

IDENTIDADES ENVOLVENDO SÉRIES

As seguintes identidades podem ser provadas por indução matemática:

$$\sum_{k=1}^{n} a_k + \sum_{k=1}^{n} b_k = \sum_{k=1}^{n}(a_k + b_k) \qquad \sum_{k=1}^{n} a_k - \sum_{k=1}^{n} b_k = \sum_{k=1}^{n}(a_k - b_k) \qquad \sum_{k=1}^{n} ca_k = c \sum_{k=1}^{n} a_k$$

$$\sum_{k=1}^{n} c = cn \qquad \sum_{k=1}^{n} k = \frac{n(n+1)}{2} \qquad \sum_{k=1}^{n} k^2 = \frac{n(n+1)(2n+1)}{6}$$

$$\sum_{k=1}^{n} k^3 = \frac{n^2(n+1)^2}{4} \qquad \sum_{k=1}^{n} k^4 = \frac{n(n+1)(2n+1)(3n^2 + 3n - 1)}{30}$$

Problemas Resolvidos

43.1 Identifique as seguintes sequências como aritméticas, geométricas ou nenhuma das duas.

(a) 2, 4, 8, ... (b) $\frac{1}{2}, \frac{1}{3}, \frac{1}{4}, ...$ (c) 7, 5, 3, ... (d) $\frac{1}{4}, \frac{1}{8}, \frac{1}{16}$ ...

(a) Como $a_2 - a_1 = 4 - 2 = 2$ e $a_3 - a_2 = 8 - 4 = 4$, a sequência não é aritmética. Como $a_2 / a_1 = 4/2 = 2$ e $a_3 / a_2 = 8/4 = 2$, a sequência é geométrica com razão comum 2.

(b) Como $a_2 - a_1 = \frac{1}{3} - \frac{1}{2} = -\frac{1}{6}$ e $a_3 - a_2 = \frac{1}{4} - \frac{1}{3} = -\frac{1}{12}$, a sequência não é aritmética. Como $a_2 \div a_1 = \frac{1}{3} \div \frac{1}{2} = \frac{2}{3}$ e $a_3 \div a_2 = \frac{1}{4} \div \frac{1}{3} = \frac{3}{4}$, a sequência não é geométrica. Essa sequência, portanto, não é aritmética nem geométrica.

(c) Como $a_2 - a_1 = 5 - 7 = -2$ e $a_3 - a_2 = 3 - 5 = -2$, a sequência é aritmética com uma diferença comum de -2.

(d) Como $a_2 - a_1 = \frac{1}{8} - \frac{1}{4} = -\frac{1}{8}$ e $a_3 - a_2 = \frac{1}{16} - \frac{1}{8} = -\frac{1}{16}$, a sequência não é aritmética. Como $a_2 \div a_1 = \frac{1}{8} \div \frac{1}{4} = \frac{1}{2}$ e $a_3 \div a_2 = \frac{1}{16} \div \frac{1}{8} = \frac{1}{2}$, a sequência é geométrica com razão comum de $\frac{1}{2}$.

43.2 Identifique as seguintes sequências como aritméticas, geométricas ou nenhuma das duas.

(a) $3, \frac{15}{4}, \frac{9}{2}, \ldots$ (b) $\ln 1, \ln 2, \ln 3, \ldots$ (c) $x^{-1}, x^{-2}, x^{-3}, \ldots$ (d) $0{,}1; 0{,}11; 0{,}111; \ldots$

(a) Como $a_2 - a_1 = \frac{15}{4} - 3 = \frac{3}{4}$ e $a_3 - a_2 = \frac{9}{2} - \frac{15}{4} = 4$, a sequência é aritmética com uma diferença comum de $\frac{3}{4}$.

(b) Como $a_2 - a_1 = \ln 2 - \ln 1 = \ln 2$ e $a_3 - a_2 \ln 3 - \ln 2 = \ln \frac{3}{2}$, a sequência não é aritmética. Como $a_2 \div a_1 = (\ln 2) \div (\ln 1)$ não é definida, a sequência não é geométrica. Essa sequência, portanto, não é aritmética e nem geométrica.

(c) Como $a_2 - a_1 = x^{-2} - x^{-1} = \frac{1-x}{x^2}$ e $a_3 - a_2 = x^{-3} - x^{-2} = \frac{1-x}{x^3}$, a sequência não é aritmética, exceto no caso especial $x = 1$. Como $a_2 \div a_1 = x^{-2} \div x^{-1} = x^{-1}$ e $a_3 \div a_2 = x^{-3} \div x^{-2} = x^{-1}$, a sequência é geométrica com razão comum x^{-1} (exceto no caso especial $x = 0$).

(d) Como $a_2 - a_1 = 0{,}11 - 0{,}1 = 0{,}01$ e $a_3 - a_2 = 0{,}111 - 0{,}11 = 0{,}001$, a sequência não é aritmética. Como $a_2 \div a_1 = 0{,}11 \div 0{,}1 = 1{,}1$ e $a_3 \div a_2 = 0{,}111 \div 0{,}11 \approx 1{,}01$, a sequência não é geométrica.
Essa sequência, portanto, não é aritmética e nem geométrica.

43.3 Prove que para uma sequência aritmética o n-ésimo termo é dado por $a_n = a_1 + (n-1)d$.

Uma sequência aritmética é definida pela relação $a_n = a_{n-1} + d$. Seja P_n a sentença que $a_n = a_1 + (n-1)d$ e proceda por indução matemática.

P_1 é a sentença $a_1 = a_1 + (1-1)d$.

P_k é a sentença $a_k = a_1 + (k-1)d$.

P_{k+1} é a sentença $a_{k+1} = a_1 + [(k+1) - 1]d$, a qual pode ser reescrita como

$$a_{k+1} = a_1 + kd$$

P_1 é obviamente verdadeira. Assuma como verdadeira P_k e observe que pela definição de uma sequência aritmética, $a_{k+1} = a_k + d$. Por essa razão

$$a_{k+1} = a_k + d = a_1 + (k-1)d + d = a_1 + kd$$

Mas, $a_{k+1} = a_1 + kd$ é precisamente a sentença P_{k+1}. Por essa razão, a validade de P_{k+1} segue da validade de P_k. Portanto, pelo princípio de indução matemática, P_n é válida para todo n.

43.4 Dado que as seguintes sequências são aritméticas, encontre a diferença comum e escreva os três próximos termos e o n-ésimo termo.

(a) $2, 5, \ldots$ (b) $9, \frac{17}{2}, \ldots$ (c) $\ln 1, \ln 2, \ldots$

(a) A diferença comum é $5 - 2 = 3$. Cada termo é encontrado adicionando 3 ao termo anterior, logo, os três próximos termos são 8, 11, 14. O n-ésimo termo é obtido de $a_n = a_1 + (n-1)d$ com $a_1 = 2$ e $d = 3$; portanto, $a_n = 2 + (n-1)3 = 3n - 1$.

(b) A diferença comum é $\frac{17}{2} - 9 = -\frac{1}{2}$. Cada termo é obtido adicionando $-\frac{1}{2}$ ao termo anterior, assim, os três próximos termos são $8, \frac{15}{2}, 7$. O n-ésimo termo é encontrado a partir de $a_n = a_1 + (n-1)d$ com $a_1 = 9$ e $d = -\frac{1}{2}$; portanto, $a_n = 9 + (n-1)\left(-\frac{1}{2}\right) = \frac{19-n}{2}$.

(c) A diferença comum é $\ln 2 - \ln 1 = \ln 2$. Cada termo é encontrado adicionando $\ln 2$ ao termo anterior, assim, os três próximos termos são dados por $\ln 2 + \ln 2 = \ln 4$, $\ln 4 + \ln 2 = \ln 8$ e $\ln 8 + \ln 2 = \ln 16$.
O n-ésimo termo é encontrado a partir de $a_n = a_1 + (n-1)d$ com $a_1 = \ln 1$ e $d = \ln 2$; portanto,
$a_n = \ln 1 + (n-1)\ln 2 = (n-1)\ln 2 = \ln 2^{n-1}$.

43.5 Sabendo que as seguintes sequências são geométricas, encontre a razão comum e escreva os três próximos termos e o n-ésimo termo.

(a) $5, 10, \ldots$ (b) $4, -2, \ldots$ (c) $0{,}03; 0{,}003; \ldots$

(a) A razão comum é $10 \div 5 = 2$. Cada termo é obtido multiplicando o termo anterior por 2, logo, os próximos três termos são 20, 40, 80. O n-ésimo termo é encontrado de $a_n = a_1 r^{n-1}$ com $a_1 = 5$ e $r = 2$; portanto, $a_n = 5 \cdot 2^{n-1}$.

(b) A razão comum é $-2 \div 4 = -\frac{1}{2}$. Cada termo é encontrado multiplicando o termo anterior por $-\frac{1}{2}$; logo, os próximos três termos são $1, -\frac{1}{2}, \frac{1}{4}$. O n-ésimo termo é encontrado de $a_n = a_1 r^{n-1}$ com $a_1 = 4$ e $r = -\frac{1}{2}$; portanto,

$$a_n = 4\left(-\frac{1}{2}\right)^{n-1} = \frac{(-1)^{n-1}}{2^{n-3}}$$

(c) A razão comum é 0,003: 0,03 = 0,1. Cada termo é obtido multiplicando o termo anterior por 0,1; logo, os próximos três termos são 0,0003; 0,00003; 0,000003. O n-ésimo termo é encontrado de

$$a_n = a_1 r^{n-1} \text{ com } a_1 = 0,03 \text{ e } r = 0,1; \text{ assim, } a_n = 0,03(0,1)^{n-1} = 3 \times 10^{-2} \times 10^{1-n} = \frac{3}{10^{n+1}}.$$

43.6 Obtenha as fórmulas $S_n = \frac{n}{2}(a_1 + a_n)$ e $S_n = \frac{n}{2}[2a + (n-1)d]$ para a soma de uma série aritmética.

Para obter a primeira fórmula, escreva os termos de S_n;

$$S_n = a_1 + (a_1 + d) + (a_1 + 2d) + \cdots + [a_1 + (n-1)d]$$

Agora escreva os termos em ordem reversa, observando que para começar com a_n, cada termo é obtido *subtraindo d*, a diferença comum, do termo anterior.

$$S_n = a_n + (a_n - d) + (a_n - 2d) + \cdots + [a_1 - (n-1)d]$$

Adicionando essas duas identidades, termo a termo, e observando que todos os termos que envolvem d resultam zero, temos:

$$S_n + S_n = (a_1 + a_n) + (a_1 + a_n) + (a_1 + a_n) + \cdots + (a_1 + a_n)$$

Já que há n termos idênticos à direita,

$$2S_n = n(a_1 + a_n)$$
$$S_n = \frac{n}{2}(a_1 + a_n)$$

Para a segunda fórmula, substitua $a_n = a_1 + (n-1)d$ na fórmula acima para obter

$$S_n = \frac{n}{2}[a_1 + a_1 + (n-1)d]$$
$$S_n = \frac{n}{2}[2a_1 + (n-1)d]$$

43.7 Encontre a soma dos 10 primeiros termos das sequências aritméticas dadas no Problema 43.4.

(a) Aqui, $a_1 = 2$ e $a_n = 3n - 1$. Para $n = 10$,

$$S_{10} = \frac{10}{2}[2 + (3 \cdot 10 - 1)] = 155$$

(b) Aqui, $a_1 = 9$ e $a_n = \frac{19 - n}{2}$. Para $n = 10$,

$$S_{10} = \frac{10}{2}\left[9 + \frac{19 - 10}{2}\right] = \frac{135}{2}$$

(c) Aqui, $a_1 = \ln 1$ e $a_n = \ln 2^{n-1}$. Para $n = 10$,

$$S_{10} = \frac{10}{2}[\ln 1 + \ln 2^{10-1}] = 5 \ln 2^9 = 45 \ln 2$$

43.8 Obtenha a fórmula $S_n = a_1 \frac{1 - r^n}{1 - r}$ para a soma de uma série geométrica finita ($r \neq 1$).

Escreva os termos de S_n.

$$S_n = a_1 + a_1 r + a_1 r^2 + \cdots + a_1 r^{n-1}$$

Multiplique ambos os lados por r para obter

$$rS_n = a_1 r + a_1 r^2 + a_1 r^3 + \cdots + a_1 r^n$$

Subtraindo essas duas identidades, termo a termo, resulta:

$$S_n - rS_n = a_1 - a_1 r^n$$
$$S_n(1 - r) = a_1(1 - r^n)$$

Assumindo $r \neq 1$, ambos os lados podem ser divididos por $1 - r$ para resultar $S_n = a_1 \frac{1 - r^n}{1 - r}$. Observe que se $r = 1$, então

$$S_n = a_1 + a_1 + a_1 + \cdots + a_1 = na_1$$

43.9 Encontre a soma dos primeiros sete termos das sequências geométricas dadas no Problema 43.5.

(a) Aqui, $a_1 = 5$ e $r = 2$. Para $n = 7$,
$$S_7 = 5\left(\frac{1-2^7}{1-2}\right) = 635$$

(b) Aqui, $a_1 = 4$ e $r = -\frac{1}{2}$. Para $n = 7$,
$$S_7 = 4\left[\frac{1-\left(-\frac{1}{2}\right)^7}{1-\left(-\frac{1}{2}\right)}\right] = 4\left(\frac{2^7+1}{2^7+2^6}\right) = \frac{129}{48}$$

(c) Aqui, claramente $S_7 = 0{,}03333333$. Usar a fórmula é mais complicado, mas resulta a mesma resposta.

43.10 Dê um argumento plausível para justificar a fórmula $S_\infty = \dfrac{a_1}{1-r}$ para a soma de todos os termos de uma sequência geométrica infinita, $|r| < 1$.

Primeiro, observe que existem três possibilidades: $r = 0$, $0 < r < 1$ e $-1 < r < 0$. Para o primeiro caso, a fórmula é claramente válida, uma vez que todos os termos depois do primeiro são zero; logo, $S_\infty = a_1 + 0 = \dfrac{a_1}{1-0}$. Para $0 < r < 1$, considere a fórmula $S_n = a_1\dfrac{1-r^n}{1-r}$ e faça n aumentar além de qualquer valor. Uma vez que, para n real, r^n é uma função de decaimento exponencial, quando $n \to \infty$, $r^n \to 0$. Parece plausível que isso seja válido se n for restrito a valores inteiros. Portanto, quando $n \to \infty$, $S_n \to a_1\dfrac{1}{1-r}$ e $S_\infty = \dfrac{a_1}{1-r}$. Um argumento similar, mas mais complicado, pode ser dado se $-1 < r < 0$. Uma prova mais convincente é deixada para um curso de cálculo.

43.11 Encontre a soma de todos os termos de cada sequência geométrica dada no Problema 43.5 ou verifique se a soma é indefinida.

(a) Como $r = 2$, a soma de todos os termos não é definida. A sequência é dita *divergir*.

(b) Como $r = -\frac{1}{2}$ e $a_1 = 4$, $S_\infty = \dfrac{4}{1-\left(-\frac{1}{2}\right)} = \dfrac{8}{3}$.

(c) Como $r = 0{,}1$ e $a_1 = 0{,}03$, $S_\infty = \dfrac{0{,}03}{1-0{,}1} = \dfrac{1}{30}$.

43.12 Use indução matemática para mostrar que $\sum_{j=1}^{n} a_j + \sum_{j=1}^{n} b_j = \sum_{j=1}^{n} (a_j + b_j)$ vale para todos os inteiros positivos n.

Seja P_n a sentença acima. Então,

P_1 é a sentença $\sum_{j=1}^{1} a_j + \sum_{j=1}^{1} b_j = \sum_{j=1}^{1} (a_j + b_j)$.

P_k é a sentença $\sum_{j=1}^{k} a_j + \sum_{j=1}^{k} b_j = \sum_{j=1}^{k} (a_j + b_j)$.

P_{k+1} é a sentença $\sum_{j=1}^{k+1} a_j + \sum_{j=1}^{k+1} b_j = \sum_{j=1}^{k+1} (a_j + b_j)$

Mas P_1 é verdadeira, uma vez que se reduz a $a_1 + b_1 = (a_1 + b_1)$. Assuma como verdadeira a sentença P_k; então,
$$a_1 + a_2 + \cdots + a_k + b_1 + b_2 + \cdots + b_k = (a_1+b_1) + (a_2+b_2) + \cdots + (a_k+b_k)$$

Adicione $a_{k+1} + b_{k+1}$ a ambos os lados, então,
$$a_1 + a_2 + \cdots + a_k + b_1 + b_2 + \cdots + b_k + a_{k+1} + b_{k+1} = (a_1+b_1) + (a_2+b_2) + \cdots + (a_k+b_k)$$
$$+ (a_{k+1} + b_{k+1})$$

Reagrupando os termos no lado esquerdo resulta
$$a_1 + a_2 + \cdots + a_k + a_{k+1} + b_1 + b_2 + \cdots + b_k + b_{k+1} = (a_1+b_1) + (a_2+b_2) + \cdots + (a_k+b_k)$$
$$+ (a_{k+1} + b_{k+1})$$

Escrevendo isso na notação de somatório, torna-se

$$\sum_{j=1}^{k+1} a_j + \sum_{j=1}^{k+1} b_j = \sum_{j=1}^{k+1} (a_j + b_j)$$

Mas essa é precisamente a sentença P_{k+1}. Assim, a validade de P_{k+1} segue da validade de P_k. Portanto, pelo princípio da indução matemática, P_n vale para todo n.

43.13 Determine o número de lugares de uma sala de conferência se existem 32 filas de poltronas, com 18 na primeira fila, 21 na segunda fila, 24 na terceira fila, e assim por diante.

O número de poltronas em cada linha forma uma sequência aritmética, com $a_1 = 18$, $d = 21 - 18 = 3$ e $n = 32$. Use a segunda fórmula para determinar a soma de uma série aritmética:

$$S_n = \frac{n}{2}[2a_1 + (n-1)d]$$

$$S_{32} = \frac{32}{2}[2 \cdot 18 + (32-1)3] = 2064$$

43.14 Uma companhia compra uma máquina que custa $87.500 e que se desvaloriza a uma taxa de 30% ao ano. Qual será o valor da máquina ao final de cinco anos?

Observe que a desvalorização de 30% do valor da máquina significa que no final de cada ano o valor é 70% do que era no início. Portanto, o valor no final de cada ano é um múltiplo constante do valor no final do ano anterior. Logo, os valores formam uma sequência geométrica, com $a_1 = (0{,}7)(87.500)$ (o valor no *final* do primeiro ano), $r = 0{,}7$ e $n = 5$. Portanto,

$$a_n = a_1 r^{n-1}$$
$$a_5 = (0{,}7)(87.500)(0{,}7)^{5-1} \approx 14.706$$

O valor da máquina é $14.706.

43.15 Uma bola é atirada de uma altura de 80 pés e quica três quartos da altura inicial. Assumindo que esse processo continua indefinidamente, encontre a distância total percorrida pela bola antes do repouso.

Inicialmente a bola percorre 80 pés antes de atingir o solo. Então, pula para cima uma altura de $\frac{3}{4}(80)$ e volta para baixo a mesma distância. Como esse processo se repete, a distância percorrida pode ser escrita:

$$80 + 2\left(\frac{3}{4}\right)80 + \frac{3}{4}\left[2\left(\frac{3}{4}\right)80\right] + \cdots$$

Exceto para o primeiro termo, isso pode ser considerado como uma série geométrica com $a_1 = 2\left(\frac{3}{4}\right)80 = 120$ e $r = \frac{3}{4}$. Logo, se o processo continua indefinidamente, a distância percorrida é dada por

$$80 + S_\infty = 80 + \frac{120}{1 - \frac{3}{4}} = 560 \text{ pés}$$

Problemas Complementares

43.16 As seguintes sequências são aritméticas, geométricas ou nenhuma das duas?

(a) $\frac{3}{8}, \frac{3}{2}, 6, \ldots$ (b) $\frac{3}{8}, \frac{3}{4}, \frac{9}{8}, \ldots$ (c) $\frac{3}{4}, \frac{3}{5}, \frac{3}{6}, \ldots$ (d) $\frac{3}{4}, -\frac{3}{4}, \frac{3}{4}, -\frac{3}{4}, \ldots$ (e) $\frac{3}{4}, \frac{4}{5}, \frac{5}{6}, \ldots$

Resp. (a) geométrica; (b) aritmética; (c) nenhuma das duas; (d) geométrica; (e) nenhuma das duas

43.17 Para as seguintes sequências aritméticas, determine a diferença comum e escreva os próximos três termos e o n-ésimo termo: (a) $\frac{3}{5}, \frac{4}{5}, \ldots$ (b) $-8, -5, \ldots$ (c) $\pi, 3\pi, \ldots$

Resp. (a) $d = \frac{1}{5}$; $1, \frac{6}{5}, \frac{7}{5}$; $a_n = \frac{n+2}{5}$; (b) $d = 3$; $-2, 1, 4$; $a = 3n - 11$;

(c) $d = 2\pi$; $5\pi, 7\pi, 9\pi$; $a_n = (2n-1)\pi$

43.18 Prove por indução matemática: para uma sequência geométrica, o n-ésimo termo é dado por $a_n = a_1 r^{n-1}$.

43.19 Para as seguintes sequências geométricas, determine a razão comum e escreva os próximos três termos e o n-ésimo termo: (a) $\frac{3}{32}, \frac{3}{4}, \ldots$ (b) $-5, 5, -5, \ldots$ (c) $1, 1{,}05, \ldots$

Resp. (a) $r = 8; 6, 48, 384; a_n = 3 \cdot 2^{3n-8}$; (b) $r = -1; 5, -5, 5; a_n = 5(-1)^n$;
(c) $r = 1{,}05; (1{,}05)^2, (1{,}05)^3, (1{,}05)^4; a_n = (1{,}05)^{n-1}$

43.20 Para as seguintes sequências geométricas, determine a razão comum e encontre a soma de todos os termos ou verifique se a soma é indefinida. (a) $4, \frac{1}{2}, \frac{1}{16}, \ldots$ (b) $\frac{1}{5}, -\frac{1}{5}, \frac{1}{5}, \ldots$ (c) $36, -12, 4, \ldots$ (d) $1, 0{,}95, \ldots$

Resp. (a) $r = \frac{1}{8}, S_\infty = \frac{32}{7}$; (b) $r = -1$, soma indefinida; (c) $r = -\frac{1}{3}, S_\infty 27$; (d) $r = 0{,}95, S_\infty = 20$

43.21 Use indução matemática $\sum_{k=1}^{n} a_k - \sum_{k=1}^{n} b_k = \sum_{k=1}^{n} (a_k - b_k)$ e $\sum_{k=1}^{n} c a_k = c \sum_{k=1}^{n}$ para mostrar que valem para todos os inteiros n.

43.22 Suponha que foi depositado \$0,01 em uma conta de um banco no dia primeiro de junho, \$0,02 no segundo dia, \$0,04 no terceiro dia, e assim por diante, em uma sequência geométrica. (a) Quanto dinheiro seria depositado, seguindo essa sequência, no dia 30 de junho? (b) Quanto dinheiro teria nessa conta após o último depósito?

Resp. (a) \$5.368.709,12; (b) \$10.737.418,23

Capítulo 44

O Teorema Binomial

EXPANSÕES BINOMIAIS

Expansões binomiais, isto é, binômios ou outras quantidades de dois termos, elevadas a potências inteiras, ocorrem com frequência. Se a expressão binomial geral é $a + b$, então, as primeiras potências são dadas por:

$$(a + b)^0 = 1$$
$$(a + b)^1 = a + b$$
$$(a + b)^2 = a^2 + 2ab + b^2$$
$$(a + b)^3 = a^3 + 3a^2b + 3ab^2 + b^3$$

PADRÕES EM EXPANSÕES BINOMIAIS

Muitos padrões têm sido observados na sequência de expansões de $(a + b)^n$. Por exemplo:

1. Existem $n + 1$ termos na expansão de $(a + b)^n$.
2. O expoente de a começa no primeiro termo como n e decresce de 1 em cada termo sucessivo até 0 no último termo.
3. O expoente de b começa no primeiro termo como 0 e cresce de 1 em cada termo sucessivo até n no último termo.

TEOREMA BINOMIAL

O teorema binomial fornece a expansão de $(a + b)^n$. Na forma mais compacta, é escrita como:

$$(a + b)^n = \sum_{r=0}^{n} \binom{n}{r} a^{n-r} b^r$$

Os símbolos $\binom{n}{r}$ são chamados de coeficientes binomiais, definidos como: $\binom{n}{r} = \dfrac{n!}{r!(n-r)!}$.

Exemplo 44.1 Calcule os coeficientes binomiais $\binom{3}{r}$ e verifique a expansão de $(a + b)^3$ acima.

$$\binom{3}{0} = \frac{3!}{0!(3-0)!} = \frac{3!}{1 \cdot 3!} = 1 \qquad \binom{3}{1} = \frac{3!}{1!(3-1)!} = \frac{3!}{1!2!} = \frac{3 \cdot 2 \cdot 1}{1(2 \cdot 1)} = 3$$

$$\binom{3}{2} = \frac{3!}{2!(3-2)!} = \frac{3!}{2!1!} = \frac{3 \cdot 2 \cdot 1}{(2 \cdot 1)1} = 3 \qquad \binom{3}{3} = \frac{3!}{3!(3-3)!} = \frac{3!}{3!0!} = \frac{3!}{3! \cdot 1} = 1$$

Logo,

$$(a+b)^3 = \sum_{r=0}^{3}\binom{3}{r}a^{3-r}b^r = \binom{3}{0}a^{3-0}b^0 + \binom{3}{1}a^{3-1}b^1 + \binom{3}{2}a^{3-2}b^2 + \binom{3}{3}a^{3-3}b^3$$

$$= 1a^3b^0 + 3a^2b^1 + 3a^1b^2 + 1a^0b^3 = a^3 + 3a^2b + 3ab^2 + b^3$$

PROPRIEDADES DOS COEFICIENTES BINOMIAIS

As seguintes sentenças são rapidamente verificáveis:

$$\binom{n}{0} = \binom{n}{n} = 1 \qquad \binom{n}{r} = \binom{n}{n-r} \qquad \binom{k}{r-1} + \binom{k}{r} = \binom{k+1}{r}$$

Os coeficientes binomiais também são chamados de símbolos combinatórios. Então a notação $_nC_r$ é usada, sendo

$$_nC_r = \binom{n}{r}$$

ENCONTRANDO TERMOS PARTICULARES DE UMA EXPANSÃO BINOMIAL

Na expansão binomial de $(a+b)^n$, r, o índice dos termos, começa em 0 no primeiro termo e cresce até n no $(n+1)$-ésimo termo. Assim, o índice r é igual a $j-1$ no j-ésimo termo. Se um termo em particular é procurado, geralmente representado pelo $j+1$-ésimo termo, então r é igual a j e o valor do $j+1$-ésimo termo é dado por

$$\binom{n}{j}a^{n-j}b^j$$

Exemplo 44.2 Encontre o quinto termo na expansão de $(a+b)^{16}$.

Aqui, $n = 16$ e $j+1 = 5$, portanto, $j = 4$ e o termo é dado por

$$\binom{n}{j}a^{n-j}b^j = \binom{16}{4}a^{16-4}b^4 = \frac{16!}{4!(16-4)!}a^{16-4}b^4 = 1820a^{12}b^4$$

Problemas Resolvidos

44.1 Calcule os coeficientes binomiais:

(a) $\binom{4}{2}$; (b) $\binom{8}{5}$; (c) $\binom{12}{1}$; (d) $\binom{n}{n-1}$

(a) $\binom{4}{2} = \frac{4!}{2!(4-2)!} = \frac{4!}{2!2!} = \frac{4\cdot 3\cdot 2\cdot 1}{2\cdot 1\cdot 2\cdot 1} = 6$

(b) $\binom{8}{5} = \frac{8!}{5!(8-5)!} = \frac{8!}{5!3!} = \frac{8\cdot 7\cdot 6\cdot 5!}{5!(3\cdot 2\cdot 1)} = \frac{8\cdot 7\cdot 6}{3\cdot 2\cdot 1} = 56$

(c) $\binom{12}{1} = \frac{12!}{1!(12-1)!} = \frac{12!}{1!11!} = \frac{12\cdot 11!}{1\cdot 11!} = 12$

(d) $\binom{n}{n-1} = \frac{n!}{(n-1)![n-(n-1)]!} = \frac{n(n-1)!}{(n-1)!1!} = n$

44.2 Mostre que $\binom{n}{n} = \binom{n}{0} = 1$.

$\binom{n}{n} = \frac{n!}{n!(n-n)!} = \frac{n!}{n!0!} = \frac{n!}{n!(1)} = 1$. Analogamente, $\binom{n}{0} = \frac{n!}{0!(n-0)!} = \frac{n!}{1(n!)} = 1$

44.3 Mostre que $n\binom{n}{r} = \dfrac{n(n-1)\cdots(r+1)}{(n-r)!} = \dfrac{n(n-1)\cdots(n-r+1)}{r!}$ para qualquer inteiro $r < n$.

Observe que $n! = n(n-1)(n-2)\cdots(r+1)r\cdots 1$. Logo,

$$\binom{n}{r} = \frac{n!}{r!(n-r)!} = \frac{n(n-1)(n-2)\cdots(r+1)r\cdots 1}{r!(n-r)!} = \frac{n(n-1)(n-2)\cdots(r+1)r!}{r!(n-r)!}$$

$$= \frac{n(n-1)\cdots(r+1)}{(n-r)!}$$

Similarmente, $n! = n(n-1)(n-2)\cdots(n-r+1)(n-r)\cdots 1$. Logo,

$$\binom{n}{r} = \frac{n!}{r!(n-r)!} = \frac{n(n-1)(n-2)\cdots(n-r+1)(n-r)\cdots 1}{r!(n-r)!}$$

$$= \frac{n(n-1)(n-2)\cdots(n-r+1)(n-r)!}{r!(n-r)!}$$

$$= \frac{n(n-1)\cdots(n-r+1)}{r!}$$

44.4 Use os resultados dos problemas anteriores para escrever os termos de $(a+b)^4$.

$$(a+b)^4 = \sum_{r=0}^{4} \binom{4}{r} a^{4-r} b^r$$

$$= \binom{4}{0}a^{4-0}b^0 + \binom{4}{1}a^{4-1}b^1 + \binom{4}{2}a^{4-2}b^2 + \binom{4}{3}a^{4-3}b^3 + \binom{4}{4}a^{4-4}b^4$$

$$= 1a^4 + \frac{4}{1}a^3b + \frac{4\cdot 3}{2\cdot 1}a^2b^2 + \frac{4\cdot 3\cdot 2}{3\cdot 2\cdot 1}a^1b^3 + 1b^4$$

$$= a^4 + 4a^3b + 6a^2b^2 + 4ab^3 + b^4$$

44.5 Escreva a expansão binomial de $(3x - 5y)^4$.

Use o resultado do problema anterior com $a = 3x$ e $b = -5y$. Então,

$$[(3x) + (-5y)]^4 = (3x)^4 + 4(3x)^3(-5y) + 6(3x)^2(-5y)^2 + 4(3x)(-5y)^3 + (-5y)^4$$

$$= 81x^4 - 540x^3y + 1350x^2y^2 - 1500xy^3 + 625y^4$$

44.6 Escreva os três primeiros termos na expansão binomial de $(a+b)^{20}$.

Uma vez que $(a+b)^{20} = \sum_{r=0}^{20} \binom{20}{r} a^{20-r} b^r$, os primeiros três termos podem ser escritos como

$$\binom{20}{0}a^{20-0}b^0 + \binom{20}{1}a^{20-1}b^1 + \binom{20}{2}a^{20-2}b^2 = 1a^{20} + \frac{20}{1}a^{19}b + \frac{20\cdot 19}{2\cdot 1}a^{18}b^2$$

$$= a^{20} + 20a^{19}b + 190a^{18}b^2$$

44.7 Escreva os três primeiros termos na expansão binomial de $(2x^5 + 3t^2)^{12}$.

Faça $a = 2x^5$ e $b = 3t^2$. Então, $(2x^5 + 3t^2)^{12} = \sum_{r=0}^{12} \binom{12}{r}(2x^5)^{12-r}(3t^2)^r$. Os primeiros três termos podem ser escritos como

$$\binom{12}{0}(2x^5)^{12} + \binom{12}{1}(2x^5)^{11}(3t^2) + \binom{12}{2}(2x^5)^{10}(3t^2)^2$$

$$= 4.096x^{60} + 12(2.048x^{55})(3t^2) + \frac{12\cdot 11}{2\cdot 1}(1.024x^{50})(9t^4) = 4.096x^{60} + 73.728x^{55}t^2 + 608.256x^{50}t^4$$

44.8 Mostre que $\binom{n}{r} = \binom{n}{n-r}$.

Substitua r por $n-r$ na definição de $\binom{n}{r}$. Então,

$$\binom{n}{n-r} = \frac{n!}{(n-r)![n-(n-r)]!} = \frac{n!}{(n-r)!r!} = \frac{n!}{r!(n-r)!} = \binom{n}{r}$$

44.9 Mostre que $\binom{k}{r-1} + \binom{k}{r} = \binom{k+1}{r}$.

Observe primeiro que $r! = r(r-1)!$. Também, $(k+1)! = (k+1)k!$ e $(k-r+1)! = (k-r+1)(k-r)!$.
Então,

$$\binom{k}{r-1} + \binom{k}{r} = \frac{k!}{(r-1)!(k-r+1)!} + \frac{k!}{r!(k-r)!}$$

O mínimo múltiplo comum entre os denominadores das duas expressões fracionárias no lado direito é $r!(k-r+1)!$. Reescrevendo com esse denominador comum resulta:

$$\frac{k!}{(r-1)!(k-r+1)!} + \frac{k!}{r!(k-r)!} = \frac{rk!}{r(r-1)!(k-r+1)!} + \frac{(k-r+1)k!}{(k-r+1)r!(k-r)!}$$

$$= \frac{rk!}{r!(k-r+1)!} + \frac{(k-r+1)k!}{r!(k-r+1)!}$$

As duas expressões no lado direito podem ser combinadas para resultar:

$$\frac{rk!}{r!(k-r+1)!} + \frac{(k-r+1)k!}{r!(k-r+1)!} = \frac{rk! + (k-r+1)k!}{r!(k-r+1)!} = \frac{(r+k-r+1)k!}{r!(k-r+1)!} = \frac{(k+1)k!}{r!(k-r+1)!}$$

A última expressão é precisamente

$$\frac{(k+1)!}{r!(k+1-r)!} = \binom{k+1}{r}$$

44.10 Mostre que os coeficientes binomiais podem ser arranjados na forma mostrada na Fig. 44-1

```
        1
       1 1
      1 2 1
     1 3 3 1
    1 4 6 4 1
    ...........
```

Figura 44-1

onde cada número, exceto os números 1, é a soma de dois números acima à direita e à esquerda (essa distribuição triangular é comumente chamada de triângulo de Pascal).

Claramente as primeiras duas linhas representam $(a+b)^0 = 1$ e os coeficientes de $(a+b)^1 = 1a + 1b$. Para as outras linhas, observe que o primeiro e último coeficientes binomiais em cada linha são dados por

$$\binom{n}{0} = 1 \quad \text{e} \quad \binom{n}{n} = 1$$

respectivamente. Para todos os outros coeficientes, uma vez que, como provado no problema anterior,

$$\binom{k}{r-1} + \binom{k}{r} = \binom{k+1}{r}$$

cada número na $(k+1)$-ésima linha é a soma dos dois números na k-ésima linha acima à direita e à esquerda.

44.11 Use indução matemática para provar o teorema binomial para positivos inteiros n.

Seja P_n a sentença do teorema binomial:

$$(a+b)^n = \sum_{r=0}^{n} \binom{n}{r} a^{n-r} b^r$$

Então, P_1 é a sentença $(a + b)^1 = \sum_{r=0}^{1} \binom{1}{r} a^{1-r} b^r$.

P_k é a sentença $(a + b)^k = \sum_{r=0}^{k} \binom{k}{r} a^{k-r} b^r$

P_{k+1} é a sentença $(a + b)^{k+1} = \sum_{r=0}^{k+1} \binom{k+1}{r} a^{k+1-r} b^r$

Mas P_1 é verdadeira, uma vez que o lado esquerdo é $a + b$ e o lado direito é

$$\binom{1}{0} a^{1-0} b^0 + \binom{1}{1} a^{1-1} b^1 = 1a + 1b = a + b$$

Assuma como verdadeira a sentença P_k e, comparando com P_{k+1}, observe que o lado esquerdo de P_{k+1} é $a + b$ vezes o lado esquerdo de P_k. Logo, começando com P_k, multiplique ambos os lados por $a + b$:

$$(a+b)(a+b)^k = (a+b) \sum_{r=0}^{k} \binom{k}{r} a^{k-r} b^r$$

$$(a+b)^{k+1} = a \sum_{r=0}^{k} \binom{k}{r} a^{k-r} b^r + b \sum_{r=0}^{k} \binom{k}{r} a^{k-r} b^r$$

$$= \sum_{r=0}^{k} \binom{k}{r} a^{k+1-r} b^r + \sum_{r=0}^{k} \binom{k}{r} a^{k-r} b^{r+1}$$

Escrevendo os termos das somas, temos:

$$\binom{k}{0} a^{k+1} + \binom{k}{1} a^k b + \binom{k}{2} a^{k-1} b^2 + \cdots + \binom{k}{k-1} a^2 b^{k-1} + \binom{k}{k} a b^k$$

$$+ \binom{k}{0} a^k b + \binom{k}{1} a^{k-1} b^2 + \cdots + \binom{k}{k-2} a^2 b^{k-1} + \binom{k}{k-1} a b^k + \binom{k}{k} b^{k+1}$$

Combinando os termos semelhantes e observando que $\binom{k}{0} = 1 = \binom{k+1}{0}$ e $\binom{k}{k} = 1 = \binom{k+1}{k+1}$, resulta

$$\binom{k+1}{0} a^{k+1} + \left(\binom{k}{1} + \binom{k}{0} \right) a^k b + \left(\binom{k}{2} + \binom{k}{1} \right) a^{k-1} b^2 + \cdots$$

$$+ \left(\binom{k}{k-1} + \binom{k}{k-2} \right) a^2 b^{k-1} + \left(\binom{k}{k} + \binom{k}{k-1} \right) a b^k + \binom{k+1}{k+1} b^{k+1}$$

$$= \binom{k+1}{0} a^{k+1} + \binom{k+1}{1} a^k b + \binom{k+1}{2} a^{k-1} b^2 + \cdots + \binom{k+1}{k-1} a^2 b^{k-1} + \binom{k+1}{k} a b^k + \binom{k+1}{k+1} b^{k+1}$$

Portanto, escrevendo a última expressão em notação de somatório,

$$(a+b)^{k+1} = \sum_{r=0}^{k+1} \binom{k+1}{r} a^{k+1-r} b^r$$

Mas essa é precisamente a sentença P_{k+1}. Portanto, a validade de P_{k+1} segue da validade de P_k. Logo, pelo princípio de indução matemática, P_n, isto é, o teorema binomial, vale para todos os inteiros positivos n.

44.12 Escreva o oitavo termo na expansão de $\left(\sqrt{x} + \dfrac{1}{\sqrt{x}} \right)^{13}$.

O $(j+1)$-ésimo termo na expansão de $(a+b)^n$ é dado por $\binom{n}{j} a^{n-j} b^j$. Aqui, $n = 13$ e $j + 1 = 8$; logo, $j = 7$. Portanto, o termo pedido é

$$\binom{13}{7} (\sqrt{x})^{13-7} \left(\frac{1}{\sqrt{x}} \right)^7 = \frac{13!}{(13-7)! \, 7!} \cdot \frac{(\sqrt{x})^6}{(\sqrt{x})^7} = \frac{13 \cdot 12 \cdot 11 \cdot 10 \cdot 9 \cdot 8}{6! \sqrt{x}} = \frac{1716}{\sqrt{x}}$$

44.13 Use o teorema binomial para calcular o valor aproximado de $(1{,}01)^{20}$ com três casas decimais.

Expanda $(1 + 0{,}01)^{20}$ para obter:

$$\binom{20}{0}1^{20} + \binom{20}{1}1^{19}(0{,}01)^1 + \binom{20}{2}1^{18}(0{,}01)^2 + \binom{20}{3}1^{17}(0{,}01)^3 + \binom{20}{4}1^{16}(0{,}01)^4 + \cdots$$

$$= 1 + 20(0{,}01) + \frac{20 \cdot 19}{2 \cdot 1}(0{,}0001) + \frac{20 \cdot 19 \cdot 18}{3 \cdot 2 \cdot 1}(0{,}000001) + \frac{20 \cdot 19 \cdot 18 \cdot 17}{4 \cdot 3 \cdot 2 \cdot 1}(10^{-8}) + \cdots$$

$$= 1 + 0{,}2 + 0{,}019 + 0{,}00114 + 0{,}00004845 + \cdots$$

$$= 1{,}220188\ldots$$

onde os termos abandonados não afetam a terceira casa decimal. Portanto, $(1{,}01)^{20} \approx 1{,}220$ com três casas decimais.

Problemas Complementares

44.14 Calcule os coeficientes binomiais: (a) $\binom{15}{1}$; (b) $\binom{8}{6}$; (c) $\binom{12}{9}$; (d) $\binom{n}{n-2}$

Resp. (a) 15; (b) 28; (c) 220; (d) $\dfrac{n(n-1)}{2}$

44.15 Escreva a expansão binomial de (a) $(a+b)^5$; (b) $(2x+y)^5$.

Resp. (a) $a^5 + 5a^4b + 10a^3b^2 + 10a^2b^3 + 5ab^4 + b^5$; (b) $32x^5 + 80x^4y + 80x^3y^2 + 40x^2y^3 + 10x^4y + y^5$

44.16 Escreva a expansão binomial de (a) $(4s - 3t)^3$; (b) $\left(2a - \dfrac{b}{5}\right)^5$.

Resp. (a) $64s^3 - 144s^2t + 108st^2 - 27t^3$; (b) $32a^5 - 16a^4b + \dfrac{16}{5}a^3b^2 - \dfrac{8}{25}a^2b^3 + \dfrac{2}{125}ab^4 - \dfrac{b^5}{3125}$

44.17 Prove que $\binom{n}{0} + \binom{n}{1} + \cdots + \binom{n}{n-1} + \binom{n}{n} = 2^n$, isto é, que a soma dos coeficientes binomiais de qualquer potência n é igual a 2^n. [Sugestão: Considere a expansão binomial de $(1+1)^n$.]

44.18 Encontre o termo médio na expansão binomial de (a) $\left(3x - \dfrac{y}{3}\right)^{14}$; (b) $(x^3 + 2y^3)^{10}$.

Resp. (a) $-3432x^7y^7$; (b) $8064x^{15}y^{15}$

44.19 É mostrado no cálculo que se $|x| < 1$ e α não é um inteiro positivo, então, $(1+x)^\alpha = \sum_{j=0}^{\infty}\binom{\alpha}{j}x^j$ com $\binom{\alpha}{j} = \dfrac{\alpha(\alpha-1)\cdot\,\cdots\,\cdot(\alpha-j+1)}{j!}$. Use essa fórmula para escrever os primeiros três termos da expansão binomial de (a) $(1+x)^{-2}$; (b) $(1+x)^{1/2}$.

Resp. (a) $1 - 2x + 3x^2$; (b) $1 - 2x + 3x^2$; (b) $1 + \dfrac{1}{2}x - \dfrac{1}{8}x^2$

Capítulo 45

Limites, Continuidade, Derivadas

DEFINIÇÃO INFORMAL DE LIMITE

Se os valores assumidos por uma função $f(x)$ arbitrariamente se aproximam de L, quando os valores x de entrada ficam cada vez mais próximos de a, então L é chamado de limite de $f(x)$ quando x se aproxima de a, o que se escreve como

$$\lim_{x \to a} f(x) = L$$

Exemplo 45.1 $\lim_{x \to 4}(2x - 3) = 5$, uma vez que $2x - 3$ pode arbitrariamente se aproximar de 5, quando os valores de x se aproximam de 4, como sugerido na tabela a seguir:

x	3,5	3,9	3,99	3.999	4,5	4,1	4,01	4,001
$2x-3$	4	4,8	4,98	4.998	6	5,2	5,02	5,002

DEFINIÇÃO FORMAL DE LIMITE

$\lim_{x \to a} f(x) = L$ significa que, dado qualquer $\varepsilon > 0$, um número $\delta > 0$ pode ser encontrado, de modo que, se $0 < |x - a| < \delta$, então $|f(x) - L| < \varepsilon$.

Exemplo 45.2 No exemplo anterior, dado qualquer $\varepsilon > 0$, assuma $0 < |x - 4| < \varepsilon/2$.

Então:

$$2|x - 4| < \varepsilon$$
$$|2x - 8| < \varepsilon$$
$$|(2x - 3) - 5| < \varepsilon$$

Logo, $\lim_{x \to 4}(2x - 3) = 5$.

Note que $\lim_{x \to a} f(x) = L$ nada diz sobre o que acontece em a. Possivelmente $f(a) = L$; no entanto, é também possível que $f(a)$ não seja definido, ou definido, mas diferente de L.

PROPRIEDADES DE LIMITES

$$\lim_{x \to a} c = c \qquad \lim_{x \to a} x = a$$

Se $\lim_{x \to a} f(x) = L$ e $\lim_{x \to a} g(x) = M$, então

$$\lim_{x \to a}[f(x) + g(x)] = L + M \qquad \lim_{x \to a}[f(x) - g(x)] = L - M$$

$$\lim_{x \to a}[f(x)g(x)] = LM \qquad \lim_{x \to a}[f(x)]^n = L^n$$

$$\lim_{x \to a}[f(x)/g(x)] = L/M \quad \text{se} \quad M \neq 0$$

$\lim_{x \to a} \sqrt[n]{f(x)} = \sqrt[n]{L}$ desde que n seja um número inteiro ímpar, ou n seja um inteiro par e L estritamente positivo.

DETERMINANDO LIMITES ALGEBRICAMENTE

Como resultado dessas propriedades, muitos limites podem ser determinados algebricamente.

Exemplo 45.3 Calcule $\lim_{x \to 4}(3x + 7)$.

$$\lim_{x \to 4}(3x + 7) = \lim_{x \to 4} 3x + \lim_{x \to 4} 7 = \lim_{x \to 4} 3 \cdot \lim_{x \to 4} x + \lim_{x \to 4} 7 = 3 \cdot 4 + 7 = 19$$

Exemplo 45.4 Calcule $\lim_{x \to 3} \dfrac{x^2 - 9}{x - 3}$.

$$\lim_{x \to 3} \frac{x^2 - 9}{x - 3} = \lim_{x \to 3} \frac{(x - 3)(x + 3)}{x - 3} = \lim_{x \to 3}(x + 3) = \lim_{x \to 3} x + \lim_{x \to 3} 3 = 3 + 3 = 6$$

Existem, no entanto, muitas situações nas quais o limite não existe.

Exemplo 45.5 Calcule $\lim_{x \to 0}\left(-\dfrac{1}{x}\right)$.

Considere a tabela a seguir:

x	$-0,5$	$-0,1$	$-0,01$	$-0,001$	$0,5$	$0,1$	$0,01$	$0,001$
$-\dfrac{1}{x}$	2	10	100	1000	-2	-10	-100	-1000

Os valores não estão se aproximando de um limite; o limite não existe.

LIMITES UNILATERAIS

1. Se os valores assumidos por uma função $f(x)$ arbitrariamente se aproximam de L, quando os valores de entrada x ficam cada vez mais próximos de a (mas sempre maiores), então L é chamado de limite de $f(x)$ quando x se aproxima de a pela direita, o que se escreve como

$$\lim_{x \to a^+} f(x) = L$$

2. Se os valores assumidos por uma função $f(x)$ arbitrariamente se aproximam de L, quando os valores de entrada x ficam cada vez mais próximos de a (mas sempre menores), então L é chamado de limite de $f(x)$ quando x se aproxima de a pela esquerda, o que se escreve como

$$\lim_{x \to a^-} f(x) = L$$

LIMITES INFINITOS

Se os valores assumidos por uma função $f(x)$ se tornam arbitrariamente grandes e positivos, quando os valores de entrada x se tornam arbitrariamente próximos de a, então diz-se que o limite de $f(x)$, quando x tende a a, é infinito (positivo), o que se escreve como $\lim_{x \to a} f(x) = \infty$. Se os valores assumidos por uma função $f(x)$ se tornam arbitrariamente grandes e negativos quando os valores de entrada x arbitrariamente se aproximam de a, então diz-se que o limite de $f(x)$, quando x tende a a, é infinito negativo, o que se escreve como $\lim_{x \to a} f(x) = -\infty$.

Exemplo 45.6 $\lim_{x \to 3} \frac{1}{(x-3)^2} = \infty$, uma vez que $\frac{1}{(x-3)^2}$ pode ser arbitrariamente grande quando os valores de x ficam arbitrariamente próximos de 3, como sugerido na tabela a seguir:

x	2,5	2,9	2,99	2,999	3,5	3,1	3,01	3,001
$\frac{1}{(x-3)^2}$	4	100	10.000	1.000.000	4	100	10.000	1.000.000

LIMITES INFINITOS UNILATERAIS

1. Se os valores assumidos por uma função $f(x)$ se tornam arbitrariamente grandes e positivos quando os valores de entrada x ficam arbitrariamente próximos de a (mas maiores), diz-se que o limite de $f(x)$ quando x tende a a pela direita, é infinito (positivo), o que se escreve como $\lim_{x \to a^+} f(x) = \infty$. Se os valores assumidos por uma função $f(x)$ ficam arbitrariamente grandes e negativos quando os valores de entrada x ficam arbitrariamente próximos de a (mas maiores), diz-se que o limite de $f(x)$, quando x tende a a pela direita, é infinito negativo, o que escreve como $\lim_{x \to a^+} f(x) = -\infty$.

2. Se os valores assumidos por uma função $f(x)$ se tornam arbitrariamente grandes e positivos quando os valores de entrada x ficam arbitrariamente próximos de a (mas menores), diz-se que o limite de $f(x)$, quando x tende a a pela esquerda, é infinito (positivo), o que se escreve como $\lim_{x \to a^-} f(x) = \infty$. Se os valores assumidos por uma função $f(x)$ ficam arbitrariamente grandes e negativos quando os valores de entrada x se tornam arbitrariamente próximos de a (mas menores), diz-se que o limite de $f(x)$, quando x tende a a pela esquerda, é infinito negativo, o que se escreve como $\lim_{x \to a^-} f(x) = -\infty$.

Exemplo 45.7 Calcule $\lim_{x \to 0^+} \left(-\frac{1}{x}\right)$ e $\lim_{x \to 0^-} \left(-\frac{1}{x}\right)$

A partir da tabela no Exemplo 45.5, parece que $\lim_{x \to 0^+} \left(-\frac{1}{x}\right) = -\infty$ e $\lim_{x \to 0^-} \left(-\frac{1}{x}\right) = \infty$.

LIMITES NO INFINITO

1. Se os valores assumidos por uma função $f(x)$ ficam arbitrariamente próximos de L quando os valores de entrada x se tornam arbitrariamente grandes e positivos, então L é chamado de limite de $f(x)$ quando x tende ao infinito (positivo), o que se escreve como

$$\lim_{x \to \infty} f(x) = L$$

2. Se os valores assumidos por uma função $f(x)$ ficam arbitrariamente próximos de L quando os valores de entrada x se tornam arbitrariamente grandes e negativos, então L é chamado de limite de $f(x)$ quando x tende a infinito negativo, o que se escreve como

$$\lim_{x \to -\infty} f(x) = L$$

DEFINIÇÃO DE CONTINUIDADE

1. Uma função $f(x)$ é dita *contínua* em um ponto c se $\lim_{x \to c} f(x) = f(c)$. Isso é normalmente referido como continuidade em um ponto c, ou apenas continuidade em c.
2. Uma função $f(x)$ é dita contínua em um intervalo aberto (a, b) se for contínua em todos os pontos do intervalo.
3. Uma função $f(x)$ é dita contínua em um intervalo fechado $[a, b]$ se for contínua em todos os pontos do intervalo (a, b) e se também $\lim_{x \to a^+} f(x) = f(a)$ e $\lim_{x \to b^-} f(x) = f(b)$.

Se uma função não é contínua em um ponto c, é chamada de *descontínua*, e c é dito o ponto de descontinuidade.

Exemplo 45.8 É possível demonstrar que toda função polinomial é contínua em qualquer ponto em R e que toda função racional é contínua em todos os pontos de seu domínio. Logo, se $f(x)$ é uma função polinomial, o limite $\lim_{x \to c} f(x)$ pode sempre ser calculado como $f(c)$. Se $f(x) = p(x)/q(x)$ é uma função racional, o limite $\lim_{x \to c} f(x)$ pode ser calculado como $f(c) = p(c)/q(c)$ para qualquer valor de c, desde que $f(c)$ seja definido, isso é, se $q(c) \neq 0$.

DEFINIÇÃO DE DERIVADA

Dada uma função $f(x)$, a *derivada* de f, denotada como $f'(x)$, é uma função definida pela fórmula

$$f'(x) = \lim_{h \to 0} \frac{f(x + h) - f(x)}{h}$$

desde que o limite exista. Se o limite existe para um valor a (também referido como: no ponto a), a função é chamada de *diferenciável* em a. O processo de achar as derivadas é chamado de *diferenciação*.

Exemplo 45.9 Encontre as derivadas de $f(x) = x^2$

$$\begin{aligned} \lim_{h \to 0} \frac{f(x + h) - f(x)}{h} &= \lim_{h \to 0} \frac{(x + h)^2 - x^2}{h} \\ &= \lim_{h \to 0} \frac{x^2 + 2xh + h^2 - x^2}{h} \\ &= \lim_{h \to 0} \frac{2xh + h^2}{h} \\ &= \lim_{h \to 0} \frac{h(2x + h)}{h} \\ &= \lim_{h \to 0} (2x + h) \\ &= 2x \end{aligned}$$

TAXAS DE VARIAÇÃO MÉDIA E INSTANTÂNEA

No Capítulo 9, a taxa de variação *média* de $f(x)$ ao longo de um intervalo de x a $x + h$ foi definida como

$$\frac{f(x + h) - f(x)}{h}$$

também referida como o *quociente de diferenças*.

A derivada de $f(x)$, $f'(x) = \lim_{h \to 0} \dfrac{f(x + h) - f(x)}{h}$, é também chamada de taxa de variação *instantânea* da função em relação à variável x.

RETA TANGENTE

A reta tangente ao gráfico de um função $f(x)$ no ponto $(a, f(a))$ é a reta que passa pelo ponto, com coeficiente angular m igual à derivada da função no ponto a,

$$m(a) = f'(a) = \lim_{h \to 0} \frac{f(a + h) - f(a)}{h}$$

VELOCIDADE MÉDIA E INSTANTÂNEA

Dada uma função $s(t)$ que represente a posição de um objeto no instante de tempo t, a *velocidade média* do objeto no intervalo $[a, b]$ é dada por

$$\frac{\text{Variação da posição}}{\text{Variação do tempo}} = \frac{s(b) - s(a)}{b - a}$$

A *velocidade instantânea* do objeto no instante t é dada pela derivada de $s(t)$:

$$v(t) = s'(t) = \lim_{h \to 0} \frac{s(t + h) - s(t)}{h}$$

Problemas Resolvidos

45.1 Use a definição formal de limite para provar que (a) $\lim_{x \to a} c = c$; (b) $\lim_{x \to a} x = a$.

(a) $\lim_{x \to a} c = c$ significa que, dado qualquer $\varepsilon >$, um número $\delta > 0$ pode ser encontrado tal que, se $0 < |x - a| < \delta$, então $|c - c| < \varepsilon$. No entanto, independentemente de x e δ, $|c - c| = |0| = 0 < \varepsilon$, é verdadeiro para qualquer $\varepsilon > 0$. Isso prova o resultado pedido.

(b) $\lim_{x \to a} x = a$ significa que, dado qualquer $\varepsilon > 0$, um número $\delta > 0$ pode ser encontrado tal que, se $0 < |x - a| < \delta$, então $|x - a| < \varepsilon$. Claramente, dado $\varepsilon > 0$, escolha $\delta = \varepsilon$, então $0 < |x - a| < \delta$ garantirá $|x - a| < \varepsilon$. Isso prova o resultado pedido.

45.2 Use a definição formal de limite para provar que, se $\lim_{x \to a} f(x) = L$ e $\lim_{x \to a} g(x) = M$, então $\lim_{x \to a} [f(x) + g(x)] = L + M$.

$\lim_{x \to a} [f(x) + g(x)] = L + M$ significa que, dado qualquer $\varepsilon > 0$, um número $\delta > 0$ pode ser encontrado para que, caso $0 < |x - a| < \delta$, então $|(f(x) + g(x)) - (L + M)| < \varepsilon$.

Note que $|(f(x) + g(x)) - (L + M)| = |(f(x) - L) + (g(x) - M)| \leq |f(x) - L| + |g(x) - M|$. Essa desigualdade provém da desigualdade triangular (Capítulo 7).

Logo, como $\lim_{x \to a} f(x) = L$ e $\lim_{x \to a} g(x) = M$, dado $\varepsilon > 0$, escolha δ_1 para que $0 < |x - a| < \delta_1$, então $|f(x) - L| < \varepsilon/2$, e escolha δ_2 para que $0 < |x - a| < \delta_2$, então $|g(x) - M| < \varepsilon/2$.

Logo, escolha δ como o menor entre δ_1 e δ_2. Então, se $0 < |x - a| < \delta$, $|(f(x) + g(x)) - (L + M)| \leq |f(x) - L| + |g(x) - M| < \varepsilon/2 + \varepsilon/2 = \varepsilon$. Isso prova o resultado pedido.

45.3 Calcule $\lim_{x \to 5}(2 - 3x)$ (a) examinando a tabela de valores próximos de 5; (b) usando a definição formal de limite; (c) usando a continuidade de funções polinomiais.

(a) Faça uma tabela de valores próximos de 5:

x	4,5	4,9	4,99	4,999	5,5	5,1	5,01	5,001
$2-3x$	$-11,5$	$-12,7$	$-12,97$	$-12,997$	$-14,5$	$-13,3$	$-13,03$	$-13,003$

Isso sugere que $\lim_{x \to 5}(2 - 3x) = -13$.

(b) Se $0 < |x - 5| < \delta_1$, então
$$0 < |-3(x - 5)| < |-3|\delta_1$$
$$0 < |15 - 3x| < 3\delta_1$$
$$0 < |(2 - 3x) - (-13)| < 3\delta_1$$

Logo, dado $\varepsilon > 0$, escolha $\delta = \delta_1 = \varepsilon/3$. Se $0 < |x - 5| < \delta$, então
$$|(2 - 3x) - (-13)| < 3(\varepsilon/3) = \varepsilon$$

Então, $\lim_{x \to 5}(2 - 3x) = -13$, como sugerido na tabela.

(c) Como $f(x) = 2 - 3x$ é uma função polinomial, $\lim_{x \to 5} f(x) = f(5) = 2 - 3 \cdot 5 = -13$.

45.4 Encontre (a) $\lim_{x \to -2}(x^3 - 3x^2 + 2x + 8)$; (b) $\lim_{x \to 4}\dfrac{x - 1}{x^2 + 3}$.

(a) Como $f(x) = x^3 - 3x^2 + 2x + 8$ é uma função polinomial,
$$\lim_{x \to -2} f(x) = f(-2) = (-2)^3 - 3(-2)^2 + 2(-2) + 8 = -16$$

(b) Como $f(x) = \dfrac{x - 1}{x^2 + 3}$ é uma função racional definida em $x = 4$,
$$\lim_{x \to 4} f(x) = f(4) = \dfrac{4 - 1}{4^2 + 3} = \dfrac{3}{19}$$

45.5 Encontre os limites a seguir algebricamente

(a) $\lim_{x \to 5}\dfrac{x - 5}{x^2 - 25}$; (b) $\lim_{x \to 16}\dfrac{\sqrt{x} - 4}{x - 16}$; (c) $\lim_{x \to 0}\dfrac{(3 - x)^2 - 9}{x}$

(a) $\lim_{x \to 5}\dfrac{x - 5}{x^2 - 25} = \lim_{x \to 5}\dfrac{x - 5}{(x - 5)(x + 5)} = \lim_{x \to 5}\dfrac{1}{x + 5} = \dfrac{1}{10}$

(b) $\lim_{x \to 16}\dfrac{\sqrt{x} - 4}{x - 16} = \lim_{x \to 16}\dfrac{\sqrt{x} - 4}{(\sqrt{x} - 4)(\sqrt{x} + 4)} = \lim_{x \to 16}\dfrac{1}{\sqrt{x} + 4} = \dfrac{\lim_{x \to 16} 1}{\sqrt{\lim_{x \to 16} x} + \lim_{x \to 16} 4} = \dfrac{1}{\sqrt{16} + 4} = \dfrac{1}{8}$

(c) $\lim_{x \to 0}\dfrac{(3 - x)^2 - 9}{x} = \lim_{x \to 0}\dfrac{9 - 6x + x^2 - 9}{x} = \lim_{x \to 0}\dfrac{-6x + x^2}{x} = \lim_{x \to 0}\dfrac{x(-6 + x)}{x} = \lim_{x \to 0}(-6 + x) = -6$

45.6 (a) Dê as definições formais de $\lim_{x \to a^+} f(x) = L$ e $\lim_{x \to a^-} f(x) = M$. (b) Mostre que se $\lim_{x \to a^+} f(x) = L$ e $\lim_{x \to a^-} f(x) = L$, então $\lim_{x \to a} f(x) = L$.

(a) $\lim_{x \to a^+} f(x) = L$ significa que, dado qualquer $\varepsilon > 0$, um número $\delta > 0$ pode ser encontrado de forma que se $0 < x - a < \delta$ então $|f(x) - L| < \varepsilon$. $\lim_{x \to a^-} f(x) = M$ significa que, dado qualquer $\varepsilon > 0$, um número $\delta > 0$ pode ser encontrado de forma que se $0 < a - x < \delta$, então $|f(x) - M| < \varepsilon$.

(b) Se $\lim_{x \to a^+} f(x) = L$ e $\lim_{x \to a^-} f(x) = L$, então dado qualquer $\varepsilon > 0$, um número $\delta_1 > 0$ pode ser encontrado de forma que se $0 < x - a < \delta_1$ então $|f(x) - L| < \varepsilon$ e um número $\delta_2 > 0$ pode ser encontrado de forma que se $0 < a - x < \delta_2$, então $|f(x) - L| < \varepsilon$. Logo, dado qualquer $\varepsilon > 0$, escolha δ como sendo o menor entre δ_1 e δ_2. Então, se $0 < |x - a| < \delta$, ambos $0 < x - a < \delta_1$ e $0 < a - x < \delta_2$ serão verdadeiros e $|f(x) - L| < \varepsilon$, como requerido.

45.7 Seja $f(x) = \begin{cases} x - 3 & \text{se } x < 2 \\ 6x & \text{se } x \geq 2 \end{cases}$. Encontre (a) $\lim_{x \to 2^+} f(x)$; (b) $\lim_{x \to 2^-} f(x)$; (c) $\lim_{x \to 2} f(x)$.

(a) $\lim_{x \to 2^+} f(x) = \lim_{x \to 2^+} 6x = 12$

(b) $\lim_{x \to 2^-} f(x) = \lim_{x \to 2^-} (x - 3) = -1$

(c) Como $\lim_{x \to 2^+} f(x) \neq \lim_{x \to 2^-} f(x)$, $\lim_{x \to 2} f(x)$ não existe.

45.8 Seja $f(x) = \begin{cases} x^2 - 3 & \text{se } x < 2 \\ \frac{1}{2}x & \text{se } x \geq 2 \end{cases}$. Encontre (a) $\lim_{x \to 2^+} f(x)$; (b) $\lim_{x \to 2^-} f(x)$; (c) $\lim_{x \to 2} f(x)$.

(a) $\lim_{x \to 2^+} f(x) = \lim_{x \to 2^+} \frac{1}{2}x = 1$

(b) $\lim_{x \to 2^-} f(x) = \lim_{x \to 2^-} (x^2 - 3) = 2^2 - 3 = 1$

(c) Since $\lim_{x \to 2^+} f(x) = \lim_{x \to 2^-} f(x) = 1$, $\lim_{x \to 2} f(x) = 1$

CAPÍTULO 45 • LIMITES, CONTINUIDADE, DERIVADAS 393

45.9 Calcule (a) $\lim_{x \to 4} \sqrt{x}$; (b) $\lim_{x \to -4} \sqrt{x}$.

(a) $\lim_{x \to 4} \sqrt{x} = \sqrt{\lim_{x \to 4} x} = \sqrt{4} = 2$

(b) Como $\sqrt{x}$ não é um número real para qualquer valor de x próximo de -4, $\lim_{x \to -4} \sqrt{x}$ não existe.

45.10 Seja $f(x) = \dfrac{1}{x-2}$. Calcule (a) $\lim_{x \to 2^+} f(x)$; (b) $\lim_{x \to 2^-} f(x)$; (c) $\lim_{x \to 2} f(x)$.

Considere a tabela a seguir:

x	1,5	1,9	1,99	1,999	2,5	2,1	2,01	2,001
$\dfrac{1}{x-2}$	-2	-10	-100	-1000	2	10	100	1000

(a) A partir da tabela, parece que $\lim_{x \to 2^+} f(x)$ não existe; contudo, pode ser dito que $\lim_{x \to 2^+} f(x) = \infty$.

(b) A partir da tabela, parece que $\lim_{x \to 2^-} f(x)$ não existe; contudo, pode ser dito que $\lim_{x \to 2^-} f(x) = -\infty$.

(c) Como $\lim_{x \to 2^+} f(x) \neq \lim_{x \to 2^-} f(x)$, $\lim_{x \to 2} f(x)$ não existe.

45.11 Seja $f(x) = \dfrac{x+3}{(x-2)^2}$. Calcule (a) $\lim_{x \to 2^+} f(x)$; (b) $\lim_{x \to 2^-} f(x)$; (c) $\lim_{x \to 2} f(x)$.

Considere a tabela a seguir:

x	1,5	1,9	1,99	1,999	2,5	2,1	2,01	2,001
$\dfrac{x+3}{(x-2)^2}$	18	490	49.900	4.999.000	22	510	50.100	5.001.000

(a) A partir da tabela, parece que $\lim_{x \to 2^+} f(x)$ não existe; contudo, pode ser dito que $\lim_{x \to 2^+} f(x) = \infty$.

(b) A partir da tabela, parece que $\lim_{x \to 2^-} f(x)$ não existe; contudo, pode ser dito que $\lim_{x \to 2^-} f(x) = \infty$.

(c) Como $\lim_{x \to 2^+} f(x) = \lim_{x \to 2^-} f(x) = \infty$, pode ser dito que $\lim_{x \to 2} f(x) = \infty$.

45.12 Pode ser mostrado que $\lim_{x \to \infty} \dfrac{1}{x^n} = 0$ e $\lim_{x \to -\infty} \dfrac{1}{x^n} = 0$ para qualquer valor positivo de n. Use esses fatos para calcular

(a) $\lim_{x \to \infty} \dfrac{2x+2}{x+3}$; (b) $\lim_{x \to -\infty} \dfrac{x \cdot 5}{x^2+6}$.

(a) $\lim_{x \to \infty} \dfrac{2x+2}{x+3} = \lim_{x \to \infty} \dfrac{2 + 2/x}{1 + 3/x} = \dfrac{\lim_{x \to \infty} 2 + 2\lim_{x \to \infty}(1/x)}{\lim_{x \to \infty} 1 + 3\lim_{x \to \infty}(1/x)} = \dfrac{2 + 2 \cdot 0}{1 + 3 \cdot 0} = 2$

(b) $\lim_{x \to -\infty} \dfrac{5}{x^2+6} = \dfrac{\lim_{x \to -\infty}(5/x^2)}{\lim_{x \to -\infty} 1 + \lim_{x \to -\infty}(6/x^2)} = \dfrac{5\lim_{x \to -\infty}(1/x^2)}{\lim_{x \to -\infty} 1 + 6\lim_{x \to -\infty}(1/x^2)} = \dfrac{5 \cdot 0}{1 + 6 \cdot 0} = 0$

45.13 Discuta como uma função pode não ser contínua para um valor em particular e dê exemplos.

Uma função $f(x)$ é contínua para um valor a se $\lim_{x \to a} f(x) = f(a)$. No entanto:

1. $f(a)$ pode ser não definida. Por exemplo, considere $f(x) = \dfrac{1}{x^2}$ em $x = 0$, ou $f(x) = \sqrt{x}$ em qualquer valor negativo de x, ou $f(x) = \dfrac{x^2 - 4}{x - 2}$ em $x = 2$.

2. O limite $\lim_{x \to a} f(x)$ pode não existir. Por exemplo, considere $f(x) = \dfrac{1}{x}$ em $x = 0$ ou $f(x) = \begin{cases} x^2 \text{ se } x < 2 \\ 3x \text{ se } x \geq 2 \end{cases}$ em $x = 2$.

3. O limite $\lim_{x \to a} f(x)$ pode existir e $f(a)$ pode ser definida, mas $\lim_{x \to a} f(x) \neq f(a)$. Por exemplo, considere

$$f(x) = \begin{cases} x^2 \text{ se } x \neq 2 \\ 3 \text{ se } x = 2 \end{cases} \text{ em } x = 2 \text{ onde } \lim_{x \to 2} f(x) = 4, \text{ mas } f(2) = 3.$$

45.14 Analise a derivada da função $f(x) = |x|$.

Encontre $\lim_{h \to 0} \dfrac{f(x+h) - f(x)}{h}$.

$$\lim_{h \to 0} \frac{f(x+h) - f(x)}{h} = \lim_{h \to 0} \frac{|x+h| - |x|}{h}$$

Se $x > 0$, então para um h suficientemente pequeno, h, $x + h > 0$, logo

$$\lim_{h \to 0} \frac{f(x+h) - f(x)}{h} = \lim_{h \to 0} \frac{|x+h| - |x|}{h} = \lim_{h \to 0} \frac{x+h-x}{h} = \lim_{h \to 0} \frac{h}{h} = \lim_{h \to 0} 1 = 1$$

Se $x < 0$, então para um h suficientemente pequeno, $x + h < 0$, logo

$$\lim_{h \to 0} \frac{f(x+h) - f(x)}{h} = \lim_{h \to 0} \frac{|x+h| - |x|}{h} = \lim_{h \to 0} \frac{-(x+h) - (-x)}{h} = \lim_{h \to 0} \frac{-h}{h} = \lim_{h \to 0} (-1) = -1$$

Se $x = 0$, no entanto,

$$\lim_{h \to 0} \frac{f(x+h) - f(x)}{h} = \lim_{h \to 0} \frac{|x+h| - |x|}{h} = \lim_{h \to 0} \frac{|h|}{h}$$

Este limite não existe, uma vez que

$$\lim_{h \to 0^+} \frac{|h|}{h} = \lim_{h \to 0^+} \frac{h}{h} = \lim_{h \to 0^+} 1 = 1 \text{ mas}$$

$$\lim_{h \to 0^-} \frac{|h|}{h} = \lim_{h \to 0^-} \frac{-h}{h} = \lim_{h \to 0^-} (-1) = -1$$

Resumindo, se $f(x) = |x|$, então $f'(x) = \begin{cases} 1 \text{ se } x > 0 \\ -1 \text{ se } x < 0 \\ \text{não definida se } x = 0 \end{cases}$

45.15 Encontre as derivadas das funções a seguir:

(a) $f(x) = x^3$; (b) $f(x) = \sqrt{x}, x > 0$; (c) $f(x) = \dfrac{1}{x}, x \neq 0$.

(a) Encontre $\lim_{h \to 0} \dfrac{f(x+h) - f(x)}{h}$.

$$\lim_{h \to 0} \frac{f(x+h) - f(x)}{h} = \frac{(x+h)^3 - x^3}{h}$$

$$= \lim_{h \to 0} \frac{x^3 + 3x^2 h + 3xh^2 + h^3 - x^3}{h}$$

$$= \lim_{h \to 0} \frac{3x^2 h + 3xh^2 + h^3}{h}$$

$$= \lim_{h \to 0} \frac{h(3x^2 + 3xh + h^2)}{h}$$

$$= \lim_{h \to 0} (3x^2 + 3xh + h^2)$$

$$= 3x^2$$

(b) Encontre $\lim_{h \to 0} \dfrac{f(x+h) - f(x)}{h}$.

$$\lim_{h \to 0} \frac{f(x+h) - f(x)}{h} = \lim_{h \to 0} \frac{\sqrt{x+h} - \sqrt{x}}{h}$$

$$= \lim_{h \to 0} \frac{\sqrt{x+h} - \sqrt{x}}{h} \cdot \frac{\sqrt{x+h} + \sqrt{x}}{\sqrt{x+h} + \sqrt{x}}$$

$$= \lim_{h \to 0} \frac{x + h - x}{h(\sqrt{x+h} + \sqrt{x})}$$

$$= \lim_{h \to 0} \frac{h}{h(\sqrt{x+h} + \sqrt{x})}$$

$$= \lim_{h \to 0} \frac{1}{\sqrt{x+h} + \sqrt{x}}$$

$$= \frac{1}{2\sqrt{x}}$$

Isso é definido, desde que $x > 0$.

(c) Encontre $\lim_{h \to 0} \dfrac{f(x+h) - f(x)}{h}$.

$$\lim_{h \to 0} \frac{f(x+h) - f(x)}{h} = \lim_{h \to 0} \frac{1/(x+h) - 1/x}{h}$$

$$= \lim_{h \to 0} \frac{x - (x+h)}{hx(x+h)}$$

$$= \lim_{h \to 0} \frac{-h}{hx(x+h)}$$

$$= \lim_{h \to 0} \frac{-1}{x(x+h)}$$

$$= \frac{-1}{x^2}$$

45.16 Encontre a equação da reta tangente ao gráfico de

(a) $f(x) = x^3$, em $(2, 8)$; (b) $f(x) = \sqrt{x}$, em $(4, 2)$; (c) $f(x) = \dfrac{1}{x}$, em $(-1, -1)$

(a) Usando a derivada encontrada no problema anterior, descobrimos que o coeficiente angular da reta tangente em $(2, 8)$ é $f'(2) = 3 \cdot 2^2 = 12$. Usando a forma ponto-angular da equação de uma reta, descobrimos que a equação da reta que passa por $(2, 8)$ e com coeficiente angular 12 é

$$y - 8 = 12(x - 2)$$
$$y - 8 = 12x - 24$$
$$y = 12x - 16$$

(b) Usando a derivada encontrada no problema anterior, descobrimos que o coeficiente angular da reta tangente em $(4, 2)$ é $f'(4) = \dfrac{1}{2\sqrt{4}} = \dfrac{1}{4}$. Usando a forma ponto-angular da equação de uma reta, descobrimos que a equação da reta que passa por $(4, 2)$ e com coeficiente angular $\dfrac{1}{4}$ é

$$y - 2 = \frac{1}{4}(x - 4)$$
$$y - 2 = \frac{1}{4}x - 1$$
$$y = \frac{1}{4}x + 1$$

(c) Usando a derivada encontrada no problema anterior, descobrimos que o coeficiente angular da reta tangente em $(-1, -1)$ é $f'(-1) = \dfrac{-1}{(-1)^2} = -1$. Usando a forma ponto-angular da equação de uma reta, descobrimos que a equação da reta que passa por $(-1, -1)$ e com coeficiente angular -1 é

$$y - (-1) = (-1)[x - (-1)]$$
$$y + 1 = -x - 1$$
$$y = -x - 2$$

Problemas Complementares

45.17 Encontre os limites a seguir de forma algébrica:

(a) $\lim\limits_{x \to -3}(5x + 1)$; (b) $\lim\limits_{x \to 2}(2x^2 - 8x + 7)$; (c) $\lim\limits_{x \to -3}\dfrac{x^2 - 7}{x + 5}$

Resp. (a) -14; (b) -1; (c) 1

45.18 Encontre os limites a seguir de forma algébrica:

(a) $\lim\limits_{x \to 2}\dfrac{x^2 - 4}{2x - 4}$; (b) $\lim\limits_{x \to 100}\dfrac{\sqrt{x} - 10}{x - 100}$; (c) $\lim\limits_{x \to 2}\dfrac{2x + 4}{x^2 - 4}$ (d) $\lim\limits_{x \to 0}\dfrac{(x - 3)^3 + 27}{x}$

Resp. (a) 2; (b) $\frac{1}{20}$; (c) não existe; (d) 27

45.19 Use a definição formal de limite para provar:
Se $\lim\limits_{x \to a} f(x) = L$ e $\lim\limits_{x \to a} g(x) = M$, então $\lim\limits_{x \to a}[f(x) - g(x)] = L - M$.

45.20 Seja $f(x) = \begin{cases} x^3 & \text{se } x < 3 \\ 3x & \text{se } x \geq 3 \end{cases}$. Encontre (a) $\lim\limits_{x \to 3^+} f(x)$; (b) $\lim\limits_{x \to 3^-} f(x)$; (c) $\lim\limits_{x \to 3} f(x)$

Resp. (a) 9; (b) 27; (c) não existe

45.21 Seja $f(x) = \begin{cases} x^3 - 18 & \text{se } x < 3 \\ 3x & \text{se } x \geq 3 \end{cases}$. Encontre (a) $\lim\limits_{x \to 3^+} f(x)$; (b) $\lim\limits_{x \to 3^-} f(x)$; (c) $\lim\limits_{x \to 3} f(x)$

Resp. (a) 9; (b) 9; (c) 9

45.22 Encontre os limites a seguir:

(a) $\lim\limits_{x \to 4}\sqrt{2 - x}$; (b) $\lim\limits_{x \to -4}\sqrt{5 - x}$

Resp. (a) não existe; (b) 3

45.23 Seja $f(x) = \dfrac{x + 1}{x - 3}$. Encontre (a) $\lim\limits_{x \to 3^+} f(x)$; (b) $\lim\limits_{x \to 3^-} f(x)$; (c) $\lim\limits_{x \to 3} f(x)$.

Resp. (a) ∞; (b) $-\infty$; (c) não existe

45.24 Seja $f(x) = \dfrac{1 - x}{(x - 3)^2}$. Encontre (a) $\lim\limits_{x \to 3^+} f(x)$; (b) $\lim\limits_{x \to 3^-} f(x)$; (c) $\lim\limits_{x \to 3} f(x)$.

Resp. (a) $-\infty$; (b) $-\infty$; (c) $-\infty$

45.25 Calcule os limites a seguir:

(a) $\lim_{x\to\infty}\dfrac{100x}{5x^2-1}$; (b) $\lim_{x\to-\infty}\dfrac{100x^2}{5x^2-1}$

Resp. (a) 0; (b) 20

45.26 Mostre que se $f(x) = mx+b$, onde m e b são constantes, então $f'(x) = m$.

45.27 Encontre as derivadas das funções a seguir:

(a) $f(x) = x^4$; (b) $f(x) = \sqrt{x-4}, x > 4$; (c) $f(x) = \dfrac{1}{x^2}$

Resp. (a) $f'(x) = 4x^3$; (b) $f'(x) = \dfrac{1}{2\sqrt{x-4}}, x > 4$; (c) $f'(x) = \dfrac{-2}{x^3}$

45.28 Encontre a equação da reta tangente ao gráfico de

(a) $f(x) = x^4$, em $(1, 1)$; (b) $f(x) = \sqrt{x-4}$, em $(5, 1)$; (c) $f(x) = \dfrac{1}{x^2}$, em $\left(\dfrac{1}{2}, 4\right)$

Resp. (a) $y = 4x - 3$; (b) $y = \dfrac{1}{2}x - \dfrac{3}{2}$; (c) $y = -16x + 12$

45.29 Mostre que se $f(x) = x^n$, onde n é um inteiro positivo qualquer, então $f'(x) = nx^{n-1}$.

(*Dica*: Use o teorema binomial.)

Índice

A
AAL, caso, 241-242, 245-246
Abcissa, 54
ALA, caso, 241-242, 245-246
Altura, 85
Amplitude, 188, 190
Ângulos, 197
   complementares, 199
   coterminais, 199, 202
   de referência, 201, 206
   em posição canônica, 197
   em um quadrante, 197
   medição em graus, 198
   medição em radianos, 198
   suplementares, 199
   vértice de, 197
Argumento, 271-272
Assíntotas
   de uma hipérbole, 339, 343
   horizontais, 133-138
   oblíquas, 135-138
   verticais, 132, 136-137
Axiomas para o sistema de números reais, 1-2

B
Bissetor perpendicular, 63-64

C
Cardioide, 266
Caso de ambiguidade, 246-247
Centro
   de um círculo, 57-58
   de uma elipse, 337
   de uma hipérbole, 338-339
Cicloide, 267
Círculo, 57-58, 62-63
   centro de, 57-58, 62-63
   raio de, 57-58, 62-63
   reta tangente ao, 85
Círculo unitário, 57-58, 176-177
Coeficiente angular, 79-80
Coeficientes binomiais, 381
Completando o quadrado, 30-31, 34-35, 95
Componentes de um vetor, 254, 257
Comprimento do arco, 198, 202-203
Continuidade, 389-390
Coordenadas polares, 261
   possíveis conjuntos de, 261, 264
Coordenadas polares e cartesianas, 262-263
   relações de transformação, 264

Cosseno, 177-178, 187
   lei de, 241-242, 247
Crescimento exponencial, 154, 156
Crescimento populacional, 155
   ilimitado, 155, 159
   logística, 155, 159
Curva cosseno, 187
Curva seno, 187
Custo/demanda, 109-110, 112

D
Decaimento exponencial, 154, 156
Decaimento radioativo, 155, 160
Decibel, 169-170
Decomposição em frações parciais, 294-295
Demanda, 108-109
Depreciação linear, 84-86
Depressão, ângulo de, 242-243
Derivada, 389-390
Desigualdade, relações de, 41
Desigualdade triangular, 49-50, 53
Desigualdades, 41
   equivalentes, 42-43
   lineares, 42-43
   não lineares, 42-44
Determinantes, 322-323
   cofatores, 322-323
   propriedades de, 323-327
   reduzidos, 322-323
Dilatação, 88-89
Direção, 241-242
Diretriz
   de uma elipse, 359
   de uma hipérbole, 359
   de uma parábola, 330-332
Discriminante, 30-31, 356-357
Distância
   de ponto a reta, 330-333
   entre dois pontos, 54, 58-59
Distributividade dupla, 2-3, 8-9
Divisão
   de polinômios, 115-116
   sintética, 116-117

E
e, 154
Eixo maior, 337
Eixo menor, 337
Eixos, 54, 330-331
   focal, 338-339

rotação de, 349-350
transverso, 338-339
Eixos de coordenadas, 54
Elevação, ângulo de, 342-343
Eliminação de Gauss-Jordan, 289-290
Eliminação gaussiana, 288-289
Elipse, 337
   equação de, 337, 339
Equações, 29-30
   contendo radicais, 31-32
   de segundo grau, classificação, 356-357
   em forma quadrática, 35-36
   equivalentes, 29-30
   exponenciais, 168-169
   lineares, 29-30
   literais, 31-32, 35-36
   logarítmicas, 168-169
   não lineares, 29-30
   quadráticas, 30-31
   sistemas de, 279-280
   trigonométricas, 213-216
Equações de transformação
   em rotação, 349-351
   reversa, 352-353
Equações paramétricas, 262-263, 267
Escala Richter, 169-170, 173
Escalares, 252-253
Escalas logarítmicas, 168-169
   relações de funções logarítmico-exponencial, 162-163
Excentricidade, 339, 346
   de uma parábola, 359
Expoentes, 15
   inteiros negativos, 15
   leis de, 16
   números naturais, 15
   propriedades de, 154
   zero, 15
Expressões racionais, 20, 294-295
Expressões radicais, 21-22
   forma radical mais simples, 21-22
   racionalizando o denominador, 22-23, 25-26
   racionalizando o numerador, 22-23, 25-26

F

Fatorial, 363
Foco
   de uma elipse, 337
   de uma hipérbole, 338-339
   de uma parábola, 330-332
Formula de Mollweide, 250-251
Fórmula de mudança de base, 168-169
Fórmula de mudança de fase, 231-232, 237-238
Fórmula do ponto médio, 58-59, 62-63
Fórmula quadrática, 30-31
Fórmulas, 31-32
Fórmulas de ângulos duplos, 220-221, 224-225
Fórmulas de meio-ângulo, 221-222, 225
Fórmulas de soma e diferença, 220-223
Fórmulas produto-soma, 221-222, 226
Fórmulas soma-produto, 221-222, 226
Frações complexas, 20, 23-24
Funções, 68-69
   algébricas, 146-147
   compostas, 104, 108-109
   constantes, 69-70
   crescentes, 69-70
   decrescentes, 69-70
   domínio de, 68-69, 71-72
   encontrando inversas de, 106-107, 110
   exponenciais, 154
   gráficos de, 69-70
   imagem de, 68-69
   ímpares, 69-70
   ímpares e pares, 69-70, 112
   injetoras, 105-106, 109-110
   inversas, 105-106, 110
   linear, regras de, 79-80
   lineares, 79-80
   logarítmicas, 162-163
   maior domínio possível, 68-69
   notação para, 68-69
   pares, 69-70
   periódicas, 113, 177-178, 230-231
   polinomiais, 114
      fazendo gráficos de, 118-119
   produto e quociente, 104
   quadráticas, 95
   racionais, 132
      fazendo gráficos de, 132, 135-138
   soma e diferença de, 104
   valores de entrada e saída, 68-69
   valores máximo e mínimo em, 96
Funções trigonométricas, 177-178
   aproximação de calculadora para, 208-209
   de ângulos, 199
   de ângulos agudos, 200
   de ângulos notáveis, 205-206
   definição de círculo unitário, 177-178
   domínio e imagem de, 178-180
   fórmulas de ângulos duplos, 220-221
   fórmulas de cofunções, 220-221
   fórmulas de meio-ângulo, 221-222
   fórmulas de soma e diferença, 220-221
   fórmulas produto-soma, 221-222
   fórmulas soma-produto, 221-222
   gráficos de, 187
   identidades de meio-ângulo, 221-222
   inversas, 207, 212-213, 230-231
   periodicidade de, 177-178
   propriedades de pares e ímpares, 186
   redefinidas, 230-231

G

Gráfico, de uma equação, 55-56

H

Hipérbole, 338-339
   equação de, 339

I

Identidade de mudança de fase, 231-232, 237-238
Identidades, 29-30, 178-179, 211-212
   para negativos, 178-179
   pitagóricas, 178-179, 184-185
   quociente, 178-179

recíprocas, 178-179
trigonométricas, 178-179, 211-212
  verificação, 212-214
Identidades de meio-ângulo, 221-222, 224-225
Índice
  de um radical, 21-22
  de uma sequência, 362
Indução matemática, *ver* Princípio de indução matemática
Inteiros, 1-2
Intensidade de som, 169-170, 173, 390-391
Intensidade de terremoto, 169-170, 173
Interceptos, 55-56, 97
  x-, 55-56
  y-, 55-56
Intervalos, 41
Invariante, 358
Juros compostos, 154, 157, 172-173
  contínuos, 155, 158, 172-173

L
LAL, caso, 241-242, 248
Lei de Coulomb, 152-153
Lei de Ohm, 150
Lei de resfriamento de Newton, 152
Lei do inverso do quadrado, 150, 152-153
Leis associativas, 1-2
Leis comutativas, 1-2
Leis de fator zero, 2-3
Leis de fechamento, 1-2
Leis de identidade, 1-2
Leis de inverso, 2-3
Leis distributivas, 1-2
Leis para negativos, 2-3
Leis para quocientes, 2-3
Limites, 387-388
  infinitos, 388-389
  no infinito, 389-390
  unilaterais, 388-389
LLA, caso, 241-242, 246-247
LLL, caso, 241-242, 248
Loci, 330-331
Logaritmos, 162-163

M
Matrizes, 287-288, 309-310
  adição de, 309-310
    lei comutativa, 310-311
  aumentadas, 288-289
  diagonal principal de, 309-310
  forma escada, 288-289
  forma escada reduzida, 288-289
  identidade, 314
  igualdade entre, 309-310
  inversas, 314
  linha-equivalente, 287-288
  multiplicação de, 313
    não comutatividade, 314
  não singulares, 314
  ortonormais, 321
  produto por escalar, 310-311
  quadradas, 309-310
  singulares, 314
  subtração de, 310-311
  transposição de, 312, 321
  zero, 309-310
Mediana, 85
Módulo, 271-272
Mudança de fase, 188

N
Notação científica, 16-18
Notação de somatória, 363
Números complexos, 3-4, 117-118, 270-271
  forma padrão, 22-23
  forma polar, 272-273
  forma trigonométrica, 270-271
  operações, 22-23, 26-27
  raiz n-ésima, 272-273
Números irracionais, 1-2
Números naturais, 1-2
Números racionais, 1-2

O
Ordem de operações, 3-4
Ordenada, 54

P
Parábolas, 95, 330-331
  equações de, 331-332
  vértices de, 95, 330-331
Período, 177-178
Plano complexo, 270-271
Polinômios, 7-8
  adição de, 7-8
  divisão de, 115-116, 119-120
  fatoração de, 9-12
  grau de, 7-8, 10-11
  multiplicação de, 8-9, 11
  multiplicação por propriedade distributiva, 8-9
  subtração de, 8-9
  zeros complexos de, 117-118
  zeros de, 115-116
  zeros racionais de, 117-118
Ponto crítico, 43-44
Precisão em computação, 241-242
Princípio de indução matemática, 368-369
  estendido, 369-370
Princípio fundamental das frações, 20
Problemas colocados em linguagem natural, 32-33, 36-37
Produto interno, 255-256
Projétil, 269
Proporção, 146-147
  direta, 146-147, 149-150
  inversa, 146-147, 149-150
Propriedades de ordem de números reais, 2-3

Q
Quadrantes, 54
Quantidade escalar, 252-253
Quantidade vetorial, 252-253

R

Radicais, 21-22
　forma radical mais simples, 21-22
　propriedades de, 21-22
　racionalizando o denominador, 22-23, 25-26
　racionalizando o numerador, 22-23, 25-26
Reflexão, 57-58
Regra de Cramer, 323-324
Regra de sinais de Descartes, 118-119, 122-123
Relação função-função inversa, 105-106
Resultante, de forças, 259-260
Reta dos números reais, 3-4
Retas
　forma canônica da equação de, 80-81
　forma dois-interceptos da equação de, 81-82
　forma ponto-angular da equação de, 80-81
　forma ponto-intercepto de, 80-81
　horizontal e vertical, 79-80
　normais, 85
　paralelas, 80-81
　perpendiculares, 80-81
　tangentes, 85, 390-391
Rosácea, 266

S

Seções cônicas, 356-357
　casos degenerados, 356-357, 361
　em coordenadas polares, 360-361
Senos, 177-178, 187
　lei dos, 241-242, 244-245
Sequência, 362
　aritmética, 374-375
　de Fibonacci, 364
　definida recursivamente, 362
　geométrica, 374-375
Série, 363
　aritmética, 374-375
　geométrica infinita, 375
Simetria, 55-56
　testes para, 55-56
Sistema de coordenadas cartesianas, 54
Sistema de coordenadas polares, 261
Sistemas de equações lineares, 279-280
　classificação de, 280-281
　equivalentes, 279-280
　soluções de, 280-281
Sistemas de equações não lineares, 302

T

Taxa de variação
　instantânea, 390-391
　média, 70-71
Teorema binomial, 381, 384
　demonstração, 384-385
Teorema da fatoração, 116-117, 120-121
Teorema de DeMoivre, 271-272, 275-276
　demonstração por indução matemática, 372
Teorema do resto, 116-117, 119-120
Teorema do valor intermediário, 118-119
Teorema fundamental da álgebra, 117-118
Teorema pitagórico, 32-33
Terceira lei de Kepler, 152
Teste da reta horizontal, 105-106
Teste da reta vertical, 69-70
Transformações elementares, 87-88
Translação
　horizontal, 88-89
　vertical, 87-88
Triângulos, 63, 240-241
　oblíquos, 241-242
　retângulos, 200, 240-241

V

Valor absoluto, 3-4, 49-50
　em desigualdades, 50-51
　em equações, 49-50
　propriedades do, 49-50
Variação, 146-147
　combinada, 147
　conjunta, 147
　direta, 146-147, 149-150
　inversa, 146-147, 149-150
Velocidade, 390-391
Velocidade angular, 210
Vetores, 252-253
　adição de, 253
　algébricos, 254
　ângulo entre, 255-256, 258
　equivalentes, 252-253
　magnitude de, 252-253, 255-256
　multiplicação por um escalar, 253
　ortogonais, 260
　produto interno de, 255-256
　subtração de, 253
　unitários, 259
　zero, 253